中 外 物 理 学 精 品 书 系

"十 四 五"国 家 重 点 图 书 出 版 规 划 项 目

"十四五"国家重点图书出版规划项目

中 外 物 理 学 精 品 书 系

前 沿 系 列 · 6 4

结构力学中的定性理论

——解的定性性质与存在性

（第二版）

王大钧　　王其申　　〔美〕何北昌　著

北京大学出版社
PEKING UNIVERSITY PRESS

图书在版编目(CIP)数据

结构力学中的定性理论: 解的定性性质与存在性/王大钧, 王其申, (美)何北昌著. —2 版. —北京: 北京大学出版社, 2023.3
(中外物理学精品书系)
ISBN 978-7-301-33385-3

Ⅰ.①结⋯　Ⅱ.①王⋯　②王⋯　③何⋯　Ⅲ.①结构力学–定性理论　Ⅳ.①O342

中国版本图书馆 CIP 数据核字（2022）第 176792 号

书　　　名　结构力学中的定性理论——解的定性性质与存在性(第二版)
　　　　　　JIEGOU LIXUE ZHONG DE DINGXING LILUN——JIE DE DINGXING XINGZHI YU CUNZAIXING (DI-ER BAN)
著作责任者　王大钧　王其申　〔美〕何北昌　著
责 任 编 辑　班文静
标 准 书 号　ISBN 978-7-301-33385-3
出 版 发 行　北京大学出版社
地　　　址　北京市海淀区成府路 205 号　　100871
网　　　址　http://www.pup.cn　　　新浪微博：@北京大学出版社
电　　　话　邮购部 010-62752015　发行部 010-62750672　编辑部 010-62754271
电 子 信 箱　zpup@pup.cn
印　刷　者　天津中印联印务有限公司
经　销　者　新华书店
　　　　　　730 毫米×980 毫米　16 开本　24.5 印张　440 千字
　　　　　　2014 年 12 月第 1 版
　　　　　　2023 年 3 月第 2 版　2023 年 3 月第 1 次印刷
定　　　价　99.00 元

序　言

物理学是研究物质、能量以及它们之间相互作用的科学。她不仅是化学、生命、材料、信息、能源和环境等相关学科的基础，同时还与许多新兴学科和交叉学科的前沿紧密相关。在科技发展日新月异和国际竞争日趋激烈的今天，物理学不再囿于基础科学和技术应用研究的范畴，而是在国家发展与人类进步的历史进程中发挥着越来越关键的作用。

我们欣喜地看到，改革开放四十年来，随着中国政治、经济、科技、教育等各项事业的蓬勃发展，我国物理学取得了跨越式的进步，成长出一批具有国际影响力的学者，做出了很多为世界所瞩目的研究成果。今日的中国物理，正在经历一个历史上少有的黄金时代。

在我国物理学科快速发展的背景下，近年来物理学相关书籍也呈现百花齐放的良好态势，在知识传承、学术交流、人才培养等方面发挥着无可替代的作用。然而从另一方面看，尽管国内各出版社相继推出了一些质量很高的物理教材和图书，但系统总结物理学各门类知识和发展，深入浅出地介绍其与现代科学技术之间的渊源，并针对不同层次的读者提供有价值的学习和研究参考，仍是我国科学传播与出版领域面临的一个富有挑战性的课题。

为积极推动我国物理学研究、加快相关学科的建设与发展，特别是集中展现近年来中国物理学者的研究水平和成果，北京大学出版社在国家出版基金的支持下于 2009 年推出了"中外物理学精品书系"，并于 2018 年启动了书系的二期项目，试图对以上难题进行大胆的探索。书系编委会集结了数十位来自内地和香港顶尖高校及科研院所的知名学者。他们都是目前各领域十分活跃的知名专家，从而确保了整套丛书的权威性和前瞻性。

这套书系内容丰富、涵盖面广、可读性强，其中既有对我国物理学发展的梳理和总结，也有对国际物理学前沿的全面展示。可以说，"中外物理学精品书系"力图完整呈现近现代世界和中国物理科学发展的全貌，是一套目前国内为数不多的兼具学术价值和阅读乐趣的经典物理丛书。

　　"中外物理学精品书系"的另一个突出特点是，在把西方物理的精华要义"请进来"的同时，也将我国近现代物理的优秀成果"送出去"。物理学在世界范围内的重要性不言而喻。引进和翻译世界物理的经典著作和前沿动态，可以满足当前国内物理教学和科研工作的迫切需求。与此同时，我国的物理学研究数十年来取得了长足发展，一大批具有较高学术价值的著作相继问世。这套丛书首次成规模地将中国物理学者的优秀论著以英文版的形式直接推向国际相关研究的主流领域，使世界对中国物理学的过去和现状有更多、更深入的了解，不仅充分展示出中国物理学研究和积累的"硬实力"，也向世界主动传播我国科技文化领域不断创新发展的"软实力"，对全面提升中国科学教育领域的国际形象起到一定的促进作用。

　　习近平总书记在 2018 年两院院士大会开幕会上的讲话强调，"中国要强盛、要复兴，就一定要大力发展科学技术，努力成为世界主要科学中心和创新高地"。中国未来的发展在于创新，而基础研究正是一切创新的根本和源泉。我相信，在第一期的基础上，第二期"中外物理学精品书系"会努力做得更好，不仅可以使所有热爱和研究物理学的人们从中获取思想的启迪、智力的挑战和阅读的乐趣，也将进一步推动其他相关基础科学更好更快地发展，为我国的科技创新和社会进步做出应有的贡献。

"中外物理学精品书系"编委会主任

中国科学院院士，北京大学教授

王恩哥

2018 年 7 月于燕园

内 容 简 介

本书主要包括两方面内容：一为结构力学中多种常见结构的振动和静变形的定性性质,主要是振动模态的定性性质；另为结构力学中梁、板、壳、组合弹性结构理论等结构理论中解的存在性等基础理论. 鉴于目前国内外有关结构力学中的定性理论的著作甚少，本书的出版或可适时地为相关领域的同行提供一本既有理论意义又有实用价值的参考书.

全书共分九章：第一章是结构力学中的定性理论的概论；第二章是振荡矩阵和振荡核理论的概述；第三至第六章论述弦、杆和梁的振动和静变形的定性性质；第七章论述重复性结构的连续系统和离散系统的振动和静变形的定性性质；第八章论述一般结构的模态的三项定性性质；第九章论述弹性力学和结构理论中解的存在性等基础理论. 自 2014 年本书第一版问世至今，有几项重要的定性性质被揭示，它们被吸收入第二版.

本书内容兼顾理论与应用，作者精心地整理和吸收了有关定性理论的文献与专著的精华，并反映了作者五十余篇论文的研究成果. 本书体例编写独特，如第一章给出了全书的重要结果，工程技术人员可以直接应用这些结果，具有不同背景的读者可以各取所需地研读全书.

本书可以作为有关力学和结构工程、机械工程专业的研究生教材，也可以作为从事力学理论研究及在结构工程、机械工程中进行振动实验、计算和设计的研究人员与工程人员的参考书.

第二版前言

随着各类结构工程的蓬勃发展, 关于结构静力学和动力学中求解的分析方法、数值计算方法与实验方法, 目前已达到很高的水平, 而且仍在不断地精益求精. 这些理论属于结构力学的定量理论 (包含各种梁理论, 薄板、厚板理论, 薄壳、厚壳理论, 组合弹性结构理论等) 范畴.

有趣的是, 结构力学还存在另一重要范畴, 我们将它称为结构力学的定性理论. 从二十世纪中叶至今, 经过七十多年的悄然发展, 该理论目前已具有一定的规模和深度, 应该是活跃在理论研究、工程应用的前台, 进入学生课堂的时候了.

二十世纪八十年代以来, 本书三位作者对结构力学的定性理论做了比较系统的研究, 取得了一些重要成果. 我们感到, 总结结构力学定性理论的成果并撰写成书, 对学术研究、工程应用和教学都是有益的. 基于此, 本书三位作者于 2014 年由北京大学出版社出版中文版专著《结构力学中的定性理论》, 于 2019 年由 Springer-Verlag 出版社和北京大学出版社联合出版该书的英文版.

书中涉及的结构力学的定性理论主要包含线性弹性结构的静变形和振动的定性性质, 特别是模态的定性性质, 以及静变形解和模态解的存在性理论. 所谓解的定性性质, 是用解析和推理方法获得的一类结构中解的全局性和规律性的性质. 这些深层次的信息, 揭示了自然界和工程结构的优雅和奥妙的特性, 并有助于计算和实验的定量分析和结构设计. 结构理论中解的存在性, 以及结构理论模型的合理性问题是结构理论中的基础性理论, 了解它们不仅有助于进行定量分析, 也有助于发展结构理论.

由于书中部分内容涉及比较繁难的数学, 有些读者可能只需准确地知道一些定性性质及其应用而不需究其证明, 因此特辟第一章, 在此章中汇集全书的主要结果, 并述评主要理论及其论证方法, 而关于它们的详细论述则按第二至第九章逐章展开, 这样既可避免精彩而实用的定性理论被掩蔽在繁难的证明中, 也可使读者按照各自所需和兴趣选择研读.

近年来, 在结构力学中的定性理论方面有了一些新的成果, 同时本书作者对优化本书的结构, 以及提高本书的学术水平方面亦有一些新的方案, 因此决定出版第二版.

在第二版中, 主要有以下诸项修改:

(一) 将第一版的附录列为第二版的第二章, 第一版的第二至第五章依次更改为第二版的第三至第六章. 同时单辟 2.10 节, 用以详细证明一维单跨结构的充分约束系统的静变形的振荡性质, 系统的柔度函数 (柔度矩阵) 为振荡核 (振荡矩阵), 以及振动的振荡性质三者之间互为充要条件. 使单跨杆、Euler 梁的静变形, 以及模态和振动的定性性质的理论更趋完美.

(二) 在讨论杆、梁、重复性结构的离散系统和连续系统定性性质的有关章节中, 增加了静变形的振荡性质的论述, 还将原先只限于充分约束杆、梁的结论扩充到约束不足杆、梁的情形. 增写了有关存在轴向拉力的梁的横向振动的振荡性质的 6.8 节.

(三) 对应于第一版的 3.8 节, 在第二版的 4.7 节中, 改写了有关梁的有限元离散系统的振动的定性性质的论证, 使之更为精准与易读.

(四) 精简了第一版的部分内容. 删除了以下内容: 第一章中一些常规的求解方法 (原 1.3 节); 后续章节中一些不重要或较为烦琐的内容; 原第六章膜振动的定性性质只保留了原 6.3 节的内容, 并将其并入了第二版的 8.3 节中.

(五) 参考文献改为按章排列.

本书可以作为有关力学和结构工程、机械工程专业的研究生教材, 也可以作为从事力学理论研究及在结构工程、机械工程中进行强度和振动实验、计算和设计的众多同行的参考书.

作者热忱欢迎同行和读者对本书给予指正和提出建议.

在本书的第一、二版, 以及由 Springer-Verlag 出版社和北京大学出版社联合出版的本书的英文版的写作过程中, 作者得到中国科学院力学研究所郑哲敏先生的指导, 并得到来自以下同事和朋友的许多宝贵建议: 香港科技大学余同希教授, Rice 大学 Wang C C 教授, 西安建筑科技大学孙博华教授, 暨南大学刘人怀教授, 北京理工大学胡海岩教授, 西安电子科技大学郑晓静教授, 大连理工大学程耿东教授, 汕头大学王泉教授, 同济大学宋汉文教授, 清华大学向志海教授, 哈尔滨工业大学于开平教授, 北京大学张恭庆教授、郭懋正教授、朱照宣教授、武际可教授、王敏中教授、苏先樾教授、陈璞教授、唐少强教授, 重庆理工大学郑子君副教授, 北京理工大学周春燕副教授, 加拿大国家科学院刘中生研究员, 中国科学院数学与系统科学研究院孙继广研究员, 国防工程研究院任辉启研究员, 北京东方振动和噪声技术研究所应怀樵研究员、沈松研究员, 北京强度环境研究所荣克林研究员. 本书作者对他们深表谢意.

作者特别感谢北京大学出版社和"中外物理学精品书系"编委会对本书出版给予的支持. 出版过程中, 编辑精于业务, 热情、细致, 作者诚表谢意.

王大钧　王其申　何北昌

2022 年 8 月

第一版前言

结构力学中的定性理论涉及多方面内容, 本书主要论述其中两类重要问题: 一是弹性结构线性振动的定性性质, 其中主要是模态 (含固有频率和振型) 的定性性质; 二是线性弹性力学和线性结构理论的静变形解、模态解和动力响应解的存在性, 结构理论模型的合理性, 以及应用 Ritz 法求解的收敛性等基础理论.

弹性结构的线性振动理论是力学与声学的重要组成部分, 它不仅在工程上有广泛应用, 而且是物理与数学研究课题的一个源泉.

结构振动理论包含定量理论和定性理论两个方面. 在工程界、力学界, 人们对于结构线性振动的定量理论比较熟悉, 例如, 固有频率和振型的数值计算、实验与实测等; 而对于结构线性振动的定性理论, 例如, 固有频率和振型的规律性的性质、模态解和动力响应解的存在性却了解较少. 这一方面是因为定量理论的应用比定性理论广泛; 另一方面是因为定性理论更抽象且更具基础性, 它的严谨的证明又涉及繁难的数学.

结构振动中模态的定性性质是关于模态的全局性、规律性的性质, 通晓这些性质有助于提高计算和实验的定量分析的效率与保证结构动力设计的合理性. 结构理论中解的存在性、结构理论模型的合理性等问题是结构理论中的基础性理论, 了解这些基础性理论, 不仅有助于进行定量分析, 也是研究者应具有的理论修养的一部分.

关于结构振动模态的定性性质的研究, 最早可以追溯到十九世纪三十年代, Rayleigh J 在其专著中就曾指出, Sturm C Г 和 Liouville J 在当时已用微分方程研究杆的振型的节点分布规律. 二十世纪五十年代, Courant R 和 Hilbert D 在其专著中, 用变分法的极值原理导出了一般振动系统的固有频率与系统的质量、刚度、约束和边条件的定性关系, 并对振型的节的性质做了一些精彩的重要论述.

二十世纪中叶, Гантмахер Ф Р 和 Крейн М Г 开辟了一个新领域, 建立了他们称之为振荡矩阵和振荡核的理论, 揭示了一维结构 (包括弦、杆、梁) 的离散系统和连续系统的固有频率和振型的系统性的定性性质, 并于 1941 年在苏联出版了专著, 1950 年, 出版了该专著的第二版, 1961 年, 该专著第二版的英译本出版, 2008 年, 该专著第二版的中译本出版.

二十世纪八十年代, Gladwell G M L 系统地研究了由固有频率和振型构造结构参数的振动反问题, 并出版了专著, 1991 年, 该专著的中译本出版, 2004 年, 该专著的第二版问世. Gladwell G M L 在其专著及许多论文中, 扩展了振动的定性性质的成果.

二十世纪八十年代中期至今, 本书三位作者以结构振动的定性性质为专题进行了比较系统的研究, 进一步扩展了结构振动的定性性质的成果. 本书的第一作者于二十世纪九十年代, 在北京大学力学与工程科学系开设的研究生课程"结构动力学"中, 曾多次将弹性结构振动的定性性质作为课程的部分内容进行了讲授.

关于结构理论中解的存在性的研究也有一个长期的发展历程. 早期, 一些数学家用经典的微分方程方法研究较简单的数学方程, 如 Sturm-Liouville 方程的解的存在性. 二十世纪以来, Hilbert 函数空间理论的发展使数学物理方程的解的存在性问题获得了强有力的工具, 从而得到了系统性的成果. 如 Соболев С Л 于 1950 年出版的专著, Михлин С Г 于 1952 年出版的专著, Fichera G 于 1973 年出版的专著等中, 用 Hilbert 空间、Sobolev 空间理论解决了弹性力学中静变形解、模态解和动力响应解的存在性问题. Kupradze V D 发展了另一种方法——多维奇异位势和奇异积分方程, 证明了弹性力学中解的存在性问题. 随后, 许多力学家、数学家研究并解决了各种壳体理论中平衡解的存在性问题. 王大钧与胡海昌于 1982 至 1985 年间发表的一组论文, 用力学和泛函分析相结合的方法, 统一解决了广泛的结构理论中静变形解和模态解的存在性问题, 并深入论证了结构理论模型的合理性问题.

时至今日, 我们感到将弹性结构的定性理论作为一个专题撰写成书, 对学术研究、教学和工程应用都是有积极意义的. 鉴于此, 我们尝试着写作此书. 在书中, 吸收了前面提及的多部专著的精华, 以及本书作者的有关论文的内容.

也许本书的内容还不完善, 但这样明确地开辟一个学术园地, 将有利于同行关注、参与, 并扩大、深化这个领域的研究和应用.

本书所涉及的定性性质都极富规律性和科学美感, 并对定量分析和工程应用有一定的指导性, 相关专业的研究者、工程人员和学生在学习和研究它们时, 定会引起盎然兴趣并能从中受益. 但有些定性性质的证明涉及比较繁难的数学, 有些极简明的定性性质却要经过大量的数学演绎才能得到, 对此, 并非所有读者都需细读. 有些读者只需关注部分性质的证明, 有些读者可能只要准确地知道一些定性性质及其应用而不需细究其证明就够了. 鉴于此, 特辟第一章, 在此章中汇集全书的主要定性性质并评述主要理论及其论证方法, 而关于它们的详细论述则从第二至第九章及附录逐步展开, 这样既可避免精彩而实用的定性性质被掩蔽在繁难的证明中, 也可使读者根据自己的需要和兴趣各取所需地研读. 例如, 工程技术人员可以不必细读附录, 但研究定性理论的同行, 则是需要细读的.

全书内容包含以下几部分. 第一章为结构力学中的定性理论概论. 第二至第六章分别论述弦、杆、梁 (本书所论及的梁, 如不加注, 皆指 Euler 梁) 和膜等基本结构振动的定性性质. 第七章论述重复性结构, 包含镜面对称、旋转周期、线周期、链式和轴对称结构的连续系统, 和前四种结构的离散系统的振动的定性性质, 以及求强迫振动和静变形解的简化方法. 第八章论述一般结构的模态的三项定性性质: 固有频率与结构的质量、刚度、约束和边条件的定性关系, 振型的节的一些基本性质, 以及固有频率和振型, 尤其是密集频率区的固有频率和振型对结构参数变化的敏感性等. 第九章论述弹性力学和广泛的结构理论的静变形解、模态解的存在性、唯一性, 动力响应解的振型叠加法的收敛性, 静变形解和模态解中 Ritz 法的收敛性, 以及结构理论模型的合理性等. 附录是一维结构的振动的定性性质的理论基础——振荡矩阵和振荡核理论——的简述.

本书由三位作者共同策划, 王大钧执笔第一、七、八、九章, 王其申执笔第二、三、四、五、六章和附录, 何北昌执笔本书的英文文稿.

本书可以作为有关力学及结构工程专业的研究生教材, 也可以作为从事力学理论研究和在结构工程、机械工程中进行振动实验、计算和设计的众多同行的参考书.

在本书撰写过程中, 张恭庆、胡海岩、刘人怀院士, 曲广吉、应怀樵、邱吉宝、刘中生研究员, 武际可、王敏中、郭懋正、苏先樾、陈璞、王泉、唐少强教授, 以及博士研究生郑子君等都给作者提出了许多宝贵意见, 作者在此对他们表示衷心的感谢. 书中所引用的本书作者的许多研究工作曾得到国家自然科学基金的资助和支持, 在此一并表示感谢.

作者热忱欢迎同行和读者对本书批评指正.

王大钧　王其申　何北昌

2014 年 9 月 10 日

目　　录

第一章　概　　论

本章概述结构力学的定性理论, 回顾其发展简史, 阐述其研究内容、研究方法和工程应用, 并给出本书涉及的结构力学定性理论的主要结果, 以便读者根据自己的兴趣仔细研究相关章节.

结构力学包含多类结构 (如 Euler-Bernoulli 梁、Rayleigh 梁、Timoshenko 梁、薄板、中厚板、壳、无矩壳、复合材料结构和组合弹性结构等) 的多种力学问题 (如静变形、模态和动力响应等), 形成各种结构理论 (如梁、板、壳理论等). 创建获取这些力学问题的定量结果的解析、数值计算和实验方法, 推广定量结果的应用, 属于结构力学的定量理论. 创建获取这些力学问题的定性结果的解析和推理方法, 剖析定性性质的意义, 属于结构力学的定性理论.

本书论述两类定性理论问题：线性弹性结构的静变形和振动的定性性质, 以模态 (注：全书中的模态皆指振动模态, 含固有频率和振型) 的全局性、规律性的定性性质为主；线性弹性结构理论中静变形解、模态解的存在性, 结构理论模型的合理性等基础理论问题.

1.1　结构力学定性理论的发展简史

关于结构振动的定性性质的研究, 最早可以追溯到十九世纪三十年代, Rayleigh J 在其专著 *The theory of sound*[1] 中就曾指出, Sturm C F 和 Liouville J 在当时就已经开始用微分方程研究杆的振型的节点分布规律. 二十世纪五十年代, Courant R 和 Hilbert D 在其专著 *Methods of mathematical physics*[2] 中, 用变分法的极值原理导出了一般振动系统的固有频率与系统的质量、刚度、约束、区域和边界条件的定性关系, 并对振型的节的性质做了一些精彩的重要论述.

二十世纪中叶, Гантмахер Ф Р 和 Крейн М Г 建立了他们称之为振荡矩阵和振荡核的理论, 导出了一维结构 (包括弦、杆、梁) 的离散系统和连续系统的静变形和振动的系统性的定性性质, 于 1941 年出版了俄文专著, 1950 年, 将其扩充为第二版——《Осцилляционные матрицы и ядра и малые колебания механических систем》[3a], 此书奠定了一维结构的重要定性性质 (静变形和振动的振荡性质) 的理论基础. 1961 年, 该版本的英译本 [3b] 出版. 2008 年, 王其申翻译的该版本的中译本 [3c] 出版.

二十世纪八十年代, Gladwell G M L 系统地研究了由固有频率和振型构造结构参数的振动反问题, 并出版了专著 *Inverse problems in vibration*[4a]. 1991 年, 王大钧、何北昌翻译的该专著的中译本 [4b] 出版. 2004 年, 该专著英文版的第二版 [4c] 问世. Gladwell G M L 在其专著及许多论文中, 扩展了结构振动的定性性质.

二十世纪八十年代中期以来, 本书三位作者, 以及郑子君、陈璞, 以结构力学中解的定性性质为专题进行了比较系统和深入的研究, 取得了一些重要成果. 本书三位作者于 2014 年出版中文版专著《结构力学中的定性理论》[5a], 2019 年, Springer-Verlag 出版社和北京大学出版社联合出版英文版专著 *Qualitative theory in structural mechanics*: *Qualitative properties and existence of solutions*[5b], 这些工作进一步扩展和提升了定性理论的成果.

关于结构理论中解的存在性的研究也有一个长期的发展历程. 早期, 一些数学家用经典的微分方程方法研究较简单的数学方程, 如 Sturm-Liouville 方程的解的存在性. 二十世纪以来, Hilbert 函数空间理论的发展使数学物理方程的解的存在性问题的研究获得了系统性的成果. 如 Соболев С Л 于 1950 年出版的《Некоторые применения функционалъного анализа в математической физике》[6a](参考文献 [6b] 和 [6c] 分别为其中译本和英译本), Михлин С Г 于 1952 年出版的《Проблема мнимума квадратичного функционала》[7a](参考文献 [7b] 和 [7c] 分别为其英译本和中译本), Fichera G 于 1973 年出版的 *Existence theorems in elasticity*: *Linear theories of elasticity and thermoelasticity*[8] 等书中, 用 Hilbert 空间、Sobolev 空间理论解决了弹性力学中静变形解、模态解和动力响应解的存在性问题. 二十世纪七八十年代, 一些科学家解决了多种壳体理论中解的存在性问题. 王大钧与胡海昌于 1982 至 1985 年间发表的一组论文 [9~13], 用力学和泛函分析相结合的方法, 统一论证了结构力学中静变形解和模态解的存在性问题. 作为这一工作的延伸, 王大钧及其合作者进一步论证了结构理论模型的合理性问题.

我们尝试将结构力学中解的定性性质和解的存在性理论归属于结构力学中的定性理论——结构力学中的一个重要的, 需要积极发展的, 新的研究方向.

1.2 结构力学定性理论的研究内容

本节将叙述结构力学定性理论的主要内容. 在全书中做如下约定: 一维单跨结构包括弦、杆、轴和梁. 杆指直杆, 对于杆及其离散系统, 其坐标轴、力和位移三者的正方向相同, 均沿截面的形心轴线方向. 梁指 Euler-Bernoulli 梁, 在一个纵向对称面内变形, 梁及其离散系统的力和位移的正方向一致, 均垂直于形心主轴. 对于膜、板和壳, 其力和位移的正方向相同.

由于部分读者对结构力学定性理论比较生疏, 因此我们首先给出如下几个有关定性理论的典型问题, 以引起读者的兴趣和关注:

(1) 两端固定的梁, 受 $n(n$ 为正整数$)$ 个任意的集中静力作用, 梁的静变形的正负变号数有什么规律?

(2) 具有任意边条件的单跨梁, 其固有频率是否存在重频率?

(3) 上述梁的第 $i(i = 1, 2, \cdots)$ 阶振型有几个节点? 相邻阶振型的节点之间有何关系?

(4) 杆的连续系统有无穷阶模态 (固有频率及对应的振型), 其中有几阶 "独立的" 模态? 即有几阶模态给定后就可确定此系统, 其余模态皆可由此衍生.

(5) 对于旋转周期结构的静变形、固有振动和强迫振动问题, 能否将其分解为一些单个子结构的相应问题?

(6) 在一个周边固定的圆板中央, 垂直连接一个直杆. 若板采用薄板理论, 那么这个结构的静变形解和模态解是否存在?

(7) 在上述问题中, 若板采用 Mindlin 板理论, 那么此结构的静变形解和模态解是否存在?

(8) 壳上附着集中质量, 更简单地, 膜上附着集中质量, 或设置集中刚性或弹性支承, 这样的理论模型是否合理? 能求出其模态吗?

以上问题都是结构力学中的定性理论可以回答的问题. 定性理论的研究范畴很广泛, 目前成熟的工作大致有:

(1) 结构的静变形、模态和动力响应解的存在性, 以及结构理论模型的合理性.

(2) 结构的静变形的几何特征, 如一维结构的静变形的振荡性质.

(3) 结构参数的微小变化对结构的静变形和振动模态的影响.

(4) 结构振动的固有频率的分布规律, 如是否存在重频率, 不同支承方式下频率的相间性等.

(5) 结构振型的几何特征, 例如, 节点、节线、节面的分布规律等.

(6) 由给定的模态数据确定结构 (如弦、杆、梁等) 的参数, 以及独立模态的个数.

(7) 重复性结构的静变形、模态和强迫振动的 "重复性" 性质及其在定量分析中的应用.

本书第二章论述一维结构及其离散系统的静变形和模态的振荡性质的基本理论——振荡矩阵和振荡核理论. 第三至第七章分别论述弦、杆、梁及多种重复性结构的静变形和振动的定性性质. 第八章论述一般结构的模态的三项定性性质, 包括结构参数的微小变化对振动模态的影响, 固有频率和振型对结构参数的敏感性问题, 以及关于振型的节的某些性质. 第九章论述结构力学中解的存在性和结构模型的合理性问题.

1.3 主要理论结果及其论证方法

为了使读者更好地理解本书论及的理论的真谛, 本节简短地评述本书主要的理论结果及其论证方法.

1.3.1 杆、梁的振动和静变形的振荡性质

Гантмахер Ф Р 与 Крейн М Г 在其撰写的专著《Осцилляционные матрицы и ядра и малые колебания механических систем》[3a] 中系统地阐述了他们创立的关于一维单跨结构及其离散系统的静变形和振动的振荡性质的理论. 本书作者将该理论称为 "一维单跨结构的振荡性质理论", 将其要点和论证方法概括为 "三种性质两个连接", 其核心内容如下:

性质 1 结构为振荡系统: 一维单跨结构离散系统的柔度矩阵是振荡矩阵, 或连续系统的核 (或称为 Green 函数) 是振荡核.

性质 2 静变形的振荡性质: 一维单跨结构 (或离散系统) 受一个集中静力作用时, 该系统的位移异于零且其方向与作用力的方向相同. 在 $n(n$ 为正整数) 个任意集中静力作用下, 其静位移 (或 u 线) 的正负号改变不多于 $n-1$ 次.

性质 3 振动的振荡性质:

(1) 固有频率是单的. 对于连续系统, 仅以无穷远点为聚点, 固有频率可按递增次序排列为

$$0 < f_1 < f_2 < \cdots < f_n < \cdots;$$

对于 n 阶离散系统, 固有频率可按递增次序排列为

$$0 < f_1 < f_2 < \cdots < f_n.$$

(2) 第 i 阶振型 $u_i(x)(i = 1, 2, \cdots)$ 恰有 $i-1$ 个节点 (第一阶振型无节点).

(3) 相邻阶振型的节点交错.

(4) 如果振动的位移由第 p 阶至第 $q(1 \leqslant p \leqslant q)$ 阶振型叠加而成, 即

$$u(x,t) = \sum_{r=p}^{q} c_r(t)u_r(x),$$

则此振动在每一时刻的节点不少于 $p-1$ 个, 零点不多于 $q-1$ 个.

注意: 上述性质 3 中的 (4) 也适用于静变形. 只是在静变形的情况下, 上述式子中的 $u(x,t)$ 与 $c_r(t)$ 均不依赖于时间 t.

本书作者将上述性质 3 中的 4 项振动的振荡性质分别命名为: (1) 固有频率的不重性, (2) 振型节点的有序性, (3) 振型节点的交错性, (4) 振动的节点的特定性.

连接 1 性质 2 是性质 1 的充要条件.

连接 2 性质 1 是性质 3 的充分条件.

Гантмахер Ф Р 与 Крейн М Г 证明了单跨杆和梁, 以及它们的某些离散系统属于振荡系统, 具有静变形和振动的振荡性质.

一维结构的振荡性质理论充分展现了数学与力学结合的深度和魅力, 但是也留下了两点重要的缺陷:

(1) 由于只能对不产生刚体运动的系统 (本书将其称为充分约束系统) 讨论振荡核、振荡矩阵, 以及静变形的振荡性质, Гантмахер Ф Р 与 Крейн М Г 的理论没有涉及实际工程中大量存在的具有刚体运动形态的系统 (本书将其称为约束不足系统).

(2) 上述连接 2 表明: 连续系统的 Green 函数是振荡核, 离散系统的柔度矩阵是振荡矩阵, 只是系统具有振动的振荡性质的充分条件, 但未证明它是否也是必要条件.

二十世纪九十年代以来, 王其申、何北昌与王大钧运用共轭系统的技巧论证了这些约束不足系统也具有振动的振荡性质, 完善了理论并拓展了工程应用的范围 [14~16]. 郑子君、陈璞、王大钧证明了对于离散系统, 柔度矩阵是振荡矩阵也是离散系统具有振动的振荡性质的必要条件. 对于连续系统, Green 函数是振荡核也是连续系统具有振动的振荡性质的必要条件 [17,18].

综合以上论证, 可以得到如下完美的结论: 对于一维单跨结构或它的离散系统, 系统具有静变形的振荡性质, 系统的 Green 函数是振荡核 (或柔度矩阵

是振荡矩阵), 系统具有振动的振荡性质, 这三个性质互为充要条件. 此结论在深层次上揭示了结构的定性性质, 也使得考察结构是否具有某种振荡性质时, 存在灵活的途径.

在第三至第六章将证明下列系统具有振动的振荡性质: 有或无弹性基础的弦、杆及它们的多种离散系统; 梁及其差分离散系统; 用 Hellinger-Reissner 原理构造的二结点混合型单元并采用集中质量的梁的有限元离散系统; 用势能原理构造的三次 Hermite 插值位移型单元并采用集中质量的梁的有限元系统, 但要求单元刚度分布满足一定条件 [17,18]; 受轴向分布拉力的梁的横向振动系统 [19].

应该指出, 并非所有一维结构都具有振动的振荡性质, 例如, 弹性基础上的梁、Rayleigh 梁 (计及截面转动的动能), 以及使用势能原理和三次 Hermite 位移型函数离散后得到的梁的有限元系统就不是对任何抗弯刚度和质量分布都具有这些性质.

1.3.2　其他重要的定性性质

除上述振荡性质外, 本书还论及以下几项重要的定性性质:

(1) 一维单跨结构独立模态的个数. 一维单跨连续系统有无穷阶模态 (固有频率 f_i, 振型 $u_i(x), i = 1, 2, \cdots$), 它们之间除了互相正交外还有什么重要的关系? 王其申、王大钧证明了对于单跨杆, 用两阶模态可以构造杆的截面抗拉刚度和质量密度, 即构造出系统, 从而其余的模态由此衍生 [20]. 这意味着杆只具有 (任意的) 两阶独立的模态. 因此在动力设计中, 最多只能要求杆有两阶给定的模态.

类似地, 单跨弦只具有 (任意的) 一阶独立的模态.

郑子君已证明: 单跨梁具有两阶独立的模态, 多数的两阶模态可以确定一个唯一的梁, 但有些两阶模态则不能 [18].

本书三位作者证明了杆的弹簧–质点离散系统和梁的有限差分离散系统具有两阶独立的模态, 并可唯一确定该系统 [21,22].

(2) "听" 出结构. Gladwell G M L 在参考文献 [4a], 以及本书三位作者在参考文献 [23, 24] 中分别阐述了给定三组具有不同边条件 (如左端固定, 右端分别为自由、铰支、滑支, 或左端铰支, 右端分别为反共振、铰支和固定) 的梁的彼此相间的频谱, 可以构造梁的抗弯刚度和质量密度. 频谱是可用声学方法测出来的, 因而梁的物理参数是可以 "听" 出来的.

(3) 本书三位作者导出的杆的应变振型, 梁的斜率、弯矩和剪力振型的定性性质, 进一步揭示了结构的物理性质, 并有利于工程应用.

(4) 多支座梁及其离散系统的定性性质. 通过引入数学转换系统, 证明了多支座梁及其离散系统振动的定性性质.

(5) 重复性结构的定性性质. 以往对于重复性结构的研究多是从简化计算的角度研究离散系统的解和矩阵特征值问题, 而本书则着重研究重复性结构连续系统的微分方程特征值和静变形问题, 从而揭示出对称结构、旋转周期结构、线周期结构、链式结构和轴对称结构的振动和静变形的特殊定性性质, 更准确地反映了这些定性性质的物理本质, 也更便于实际应用.

1.3.3　结构理论中解的存在性

弹性力学中解 (含静变形解、模态解) 和结构理论中解的存在唯一性问题是固体力学中两个标志性的基础理论课题. 十九世纪五十年代, Friedrichs K, Михлин С Г 等运用 Hilbert 函数空间理论, 完成了弹性力学中解的存在性的证明.

各种一维和二维结构理论中解的存在性, 被一些数学家和力学家分别进行了论证. 十九世纪八十年代, 王大钧、胡海昌用力学与数学深度融合的方法, 利用结构理论与弹性力学中的应变能、动能的联系, 结合算子的有界性和紧性的传递性质, 建立了一个泛函分析的框架, 将弹性力学中解的存在性延伸到结构理论中解的存在性 [9~13]. 此理论在本书中得到进一步完善, 并论述了结构理论, 尤其是组合结构理论的合理性问题.

1.4　结构力学中定性理论的理论和应用意义

1.4.1　结构振动和静变形的定性性质的意义

结构振动和静变形的定性性质是结构力学的重要组成部分, 对工程应用有一定的指导作用. 例如,

(1) 应用静变形和结构振动的定性性质, 选择合适的理论分析、计算和实验方法, 预估所得定量结果, 辅助判断定量分析方法和定量结果的正确性.

例如, 利用数值计算, 得出一个两端固定梁受 3 个集中力作用, 静变形有 3 个节点, 如图 1.1(a) 所示, 则可以肯定该结果, 甚至所使用的定量分析方法是错误的. 因为根据定性性质可知, 此梁在 3 个集中力的作用下, 静挠度的变号数应小于 3. 又如, 由计算得到两端自由梁的第 3, 4 阶振型形状如图 1.1(b) 所示, 虽然这两个振型的节点数都正确, 但是可以认定至少有一个振型的误差过

大, 以致违反了另一定性性质: 相邻阶振型的节点交错. 再如, 图 1.1(c) 所示
的振型是错误的, 它在 r_1 和 r_2 处的形态不符合定性性质. 因 r_1 处是振型函数
的极值点, 故位移 u 的值和曲率 u'' 的值应反号而不应同号; 因 r_2 处是自由
边界, 故位移 u 的值与斜率 u' 的值应同号而不应反号. 再有, 图 1.1(d) 是某火
箭前 4 阶整体振型和固有频率的测量结果. 加上对应刚体平动和转动的第 1, 2
阶振型, 测量结果是第 3, 4, 5, 6 阶振型. 结果表明: ① 非零固有频率 (N. F.)
是单的; ② 第 $i(i = 3, 4, 5, 6)$ 阶振型的节点为 $i - 1$ 个; ③ 相邻阶振型的节点
交错; ④ 振型形状没有和定性性质相悖之处. 因此, 此测量结果至少在主要方
面与定性性质符合得很好.

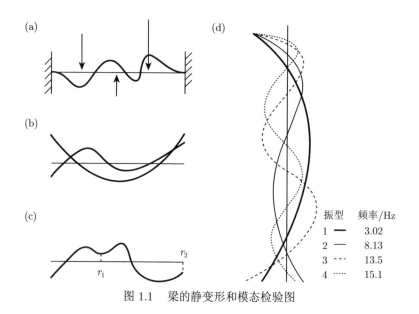

图 1.1   梁的静变形和模态检验图

以上诸例表明, 定性性质不仅可以辅助判断定量结果的正确性, 也是检验
定量分析中解析方法、数值计算方法和实验方法正确性的一种依据.

(2) 对于各种重复性结构, 模态的定性性质可用来简化模态的定量分析的
计算和实验方案, 从而大大减少工作量. 例如, 对于一个对称结构, 由于它的振
型分为对称和反对称两组, 因此计算它的固有频率和振型时, 只要计算以对称
面为边界的一半结构两次即可. 如果对称结构离散系统的自由度为 N, 按整体
结构计算特征值问题, 其计算工作量大体为 N^3. 若利用对称性, 只需计算一半
结构的特征值问题两次, 则计算工作量大体为 $N^3/4$. 如果对称结构有两个对
称面, 如图 1.2(a) 所示, 则只需计算四分之一结构的特征值问题四次, 计算工

作量大体为 $N^3/16$. 如果对称结构有三个对称面, 如图 1.2(b) 所示, 则计算工作量可降为 $N^3/64$.

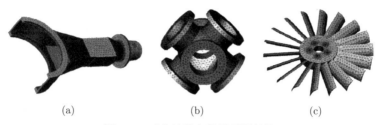

(a)   (b)   (c)

图 1.2 对称结构和旋转周期结构

对于一个 n 阶旋转周期结构, 利用其周期性, 可使计算工作量大为减少. 若 n 比较大时, 则计算工作量大约可以降至按整体结构计算的工作量的 $4/n^2$. 如图 1.2(c) 所示的机械零件, $n = 18$, 其计算工作量仅约为按整体结构计算的工作量的 $1/81$.

(3) 应用模态的定性性质, 可以保证在振动反问题和结构动态设计中, 对其结构的固有频率和振型提出的要求是合理的. 例如, 设计一个梁时, 不能要求它的某一振型具有一段节线. 因为按照定性性质, 梁的振型只有节点, 不可能有节线. 又如, 设计一个梁时, 最多只能要求其具有两阶指定的模态.

(4) 利用模态的定性性质可以检验结构的离散模型的合理性. 因为经过简化的离散模型和原始连续系统的模态的主要定性性质应该在定性的意义上保持一致. 例如, 梁具有振动的振荡性质, 而这个梁的 n 自由度的各种离散模型也应该具有离散系统的振动的振荡性质.

(5) 有些问题只需利用定性知识即可解决, 从而避免复杂的定量分析. 例如, 只需知道结构参数的变化对固有频率和振型的变化趋势的影响, 此时定性性质就可以提供满意的回答.

1.4.2 结构理论中解的存在性等基础性理论的意义

结构力学可分为许多类问题, 如静变形、模态、动力响应和稳定性等. 这些物理问题都是将实际的工程对象通过物理建模和数学建模提炼为各类数学物理方程的求解问题. 但对于多数结构力学问题只能求助于近似方法, 这就需要知道结构参数、边界形状、边条件、外力、初条件满足什么条件时, 该问题存在什么意义下的解, 它们应该是求解的前提. 在关于结构理论的学术论文中, 也确实出现过不顾存在性问题而盲目求解的情形. 例如, Leung A Y T, Wang D J 和 Wang Q 曾指出, 在科学文献中出现用级数求附有质点的膜和附有质点的 Mindlin 板的模态的错误 [25].

　　考察一个结构理论模型是否合理的重要标志是其解的存在性. 如果这个结构理论模型的解不存在, 则它是不合理的. 在求解问题的近似解时, Ritz 法、有限元法等能量法是极有效的. 但利用这些方法求得的近似解, 对于具有什么结构参数、外力、初条件和边条件才可以在何种意义下收敛是要仔细研究的. 这些问题不仅反映数学的完整性, 更具有鲜明的物理意义, 属于结构力学中的基础性理论部分.

　　结构力学的定量理论和定性理论组成完整的结构理论. 定量理论主要追求的是求解的解析、数值计算、实验等方法有好的准确性、应用广度和效率; 而定性理论主要追求的是定性性质结论有好的深度和广度. 定量理论更多地表现了作为技术科学的结构力学的威力, 而定性理论则更多地体现了含有基础科学成分的结构力学的魅力.

　　在解决工程问题时, 将定量理论中的解题方法和定性理论中的定性性质结合运用, 定能提高解决问题的准确性和效率. 在结构力学的理论研究中, 将定量理论和定性理论互相呼应, 必能促进理论向广度和深度发展.

　　再者, 在各类结构理论, 尤其是结构动力学和各种结构计算的课程中, 吸取结构力学的定性理论, 极有利于学生提高逻辑思维和科学美的修养.

　　本章将在 1.5 ∼1.9 节依次给出杆、梁、重复性结构的振动和静变形的定性性质, 一般结构的模态的三项定性性质, 以及弹性力学和结构理论中解的存在性的主要结果. 读者可按自己的需要和兴趣, 在有关章节细研其证明.

1.5　杆的振动的定性性质要览

1.5.1　杆的振动的定性性质

　　如图 3.2(a) 所示, 变截面的单跨杆可以具有任意边条件, h 或 $H = 0$ 对应自由端, h 或 $H \to \infty$ 对应固定端. 杆的固有频率按递增次序排列, 记为 $f_i(i = 1, 2, \cdots)$, 相应的振型记为 $u_i(x)$. 它们具有以下主要定性性质:

　　(1) 固有频率的不重性. 所有固有频率都是单的, 系统没有重频率, 即

$$0 \leqslant f_1 < f_2 < \cdots < f_n < \cdots .$$

　　(2) 振型节点的有序性. 即

　　(a) 第 i 阶位移振型 $u_i(x)$ 有 $i - 1$ 个节点而无其他零点, 其节点数表示为

$$S_{u_i} = i - 1, \quad i = 1, 2, \cdots ;$$

(b) 第 i 阶应变振型 $u_i'(x)$ 也有确定的节点数 (变号数)$S_{u_i'}$, 具体结果见表 5.1(表内还包含第 i 阶位移振型的节点数 S_{u_i}).

(3) 振型节点的交错性. 即

(a) 相邻阶位移振型 $u_i(x)$ 和 $u_{i+1}(x)$ 的节点交错;

(b) 相邻阶应变振型 $u_i'(x)$ 和 $u_{i+1}'(x)$ 的节点交错;

(c) 同阶应变振型 $u_i'(x)$ 和位移振型 $u_i(x)$ 的节点交错.

(4) 固有频率的相间性. 具有不同边条件的杆的固有频率有相间关系, 例如,

$$f_i^{\mathrm{ff}} < f_i^{\mathrm{cf}} < (f_i^{\mathrm{cc}}, f_{i+1}^{\mathrm{ff}}) < f_{i+1}^{\mathrm{cf}}, \quad i = 1, 2, \cdots ,$$

其中, 上角标 ff, cf 和 cc 分别表示系统的左、右端边条件为自由–自由、固定–自由和固定–固定.

需要指出的是, 对于充分约束的 Sturm-Liouville 系统, 包括有弹性基础的杆, 也具有性质 (1)、性质 (2) 之 (a)、性质 (3) 之 (a) 和性质 (4).

(5) 独立模态的个数——只有两阶独立的模态. 给定两个正数 f_i, f_j 和两个定义在区间 $[0,l]$ 上的函数 $u_i(x), u_j(x)$, 如果 $u_i(x)$ 和 $u_j(x)$ 分别满足表 5.1 的振型的充要条件, 以及 $u_i(x), u_j(x)$ 和 $\lambda_i = (2\pi f_i)^2, \lambda_j = (2\pi f_j)^2$ 之间的相容性条件 (见 5.4.2 小节), 则可以构造一个杆, 而 $(f_i, u_i(x))$ 和 $(f_j, u_j(x))$ 是此杆的两阶模态. 这表明对于杆, 在全部的无穷阶模态中, 只有任意两阶模态是独立的. 这意味着, 给定两阶模态后, 杆就确定了, 其余模态可由此衍生. 这也意味着, 动力设计中, 最多只能要求一个杆具有两阶给定的模态.

弦只有一阶独立的模态.

(6) 振型形状的特定性. 即

(a) 如果振型 $u(x)$ 与 Ox 轴 (形心轴) 的相交点是内零点, 则这样的零点只能是节点, 不可能是其他类型的零点或零线;

(b) 应变振型的内零点也只能是节点;

(c) 在极值点 x_r 处,

$$u_i'(x_r) = 0, \quad u_i(x_r)u_i''(x_r) < 0;$$

(d) 在边界处,

$$u_i(0)u_i'(0) \geqslant 0, \quad u_i(l)u_i'(l) \leqslant 0,$$

上述两式中等号在 h(或 H) 为 0 或趋于 ∞ 时成立.

(7) 振动的节点的特定性. 如果振动由第 p 阶至第 $q(1 \leqslant p \leqslant q)$ 阶振型叠加而成, 即

$$u(x,t) = \sum_{r=p}^{q} c_r(t)u_r(x),$$

则此振动在每一时刻的节点不少于 $p-1$ 个, 零点不多于 $q-1$ 个.

上述性质 (7) 也适用于静变形. 只是在静变形的情况下, 上式中的 $u(x,t)$ 与 $c_r(t)$ 均不依赖于时间 t.

上述性质 (1)、性质 (2) 之 (a)、性质 (3) 之 (a), 以及性质 (7), 合称为杆的振动的振荡性质.

本小节的内容详述于第五章.

1.5.2 弹簧–质点系统的振动的定性性质

如图 3.2(b) 所示的 N 自由度弹簧-质点系统是弦、杆、轴的一种共同的离散系统, 这里, $N = n+1$, n(当 h, H 之一趋于 ∞ 时), 或 $n-1$(当 h, H 均趋于 ∞ 时). 此系统的固有频率按递增次序排列, 记为 $f_1, f_2, \cdots, f_N$, 相应的振型记为 $\boldsymbol{u}^{(1)}, \boldsymbol{u}^{(2)}, \cdots, \boldsymbol{u}^{(N)}$. 除模态个数由无穷改为有限, 应变振型改为弹簧变形振型或相对位移振型, 性质 (6) 的表述有所差异外, 它们具有和杆完全相应的定性性质.

1.5.3 杆的其他离散系统的振动的定性性质

弦、杆的物理离散系统包括弹性基础上的离散系统——弹簧-质点-弹簧系统 (参见图 3.3) 和无质量弹性杆-质点系统 (参见图 3.5). 数学离散系统有杆的差分离散系统和杆的有限元离散系统, 后者又包括线性形函数集中质量系统和线性形函数一致质量矩阵系统.

上述这些离散系统的刚度矩阵是符号振荡的, 或者其柔度矩阵是振荡的. 因此这些系统的固有频率和振型都具有与 1.5.1 小节所述的杆完全相似的定性性质.

1.5.2 和 1.5.3 小节的内容详述于第三章.

1.6 梁的振动的定性性质要览

1.6.1 单跨梁的振动的定性性质

如图 6.1 所示的梁的固有频率和振型具有以下主要定性性质:

(1) 固有频率的不重性. 对于充分约束的梁, 固有频率是非零的和单的. 对于约束不足的梁, 有一或两个零频率. 即

$$0 \leqslant f_1 \leqslant f_2 < f_3 < \cdots.$$

(2) 振型节点的有序性. 即

(a) 第 i 阶位移振型 $u_i(x)$ 有 $i-1$ 个节点而无其他零点, 其节点数表示为

$$S_{u_i} = i - 1, \quad i = 1, 2, \cdots;$$

(b) 转角振型 $u'(x)$、弯矩振型 $EJu''(x) = \tau(x)$ 和剪力振型 $[EJu''(x)]' = \phi(x)$ 的节点分布规律列于表 6.1 (表内还包含第 i 阶位移振型的节点数 S_{u_i}).

(3) 振型节点的交错性. 下列 8 对振型的节点交错:

(a) 相邻阶位移振型; (b) 相邻阶转角振型; (c) 相邻阶弯矩振型; (d) 相邻阶剪力振型; (e) 同阶位移振型和转角振型; (f) 同阶转角振型和弯矩振型; (g) 同阶弯矩振型和剪力振型; (h) 同阶剪力振型和位移振型.

(4) 固有频率的相间性. 具有不同边条件的梁的固有频率有相间关系, 例如,

$$f_i^{\mathrm{cf}} < f_i^{\mathrm{cs}} < f_i^{\mathrm{ca}} < f_i^{\mathrm{cp}} < (f_i^{\mathrm{cc}}, f_{i+1}^{\mathrm{cf}}) < f_{i+1}^{\mathrm{cs}}, \quad i = 1, 2, \cdots,$$

其中, 上角标 cf, cs, ca, cp 和 cc 分别表示系统的左、右端边条件为固定–自由、固定–滑支、固定–反共振、固定–铰支和固定–固定.

(5) 独立模态的个数. 梁的独立模态的个数为 2. 梁的多数的两阶模态可以确定唯一的梁, 但有些两阶模态则不能.

(6) 振型形状的特定性. 即

(a) 在极值点 x_r 处,

$$u(x_r)u''(x_r) < 0;$$

(b) 左端自由时,

$$u_i(0)u_i'(x) < 0, \quad 0 \leqslant x \leqslant \xi_1, \quad i = 1, 2, \cdots,$$

右端自由时,

$$u_i(l)u_i'(x) > 0, \quad \xi_{i-1} \leqslant x \leqslant l, \quad i = 1, 2, \cdots,$$

左端滑支时,

$$u_i(0)u_i'(x) < 0, \quad 0 < x \leqslant \xi_1, \quad i = 1, 2, \cdots,$$

右端滑支时,

$$u_i(l)u_i'(x) > 0, \quad \xi_{i-1} \leqslant x < l, \quad i = 1, 2, \cdots,$$

其中, ξ_1 与 ξ_{i-1} 是第 i 阶位移振型 $u_i(x)$ 的第一和最后一个节点.

(7) 振动的节点的特定性. 如果振动由第 p 阶至第 $q(1 \leqslant p \leqslant q)$ 阶振型叠加而成, 即

$$u(x,t) = \sum_{r=p}^{q} c_r(t)u_r(x),$$

则此振动在每一时刻的节点不少于 $p-1$ 个, 零点不多于 $q-1$ 个.

上述性质 (7) 也适用于静变形. 只是在静变形的情况下, 上式中的 $u(x,t)$ 与 $c_r(t)$ 均不依赖于时间 t.

上述性质 (1)、性质 (2) 之 (a)、性质 (3) 之 (a), 以及性质 (7), 合称为梁的振动的振荡性质.

受轴向分布拉力的单跨梁也具有梁的静变形和振动的振荡性质.

1.6.2 外伸梁的振动的定性性质

对于如图 6.7 所示的两跨和三跨外伸梁, 此系统的固有频率和振型具有以下主要定性性质:

(1) 固有频率是单的, 系统没有重频率.

(2) 第一阶位移振型 $u_1(x)$ 有 p 个节点, 对于两跨外伸梁, $p = 1$, 而对于三跨外伸梁, $p = 2$. 振型函数在跨内同号, 邻跨反号.

(3) 第 i 阶位移振型 $u_i(x)$ 有 $i + p - 1(p = 1, 2)$ 个零点, 不与内部支座重合的内零点均为节点, 位于内部支座处的零点可能是节点, 也可能是零腹点 (一个零腹点当作两个单零点计数).

(4) 相邻阶位移振型 $u_i(x)$ 和 $u_{i+1}(x)$ 的节点不一定互相交错.

(5) 转角、弯矩和剪力振型的节点数分别为

$$S_{u_i'} = i, \quad S_{\tau_i} = i - 1, \quad S_{\phi_i} = i, \quad i = 1, 2, \cdots.$$

1.6.1 和 1.6.2 小节的内容详述于第六章.

1.6.3 梁的差分离散系统的振动的定性性质

如图 4.1(b) 所示的弹簧–质点–刚杆系统, 其自由度 $N = n + 1$, n(当左端为铰支端或固定端时), 或 $n - 1$(当两端各自分别为铰支端或固定端时). 梁经有限差分离散后, 可以得到此系统. 将此系统的固有频率按递增次序排列, 记

为 $f_1, f_2, \cdots, f_N$, 相应的振型记为 $\boldsymbol{u}^{(i)}(i = 1, 2, \cdots, N)$, 除模态个数由无穷改为有限, 性质 (6) 的表述有所差异外, 它们具有和梁完全相似的定性性质.

1.6.4 多跨梁的离散系统的振动的定性性质

对于单跨弹簧–质点–刚杆系统, 跨中设置 p 个铰支座, 从而形成多跨梁的一种离散系统. 对于多跨梁的离散系统, 其固有频率和振型具有以下几点主要性质:

(1) 固有频率是单的, 系统没有重频率.

(2) 第一阶位移振型 $\boldsymbol{u}^{(1)}$ 有 p 个节点, 振型分量在跨内同号, 邻跨反号.

(3) 第 i 阶位移振型 $\boldsymbol{u}^{(i)}$ 的节点数为

$$S_{\boldsymbol{u}^{(i)}} = i - 1 + p - 2s, \quad s \leqslant \min(i-1, p),$$

其中, s 是一个参数, 其含义详见 4.8.5 小节.

(4) 相邻阶位移振型 $\boldsymbol{u}^{(i)}$ 和 $\boldsymbol{u}^{(i+1)}$ 的节点不一定互相交错.

作为多跨梁的具体例子, 对于两跨和三跨外伸梁的差分离散系统, 它们的固有频率和振型除了同样具有以上 4 条性质外, 还另有以下振荡性质:

(a) 包括内部支座处的零分量在内的第 i 阶位移振型 $\overline{\boldsymbol{u}}^{(i)}$ 有 $i + p - 1(p = 1, 2)$ 个零点, 不与内部支座重合的内零点均为节点, 内部支座处的零点可能是节点, 也可能是零腹点 (一个零腹点当作两个单零点计数);

(b) 转角、弯矩和剪力振型的节点数为

$$S_{\boldsymbol{\theta}^{(i)}} = i, \quad S_{\boldsymbol{\tau}^{(i)}} = i - 1, \quad S_{\boldsymbol{\phi}^{(i)}} = i, \quad i = 1, 2, \cdots, n-1.$$

1.6.5 梁的有限元离散系统的振动的定性性质

梁的有限元离散系统主要包括以下几个:

系统 1 如图 4.5 所示的分段等截面梁的位移型 Hermite 有限元离散系统.

系统 2 用 Hellinger-Reissner 原理构造的单元, 采用集中质量矩阵的有限元离散系统.

系统 3 用势能原理构造的三次 Hermite 插值位移型单元, 采用集中质量矩阵的有限元离散系统, 如果每个单元的抗弯刚度满足

$$\int_0^1 EJ(\xi)(9\xi^2 - 9\xi + 2)\mathrm{d}\xi > 0.$$

以上系统的模态都具有离散系统的振动的振荡性质.

1.6.3~1.6.5 小节的内容详述于第四章.

1.7　重复性结构的振动和静变形的定性性质要览

重复性结构及其合理的离散系统的固有频率和振型, 以及静变形都具有相应的一致的定性性质. 下面只给出连续系统的性质.

1.7.1　镜面对称结构

镜面对称 (简称对称) 结构的形状、物理性质和边条件相对于一个平面镜面对称. 对称结构可能有几个对称面, 其振型的主要性质是：相对于每一个对称面, 其振型分为两组, 即对称振型和反对称振型.

静变形的定性性质：对于每一个对称面, 外力和静变形可分解为对称和反对称两组.

因此, 求解整体结构的模态和静变形只需解两个一半结构的相应问题. 而当外力本身对称或反对称时, 求解静变形时只需解一半结构的静变形问题.

镜面对称结构的合理的简化离散系统的刚度矩阵和质量矩阵都应是实对称矩阵, 此系统的静变形和模态具有和连续系统相应的定性性质.

1.7.2　旋转周期结构和线周期结构

n 阶旋转周期结构的形状、物理性质和边条件相对于一个中心轴以 $\psi = 2\pi/n$(n 为正整数) 为周期, 布满圆周. 整体结构按绕中心轴的旋转顺序编号为第 $1, 2, \cdots, k, \cdots, n$ 个子结构.

整体结构的振型 $\boldsymbol{u}(\boldsymbol{x})$ 是一维、二维或三维位移函数, $\boldsymbol{x}$ 是一维、二维或三维空间坐标, $\boldsymbol{u}_k$ 是第 k 个子结构的振型分量. 这种结构的振型的主要定性性质是：振型分量分为 n 组, 第 r 组相邻子结构的振型分量满足

$$\boldsymbol{u}_{k+1}^{(r)} = \mathrm{e}^{\mathrm{i}r\psi}\boldsymbol{u}_k^{(r)}, \quad r = 1, 2, \cdots, n. \tag{1.7.1}$$

其分量关系有下列几种情形：

(1) 相邻子结构, 进而每一个子结构的振型分量相同, 对应于式 (1.7.1) 中 $r = n$ 的情形, 即

$$\boldsymbol{u}^{(n)} = (\boldsymbol{q}_n, \boldsymbol{q}_n, \cdots, \boldsymbol{q}_n)^{\mathrm{T}},$$

其中, $\boldsymbol{q}_n$ 是由求解单个子结构的特征值问题所得到的特征函数. 子结构的连接条件和约束条件由 "每一个子结构的振型分量相同" 这一条件给出.

(2) 当 n 为偶数时, 相邻子结构的振型分量相反, 对应于式 (1.7.1) 中 $r = n/2$ 的情形, 即

$$\boldsymbol{u}^{(n/2)} = (\boldsymbol{q}_{n/2}, -\boldsymbol{q}_{n/2}, \cdots, \boldsymbol{q}_{n/2}, -\boldsymbol{q}_{n/2})^{\mathrm{T}},$$

其中, $q_{n/2}$ 是单个子结构的特征函数. 子结构的连接条件和约束条件由 "相邻子结构的振型分量相反" 这一条件给出.

(3) 对于 $r \neq n, r \neq n/2$ 的情形, 存在两组重频率的振型:

$$v_1^{(r)}, v_2^{(r)}, \cdots, v_n^{(r)} \quad \text{和} \quad w_1^{(r)}, w_2^{(r)}, \cdots, w_n^{(r)},$$

其中, $r = 1, 2, \cdots, (n-2)/2(n$ 为偶数时), 或 $(n-1)/2(n$ 为奇数时). 它们之间满足

$$\begin{bmatrix} v_{k+1}^{(r)} \\ w_{k+1}^{(r)} \end{bmatrix} = \begin{bmatrix} \cos r\psi & -\sin r\psi \\ \sin r\psi & \cos r\psi \end{bmatrix} \begin{bmatrix} v_k^{(r)} \\ w_k^{(r)} \end{bmatrix}, \quad k = 1, 2, \cdots, n-1, \quad (1.7.2)$$

其中, $v_1^{(r)}$ 和 $w_1^{(r)}$ 是由求解两个子结构组成的结构的特征值问题所得到的特征函数. 这两个子结构的连接条件和约束条件参见本书 7.2 节.

静变形的定性性质: 外力和静变形可变换为三种情形. (1) 每一个子结构的外力分量相同, 相应的静变形分量相同, 这种情形只存在一组; (2) n 为偶数时, 相邻子结构的外力分量相反, 相应的静变形分量相反, 这种情形同样只存在一组; (3) 一对外力和相应的静变形 (例如, 第 r 组静变形记为 $v^{(r)}$ 和 $w^{(r)}(r = 1, 2, \cdots, N)$), 它们各自满足式 (1.7.2) 的关系, 这种情形共 N 组, $N = (n-2)/2(n$ 为偶数时), 或 $(n-1)/2(n$ 为奇数时).

按照上面的说明解出子结构的模态和静变形后, 仍需将它们组合起来, 才能分别得到整体结构的模态和静变形. 组合模态所用方程式在 7.2.2 小节中给出. 静变形的组合可以类似处理.

旋转周期结构的合理的离散系统的刚度矩阵和质量矩阵都是循环矩阵, 这种系统的模态和静变形具有和连续系统的模态和静变形相应的定性性质.

某些线周期结构的模态和静变形具有和旋转周期结构的模态和静变形类似的定性性质.

1.7.3 链式结构

链式结构是将一些相同的均匀分布的子结构组合成两端固定的链.

对于由 n 个子结构组成的链式结构, 将其子结构按顺序编号为第 $1, 2, \cdots, k, \cdots, n$ 个子结构, 第 k 个子结构的振型分量为 u_k. 整体结构的振型 u 分为 n 组: $u^{(1)}, u^{(2)}, \cdots, u^{(r)}, \cdots, u^{(n)}$, 第 $r(r = 1, 2, \cdots, n)$ 组振型为

$$u^{(r)} = (u_1^{(r)}, u_2^{(r)}, \cdots, u_n^{(r)})^{\mathrm{T}} = (\sin r\psi I, \sin 2r\psi I, \cdots, \sin nr\psi I)^{\mathrm{T}} q_r, \quad (1.7.3)$$

其中, $\boldsymbol{I}$ 为单位矩阵, $\psi = 2\pi/(n+1)$, $\boldsymbol{q}_r$ 是解耦后的单个子结构的特征值问题的特征函数.

静变形的定性性质: n 个子结构组成的链式结构的外力可仿照式 (1.7.3) 分解为 n 个单个子结构的外力. 由此得到 n 个单个子结构的变形. 再按照式 (1.7.3) 组合为 n 组整体结构的变形.

链式结构的合理的离散系统的刚度矩阵和质量矩阵都是分块三对角矩阵, 其对角线上的子矩阵相同, 次对角线上的子矩阵也相同, 这种系统的模态和静变形具有和连续系统的模态和静变形相应的定性性质.

1.7.4 轴对称结构

轴对称结构的物理参数、几何参数和边条件相对于一条直线是轴对称的, 此直线称为该结构的对称轴. 例如, 弹性参数、质量密度均匀, 边条件为轴对称的圆柱体和旋转壳, 它们分别是三维和二维的轴对称结构.

轴对称结构的振型和静变形在环向可以展开成正弦和余弦级数, 从而使求解振型和静变形问题减少了一维.

本节的内容详述于第七章. 第七章中还论述了重复性结构的强迫振动和振动控制的降维方法.

1.8   一般结构的模态的三项定性性质要览

1.8.1 结构参数改变对固有频率的影响

当结构理论算子是自共轭的、正定的, 其能量嵌入算子是紧算子时, 结构的固有频率和振型可借助有关结构应变能和动能系数之比的 Rayleigh 商的极大–极小原理求得. 由此原理可以得到固有频率和振型与结构参数的如下一些重要关系:

(1) 若结构的质量在结构的各点增大或不变, 则各阶固有频率减小或不变; 若质量在各点减小或不变, 则各阶固有频率增大或不变.

(2) 若结构的刚度在结构的各点增大或不变, 则各阶固有频率增大或不变; 若刚度在各点减小或不变, 则各阶固有频率减小或不变.

(3) 若结构的质量或支承只在某一阶振型的节点或节线、节面处变化, 而在其余点不变, 则此阶振型和对应的固有频率不变.

(4) 若弹簧支承边界的弹簧常数增大 (或减小), 则各阶固有频率增大 (或减小).

(5) 周边固定的结构的第 i 阶固有频率必大于或等于其具有部分弹性边界的同一结构的第 i 阶固有频率.

(6) 若对结构增加一个约束, 则各阶固有频率增大或不变; 反之, 若对结构放松一个约束, 则各阶固有频率减小或不变.

(7) 若结构具有弹性支承, 则结构的固有频率连续依赖于弹性支承的弹簧常数.

(8) 在固定边条件下, 若结构区域缩小, 则各阶固有频率增大或不变.

1.8.2　模态对结构参数改变的敏感性

结构的离散系统有如下一些结果:

(1) 固有频率对结构参数的改变不敏感. 特征值 (固有角频率的平方) 的改变量与结构参数的改变量为同一数量级.

(2) 单个振型的改变量取决于结构参数的改变量, 以及与此振型相应的特征值和相邻特征值之差的比值. 当特征值之差比结构参数的改变量大一个数量级时, 振型的改变是不敏感的. 否则, 振型的改变是敏感的.

(3) 如果有一组固有频率, 组内各相邻固有频率之差的最大绝对值记为 Δ_1, 此组中的最小、最大固有频率和组外相邻的固有频率之差的最小值记为 Δ_2, 若 Δ_1 至少比 Δ_2 小一个数量级, 则称此组固有频率为集聚固有频率组.

如果 Δ_1 和结构参数的改变量为同阶量, 则与集聚固有频率组内的频率相应的单个振型的改变是敏感的, 但相应于集聚固有频率组的振型子空间的改变则是不敏感的.

在求解结构的模态解、动力响应解和进行振动控制时, 关注本小节的这些性质是重要的.

1.8.3　振型的节的一些性质

所谓振型的节, 对于一维、二维和三维结构而言, 它们分别为振型的节点、节线和节面.

对于可用二阶自共轭微分方程描述的结构, 其中包含振动中的杆、弦、膜, 其振型的节有一个重要的共同性质: 当其固有频率按递增次序排列时, 其第 i 阶固有频率对应的第 i 阶振型的节将区域分成的子区域不多于 i 个. 特别地, 对于一维 Sturm-Liouville 系统, 其第 i 阶振型的节点恰好将区域分成 i 个子区域, 也就是该系统的节点为 $i-1$ 个.

此外, 本书中介绍了 1923 年由 Courant R 建立的上述定理所引发的众多后续的研究.

本节所述性质的确切论述请见第八章.

1.9 弹性力学和结构理论中解的存在性等基础理论要览

1.9.1 弹性力学和结构力学中解的分类

弹性力学和结构力学中的问题求解主要有三类: 给定静态外力, 求静变形解; 求模态解; 给定动态外力和初位移、初速度, 求动力响应解.

以上三类求解问题的解可分为下列两种:

(1) 满足微分方程和边条件的解, 称为古典解.

(2) 在广义微商意义下, 满足变分方程——最小势能原理或 Rayleigh 商极小的解, 称为广义解.

这些解具有不同的可微性, $2k$ 阶微分方程的古典解具有 $2k$ 阶微商, 而广义解可能只具有 k 阶广义微商. 讨论解的存在性是指广义解的存在性. 进一步, 根据各类问题的方程系数、边界形状、外力, 以及边条件的可微性可以导出广义解可能具有更高阶的广义微商.

1.9.2 弹性力学中解的存在性定理

弹性力学中的静变形方程和模态方程分别为

$$\begin{cases} \boldsymbol{A}_{\mathrm{e}}\boldsymbol{u} = -\sum_{i,k,l,m=1}^{3} \dfrac{\partial}{\partial x_i}\left[c_{iklm}\varepsilon_{lm}(\boldsymbol{u})\right]\boldsymbol{x}_k^{(0)} = \boldsymbol{f}(\boldsymbol{x}), & \Omega\text{内}, \\ \boldsymbol{B}_{\mathrm{e}}\boldsymbol{u} = \boldsymbol{0}, & \partial\Omega\text{上}, \end{cases} \tag{1.9.1}$$

以及

$$\begin{cases} \boldsymbol{A}_{\mathrm{e}}\boldsymbol{u} = \omega^2\rho\boldsymbol{u}, & \Omega\text{内}, \\ \boldsymbol{B}_{\mathrm{e}}\boldsymbol{u} = \boldsymbol{0}, & \partial\Omega\text{上}, \end{cases} \tag{1.9.2}$$

其中, $\boldsymbol{u}$ 是三维位移矢量, ε_{lm} 为应变分量, $\boldsymbol{x}_k^{(0)}$ 为轴 $x_k(k=1,2,3)$ 的单位矢量; 弹性力学算子 $\boldsymbol{A}_{\mathrm{e}}$ 是二阶微分算子, $\boldsymbol{B}_{\mathrm{e}}$ 是边界微分算子.

各向异性和各向同性体的弹性系数 c_{iklm} 分别为 21 个和 2 个. 非均匀材料的弹性系数为 $\boldsymbol{x}$ 的函数, 均匀材料的弹性系数为常数, 质量密度 ρ 为有界的正函数, 弹性体的有界区域 Ω 的边界为 $\partial\Omega$. 通常有 6 种边条件. (1) 固定边界: $\boldsymbol{u}|_{\partial\Omega} = \boldsymbol{0}$; (2) 自由边界: $\boldsymbol{t}(\boldsymbol{u})|_{\partial\Omega} = \boldsymbol{0}$; (3) 刚性接触边界: $\boldsymbol{u}_{(\nu)}|_{\partial\Omega} =$

0, $t(u)_{(s)}|_{\partial\Omega} = 0$, 其中, ν 表示边界法向, s 表示边界切向; (4) 法向自由, 切向固定边界: $u_{(s)}|_{\partial\Omega} = 0$, $t(u)_{(\nu)}|_{\partial\Omega} = 0$; (5) 以上 4 种边界的混合边界; (6) 弹性边界: $t(u)|_{\partial\Omega} + Ku|_{\partial\Omega} = 0$, 其中, K 是三对角矩阵, 其对角元为正函数.

定义

$$(u, v) = \int_\Omega u \cdot v \mathrm{d}\Omega$$

为平方可积空间 L_2 的内积, 于是 $(A_e u, u)$ 表示位移 u 对应的应变能幅值的两倍, $(\rho u, u)$ 表示动能幅值系数的两倍. 将边条件引入, 对 $(A_e u, u)$ 进行分部积分后的 Hilbert 空间称为应变能模空间 H_{A_e}. 将具有模 $(\rho u, u)$ 的 Hilbert 空间称为动能模空间 H_ρ. 将从应变能模空间至动能模空间的映射称为能量嵌入算子.

弹性力学算子的正定性定理   如果弹性体的弹性系数 c_{iklm} 在有界区域 Ω 上具有分片连续的一阶微商, 区域 Ω 的边界分片光滑, 并且上述边条件 (1) 至 (5) 之一得到满足, 则弹性力学算子 A_e 是正定算子, 即 $(A_e u, u) \geqslant \gamma^2 \|u\|^2$, 其中, γ 为正数.

算子的正定性的力学含义是应变能模与动能模之比为正数, 数学含义是应变能模空间到动能模空间的嵌入算子是有界算子.

弹性力学的能量嵌入算子的紧性定理   如果弹性体的弹性系数 c_{iklm} 在有界区域 Ω 上具有分片连续的一阶微商, 区域 Ω 的边界分片光滑, 质量密度 ρ 为有界的正函数, 而且 $\rho \in L_2$, 并且上述边条件 (1) 至 (5) 之一得到满足, 则弹性力学的能量嵌入算子是紧算子.

在 9.4.2 小节中指出了重要的一点: 在上面的两条定理中, 如果边条件允许刚体运动, 则还需加上一些附加条件以保证这些定理仍然适用.

由 Hilbert 空间理论可得弹性力学中解的存在性定理:

弹性力学中静变形解的存在性定理   如果弹性体的弹性系数 c_{iklm} 在有界区域 Ω 上具有分片连续的一阶微商, 区域 Ω 的边界分片光滑, 外力属于 $L_2(\Omega)$, 并且上述边条件 (1) 至 (5) 之一得到满足, 则弹性力学中的静变形问题存在唯一的广义解.

弹性力学中模态解的存在性定理   如果弹性体的弹性系数 c_{iklm} 在有界区域 Ω 上具有分片连续的一阶微商, 区域 Ω 的边界分片光滑, 质量密度 ρ 为有界的正函数, 而且 $\rho \in L_2$, 并且上述边条件 (1) 至 (5) 之一得到满足, 则弹性力学中的模态问题存在广义解, 有可数无穷多个固有频率, 仅以无穷远点为聚点,振型在动能模空间和应变能模空间都是完全正交系.

1.9.3 结构理论中解的存在性定理

多年来, 许多学者对各种不同的壳体理论的正定性给出了证明, 例如, Bernadou M 等 [26], Ciarlet P G 和 Miara B[27], 武际可 [28] 等. 王大钧和胡海昌 [9~13] 从各类结构理论和弹性力学的实质关系出发, 建立了各类结构理论中静变形解与模态解的统一的存在性理论.

结构力学包含各种结构理论, 它们源于不同的结构理论模型. 从杆和各种梁、板、壳、复合材料结构到复杂形状、复杂材料的组合弹性结构的理论模型, 其物理特性和数学描述各异, 但可以统一视为都是将三维弹性体的弹性力学模型经以下三种简化得到的: (1) 变形简化 (一般为施加位移约束); (2) 应力状态简化 (一般为略去部分应力); (3) 质量分布简化 (一般为做某些集中).

结构理论中的静变形方程为

$$\begin{cases} \boldsymbol{A}_{\mathrm{s}}\boldsymbol{w}(\boldsymbol{x}) = \boldsymbol{f}(\boldsymbol{x}), & \Omega\text{内}, \\ \boldsymbol{B}_{\mathrm{s}}\boldsymbol{w}(\boldsymbol{x}) = \boldsymbol{0}, & \partial\Omega\text{上}, \end{cases} \quad (1.9.3)$$

模态方程为

$$\begin{cases} \boldsymbol{A}_{\mathrm{s}}\boldsymbol{w}(\boldsymbol{x}) - \omega^2 m\boldsymbol{w}(\boldsymbol{x}) = \boldsymbol{0}, & \Omega\text{内}, \\ \boldsymbol{B}_{\mathrm{s}}\boldsymbol{w}(\boldsymbol{x}) = \boldsymbol{0}, & \partial\Omega\text{上}, \end{cases} \quad (1.9.4)$$

其中, $\boldsymbol{w}(\boldsymbol{x})$ 为结构理论的广义位移, $\boldsymbol{A}_{\mathrm{s}}$ 为结构理论算子, $\boldsymbol{B}_{\mathrm{s}}$ 为边界微分算子, m 是结构的质量密度算子. 和弹性理论中的情形相对应, $(\boldsymbol{A}_{\mathrm{s}}\boldsymbol{w}, \boldsymbol{w})$ 和 $(m\boldsymbol{w}, \boldsymbol{w})$ 分别为结构的应变能幅值和动能幅值系数的两倍. 将边条件引入, 对 $(\boldsymbol{A}_{\mathrm{s}}\boldsymbol{w}, \boldsymbol{w})$ 进行分部积分后的 Hilbert 空间称为结构理论的应变能模空间. 将具有模 $(m\boldsymbol{w}, \boldsymbol{w})$ 的 Hilbert 空间称为结构理论的动能模空间.

将一个结构体及其边条件视作弹性体及其边条件, 称它为结构对应的弹性体. 将它实行变形简化后, 称为结构对应的约束弹性体.

结构理论算子的正定性定理 对于给定弹性参数、形状和边条件的弹性结构, 如果

(1) 结构对应的弹性体及其边条件保证弹性力学算子 $\boldsymbol{A}_{\mathrm{e}}$ 正定;

(2) 结构的应变能模空间和与其对应的约束弹性体的应变能模空间的模等价.

则此结构的结构理论算子 $\boldsymbol{A}_{\mathrm{s}}$ 是正定的.

结构理论的能量嵌入算子的紧性定理　对于给定弹性参数和质量密度、形状和边条件的弹性结构, 如果

(1) 结构对应的弹性体及其边条件保证弹性力学的能量嵌入算子是紧算子;

(2) 结构的应变能模空间和与其对应的约束弹性体的应变能模空间的模等价;

(3) 结构的动能模空间和与其对应的约束弹性体的动能模空间的模等价.

则此结构的结构理论的能量嵌入算子是紧算子.

图 9.2(a) 和 9.2(b) 分别为以上两个定理的示意图.

结构理论中静变形解的存在性定理　对于给定弹性参数、形状和边条件的弹性结构, 如果

(1) 结构对应的弹性体及其边条件保证弹性力学算子 A_e 正定;

(2) 结构的应变能模空间和与其对应的约束弹性体的应变能模空间的模等价;

(3) 结构所受外力属于 L_2 空间.

则此结构的静变形问题存在唯一的广义解.

此定理可视为静变形解的存在性从弹性力学到结构理论的保持性定理, 如果将结构理论模型视为三维弹性力学模型的简化.

此定理也可视为静变形解的存在性从弹性力学到结构理论的延伸定理, 如果认为三维弹性力学理论延伸出丰富多彩的结构理论.

结构理论中模态解的存在性定理　对于给定弹性参数和质量密度、形状和边条件的弹性结构, 如果

(1) 结构对应的弹性体及其边条件保证弹性力学算子 A_e 正定, 以及弹性力学的能量嵌入算子是紧算子;

(2) 结构的应变能模空间和与其对应的约束弹性体的应变能模空间的模等价;

(3) 结构的动能模空间和与其对应的约束弹性体的动能模空间的模等价.

则此结构的模态问题存在广义解, 有仅以无穷远点为聚点的可数无穷多个固有频率, 振型序列在动能模空间和应变能模空间都是完全正交系.

与上一定理类似, 此定理可视为模态解的存在性从弹性力学到结构理论的保持性定理, 或延伸定理.

1.9.4　结构理论模型的合理性问题

认为广义解存在的结构是合理结构, 否则认为其是不合理结构.

一个具体结构中解的存在性涉及两个方面: (1) 结构理论模型 (例如, Euler-Bernoulli 梁、Timoshenko 梁、薄板、Mindlin 板的理论模型) 的合理性. (2) 具体结构参数 (例如, 板的边界形状、边条件、抗弯刚度分布) 的合理性.

根据 1.9.3 小节的结构理论中静变形解和模态解的存在性定理可知, 如果一个结构理论模型具有性质: (1) 结构理论模型和与其对应的约束弹性体的应变能模空间的模等价; (2) 结构理论模型和与其对应的约束弹性体的动能模空间的模等价. 则此种结构理论模型是合理的. 对于一个合理的结构理论模型的具体结构, 如果其对应的弹性体的弹性力学算子是正定的, 能量嵌入算子是紧算子, 则此结构是合理的.

现行的结构理论模型可分为三类: (1) 许多行之有效的结构理论模型是合理的, 例如, 梁、薄板、薄壳和许多复合材料结构理论. (2) 在 Green 函数具有奇性的结构 (例如, Mindlin 板、壳和弹性体) 上设置集中参数 (例如, 在 Green 函数的奇点设置支座、质点), 这种结构是不合理的. (3) 特别值得关注的是组合结构. 对于这类结构需要考虑两个方面: 一是各部件是不是合理的结构理论模型; 二是各部件组合处的状态是否相容. 如果两者都是肯定的, 则其是合理的组合结构. 所谓组合处的状态不相容, 是指组合处为点或为线时, 部件在此处的 Green 函数是奇性的. 例如, 梁的一个端点连接在三维弹性体上, 板的一条边连接在三维弹性体上, 圆形曲梁环抱在同半径的三维圆柱体上, 杆端连接在 Mindlin 板上, 梁端连接在壳体的表面上.

本节的内容详述于第九章.

参 考 文 献

[1] Rayleigh J. The theory of sound: Vol. 1 [M]. 2nd Ed. New York: Dover Publications, 1945.

[2] Courant R, Hilbert D. Methods of mathematical physics: Vol. I [M]. New York: Interscience Publishers, 1953; Vol. II [M]. New York: Interscience Publishers, 1962.

[3a] Гантмахер Ф Р, Крейн М Г. Осцилляционные матрицы и ядра и малые колебания механических систем [M]. Москва: Государственное Издательство Технико-Теоретической Литературы, 1950.

[3b] Gantmacher F R, Krein M G. Oscillation matrices and kernels and small vibrations of mechanical systems [M]. Washington: U. S. Atomic Energy Commission, 1961.

[3c] 甘特马赫, 克列因. 振荡矩阵、振荡核和力学系统的微振动 [M]. 王其申, 译. 合肥: 中国科学技术大学出版社, 2008.

[4a] Gladwell G M L. Inverse problems in vibration [M]. Dordrecht/Boston/Lancaster: Martinus Nijhoff Publishers, 1986.

[4b] 格拉德威尔 G M L. 振动中的反问题 [M]. 王大钧, 何北昌, 译. 北京: 北京大学出版社, 1991.

[4c] Gladwell G M L. Inverse problems in vibration [M]. 2nd Ed. Dordrecht/Boston/London: Kluwer Academic Publishers, 2004.

[5a] 王大钧, 王其申, 何北昌. 结构力学中的定性理论 [M]. 北京: 北京大学出版社, 2014.

[5b] Wang D J, Wang Q S, He B C. Qualitative theory in structural mechanics: Qualitative properties and existence of solutions [M]. Berlin-Heidelberg: Springer-Verlag, 2019.

[6a] Соболев С Л. Некоторые применения функционального анализа в математической физике [M]. Москва: Государственное Издательство Технико-Теоретической Литературы, 1950.

[6b] 索伯列夫 С Л. 泛函分析在数学物理中的应用 [M]. 王柔怀, 童勤谟, 译. 北京: 科学出版社, 1959.

[6c] Sobolev S L. Some applications of functional analysis in mathematical physics [M]. Ann Arbor: American Mathematical Society, 1963.

[7a] Михлин С Г. Проблема мнимума квадратичного функционала [M]. Москва: Государственное Издательство Технико-Теоретической Литературы, 1952.

[7b] Mikhlin S G. The problem of the minimum of a quadratic functional [M]. San Francisco-California: Holden-Day, Inc., 1965.

[7c] 米赫林 С Г. 二次泛函的极小问题 [M]. 王维新, 译. 北京: 科学出版社, 1964.

[8] Fichera G. Existence theorems in elasticity: Linear theories of elasticity and thermo-elasticity [M]. Berlin-Heidelberg: Springer-Verlag, 1973.

[9] 王大钧, 胡海昌. 弹性结构理论中线性振动普遍性质的统一论证 [J]. 振动与冲击, 1982, 1(1): 6.

[10] 王大钧, 胡海昌. 弹性结构理论中两类算子的正定性和紧致性的统一证明 [J]. 力学学报, 1982, 2: 111.

[11] Wang D J, Hu H C. A unified proof for the positive-definiteness and compactness of two kinds of operators in the theories of elastic structures: Proceedings of the China-France symposium on finite element methods [C]. Beijing: Science Press China, 1983.

[12] 王大钧, 胡海昌. 论弹性结构理论中两类算子的正定性和紧致性 [J]. 中国科学 (A 辑), 1985, 2: 146.

[13] Wang D J, Hu H C. Positive definiteness and compactness of two kinds of operators in theories of elastic structures [J]. Scientia Sinica(Series A), 1985, 28(7): 727.

[14] 王其申, 何北昌, 王大钧. Euler 梁的模态和频谱的一些定性性质 [J]. 振动工程学报, 1990, 3(4): 58.

[15] 王其申, 何北昌, 王大钧. 二阶连续系统的离散模型频率和振型的定性性质 [J]. 振动与冲击, 1992, 11(3): 7.

[16] 王其申, 王大钧. 任意支承梁的固有频谱和模态的定性性质 [J]. 力学学报, 1997, 29(5): 540.

[17] Zheng Z J, Chen P, Wang D J. Oscillation property of the vibrations for finite element models of an Euler beam [J]. The Quarterly Journal of Mechanics and Applied Mathematics, 2013, 66(4): 587.

[18] 郑子君. 杆、欧拉梁的振动定性性质及其模态反问题 [D]. 北京: 北京大学, 2014.

[19] 郑子君, 陈璞, 王其申. 轴向受拉欧拉梁的横向振动的振荡性质 [J]. 现代振动与噪声技术, 2022, 13: 1.

[20] Wang Q S, Wang D J. An inverse mode problem for continuous second-order systems: Proceedings of international conference on vibration engineering [C]. Singapore: International Academic Publishers, 1994.

[21] 王大钧, 何北昌, 王其申. 由两组模态及相应频率构造 Euler 梁 [J]. 力学学报, 1990, 22(4): 479.

[22] 王其申, 王大钧. 由部分模态及频率数据构造杆件离散系统 [J]. 振动工程学报, 1987, 1: 83.

[23] 何北昌, 王大钧, 王其申. Euler 梁有限差分模型的振动逆问题 [J]. 振动工程学报, 1989, 2(2): 1.

[24] 王其申, 王大钧, 何北昌. 由频谱数据构造两端铰支梁的差分离散系统 [J]. 工程力学, 1991, 8(4): 10.

[25] Leung A Y T, Wang D J, Wang Q. On concentrated masses and stiffnesses in structural theories [J]. International Journal of Structural Stability and Dynamics, 2004, 4(2): 171.

[26] Bernadou M, Ciarlet P G, Miara B. Existence theorems for two-dimensional linear shell theories [J]. Journal of Elasticity, 1994, 34(2): 111.

[27] Ciarlet P G, Miara B. Justification of the two-dimensional equations of a linearly elastic shallow shell [J]. Communications on Pure and Applied Mathematics, 1992, 45(3): 327.

[28] 武际可. 薄壳方程组椭圆型条件的证明 [J]. 固体力学学报, 1981, 4: 435.

第二章 振荡矩阵和振荡核及其特征对的性质

振荡矩阵和振荡核的理论是本书中研究杆、梁振动的定性性质的数学基础，我们特辟本章讲述这一理论. 本章主要内容取材于此理论的创立者 Гантмахер Ф Р 和 Крейн М Г 的专著《Осцилляционные матрицы и ядра и малые колебания механических систем》[1]. 2.10 节的大部分内容和 2.11 节的全部内容是本书作者及其合作者郑子君、陈璞的研究成果.

2.1 若干符号和定义

由 $m \times n$ 个数 $a_{ij}(i = 1, 2, \cdots, m, j = 1, 2, \cdots, n)$ 组成的 m 行 n 列矩形阵列

$$\boldsymbol{A} = \begin{bmatrix} a_{11} & a_{12} & \cdots & a_{1n} \\ a_{21} & a_{22} & \cdots & a_{2n} \\ \vdots & \vdots & & \vdots \\ a_{m1} & a_{m2} & \cdots & a_{mn} \end{bmatrix},$$

称为 $m \times n$ 矩阵, 简记为 $(a_{ij})_{m \times n}$. 数 a_{ij} 称为矩阵的第 i 行第 j 列的元. $n \times n$ 矩阵称为 n 阶方阵, 简记为 (a_{ij}).

列矢量记作 $\boldsymbol{a} = (a_1, a_2, \cdots, a_n)^{\mathrm{T}}$.

矩阵 $\boldsymbol{A}$ 的行列式记为 $|\boldsymbol{A}|$ 或 $\det \boldsymbol{A}$. 由任取的矩阵 $\boldsymbol{A}$ 的 p 行和 p 列交点处的元组成的 p 阶行列式, 称为矩阵 $\boldsymbol{A}$ 的 p 阶子式, 记作

$$A \begin{pmatrix} i_1 & i_2 & \cdots & i_p \\ j_1 & j_2 & \cdots & j_p \end{pmatrix} = \begin{vmatrix} a_{i_1 j_1} & a_{i_1 j_2} & \cdots & a_{i_1 j_p} \\ a_{i_2 j_1} & a_{i_2 j_2} & \cdots & a_{i_2 j_p} \\ \vdots & \vdots & & \vdots \\ a_{i_p j_1} & a_{i_p j_2} & \cdots & a_{i_p j_p} \end{vmatrix}, \quad \begin{array}{l} 1 \leqslant i_1 < i_2 < \cdots < i_p \leqslant n. \\ j_1 < j_2 < \cdots < j_p \end{array}$$

$$\tag{2.1.1}$$

当 $i_r = j_r(r = 1, 2, \cdots, p)$ 时, 称上述 p 阶子式为主子式; 如果 $i_r = j_r = r(r = 1, 2, \cdots, p)$, 则称该主子式为 $\boldsymbol{A}$ 的 p 阶顺序主子式, 记作 D_p; 又当 $|i_r - j_r| \leqslant 1$, 且 $j_r \leqslant i_{r+1}(r = 1, 2, \cdots, p-1)$ 时, 则称相应子式为 $\boldsymbol{A}$ 的准主子式.

矩阵 $\boldsymbol{A}$ 的元 a_{ij} 的余子式是指从 $|\boldsymbol{A}|$ 中划去第 i 行和第 j 列后所得的子式, 记作 M_{ij}. 而称 $A_{ij} = (-1)^{i+j} M_{ij}$ 为 a_{ij} 的代数余子式.

本书中将会遇到下面一些常用的矩阵.

矩阵 $(a_{ij})_{n \times n}$ 的截短子矩阵记为

$$(a_{ij})_q^p = \begin{bmatrix} a_{qq} & a_{q,q+1} & \cdots & a_{qp} \\ a_{q+1,q} & a_{q+1,q+1} & \cdots & a_{q+1,p} \\ \vdots & \vdots & & \vdots \\ a_{pq} & a_{p,q+1} & \cdots & a_{pp} \end{bmatrix}, \quad 1 \leqslant q \leqslant p \leqslant n.$$

凡 $a_{ij} = a_{ji}(i, j = 1, 2, \cdots, n)$ 的矩阵 $\boldsymbol{A} = (a_{ij})$ 称为对称矩阵. 工程问题中遇到的矩阵多数都是对称矩阵. 对称矩阵必为方阵.

将 $m \times n$ 矩阵 $\boldsymbol{A}$ 的行列互换所得的 $n \times m$ 矩阵称为 $\boldsymbol{A}$ 的转置矩阵, 记作 $\boldsymbol{A}^{\mathrm{T}}$.

凡 $i \neq j$ 时, 矩阵的元 a_{ij} 全为零的方阵称为对角矩阵, 记作 $\operatorname{diag}(a_{11}, a_{22}, \cdots, a_{nn})$. $\operatorname{diag}(1, 1, \cdots, 1)$ 称为单位矩阵, 记作 $\boldsymbol{I}$.

若 $\boldsymbol{AB} = \boldsymbol{I}$, 则称 $\boldsymbol{B}$ 为 $\boldsymbol{A}$ 的右逆矩阵. 若 $\boldsymbol{BA} = \boldsymbol{I}$, 则称 $\boldsymbol{B}$ 为 $\boldsymbol{A}$ 的左逆矩阵. 当 $\boldsymbol{A}$ 为对称矩阵时, 显然其左、右逆矩阵相等, 记作 $\boldsymbol{A}^{-1}$. 容易证明: 若矩阵 $\boldsymbol{A}$ 的行列式 $|\boldsymbol{A}| \neq 0$, 即 $\boldsymbol{A}$ 为非奇异矩阵, 则其逆矩阵 $\boldsymbol{A}^{-1}$ 可表示为

$$\boldsymbol{A}^{-1} = (A_{ji})/|\boldsymbol{A}|.$$

凡矩阵的元全不小于零的方阵称为非负矩阵, 所有元皆大于零的方阵称为正矩阵. 更进一步, 称所有子式全不小于零的方阵为完全非负矩阵, 所有子式全大于零的方阵为完全正矩阵. 显然, 完全正矩阵必为非奇异矩阵, 即其行列式必不为零. 同时请注意, 完全正矩阵不同于正定矩阵, 后者的充要条件是其顺序主子式全大于零且为对称矩阵.

2.2　有关子式的一些关系式

为了后文需要, 本节给出有关子式的一些重要关系式. 限于篇幅, 对有关定理只叙不证.

如果 A 是 $n \times m$ 矩阵, B 是 $m \times n$ 矩阵, 则 $C = AB$ 是 n 阶方阵, 该矩阵的元 c_{ij} 为

$$c_{ij} = \sum_{k=1}^{m} a_{ik} b_{kj}, \quad i, j = 1, 2, \cdots, n.$$

由此推广, 当 $n < m$ 时, 矩阵 C 的行列式为

$$C \begin{pmatrix} 1 & 2 & \cdots & n \\ 1 & 2 & \cdots & n \end{pmatrix} = \sum A \begin{pmatrix} 1 & 2 & \cdots & n \\ j_1 & j_2 & \cdots & j_n \end{pmatrix} B \begin{pmatrix} j_1 & j_2 & \cdots & j_n \\ 1 & 2 & \cdots & n \end{pmatrix},$$

$$(2.2.1)$$

式中和号为遍及满足 $1 \leqslant j_1 < j_2 < \cdots < j_n \leqslant m$ 的一切可能项的总和. 更进一步, 当 A 和 B 都是 n 阶方阵时, 对于任意的 $1 \leqslant p \leqslant n$, 矩阵 C 的 p 阶子式为

$$C \begin{pmatrix} i_1 & i_2 & \cdots & i_p \\ k_1 & k_2 & \cdots & k_p \end{pmatrix} = \sum A \begin{pmatrix} i_1 & i_2 & \cdots & i_p \\ j_1 & j_2 & \cdots & j_p \end{pmatrix} B \begin{pmatrix} j_1 & j_2 & \cdots & j_p \\ k_1 & k_2 & \cdots & k_p \end{pmatrix},$$

$$(2.2.2)$$

其中, $1 \leqslant i_1 < i_2 < \cdots < i_p \leqslant n$, $1 \leqslant k_1 < k_2 < \cdots < k_p \leqslant n$, 式中和号同样为遍及满足 $1 \leqslant j_1 < j_2 < \cdots < j_p \leqslant n$ 的一切可能项的总和. 这就是著名的 Binet-Cauchy 恒等式. 从此式出发可以得出下面的定理 2.1.

定理 2.1 完全非负矩阵的乘积仍为完全非负矩阵. 完全正矩阵乘以非奇异的完全非负矩阵仍为完全正矩阵.

定理 2.2 设方阵 $A = (a_{ij})_{n \times n}$, 记 $\widetilde{A} = (M_{ij})$, 则

$$\widetilde{A} \begin{pmatrix} i_1 & i_2 & \cdots & i_p \\ j_1 & j_2 & \cdots & j_p \end{pmatrix} = |A|^{p-1} A \begin{pmatrix} k_1 & k_2 & \cdots & k_{n-p} \\ s_1 & s_2 & \cdots & s_{n-p} \end{pmatrix}, \quad (2.2.3)$$

式中以 $1, 2, \cdots, n$ 为全集, $k_1 < k_2 < \cdots < k_{n-p}$ 是 $i_1 < i_2 < \cdots < i_p (1 \leqslant i_1, i_p \leqslant n)$ 的补集, $s_1 < s_2 < \cdots < s_{n-p}$ 是 $j_1 < j_2 < \cdots < j_p (1 \leqslant j_1, j_p \leqslant n)$ 的补集.

推论 1 当 $p = n$ 时,

$$\widetilde{A} \begin{pmatrix} 1 & 2 & \cdots & n \\ 1 & 2 & \cdots & n \end{pmatrix} = |A|^{n-1}.$$

推论 2 设方阵 $A = (a_{ij})_{n \times n}$ 是完全非负 (正) 矩阵, 则 $\widetilde{A} = (M_{ij})$ 也是完全非负 (正) 矩阵.

推论 3 设方阵 $\boldsymbol{A} = (a_{ij})_{n \times n}$ 是非奇异的完全非负 (正) 矩阵, 则 $(\boldsymbol{A}^*)^{-1}$ 也是完全非负 (正) 矩阵. 这里, $\boldsymbol{A}^* = ((-1)^{i+j} a_{ij})_{n \times n}$, 称其为 $\boldsymbol{A}$ 的符号倒换矩阵.

定理 2.3 (Sylvester) 设 $\boldsymbol{A} = (a_{ij})_{n \times n}$ 是任意方阵, 对于任意的 $1 \leqslant p < n$, 取

$$b_{rs} = A \begin{pmatrix} 1 & 2 & \cdots & p & r \\ 1 & 2 & \cdots & p & s \end{pmatrix}, \quad \boldsymbol{B} = (b_{rs})_{p+1}^n,$$

则

$$|\boldsymbol{B}| = |\boldsymbol{A}| \left\{ A \begin{pmatrix} 1 & 2 & \cdots & p \\ 1 & 2 & \cdots & p \end{pmatrix} \right\}^{n-p-1}. \tag{2.2.4}$$

上面讨论的是一般的矩阵, 下面三个定理是关于完全非负矩阵的.

定理 2.4 如果 n 阶完全非负矩阵 $\boldsymbol{A}$ 的某一顺序主子式 $D_q = 0 (1 \leqslant q < n)$, 则所有包含 D_q 的其余顺序主子式 $D_r (q < r \leqslant n)$ 全为零.

定理 2.5 设方阵 $\boldsymbol{A} = (a_{ij})_{n \times n}$ 是非奇异的完全非负矩阵, 则对于任意的正整数 $p(1 \leqslant p < n)$, 有

$$A \begin{pmatrix} 1 & 2 & \cdots & n \\ 1 & 2 & \cdots & n \end{pmatrix} \leqslant A \begin{pmatrix} 1 & 2 & \cdots & p \\ 1 & 2 & \cdots & p \end{pmatrix} A \begin{pmatrix} p+1 & p+2 & \cdots & n \\ p+1 & p+2 & \cdots & n \end{pmatrix}.$$

需要说明的是, 这一定理中的 "非奇异" 这一条件不是必要的. 这个定理可以推广到更为一般的情况. 不过, 现在的定理已能满足下文的需要.

定理 2.6 设矩阵 $\boldsymbol{A} = (a_{ij})_{m \times n}$ 是完全非负矩阵[①], 它的第 $i_1, i_2, \cdots, i_p$ $(1 \leqslant i_1 < i_2 < \cdots < i_p \leqslant m)$ 行线性相关, 而这些行中的前 $p-1$ 行和后 $p-1$ 行线性无关, 则 $\boldsymbol{A}$ 的秩为 $p-1$.

推论 若完全非负矩阵 $\boldsymbol{A} = (a_{ij})_{m \times n}$ 的某一子式

$$A \begin{pmatrix} i_1 & i_2 & \cdots & i_{p-1} & i_p \\ k_1 & k_2 & \cdots & k_{p-1} & k_p \end{pmatrix} = 0,$$

而

$$A \begin{pmatrix} i_1 & i_2 & \cdots & i_{p-1} \\ k_1 & k_2 & \cdots & k_{p-1} \end{pmatrix} A \begin{pmatrix} i_2 & \cdots & i_{p-1} & i_p \\ k_2 & \cdots & k_{p-1} & k_p \end{pmatrix} \neq 0,$$

则 $\boldsymbol{A}$ 的秩为 $p-1$.

---

① 非方阵的矩阵 $(a_{ij})_{m \times n}$ 称为完全非负矩阵是指它的所有 $p(p \leqslant \min(m, n))$ 阶子式非负.

2.3 Jacobi 矩阵

当 $|i - j| > 1$ 时, $a_{ij} = 0 (i, j = 1, 2, \cdots, n)$ 的方阵 $(a_{ij})_{n \times n}$ 即为三对角矩阵, 称它为 Jacobi 矩阵, 常用 $\boldsymbol{J}$ 表示. 若记 $a_i = a_{ii} (i = 1, 2, \cdots, n)$, $b_i = -a_{i,i+1} (i = 1, 2, \cdots, n-1)$, $c_i = -a_{i+1,i} (i = 1, 2, \cdots, n-1)$, 则 $\boldsymbol{J}$ 可以表示为如下三对角形式:

$$\boldsymbol{J} = \begin{bmatrix} a_1 & -b_1 & 0 & \cdots & 0 & 0 & 0 \\ -c_1 & a_2 & -b_2 & \cdots & 0 & 0 & 0 \\ 0 & -c_2 & a_3 & \cdots & 0 & 0 & 0 \\ \vdots & \vdots & \vdots & & \vdots & \vdots & \vdots \\ 0 & 0 & 0 & \cdots & -c_{n-2} & a_{n-1} & -b_{n-1} \\ 0 & 0 & 0 & \cdots & 0 & -c_{n-1} & a_n \end{bmatrix}. \tag{2.3.1}$$

对于任意实数 λ, 引入多项式序列

$$D_0(\lambda) \equiv 1, \quad D_k(\lambda) = \det(a_{ij} - \lambda \delta_{ij})_{k \times k}, \quad k = 1, 2, \cdots, n.$$

不难验证, 这样定义的多项式 $D_k(\lambda)$ 存在如下递推关系:

$$D_k(\lambda) = (a_k - \lambda) D_{k-1}(\lambda) - b_{k-1} c_{k-1} D_{k-2}(\lambda), \quad k = 2, 3, \cdots, n. \tag{2.3.2}$$

式 (2.3.2) 表明, 在 $D_k(\lambda)$ 的展开式中, b_k 和 c_k 必以乘积 $b_k c_k$ 的形式出现. 今后将只考虑 $b_k c_k > 0 (k = 1, 2, \cdots, n-1)$ 的情况.

定义 2.1 (标准 Jacobi 矩阵) b_k 与 $c_k (k = 1, 2, \cdots, n-1)$ 均大于零的 Jacobi 矩阵称为标准 Jacobi 矩阵.

2.3.1 Jacobi 矩阵和 Sturm 序列

由递推关系式 (2.3.2) 可以导出序列 A:

$$D_m(\lambda), \quad D_{m-1}(\lambda), \quad \cdots, \quad D_1(\lambda), \quad D_0(\lambda), \quad m \leqslant n$$

满足所谓 Sturm 序列的前两条性质, 即

性质 1 $D_0(\lambda)$ 始终不改变符号 $(D_0(\lambda) \equiv 1)$.

性质 2 在 $D_k(\lambda) (1 < k < m)$ 的零点处, $D_{k+1}(\lambda)$ 与 $D_{k-1}(\lambda)$ 必异于零并反号.

在叙述序列 A 的进一步性质以前, 首先介绍实数序列的符号改变数, 即变号数的概念. 设有实数序列 $a_1, a_2, \cdots, a_n$. 若 $a_k \cdot a_{k+1} < 0$, 则称序列在其相邻两项 a_k, a_{k+1} 间存在一次符号改变. 若 $a_k = 0$, 则约定 a_k 的符号可视为正, 也可视为负. 这时, 序列在 a_{k-1}, a_k, a_{k+1} 间可能存在一次符号改变 ($a_{k-1} \cdot a_{k+1} < 0$), 也可能不存在符号改变, 或存在两次符号改变 ($a_{k-1} \cdot a_{k+1} > 0$). 序列所有各项之间存在的符号改变数之和称为此序列的变号数. 当序列含有值为零的项时, 按以上规则, 序列有一个最小变号数和一个最大变号数, 分别记作 S^- 和 S^+. 只有当 $S^- = S^+$ 时, 序列才有确定的变号数, 记作 S. 序列有确定的变号数必定意味着其首尾项非零, 以及不能有两个或两个以上的相邻项为零. 例如,

$$S(1, -1, 1, -1) = 3, \quad S(1, -1, 0, 1) = 2;$$

$$S^-(1, -1, 0, -1) = 1, \quad S^+(1, -1, 0, -1) = 3;$$

$$S^-(0, 1, -1, -1) = 1, \quad S^+(0, 1, -1, -1) = 2;$$

$$S^-(1, 0, 0, -1) = 1, \quad S^+(1, 0, 0, -1) = 3.$$

上述后面 3 个序列没有确定的变号数. 还要指出的是: 下面还将谈到矢量的变号数, 所谓矢量的变号数, 指的就是这个矢量的分量所组成的序列的变号数.

现在考察参数 λ 连续增大时序列 A 的变号数的变化情况. 首先由连续性可以看出, 当 λ 在区间 $[\alpha, \beta]$ 上连续增大时, 序列 A 的变号数只在 λ 经过某一 $D_k(\lambda)$ 的零点时才可能发生变化. 进一步, 由连续性和性质 2 可以断定: 当 λ 经过中间的某个 $D_k(\lambda)$ 的零点时, 也不影响序列 A 的变号数. 这是因为按性质 2, 当 λ 经过某个 $D_k(\lambda)$ 的零点 λ_0 时, 无论 $D_k(\lambda)$ 是从正到负还是从负到正, $D_{k+1}(\lambda), D_k(\lambda), D_{k-1}(\lambda)$ 总存在一次符号改变, 所以可以断定: 当 λ 从 α 连续增大到 β 时, 只在 λ 经过 $D_m(\lambda)$ 的零点时才可能改变序列 A 的变号数. 由此得出:

定理 2.7 当 λ 在区间 $[\alpha, \beta]$ 上连续增大时, 若 $D_m(\alpha) \neq 0$, $D_m(\beta) \neq 0$, 则序列 A 的变号数的增量等于在此区间上当 λ 经过 $D_m(\lambda)$ 的零点时, 使乘积 $D_m D_{m-1}$ 从正到负变化的根的个数减去使乘积 $D_m D_{m-1}$ 从负到正变化的根的个数.

注意到 $D_k(-\infty) > 0$, $(-1)^k D_k(+\infty) > 0 (k = 0, 1, \cdots, n)$. 定理 2.7 表明, 序列 A 在 $\lambda \to -\infty$ 时的变号数为零, 而在 $\lambda \to +\infty$ 时的变号数为 m. 这样, 在区间 $(-\infty, +\infty)$ 上应用定理 2.7, 便可推出 Sturm 序列的其余性质:

性质 3　多项式 $D_m(\lambda)(m = 1, 2, \cdots, n)$ 有 m 个不重的实根.

性质 4　当 λ 逐渐增大到经过 $D_m(\lambda)$ 的零点时, $D_m D_{m-1}$ 的符号从正变为负.

作为定理 2.7 和性质 4 的直接推论, 又有:

性质 5　$D_m(\lambda)(m = 1, 2, \cdots, n)$ 在区间 (α, β) 内的根的个数等于序列 A 在 $\lambda = \beta$ 与 $\lambda = \alpha$ 时的变号数之差.

由性质 3 和性质 4, 以及函数 $D_m(\lambda)$ 的连续性可以推出:

性质 6　在 $D_m(\lambda)(m = 2, 3, \cdots, n)$ 的每两个相邻实根之间, $D_{m-1}(\lambda)$ 恰有一个实根.

性质 7　记矩阵 $\boldsymbol{J}$ 的特征值为 $\lambda_1, \lambda_2, \cdots, \lambda_n$, 且满足 $\lambda_1 < \lambda_2 < \cdots < \lambda_n$, 则序列 B:

$$D_{n-1}(\lambda), \quad D_{n-2}(\lambda), \quad \cdots, \quad D_0(\lambda)$$

在 $\lambda = \lambda_i$ 时的变号数恰为 $i - 1$.

事实上, 由于 $D_m(\lambda)$ 与 $D_{m-1}(\lambda)(m = 2, 3, \cdots, n)$ 的根彼此相间, 因此在区间 $(-\infty, \lambda_i]$ 上, $D_{n-1}(\lambda)$ 有 $i - 1$ 个分别位于区间 $(\lambda_1, \lambda_2), (\lambda_2, \lambda_3), \cdots,$ $(\lambda_{i-1}, \lambda_i)$ 内的根. 于是当 λ 从 $-\infty$ 增大到 λ_i 时序列 B 的变号数的增量应等于 $i - 1$, 但在 $\lambda \to -\infty$ 时序列 B 的变号数为零, 这就是所要证明的.

2.3.2　标准 Jacobi 矩阵的特征值和特征矢量

设与 Jacobi 矩阵 $\boldsymbol{J}$ 的特征值 λ 相应的特征矢量是

$$\boldsymbol{u} = (u_1, u_2, \cdots, u_n)^{\mathrm{T}}.$$

将矢量形式的特征方程

$$\boldsymbol{J}\boldsymbol{u} - \lambda\boldsymbol{u} = \boldsymbol{0}$$

改写为分量形式, 即

$$-c_{k-1}u_{k-1} + (a_k - \lambda)u_k - b_k u_{k+1} = 0 \ (k = 1, 2, \cdots, n-1), \quad c_0 = 0, \quad (2.3.3)$$

$$-c_{n-1}u_{n-1} + (a_n - \lambda)u_n = 0. \quad (2.3.4)$$

因为对于矩阵 $\boldsymbol{J}$ 的特征值 λ, $D_{n-1}(\lambda) \neq 0$, 方程组 (2.3.3) 的 $n - 1$ 个方程线性无关, 而方程 (2.3.4) 是它们的线性组合. 引入

$$v_1 = u_1,$$

$$v_k = b_1 b_2 \cdots b_{k-1} u_k, \quad k = 2, 3, \cdots, n,$$

则方程组 (2.3.3) 的 $n-1$ 个方程成为

$$v_{k+1} = (a_k - \lambda)v_k - b_{k-1}c_{k-1}v_{k-1}, \quad k = 1, 2, \cdots, n-1.$$

注意到, 为使上述关于 v_{k+1} 的递推关系式与递推关系式 (2.3.2) 完全一致, 则应有

$$v_k = CD_{k-1}(\lambda), \quad k = 1, 2, \cdots, n,$$

其中, C 是任意非零常数. 由此得出

$$u_k = CD_{k-1}(\lambda)/(b_1 b_2 \cdots b_{k-1}), \quad k = 1, 2, \cdots, n. \tag{2.3.5}$$

特别地, 与 λ_i 相应的特征矢量 $\boldsymbol{u}^{(i)}$, 其分量表达式是

$$u_{ki} = CD_{k-1}(\lambda_i)/(b_1 b_2 \cdots b_{k-1}), \quad k, i = 1, 2, \cdots, n. \tag{2.3.6}$$

根据上面的讨论不难得出:

定理 2.8 (**标准 Jacobi 矩阵的特征对**) 标准 Jacobi 矩阵的特征对具有如下性质:

(1) 所有特征值都是实的和单的, 即 $\lambda_1 < \lambda_2 < \cdots < \lambda_n$.

(2) 相邻的顺序主子矩阵的特征值彼此相间.

(3) 相应于 λ_i 的特征矢量 $\boldsymbol{u}^{(i)}$ 的分量序列的变号数恰为 $i-1$, 记作 $S_{\boldsymbol{u}^{(i)}} = i - 1$.

推论 正定的标准 Jacobi 矩阵具有定理 2.8 中的性质 (1)~(3), 而且特征值是正的, 即

$$0 < \lambda_1 < \lambda_2 < \cdots < \lambda_n.$$

2.3.3 u 线的概念及其节点

为了后文应用的需要, 引入所谓 u 线的概念.

设有矢量 $\boldsymbol{u} = (u_1, u_2, \cdots, u_n)^{\mathrm{T}}$, 在平面直角坐标系 Oxy 中, 以 $P_k = (k, u_k)(k = 1, 2, \cdots, n)$ 为顶点的折线 $P_1 P_2 \cdots P_n$ 称为 u 线. 当 u 线与 x 轴交叉相交时, 这样的交点称为 u 线的节点. 显然, 为使 u 线与 x 轴的公共点都是节点, 其充要条件是: 如果某个 $u_k = 0$, 则必有 $u_{k-1}u_{k+1} < 0(1 < k < n)$; 如果 u 线与 x 轴的公共点位于由 u_{k-1} 到 u_k 的一段中, 则必有

$$u_{k-1}u_k < 0, \quad 1 < k < n.$$

现在, 给式 (2.3.5) 中的 C 以确定值, 例如, 取 $C = 1$, 则得矢量

$$\boldsymbol{u}(\lambda) = (u_1(\lambda), u_2(\lambda), \cdots, u_n(\lambda))^{\mathrm{T}},$$

其分量作为 λ 的函数是

$$u_1(\lambda) \equiv 1,$$

$$u_k(\lambda) = D_{k-1}(\lambda)/(b_1 b_2 \cdots b_{k-1}), \quad k = 2, 3, \cdots, n.$$

与这个矢量相应的 u 线在 $k - 1 < x < k$ 时满足

$$y(x, \lambda) = (k - x)u_{k-1}(\lambda) + (x - k + 1)u_k(\lambda), \quad k = 2, 3, \cdots, n. \quad (2.3.7)$$

下面, 研究这样的 $u(\lambda)$ 线的形状, 以及随 λ 变化时其节点的变动情况.

首先, 由 Sturm 序列的性质 2 可知, $u(\lambda)$ 线和 x 轴的每一个属于区间 $(1, n)$ 内的交点都是节点. 其次, 由定理 2.7 可知, $u(\lambda)$ 线在 $\lambda = \lambda_i$ 时恰有 $i - 1$ 个节点. 在 λ 取任意值的一般情况下, 由 Sturm 序列的性质 5 可知, $u(\lambda)$ 线的节点个数等于 $D_{n-1}(\lambda)$ 在区间 $(-\infty, \lambda)$ 内的根的个数.

进一步考察以 $\sqrt{b_k c_k}$ 来代替 b_k 和 c_k, 而将 Jacobi 矩阵 $\boldsymbol{J}$ 对称化的情况. 这时, $u_k(\lambda)$ 将被

$$\begin{aligned} \widetilde{u}_k(\lambda) &= D_{k-1}(\lambda)/\sqrt{b_1 b_2 \cdots b_{k-1} c_1 c_2 \cdots c_{k-1}} \\ &= \sqrt{b_1 b_2 \cdots b_{k-1} c_1^{-1} c_2^{-1} \cdots c_{k-1}^{-1}} \, u_k(\lambda), \quad k = 1, 2, \cdots, n \end{aligned}$$

所代替. 从这里不难看到, 与对称化后的 $\boldsymbol{J}$ 相应的 $\widetilde{u}(\lambda)$ 线的形状不同于原来的 $u(\lambda)$ 线, 但是它们之间有着重要的共同点:

(1) 它们的节点个数始终相等.

(2) 如果它们之一在区间 $(k - 1, k)$ 内有一个节点, 则另一个也同样如此.

(3) 它们对应的节点将随 λ 的变化同时向左或向右移动.

正因为如此, 在下面的定理中, 不失一般性地, 可以只考虑对称的 $\boldsymbol{J}$ 矩阵, 即 $b_k = c_k (k = 1, 2, \cdots, n - 1)$ 的情况. 这时, $u_k(\lambda)$ 满足

$$-b_{k-1} u_{k-1}(\lambda) + a_k u_k(\lambda) - b_k u_{k+1}(\lambda) = \lambda u_k(\lambda).$$

由此可以证明下列引理和定理:

引理 2.1 如果 $\lambda < \mu$, 那么在 $u(\lambda)$ 线的每两个相邻节点之间至少有 $u(\mu)$ 线的一个节点.

定理 2.9　标准 Jacobi 矩阵的特征矢量 $\boldsymbol{u}^{(i)}$ 和 $\boldsymbol{u}^{(i+1)}$（即 $u(\lambda_i)$ 线和 $u(\lambda_{i+1})$ 线）的节点交错.

引理 2.1 和定理 2.9 的证明可以参见参考文献 [1, 2].

2.4　振　荡　矩　阵

2.4.1　振荡矩阵的定义及其判定准则

首先给出振荡矩阵的定义.

定义 2.2 (振荡矩阵)　如果方阵 $\boldsymbol{A} = (a_{ij})_{n \times n}$ 是完全非负矩阵, 并存在正整数 s, 使得 $\boldsymbol{A}^s$ 是完全正矩阵, 则称 $\boldsymbol{A}$ 为振荡矩阵, 而称满足上述条件的最小正整数 s 为振荡矩阵的振荡指数.

设 $\boldsymbol{A} = (a_{ij})_{n \times n}$ 是具有振荡指数 s 的振荡矩阵, 则它具有如下性质:

性质 1　因为 $|\boldsymbol{A}^s| = |\boldsymbol{A}|^s > 0$, 所以振荡矩阵必为非奇异矩阵, 且 $|\boldsymbol{A}| > 0$.

性质 2　因为 $(\boldsymbol{A}^p)^s = (\boldsymbol{A}^s)^p$, 所以振荡矩阵的任何次幂仍为振荡矩阵.

性质 3　振荡矩阵 $\boldsymbol{A}$ 的任意阶截短子矩阵 $\boldsymbol{B} = (a_{ij})_q^r (1 \leqslant q \leqslant r \leqslant n)$ 仍为振荡矩阵.

性质 3 的证明可以参见参考文献 [1].

作为性质 3 的直接推论, 有:

性质 4　振荡矩阵的主对角元和次对角元均大于零.

事实上, 由振荡矩阵的一阶截短子矩阵仍为振荡矩阵, 可以立刻得到其主对角元 $a_{ii} > 0 (i = 1, 2, \cdots, n)$; 至于次对角元 $a_{i,i+1}$ 与 $a_{i+1,i}$, 如果某个 $a_{i+1,i} = 0$, 则对于相应的二阶截短子矩阵

$$\begin{bmatrix} a_{ii} & a_{i,i+1} \\ 0 & a_{i+1,i+1} \end{bmatrix},$$

无论将其自乘多少次, 其左下角元始终为零, 这与它也是振荡矩阵相矛盾, 所以 $a_{i+1,i} > 0$. 同理, $a_{i,i+1} > 0 (i = 1, 2, \cdots, n-1)$.

鉴于振荡矩阵在本书中占有的特殊地位, 在深入讨论其特征值和特征矢量的性质以前, 有必要研究一下振荡矩阵的判定问题, 即

定理 2.10 (振荡矩阵的判定准则)　方阵 $\boldsymbol{A} = (a_{ij})_{n \times n}$ 是振荡矩阵的充要条件是: $\boldsymbol{A}$ 是非奇异的、完全非负的, 且其次对角元 $a_{i+1,i} > 0$, $a_{i,i+1} > 0 (i = 1, 2, \cdots, n-1)$.

证明 这一定理中条件的必要性已由上述性质 1 和性质 4 给出. 下面分两步证明条件的充分性:

(1) 首先证明在定理 2.10 的条件下, $\boldsymbol{A}$ 的所有准主子式大于零.

按定理 2.10 的条件, 有 $a_{i+1,i} > 0, a_{i,i+1} > 0 (i = 1, 2, \cdots, n-1)$, 而由 2.2 节中的定理 2.5, 有

$$0 < \det \boldsymbol{A} \leqslant A \begin{pmatrix} 1 & 2 & \cdots & n-1 \\ 1 & 2 & \cdots & n-1 \end{pmatrix} a_{nn}.$$

又因为矩阵 $\boldsymbol{A}$ 的子式

$$A \begin{pmatrix} 1 & 2 & \cdots & n-1 \\ 1 & 2 & \cdots & n-1 \end{pmatrix}$$

仍是完全非负的, 所以 $a_{nn} > 0$. 由归纳法即知, 所有的 $a_{ii} > 0$, 因此一阶准主子式全大于零. 现在假设低于 p 阶的准主子式全大于零, 我们来证明所有 p 阶准主子式也大于零.

用反证法. 假设某一 p 阶准主子式 $A \begin{pmatrix} i_1 & i_2 & \cdots & i_p \\ k_1 & k_2 & \cdots & k_p \end{pmatrix} = 0$, 由归纳法假设

$$A \begin{pmatrix} i_1 & i_2 & \cdots & i_{p-1} \\ k_1 & k_2 & \cdots & k_{p-1} \end{pmatrix} A \begin{pmatrix} i_2 & i_3 & \cdots & i_p \\ k_2 & k_3 & \cdots & k_p \end{pmatrix} > 0,$$

这样, 由定理 2.6 的推论可知, 矩阵 $\boldsymbol{A}$ 的秩为 $p-1$, 从而与定理 2.10 的条件矛盾.

(2) 现在证明方阵 $\boldsymbol{A}^{n-1}$ 是完全正矩阵. 由 Binet-Cauchy 恒等式, 有

$$A^{n-1} \begin{pmatrix} i_1 & i_2 & \cdots & i_p \\ k_1 & k_2 & \cdots & k_p \end{pmatrix} = \sum A \begin{pmatrix} i_1 & i_2 & \cdots & i_p \\ \alpha'_1 & \alpha'_2 & \cdots & \alpha'_p \end{pmatrix} A \begin{pmatrix} \alpha'_1 & \alpha'_2 & \cdots & \alpha'_p \\ \alpha''_1 & \alpha''_2 & \cdots & \alpha''_p \end{pmatrix}$$

$$\cdots A \begin{pmatrix} \alpha_1^{(n-2)} & \alpha_2^{(n-2)} & \cdots & \alpha_p^{(n-2)} \\ k_1 & k_2 & \cdots & k_p \end{pmatrix}. \tag{2.4.1}$$

由于式 (2.4.1) 右端和号内的各项非负, 因此要证明此式左端大于零, 只要证明其右端和号内各项中有一项大于零就足够了. 为此我们指出, 总存在一组这样的过渡指标族:

$$\alpha'_1, \alpha'_2, \cdots, \alpha'_p, \quad \alpha''_1, \alpha''_2, \cdots, \alpha''_p, \quad \cdots, \quad \alpha_1^{(n-2)}, \alpha_2^{(n-2)}, \cdots, \alpha_p^{(n-2)},$$

使得式 (2.4.1) 右端和号内与之相应的被加项的所有因子均为准主子式, 从而该项大于零. 现按以下步骤获得所需的过渡指标族:

首先, 根据 i_r 小于、大于或等于 $k_r(r = 1, 2, \cdots, p)$ 将 $i_1, i_2, \cdots, i_p$ 分为 3 组, 称为正组、负组和零组. 将每个正组中的最后一个指标增加 1, 每个负组中的第一个指标减少 1, 并保持其余指标不变, 这就得到指标族 $\alpha_1', \alpha_2', \cdots, \alpha_p'$. 接着, 根据 α_r' 小于、大于或等于 $k_r(r = 1, 2, \cdots, p)$ 将 $\alpha_1', \alpha_2', \cdots, \alpha_p'$ 分为正组、负组和零组, 再将每个正组中的最后两个指标各增加 1, 每个负组中的前两个指标各减少 1, 并保持其余指标不变, 即得指标族 $\alpha_1'', \alpha_2'', \cdots, \alpha_p''$. 以此类推. 一般地, 要从指标族 $\alpha_1^{(t)}, \alpha_2^{(t)}, \cdots, \alpha_p^{(t)}$ 得到指标族 $\alpha_1^{(t+1)}, \alpha_2^{(t+1)}, \cdots, \alpha_p^{(t+1)}$, 总是先将 $\alpha_1^{(t)}, \alpha_2^{(t)}, \cdots, \alpha_p^{(t)}$ 根据 $\alpha_r^{(t)}$ 小于、大于或等于 $k_r(r = 1, 2, \cdots, p)$ 分为正组、负组和零组, 然后将每个正组中的最后 t 个指标或该组全部指标 (当 t 大于该组所含指标的个数时) 增加 1, 每个负组中的前 t 个指标或该组全部指标 (当 t 大于该组所含指标的个数时) 减少 1, 并保持其余指标不变, 即得所需指标族. 显然, 这样组成的过渡指标族已经保证了式 (2.4.1) 右端相应被加项除最后一个因子外其余因子均为准主子式. 至于最后一个因子, 注意到在式 (2.4.1) 左端的表达式中, $r \leqslant i_r, k_r \leqslant n - p + r(r = 1, 2, \cdots, p)$, 这样, $|i_r - k_r| \leqslant n - p(r = 1, 2, \cdots, p)$. 另一方面, 如果某个 $i_r \neq k_r$, 则按上述步骤, i_r 最多保持 $p - 1$ 次原值后即要向 k_r 靠近, 而且每次靠近 1, 这样经过 $n - 2$ 次转换, 必有 $\left| \alpha_r^{(n-2)} - k_r \right| \leqslant 1$, 所以最后一个因子也是准主子式. ∎

以上证明过程还表明, n 阶振荡矩阵的振荡指数不超过 $n - 1$.

由定理 2.10, 也可将振荡矩阵定义为: 振荡矩阵是非奇异的完全非负矩阵, 且其次对角元大于零.

利用上述判定准则可以证明:

性质 5 非奇异的完全非负矩阵与振荡矩阵的乘积是振荡矩阵.

事实上, 非奇异的完全非负矩阵与振荡矩阵的乘积显然仍为非奇异的完全非负矩阵. 又当 A 是非奇异的完全非负矩阵时, 必有 $a_{ii} > 0(i = 1, 2, \cdots, n)$, 而当 B 是振荡矩阵时, 必有 $b_{i,i+1} > 0$ 和 $b_{i+1,i} > 0(i = 1, 2, \cdots, n-1)$, 这样, 如果 $C = AB$, 那么

$$c_{i,i+1} = \sum_{k=1}^{n} a_{ik} b_{k,i+1} \geqslant a_{ii} b_{i,i+1} > 0, \quad c_{i+1,i} = \sum_{k=1}^{n} a_{i+1,k} b_{ki} \geqslant a_{i+1,i+1} b_{i+1,i} > 0,$$

即 C 是振荡矩阵. 当 A 是振荡矩阵、B 是非奇异的完全非负矩阵时, 该结论也成立.

2.4.2 符号振荡矩阵

与振荡矩阵密切相关的是符号振荡矩阵. 它的定义是:

定义 2.3 (符号振荡矩阵) 如果方阵 $A = (a_{ij})_{n \times n}$ 的符号倒换矩阵 $A^* = ((-1)^{i+j} a_{ij})_{n \times n}$ 是振荡矩阵, 则称 A 为符号振荡矩阵.

根据这个定义和振荡矩阵的判定准则可知, A 为符号振荡矩阵的充要条件是: A 是非奇异的, 它的次对角元 $a_{i+1,i} < 0, a_{i,i+1} < 0 (i = 1, 2, \cdots, n-1)$, 而 A^* 是完全非负矩阵.

根据上述充要条件和振荡矩阵的性质 3 及性质 5, 可得如下推论:

推论 符号振荡矩阵的截短子矩阵也是符号振荡矩阵; 正定对角矩阵 (例如, 对角质量矩阵的逆矩阵) 与符号振荡矩阵的乘积仍是符号振荡矩阵.

此外, 还可以证明:

定理 2.11 振荡矩阵的逆是符号振荡矩阵, 而符号振荡矩阵的逆则是振荡矩阵.

证明 设方阵 $A = (a_{ij})_{n \times n}$ 是振荡矩阵. 则由定理 2.10 可知, 必有

$$\det A > 0,$$

因而 $A^{-1} = (A_{ji})_{n \times n}/|A|$ 存在, 且也有 $\det A^{-1} > 0$. 又由定理 2.2 的推论 3 可知, $(A^*)^{-1}$ 是完全非负矩阵. 注意到 $(A^{-1})^* = (A^*)^{-1}$ 的主对角元和次对角元正好是 A 的准主子式, 因而全大于零, 即 A^{-1} 是符号振荡矩阵.

同理可证, 当 A 是符号振荡矩阵时, A^{-1} 是振荡矩阵. ∎

2.4.3 振荡矩阵和符号振荡矩阵的例子

例 1(双元矩阵) 考察具有下述元的矩阵 $L = (l_{ij})_{n \times n}$:

$$l_{ij} = \begin{cases} \varphi_i \psi_j, & i \leqslant j, \\ \varphi_j \psi_i, & i > j, \end{cases} \quad 1 \leqslant i, j \leqslant n,$$

其中, $\varphi_1, \varphi_2, \cdots, \varphi_n, \psi_1, \psi_2, \cdots, \psi_n$ 都是实常数. 矩阵 L 称为双元矩阵, 它具有下列性质:

(1) 对于它的任意阶子式, 当

$$1 \leqslant i_1, j_1 < i_2, j_2 < \cdots < i_p, j_p \leqslant n \tag{2.4.2}$$

时, 有

$$L\begin{pmatrix} i_1 & i_2 & \cdots & i_p \\ j_1 & j_2 & \cdots & j_p \end{pmatrix} = \varphi_{\alpha_1} \begin{vmatrix} \psi_{\beta_1} & \varphi_{\beta_1} \\ \psi_{\alpha_2} & \varphi_{\alpha_2} \end{vmatrix} \begin{vmatrix} \psi_{\beta_2} & \varphi_{\beta_2} \\ \psi_{\alpha_3} & \varphi_{\alpha_3} \end{vmatrix} \cdots \begin{vmatrix} \psi_{\beta_{p-1}} & \varphi_{\beta_{p-1}} \\ \psi_{\alpha_p} & \varphi_{\alpha_p} \end{vmatrix} \psi_{\beta_p},$$

(2.4.3)

其中,

$$\alpha_r = \min(i_r, j_r), \quad \beta_r = \max(i_r, j_r).$$

(2) 凡不满足不等式 (2.4.2) 的任意 $p(p \geqslant 2)$ 阶子式均等于零.

事实上, 矩阵 L 是对称的. 因此, 不失一般性地, 可以认为 $i_2 \leqslant j_2$, 这样,

$$L\begin{pmatrix} i_1 & i_2 & \cdots & i_p \\ j_1 & j_2 & \cdots & j_p \end{pmatrix} = \begin{vmatrix} \varphi_{\alpha_1}\psi_{\beta_1} & \varphi_{i_1}\psi_{j_2} & \varphi_{i_1}\psi_{j_3} & \cdots & \varphi_{i_1}\psi_{j_p} \\ \varphi_{j_1}\psi_{i_2} & \varphi_{i_2}\psi_{j_2} & \varphi_{i_2}\psi_{j_3} & \cdots & \varphi_{i_2}\psi_{j_p} \\ \vdots & \vdots & \vdots & & \vdots \end{vmatrix}.$$

将上式中行列式的第一行减去第二行的 $\varphi_{i_1}/\varphi_{i_2}$ 倍, 即有

$$L\begin{pmatrix} i_1 & i_2 & \cdots & i_p \\ j_1 & j_2 & \cdots & j_p \end{pmatrix} = [\varphi_{\alpha_1}\psi_{\beta_1} - \varphi_{j_1}\psi_{i_2}(\varphi_{i_1}/\varphi_{i_2})]L\begin{pmatrix} i_2 & i_3 & \cdots & i_p \\ j_2 & j_3 & \cdots & j_p \end{pmatrix}$$

$$= \frac{\varphi_{\alpha_1}}{\varphi_{\alpha_2}} \begin{vmatrix} \psi_{\beta_1} & \varphi_{\beta_1} \\ \psi_{\alpha_2} & \varphi_{\alpha_2} \end{vmatrix} L\begin{pmatrix} i_2 & i_3 & \cdots & i_p \\ j_2 & j_3 & \cdots & j_p \end{pmatrix}.$$

这里明显用到了等式 $\varphi_{i_1}\varphi_{j_1} = \varphi_{\alpha_1}\varphi_{\beta_1}$. 以此类推, 并注意到 $L\begin{pmatrix} i_p \\ j_p \end{pmatrix} = \varphi_{\alpha_p}\psi_{\beta_p}$, 即得性质 (1).

至于性质 (2), 例如, 设 $i_{r+1} \leqslant j_r$, 那么 $L\begin{pmatrix} i_r & i_{r+1} & \cdots & i_p \\ j_r & j_{r+1} & \cdots & j_p \end{pmatrix}$ 的前两行成比例, 从而包含它的所有子式为零.

从以上性质出发, 可以得出:

(3) 矩阵 L 为完全非负矩阵的充要条件是: $\varphi_1, \varphi_2, \cdots, \varphi_n, \psi_1, \psi_2, \cdots, \psi_n$ 都不为零, 且有相同的正负号, 并满足

$$\frac{\varphi_1}{\psi_1} \leqslant \frac{\varphi_2}{\psi_2} \leqslant \cdots \leqslant \frac{\varphi_n}{\psi_n}.$$

(2.4.4)

同时, 矩阵 L 的秩等于不等式 (2.4.4) 中等号不成立的个数加 1. 当不等式 (2.4.4) 中所有等号都不成立时, 矩阵 L 是完全正矩阵, 或者说, 是指数为 1 的振荡矩阵.

例 2 正定的标准 Jacobi 矩阵是符号振荡矩阵.

事实上, 正定的标准 Jacobi 矩阵一定是非奇异的, 具有负的次对角元, 因此只需证明 $\boldsymbol{J}^*$ 是完全非负矩阵. 考察子式

$$J^* \begin{pmatrix} i_1 & i_2 & \cdots & i_p \\ j_1 & j_2 & \cdots & j_p \end{pmatrix}, \quad 1 \leqslant p < n. \tag{2.4.5}$$

此式存在三种情况:

(1) 当所有的 $i_r = j_r (r = 1, 2, \cdots, p)$ 时, 它是主子式, 必大于零.

当某个 $i_r \neq j_r$ 时, 注意到如果 $i_r < j_r$, 则

$$a_{i_\alpha j_\beta} = 0, \quad \alpha = 1, 2, \cdots, r, \quad \beta = r+1, r+2, \cdots, p.$$

如果 $i_r > j_r$, 则

$$a_{i_\alpha j_\beta} = 0, \quad \alpha = r+1, r+2, \cdots, p, \quad \beta = 1, 2, \cdots, r.$$

这样, 可得到子式分解式

$$J \begin{pmatrix} i_1 & i_2 & \cdots & i_p \\ j_1 & j_2 & \cdots & j_p \end{pmatrix} = J \begin{pmatrix} i_1 & i_2 & \cdots & i_r \\ j_1 & j_2 & \cdots & j_r \end{pmatrix} J \begin{pmatrix} i_{r+1} & i_{r+2} & \cdots & i_p \\ j_{r+1} & j_{r+2} & \cdots & j_p \end{pmatrix}. \tag{2.4.6}$$

由式 (2.4.6) 可知:

(2) 当至少有一个行指标和相应列指标不相等, 但对于所有不相等的行指标和相应列指标均有 $|i_r - j_r| = 1$ 时, 子式 (2.4.5) 等于主子式与 b_i 的乘积, 从而大于零.

(3) 当存在 $i_r \neq j_r$, 而其中至少有一个 $|i_r - j_r| > 1$ 时, 因为有 $a_{i_\alpha j_\beta} = 0(\alpha = 1, 2, \cdots, r)$ 或 $a_{i_\alpha j_\beta} = 0(\beta = 1, 2, \cdots, r)$, 所以子式 (2.4.5) 为零.

2.5 Perron 定理和复合矩阵

2.5.1 Perron 定理

为了获得振荡矩阵的振荡性质, 本小节将给出一般正矩阵 (注意, 不一定对称) 的特征值和特征矢量的一个定理——Perron 定理, 它在下文的讨论中将起关键的作用.

定义 2.4　如果矢量 $\boldsymbol{x} = (x_1, x_2, \cdots, x_n)^{\mathrm{T}}$ 的所有分量 $x_i \geqslant 0 (> 0)$, 则称矢量 $\boldsymbol{x}$ 是非负 (正) 矢量, 记作 $\boldsymbol{x} \geqslant \boldsymbol{0} (> \boldsymbol{0})$. 如果矢量 $\boldsymbol{y} - \boldsymbol{x} \geqslant \boldsymbol{0}$, 则记 $\boldsymbol{y} \geqslant \boldsymbol{x}$.

定理 2.12 (Perron 定理)　正矩阵必有唯一的一个绝对值最大的正特征值, 且是单的, 相应的特征矢量可以取为分量全大于零的正矢量.

有关这一定理的证明参见参考文献 [1, 2].

2.5.2 复合矩阵

为了将 Perron 定理应用于振荡矩阵, 还需引入一个新的概念——复合矩阵. 其定义为: 方阵 $\boldsymbol{A} = (a_{ij})_{n \times n}$ 的 p 阶复合矩阵指的是由 $\boldsymbol{A}$ 的全体 p 阶子式

$$a_{rt}^{(p)} = A \begin{pmatrix} i_1 & i_2 & \cdots & i_p \\ j_1 & j_2 & \cdots & j_p \end{pmatrix}$$

所构成的 $N = \mathrm{C}_n^p$ 阶方阵: $\boldsymbol{A}_p = (a_{rt}^{(p)})_{N \times N}$. 这里, $r = s(i_1, i_2, \cdots, i_p)$, $t = s(j_1, j_2, \cdots, j_p)$ 是这样确定的: 从指标族 $1, 2, \cdots, n$ 中任取 p 个不同的指标 $i_1, i_2, \cdots, i_p$, 并使得 $i_1 < i_2 < \cdots < i_p$, 它们共有 C_n^p 个不同的组合. 对于其中两个不同的组合 $i_1', i_2', \cdots, i_p'$ 与 $i_1'', i_2'', \cdots, i_p''$, 当其顺序差数

$$i_1' - i_1'', \quad i_2' - i_2'', \quad \cdots, \quad i_p' - i_p''$$

中的前几个均为零, 其后是一个负差数时, $i_1', i_2', \cdots, i_p'$ 将排列在 $i_1'', i_2'', \cdots, i_p''$ 的前面. 这样, 每个组合 $i_1, i_2, \cdots, i_p$ 都将占有确定的位置. $s(i_1, i_2, \cdots, i_p)$ 就是在这个大的排列中, 该组合 $i_1, i_2, \cdots, i_p$ 所占位置的序号数, 以下称之为组合序号数. 例如, 当 $n = 5, p = 3$ 时, C_5^3 个指标的组合是

$$1, 2, 3; \quad 1, 2, 4; \quad 1, 2, 5; \quad 1, 3, 4; \quad 1, 3, 5; \quad 1, 4, 5; \quad 2, 3, 4; \quad 2, 3, 5; \quad 2, 4, 5; \quad 3, 4, 5.$$

于是, $s(1, 2, 4) = 2$, $s(2, 3, 4) = 7$, 等等.

从复合矩阵的定义和 Binet-Cauchy 恒等式不难得出如下定理:

定理 2.13　如果 $\boldsymbol{C} = \boldsymbol{AB}$, 那么相应的复合矩阵亦有 $\underline{\boldsymbol{C}}_p = \underline{\boldsymbol{A}}_p \underline{\boldsymbol{B}}_p$.

证明　事实上, 因为

$$C \begin{pmatrix} i_1 & i_2 & \cdots & i_p \\ j_1 & j_2 & \cdots & j_p \end{pmatrix} = \sum A \begin{pmatrix} i_1 & i_2 & \cdots & i_p \\ k_1 & k_2 & \cdots & k_p \end{pmatrix} B \begin{pmatrix} k_1 & k_2 & \cdots & k_p \\ j_1 & j_2 & \cdots & j_p \end{pmatrix},$$

所以, $c_{st}^{(p)} = \displaystyle\sum_{k=1}^{N} a_{sk}^{(p)} b_{kt}^{(p)}$. ∎

从这一定理出发, 可以得出如下推论:

推论 1　非奇异矩阵 $\boldsymbol{A}$ 的逆矩阵的 p 阶复合矩阵等于 $\boldsymbol{A}$ 的 p 阶复合矩阵的逆.

证明　设 $\boldsymbol{B} = \boldsymbol{A}^{-1}$, 则 $\boldsymbol{AB} = \boldsymbol{I}$, 于是 $\underline{\boldsymbol{A}}_p \underline{\boldsymbol{B}}_p = \underline{\boldsymbol{I}}_p$. 显然, $\underline{\boldsymbol{I}}_p$ 仍为单位矩阵.　∎

推论 2　设 n 阶方阵 $\boldsymbol{A}$ 的特征值是 $\lambda_1, \lambda_2, \cdots, \lambda_n$, 那么 $\boldsymbol{A}$ 的 p 阶复合矩阵的特征值是它们的乘积 $\lambda_{i_1} \lambda_{i_2} \cdots \lambda_{i_p}$, 这里, $i_1, i_2, \cdots, i_p$ 是取自 $1, 2, \cdots, n$, 并满足 $1 \leqslant i_1 < i_2 < \cdots < i_p \leqslant n$ 的 p 个不同指标的一切可能的组合.

证明　由推论 2 的条件可知, 存在可逆矩阵 $\boldsymbol{T}$, 使得

$$\boldsymbol{A} = \boldsymbol{T \Lambda T}^{\mathrm{T}}, \quad \boldsymbol{TT}^{\mathrm{T}} = \boldsymbol{I},$$

其中, $\boldsymbol{\Lambda}$ 是上三角形矩阵, 且其主对角元正好是 $\lambda_1, \lambda_2, \cdots, \lambda_n$. 于是有

$$\underline{\boldsymbol{A}}_p = \underline{\boldsymbol{T}}_p \underline{\boldsymbol{\Lambda}}_p \underline{\boldsymbol{T}}_p^{\mathrm{T}}.$$

不难验证, $\underline{\boldsymbol{\Lambda}}_p = (b_{st})_{N \times N}$ 仍为上三角形矩阵. 事实上, 当 $s > t$ 时, 必有某个 q, 使得 $i_r = k_r (r = 1, 2, \cdots, q-1)$, 而 $i_q > k_q$, 这样,

$$b_{st} = \Lambda \begin{pmatrix} i_1 & i_2 & \cdots & i_p \\ k_1 & k_2 & \cdots & k_p \end{pmatrix} = \begin{vmatrix} \lambda_1 & * & \cdots & * & * & \cdots & * \\ 0 & \lambda_2 & \cdots & * & * & \cdots & * \\ \vdots & \vdots & & \vdots & \vdots & & \vdots \\ 0 & 0 & \cdots & \lambda_{q-1} & * & \cdots & * \\ 0 & 0 & \cdots & 0 & 0 & \cdots & * \\ \vdots & \vdots & & \vdots & \vdots & & \vdots \\ 0 & 0 & \cdots & 0 & 0 & \cdots & 0 \end{vmatrix} = 0,$$

$$b_{ss} = \Lambda \begin{pmatrix} i_1 & i_2 & \cdots & i_p \\ i_1 & i_2 & \cdots & i_p \end{pmatrix} = \lambda_{i_1} \lambda_{i_2} \cdots \lambda_{i_p},$$

其中, "*" 表示不影响行列式值的其他元素, $i_1, i_2, \cdots, i_p$ 是取自 $1, 2, \cdots, n$, 并满足 $1 \leqslant i_1 < i_2 < \cdots < i_p \leqslant n$ 的 p 个不同指标的一切可能的组合. 显然, b_{ss} 是 $\underline{\boldsymbol{A}}_p$ 的特征值.　∎

对于具有 n 个不同特征值的矩阵 $\boldsymbol{A}$ 而言, 推论 2 还可以进一步推广. 事实上, 若记 $\boldsymbol{U}$ 为 $\boldsymbol{A}$ 的特征矢量矩阵, $\boldsymbol{\Lambda} = \operatorname{diag}(\lambda_1, \lambda_2, \cdots, \lambda_n)$, 这时必有

$$\boldsymbol{A} = \boldsymbol{U \Lambda U}^{\mathrm{T}}.$$

相应的复合矩阵则满足

$$\underline{\boldsymbol{A}}_p = \underline{\boldsymbol{U}}_p \boldsymbol{\Lambda}_p \underline{\boldsymbol{U}}_p^{\mathrm{T}}.$$

容易看出, $\boldsymbol{\Lambda}_p$ 仍为对角矩阵, 且以 $\lambda_{i_1}\lambda_{i_2}\cdots\lambda_{i_p}$ 为主对角元. 这表明下述推论成立:

推论 3　对于固定的 $k_1, k_2, \cdots, k_p$, 以及可以变更的 $i_1, i_2, \cdots, i_p$, 子式

$$U\begin{pmatrix} i_1 & i_2 & \cdots & i_p \\ k_1 & k_2 & \cdots & k_p \end{pmatrix}, \quad 1 \leqslant p \leqslant n$$

是 $\underline{\boldsymbol{A}}_p$ 的相应于 $\lambda_{i_1}\lambda_{i_2}\cdots\lambda_{i_p}$ 的特征矢量的 s 分量. 特别地, $U\begin{pmatrix} i_1 & i_2 & \cdots & i_p \\ 1 & 2 & \cdots & p \end{pmatrix}$

是 $\underline{\boldsymbol{A}}_p$ 的相应于最大特征值的特征矢量的 s 分量, 这里, $s = s(i_1, i_2, \cdots, i_p)$.

2.6　振荡矩阵的特征对

应用 Perron 定理和有关复合矩阵特征值的结论, 本节将导出关于振荡矩阵的特征值和特征矢量的一系列定理, 其中有些定理的证明也参考了参考文献 [2].

定理 2.14 (振荡矩阵的特征值)　振荡矩阵的特征值全是正的和单的, 将其按递减次序排列, 即

$$\lambda_1 > \lambda_2 > \cdots > \lambda_n > 0.$$

证明　设方阵 $\boldsymbol{A} = (a_{ij})_{n\times n}$ 是振荡矩阵, 它的特征值是 $\lambda_1, \lambda_2, \cdots, \lambda_n$. 由振荡矩阵的定义可知, 存在这样的正整数 m 和 s, 使得当 $m \geqslant s$ 时, $\boldsymbol{B} \equiv \boldsymbol{A}^m$ 是完全正矩阵, 这里, s 是矩阵 $\boldsymbol{A}$ 的振荡指数. 显然, 矩阵 $\boldsymbol{B}$ 的特征值是 $\mu_i = \lambda_i^m$. 考虑到 $\boldsymbol{B}$ 的 $q(1 \leqslant q \leqslant n)$ 阶复合矩阵 $\underline{\boldsymbol{B}}_q$ 是正矩阵, 从而可以将 Perron 定理应用于 $\underline{\boldsymbol{B}}_q$. 若把 $\boldsymbol{B}$ 的特征值按模不增的次序排列为 $|\mu_1| \geqslant |\mu_2| \geqslant \cdots \geqslant |\mu_n|$, 那么 $\underline{\boldsymbol{B}}_q$ 的绝对值最大的特征值是 $\mu_1\mu_2\cdots\mu_q$. 按 Perron 定理, 即有

$$\mu_1\mu_2\cdots\mu_q > 0, \quad \mu_1\mu_2\cdots\mu_q > |\mu_1\mu_2\cdots\mu_{q-1}\mu_{q+1}|.$$

由上述第一个不等式得 $\mu_q > 0$, 即 $\lambda_q^m > 0$ 或 $\lambda_q > 0$ ($q = 1, 2, \cdots, n$). 由上述第二个不等式得 $\mu_q > \mu_{q+1}$, 即 $\lambda_q^m > \lambda_{q+1}^m$ 或 $\lambda_q > \lambda_{q+1}$ ($q = 1, 2, \cdots, n-1$).　∎

定理 2.15 (振荡矩阵的特征矢量) 设振荡矩阵 $\boldsymbol{A}$ 的特征值按递减次序排列为 $\lambda_1 > \lambda_2 > \cdots > \lambda_n$, $\boldsymbol{A}$ 的与 λ_i 相应的特征矢量记为 $\boldsymbol{u}^{(i)} = (u_{1i}, u_{2i}, \cdots, u_{ni})^{\mathrm{T}}$. 则对于任意一组不全为零的实数 $c_i(i = p, p+1, \cdots, q)$, 矢量

$$\boldsymbol{u} = \sum_{i=p}^{q} c_i \boldsymbol{u}^{(i)}, \quad 1 \leqslant p \leqslant q \leqslant n$$

的变号数介于 $p-1$ 和 $q-1$ 之间, 即

$$p - 1 \leqslant S_{\boldsymbol{u}}^- \leqslant S_{\boldsymbol{u}}^+ \leqslant q - 1. \tag{2.6.1}$$

特别地, $\boldsymbol{u}^{(i)}$ 的变号数恰好为 $i-1$, 即

$$S_{\boldsymbol{u}^{(i)}}^- = S_{\boldsymbol{u}^{(i)}}^+ = S_{\boldsymbol{u}^{(i)}} = i - 1.$$

证明 对于任意正整数 $m, \boldsymbol{u}^{(i)}$ 是 $\boldsymbol{A}$ 与 $\boldsymbol{A}^m$ 的相应于同一序号的特征值 λ_i 与 λ_i^m 的特征矢量, 而当 $m \geqslant s_0(s_0$ 是矩阵 $\boldsymbol{A}$ 的振荡指数) 时, $\boldsymbol{A}^m$ 是完全正矩阵. 因此, 不失一般性地, 可设 $\boldsymbol{A}$ 是完全正矩阵. 又因为 $\boldsymbol{A}$ 的特征值是单的, 所以 $\boldsymbol{A}$ 的特征矢量 $\boldsymbol{u}^{(i)}$ 在相差一个常数因子的意义上是唯一确定的.

首先, 证明不等式 (2.6.1) 的后半部分, 这时不妨令 $p = 1$. 由定理 2.13 的推论 3 可知, 子式 $U\begin{pmatrix} i_1 & i_2 & \cdots & i_q \\ 1 & 2 & \cdots & q \end{pmatrix}$ 是相应于 $\underline{\boldsymbol{A}}_q$ 的最大特征值的特征矢量的分量, 从而对于任意选取的不同组合 $i_1, i_2, \cdots, i_q$, 该子式都具有相同的正负号, 记此正负号为 ε_q. 则将 $\boldsymbol{A}$ 的特征矢量 $\boldsymbol{u}^{(1)}, \boldsymbol{u}^{(2)}, \cdots, \boldsymbol{u}^{(n)}$ 分别乘以 $\varepsilon_1, \varepsilon_2/\varepsilon_1, \cdots, \varepsilon_n/\varepsilon_{n-1}$, 即可保证

$$U\begin{pmatrix} i_1 & i_2 & \cdots & i_q \\ 1 & 2 & \cdots & q \end{pmatrix} > 0, \quad q = 1, 2, \cdots, n.$$

现在用反证法证明不等式 (2.6.1) 中的最后一个不等式成立, 即设 $S_{\boldsymbol{u}}^+ > q - 1$, 那么存在这样的分量, 使得

$$u_{i_r} u_{i_{r+1}} \leqslant 0, \quad r = 1, 2, \cdots, q.$$

因 $u_{i_1}, u_{i_2}, \cdots, u_{i_q}$ 不能同时为零, 否则, 有着非零系数行列式 $U\begin{pmatrix} i_1 & i_2 & \cdots & i_q \\ 1 & 2 & \cdots & q \end{pmatrix}$ 的齐次方程组

$$\sum_{k=1}^{q} c_k u_{i_r k} = u_{i_r} = 0, \quad r = 1, 2, \cdots, q$$

只有零解, 这与 $c_i (i = 1, 2, \cdots, q)$ 不全为零矛盾. 把肯定为零的行列式

$$
\begin{vmatrix}
u_{i_1 1} & u_{i_1 2} & \cdots & u_{i_1 q} & u_{i_1} \\
u_{i_2 1} & u_{i_2 2} & \cdots & u_{i_2 q} & u_{i_2} \\
\vdots & \vdots & & \vdots & \vdots \\
u_{i_{q+1} 1} & u_{i_{q+1} 2} & \cdots & u_{i_{q+1} q} & u_{i_{q+1}}
\end{vmatrix}
$$

按最后一列展开, 即有

$$
\sum_{s=1}^{q+1} (-1)^{s+q+1} u_{i_s} U \begin{pmatrix} i_1 & i_2 & \cdots & i_{s-1} & i_{s+1} & i_{s+2} & \cdots & i_{q+1} \\ 1 & 2 & \cdots & s-1 & s & s+1 & \cdots & q \end{pmatrix} = 0.
$$

而上式不可能为零, 因为上式左端和号中被加项至少有一项不为零, 而其余各项或与它同号或为零, 所以上式不成立. 由此可见, 不等式 (2.6.1) 的后半部分成立.

其次, 证明 $S_{\boldsymbol{u}}^- \geqslant p - 1$. 为此, 记 $\boldsymbol{B} = (\boldsymbol{A}^*)^{-1}$, 这里, $\boldsymbol{A}^*$ 是 $\boldsymbol{A}$ 的符号倒换矩阵, 而 $\boldsymbol{\Lambda} = \mathrm{diag}(\lambda_1, \lambda_2, \cdots, \lambda_n)$, $\boldsymbol{U}$ 是 $\boldsymbol{A}$ 的特征矢量矩阵, 那么, $\boldsymbol{A}\boldsymbol{U} = \boldsymbol{U}\boldsymbol{\Lambda}$. 相应地, 有

$$
\boldsymbol{B}\boldsymbol{U}^* = \boldsymbol{U}^* \boldsymbol{\Lambda}^{-1}. \tag{2.6.2}
$$

因而, $(\boldsymbol{u}^{(k)})^* = (u_{1k}, -u_{2k}, \cdots, (-1)^{n-1} u_{nk})^{\mathrm{T}}$ 是 $\boldsymbol{B}$ 的相应于 λ_k^{-1} 的特征矢量. 将前半段的证明应用于矢量

$$
\boldsymbol{u}^* = c_p (\boldsymbol{u}^{(p)})^* + c_{p+1} (\boldsymbol{u}^{(p+1)})^* + \cdots + c_q (\boldsymbol{u}^{(q)})^*.
$$

由于 $\boldsymbol{B}$ 也是完全正矩阵 (见 2.2 节中定理 2.2 的推论 3), 因此 $S_{\boldsymbol{u}^*}^+ \leqslant n - p$, 但是

$$
S_{\boldsymbol{u}^*}^+ + S_{\boldsymbol{u}}^- = n - 1,
$$

从而推出

$$
S_{\boldsymbol{u}}^- \geqslant p - 1.
$$

最后, 关于矢量 $\boldsymbol{u}^{(i)}$ 的变号数为 $i - 1$, 这是显然的.   ∎

从这个定理出发, 可得如下定理:

定理 2.16 (符号振荡矩阵的特征对)   符号振荡矩阵 $\boldsymbol{A}$ 的特征值是正的和单的. 如果把它们按递增次序排列为 $0 < \lambda_1 < \lambda_2 < \cdots < \lambda_n$, 并记相应于 λ_i

的特征矢量为 $\boldsymbol{u}^{(i)}$, 则对于任意一组不全为零的实数 $c_i(i = p, p+1, \cdots, q, 1 \leqslant p \leqslant q \leqslant n)$, 矢量

$$\boldsymbol{u} = c_p \boldsymbol{u}^{(p)} + c_{p+1} \boldsymbol{u}^{(p+1)} + \cdots + c_q \boldsymbol{u}^{(q)}$$

的变号数满足 $p - 1 \leqslant S_{\boldsymbol{u}}^- \leqslant S_{\boldsymbol{u}}^+ \leqslant q - 1$. 特别地, $\boldsymbol{u}^{(i)}(i = 1, 2, \cdots, n)$ 的变号数恰为 $i - 1$.

证明 设 λ_i 与 $\boldsymbol{u}^{(i)}(i = 1, 2, \cdots, n)$ 是符号振荡矩阵 $\boldsymbol{A}$ 的特征对, 即

$$\boldsymbol{A}\boldsymbol{u}^{(i)} = \lambda_i \boldsymbol{u}^{(i)},$$

将其改写为

$$\boldsymbol{B}\boldsymbol{u}^{(i)} = \mu_i \boldsymbol{u}^{(i)},$$

其中, $\boldsymbol{B} = \boldsymbol{A}^{-1}$, $\mu_i = \lambda_i^{-1}$. 当 $\boldsymbol{A}$ 是符号振荡矩阵时, $\boldsymbol{B}$ 是振荡矩阵. 从而, $\boldsymbol{u}^{(i)}(i = 1, 2, \cdots, n)$ 也是振荡矩阵的特征矢量族. 注意到 λ_i 和 μ_i 的序号相同, 当 μ_i 按递减次序排列时, λ_i 正好按递增次序排列. 这样, $\boldsymbol{u}^{(i)}(i = 1, 2, \cdots, n)$ 既是符号振荡矩阵 $\boldsymbol{A}$ 的第 i 阶特征矢量, 又是振荡矩阵 $\boldsymbol{B}$ 的第 i 阶特征矢量. 由定理 2.15 可知, 定理 2.16 显然成立. ∎

定理 2.17 当振荡矩阵的特征值按递减次序 (或符号振荡矩阵的特征值按递增次序) 排列时, 其相应于 λ_i 与 $\lambda_{i+1}(i = 1, 2, \cdots, n-1)$ 的特征矢量 $\boldsymbol{u}^{(i)}$ 与 $\boldsymbol{u}^{(i+1)}$ 的节点彼此交错.

证明 首先, 回忆一下 2.3 节中关于 u 线和节点的定义, 根据定理 2.15 的最后一个结论, 即可断定, 相应于振荡矩阵的第 i 个特征值的特征矢量 $\boldsymbol{u}^{(i)}$ 的矢量线恰有 $i - 1$ 个节点而无其他零点.

为了证明该定理, 考察矢量

$$\boldsymbol{u} = c\boldsymbol{u}^{(i)} + d\boldsymbol{u}^{(i+1)}. \tag{2.6.3}$$

对于不同时为零的任意实数 c 和 d, 将定理 2.15 应用于 $\boldsymbol{u}$ 可知,

$$i - 1 \leqslant S_{\boldsymbol{u}}^- \leqslant S_{\boldsymbol{u}}^+ \leqslant i. \tag{2.6.4}$$

取 $d = -1$, 并设 α 和 β 是 $\boldsymbol{u}^{(i)}$ 的两个顺次相邻的节点, 即

$$\boldsymbol{u} = c\boldsymbol{u}^{(i)} - \boldsymbol{u}^{(i+1)}, \quad u^{(i)}(\alpha) = 0, \quad u^{(i)}(\beta) = 0. \tag{2.6.5}$$

首先, 采用反证法证明 $u^{(i+1)}(\alpha) \neq 0$. 因为如果相反的话, 必有 $u(\alpha) = 0$. 选取这样的一点 γ, 使其满足 $\alpha < \gamma \leqslant [\alpha + 1]$, 这里, $[t]$ 表示取 t 的整数部分.

又取

$$c = u^{(i+1)}(\gamma)/u^{(i)}(\gamma),$$

则 $u(\gamma) = 0$. 注意到 u 线在 $([\alpha], [\alpha+1])$ 一段上的线性性, 那么 u 线在这一段上与 x 轴重合, 或者说矢量 $\boldsymbol{u}$ 的两个相邻坐标为零, 于是应有

$$S_{\boldsymbol{u}}^+ - S_{\boldsymbol{u}}^- \geqslant 2,$$

这与式 (2.6.4) 矛盾. 同理可得, $u^{(i+1)}(\beta) \neq 0$.

其次, 假设 $u^{(i+1)}$ 线在 (α, β) 内没有节点, 从而其在这一段上的正负号不变. 不失一般性地, 可设

$$u^{(i)}(x) > 0, \quad u^{(i+1)}(x) > 0, \quad x \in (\alpha, \beta). \tag{2.6.6}$$

因而, 由式 (2.6.5) 和 (2.6.6) 可知, 对于足够大的 c, 也有 $u(x) > 0 (\alpha < x < \beta)$. 减小 c 到某一 c_0 时, u 线的这一段将至少有一点与 x 轴重合, 而其两侧仍在 x 轴的同侧, 这意味着 u 线有一个零点, 而在其两侧, 矢量 $\boldsymbol{u}$ 的相邻分量同号, 于是也有 $S_{\boldsymbol{u}}^+ - S_{\boldsymbol{u}}^- \geqslant 2$, 从而与式 (2.6.4) 矛盾. 于是, 在 (α, β) 内至少应有 $u^{(i+1)}$ 线的一个节点. 另一方面, 如上所述, $u^{(i)}$ 线有且仅有 $i-1$ 个节点. 这样, 只能是在由 $u^{(i)}$ 线的节点所形成的每个子区间 $(\alpha_k, \alpha_{k+1})(k = 0, 1, \cdots, i-1, \alpha_0 = 1, \alpha_i = n)$ 内有且仅有 $u^{(i+1)}$ 线的一个节点, 即 $u^{(i)}$ 线和 $u^{(i+1)}$ 线的节点彼此交错.

上述推理显然同样适用于符号振荡矩阵. ∎

以上讨论表明, 振荡矩阵和符号振荡矩阵的特征对所具有的定性性质和在 1.3 节中所指出的振动的振荡性质恰好互相对应. 正是基于这一点, 才使有关振荡矩阵的理论成为本书所讨论的离散系统的振动的定性性质的数学基础.

2.7　具有对称核的积分方程和振荡核

借助结构的 Green 函数 $G(x, s)$, 各种一维结构的固有振动可以表达为如下形式的积分方程特征值问题:

$$u(x) = \lambda \int_a^b G(x, s) u(s) \rho(s) \mathrm{d}s, \tag{2.7.1}$$

其中, 使之成立的 λ 称为特征值, 相应的 $u(x)$ 称为特征函数. 或者, 令

$$\varphi(x) = u(x)\sqrt{\rho(x)}, \quad K(x, s) = G(x, s)\sqrt{\rho(x)\rho(s)}, \tag{2.7.2}$$

再将式 (2.7.1) 对称化为

$$\varphi(x) = \lambda \int_a^b K(x,s)\varphi(s)\mathrm{d}s. \tag{2.7.3}$$

在一些经典著作, 例如, 参考文献 [3] 中, 已经证明实对称连续正定核的特征值和特征函数存在, 且具有如下性质:

(1) 特征值为正.

(2) 除蜕化核, 即

$$K(x,s) = \alpha_0(x)\beta_0(s) + \alpha_1(x)\beta_1(s) + \cdots + \alpha_p(x)\beta_p(s)$$

的特征值为有限个外, 非蜕化核的特征值有可数无穷多个, 以无穷大为聚点而没有有限值的聚点. 因此, 如有重特征值, 则重数是有限的.

(3) 任意分段连续函数 $h(s)$ 的积分变换

$$g(x) = \int_a^b K(x,s)h(s)\mathrm{d}s$$

皆可按 $K(x,s)$ 的特征函数族展开为一致且绝对收敛的广义 Fourier 级数. 在此意义上, $K(x,s)$ 的特征函数族构成闭区间 $[a,b]$ 上的完全正交系.

正如大家熟悉的那样, 对于工程问题中常见的一维结构, 例如, 杆和梁, 它们的特征值不仅是实的和正的, 而且还是孤立的和单的. 这就表明, 它们的 Green 函数必定具有某种更特殊的性质. 正因为如此, 下面引入一类具有应用价值的积分方程特征值问题——具有对称振荡核的积分方程特征值问题. 如同振荡矩阵并不一定是对称矩阵一样, 振荡核也不必一定是对称核.

本节和后文都需要这样一个概念: 点集 I. 它包括: (1) 开区间 (a,b); (2) 端点 a, 如果 $K(a,a) \neq 0$; (3) 端点 b, 如果 $K(b,b) \neq 0$. 在结构动力学的问题中, 它的力学意义十分明显, 就是闭区间 $[a,b]$ 上的全体动点的集合.

现在, 给出振荡核的定义:

定义 2.5 (振荡核) 满足以下三个条件的二元连续函数 $K(x,s)(a \leqslant x,s \leqslant b)$ 称为振荡核:

(1) $K(x,s) > 0, \quad x,s \in I, \quad (x,s) \neq (a,b)$ [①]. $\tag{2.7.4}$

(2) $K\begin{pmatrix} x_1 & x_2 & \cdots & x_n \\ s_1 & s_2 & \cdots & s_n \end{pmatrix} \geqslant 0, \quad a \leqslant \begin{matrix} x_1 < x_2 < \cdots < x_n \\ s_1 < s_2 < \cdots < s_n \end{matrix} \leqslant b, \quad n = 1, 2, \cdots.$

$$\tag{2.7.5}$$

---

① 这里, $(x,s) \neq (a,b)$ 是说 x 与 s 不能同时分别取 a 和 b. 例如, 当 $x = a$ 时, 应有 $s \neq b$.

$$(3)\ K\begin{pmatrix} x_1 & x_2 & \cdots & x_n \\ x_1 & x_2 & \cdots & x_n \end{pmatrix} > 0, \quad x_1 < x_2 < \cdots < x_n \in I, \quad n = 1, 2, \cdots.$$

$$(2.7.6)$$

其中,

$$K\begin{pmatrix} x_1 & x_2 & \cdots & x_n \\ s_1 & s_2 & \cdots & s_n \end{pmatrix} = \begin{vmatrix} K(x_1, s_1) & K(x_1, s_2) & \cdots & K(x_1, s_n) \\ K(x_2, s_1) & K(x_2, s_2) & \cdots & K(x_2, s_n) \\ \vdots & \vdots & & \vdots \\ K(x_n, s_1) & K(x_n, s_2) & \cdots & K(x_n, s_n) \end{vmatrix}.$$

从定义 2.5 中的不等式出发, 根据振荡矩阵的判定准则 (定理 2.10), 即可得下面的定理:

定理 2.18(振荡核的充要条件)　在区域 $a \leqslant x, s \leqslant b$ 上连续的函数 $K(x, s)$ 是振荡核的充要条件是: 对于任意的 n 和 $x_1 < x_2 < \cdots < x_n$, 当 $x_i \in I(i = 1, 2, \cdots, n)$, 并且其中至少有一个是内点时, 矩阵 $(K(x_i, x_j))$ 是振荡矩阵.

证明　式 (2.7.4) 隐含着 $K(x_i, x_{i+1})$ 与 $K(x_{i+1}, x_i)$ 大于零, 式 (2.7.6) 隐含着矩阵 $\boldsymbol{K} = (K(x_i, x_j))$ 是非奇异的, 而式 (2.7.5) 则表明 $\boldsymbol{K}$ 是完全非负矩阵, 所以 $\boldsymbol{K}$ 是振荡矩阵.

反之, 当 $\boldsymbol{K} = (K(x_i, x_j))$ 是振荡矩阵时, 根据振荡矩阵的判定准则, $(K(x_i, x_j))$ 是非奇异的完全非负矩阵, 这就给出不等式 (2.7.6). 由 $K(x_i, x_{i+1}) > 0$ 和 x_i, x_{i+1} 的任意性, 亦给出不等式 (2.7.4). 由 $x_1 < x_2 < \cdots < x_n$ 的任意性, 对于任意的 $s_1 < s_2 < \cdots < s_n$, 可以将这两组数进行合并, 按递增次序重新排列为

$$x_1' < x_2' < \cdots < x_m', \quad n \leqslant m \leqslant 2n,$$

则 $(K(x_i', x_j'))_{m \times m}$ 仍是振荡矩阵. 该矩阵的任意子式为非负的, 这就给出不等式 (2.7.5). ∎

从这一定理出发, 可以得到一个在工程实际问题中十分有用的推论.

推论　设 $G(x, s)$ 是振荡核, $f(x)$ 是正函数, 则

$$K(x, s) = G(x, s)f(x)f(s)$$

也是振荡核.

事实上, 由定理 2.18 可知, 当 $G(x,s)$ 是振荡核时, 对于任意的 n 和 $x_1 < x_2 < \cdots < x_n$, $x_i \in I(i = 1, 2, \cdots, n)$, 并且其中至少有一个是内点时, 矩阵 $(G(x_i, x_j))$ 是振荡矩阵. 作为振荡矩阵性质 5 的特例, 相应的

$$(K(x_i, x_j))$$

$$= \begin{bmatrix} G(x_1,x_1)f(x_1)f(x_1) & G(x_1,x_2)f(x_1)f(x_2) & \cdots & G(x_1,x_n)f(x_1)f(x_n) \\ G(x_2,x_1)f(x_2)f(x_1) & G(x_2,x_2)f(x_2)f(x_2) & \cdots & G(x_2,x_n)f(x_2)f(x_n) \\ \vdots & \vdots & & \vdots \\ G(x_n,x_1)f(x_n)f(x_1) & G(x_n,x_2)f(x_n)f(x_2) & \cdots & G(x_n,x_n)f(x_n)f(x_n) \end{bmatrix}$$

$$= \operatorname{diag}(f(x_1), f(x_2), \cdots, f(x_n)) \cdot (G(x_i, x_j)) \cdot \operatorname{diag}(f(x_1), f(x_2), \cdots, f(x_n))$$

显然仍为振荡矩阵, 故 $K(x,s) = G(x,s)f(x)f(s)$ 也是振荡核.

2.8 积分方程的 Perron 定理和复合核

为了导出具有对称振荡核的积分方程特征值问题的振荡性质, 与 2.5 节完全类似, 本节首先给出具有连续核的积分方程的 Perron 定理, 然后介绍复合核的概念及其简单性质.

定理 2.19 (Perron 定理) 如果区域 $a \leqslant x, s \leqslant b$ 上的连续核 $K(x,s)$ 满足

$$K(x,s) \geqslant 0, \quad K(x,x) > 0, \quad x, s \in I, \tag{2.8.1}$$

则积分方程 (2.7.3) 存在唯一的一个绝对值最小的特征值 λ_1, 它是正的和单的, 而与它相应的特征函数在点集 I 上的正负号不变.

有关这一定理的证明参见参考文献 [1, 2].

下面引入复合核的概念:

定义 2.6 (复合核) 核 $K(x,s)$ 的复合核 $\underline{K}_p(X, S)$ 由如下方程所定义:

$$\underline{K}_p(X, S) = K \begin{pmatrix} x_1 & x_2 & \cdots & x_p \\ s_1 & s_2 & \cdots & s_p \end{pmatrix}, \tag{2.8.2}$$

其中, 点 $X = (x_1, x_2, \cdots, x_p)$ 与 $S = (s_1, s_2, \cdots, s_p)$ 取遍由不等式

$$a \leqslant x_1 \leqslant x_2 \leqslant \cdots \leqslant x_p \leqslant b$$

所定义的 p 维单纯形 M^p. 当上述不等式中所有等号都不成立时, X 称为 M^p 的内点.

对于复合核, 这里指出它的如下两条重要性质:

性质 1　如果三个核 $K(x,s)$, $L(x,s)$, $M(x,s)$ 满足如下关系:

$$M(x,s) = \int_a^b K(x,t)L(t,s)\mathrm{d}t, \qquad (2.8.3)$$

那么

$$M \begin{pmatrix} x_1 & x_2 & \cdots & x_p \\ s_1 & s_2 & \cdots & s_p \end{pmatrix}$$

$$= \int_a^b \int_a^{t_p} \cdots \int_a^{t_2} K \begin{pmatrix} x_1 & x_2 & \cdots & x_p \\ t_1 & t_2 & \cdots & t_p \end{pmatrix} L \begin{pmatrix} t_1 & t_2 & \cdots & t_p \\ s_1 & s_2 & \cdots & s_p \end{pmatrix} \mathrm{d}t_1 \mathrm{d}t_2 \cdots \mathrm{d}t_p,$$

也就是

$$\underline{M}_p(X,S) = \int_{M^p} \underline{K}_p(X,T)\underline{L}_p(T,S)\mathrm{d}T. \qquad (2.8.4)$$

事实上, 由积分恒等式

$$\int_{M^p} \Delta \begin{pmatrix} \psi_1 & \psi_2 & \cdots & \psi_p \\ t_1 & t_2 & \cdots & t_p \end{pmatrix} \Delta \begin{pmatrix} \chi_1 & \chi_2 & \cdots & \chi_p \\ t_1 & t_2 & \cdots & t_p \end{pmatrix} \mathrm{d}t_1 \mathrm{d}t_2 \cdots \mathrm{d}t_p$$

$$= \frac{1}{p!} \int_a^b \int_a^b \cdots \int_a^b \Delta \begin{pmatrix} \psi_1 & \psi_2 & \cdots & \psi_p \\ t_1 & t_2 & \cdots & t_p \end{pmatrix} \Delta \begin{pmatrix} \chi_1 & \chi_2 & \cdots & \chi_p \\ t_1 & t_2 & \cdots & t_p \end{pmatrix} \mathrm{d}t_1 \mathrm{d}t_2 \cdots \mathrm{d}t_p$$

$$= \left| \int_a^b \psi_i(t)\chi_j(t)\mathrm{d}t \right|_{p \times p}, \qquad (2.8.5)$$

并令 $\psi_i = K(x_i,t)$, $\chi_j = L(t,s_j)$, 即可直接推出式 (2.8.4). 而式 (2.8.5) 中,

$$\Delta \begin{pmatrix} \psi_1 & \psi_2 & \cdots & \psi_p \\ t_1 & t_2 & \cdots & t_p \end{pmatrix} = \begin{vmatrix} \psi_1(t_1) & \psi_1(t_2) & \cdots & \psi_1(t_p) \\ \psi_2(t_1) & \psi_2(t_2) & \cdots & \psi_2(t_p) \\ \vdots & \vdots & & \vdots \\ \psi_p(t_1) & \psi_p(t_2) & \cdots & \psi_p(t_p) \end{vmatrix}. \qquad (2.8.6)$$

性质 2 核 $K(x,s)$ 的 q 重叠核是指

$$K^{(2)}(x,s) = \int_a^b K(x,t)K(t,s)\mathrm{d}t, \quad K^{(q)}(x,s) = \int_a^b K^{(q-1)}(x,t)K(t,s)\mathrm{d}t.$$

于是, 核 $K(x,s)$ 的 q 重叠核的 p 重复合核等于它的 p 重复合核的 q 重叠核, 即

$$[\underline{K}_p(X,S)]^{(q)} = \underline{K}_p^{(q)}(X,S). \tag{2.8.7}$$

关于性质 2 的证明, 可在式 (2.8.3) 中令 $L(x,s) = K(x,s)$, 则式 (2.8.4) 就可以给出

$$[\underline{K}_p(X,S)]^{(2)} = \underline{K}_p^{(2)}(X,S).$$

由此应用数学归纳法即可得证.

从这两条性质出发, 不难确定连续对称核 $K(x,s)$ 和它的 p 重复合核所对应的特征值及特征函数之间的关系.

定理 2.20 设具有连续核的积分方程 (2.7.3) 的特征值和相应的特征函数序列是 $\{\lambda_i, \varphi_i(x)\}_1^\infty$, 则积分方程

$$\Phi(X) = \Lambda \int_{M^p} \underline{K}_p(X,S)\Phi(S)\mathrm{d}S$$

的特征值是 $\Lambda_{s(i_1,i_2,\cdots,i_p)} = \lambda_{i_1}\lambda_{i_2}\cdots\lambda_{i_p}$, 与之相应的特征函数则是

$$\Phi_{s(i_1,i_2,\cdots,i_p)}(X) = \Delta \begin{pmatrix} \varphi_{i_1} & \varphi_{i_2} & \cdots & \varphi_{i_p} \\ x_1 & x_2 & \cdots & x_p \end{pmatrix} = \begin{vmatrix} \varphi_{i_1}(x_1) & \varphi_{i_1}(x_2) & \cdots & \varphi_{i_1}(x_p) \\ \varphi_{i_2}(x_1) & \varphi_{i_2}(x_2) & \cdots & \varphi_{i_2}(x_p) \\ \vdots & \vdots & & \vdots \\ \varphi_{i_p}(x_1) & \varphi_{i_p}(x_2) & \cdots & \varphi_{i_p}(x_p) \end{vmatrix},$$

其中, $i_1, i_2, \cdots, i_p$ 是取自 $1, 2, \cdots, n, \cdots$ 的 p 个不同指标, 并满足 $i_1 < i_2 < \cdots < i_p$ 的任意组合, 而 $s(i_1, i_2, \cdots, i_p)$ 是 2.5.2 小节中所定义过的组合序号数.

证明 在式 (2.8.5) 中令 $\psi_k(t) = K(x_k, t)$, $\chi_k(t) = \varphi_{i_k}(t)$, 并注意到

$$\varphi_{i_k}(x) = \lambda_{i_k} \int_a^b K(x,t)\varphi_{i_k}(t)\mathrm{d}t,$$

则有

$$\Delta \begin{pmatrix} \varphi_{i_1} & \varphi_{i_2} & \cdots & \varphi_{i_p} \\ x_1 & x_2 & \cdots & x_p \end{pmatrix}$$

$$= \lambda_{i_1} \lambda_{i_2} \cdots \lambda_{i_p} \left| \int_a^b K(x_i, t) \varphi_{i_j}(t) \mathrm{d}t \right|_{p \times p}$$

$$= \lambda_{i_1} \lambda_{i_2} \cdots \lambda_{i_p} \int_{M^p} K \begin{pmatrix} x_1 & x_2 & \cdots & x_p \\ t_1 & t_2 & \cdots & t_p \end{pmatrix}$$

$$\times \Delta \begin{pmatrix} \varphi_{i_1} & \varphi_{i_2} & \cdots & \varphi_{i_p} \\ t_1 & t_2 & \cdots & t_p \end{pmatrix} \mathrm{d}t_1 \mathrm{d}t_2 \cdots \mathrm{d}t_p. \qquad \blacksquare$$

2.9   具有振荡核的积分方程的特征对

本节首先给出振荡函数族——Марков 函数序列——的概念、判定及其主要性质, 然后讨论具有振荡核的积分方程的振荡性质.

2.9.1   振荡函数族

首先给出有关振荡函数族的几个定义.

定义 2.7   设函数 $f(x)$ 在区间 $[a, b]$ 上定义. 如果 $f(c) = 0 (a \leqslant c \leqslant b)$, 则称 c 为 $f(x)$ 的一个零点. 如果存在子区间 $J \subset [a, b]$, 使得对于 J 内的任意一点 c, 都有 $f(c) = 0$, 则称 J 为 $f(x)$ 的一个零位置. 进一步, 如果 c 是 $f(x)$ 的一个零点, 而对于任意小的正数 ε, 都有

$$f(c + \varepsilon) f(c - \varepsilon) < 0,$$

则称 c 为 $f(x)$ 的一个节点. 如果 c 是 $f(x)$ 的一个零点, 而对于任意小的正数 ε, 都有

$$f(c + \varepsilon) f(c - \varepsilon) > 0,$$

则称 c 为 $f(x)$ 的一个零腹点.

定义 2.8   设函数 $u(x)$ 在区间 $[a, b]$ 上定义. 如果存在属于区间 $[a, b]$ 的点 $\{x_r\}_0^k$, 使得

$$u(x_r) u(x_{r+1}) < 0, \quad r = 0, 1, \cdots, k - 1,$$

但是找不到 $k + 2$ 个点满足这一性质, 则称函数 $u(x)$ 在区间 $[a, b]$ 上的变号数为 k, 记作 $S_u = k$. 显然, 如果 $u(x)$ 在区间 $[a, b]$ 上连续, 则函数 $u(x)$ 在区间 $[a, b]$ 上的变号数为 k 等价于它在此区间上有且仅有 k 个节点.

定义 2.9 (Чебышев 函数族) 设有定义在区间 $[a, b]$ 上的连续函数族 $\varphi_i(x)(i = 1, 2, \cdots, n)$, 如果对于任意一组不全为零的实数 $c_i(i = 1, 2, \cdots, n)$, 函数

$$\varphi(x) = c_1\varphi_1(x) + c_2\varphi_2(x) + \cdots + c_n\varphi_n(x)$$

在点集 $I \subset [a, b]$ 内的零点不超过 $n - 1$ 个, 则称这样的函数族构成点集 I 内的 Чебышев 函数族.

定义 2.10 (Марков 函数序列) 设有定义在区间 $[a, b]$ 上的连续函数序列 $\varphi_i(x)(i = 1, 2, \cdots, n, \cdots)$, 如果对于任意的 $n = 1, 2, \cdots$, 函数族 $\varphi_i(x)(i = 1, 2, \cdots, n)$ 构成点集 $I \subset [a, b]$ 内的 Чебышев 函数族, 则称这样的函数序列为 Марков 函数序列.

对于 Марков 函数序列, 有下面的判定法则:

定理 2.21 定义在区间 $[a, b]$ 上的连续函数序列 $\varphi_i(x)(i = 1, 2, \cdots, n, \cdots)$ 为 Марков 函数序列的充要条件是: 对于任意的 $n = 1, 2, \cdots$, 行列式

$$\Phi(X) \equiv \Delta \begin{pmatrix} \varphi_1 & \varphi_2 & \cdots & \varphi_n \\ x_1 & x_2 & \cdots & x_n \end{pmatrix} \tag{2.9.1}$$

对于任意一组满足 $a \leqslant x_1 < x_2 < \cdots < x_n \leqslant b$ 的 $x_i \in I(i = 1, 2, \cdots, n)$, 都有严格固定的正负号 ε_n.

证明 先用反证法证明条件的必要性. 设对于任意的 n, 存在这样的一组数 $x_1 < x_2 < \cdots < x_n \in I$, 使得

$$\Delta \begin{pmatrix} \varphi_1 & \varphi_2 & \cdots & \varphi_n \\ x_1 & x_2 & \cdots & x_n \end{pmatrix} = 0,$$

那么方程组

$$c_1\varphi_1(x_r) + c_2\varphi_2(x_r) + \cdots + c_n\varphi_n(x_r) = 0, \quad r = 1, 2, \cdots, n \tag{2.9.2}$$

存在非零解, 从而 $\varphi(x) = c_1\varphi_1(x) + c_2\varphi_2(x) + \cdots + c_n\varphi_n(x)$ 有 n 个零点, 这与 Марков 函数序列的定义矛盾. 另一方面, 因为 Φ 是 n 维单纯形 M^n 的点 $X = (x_1, x_2, \cdots, x_n)$ 的连续函数, Φ 对于任意一个这样的点 $X = (x_1, x_2, \cdots, x_n)$ 都不为零, 隐含着 Φ 在 M^n 上有着严格固定的正负号, 这就证明了条件的必要性.

需要指出的是, 上面只是证明了对于每一个确定的 n, 行列式 (2.9.1) 对于不同的点 $X = (x_1, x_2, \cdots, x_n) \in M^n$ 有着确定的正负号, 记为 ε_n. 但对于不同的 n, 行列式 (2.9.1) 不一定有相同的正负号.

现在证明条件的充分性. 行列式 (2.9.1) 对于任意的 n 和 $x_1 < x_2 < \cdots < x_n$ 都有严格固定的正负号, 这意味着对于任意的 n 和 $x_1 < x_2 < \cdots < x_n$, 都有 $\Phi(X) \neq 0$, 也意味着, 方程组 (2.9.2) 仅在其所含方程超过 $n-1$ 个时有全零解. 换句话说, 方程组 (2.9.2) 有非零解的条件是其所含方程不超过 $n-1$ 个, 亦即 $\varphi(x)$ 的零点不超过 $n-1$ 个, 从而 $\varphi_i(x)(i = 1, 2, \cdots)$ 构成 Марков 函数序列. ∎

在 Марков 函数序列的定义中, 涉及零点个数的计算问题. 为此有如下推论:

推论 设 $\varphi_i(x)(i = 1, 2, \cdots)$ 构成区间 $[a, b]$ 上的 Марков 函数序列, 函数

$$\varphi(x) = \sum_{i=1}^{n} c_i \varphi_i(x), \quad \sum_{i=1}^{n} c_i^2 > 0, \quad n = 1, 2, \cdots$$

在 $[a, b]$ 上有 r 个不同的零点, 其中包含 p 个节点和 q 个零腹点, 则 $r + q \leqslant n - 1$, 即在计算零点个数时, 一个零腹点应视为两个零点.

证明 做如下约定: 所谓 s 个点 $x_1 < x_2 < \cdots < x_s$ 满足性质 Z 是指, 对于定义在区间 $[a, b]$ 上的某一函数 $\varphi(x)$, $x_k \in I$, 并存在整数 h, 使得

$$(-1)^{k+h} \varphi(x_k) \geqslant 0, \quad k = 1, 2, \cdots, s.$$

现在设 $\varphi(x)$ 的节点是 $\{\alpha_i\}_1^p$, 根据节点的定义不难看到, 存在这样一些点 $x_k \in (\alpha_k, \alpha_{k+1})(k = 0, 1, \cdots, p, \alpha_0 = a, \alpha_{p+1} = b)$, 使得

$$(-1)^{k+h} \varphi(x_k) > 0,$$

即 $\{x_k\}_0^p$ 满足性质 Z. 进一步, 对于 $\varphi(x)$ 的每一个零腹点 $\beta_m(m = 1, 2, \cdots, q)$, 总可以在它的邻域内选取这样的两点加入上述点集 $\{x_k\}_0^p$, 使得新的点集仍满足性质 Z. 事实上, 若 $x_k < \beta_m < \alpha_{k+1}$, 则令 $x_m^- = \beta_m$, $x_m^+ = \beta_m + \varepsilon(\varepsilon$ 是足够小的正数, 下同), 若 $\alpha_k < \beta_m < x_k$, 则令 $x_m^- = \beta_m - \varepsilon$, $x_m^+ = \beta_m$, 那么共有 $p + 2q + 1$ 个点的点集 $\{x_k\}_0^p \cup \{x_m^-, x_m^+\}_1^q$, 将其按递增次序重新排列后所得点集 $\{s_k\}_1^{r+q+1}$(注意 $p + q = r$) 必定满足性质 Z.

为了获得所需结论, 假设 $r + q > n - 1$, 把恒为零的行列式

$$\Delta \begin{pmatrix} \varphi_1 & \varphi_2 & \cdots & \varphi_n & \varphi \\ s_1 & s_2 & \cdots & s_n & s_{n+1} \end{pmatrix}$$

按最后一行展开, 有

$$\sum_{k=1}^{n}(-1)^{n+k+1}\varphi(s_k)\Delta\begin{pmatrix} \varphi_1 & \varphi_2 & \cdots & \cdots & \cdots & \cdots & \varphi_n \\ s_1 & s_2 & \cdots & s_{k-1} & s_{k+1} & \cdots & s_{n+1} \end{pmatrix}=0.$$

由于上式和号内各项均有相同的正负号, 因此要使此式成立, 只有 $\varphi(s_k)(k=1,2,\cdots,n)$ 全为零, 而这显然是不可能的. ∎

Марков 函数序列有着一系列重要的性质, 即下述定理:

定理 2.22 如果 $\varphi_i(x)(i=1,2,\cdots)$ 是区间 $[a,b]$ 上的带权 $\rho(x)$ 正交的 Марков 函数序列, 则

(1) $\varphi_1(x)$ 在点集 $I\subset[a,b]$ 内没有零点.

(2) $\varphi_i(x)(i=2,3,\cdots)$ 在点集 $I\subset[a,b]$ 内有 $i-1$ 个节点而无其他零点.

(3) 在点集 $I\subset[a,b]$ 内, 函数

$$\varphi(x)=\sum_{k=p}^{q}c_k\varphi_k(x), \quad 1\leqslant p\leqslant q, \quad \sum_{i=p}^{q}c_i^2>0$$

的节点不少于 $p-1$ 个, 而零点不多于 $q-1$ 个. 特别地, 如果 $\varphi(x)$ 有 $q-1$ 个不同的零点, 那么这些零点都是节点.

(4) 相邻的 $\varphi_i(x)$ 和 $\varphi_{i+1}(x)$ 的节点彼此交错.

证明 注意, 性质 (1) 和性质 (2) 都是性质 (3) 的特殊情况. 而对于性质 (3), 由定理 2.21 的推论可知, 其第二个结论是显然的. 因此, 尚待证明的只是 $\varphi(x)$ 的节点不少于 $p-1$ 个. 为此, 设 $\xi_1<\xi_2<\cdots<\xi_{r-1}$ 是 $\varphi(x)$ 的节点, 定义函数

$$\psi(x)=\Delta\begin{pmatrix} \varphi_1 & \varphi_2 & \cdots & \varphi_{r-1} & \varphi_r \\ \xi_1 & \xi_2 & \cdots & \xi_{r-1} & x \end{pmatrix},$$

则由 Марков 函数序列的定义及定理 2.21 可知, 当 $x\neq\xi_i(i=1,2,\cdots,r-1)$ 时, $\psi(x)\neq0$, 又当 x 在 $(\xi_i,\xi_{i+1})(i=0,1,\cdots,r-1,\xi_0=a,\xi_r=b)$ 内变动时, $\psi(x)$ 的正负号不变, 而当 x 经过 ξ_i 时, $\psi(x)$ 的正负号才改变. 这就表明 $\xi_i(i=1,2,\cdots,r-1)$ 也是 $\psi(x)$ 的节点, 从而有 $(\rho\varphi,\psi)\neq0$. 注意到 φ 是 $\varphi_i(x)(i=p,p+1,\cdots,q)$ 的组合, ψ 是 $\varphi_i(x)(i=1,2,\cdots,r)$ 的组合, 上述不等式意味着这两个函数族必须重叠, 亦即 $r\geqslant p$, 这就证明了性质 (3).

为了证明性质 (4), 定义函数

$$\psi(x) = \varphi_i(x)/\varphi_{i+1}(x),$$

并设 $\varphi_{i+1}(x)$ 的节点是 $\{\alpha_k\}_1^i$, 它们把区间 $[a, b]$ 分为 $i + 1$ 个子区间, 即 (α_k, α_{k+1}) $(k = 0, 1, \cdots, i, \alpha_0 = a, \alpha_{i+1} = b)$. 接下来分两步来证明该性质.

首先, 证明 $\psi(x)$ 在上述每一个子区间内都是单调的. 如果不是, 例如, 它在某一个子区间 (α_k, α_{k+1}) 内不单调, 则在此区间内必有三点 $x_1 < x_2 < x_3$, 使得

$$[\psi(x_2) - \psi(x_1)][\psi(x_2) - \psi(x_3)] > 0.$$

不失一般性地, 可设 $\psi(x_2) > \psi(x_1)$, 那么 $\psi(x_2) > \psi(x_3)$. 于是在闭区间 $[x_1, x_3]$ 上, $\psi(x)$ 在其某一内点 x_0 处达到最大值 $\psi(x_0)$. 考察函数

$$\varphi(x) = \varphi_{i+1}(x)[\psi(x) - \psi(x_0)] = \varphi_i(x) - \psi(x_0)\varphi_{i+1}(x),$$

由性质 (3) 可知, $\varphi(x)$ 在区间 $[a, b]$ 上的节点不少于 $i - 1$ 个而零点不多于 i 个, 故其只能有节点而无其他零点. 另一方面, 由于在区间 $[x_1, x_3]$ 上,

$$\psi(x) - \psi(x_0) \leqslant 0,$$

因此 $\varphi(x)$ 以 x_0 为零腹点. 这里出现矛盾, 从而证明了 $\psi(x)$ 的单调性.

其次, 证明 $\psi(x)$ 在上述每一个子区间 $(\alpha_k, \alpha_{k+1})(k = 1, 2, \cdots, i - 1)$ 内必从 $-\infty$ 单调递增至 $+\infty$, 或从 $+\infty$ 单调递减至 $-\infty$, 为此只需排除极限

$$\lim_{x \to \alpha_k - 0} \psi(x) = c'_k, \qquad \lim_{x \to \alpha_k + 0} \psi(x) = c''_k$$

取有限值的可能性. 现在假设相反, 例如, 设 c'_k 是有限值, 这只有当 α_k 同时也是 $\varphi_i(x)$ 的节点时才有可能. 这时, 存在两种可能性: 第一, $c'_k \neq c''_k$, 但两者同号. 在这种情况下, c''_k 可以取有限值, 也可以为无穷. 第二, $c'_k = c''_k$. 图 2.1 画出了 $\psi(x)$ 在 α_k 邻域内的 4 种可能的图形. 不失一般性地, 已经假设 $\psi(x)$ 在区间 (α_{k-1}, α_k) 内是单调下降的. 在图 2.1(a)、图 2.1(b) 和图 2.1(c) 这 3 种情况下, 都存在这样的数 h, 使得当 x 自左至右经过 α_k 时, $\psi(x) - h$ 的正负号改变, 从而函数

$$\varphi(x) = \varphi_{i+1}(x)[\psi(x) - h] = \varphi_i(x) - h\varphi_{i+1}(x) \tag{2.9.3}$$

以 α_k 为零腹点. 由性质 (3) 可知, 这是不可能的. 至于图 2.1(d) 的情况, 记 $\psi(x) = h > c'_k$ 的横坐标为 ξ_1 与 ξ_2, 那么由式 (2.9.3) 所确定的函数 $\varphi(x)$

将以 ξ_1, ξ_2 为节点, 因而其节点个数比 $\varphi_{i+1}(x)$ 多两个, 这也是不可能的. 以上矛盾表明 c_k' 不可能取有限值. 同理可得, c_k'' 也不可能取有限值.

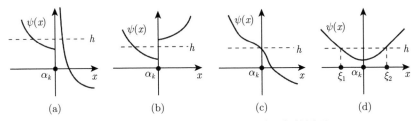

图 2.1 $\psi(x)$ 在 α_k 邻域内的 4 种可能的图形

总结上述讨论可以发现: $\psi(x)$ 在 $(\alpha_k, \alpha_{k+1})(k = 1, 2, \cdots, i-1)$ 内从 $-\infty$ 单调递增至 $+\infty$, 或从 $+\infty$ 单调递减至 $-\infty$, 于是在此区间内 $\varphi_i(x)$ 有且仅有一个节点. 又因为 $\varphi_i(x)$ 总共只有 $i-1$ 个节点, 所以在子区间 (a, α_1) 和 (α_i, b) 内没有 $\varphi_i(x)$ 的节点, 这就证明了关于交错性的性质 (4).   ▍

2.9.2   具有振荡核的积分方程的特征对

通过以上准备, 现在可以证明有关振荡核性质的如下定理:

定理 2.23 (振荡核的特征对)   具有连续振荡核的积分方程

$$\varphi(x) = \lambda \int_a^b K(x,s)\varphi(s)\mathrm{d}s \tag{2.9.4}$$

的特征值是正的和单的, 若将它们按递增次序排列为 $0 < \lambda_1 < \lambda_2 < \cdots$, 则相应的特征函数族构成区间 $[a,b]$ 上的 Марков 函数序列, 并具有定理 2.22 所描述的 Марков 函数序列的 4 条性质.

证明   把式 (2.9.4) 的特征值按绝对值递增的次序排列为

$$|\lambda_1| \leqslant |\lambda_2| \leqslant |\lambda_3| \leqslant \cdots.$$

记与 $K(x,s)$ 相应的 p 阶复合核为 $\underline{K}_p(X,S)$. 当 $K(x,s)$ 是连续对称振荡核时, $\underline{K}_p(X,S)$ 满足定理 2.19 的条件, 则积分方程

$$\Phi(X) = \Lambda \int_{M^p} \underline{K}_p(X,S)\Phi(S)\mathrm{d}S$$

存在一个绝对值最小的特征值 $\lambda_1\lambda_2\cdots\lambda_p$, 且有

$$\lambda_1\lambda_2\cdots\lambda_p > 0, \quad \lambda_1\lambda_2\cdots\lambda_p < |\lambda_1\lambda_2\cdots\lambda_{p-1}\lambda_{p+1}|.$$

上述第一个不等式表明所有特征值都是正的, 第二个不等式表明 $\lambda_p < \lambda_{p+1}$ $(p = 1, 2, \cdots)$. 同时, 作为复合核 $\underline{K}_p(X, S)$ 的相应于特征值 $\lambda_1 \lambda_2 \cdots \lambda_p$ 的特征函数

$$\Delta \begin{pmatrix} \varphi_1 & \varphi_2 & \cdots & \varphi_p \\ x_1 & x_2 & \cdots & x_p \end{pmatrix}$$

有严格固定的符号. 按定理 2.21, $\varphi_i(x)(i = 1, 2, \cdots)$ 构成区间 $[a, b]$ 上的 Марков 函数序列, 因而具有定理 2.22 所叙述的各种特性. ∎

需要说明一点: 注意到 Perron 定理 (定理 2.19) 的条件, 在定理 2.23 的证明中, 没有用到振荡核的定义式 (2.7.4). 将仅需满足式 (2.7.5) 和 (2.7.6) 的核称为 Kellogg 核. Гантмахер Ф Р 和 Крейн М Г 指出, 到目前为止, 已知的 Kellogg 核都是振荡核 [1].

2.10　静变形的振荡性质、柔度函数 (柔度矩阵) 为振荡核 (振荡矩阵)、振动的振荡性质三者的关系

定义 2.11　如果一个一维连续体的离散系统具有下述性质: (1) 固有角频率全是单的, $0 < \omega_1 < \omega_2 < \cdots < \omega_n$. (2) 第 i 阶固有振型 $\boldsymbol{u}^{(i)}$ 有 $i - 1$ 次变号. (3) 对于任意一组不全为零的实数 $c_i(i = p, p+1, \cdots, q, 1 \leqslant p \leqslant q \leqslant n)$, 矢量

$$\boldsymbol{u} = c_p \boldsymbol{u}^{(p)} + c_{p+1} \boldsymbol{u}^{(p+1)} + \cdots + c_q \boldsymbol{u}^{(q)}$$

的变号数遵循 $p - 1 \leqslant S_{\boldsymbol{u}}^- \leqslant S_{\boldsymbol{u}}^+ \leqslant q - 1$. (4) 相邻阶固有振型的节点交错. 则称该系统具有振动的振荡性质.

定义 2.12　如果一个一维连续体具有下述性质: (1) 固有角频率全是单的, $0 < \omega_1 < \omega_2 < \cdots < \omega_n < \cdots$. (2) 第 i 阶固有振型 $u_i(x)$ 在点集 $I \subset [0, l]$ 上有 $i - 1$ 次变号. (3) 对于任意一组不全为零的实数 $c_i(i = p, p+1, \cdots, q, 1 \leqslant p \leqslant q)$, 函数

$$u(x) = \sum_{i=p}^{q} c_i u_i(x)$$

的节点不少于 $p - 1$ 个, 零点不多于 $q - 1$ 个. (4) 相邻阶固有振型的节点交错. 则称该系统具有振动的振荡性质.

2.3~2.9 节简要介绍了 Гантмахер Ф Р 和 Крейн М Г 所创立的振荡矩阵和振荡核的理论. 这一理论虽然堪称完美, 但是也留下两个问题值得探索与思考. 其一, 利用定义直接判断一个具体结构的 Green 函数是否属于振荡核, 或者一个具体结构的离散系统的柔度矩阵是否属于振荡矩阵, 是十分困难的. 其二, 上述理论虽然证明了: 充分约束的一维连续体的 Green 函数是振荡核是此系统具有振动的振荡性质的充分条件, 充分约束的一维连续体的离散系统的柔度矩阵是振荡矩阵是此系统具有振动的振荡性质的充分条件, 但是都没有证明上述充分条件是否也是必要条件.

针对以上两个问题, 现在已经有了较为完整的答案.

2.10.1 静变形的振荡性质和柔度函数为振荡核 (柔度矩阵为振荡矩阵) 的关系

对于一维连续体, Гантмахер Ф Р 和 Крейн М Г[1] 指出, 振荡核的条件 (见式 (2.7.4) 和 (2.7.5)) 等同于下面两个性质:

性质 A 一维连续体的某一动点上受一个集中力作用, 该连续体上所有动点的挠度异于零且其方向与作用力的方向相同.

性质 B 一维连续体受 n 个集中力作用, 该连续体的挠度 $u(x)$ 的变号数不多于 $n-1$, 即 $S_u \leqslant n-1$.

我们将性质 A 与性质 B 称为一维连续体的静变形的振荡性质. 说明一点, 本小节中作用于一维连续体上的集中力和所引起的位移 (挠度) 的方向遵从 1.2 节的约定.

注意到 Green 函数的定义和对称性, 性质 A 的数学表达式就是式 (2.7.4). 现在来阐明性质 B 与振荡核的条件 (见式 (2.7.5)) 的关系. 这需要用到下面的引理 2.2 和引理 2.3.

在给出两个引理之前, 先不加证明地给出这样一个公式: 设 $\{\varphi_i(x)\}_1^n$ 在区间 $[0, l]$ 上连续, $m(x, s)$ 在正方形区域 $0 \leqslant x, s \leqslant l$ 中连续, 又

$$\psi_i(x) = \int_0^l m(x, s)\varphi_i(s)\mathrm{d}s, \quad i = 1, 2, \cdots, n,$$

则对于任意的 $i, j = 1, 2, \cdots, n$, 有

$$\Psi \begin{pmatrix} x_1 & x_2 & \cdots & x_n \\ 1 & 2 & \cdots & n \end{pmatrix} = \det\left(\psi_i(x_j)\right)$$

$$= \underset{V}{\iint \cdots \int} M \begin{pmatrix} x_1 & x_2 & \cdots & x_n \\ s_1 & s_2 & \cdots & s_n \end{pmatrix}$$

$$\times\, \varPhi \begin{pmatrix} s_1 & s_2 & \cdots & s_n \\ 1 & 2 & \cdots & n \end{pmatrix} \mathrm{d}s_1 \mathrm{d}s_2 \cdots \mathrm{d}s_n, \quad (2.10.1)$$

其中, V 是单纯形, 其内点满足 $0 \leqslant s_1 < s_2 < \cdots < s_n \leqslant l$. 而

$$M \begin{pmatrix} x_1 & x_2 & \cdots & x_n \\ s_1 & s_2 & \cdots & s_n \end{pmatrix} = \det(m(x_i, s_j)), \quad 0 \leqslant \begin{matrix} x_1 < x_2 < \cdots < x_n \\ s_1 < s_2 < \cdots < s_n \end{matrix} \leqslant l,$$

$$\varPhi \begin{pmatrix} s_1 & s_2 & \cdots & s_n \\ 1 & 2 & \cdots & n \end{pmatrix} = \det(\varphi_i(s_j)), \quad i, j = 1, 2, \cdots, n.$$

引理 2.2　设 $\varphi(x)$ 在区间 $[0, l]$ 上连续且不恒为零, 它在这个区间上的变号数不多于 $n - 1$, 又

$$\psi(x) = \int_0^l m(x, s)\varphi(s)\mathrm{d}s, \quad 0 \leqslant x \leqslant l,$$

其中, $m(x, s)$ 在 $0 \leqslant x, s \leqslant l$ 上连续并满足

$$M \begin{pmatrix} x_1 & x_2 & \cdots & x_n \\ s_1 & s_2 & \cdots & s_n \end{pmatrix} > 0, \quad 0 \leqslant \begin{matrix} x_1 < x_2 < \cdots < x_n \\ s_1 < s_2 < \cdots < s_n \end{matrix} \leqslant l,$$

则 $\psi(x)$ 在区间 $I \subset [0, l]$ 上的零点个数不超过 $n - 1$. 这里, I 的定义类似于 2.7 节所给出的定义, 只需将其中的核 $K(x, s)$ 的端点值 $K(a, a)$ 和 $K(b, b)$ 换成相应函数的端点值 $\psi(0)$ 和 $\psi(l)$ 即可.

证明　由引理 2.2 的条件可知, 存在这样的点 $\{\xi_r\}_0^n$, 满足 $0 = \xi_0 < \xi_1 < \cdots < \xi_n = l$, 使得 $\varphi(x)$ 在每个子区间 $(\xi_{r-1}, \xi_r)(r = 1, 2, \cdots, n)$ 内正负号不变且不恒为零. 令

$$\psi_i(x) = \int_{\xi_{i-1}}^{\xi_i} m(x, s)\varphi(s)\mathrm{d}s, \quad i = 1, 2, \cdots, n, \quad (2.10.2)$$

显然,

$$\psi(x) = \psi_1(x) + \psi_2(x) + \cdots + \psi_n(x).$$

于是, 对于任意的 $0 \leqslant x_1 < x_2 < \cdots < x_n \leqslant l$,

$$\varPsi \begin{pmatrix} x_1 & x_2 & \cdots & x_n \\ 1 & 2 & \cdots & n \end{pmatrix} = \int_{\xi_{n-1}}^{\xi_n} \cdots \int_{\xi_0}^{\xi_1} M \begin{pmatrix} x_1 & x_2 & \cdots & x_n \\ s_1 & s_2 & \cdots & s_n \end{pmatrix}$$

$$\times \varphi(s_1)\varphi(s_2)\cdots\varphi(s_n)\mathrm{d}s_1\mathrm{d}s_2\cdots\mathrm{d}s_n.$$

由于积分号下函数的每一项都有确定的正负号且不恒为零, 因此上式左端的行列式的值对于任意的 $0 \leqslant x_1 < x_2 < \cdots < x_n \leqslant l$ 具有严格固定的正负号. 这样, 根据定理 2.21 可知, $\psi_i(x)(i=1,2,\cdots,n)$ 构成区间 $I \subset [0,l]$ 上的 Чебышев 函数族, 从而 $\psi(x)$ 在 $I \subset [0,l]$ 上的零点个数不超过 $n-1$. ▮

满足引理 2.2 中的条件的一个最重要的核是热力学核

$$M_t(x,s) = \frac{2}{\sqrt{\pi}t}\exp\left\{\frac{-(x-s)^2}{t^2}\right\}.$$

它是一个有着优良性质的核, 业已证明 [2,3], 当 $t \to 0$ 时, 它以 $\delta(x-s)$ 为其弱极限, 即对于区间 $[0,l]$ 上的连续函数 $\varphi(x)$, 若令

$$\psi(x,t) = \int_0^l M_t(x,s)\varphi(s)\mathrm{d}s, \quad 0 \leqslant x \leqslant l,$$

则

$$\lim_{t\to 0}\psi(x,t) = \lim_{t\to 0}\int_0^l M_t(x,s)\varphi(s)\mathrm{d}s$$
$$= \int_0^l \delta(x-s)\varphi(s)\mathrm{d}s = \varphi(x), \quad 0 \leqslant x \leqslant l. \qquad (2.10.3)$$

利用这样定义的核 $M_t(x,s)$, 现在可以证明引理 2.3.

引理 2.3 设 $\varphi_i(x)(i=1,2,\cdots,n)$ 是区间 $[0,l]$ 上的线性无关的连续函数族, 则对于任意一组不全为零的实数 $c_i(i=1,2,\cdots,n)$, 函数

$$\varphi(x) = \sum_{i=1}^n c_i\varphi_i(x)$$

在区间 $[0,l]$ 上的变号数 $S_\varphi \leqslant n-1$ 的充要条件是: 对于任意一组满足 $0 \leqslant x_1 < x_2 < \cdots < x_n \leqslant l$ 的 $x_i \in I(i=1,2,\cdots,n)$, 行列式

$$\Phi\begin{pmatrix} x_1 & x_2 & \cdots & x_n \\ 1 & 2 & \cdots & n \end{pmatrix} = \det(\varphi_i(x_j))_{n\times n} \qquad (2.10.4)$$

的值有固定的正负号, 即在其值不等于零处同为正数或同为负数.

证明 因为 $\varphi_i(x)(i=1,2,\cdots,n)$ 在区间 $[0,l]$ 上线性无关, 所以行列式 (2.10.4) 不恒为零. 令

$$\psi(x,t) = \int_0^l M_t(x,s)\varphi(s)\mathrm{d}s, \quad 0 \leqslant x \leqslant l, \tag{2.10.5}$$

$$\psi_i(x,t) = \int_0^l M_t(x,s)\varphi_i(s)\mathrm{d}s, \quad i=1,2,\cdots,n, \quad 0 \leqslant x \leqslant l, \tag{2.10.6}$$

则

$$\psi(x,t) = \int_0^l M_t(x,s) \sum_{i=1}^n c_i\varphi_i(s)\mathrm{d}s = \sum_{i=1}^n c_i\psi_i(x,t).$$

由引理 2.2 可知, $S_\varphi \leqslant n-1$ 等价于函数 $\psi(x,t)$ 在区间 $I \subset [0,l]$ 上的零点个数不超过 $n-1$. 而由定理 2.21 又知, 函数 $\psi(x,t)$ 在区间 $I \subset [0,l]$ 上的零点个数不超过 $n-1$ 的充要条件是: 行列式

$$\Psi \begin{pmatrix} x_1 & x_2 & \cdots & x_n \\ 1 & 2 & \cdots & n \end{pmatrix} \tag{2.10.7}$$

对于任意一组满足 $x_1 < x_2 < \cdots < x_n$ 的 $x_i \in I(i=1,2,\cdots,n)$ 均有严格固定的正负号. 由式 (2.10.3) 可知, 行列式 (2.10.4) 对于任意一组满足 $x_1 < x_2 < \cdots < x_n$ 的 $x_i \in I(i=1,2,\cdots,n)$ 都有固定的正负号. 反之, 当取 $m(x,s) = M_t(x,s)$ 时, 式 (2.10.1) 表明, 只要行列式 (2.10.4) 对于任意一组满足 $x_1 < x_2 < \cdots < x_n$ 的 $x_i \in I(i=1,2,\cdots,n)$ 都有固定的正负号, 则行列式 (2.10.7) 对于同样一组 $x_i \in I(i=1,2,\cdots,n)$ 就有严格固定的正负号. ∎

定理 2.24 一维连续体具有静变形的振荡性质 B 是式 (2.7.5) 成立的充要条件.

证明 事实上, 在点 $(0 \leqslant)s_1 < s_2 < \cdots < s_n(\leqslant l)$ 处受 n 个集中力 $F_1, F_2, \cdots, F_n$ 作用, 一维连续体的挠度 $y(x)$ 的表达式为

$$y(x) = \sum_{i=1}^n F_i\varphi_i(x),$$

这里, $\varphi_i(x) = K(x,s_i)(i=1,2,\cdots,n)$, 而 $K(x,s)$ 是该连续体的 Green 函数. 在这种情况下,

$$\Phi \begin{pmatrix} x_1 & x_2 & \cdots & x_n \\ 1 & 2 & \cdots & n \end{pmatrix} = K \begin{pmatrix} x_1 & x_2 & \cdots & x_n \\ s_1 & s_2 & \cdots & s_n \end{pmatrix}. \tag{2.10.8}$$

引理 2.3 意味着, 性质 B 等价于行列式 (2.10.8) 对于所有可能的 $x_1 <$ $x_2 < \cdots < x_n(x_i \in I)$ 在其异于零点处有固定的正负号. 另一方面, 如果性质 B 成立, 则由二次型

$$V = \frac{1}{2} \sum K(s_i, s_j) F_i F_j \tag{2.10.9}$$

的正定性可知, 行列式 (2.10.8) 在 $x_i = s_i(i = 1, 2, \cdots, n)$ 时是正的. 这意味着行列式 (2.10.8) 非负:

$$K \left(\begin{array}{cccc} x_1 & x_2 & \cdots & x_n \\ s_1 & s_2 & \cdots & s_n \end{array} \right) \geqslant 0, \quad 0 \leqslant \begin{array}{c} x_1 < x_2 < \cdots < x_n \\ s_1 < s_2 < \cdots < s_n \end{array} \leqslant l.$$

反之亦真. ▮

在第六章证明梁的 Green 函数属于振荡核时, 我们将看到, 根据这一定理, 可以检验系统是否具有静变形的振荡性质, 从而判定 Green 函数的振荡性质将是切实可行的. 而在讨论梁的有限元离散系统的振荡性质的过程中, 我们同样需要证明离散系统的柔度矩阵属于振荡矩阵的相应定理. 为此, 下面先给出什么是离散系统的静变形的振荡性质, 以及引理 2.3 的离散形式.

性质 C 一维连续体的离散系统的某一动结点上受一个集中力作用时, 该系统的所有动结点的位移异于零且其方向与作用力的方向相同.

性质 D 一维连续体的离散系统的某些动结点上受 $n(n \leqslant N, N$ 是系统的自由度数) 个集中力作用时, 该系统的结点位移 u_i 所组成的 u 线的变号数不多于 $n - 1$, 即 $S_u \leqslant n - 1$.

性质 C 和性质 D 被称为一维连续体的离散系统的静变形的振荡性质.

引理 2.4 线性无关的 m 维向量族 $\{\boldsymbol{u}^{(i)}\}_1^n$, $\boldsymbol{u}^{(i)} = (u_{1i}, u_{2i}, \cdots, u_{mi})^{\mathrm{T}}$ 的任意非平凡组合

$$\boldsymbol{u} = \sum_{i=1}^n c_i \boldsymbol{u}^{(i)}, \quad \sum_{i=1}^n c_i^2 > 0 \tag{2.10.10}$$

的变号数不超过 $n - 1$, 当且仅当对于任意的 $1 \leqslant j_1 < j_2 < \cdots < j_n \leqslant m$, 都有

$$\det \begin{bmatrix} u_{1j_1} & u_{1j_2} & \cdots & u_{1j_n} \\ u_{2j_1} & u_{2j_2} & \cdots & u_{2j_n} \\ \vdots & \vdots & & \vdots \\ u_{nj_1} & u_{nj_2} & \cdots & u_{nj_n} \end{bmatrix} \tag{2.10.11}$$

或全部非正, 或全部非负.

证明   记 $u^{(i)}$ 线为 $\varphi_i(x)$, 则 $\{\varphi_i(x)\}_1^n$ 是定义在区间 $[1,m]$ 上的线性无关的连续函数族.

先证必要性. 由假设 $\{\varphi_i(x)\}_1^n$ 的任意线性组合的变号数不超过 $n-1$, 又取 $x_i = j_i$, 那么根据引理 2.3 可知, 随着 $\{j_i\}$ 的变化, 行列式 (2.10.11) 要么全部非正, 要么全部非负, 或者说行列式 (2.10.11) 不改变自己的正负号.

再证充分性. 由引理 2.3 可知, 只需由在 $\{j_i\}$ 任意变化时, 行列式 (2.10.11) 不改变正负号的条件下, 推导出在 $x_1 < x_2 < \cdots < x_n (x_i \in I)$ 任意变化时, 行列式 (2.10.4) 也不改变正负号即可. 对于 $\{x_i\}$ 全是整数的情况, 行列式 (2.10.4) 可以表达为行列式 (2.10.11), 因此均不改变其正负号. 再考虑在 $x_1 < x_2 < \cdots < x_n$ 中, 只有一个 x_i 的坐标不是整数的情形. 设 $x_i \in (k_i, k_i + 1)$, k_i 是不大于 m 的整数, 那么由于 $\varphi_i(x)$ 是折线段, 则有

$$
\Phi \begin{pmatrix} x_1 & x_2 & \cdots & x_i & \cdots & x_n \\ 1 & 2 & \cdots & i & \cdots & n \end{pmatrix}
$$

$$
= (k_i + 1 - x_i) \Phi \begin{pmatrix} x_1 & x_2 & \cdots & k_i & \cdots & x_n \\ 1 & 2 & \cdots & i & \cdots & n \end{pmatrix}
$$

$$
+ (x_i - k_i) \Phi \begin{pmatrix} x_1 & x_2 & \cdots & k_i + 1 & \cdots & x_n \\ 1 & 2 & \cdots & i & \cdots & n \end{pmatrix}. \tag{2.10.12}
$$

根据假设, 式 (2.10.12) 右端两项有相同的正负号, 且在 $x_1, x_2, \cdots, x_n$ 中除 x_i 外都为任意变化的整数时不改变其正负号. 因此当 $x_1 < x_2 < \cdots < x_n$ 中仅有一个坐标 x_i 不是整数时, 行列式 (2.10.4) 也不改变其正负号. 利用数学归纳法, 并重复式 (2.10.12) 可知, 对于任意的坐标 $x_1 < x_2 < \cdots < x_n$ $(x_i \in [1, m])$, 都有行列式 (2.10.4) 不改变其正负号. ∎

定义 2.13   设有线性无关的 m 维矢量族 $\{\boldsymbol{u}^{(i)}\}_1^n$, $\boldsymbol{u}^{(i)} = (u_{1i}, u_{2i}, \cdots, u_{mi})^{\mathrm{T}}$. 如果对于任意一组不全为零的实数 $c_i (i = 1, 2, \cdots, n)$, 矢量

$$
\boldsymbol{u} = \sum_{i=1}^n c_i \boldsymbol{u}^{(i)}, \quad \sum_{i=1}^n c_i^2 > 0
$$

的变号数不超过 $n-1$, 则称这样的矢量族构成 Чебышев 矢量族.

定理 2.25 N 阶正定矩阵 $\boldsymbol{A} = (a_{ij})_{N \times N}$ 是振荡的, 当且仅当

(1) 所有次对角元大于零, 即 $a_{i,i+1} > 0$, $a_{i+1,i} > 0$ 对所有可能的 i 成立.

(2) 对于任意的正整数 $n < N$, $\{\boldsymbol{a}^{(j_i)} | 1 \leqslant j_1 < j_2 < \cdots < j_n \leqslant N\}$ 组成 Чебы-шев 矢量族, 其中, $\boldsymbol{a}^{(j_i)}$ 是矩阵 $\boldsymbol{A}$ 的第 j_i 列矢量.

证明　正定矩阵 $\boldsymbol{A}$ 必为非奇异矩阵, 引理 2.4 和定义 2.13 表明, 条件 (2) 与矩阵 $\boldsymbol{A}$ 正定等价于矩阵 $\boldsymbol{A}$ 是完全非负矩阵. 加上条件 (1), 则由定理 2.10 可知, 矩阵 $\boldsymbol{A}$ 是振荡矩阵.　∎

由于一维连续体的离散系统的静变形的振荡性质 C 意味着其柔度矩阵的次对角元均大于零, 而静变形的振荡性质 D 意味着其柔度矩阵的列矢量线族构成 Чебышев 矢量族. 于是, 由定理 2.25, 我们得出结论: 一维连续体的离散系统具有静变形的振荡性质是该系统的柔度矩阵是振荡矩阵的充要条件.

2.10.2　柔度函数为振荡核 (柔度矩阵为振荡矩阵) 和振动的振荡性质的关系

我们转而讨论本节开头提到的第二个问题, 即来确定系统具有振动的振荡性质的必要条件 [4,5].

定理 2.26　对于一个充分约束的一维连续体的离散系统, 如果它对于任意的集中质量分布都具有振动的振荡性质, 则该系统的柔度矩阵是振荡矩阵.

证明　对于采用结点位移离散的一维连续体的 N 自由度的离散系统, 其自由振动方程可以统一写为

$$\boldsymbol{K}\boldsymbol{u} = \lambda \boldsymbol{M}\boldsymbol{u}, \tag{2.10.13}$$

其中, $\boldsymbol{K}$ 为刚度矩阵, $\boldsymbol{M}$ 为质量矩阵, $\boldsymbol{u}$ 为结点位移振型矢量, $\lambda = \omega^2$ 为特征值, ω 为系统的固有角频率. 如采用柔度矩阵, 则式 (2.10.13) 也可写为

$$\boldsymbol{u} = \lambda \boldsymbol{R}\boldsymbol{M}\boldsymbol{u}, \tag{2.10.14}$$

其中, 柔度矩阵 $\boldsymbol{R} = (r_{ij})$ 是刚度矩阵 $\boldsymbol{K}$ 的逆. 由定理 2.26 的条件, 即定义 2.11 中的振荡性质 (1) 可知, 柔度矩阵 $\boldsymbol{R}$ 是非奇异的. 现在证明柔度矩阵 $\boldsymbol{R}$ 是完全非负矩阵. 假设完全非负性不成立, 那么按照引理 2.4 可知, 柔度矩阵 $\boldsymbol{R}$ 中必存在 $k(1 < k < N)$ 列, 记为 $j_1 < j_2 < \cdots < j_k$ 列, 它们的列矢量张成的空间中存在一个矢量, 其变号数不小于 k.

现在构造对角质量矩阵序列 $\{\boldsymbol{M}^{(i)}\}$, 其对角元满足

$$M_{tt}^{(i)} = \begin{cases} \left(\dfrac{1}{2}\right)^i, & t \notin \{j_p\}, \\ 1, & t \in \{j_p\}. \end{cases}$$

记其极限为矩阵 $\boldsymbol{M}^{(\infty)}$, 显然, $\boldsymbol{M}^{(\infty)}$ 是一个秩为 k 的对角矩阵, 其对角元为

$$M_{tt}^{(\infty)} = \begin{cases} 0, & t \notin \{j_p\}, \\ 1, & t \in \{j_p\}. \end{cases}$$

下面指出, 系统

$$\mu^{(i)}\boldsymbol{u}_i = \boldsymbol{R}\boldsymbol{M}^{(i)}\boldsymbol{u}_i \tag{2.10.15}$$

的前 k 阶特征矢量 $\boldsymbol{u}_i^{(1)}, \boldsymbol{u}_i^{(2)}, \cdots, \boldsymbol{u}_i^{(k)}$ (将特征值 $\mu^{(i)}$ 按递减次序排列) 张成的子空间收敛到系统

$$\mu^{(\infty)}\boldsymbol{u}_\infty = \boldsymbol{R}\boldsymbol{M}^{(\infty)}\boldsymbol{u}_\infty \tag{2.10.16}$$

的前 k 阶特征矢量 $\boldsymbol{u}_\infty^{(1)}, \boldsymbol{u}_\infty^{(2)}, \cdots, \boldsymbol{u}_\infty^{(k)}$ 张成的子空间.

当 i 足够大时, 系统 (2.10.15) 可以看作是无限接近系统 (2.10.16) 的摄动系统. 按照矩阵摄动的 $\sin\theta$ 定理 [6], 有

$$\frac{\left|\Delta\mu^{(\infty)}\right| \cdot \left|\sin\theta^{(i)}\right|}{2} \leqslant \left\|\boldsymbol{Y}^{(i)}\right\|, \tag{2.10.17}$$

其中, $\left\|\boldsymbol{Y}^{(i)}\right\|$ 是系统 (2.10.16) 扰动到系统 (2.10.15) 时, 系统 (2.10.16) 的残差, 显然, 它随 i 的增加收敛到零; $\theta^{(i)}$ 是矢量 $\boldsymbol{u}_\infty^{(1)}, \boldsymbol{u}_\infty^{(2)}, \cdots, \boldsymbol{u}_\infty^{(k)}$ 张成的子空间与 $\boldsymbol{u}_i^{(1)}, \boldsymbol{u}_i^{(2)}, \cdots, \boldsymbol{u}_i^{(k)}$ 张成的子空间的夹角, $\left|\Delta\mu^{(\infty)}\right|$ 表示系统 (2.10.16) 的前 k 阶特征值与后 $N-k$ 阶特征值之差的最小值. 显然, 系统 (2.10.16) 恰有 k 个非零特征值, 且这些非零特征值同时也是矩阵

$$\begin{bmatrix} r_{j_1j_1} & r_{j_1j_2} & \cdots & r_{j_1j_k} \\ r_{j_2j_1} & r_{j_2j_2} & \cdots & r_{j_2j_k} \\ \vdots & \vdots & & \vdots \\ r_{j_kj_1} & r_{j_kj_2} & \cdots & r_{j_kj_k} \end{bmatrix} \tag{2.10.18}$$

的特征值, 而矩阵 (2.10.18) 是正定矩阵, 所有特征值皆大于零, 因此系统 (2.10.16) 的前 k 阶特征值大于零, 从而有 $\left|\Delta\mu^{(\infty)}\right| = \Delta\mu^{(\infty)} > 0$. 由式 (2.10.17) 可知, 两子空间的夹角随着 i 的增大收敛到零, 从而 $\boldsymbol{u}_i^{(1)}, \boldsymbol{u}_i^{(2)}, \cdots,$ $\boldsymbol{u}_i^{(k)}$ 张成的子空间收敛到矢量 $\boldsymbol{u}_\infty^{(1)}, \boldsymbol{u}_\infty^{(2)}, \cdots, \boldsymbol{u}_\infty^{(k)}$ 张成的子空间, 即

$$\lim_{i\to\infty} \text{span}(\boldsymbol{u}_i^{(1)}, \boldsymbol{u}_i^{(2)}, \cdots, \boldsymbol{u}_i^{(k)}) = \text{span}(\boldsymbol{u}_\infty^{(1)}, \boldsymbol{u}_\infty^{(2)}, \cdots, \boldsymbol{u}_\infty^{(k)}). \tag{2.10.19}$$

根据假设, 系统 (2.10.15) 具有振荡性质 (2), 即在 $\boldsymbol{u}_i^{(1)}, \boldsymbol{u}_i^{(2)}, \cdots, \boldsymbol{u}_i^{(k)}$ 张成的子空间中, 没有任何矢量的变号数超过 $k-1$. 那么在其极限子空间中, 也必须没有任何矢量的变号数超过 $k-1$.

另一方面, 容易验证

$$(\boldsymbol{R}^{(j_1)}, \boldsymbol{R}^{(j_2)}, \cdots, \boldsymbol{R}^{(j_k)}) = (\boldsymbol{u}_\infty^{(1)}, \boldsymbol{u}_\infty^{(2)}, \cdots, \boldsymbol{u}_\infty^{(k)})\mathrm{diag}(\lambda_1, \lambda_2, \cdots, \lambda_k)\overline{\boldsymbol{u}}^{-1},$$

$$\overline{\boldsymbol{u}} = (\boldsymbol{e}^{(j_1)}, \boldsymbol{e}^{(j_2)}, \cdots, \boldsymbol{e}^{(j_k)})^{\mathrm{T}}(\boldsymbol{u}_\infty^{(1)}, \boldsymbol{u}_\infty^{(2)}, \cdots, \boldsymbol{u}_\infty^{(k)}),$$

$$\boldsymbol{e}^{(j_n)} = \left(\begin{array}{ccccccc} 0, & \cdots, & 0, & 1, & 0, & \cdots, & 0 \end{array} \right)^{\mathrm{T}},$$

$$\text{(2.10.20)}$$

其中, $\boldsymbol{e}^{(j_n)}$ 中的 1 位于第 j_n 列. 这说明 $\boldsymbol{u}_\infty^{(1)}, \boldsymbol{u}_\infty^{(2)}, \cdots, \boldsymbol{u}_\infty^{(k)}$ 张成的子空间恰是柔度矩阵的列矢量 $\boldsymbol{R}^{(j_1)}, \boldsymbol{R}^{(j_2)}, \cdots, \boldsymbol{R}^{(j_k)}$ 张成的子空间, 即

$$\mathrm{span}(\boldsymbol{R}^{(j_1)}, \boldsymbol{R}^{(j_2)}, \cdots, \boldsymbol{R}^{(j_k)}) = \mathrm{span}(\boldsymbol{u}_\infty^{(1)}, \boldsymbol{u}_\infty^{(2)}, \cdots, \boldsymbol{u}_\infty^{(k)}). \quad \text{(2.10.21)}$$

事实上, 式 (2.10.21) 正是工程上广泛应用的振型叠加法的理论之一 [7]. 在式 (2.10.21) 右端中, 没有一个矢量的变号数超过 $k-1$, 而在其左端中, 存在一个矢量, 其变号数至少为 k. 这是一个矛盾之处, 说明柔度矩阵 $\boldsymbol{R}$ 只能是完全非负矩阵.

现在考虑矩阵 $\boldsymbol{R}$ 的次对角元, 假定有某个次对角元非正, 那么按照完全非负矩阵的定义可知, 它只能为零. 不妨设存在某个 i, 使得 $r_{i+1,i} = r_{i,i+1} = 0$, 那么对于任意的 $j \leqslant i$, 有 $r_{i+1,j} = r_{j,i+1} = 0$, 否则子式

$$R \left(\begin{array}{cc} i & i+1 \\ j & i \end{array} \right) = 0 - r_{ii}r_{i+1,j} < 0,$$

这与矩阵 $\boldsymbol{R}$ 的完全非负性矛盾. 同样, 对于任意的 $i < p$, 有 $r_{ip} = r_{pi} = 0$. 更进一步, 对于任意的 $j \leqslant i < p$, 都必须有 $r_{jp} = r_{pj} = 0$, 否则子式

$$R \left(\begin{array}{cc} i+1 & p \\ j & i+1 \end{array} \right) < 0.$$

这意味着矩阵 $\boldsymbol{R}$ 可以分成两个相互解耦的部分:

$$\begin{bmatrix} r_{11} & r_{12} & \cdots & r_{1i} & 0 & 0 & \cdots & 0 \\ r_{21} & r_{22} & \cdots & r_{2i} & 0 & 0 & \cdots & 0 \\ \vdots & \vdots & & \vdots & \vdots & \vdots & & \vdots \\ r_{i1} & r_{i2} & \cdots & r_{ii} & 0 & 0 & \cdots & 0 \\ 0 & 0 & \cdots & 0 & r_{i+1,i+1} & r_{i+1,i+2} & \cdots & r_{i+1,N} \\ 0 & 0 & \cdots & 0 & r_{i+2,i+1} & r_{i+2,i+2} & \cdots & r_{i+2,N} \\ \vdots & \vdots & & \vdots & \vdots & \vdots & & \vdots \\ 0 & 0 & \cdots & 0 & r_{N,i+1} & r_{N,i+2} & \cdots & r_{NN} \end{bmatrix} = \begin{bmatrix} \boldsymbol{R}_1 & \boldsymbol{0} \\ \boldsymbol{0} & \boldsymbol{R}_2 \end{bmatrix},$$

这两个部分的模态将是独立的. 通过调整这两个子矩阵 $\boldsymbol{R}_1$ 和 $\boldsymbol{R}_2$ 对应的质量矩阵 $\boldsymbol{M}$ 的分量, 一定可以使得两个局部的模态具有相同的特征值. 因此系统具有一个重特征值, 这与定义 2.11 中的振荡性质 (1) 矛盾. 于是, 根据振荡矩阵的判定准则 (定理 2.10) 可知, 柔度矩阵 $\boldsymbol{R}$ 是振荡矩阵. ∎

从定理 2.26 出发, 可以比较容易导出关于连续系统的下述结果:

定理 2.27 对于一个充分约束的一维连续体的连续系统, 质量任意分布 (含集中质量), 如果它具有振动的振荡性质, 则该系统的 Green 函数是振荡核.

证明 设此连续系统长为 l, Green 函数为 $G(x,s)(x,s \in I \subset [0,l])$. 对于任意的 n, 任取

$$0 < x_1 < x_2 < \cdots < x_n < l,$$

则

$$\boldsymbol{R} = (r_{ij})_{n\times n} = (G(x_i,x_j))_{n\times n}$$

为柔度矩阵. 在 $x_i(i=1,2,\cdots,n)$ 处设置任意的集中质量 m_i, 从而形成一个离散系统. 由于原连续系具有连续系统的振动的振荡性质, 因此此离散系统具有离散系统的振动的振荡性质. 由定理 2.26 可知, 此离散系统的柔度矩阵 $\boldsymbol{R}$ 必为振荡矩阵. 由于上述 n 和 x_i 是任意的, 由定理 2.18 可知, 原连续系统的 Green 函数 $G(x,s)$ 是振荡核. ∎

于是得到结论: 充分约束的一维连续体的 Green 函数属于振荡核是该系统具有振动的振荡性质的充要条件; 采用集中质量的充分约束的一维连续体的离散系统, 它的柔度矩阵属于振荡矩阵 (或刚度矩阵是符号振荡矩阵) 是该系统具有振动的振荡性质的充要条件.

综合 2.10.1 和 2.10.2 两个小节的讨论, 我们得到一个完善的结论:

定理 2.28 对于充分约束的一维系统, 无论是连续系统, 还是采用集中质量的离散系统, 系统具有静变形的振荡性质, 系统的 Green 函数是振荡核 (柔度矩阵是振荡矩阵) 和系统具有振动的振荡性质, 这三者互为充要条件.

于是, 要判别一个充分约束系统是否具有振动的振荡性质, 只要检验该系统是否具有静变形的振荡性质, 或者 Green 函数是否为振荡核 (柔度矩阵是否为振荡矩阵) 即可.

2.11 从振荡矩阵到振荡核

以上分别介绍了振荡矩阵和振荡核的定义、判别法则, 以及相关特征值问题的基本特性. 鉴于两者的完全相似性, 一个很自然的问题是: 振荡矩阵和振荡核之间有何联系? 能否依据振荡矩阵的理论直接判定某个核的振荡性质? 定理 2.18 给出了由核派生出一种矩阵, 若核是振荡核, 则派生出的矩阵是振荡矩阵; 反之亦然. 下面再给出一种情形, 即由矩阵的元取极限得到核, 例如, 将杆和梁的差分离散模型的柔度系数取极限得到相应连续系统的 Green 函数, 即可证明, 当差分离散模型的柔度矩阵是振荡矩阵时, 由极限所得到的核是 Kellogg 核 [8].

定理 2.29 设有代数特征值问题:

$$\boldsymbol{u} = \lambda \boldsymbol{R} \boldsymbol{M} \boldsymbol{u}, \tag{2.11.1}$$

其中, $\boldsymbol{u}$ 是定义在区间 $[0, l]$ 上的, 其分点为 $0 = x_0 < x_1 < \cdots < x_N = l$, 并除去端点处可能为零分量的列矢量; $\boldsymbol{M} = \mathrm{diag}(m_0, m_1, \cdots, m_N)$. 记 $\Delta x_r = x_r - x_{r-1}$, 如果当 $N \to \infty$, 且 $\max\limits_{1 \leqslant r \leqslant N} \Delta x_r \to 0$ 时, 矩阵 $\boldsymbol{R}$ 的元 r_{ij} 以连续函数 $G(x, s)$ 为其极限, 则当 $\boldsymbol{R}$ 为振荡矩阵时, $G(x, s)$ 为 Kellogg 核.

证明 根据 2.9 节有关 Kellogg 核的定义, 我们只要证明, 对于任意确定的点集 $\{\xi_r\}_1^n \in I \subset [0, l]$, $\{s_r\}_1^n \in I \subset [0, l]$, 不等式

$$G \begin{pmatrix} \xi_1 & \xi_2 & \cdots & \xi_n \\ s_1 & s_2 & \cdots & s_n \end{pmatrix} = \det(G(\xi_i, s_j)) \geqslant 0, \quad 0 \leqslant \begin{matrix} \xi_1 < \xi_2 < \cdots < \xi_n \\ s_1 < s_2 < \cdots < s_n \end{matrix} \leqslant l,$$

$$\tag{2.11.2}$$

$$G \begin{pmatrix} \xi_1 & \xi_2 & \cdots & \xi_n \\ \xi_1 & \xi_2 & \cdots & \xi_n \end{pmatrix} > 0, \quad 0 \leqslant \xi_1 < \xi_2 < \cdots < \xi_n \leqslant l \tag{2.11.3}$$

成立. 为此, 把任意点集 $\{\xi_r\}_1^n \cup \{s_r\}_1^n$ 按递增次序重新排列. 注意, 如果某个 $\xi_r = s_r$ 时, 二者合为一个分点, 这样可以得到新点集 $\{\eta_r\}_1^m (m \leqslant 2n)$. 以新点集 $\{\eta_r\}_1^m$ 为基础插入新分点组成满足定理 2.29 的条件的点集 $\{x_r\}_0^N (N > m)$. 与此相对应, 方程 (2.11.1) 可以视为某个离散系统的运动方程组. 因为 $\boldsymbol{R}$ 是振荡矩阵, 所以其子式

$$R \begin{pmatrix} i_1 & i_2 & \cdots & i_n \\ j_1 & j_2 & \cdots & j_n \end{pmatrix} \geqslant 0, \tag{2.11.4}$$

其中, i_r, j_r 分别是 ξ_r, s_r 在点集 $\{x_r\}_0^N$ 中的序号数. 当 $N \to \infty$ 且 $\max\limits_{1 \leqslant r \leqslant N} \Delta x_r = \delta \to 0$ 时, $r_{ij} \to G(x, s)$, 对式 (2.11.4) 取极限即得

$$\lim_{N \to \infty, \delta \to 0} R \begin{pmatrix} i_1 & i_2 & \cdots & i_n \\ j_1 & j_2 & \cdots & j_n \end{pmatrix} = G \begin{pmatrix} \xi_1 & \xi_2 & \cdots & \xi_n \\ s_1 & s_2 & \cdots & s_n \end{pmatrix} \geqslant 0.$$

为了证明式 (2.11.3), 注意到式 (2.11.1) 可以视为某个一维离散系统的运动方程, 从而矩阵 $\boldsymbol{R}$ 可以视为该系统的柔度矩阵, 则由柔度系数的概念可知, 它的极限 $G(x, s)$ 的物理意义应是相应连续系统的 Green 函数.

现在考察该系统的应变能. 设想在系统内点 ξ_r 上各作用一个集中力 F_r $(r = 1, 2, \cdots, N)$, 则由 Green 函数的定义可知, 点 ξ_i 处的位移和系统的应变能分别是

$$u_i = \sum_{j=1}^N G(\xi_i, \xi_j) F_j, \quad V = \frac{1}{2} \sum_{i,j=1}^N G(\xi_i, \xi_j) F_i F_j. \tag{2.11.5}$$

只要系统是充分约束的, 都有 $V > 0$, 式 (2.11.5) 中第二式右端为正定二次型, 故式 (2.11.3) 成立.　∎

需要指出的是, 上述定理只能证明相应的核是 Kellogg 核, 不过从应用的角度看, 这已经足够了. 因为, 正如 2.9 节末尾指出的, 在推导振荡核的特征值和特征函数的基本特性时只用到了式 (2.7.5) 和 (2.7.6).

参 考 文 献

[1]　Гантмахер Ф Р, Крейн М Г. Осцилляционные матрицы и ядра и малые колебания механических систем [M]. Москва: Государственное Издательство Технико-Теоретической Литературы, 1950.

[2] Gladwell G M L. Inverse problems in vibration [M]. 2nd Ed. Dordrecht/Boston/
     London: Kluwer Academic Publishers, 2004.

[3] Courant R, Hilbert D. Methods of mathematical physics: Vol. I [M]. New York:
     Interscience Publishers, 1953; Vol. II[M]. New York: Interscience Publishers, 1962.

[4] Zheng Z J, Chen P, Wang D J. Oscillation property of the vibrations for finite
     element models of an Euler beam [J]. The Quarterly Journal of Mechanics and Applied
     Mathematics, 2013, 66(4): 587.

[5] 郑子君. 杆、欧拉梁的振动定性性质及其模态反问题 [D]. 北京: 北京大学, 2014.

[6] Shigley J E, Mischke C R, Budynas R G. Mechanical engineering design [M]. New
     York: McGraw-Hill, 2004.

[7] Davis C, Kahan W M. The rotation of eigenvectors by a perturbation. III [J]. SIAM J.
     Num. Anal., 1970, 7(1): 1.

[8] 王其申, 王大钧. 杆、梁离散和连续系统的振动定性性质的统一论证 [J]. 力学学报,
     1997, 29(1): 99.

第三章 弦、杆的离散系统的振动和静变形的定性性质

本章研究弦的横向振动、杆的纵向振动, 以及轴的扭转振动等二阶连续系统的离散模型的固有频率和振型所具有的定性性质, 也将讨论某些这类离散系统的静变形的定性性质.

3.1 弦和杆的离散系统

3.1.1 弦和杆的物理离散系统

弦的连续系统如图 3.1(a) 所示. 弦的长度为 l, 两端受张力 T 作用. 弦的两端设置横向弹性支承, 其弹簧常数分别为 h 和 H. $h = 0, H = 0$ 分别表示在 $x = 0$ 和 $x = l$ 处的端点自由; $h \to \infty, H \to \infty$ 分别表示在 $x = 0$ 和 $x = l$ 处的端点固定, 与其对应的端点位移取 $u(0) = 0$ 和 $u(l) = 0$.

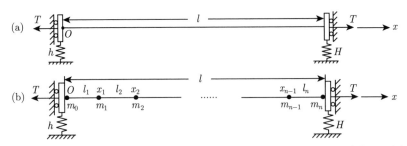

图 3.1   (a) 弦的连续系统示意图, (b) 弦的离散系统 (无质量弦–质点系统) 示意图

将分布参数化为集中参数. 在弦上取分点 $x_r(r = 0, 1, \cdots, n, x_0 = 0, x_n = l)$, 如图 3.1(b) 所示, 其相邻两点间的距离, 即每段弦长为 $l_r = x_r - x_{r-1}(r = 1, 2, \cdots, n)$. 令 x_r 处的线密度为 $\rho(x_r) = \rho_r$, 将弦的分布质量按公式

$$\begin{cases} m_0 = \rho_0 l_1/2, \\ m_r = \rho_r(l_r + l_{r+1})/2, \qquad r = 1, 2, \cdots, n-1, \\ m_n = \rho_n l_n/2 \end{cases} \tag{3.1.1}$$

化为 x_r 处的集中质量 m_r. 因而连续系统被转化为如图 3.1(b) 所示的具有 $n+1$ 个质点的离散系统, 将它称为无质量弦–质点系统.

记 $k_r = T/l_r(r = 1, 2, \cdots, n)$, 第 r 个质点的位移幅值为 u_r, 则系统固有振动的模态方程组为

$$\begin{cases} (k_1 + h)u_0 - k_1 u_1 = \omega^2 m_0 u_0, \\ -k_r u_{r-1} + (k_r + k_{r+1})u_r - k_{r+1}u_{r+1} = \omega^2 m_r u_r, \quad r = 1, 2, \cdots, n-1, \\ -k_n u_{n-1} + (k_n + H)u_n = \omega^2 m_n u_n. \end{cases} \tag{3.1.2}$$

将式 (3.1.2) 改写成矩阵形式, 即

$$\boldsymbol{K}\boldsymbol{u} = \lambda \boldsymbol{M}\boldsymbol{u}, \tag{3.1.3}$$

其中, 振型 $\boldsymbol{u} = (u_0, u_1, \cdots, u_n)^{\mathrm{T}}$, $\lambda = \omega^2$, ω 是固有角频率, 相应的固有频率是 $f = \omega/(2\pi)$, 质量矩阵 $\boldsymbol{M}$ 和刚度矩阵 $\boldsymbol{K}$ 分别为对角矩阵和对称三对角矩阵:

$$\boldsymbol{M} = \mathrm{diag}(m_0, m_1, \cdots, m_n), \tag{3.1.4}$$

$$\boldsymbol{K} = \begin{bmatrix} k_1 + h & -k_1 & 0 & \cdots & 0 & 0 & 0 \\ -k_1 & k_1 + k_2 & -k_2 & \cdots & 0 & 0 & 0 \\ \vdots & \vdots & \vdots & & \vdots & \vdots & \vdots \\ 0 & 0 & 0 & \cdots & -k_{n-1} & k_{n-1} + k_n & -k_n \\ 0 & 0 & 0 & \cdots & 0 & -k_n & k_n + H \end{bmatrix}. \tag{3.1.5}$$

杆的连续系统如图 3.2(a) 所示. 和弦的情形相似, 可将它简化为离散系统. 将杆的分布质量按式 (3.1.1) 化为 x_r 处的集中质量 m_r. 将每分段杆的抗拉刚度 EA 按公式

$$k_r = \frac{EA(x_r) + EA(x_{r-1})}{2l_r}, \quad r = 1, 2, \cdots, n \tag{3.1.6}$$

化为集中刚度, 即一个线弹簧的弹簧常数. 这样, 图 3.2(a) 所示的连续系统即转化为图 3.2(b) 所示的离散系统, 图中, h, H 和 $k_r(r = 1, 2, \cdots, n)$ 皆为弹簧常数. 这个系统的质量矩阵和刚度矩阵同样分别为式 (3.1.4) 和 (3.1.5).

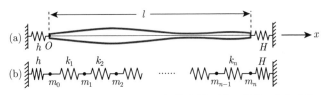

图 3.2   (a) 杆的连续系统示意图, (b) 杆的离散系统 (弹簧–质点系统) 示意图

这样, 弦、杆、轴, 乃至短杆的剪切振动的连续系统, 都可以按上述物理离散方法, 简化为同一种离散系统, 即图 3.2(b) 所示的有限自由度的弹簧–质点系统. 该系统的固有频率和振型满足特征值方程 (3.1.2) 或 (3.1.3)~(3.1.5).

当弦、杆、轴在弹性基础上振动时, 其数学表达是 Sturm-Liouville 系统的振动问题. 基础的分布弹簧常数 $q(x)(q(x) \geqslant 0)$ 在离散系统中被转化为集中的弹簧常数

$$
\begin{cases}
q_0 = q(0)l_1/2, \\
q_r = q(x_r)(l_r + l_{r+1})/2, \quad r = 1, 2, \cdots, n-1, \\
q_n = q(l)l_n/2.
\end{cases}
$$

与其相应的双弹簧–质点的离散系统如图 3.3 所示. 系统的固有频率和振型满足特征值方程 (3.1.3) 和 (3.1.4), 其刚度矩阵为

图 3.3   具有弹性基础的弦、杆的离散系统示意图

$$
\boldsymbol{K} = \begin{bmatrix}
k_1 + q_0 + h & -k_1 & 0 & \cdots & 0 & 0 \\
-k_1 & k_1 + k_2 + q_1 & -k_2 & \cdots & 0 & 0 \\
\vdots & \vdots & \vdots & & \vdots & \vdots \\
0 & 0 & 0 & \cdots & -k_n & k_n + q_n + H
\end{bmatrix}.
$$

$$(3.1.7)$$

以上导出的弦、杆、轴的物理离散系统即弹簧-质点系统. 该系统虽然简单, 但是具有相当广泛的代表性. 下面将看到, 弦、杆、轴的数学离散系统也可归于这一系统.

此外, 还需交代一下弹簧-质点系统的边条件的提法问题. 这种系统的边条件一共有三种提法, 若以左端为例, 即

固定: $h \to \infty$, 这时, $u_0 = 0$, 系统自由度减少 1;

自由: $h = 0$;

弹性支承: $0 < h < \infty$, $u_0 \neq 0$.

3.1.2 弦振动的差分离散系统

弦的固有角频率 ω 和振型 $u(x)$ 满足微分方程

$$-\rho(x)\omega^2 u(x) = Tu''(x), \quad 0 < x < l \tag{3.1.8}$$

和边条件

$$Tu'(0) - hu(0) = 0 = Tu'(l) + Hu(l), \tag{3.1.9}$$

其中, T 为张力, h 和 H 为弹簧常数, ρ 为线密度, l 为弦长.

用差分近似微分, 可将连续系统离散为离散系统.

引入差分点 $0 = x_0 < x_1 < \cdots < x_n = l$, 并记 $l_r = x_r - x_{r-1}(r = 1, 2, \cdots, n)$, u_r, u'_r 与 u''_r 为相应函数在差分点 $x_r(r = 0, 1, \cdots, n)$ 处的值, 利用函数 $u(x)$ 的精确到二阶小量的 Taylor 公式

$$\begin{cases} u_{r+1} = u_r + u'_r l_{r+1} + u''_r l_{r+1}^2/2 + o(l_{r+1}^3), & r = 0, 1, \cdots, n-1, \\ u_{r-1} = u_r - u'_r l_r + u''_r l_r^2/2 + o(l_r^3), & r = 1, 2, \cdots, n, \end{cases} \tag{3.1.10}$$

可以解得如下二阶中心差分公式:

$$\begin{cases} u'_r = -u_{r-1}\dfrac{l_{r+1}}{l_r(l_r + l_{r+1})} + u_r\dfrac{l_{r+1} - l_r}{l_r l_{r+1}} \\ \qquad + u_{r+1}\dfrac{l_r}{l_{r+1}(l_r + l_{r+1})}, & r = 1, 2, \cdots, n-1, \\ u''_r = \dfrac{2}{l_r + l_{r+1}}\left(\dfrac{u_{r-1} - u_r}{l_r} - \dfrac{u_r - u_{r+1}}{l_{r+1}}\right). \end{cases} \tag{3.1.11}$$

将式 (3.1.10) 的第一式和边条件 (3.1.9) 应用于弦的左端点, 将式 (3.1.11) 的第二式应用于中间的差分点, 将式 (3.1.10) 的第二式和边条件 (3.1.9) 应用

于弦的右端点, 则微分方程 (3.1.8) 经离散后可化为

$$
\begin{cases}
\rho_0 \omega^2 u_0 = -\dfrac{2T}{l_1} \dfrac{u_1 - u_0}{l_1} + \dfrac{2hu_0}{l_1}, \\[2mm]
\rho_r \omega^2 u_r = \dfrac{2T}{l_r + l_{r+1}} \left(\dfrac{u_r - u_{r-1}}{l_r} - \dfrac{u_{r+1} - u_r}{l_{r+1}} \right), \quad r = 1, 2, \cdots, n-1, \\[2mm]
\rho_n \omega^2 u_n = \dfrac{2T}{l_n} \dfrac{u_n - u_{n-1}}{l_n} + \dfrac{2Hu_n}{l_n}.
\end{cases}
\tag{3.1.12}
$$

只要记

$$
\begin{cases}
m_0 = \rho_0 l_1 / 2, \quad m_n = \rho_n l_n / 2, \\[2mm]
m_r = \rho_r (l_r + l_{r+1})/2, & r = 1, 2, \cdots, n-1, \\[2mm]
k_r = T/l_r, & r = 1, 2, \cdots, n,
\end{cases}
\tag{3.1.13}
$$

即可得到弦的差分离散系统的固有振动的模态方程为方程 (3.1.2) 或 (3.1.3)~
(3.1.5) 的形式, 亦即弦的差分离散系统等价于弹簧–质点系统.

3.1.3　杆的纵向振动的差分离散系统

杆的纵向振动的固有角频率 ω 和振型 $u(x)$ 满足如下微分方程:

$$
[p(x)u'(x)]' + \lambda \rho(x) u(x) = 0, \quad 0 < x < l,
\tag{3.1.14}
$$

其中, $p(x) = EA(x)$ 为杆的抗拉刚度, E 为弹性模量, A 为杆的横截面面积, ρ
为线密度, l 为杆长, 而 $\lambda = \omega^2$. 边条件的一般提法是

$$
p(0)u'(0) - hu(0) = 0, \quad p(l)u'(l) + Hu(l) = 0,
\tag{3.1.15}
$$

其中, h 和 H 分别为左、右端点处的弹簧常数.

和弦的问题一样, 用差分近似微分, 可将连续系统离散为离散系统. 为此,
将式 (3.1.14) 改写为

$$
p(x)u''(x) + p'(x)u'(x) = -\lambda \rho(x) u(x), \quad 0 < x < l.
\tag{3.1.16}
$$

引入差分点 $0 = x_0 < x_1 < \cdots < x_n = l$, 并记 $l_r = x_r - x_{r-1}(r = 1, 2, \cdots, n)$, p_r, p'_r 和 u_r, u'_r, u''_r 为相应函数在差分点 $x_r(r = 0, 1, \cdots, n)$ 处的
值. 对于 $r = 1, 2, \cdots, n-1$ 的内点 x_r 处, 将式 (3.1.11) 代入式 (3.1.16) 可得

$$
-\lambda \rho_r u_r = \frac{2p_r}{l_r + l_{r+1}} \left(\frac{u_{r-1} - u_r}{l_r} - \frac{u_r - u_{r+1}}{l_{r+1}} \right)
$$

$$+ p'_r \left[-u_{r-1} \frac{l_{r+1}}{l_r(l_r + l_{r+1})} + u_r \frac{l_{r+1} - l_r}{l_r l_{r+1}} + u_{r+1} \frac{l_r}{l_{r+1}(l_r + l_{r+1})} \right].$$

对于 $r = 0$ 或 n 的端点 x_0, x_n 处, 直接利用 Taylor 公式 (3.1.10) 和边条件 (3.1.15), 可以得到

$$- \lambda \rho_0 u_0 = \frac{2p_0}{l_1^2}(u_1 - u_0) - \left(\frac{2}{l_1} - \frac{p'_0}{p_0} \right) h u_0,$$

$$- \lambda \rho_n u_n = \frac{2p_n}{l_n^2}(u_{n-1} - u_n) - \left(\frac{2}{l_n} + \frac{p'_n}{p_n} \right) H u_n.$$

记

$$\begin{cases} a_r = b_{r+1} + c_r, & r = 0, 1, \cdots, n, \\ b_1 = \dfrac{p_0}{l_1}, \quad b_{n+1} = 0, \quad b_{r+1} = \dfrac{2p_r + p'_r l_r}{2l_{r+1}}, & r = 1, 2, \cdots, n-1, \\ c_0 = 0, \quad c_n = \dfrac{p_n}{l_n}, \quad c_r = \dfrac{2p_r - p'_r l_{r+1}}{2l_r}, & r = 1, 2, \cdots, n-1, \\ m_0 = \dfrac{\rho_0 l_1}{2}, \quad m_r = \rho_r \dfrac{l_r + l_{r+1}}{2}, & r = 1, 2, \cdots, n-1, \\ m_n = \rho_n l_n / 2, \end{cases} \quad (3.1.17)$$

则微分方程 (3.1.14) 经离散后化为

$$\begin{cases} a_0 u_0 - b_1 u_1 + Q_0 = \lambda m_0 u_0, \\ -c_r u_{r-1} + a_r u_r - b_{r+1} u_{r+1} = \lambda m_r u_r, & r = 1, 2, \cdots, n-1, \\ -c_n u_{n-1} + a_n u_n + Q_n = \lambda m_n u_n, \end{cases} \quad (3.1.18)$$

其中,

$$Q_0 = \left(1 - \frac{l_1}{2} \frac{p'_0}{p_0} \right) h u_0 = q_{00} u_0, \quad Q_n = \left(1 + \frac{l_n}{2} \frac{p'_n}{p_n} \right) H u_n = q_{n0} u_n \quad (3.1.19)$$

代表边界力. 可以看到, 一般情况下这样导出的方程组并不是弹簧-质点系统的模态方程组. 不过, 所得系统仍然属于 2.3 节中介绍的标准 Jacobi 系统, 并将看到, 弹簧-质点系统与标准 Jacobi 系统具有完全相同的定性性质.

3.2 弹簧–质点系统的振动和静变形的基本定性性质

3.2.1 弹簧–质点系统的振动的振荡性质

我们直接从方程 (3.1.3)~(3.1.5) 出发来研究如图 3.2(b) 所示的弹簧–质点系统的固有振动的特性. 将两端弹性支承的弹簧–质点系统的模态方程组 (3.1.3) 改写为如下的矩阵形式:

$$\boldsymbol{A}\boldsymbol{u} = \lambda\boldsymbol{u}, \tag{3.2.1}$$

其中, $\lambda = \omega^2$ 是特征值, $\boldsymbol{u} = (u_0, u_1, \cdots, u_n)^{\mathrm{T}}$ 是位移振型, 矩阵

$$\boldsymbol{A} = \boldsymbol{M}^{-1}\boldsymbol{K} = \begin{bmatrix} \dfrac{k_1 + h}{m_0} & -\dfrac{k_1}{m_0} & 0 & \cdots & 0 & 0 \\[2mm] -\dfrac{k_1}{m_1} & \dfrac{k_1 + k_2}{m_1} & -\dfrac{k_2}{m_1} & \cdots & 0 & 0 \\[2mm] \vdots & \vdots & \vdots & & \vdots & \vdots \\[2mm] 0 & 0 & 0 & \cdots & -\dfrac{k_n}{m_n} & \dfrac{k_n + H}{m_n} \end{bmatrix}$$

恰好是标准 Jacobi 矩阵.

若记从三对角矩阵 $\boldsymbol{A}$ 中划去第一行和第一列后所得截短子矩阵为 $\boldsymbol{A}_1$, 记从 $\boldsymbol{A}$ 中划去第一行和最后一行, 以及第一列和最后一列后所得截短子矩阵为 $\boldsymbol{A}_{1n}$, 则左端固定右端自由的弹簧–质点系统的模态方程可表示为

$$\lambda\boldsymbol{u}^{\mathrm{cf}} = \boldsymbol{A}_1\boldsymbol{u}^{\mathrm{cf}}, \tag{3.2.2}$$

而两端固定的弹簧–质点系统的模态方程则是

$$\lambda\boldsymbol{u}^{\mathrm{cc}} = \boldsymbol{A}_{1n}\boldsymbol{u}^{\mathrm{cc}}, \tag{3.2.3}$$

其中, 上角标 cf 和 cc 分别表示该系统的左、右端边界条件为固定–自由和固定–固定, 而式 (3.2.2) 和 (3.2.3) 中的各量分别为

$$\boldsymbol{u}^{\mathrm{cf}} = (u_1, u_2, \cdots, u_n)^{\mathrm{T}}, \quad \boldsymbol{u}^{\mathrm{cc}} = (u_1, u_2, \cdots, u_{n-1})^{\mathrm{T}},$$

$$\boldsymbol{A}_1 = (\boldsymbol{M}^{\mathrm{cf}})^{-1}\boldsymbol{K}^{\mathrm{cf}}, \quad \boldsymbol{A}_{1n} = (\boldsymbol{M}^{\mathrm{cc}})^{-1}\boldsymbol{K}^{\mathrm{cc}},$$

其中,

$$\boldsymbol{M}^{\mathrm{cf}} = \mathrm{diag}(m_1, m_2, \cdots, m_n), \quad \boldsymbol{M}^{\mathrm{cc}} = \mathrm{diag}(m_1, m_2, \cdots, m_{n-1}),$$

$$\boldsymbol{K}^{\mathrm{cf}} = \begin{bmatrix} k_1 + k_2 & -k_2 & 0 & \cdots & 0 & 0 \\ -k_2 & k_2 + k_3 & -k_3 & \cdots & 0 & 0 \\ \vdots & \vdots & \vdots & & \vdots & \vdots \\ 0 & 0 & 0 & \cdots & -k_n & k_n \end{bmatrix},$$

$\boldsymbol{K}^{\mathrm{cc}}$ 则是从 $\boldsymbol{K}^{\mathrm{cf}}$ 中划去最后一行和最后一列后所得的 $n-1$ 阶方阵.

不难验证, $\boldsymbol{A}_1$ 和 $\boldsymbol{A}_{1n}$ 均为正定的标准 Jacobi 矩阵. 当 $h + H > 0$ 时, $\boldsymbol{A}$ 也是正定的标准 Jacobi 矩阵; 而当 $h = 0 = H$ 时, $\boldsymbol{A}$ 是半正定的标准 Jacobi 矩阵. 这样, 由 2.3 节所介绍的有关正定的标准 Jacobi 矩阵特征对的振荡性质, 可以得到如下定理:

定理 3.1 弹簧–质点系统的固有频率 $f_i(i = 1, 2, \cdots, N)$ 是单的, 它们可按递增次序排列为

$$0 \leqslant f_1 < f_2 < \cdots < f_N.$$

上式中等号只对两端自由的系统成立. 对于两端自由及两端弹性支承的弹簧–质点系统, $N = n + 1$; 对于固定–自由或固定–弹性支承的弹簧–质点系统, $N = n$; 而对于两端固定的弹簧–质点系统, $N = n - 1$.

定理 3.1 中关于 N 的这一说明在本章都适用.

定理 3.2 当弹簧–质点系统的固有频率按递增次序排列时, 系统的位移振型具有如下性质:

(1) 相应于 f_i 的位移振型 $\boldsymbol{u}^{(i)}(i = 1, 2, \cdots, N)$ 恰有 $i - 1$ 个变号数.

(2) 两个相邻阶位移振型 $\boldsymbol{u}^{(i)}$ 与 $\boldsymbol{u}^{(i+1)}(i = 2, 3, \cdots, N-1)$ 的节点彼此交错.

(3) 由第 p 阶至第 $q(p < q)$ 阶振型组合的振动, 其节点个数在每一时刻都介于 $p - 1$ 和 $q - 1$ 之间, 即

$$\boldsymbol{u} = \sum_{i=p}^{q} c_i \boldsymbol{u}^{(i)}$$

的最小变号数 $S_{\boldsymbol{u}}^-$ 与最大变号数 $S_{\boldsymbol{u}}^+$ 满足

$$p - 1 \leqslant S_{\boldsymbol{u}}^- \leqslant S_{\boldsymbol{u}}^+ \leqslant q - 1.$$

说明一点：定理 3.2 所确定的性质的依据是正定的标准 Jacobi 矩阵具有振荡性质, 而两端自由的弹簧–质点系统的刚度矩阵 $\boldsymbol{A}$ 是半正定的标准 Jacobi 矩阵, 它不属于符号振荡矩阵. 因此, 对于两端自由的弹簧–质点系统, 定理 3.2 中的性质 (3) 的成立是需要补充证明的. 具体证明将留到 3.3.1 小节的最后进行.

3.2.2 充分约束的弹簧–质点系统的静变形的振荡性质

在 2.4.3 小节的例 2 中, 我们已经指出, 正定的标准 Jacobi 矩阵是符号振荡矩阵. 因此, 充分约束的弹簧–质点系统的刚度矩阵是符号振荡矩阵. 进一步, 由第二章的定理 2.28 可知, 充分约束的弹簧–质点系统的静变形具有如下性质：

(1) 充分约束的弹簧–质点系统在其某一动质点上受一个集中力作用时, 该系统的所有动质点的位移异于零且其方向与作用力的方向相同.

(2) 充分约束的弹簧–质点系统在其某些动质点上受 $n(n \leqslant N, N$ 是系统的自由度数) 个集中力作用时, 该系统的质点位移 u_i 所组成的 u 线的正负号改变不超过 $n - 1$ 次, 即 $S_u \leqslant n - 1$.

3.2.3 弹簧–质点系统的固有频率的相间性

定理 3.3 在系统内点处的物理参数 m_r, k_r 完全相同的情况下, 两端自由、固定–自由, 以及两端固定的弹簧–质点系统, 它们的固有频率之间存在如下相间关系：

$$f_i^{\mathrm{ff}} < f_i^{\mathrm{cf}} < (f_i^{\mathrm{cc}}, f_{i+1}^{\mathrm{ff}}) < f_{i+1}^{\mathrm{cf}}, \quad i = 1, 2, \cdots, n-1. \tag{3.2.4}$$

证明 根据 2.3 节中关于序列 A:

$$D_m(\lambda), \quad D_{m-1}(\lambda), \quad \cdots, \quad D_1(\lambda), \quad D_0(\lambda)$$

的性质 6: "在 $D_m(\lambda)(m = 2, 3, \cdots, n)$ 的每两个相邻实根之间, $D_{m-1}(\lambda)$ 恰有一个实根", 我们可以得出: 在两端自由的弹簧–质点系统的两个相邻固有频率之间有且仅有固定–自由的弹簧–质点系统的一个固有频率, 即

$$f_i^{\mathrm{ff}} < f_i^{\mathrm{cf}} < f_{i+1}^{\mathrm{ff}}, \quad i = 1, 2, \cdots, n. \tag{3.2.5}$$

同样, 在固定–自由的弹簧–质点系统的两个相邻固有频率之间有且仅有两端固定的弹簧–质点系统的一个固有频率, 亦即

$$f_i^{\mathrm{cf}} < f_i^{\mathrm{cc}} < f_{i+1}^{\mathrm{cf}}, \quad i = 1, 2, \cdots, n-1. \tag{3.2.6}$$

综合式 (3.2.5) 和 (3.2.6), 即得式 (3.2.4). 这些式子中, 上角标 cf 和 cc 的意义同前, ff 表示系统的左、右端边条件为自由–自由. ∎

基于这一定理, 参考文献 [1] 指出, 采用 Boley D 和 Golub G H 于 1978 年所提出的方法 [2], 可以由固定–自由的弹簧–质点系统的 n 个固有频率 $f_i^{\text{cf}}(i = 1, 2, \cdots, n)$ 和将该系统的右端点固定后的两端固定的弹簧–质点系统的 $n - 1$ 个固有频率 $f_i^{\text{cc}}(i = 1, 2, \cdots, n - 1)$ 来确定系统的物理参数 m_r 和 k_r. 具体构造过程从略, 有兴趣的读者可以参看参考文献 [1].

以上借助 Jacobi 矩阵的理论直接获得了弹簧–质点系统的振荡性质, 以及固有频率的相间特性, 但是在许多理论和应用问题, 例如, 在反问题的讨论中, 我们还要用到这种系统的一系列其他定性性质. 为此, 3.3 节将讨论弹簧–质点系统的频率和振型的进一步特性.

3.3　弹簧–质点系统的振型的充要条件

3.3.1　弹簧–质点系统的振型的进一步性质

本小节着重讨论弹簧–质点系统的振型的进一步性质. 为此, 参看参考文献 [3], 引入 $n \times (n + 1)$ 阶微分算子矩阵

$$\boldsymbol{E} = \begin{bmatrix} 1 & -1 & 0 & \cdots & 0 & 0 \\ 0 & 1 & -1 & \cdots & 0 & 0 \\ \vdots & \vdots & \vdots & & \vdots & \vdots \\ 0 & 0 & 0 & \cdots & 1 & -1 \end{bmatrix}$$

和 $\underline{\boldsymbol{K}} = \text{diag}(k_1, k_2, \cdots, k_n)$. 当系统两端自由, 即 $h = 0 = H$ 时, 将方程组 (3.1.3) 改写为

$$\lambda \boldsymbol{M} \boldsymbol{u} = \boldsymbol{E}^{\text{T}} \underline{\boldsymbol{K}} \boldsymbol{E} \boldsymbol{u}. \tag{3.3.1}$$

若记第 r 个弹簧的伸长为 $w_r = u_r - u_{r-1}$, 弹簧力为 $\sigma_r = k_r w_r (r = 1, 2, \cdots, n)$, 那么

$$\boldsymbol{w} = (w_1, w_2, \cdots, w_n)^{\text{T}} = -\boldsymbol{E} \boldsymbol{u}, \quad \boldsymbol{\sigma} = (\sigma_1, \sigma_2, \cdots, \sigma_n)^{\text{T}} = \underline{\boldsymbol{K}} \boldsymbol{w}. \tag{3.3.2}$$

以下简称 $\boldsymbol{w}$ 为弹簧变形振型或相对位移振型, 称 $\boldsymbol{\sigma}$ 为弹簧力振型, 为使讨论更清晰, 称 $\boldsymbol{u}$ 为位移振型. 利用上述记号, 式 (3.3.1) 可以进一步改写为

$$\lambda \underline{\boldsymbol{K}}^{-1} \boldsymbol{\sigma} = \boldsymbol{E} \boldsymbol{M}^{-1} \boldsymbol{E}^{\text{T}} \boldsymbol{\sigma}. \tag{3.3.3}$$

比较式 (3.3.1) 和 (3.3.3), 容易看出它们有两点差别: 第一, 式 (3.3.1) 中的 $\boldsymbol{M}$ 和 $\underline{\boldsymbol{K}}$ 在式 (3.3.3) 中分别被 $\underline{\boldsymbol{K}}^{-1}$ 和 $\boldsymbol{M}^{-1}$ 所代替; 第二, 式 (3.3.3) 所含方程个数比式 (3.3.1) 少一个, 但其右端的系数矩阵 $\boldsymbol{E}\boldsymbol{M}^{-1}\boldsymbol{E}^{\mathrm{T}}$ 仍为标准 Jacobi 矩阵. 因此不妨认为式 (3.3.3) 也是具有参数 $\{\overline{m}_r = k_r^{-1}\}_1^n$ 和 $\{\overline{k}_r = m_r^{-1}\}_0^n$ 的某个弹簧–质点系统的运动方程组, 并称这样的弹簧–质点系统为原系统的共轭系统. 同时不难验证, 当原系统的支承方式为两端自由时, 相应的共轭系统是两端固定的, 其自由度减少 1; 当原系统的支承方式为两端固定时, 相应的共轭系统是两端自由的, 其自由度增加 1; 如果原系统的支承方式是固定–自由端, 那么其共轭系统则是自由–固定端, 而其自由度不变. 这样, 由 3.2 节的讨论我们又可以得出如下定理:

定理 3.4   当弹簧–质点系统的固有频率如 3.2 节那样按递增次序排列时, 它的相应于 f_i 的弹簧变形振型 $\boldsymbol{w}^{(i)}$ 和弹簧力振型 $\boldsymbol{\sigma}^{(i)}$ 的变号数 $S_{\boldsymbol{w}}$ 和 $S_{\boldsymbol{\sigma}}$ 分别是

$$S_{\boldsymbol{w}^{\mathrm{ff}}} = S_{\boldsymbol{\sigma}^{\mathrm{ff}}} = i - 2, \quad i = 2, 3, \cdots, n+1;$$

$$S_{\boldsymbol{w}^{\mathrm{cc}}} = S_{\boldsymbol{\sigma}^{\mathrm{cc}}} = i, \quad S_{\boldsymbol{w}^{\mathrm{cf}}} = S_{\boldsymbol{\sigma}^{\mathrm{cf}}} = i - 1, \quad i = 1, 2, \cdots, N.$$

证明   对于两端自由的弹簧–质点系统, 它的共轭系统是两端固定的系统. 记其共轭系统的固有频率为 f_i^*, "位移振型" 为 $\boldsymbol{\sigma}_*^{(i)}$. f_i^* 也是原两端自由系统的非零固有频率, 显然有 $f_i^* = f_{i+1}(i = 1, 2, \cdots, n)$, 而 $f_1 = 0$, 因此 $\boldsymbol{\sigma}_*^{(i)}$ 其实是原系统的 $\boldsymbol{\sigma}^{(i+1)}$. 则由 $S_{\boldsymbol{\sigma}_*} = i - 1$ 即可推出 $S_{\boldsymbol{\sigma}^{\mathrm{ff}}} = i - 2(i = 2, 3, \cdots, n+1)$.

对于两端固定的弹簧–质点系统, 它的共轭系统是两端自由的系统. 其共轭系统的固有频率 f_i^* 和原两端固定系统的固有频率 f_i 的关系是 $f_1^* = 0$ 和 $f_i^* = f_{i-1}(i = 2, 3, \cdots, n)$, 则由其共轭系统的 "位移振型" $\boldsymbol{\sigma}_*^{(i)}$ 的变号数 $S_{\boldsymbol{\sigma}_*} = i - 1$ 即可推出 $S_{\boldsymbol{\sigma}^{\mathrm{cc}}} = i(i = 1, 2, \cdots, n-1)$.

对于固定–自由的弹簧–质点系统, 它的共轭系统是自由–固定的系统. 这两个系统的固有频率完全相同, 因而其共轭系统的 "位移振型" $\boldsymbol{\sigma}_*^{(i)}$ 与原系统的弹簧力振型 $\boldsymbol{\sigma}^{(i)}$ 的排序号相同. 于是, 由 $S_{\boldsymbol{\sigma}_*} = i - 1$ 即可推出 $S_{\boldsymbol{\sigma}^{\mathrm{cf}}} = i - 1(i = 1, 2, \cdots, n)$.   ∎

根据定理 3.4 和定理 3.2, 可以进一步导出弹簧–质点系统的位移振型的一系列重要推论.

推论 1   在弹簧–质点系统的位移振型中, 不可能有两个连续的零分量, 也不可能有三个连续分量彼此相等.

因为, 如果该推论不成立, 即当位移振型中存在两个连续的零分量时, 位移

振型没有确定的变号数, 这与定理 3.2 矛盾; 而当位移振型中存在三个连续分量彼此相等时, 相应的弹簧变形振型没有确定的变号数, 这与定理 3.4 矛盾.

推论 2 除两端自由的弹簧–质点系统的第一阶振型外, 对于弹簧–质点系统的任意一阶振型都有:

当系统左端为自由端时, 有 $u_0 w_1 < 0$, 当其右端为自由端时, 有 $u_n w_n > 0$;

当系统左端为固定端时, 有 $u_1 w_1 > 0$, 当其右端为固定端时, 有 $u_{n-1} w_n < 0$.

上述前两个不等式是由运动方程组 (3.1.2) 的第一和第三个方程

$$-k_1 w_1 = \omega^2 m_0 u_0, \quad k_n w_n = \omega^2 m_n u_n$$

所给出的, 后两个不等式则由 $\boldsymbol{w}$ 的定义

$$w_1 = u_1 - u_0, \quad w_n = u_n - u_{n-1}$$

所保证.

推论 3 若 u_r 是弹簧–质点系统的位移振型的一个极大值, 则

$$u_r > 0.$$

事实上, 与 u_r 相应的质点的模态方程是

$$k_r(u_r - u_{r-1}) - k_{r+1}(u_{r+1} - u_r) = \lambda m_r u_r, \quad 0 < r < n. \tag{3.3.4}$$

由极大值定义可知,

$$u_r - u_{r-1} \geqslant 0, \quad u_r - u_{r+1} \geqslant 0,$$

而由推论 1 可知, 以上两个不等式中最多只能有一个等号成立. 注意到 λ, k_r, m_r 都是正数, 结论显然成立. 同时容易看出, 这一结果也适用于自由端.

与此类似, 若 u_r 为弹簧–质点系统的位移振型的一个极小值, 则 $u_r < 0$.

推论 4 当且仅当 u_r 为极值时, 才可能有 $u_r = u_{r+1}$(或 $u_{r-1} = u_r$).

事实上, 当 u_r 为极大值时, 必有 $u_r \geqslant u_{r+1}$, $u_r \geqslant u_{r-1}$. 由推论 1 可知, 两个不等式中的等号不可能同时成立, 但由式 (3.3.4) 可知, 其中一个等号成立是允许的. 极小值的情况亦是如此. 反之, 如果 $u_r = u_{r+1}$, 而 u_r 不是极值, 那么必有

$$(u_r - u_{r-1})(u_{r+2} - u_r) > 0,$$

这与 $\boldsymbol{w}$ 有确定的变号数矛盾.

总结以上讨论可以看到，弹簧-质点系统的位移振型 $\boldsymbol{u}^{(i)} = (u_{\alpha_1}, u_{\alpha_1+1}, \cdots, u_{\beta_i})^{\mathrm{T}}$ 的分量可以被分成 i 个同号段，即

$$u_{\alpha_r}, u_{\alpha_r+1}, \cdots, u_{\beta_r-1}, u_{\beta_r}, \quad r = 1, 2, \cdots, i,$$

并满足

$$u_{\alpha_r} u_{\alpha_{r+1}} < 0, \quad r = 1, 2, \cdots, i-1,$$

$$u_{\alpha_r} u_j > 0, \quad j = \alpha_r + 1, \alpha_r + 2, \cdots, \beta_r.$$

需要指出的是，根据边条件的不同，$\boldsymbol{u}^{(i)}$ 的第一个分量的下角标 $\alpha_1 = 0$(左端自由或弹性支承) 或 $\alpha_1 = 1$(左端固定)，$\boldsymbol{u}^{(i)}$ 的最后一个分量的下角标 $\beta_i = n-1$(右端固定) 或 $\beta_i = n$(右端自由或弹性支承). 又视相邻两个同号段之间是否存在零分量而有 $\alpha_{r+1} - \beta_r = 2(u_{\beta_r+1} = 0)$ 或 $\alpha_{r+1} - \beta_r = 1(u_{\beta_r+1} \neq 0)$. 在每一个这样的同号段中，位移振型有且仅有一个极值，正的同号段中仅有一个极大值，负的同号段中仅有一个极小值. 在两个相邻的极值之间，u 线总是单调递增或单调递减，从而有且仅有一个节点. 这就意味着：

推论 5　与同阶位移振型 $\boldsymbol{u}^{(i)}$ 和弹簧变形振型 $\boldsymbol{w}^{(i)}$ 相应的 u 线和 w 线的节点互相交错.

特别地，又有：

推论 6　若取 $\boldsymbol{u}^{(i)}$ 的第 n 个分量 $u_{ni} > 0(i = 1, 2, \cdots, n)$，则固定-自由的弹簧-质点系统的第一阶振型的分量全大于零且单调递增. 同时，其任意一条 u 线的最后一段必定单调递增且上凸.

鉴于定理 2.17 在证明振荡矩阵和符号振荡矩阵的特征矢量 $\boldsymbol{u}^{(i)}$ 与 $\boldsymbol{u}^{(i+1)}$ 的节点彼此交错时仅仅利用了定理 2.15，亦即本章定理 3.2 中的性质 (1) 和性质 (3)，因此又有：

推论 7　任意支承的弹簧-质点系统的相邻阶弹簧变形振型 $\boldsymbol{w}^{(i)}$ 与 $\boldsymbol{w}^{(i+1)}$ 的节点互相交错.

在本小节最后，我们来补充证明定理 3.2 的性质 (3) 对于两端自由的弹簧-质点系统也成立. 为此，参看参考文献 [4]，给出以下命题：

命题 3.1　设有矢量 $\boldsymbol{x} = (x_0, x_1, \cdots, x_n)^{\mathrm{T}}$ 和 $\boldsymbol{y} = (y_1, y_2, \cdots, y_n)^{\mathrm{T}}$，它们之间满足 $\boldsymbol{y} = -\boldsymbol{Ex}$. 则当 $S_{\boldsymbol{x}}^- \geqslant j$ 时，必有

$$S_{\boldsymbol{y}}^- \geqslant j + 1 - H(x_0) - H(x_n);$$

而当 $S_{\boldsymbol{y}}^{+} \leqslant j$ 时, 必有

$$S_{\boldsymbol{x}}^{+} \leqslant j + 1.$$

其中,

$$H(t) = \begin{cases} 0, & t = 0, \\ 1, & t \neq 0. \end{cases}$$

证明 先证命题 3.1 的前半部分. 由命题 3.1 的条件可知, $S_{\boldsymbol{x}}^{-} \geqslant j$. 参照推论 4 后的总结可知, 矢量 $\boldsymbol{x}$ 的分量序列至少可以分成 $j + 1$ 个同号段. 当 $x_0 = 0$, $x_n = 0$ 时, 每一个这样的同号段中至少存在一个极值位置. 而在这个极值位置的两侧, 矢量 $\boldsymbol{y}$ 改变一次正负号 (或简称改变符号). 由此可得, $S_{\boldsymbol{y}}^{-} \geqslant j + 1$. 而当 $x_0 \neq 0$ 时, 矢量 $\boldsymbol{x}$ 的分量序列的第一个同号段不一定使矢量 $\boldsymbol{y}$ 改变符号. 同理, 当 $x_n \neq 0$ 时, 矢量 $\boldsymbol{x}$ 的分量序列的最后一个同号段也不一定使矢量 $\boldsymbol{y}$ 改变符号. 因此

$$S_{\boldsymbol{y}}^{-} \geqslant j + 1 - H(x_0) - H(x_n).$$

再证命题 3.1 的后半部分. 采用反证法, 即设当 $S_{\boldsymbol{y}}^{+} \leqslant j$ 时, $S_{\boldsymbol{x}}^{+} \geqslant j + 2$. 根据 2.3 节中关于矢量变号数的概念, 存在这样的

$$x_{i_r}, \quad r = 1, 2, \cdots, j + 2, \quad 0 \leqslant i_1 < i_2 < \cdots < i_{j+2} \leqslant n,$$

使得

$$x_{i_r} \cdot x_{i_{r+1}} \leqslant 0, \quad r = 1, 2, \cdots, j + 2;$$

$$x_{i_r} \cdot x_{i_{r+1}} \leqslant 0, \quad r = 1, 2, \cdots, j + 1.$$

不妨设 $x_{i_1} > 0$, 则

$$(-1)^r y_{i_r} = (-1)^r (x_{i_{r+1}} - x_{i_r}) \geqslant 0, \quad r = 1, 2, \cdots, j + 2.$$

此即 $S_{\boldsymbol{y}}^{+} \geqslant j + 1$, 这与命题 3.1 的条件矛盾, 故命题 3.1 的后半部分成立. ∎

现在回到要证的主题, 即定理 3.2 中的性质 (3). 由本节开始部分的讨论可知, 两端自由的弹簧–质点系统的共轭系统是两端固定的弹簧–质点系统, 作为共轭系统的 "位移振型" 的原系统的弹簧力振型 $\boldsymbol{\sigma}_{*}^{(i)}$, 以及相应的弹簧变形振型 $\boldsymbol{w}_{*}^{(i)}$, 对于它们, 定理 3.2 的性质 (3) 成立, 即对于任意的 $1 \leqslant p \leqslant q \leqslant n$ 和一组不全为零的实常数 $c_p, c_{p+1}, \cdots, c_q$, 矢量 $\boldsymbol{w} = c_p \boldsymbol{w}_{*}^{(p)} + c_{p+1} \boldsymbol{w}_{*}^{(p+1)} + \cdots + c_q \boldsymbol{w}_{*}^{(q)}$ 的最小变号数 $S_{\boldsymbol{w}}^{-}$ 与最大变号数 $S_{\boldsymbol{w}}^{+}$ 满足

$$p - 1 \leqslant S_{\boldsymbol{w}}^{-} \leqslant S_{\boldsymbol{w}}^{+} \leqslant q - 1. \tag{3.3.5}$$

类似地, 对于矢量

$$\boldsymbol{\sigma} = c_p \boldsymbol{\sigma}_*^{(p)} + c_{p+1} \boldsymbol{\sigma}_*^{(p+1)} + \cdots + c_q \boldsymbol{\sigma}_*^{(q)},$$

有

$$p - 1 \leqslant S_{\boldsymbol{\sigma}}^- \leqslant S_{\boldsymbol{\sigma}}^+ \leqslant q - 1. \tag{3.3.6}$$

于是, 对于由式 $\boldsymbol{w} = -\boldsymbol{E}\boldsymbol{u}$ 相联系的矢量 $\boldsymbol{u}$ 和 $\boldsymbol{w}$, 由命题 3.1 的后半部分与式 (3.3.5), 即可给出

$$S_{\boldsymbol{u}}^+ \leqslant q.$$

而两端自由的弹簧–质点系统的模态方程可以改写为

$$\lambda m_r u_r = \sigma_{r+1} - \sigma_r, \quad r = 0, 1, \cdots, n;$$

$$\sigma_0 = 0, \quad \sigma_{n+1} = 0.$$

从矢量具有多少次变号而言, 矢量 $\widetilde{\boldsymbol{\sigma}} = (\sigma_0, \sigma_1, \cdots, \sigma_{n+1})^{\mathrm{T}}$ 和 $\boldsymbol{u}$ 的关系类似于命题 3.1 中矢量 $\boldsymbol{x}$ 和 $\boldsymbol{y}$ 的关系. 则由命题 3.1 的前半部分与式 (3.3.6), 即给出

$$S_{\boldsymbol{u}}^- \geqslant p.$$

将以上结果合并即有

$$p \leqslant S_{\boldsymbol{u}}^- \leqslant S_{\boldsymbol{u}}^+ \leqslant q. \tag{3.3.7}$$

注意到作为共轭系统的 "位移振型" 的原系统的弹簧力振型 $\boldsymbol{\sigma}_*^{(i)}$, 与之相应的固有频率 f_i^* 对应于原系统的固有频率 f_{i+1}(原系统存在一个零频率). 换句话说,

$$\boldsymbol{w}_*^{(i)} = -\boldsymbol{E}\boldsymbol{u}^{(i+1)}, \quad i = 1, 2, \cdots, n.$$

这样, 与 $\boldsymbol{w} = c_p \boldsymbol{w}_*^{(p)} + c_{p+1} \boldsymbol{w}_*^{(p+1)} + \cdots + c_q \boldsymbol{w}_*^{(q)}$ 相应的矢量 $\boldsymbol{u}$ 是

$$\boldsymbol{u} = c_p \boldsymbol{u}^{(p+1)} + c_{p+1} \boldsymbol{u}^{(p+2)} + \cdots + c_q \boldsymbol{u}^{(q+1)}. \tag{3.3.8}$$

对比式 (3.3.8) 和 (3.3.7), 我们发现定理 3.2 中的性质 (3) 对于两端自由的系统也成立.

3.3.2 弹簧–质点系统的位移振型的充要条件

将上面的讨论进一步推广, 还可以证明下面的定理:

定理 3.5 除需满足相应的边条件外, 一个矢量

$$\boldsymbol{u} = (u_0, u_1, \cdots, u_n)^{\mathrm{T}}$$

能够成为某个弹簧–质点系统的位移振型的充要条件是

$$
\begin{aligned}
S_{\boldsymbol{u}^{\mathrm{ff}}} &= i-1, & S_{\boldsymbol{w}^{\mathrm{ff}}} &= i-2, & i &= 2, 3, \cdots, n+1, \\
S_{\boldsymbol{u}^{\mathrm{cf}}} &= i-1, & S_{\boldsymbol{w}^{\mathrm{cf}}} &= i-1, & i &= 1, 2, \cdots, n, \\
S_{\boldsymbol{u}^{\mathrm{cc}}} &= i-1, & S_{\boldsymbol{w}^{\mathrm{cc}}} &= i, & i &= 1, 2, \cdots, n-1,
\end{aligned}
\tag{3.3.9}
$$

其中, $\boldsymbol{w} = -\boldsymbol{E}\boldsymbol{u}$ 是与 $\boldsymbol{u}$ 相应的弹簧变形振型, $S_{\boldsymbol{u}^{\mathrm{ff}}}$ 和 $S_{\boldsymbol{w}^{\mathrm{ff}}}$ 分别表示两端自由杆的位移振型和弹簧变形振型的变号数, 其他符号以此类推.

证明 条件的必要性已由定理 3.2 和定理 3.4 所保证, 故只需证明条件的充分性.

采用构造性证法, 即假设给定正数 λ 和矢量 $\boldsymbol{u} = (u_0, u_1, \cdots, u_n)^{\mathrm{T}}$, 由式 (3.3.2) 即可构造 $\boldsymbol{w} = -\boldsymbol{E}\boldsymbol{u}$, 它们满足一定的边条件和式 (3.3.9) 所要求的相应的变号数. 那么, 一定存在这样的弹簧–质点系统, 它以 $\boldsymbol{u}$ 为其某一位移振型, 而以 $\sqrt{\lambda}$ 为其相应的角频率.

首先考察系统右端自由, 即 $u_n \neq 0$ 的情况. 这时, 由式 (3.3.9) 所要求的变号数的条件可直接导出 $u_n w_n > 0$, 同时还可按 3.3.1 小节中提到的方法把 $\boldsymbol{u}$ 的分量分成若干个同号段. 记

$$U_r = \sum_{j=r}^{n} \lambda m_j u_j,$$

则模态方程 (3.1.2) 可以改写为: 当系统左端固定时,

$$k_r w_r = U_r, \quad r = n, n-1, \cdots, 1; \tag{3.3.10a}$$

而当系统左端自由时,

$$k_r w_r = U_r, \quad r = n, n-1, \cdots, 1, \quad U_0 = 0. \tag{3.3.10b}$$

这样, 当 $u_r \neq 0$ 时, 只要适当选取正数 $m_r(r = n, n-1, \cdots, 1)$, 而当 $u_r = 0(0 < r < n)$ 时, 则取 $m_r = 1$, 就总能做到使 w_r 与 $U_r(r = 1, 2, \cdots, n)$ 同号

或同时为零. 进而, 当 $w_r \neq 0$ 时, 即可由式 (3.3.10a) 或 (3.3.10b) 获得正数 $k_r(r = n, n-1, \cdots, 1)$, 而当某个 $w_r = 0$ 时, 则可取相应的 k_r 为任意正数. 当系统的左端也是自由端时, 则需适当选取正数 m_0, 以保证 $U_0 = 0$.

再看两端固定的弹簧–质点系统. 这时, 不妨假设 $u_1 > 0$, 于是 $\boldsymbol{u}$ 的分量序列中至少存在一个正的同号段, 并有一个正的极大值 $u_s(0 < s < n)$. 我们分如下两种情况进行讨论:

(1) $u_s > u_{s-1}, u_s > u_{s+1}$. 这时可令

$$k_s w_s = \lambda m_{s1} u_s, \quad -k_{s+1} w_{s+1} = \lambda m_{s2} u_s,$$

$$U_r = \lambda(m_{s1} u_s + m_{s-1} u_{s-1} + \cdots + m_r u_r), \quad r = s, s-1, \cdots, 1,$$

$$V_r = \lambda(m_{s2} u_s + m_{s+1} u_{s+1} + \cdots + m_r u_r), \quad r = s, s+1, \cdots, n-1,$$

其中, $m_s = m_{s1} + m_{s2}$. 和自由端的情况类似, 系统的运动方程组可以表示为

$$k_r w_r = U_r, \quad r = s, s-1, \cdots, 1;$$

$$-k_{r+1} w_{r+1} = V_r, \quad r = s, s+1, \cdots, n-1.$$

这样, 只需适当选取正数 $m_{s1}, m_{s-1}, \cdots, m_1$ 和 $m_{s2}, m_{s+1}, \cdots, m_{n-1}$, 就可以保证 U_r 和 $w_r(r = s, s-1, \cdots, 1)$ 同号或同时为零, 而 V_r 和 $w_{r+1}(r = s, s+1, \cdots, n-1)$ 反号或同时为零, 进而获得正数 $k_r(r = 1, 2, \cdots, n)$.

(2) $u_s = u_{s+1}, u_s > u_{s-1}, u_s > u_{s+2}$. 这时, 上述过程无须修改, 只是 $V_s = 0$, 从而可置 $m_{s2} = 0$, 而 k_{s+1} 可取任意正数.

至此可以看到, 只要所给矢量 $\boldsymbol{u}$ 满足一定的边条件和变号数条件, 那么必定存在一个真实的弹簧–质点系统以它为振型. 条件 (3.3.9) 的充分性证毕.

3.3.3 两个模态的相容性条件和独立模态的个数

以上主要讨论了弹簧–质点系统的单一位移振型的定性性质, 在结束本节之前, 再来考察一下该系统的两个位移振型之间的相互关系问题 [1,5]. 在这一方面, 除了大家熟悉的正交关系和前文已经提到的节点交错关系之外, 弹簧–质点系统的两个不同的位移振型及其分量之间还应满足一些重要的关系式. 为此, 记与角频率 $\omega_i(i = 1, 2, \cdots, N)$ 相应的位移振型为 $\boldsymbol{u}^{(i)} = (u_{\alpha_1 i},$ $u_{\alpha_1+1, i}, \cdots, u_{\beta_i i})^{\mathrm{T}}$, 弹簧变形振型为 $\boldsymbol{w}^{(i)} = (w_{1i}, w_{2i}, \cdots, w_{ni})^{\mathrm{T}}$, 这里, α_1 和 β_i 的值由边条件决定. 例如, 若弹簧–质点系统的左端自由、固定, 则与其对

应的 α_1 分别取 0 或 1; 若其右端自由、固定, 则与其对应的 β_i 分别取 n 或 $n-1$. 那么可以证明如下性质:

性质 1 对于任意的 $r(r = 1, 2, \cdots, n-1)$ 和每一个确定的整数对 i, $j(1 \leqslant i < j \leqslant N)$, 由

$$
\begin{cases}
p_r = \lambda_j u_{rj} w_{ri} - \lambda_i u_{ri} w_{rj}, \\
q_r = \lambda_j u_{rj} w_{r+1,i} - \lambda_i u_{ri} w_{r+1,j}, \\
s_r = w_{rj} w_{r+1,i} - w_{ri} w_{r+1,j}
\end{cases}
\tag{3.3.11}
$$

所得 p_r, q_r 和 $s_r(r = 1, 2, \cdots, n-1)$ 诸量, 其值都同时为正、同时为负, 或同时为零. 这里, $\lambda_i = \omega_i^2$, $\lambda_j = \omega_j^2$ 是相应的特征值.

事实上, 参看参考文献 [5], 由弹簧–质点系统的模态方程 (3.3.4) 有

$$
k_r w_{ri} - k_{r+1} w_{r+1,i} = \lambda_i m_r u_{ri}, \quad k_r w_{rj} - k_{r+1} w_{r+1,j} = \lambda_j m_r u_{rj}.
$$

由此解得

$$
\frac{k_r}{m_r} = \frac{\lambda_j u_{rj} w_{r+1,i} - \lambda_i u_{ri} w_{r+1,j}}{w_{rj} w_{r+1,i} - w_{ri} w_{r+1,j}} = \frac{q_r}{s_r},
\tag{3.3.12}
$$

$$
\frac{k_{r+1}}{m_r} = \frac{\lambda_j u_{rj} w_{ri} - \lambda_i u_{ri} w_{rj}}{w_{rj} w_{r+1,i} - w_{ri} w_{r+1,j}} = \frac{p_r}{s_r}.
\tag{3.3.13}
$$

由于 k_r, k_{r+1} 和 m_r 均为正数, 因此性质 1 成立.

性质 2 若弹簧–质点系统的左端或右端自由, 则

$$
-\frac{k_1}{m_0} = \lambda_i \frac{u_{0i}}{w_{1i}} = \lambda_j \frac{u_{0j}}{w_{1j}} < 0 \quad \text{或} \quad \frac{k_n}{m_n} = \lambda_i \frac{u_{ni}}{w_{ni}} = \lambda_j \frac{u_{nj}}{w_{nj}} > 0, \quad i \neq j.
\tag{3.3.14}
$$

由弹簧–质点系统自由端的模态方程

$$
-k_1 w_{1i} = \lambda_i m_0 u_{0i}, \quad -k_1 w_{1j} = \lambda_j m_0 u_{0j}
$$

或

$$
k_n w_{ni} = \lambda_i m_n u_{ni}, \quad k_n w_{nj} = \lambda_j m_n u_{nj}
$$

可知, 式 (3.3.14) 是显然的.

上述性质 1 和性质 2 被称为两个不同模态的相容性条件.

根据上述讨论, 可以得到以下重要的定理:

定理 3.6　如果给定了自由度为 n 的弹簧–质点系统的两阶位移模态 $(f_i, \boldsymbol{u}^{(i)})$ 和 $(f_j, \boldsymbol{u}^{(j)})$, 这里, i 和 j 是不大于 n 的不同的正整数, 它们满足振型变号数条件 (3.3.9) 和模态相容性条件, 则当系统不含自由端时, 利用式 (3.3.12) 和 (3.3.13), 而当系统含有自由端时, 利用式 (3.3.12)∼(3.3.14), 可以分别构造出该系统的 m_r 和 k_r, 进而获得该系统的所有模态.

由于上述性质在力学和数学上的重要意义, 特另立下面的定理以表达这个性质:

定理 3.7　自由度为 n 的弹簧–质点系统, 其 n 阶位移模态 $(f_i, \boldsymbol{u}^{(i)})(i = 1, 2, \cdots, n)$ 中, 只有两阶且为任意的两阶位移模态 $(f_{i_1}, \boldsymbol{u}^{(i_1)})$ 和 $(f_{i_2}, \boldsymbol{u}^{(i_2)})$ $(i_1 \neq i_2)$ 是独立的.

这意味着, 如果一个弹簧–质点系统的两阶模态 (含两阶固有频率和相应振型) 和另一个弹簧–质点系统的两阶模态相同, 则这两个系统在相差一个常数因子的意义上必然相同. 这也意味着, 可以构造一个弹簧–质点系统, 要求它具有指定的一阶或两阶模态 (当然给定的模态需要满足模态的充要条件和相容性条件), 但若要求它具有多于两阶的指定模态, 一般情况下是不可能的. 需要指出的是, 对于两端自由的系统, 在本小节的讨论中, 应排除刚体模态.

3.4　杆的差分离散系统的模态的定性性质

在 3.1.3 小节中已表明, 杆的纵向振动、剪切振动、扭转振动的差分离散模型等效于弹簧–质点系统或标准 Jacobi 系统. 这样, 上面几节对于弹簧–质点系统所得出的一系列定性性质完全适用于杆的纵向振动、剪切振动、扭转振动的差分离散模型. 这些性质归纳起来就是:

(1) 杆的差分离散系统的固有频率和振型具有定理 3.1 和定理 3.2 中所描述的 4 条振荡性质.

(2) 矢量 $\boldsymbol{u} = (u_\alpha, u_{\alpha+1}, \cdots, u_\beta)^{\mathrm{T}}$ 是杆的差分离散系统的振型的充要条件是：它及由之产生的矢量 $\boldsymbol{w} = -\boldsymbol{E}\boldsymbol{u}$ 均有确定的变号数, 并满足

$$S_{\boldsymbol{u}} = S_{\boldsymbol{w}} - \gamma,$$

其中, α 取 1 (相应于左端为固定端), 或 0 (相应于左端为自由端或弹性支承); β 取 $n-1$ (相应于右端为固定端), 或 n (相应于右端为自由端或弹性支承). 又

$$\boldsymbol{w} = (w_1, w_2, \cdots, w_n)^{\mathrm{T}}, \quad \text{而} \quad w_r = u_r - u_{r-1}, \quad r = 1, 2, \cdots, n,$$

则 γ 取 1 (两端固定的系统)、0 (固定–自由或固定–弹性支承的系统), 或 -1 (两端自由或两端弹性支承的系统). 如果进一步要求它是相应于 ω_i 的振型, 则其变号数应满足

$$S_{\boldsymbol{u}} = i - 1, \quad S_{\boldsymbol{w}} = i + \gamma - 1, \quad i = 1, 2, \cdots, N.$$

(3) 相邻阶相对位移振型 $\boldsymbol{w}^{(i)}$ 和 $\boldsymbol{w}^{(i+1)}(i = 2, 3, \cdots, n-1)$ 的节点彼此交错.

同阶位移振型 $\boldsymbol{u}^{(i)}$ 和相对位移振型 $\boldsymbol{w}^{(i)}(i = 2, 3, \cdots, N)$ 的节点彼此交错.

(4) 任意两振型的分量之间必须满足相容性条件, 即对于任意的 $r(r = 1, 2, \cdots, n-1)$ 和确定的 $i, j(1 \leqslant i < j \leqslant N)$, 由

$$\begin{cases} p_r = \lambda_j u_{rj} w_{ri} - \lambda_i u_{ri} w_{rj}, \\ q_r = \lambda_j u_{rj} w_{r+1,i} - \lambda_i u_{ri} w_{r+1,j}, \\ s_r = w_{rj} w_{r+1,i} - w_{ri} w_{r+1,j} \end{cases} \tag{3.4.1}$$

所得 p_r, q_r 和 $s_r(r = 1, 2, \cdots, n-1)$ 诸量, 其值都同时为正、同时为负, 或同时为零. 这里, $\lambda_i = \omega_i^2$, $\lambda_j = \omega_j^2$ 是相应的特征值.

若杆的右端自由, 则

$$\lambda_i u_{ni}/w_{ni} = \lambda_i u_{nj}/w_{nj} > 0, \quad i \neq j. \tag{3.4.2}$$

(5) 采用按振型展开法, 研究固定–自由杆的差分离散系统在其右端受一强度为 q_n, 频率为 f 的简谐外力作用下的强迫振动问题, 可以得到该杆右端的位移是

$$u_n = q_n \sum_{i=1}^{n} \frac{u_{ni}^2}{\lambda_i - \lambda},$$

这里, $\lambda = (2\pi f)^2$, $\lambda_i = \omega_i^2$, u_{ni} 是固定–自由杆的相应于角频率 ω_i 的振型 $\boldsymbol{u}^{(i)}$ 的最后一个分量. 从这里可以进一步给出, 当固定–自由杆的右端固定后所得两端固定杆的频率方程是

$$\sum_{i=1}^{n} \frac{u_{ni}^2}{\lambda_i - \lambda} = 0. \tag{3.4.3}$$

由此可以断定, 除端点支承方式不同外, 结构参数完全相同的两端固定杆和固定–自由杆的差分离散系统的固有频率彼此相间.

此外, 在本章 3.2～3.3 节中所获得的其他一些结论也都适用于杆的差分离散系统. 限于篇幅, 这里不再一一赘述.

3.5　杆的有限元离散系统的模态的定性性质

以杆的左端为坐标原点 O, 并以杆的轴线为 x 轴, 杆长为 l, 以分点 $0 = x_0 < x_1 < \cdots < x_{n-1} < x_n = l$ 把杆分成 n 个单元, 如图 3.4 所示. 记第 r 个单元左、右两端沿 x 轴方向的位移分别为 y_{r-1} 和 $y_r (r = 1, 2, \cdots, n)$, 那么单元内点的位移可用线性插值取为

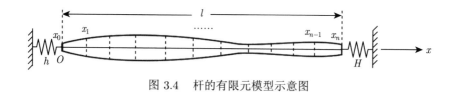

图 3.4　杆的有限元模型示意图

$$y(x,t) = y_{r-1}(t)(1-\xi) + y_r(t)\xi, \quad x_{r-1} < x < x_r, \tag{3.5.1}$$

其中,

$$\xi = \frac{x - x_{r-1}}{l_r}, \quad r = 1, 2, \cdots, n. \tag{3.5.2}$$

显然, ξ 的值从 0 变到 1. 当 r 取 $1, 2, \cdots, n$ 时, 式 (3.5.1) 通过 $n+1$ 个广义坐标 $\{y_r\}_0^n$ 表达了杆的各点的位移.

下面, 利用大家熟悉的 Lagrange 方程, 即

$$\frac{\mathrm{d}}{\mathrm{d}t}\left(\frac{\partial L}{\partial \dot{q}_r}\right) - \frac{\partial L}{\partial q_r} = 0 \tag{3.5.3}$$

来建立杆的有限元模型. 这里, 广义坐标 $q_r = y_r$, 并已略去了广义力项, 即只考虑杆的自由振动. 现按具有集中质量和分布质量两种情况加以讨论.

3.5.1　具有集中质量的有限元模型

对于具有集中质量的有限元模型, 首先假定杆的质量已经被物理地集中在各结点处. 换句话说, 具有结点质量 $m_r (r = 0, 1, \cdots, n)$. 这时, 系统的动能和应变能分别为

$$T = \frac{1}{2}\sum_{r=0}^{n} m_r \dot{y}_r^2, \tag{3.5.4}$$

$$V = \frac{1}{2}\int_0^l EA\left(\frac{\partial y}{\partial x}\right)^2 \mathrm{d}x, \tag{3.5.5}$$

其中, y_r 上方的一点表示求其对时间的导数, EA 为杆的抗拉刚度. 若以由广义坐标表示出的位移表达式 (3.5.1) 代入上式, 则应变能成为

$$V = \frac{1}{2} \sum_{r=1}^{n} k_r (y_r - y_{r-1})^2, \tag{3.5.6}$$

其中,

$$k_r = \frac{1}{l_r} \int_0^1 [EA(x_{r-1} + l_r \xi)]\mathrm{d}\xi, \quad r = 1, 2, \cdots, n. \tag{3.5.7}$$

因为 $L = T - V$, 将其代入 Lagrange 方程, 即得系统的运动方程组

$$\begin{cases} m_0 \ddot{y}_0 = k_1 (y_1 - y_0), \\ m_r \ddot{y}_r = -k_r (y_r - y_{r-1}) + k_{r+1}(y_{r+1} - y_r), \quad r = 1, 2, \cdots, n-1, \\ m_n \ddot{y}_n = -k_n (y_n - y_{n-1}), \end{cases} \tag{3.5.8}$$

其中, y_r 上方的两点表示求其对时间的二阶导数. 不难看出, 当将固有振动

$$y_r(t) = u_r \sin \omega t, \quad r = 0, 1, \cdots, n$$

代入方程组 (3.5.8), 并消去因子 $\sin \omega t$ 后, 所得方程组恰好是方程组 (3.1.2).

至于边条件, 仍以左端为例. 当左端固定时, 显然应取 $y_0 = 0$ 或相应的振幅 $u_0 = 0$; 当左端自由时, 式 (3.5.1) 意味着 $y'(0, t) \neq 0$, 因此不适合这种情况. 然而对于能量法, 个别点上函数值的差异并无实质影响, 而上面导出的方程组 (3.5.8) 恰好对应于自由端. 也和差分模型一样, 边界弹性支承相当于自由度增加 1 的固定端.

由此可见, 对于具有集中质量的杆的有限元模型, 可以归结为本章开始阐述的弹簧–质点系统, 从而也就具有 3.4 节所叙述的一系列定性性质.

3.5.2 具有分布质量的有限元模型

对于具有分布质量的有限元模型, 应变能 V 的表达式仍为式 (3.5.6), 不同的是系统的动能应为

$$T = \frac{1}{2} \int_0^l \rho A \dot{y}^2 \mathrm{d}x$$

$$= \frac{1}{2} \sum_{r=1}^{n} \int_0^1 \rho A(x_{r-1} + l_r \xi)[(1 - \xi)\dot{y}_{r-1} + \dot{y}_r \xi]^2 l_r \mathrm{d}\xi$$

$$= \frac{1}{2} \sum_{r=1}^{n} (a_r \dot{y}_{r-1}^2 + 2b_r \dot{y}_r \dot{y}_{r-1} + c_r \dot{y}_r^2), \tag{3.5.9}$$

其中,

$$a_r = \int_0^1 \rho A(x_{r-1} + l_r \xi)(1-\xi)^2 l_r \mathrm{d}\xi,$$

$$b_r = \int_0^1 \rho A(x_{r-1} + l_r \xi)(1-\xi)\xi l_r \mathrm{d}\xi, \quad r = 1, 2, \cdots, n, \tag{3.5.10}$$

$$c_r = \int_0^1 \rho A(x_{r-1} + l_r \xi)\xi^2 l_r \mathrm{d}\xi.$$

将式 (3.5.9) 和 (3.5.6) 代入 Lagrange 方程, 可以得到相应的运动方程组

$$\begin{cases} a_1 \ddot{y}_0 + b_1 \ddot{y}_1 = -k_1(y_0 - y_1), \\ b_r \ddot{y}_{r-1} + (c_r + a_{r+1}) \ddot{y}_r + b_{r+1} \ddot{y}_{r+1} \\ \quad = k_r(y_{r-1} - y_r) - k_{r+1}(y_r - y_{r+1}), \quad r = 1, 2, \cdots, n-1, \\ b_n \ddot{y}_{n-1} + c_n \ddot{y}_n = k_n(y_{n-1} - y_n). \end{cases} \tag{3.5.11}$$

如令 $y_r(t) = u_r \sin \omega t$, 将其代入方程组 (3.5.11), 并消去因子 $\sin \omega t$, 可以得到

$$\begin{cases} \lambda(a_1 u_0 + b_1 u_1) = k_1(u_0 - u_1), \\ \lambda[b_r u_{r-1} + (c_r + a_{r+1}) u_r + b_{r+1} u_{r+1}] \\ \quad = -k_r(u_{r-1} - u_r) + k_{r+1}(u_r - u_{r+1}), \quad r = 1, 2, \cdots, n-1, \\ \lambda(b_n u_{n-1} + c_n u_n) = -k_n(u_{n-1} - u_n). \end{cases} \tag{3.5.12}$$

若将上述结果改写成矩阵形式, 则有

$$\lambda \boldsymbol{A} \boldsymbol{u} = \boldsymbol{C} \boldsymbol{u}, \tag{3.5.13}$$

其中, $\lambda = \omega^2$ 是特征值, $\boldsymbol{u} = (u_0, u_1, \cdots, u_n)^{\mathrm{T}}$ 是位移振幅矢量, 质量矩阵 $\boldsymbol{A}$ 与刚度矩阵 $\boldsymbol{C}$ 都是三对角矩阵, 其具体形式分别为

$$\boldsymbol{A} = \begin{bmatrix} a_1 & b_1 & 0 & \cdots & 0 & 0 & 0 \\ b_1 & c_1 + a_2 & b_2 & \cdots & 0 & 0 & 0 \\ \vdots & \vdots & \vdots & & \vdots & \vdots & \vdots \\ 0 & 0 & 0 & \cdots & b_{n-1} & c_{n-1} + a_n & b_n \\ 0 & 0 & 0 & \cdots & 0 & b_n & c_n \end{bmatrix},$$

$$C = \begin{bmatrix} k_1 & -k_1 & 0 & \cdots & 0 & 0 & 0 \\ -k_1 & k_1+k_2 & -k_2 & \cdots & 0 & 0 & 0 \\ \vdots & \vdots & \vdots & & \vdots & \vdots & \vdots \\ 0 & 0 & 0 & \cdots & -k_{n-1} & k_{n-1}+k_n & -k_n \\ 0 & 0 & 0 & \cdots & 0 & -k_n & k_n \end{bmatrix}.$$

不难验证, 这里的 A 是非奇异的, 而 C 则是奇异的, 即 $\det C = 0$. 然而, 只要杆至少有一端是固定的, 即从 A 和 C 中同时划去第一行和第一列和/或最后一行和最后一列, 那么所得的截短子矩阵 A_1, C_1 或 A_n, C_n 或 A_{1n}, C_{1n} 将是正定的 Jacobi 矩阵. 这样, 由 2.4 节的讨论可知, 上述截短子矩阵分别是振荡矩阵和符号振荡矩阵. 再由振荡矩阵的运算性质 (参见定理 2.11) 可知, C_1^{-1}, C_n^{-1}, C_{1n}^{-1} 也都是振荡矩阵, 进而 $C_1^{-1}A_1$, $C_n^{-1}A_n$ 和 $C_{1n}^{-1}A_{1n}$ 仍为振荡矩阵 (参看 2.4 节振荡矩阵的性质 5). 这表明, 对于固定-自由 (或自由-固定) 和两端固定的杆的有限元离散系统, 其运动方程组都可以归结为其系数矩阵 B 是振荡矩阵的特征值问题, 亦即

$$(\lambda^{-1}I - B)u = 0, \tag{3.5.14}$$

其中, 对于固定-自由杆,

$$B = C_1^{-1}A_1, \quad u = (u_1, u_2, \cdots, u_n)^{\mathrm{T}}; \tag{3.5.15}$$

而对于两端固定杆,

$$B = C_{1n}^{-1}A_{1n}, \quad u = (u_1, u_2, \cdots, u_{n-1})^{\mathrm{T}}. \tag{3.5.16}$$

由振荡矩阵的理论立即可知, 对于以上两种支承方式的杆的有限元离散系统, 其固有频率和振型必定具有定理 3.1 和定理 3.2 中所描述的 4 条振荡性质. 此外, 对于固定-自由杆, 还可以进一步导出如下一些定性性质.

仿照 3.3 节, 我们引入矩阵 $\widetilde{E}$:

$$\widetilde{E} = \begin{bmatrix} 1 & -1 & 0 & \cdots & 0 & 0 \\ 0 & 1 & -1 & \cdots & 0 & 0 \\ \vdots & \vdots & \vdots & & \vdots & \vdots \\ 0 & 0 & 0 & \cdots & 1 & -1 \\ 0 & 0 & 0 & \cdots & 0 & 1 \end{bmatrix},$$

则固定-自由杆的模态方程可以改写为

$$\lambda \boldsymbol{A}_1 \boldsymbol{u} = \widetilde{\boldsymbol{E}} \underline{\boldsymbol{K}} \widetilde{\boldsymbol{E}}^{\mathrm{T}} \boldsymbol{u}, \tag{3.5.17}$$

其中, $\underline{\boldsymbol{K}} = \mathrm{diag}(k_1, k_2, \cdots, k_n)$, $\boldsymbol{u} = (u_1, u_2, \cdots, u_n)^{\mathrm{T}}$.

记

$$\boldsymbol{w} = (w_1, w_2, \cdots, w_n)^{\mathrm{T}} = -\widetilde{\boldsymbol{E}}^{\mathrm{T}} \boldsymbol{u}, \tag{3.5.18}$$

则式 (3.5.17) 可以变为

$$\underline{\boldsymbol{K}}^{-1} \widetilde{\boldsymbol{E}}^{-1} \boldsymbol{A}_1 (\widetilde{\boldsymbol{E}}^{-1})^{\mathrm{T}} \boldsymbol{w} = \lambda^{-1} \boldsymbol{w}, \tag{3.5.19}$$

其中,

$$\widetilde{\boldsymbol{E}}^{-1} = \begin{bmatrix} 1 & \cdots & 1 \\ & \ddots & \vdots \\ \boldsymbol{0} & & 1 \end{bmatrix}.$$

显然, 上式是完全非负矩阵, 且 $\det \widetilde{\boldsymbol{E}}^{-1} = 1$. 这样, $\underline{\boldsymbol{K}}^{-1} \widetilde{\boldsymbol{E}}^{-1} \boldsymbol{A}_1 (\widetilde{\boldsymbol{E}}^{-1})^{\mathrm{T}}$ 是振荡矩阵. 于是即有下述性质:

(a) 相应于 f_i 的相对位移振型 $\boldsymbol{w}^{(i)} (i = 1, 2, \cdots, n)$ 也恰有 $i-1$ 个变号数.

从变号数的结论出发可以推出, 由 3.3 节中的推论 1 至推论 7 所描述的弹簧-质点系统的位移振型的进一步性质同样适用于固定-自由杆的有限元系统. 这些推论概括起来就是:

(b) $u_{1i} w_{1i} > 0$, $u_{ni} w_{ni} > 0 (i = 1, 2, \cdots, n)$.

(c) 位移振型 $\boldsymbol{u}^{(i)}$ 的分量序列可以被分成 i 个同号段, 即

$$u_{\alpha_r i}, u_{\alpha_r+1, i}, \cdots, u_{\beta_r-1, i}, u_{\beta_r i}, \quad r = 1, 2, \cdots, i,$$

并满足

$$u_{\alpha_r i} u_{\alpha_r+1, i} < 0, \quad r = 1, 2, \cdots, i-1,$$

$$u_{\alpha_r i} u_{ji} > 0, \quad j = \alpha_r + 1, \alpha_r + 2, \cdots, \beta_r,$$

其中, $\alpha_1 = 1$, $\beta_i = n$. 在每一个这样的同号段中, 位移振型有且仅有一个极值, 在正的同号段中仅有一个极大值, 在负的同号段中仅有一个极小值. 在两个相邻的极值之间, u 线总是单调递增或单调递减, 从而有且仅有一个节点.

(d) 若取 $u_{ni} > 0(i = 1, 2, \cdots, n)$, 则固定–自由杆的有限元系统的第一阶振型的分量全大于零且单调递增. 同时, 其任一 u 线的最后一段必定单调递增且上凸.

(e) 相对位移振型 $\boldsymbol{w}^{(i)}$ 与 $\boldsymbol{w}^{(i+1)}(i = 2, 3, \cdots, n - 1)$ 的节点互相交错.

本节主要内容取自参考文献 [1, 6].

3.6 无质量弹性杆–质点系统的模态的定性性质

杆的振动还有另一种物理离散模型. 设杆长为 l, 在其上取分点 $0 = x_0 < x_1 < \cdots < x_{n-1} < x_n = l$, 杆的质量密度在点 x_r 的值为 ρ_r, 各段长 $l_r = x_r - x_{r-1}(r = 1, 2, \cdots, n)$. 将分布质量按公式 (3.1.1) 化为各分点上的集中质量 m_r, 但杆的刚度仍保持为分布刚度, 即得如图 3.5 所示的无质量弹性杆–质点系统.

图 3.5 无质量弹性杆–质点系统示意图

设这个系统的柔度系数为 $r_{ij}(i, j = 0, 1, \cdots, n)$, 它的物理意义为: 在点 x_j 处作用单位力使点 x_i 所产生的位移. 柔度矩阵记为 $\boldsymbol{R} = (r_{ij})(i, j = 0, 1, \cdots, n)$. 这个系统的自由振动方程为

$$\boldsymbol{y}(t) = \boldsymbol{R}[-\boldsymbol{M}\ddot{\boldsymbol{y}}(t)],$$

其中, $\boldsymbol{y}(t) = (y_0(t), y_1(t), \cdots, y_n(t))^{\mathrm{T}}$ 是系统的位移矢量, $\boldsymbol{M} = \mathrm{diag}(m_0, m_1, \cdots, m_n)$ 是系统的质量矩阵. 对于固有振动, $y_r(t) = u_r \sin \omega t$, 将此式代入上述自由振动方程, 即得固有角频率 $\omega = \sqrt{\lambda}$, 以及振型 $\boldsymbol{u} = (u_0, u_1, \cdots, u_n)^{\mathrm{T}}$ 满足下述方程:

$$\boldsymbol{u} = \lambda \boldsymbol{R} \boldsymbol{M} \boldsymbol{u}. \tag{3.6.1}$$

为了研究无质量弹性杆–质点系统的振动的定性性质, 我们首先需要导出系统的柔度矩阵 $\boldsymbol{R}$. 对于杆的连续系统, 在第五章中我们将要导出它的 Green 函数, 即

$$G(x, s) = \begin{cases} \varphi(x)\psi(s), & x \leqslant s, \\ \varphi(s)\psi(x), & x > s, \end{cases}$$

并将证明其中的函数 $\varphi(x)$ 和 $\psi(x)$ 具有如下性质 (参见第五章中的定理 5.3):

(1) $\varphi(x)$ 和 $\psi(x)$ 在区间 I 上有严格固定的正负号.

(2) $\varphi(x)/\psi(x)$ 在区间 I 上严格单调递增.

(3) 对于任意的 $x \in I$, 有 $\varphi(x)\psi(x) > 0$. 因此, 不失一般性地, 可设

$$\varphi(x) > 0, \quad \psi(x) > 0, \quad x \in I.$$

这里, I 是闭区间 $[0, l]$ 上的全体动点的集合, 即

$$I = \begin{cases} [0, l], & \text{如果} h \text{和} H \text{均为有限值}, \\ [0, l), & \text{如果} h \text{有限而} H \to \infty, \\ (0, l], & \text{如果} h \to \infty \text{而} H \text{有限}, \\ (0, l), & \text{如果} h \text{和} H \text{均趋于} \infty. \end{cases}$$

为了书写方便, 以下记 $\varphi(x_i) = \varphi_i$, $\psi(x_k) = \psi_k$. 这样, 在现在的离散模型中,

$$r_{ik} = G(x_i, x_k) = \begin{cases} \varphi(x_i)\psi(x_k), & x_i \leqslant x_k \\ \varphi(x_k)\psi(x_i), & x_i > x_k \end{cases} = \begin{cases} \varphi_i\psi_k, & i \leqslant k, \\ \varphi_k\psi_i, & i > k, \end{cases} \tag{3.6.2}$$

$$\varphi_0 \geqslant 0, \quad \psi_n \geqslant 0, \quad \varphi_i, \psi_i > 0, \quad i = 1, 2, \cdots, n-1, \tag{3.6.3}$$

式 (3.6.3) 的第一式中的等号只当 $h \to \infty$ 时成立, 而其第二式中的等号只当 $H \to \infty$ 时成立.

这样, 对于两端固定、固定–自由和两端弹性支承 $(0 < h, H < \infty)$ 的无质量弹性杆–质点系统, 分别有

$$\frac{\varphi_1}{\psi_1} < \frac{\varphi_2}{\psi_2} < \cdots < \frac{\varphi_{n-1}}{\psi_{n-1}}, \quad \frac{\varphi_1}{\psi_1} < \frac{\varphi_2}{\psi_2} < \cdots < \frac{\varphi_n}{\psi_n}, \quad \frac{\varphi_0}{\psi_0} < \frac{\varphi_1}{\psi_1} < \cdots < \frac{\varphi_n}{\psi_n}.$$

则由 2.4.3 小节中的例 1 可知, 它们的柔度矩阵 $\boldsymbol{R}^{cc} = (r_{ij})_{(n-1)\times(n-1)}(i, j = 1, 2, \cdots, n-1)$, $\boldsymbol{R}^{cf} = (r_{ij})_{n\times n}(i, j = 1, 2, \cdots, n)$ 和 $\boldsymbol{R}^{tt} = (r_{ij})_{(n+1)\times(n+1)}$ $(i, j = 0, 1, \cdots, n)$ 都是振荡矩阵. 将它们乘以正定的对角矩阵后, 仍然属于振荡矩阵. 此处上角标 tt 表示系统的两端为弹性支承. 进而根据振荡矩阵特征对性质的定理可得下面的定理:

定理 3.8 对于如图 3.5 所示的无质量弹性杆–质点系统, 当其两端支承方式为两端固定、固定–自由和两端弹性支承 $(0 < h, H < \infty)$ 时, 系统的固有频率和振型具有定理 3.1 和定理 3.2 中所描述的 4 条振荡性质.

3.7　具有弹性基础的弦和杆的离散系统的模态的定性性质

本章 3.1 节所给出的具有弹性基础的弦、杆、轴的振动系统其实就是最一般的 Sturm-Liouville 系统, 它们的物理离散系统如图 3.3 所示, 此系统的固有频率和振型满足方程 (3.1.3), (3.1.4) 和 (3.1.7), 而它们的差分离散系统的固有频率和振型或者满足方程 (3.1.3), (3.1.4) 和 (3.1.7), 或者满足

$$
\begin{cases}
(a_0 + q_0)u_0 - b_1 u_1 = \lambda m_0 u_0, \\
-c_r u_{r-1} + (a_r + q_r)u_r - b_{r+1}u_{r+1} = \lambda m_r u_r, \quad r = 1, 2, \cdots, n-1, \\
-c_n u_{n-1} + (a_n + q_n)u_n = \lambda m_n u_n.
\end{cases}
$$

$$(3.7.1)$$

由此可见, 具有弹性基础的弦、杆、轴的振动系统的物理离散系统仍然属于正定的标准 Jacobi 系统, 而它们的差分离散系统同样属于正定的对称或非对称的标准 Jacobi 系统. 因此, 弹性基础的存在并不改变系统的振荡性质. 也就是说, 前面几节所得到的关于弹簧-质点系统和杆的差分离散系统的振荡性质, 也完全适用于具有弹性基础的弦、杆、轴振动的差分离散系统和物理离散系统.

本节主要内容取自参考文献 [7, 8].

参 考 文 献

[1] Gladwell G M L. Inverse problems in vibration [M]. 2nd Ed. Dordrecht/Boston/London: Kluwer Academic Publishers, 2004.

[2] Boley D, Golub G H. Inverse eigenvalue problems for band matrices [J]. Lecture Notes in Mathematics, 1978, 630(1): 23.

[3] 王其申, 何北昌, 王大钧. 二阶连续系统的离散模型频率和振型的定性性质 [J]. 振动与冲击, 1992, 11(3): 7.

[4] 王其申, 王大钧. 存在刚体模态的杆、梁离散系统某些振荡性质的补充证明 [J]. 力学季刊, 2014, 35(2): 262.

[5] 王其申, 王大钧. 由部分模态及频率数据构造杆件离散系统 [J]. 振动工程学报, 1987, 1: 83.

[6] Gladwell G M L. Qualitative properties of finite-element models I: Sturm-Liouville systems [J]. The Quarterly Journal of Mechanics and Applied Mathematics, 1991, 44(2): 249.

[7] 田霞, 戴华. 杆的离散系统的振动反问题 [J]. 山东轻工业学院学报 (自然科学版), 2007, 21(1): 4.

[8] 王其申, 王大钧. 弹性基础上的杆的离散系统频谱和模态的定性性质及其模态反问题 [J]. 安庆师范学院学报 (自然科学版), 1997, 3(2): 19.

第四章　梁的离散系统的振动和静变形的定性性质

本章前六节关注的是梁的有限差分模型或相应的物理模型的定性性质. 我们将建立任意支承梁的差分离散模型的运动方程组及其边条件, 利用振荡矩阵的理论和共轭梁的概念, 导出任意支承梁的差分离散系统的各种模态的定性性质, 阐明充分约束的差分离散系统的静变形的定性性质. 在随后的几节中, 我们介绍了两类梁的有限元系统的振动的定性性质, 还讨论了多跨梁, 特别是外伸梁的差分离散系统的振动的定性性质.

4.1　梁的差分离散模型和相应的物理模型

设有一个长为 l, 线密度为 $\rho(x)$, 截面抗弯刚度为 $EJ(x)$ 的梁, 其振动的固有频率为 $f = \omega/(2\pi)$, 振型 $u(x)$ 满足模态方程

$$[EJ(x)u''(x)]'' = \omega^2 \rho(x)u(x), \quad 0 < x < l, \tag{4.1.1}$$

以及最一般的支承条件

$$[EJ(x)u''(x)]'\,|_{x=0} + h_1 u(0) = 0 = [EJ(x)u''(x)]'\,|_{x=l} - h_2 u(l), \tag{4.1.2}$$

$$EJ(0)u''(0) - \beta_1 u'(0) = 0 = EJ(l)u''(l) + \beta_2 u'(l), \tag{4.1.3}$$

其中, h_1, h_2 和 β_1, β_2 是支承的弹簧常数, 皆大于等于零. 此梁如图 4.1(a) 所示.

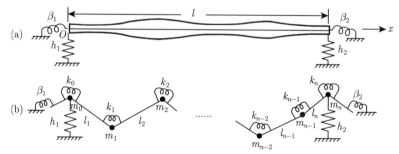

图 4.1　(a) 梁的连续系统示意图, (b) 梁的弹簧–质点–刚杆系统示意图

Gladwell G M L 建立了一个既有理论意义又有实用价值的梁的物理离散模型, 即弹簧–质点–刚杆系统 [1,2], 其参数按以下方法确定:

取梁的中心轴为 x 轴. 在 x 轴上取分点 $0 = x_0 < x_1 < \cdots < x_n = l$, 每分段长 $l_r = x_r - x_{r-1}(r = 1, 2, \cdots, n)$, 记 $\rho_r = \rho(x_r)$, $s_r = EJ(x_r)(r = 0, 1, \cdots, n)$, 将梁的分布质量和分布刚度按

$$\begin{cases} m_0 = \dfrac{\rho_0 l_1}{2}, & m_r = \rho_r \dfrac{l_r + l_{r+1}}{2}(r = 1, 2, \cdots, n-1), & m_n = \dfrac{\rho_n l_n}{2}, \\ k_0 = \dfrac{2s_0}{l_1}, & k_r = \dfrac{2s_r}{l_r + l_{r+1}}(r = 1, 2, \cdots, n-1), & k_n = \dfrac{2s_n}{l_n} \end{cases}$$

$$(4.1.4)$$

转化为集中质量和集中刚度, 这时, 梁被离散为如图 4.1(b) 所示的系统. 此系统由无重直刚杆在端部铰接, 并由旋转弹簧连接, 铰接处附有集中质量. 图中的 m_r 和 $k_r(r = 0, 1, \cdots, n)$ 分别表示质点质量、控制同一质点两侧刚杆相对转角的旋转弹簧刚度, $l_r(r = 1, 2, \cdots, n)$ 是刚杆长度.

有趣的是, 这一物理离散系统与梁的差分离散模型是一样的. 下面我们将详细阐明这一结论 [3].

采用第三章使用过的记号, 利用函数 $u(x)$ 的如下 Taylor 展开式:

$$\begin{aligned} u_{r+1} &= u_r + u_r' l_{r+1} + u_r'' l_{r+1}^2/2 + o(l_{r+1}^3), & r &= 0, 1, \cdots, n-1, \\ u_{r-1} &= u_r - u_r' l_r + u_r'' l_r^2/2 + o(l_r^3), & r &= 1, 2, \cdots, n. \end{aligned}$$

$$(4.1.5)$$

第三章已经导出有关函数二阶微商的二阶中心差分公式是

$$u_r'' = \frac{2}{l_r + l_{r+1}} \left(\frac{u_{r-1} - u_r}{l_r} - \frac{u_r - u_{r+1}}{l_{r+1}} \right), \quad r = 1, 2, \cdots, n-1. \quad (4.1.6)$$

将式 (4.1.6) 代入式 (4.1.1), 即得梁的内点 $x_r(r = 2, 3, \cdots, n-2)$ 处的差分方程为

$$\begin{aligned} \omega^2 \rho_r u_r = \frac{4}{l_r + l_{r+1}} &\left\{ \frac{s_{r-1}}{l_{r-1} l_r (l_{r-1} + l_r)} u_{r-2} - \frac{1}{l_r^2} \left(\frac{s_{r-1}}{l_{r-1}} + \frac{s_r}{l_{r+1}} \right) u_{r-1} \right. \\ &+ \left[\frac{s_{r-1}}{l_r^2 (l_{r-1} + l_r)} + \frac{s_r}{l_r l_{r+1}} \left(\frac{1}{l_r} + \frac{1}{l_{r+1}} \right) + \frac{s_{r+1}}{l_{r+1}^2 (l_{r+1} + l_{r+2})} \right] u_r \\ &- \frac{1}{l_{r+1}^2} \left(\frac{s_r}{l_r} + \frac{s_{r+1}}{l_{r+2}} \right) u_{r+1} + \left. \frac{s_{r+1}}{l_{r+1} l_{r+2} (l_{r+1} + l_{r+2})} u_{r+2} \right\}, \end{aligned}$$

$$r = 2, 3, \cdots, n-2.$$

$$(4.1.7)$$

此外, 还需考虑与梁的边界点有关的方程, 这时, 差分公式 (4.1.6) 并不完全适用. 把式 (4.1.5) 的第一式、式 (4.1.6), 以及式 (4.1.2) 和 (4.1.3) 中的左端边条件相结合, 可以导出

$$\omega^2 \rho_0 u_0 = \frac{4}{l_1^2}\left[\left(\frac{s_0}{l_1+\bar{\beta}_1}+\frac{s_1}{l_1+l_2}\right)\frac{u_0}{l_1}-\left(\frac{s_0}{l_1+\bar{\beta}_1}+\frac{s_1}{l_2}\right)\frac{u_1}{l_1}+\frac{s_1}{l_1+l_2}\frac{u_2}{l_2}\right]+\frac{2\phi_0}{l_1},$$
$$\tag{4.1.8}$$

$$\omega^2 \rho_1 u_1 = \frac{4}{l_1+l_2}\left\{-\left(\frac{s_0}{l_1+\bar{\beta}_1}+\frac{s_1}{l_2}\right)\frac{u_0}{l_1^2}+\left[\frac{s_0}{l_1^2\left(l_1+\bar{\beta}_1\right)}+\frac{s_1}{l_1 l_2}\left(\frac{1}{l_1}+\frac{1}{l_2}\right)\right.\right.$$
$$\left.\left.+\frac{s_2}{l_2^2\left(l_2+l_3\right)}\right]u_1-\left(\frac{s_1}{l_1}+\frac{s_2}{l_3}\right)\frac{u_2}{l_2^2}+\frac{s_2}{l_2+l_3}\frac{u_3}{l_2 l_3}\right\},$$
$$\tag{4.1.9}$$

其中, $\phi_0 = h_1 u_0$, $\bar{\beta}_1 = 2s_0/\beta_1$. 同样, 把式 (4.1.5) 的第二式、式 (4.1.6), 以及式 (4.1.2) 和 (4.1.3) 中的右端边条件相结合, 完全类似地, 可以导出

$$\omega^2 \rho_{n-1} u_{n-1} = \frac{4}{l_{n-1}+l_n}\left\{\frac{s_{n-2}}{l_{n-2}+l_{n-1}}\frac{u_{n-3}}{l_{n-2}l_{n-1}}-\left(\frac{s_{n-2}}{l_{n-2}}+\frac{s_{n-1}}{l_n}\right)\frac{u_{n-2}}{l_{n-1}^2}\right.$$
$$+\left[\frac{s_{n-2}}{l_{n-1}^2(l_{n-2}+l_{n-1})}+\frac{s_{n-1}}{l_{n-1}l_n}\left(\frac{1}{l_{n-1}}+\frac{1}{l_n}\right)+\frac{s_n}{l_n^2(l_n+\bar{\beta}_2)}\right]u_{n-1}$$
$$\left.-\left(\frac{s_{n-1}}{l_{n-1}}+\frac{s_n}{l_n+\bar{\beta}_2}\right)\frac{u_n}{l_n^2}\right\},$$
$$\tag{4.1.10}$$

$$\omega^2 \rho_n u_n = -\frac{2\phi_{n+1}}{l_n}+\frac{4}{l_n^2}\left[\frac{s_{n-1}}{l_{n-1}+l_n}\frac{u_{n-2}}{l_{n-1}}-\left(\frac{s_{n-1}}{l_{n-1}}+\frac{s_n}{l_n+\bar{\beta}_2}\right)\frac{u_{n-1}}{l_n}\right.$$
$$\left.+\left(\frac{s_{n-1}}{l_{n-1}+l_n}+\frac{s_n}{l_n+\bar{\beta}_2}\right)\frac{u_n}{l_n}\right],$$
$$\tag{4.1.11}$$

其中, $\phi_{n+1} = -h_2 u_n$, $\bar{\beta}_2 = 2s_n/\beta_2$. 式 (4.1.7)$\sim$(4.1.11) 即为梁的模态方程的差分方程组.

若记 $\lambda = \omega^2$, 并按式 (4.1.4) 引入变量 m_r 和 $k_r (r = 0, 1, \cdots, n)$, 以及

$$k_0^* = \frac{k_0}{1+2s_0/(\beta_1 l_1)}, \quad k_n^* = \frac{k_n}{1+2s_n/(\beta_2 l_n)}, \tag{4.1.12}$$

则式 (4.1.7)$\sim$(4.1.11) 可以被重写为

$$\lambda m_0 u_0 = \frac{k_0^*+k_1}{l_1^2}u_0-\left[\frac{k_0^*}{l_1^2}+\frac{k_1}{l_1}\left(\frac{1}{l_1}+\frac{1}{l_2}\right)\right]u_1+\frac{k_1}{l_1 l_2}u_2+\phi_0, \tag{4.1.13}$$

$$\lambda m_1 u_1 = -\left[\frac{k_0^*}{l_1^2} + \frac{k_1}{l_1}\left(\frac{1}{l_1} + \frac{1}{l_2}\right)\right] u_0 + \left[\frac{k_0^*}{l_1^2} + \left(\frac{1}{l_1} + \frac{1}{l_2}\right)^2 k_1 + \frac{k_2}{l_2^2}\right] u_1$$

$$- \left[\frac{k_1}{l_2}\left(\frac{1}{l_1} + \frac{1}{l_2}\right) + \frac{k_2}{l_2}\left(\frac{1}{l_2} + \frac{1}{l_3}\right)\right] u_2 + \frac{k_2}{l_2 l_3} u_3, \tag{4.1.14}$$

$$\lambda m_r u_r = \frac{k_{r-1}}{l_{r-1} l_r} u_{r-2} - \left[\left(\frac{1}{l_{r-1}} + \frac{1}{l_r}\right)\frac{k_{r-1}}{l_r} + \left(\frac{1}{l_r} + \frac{1}{l_{r+1}}\right)\frac{k_r^{\cdot}}{l_r}\right] u_{r-1}$$

$$+ \left[\frac{k_{r-1}}{l_r^2} + \left(\frac{1}{l_r} + \frac{1}{l_{r+1}}\right)^2 k_r + \frac{k_{r+1}}{l_{r+1}^2}\right] u_r$$

$$- \left[\left(\frac{1}{l_r} + \frac{1}{l_{r+1}}\right)\frac{k_r}{l_{r+1}} + \left(\frac{1}{l_{r+1}} + \frac{1}{l_{r+2}}\right)\frac{k_{r+1}}{l_{r+1}}\right] u_{r+1}$$

$$+ \frac{k_{r+1}}{l_{r+1} l_{r+2}} u_{r+2}, \quad r = 2, 3, \cdots, n-2, \tag{4.1.15}$$

$$\lambda m_{n-1} u_{n-1} = \frac{k_{n-2}}{l_{n-2} l_{n-1}} u_{n-3} - \left[\left(\frac{1}{l_{n-2}} + \frac{1}{l_{n-1}}\right)\frac{k_{n-2}}{l_{n-1}} + \left(\frac{1}{l_{n-1}} + \frac{1}{l_n}\right)\frac{k_{n-1}}{l_{n-1}}\right] u_{n-2}$$

$$+ \left[\frac{k_{n-2}}{l_{n-1}^2} + \left(\frac{1}{l_{n-1}} + \frac{1}{l_n}\right)^2 k_{n-1} + \frac{k_n^*}{l_n^2}\right] u_{n-1}$$

$$- \left[\left(\frac{1}{l_{n-1}} + \frac{1}{l_n}\right)\frac{k_{n-1}}{l_n} + \frac{k_n^*}{l_n^2}\right] u_n, \tag{4.1.16}$$

$$\lambda m_n u_n = \frac{k_{n-1}}{l_{n-1} l_n} u_{n-2} - \left[\left(\frac{1}{l_{n-1}} + \frac{1}{l_n}\right)\frac{k_{n-1}}{l_n} + \frac{k_n^*}{l_n^2}\right] u_{n-1} + \frac{k_{n-1} + k_n^*}{l_n^2} u_n - \phi_{n+1}. \tag{4.1.17}$$

不难验证, 式 (4.1.13)~(4.1.17) 恰好是如图 4.1(b) 所示的弹簧–质点–刚杆系统的固有振动的模态方程组.

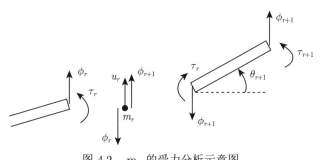

图 4.2 m_r 的受力分析示意图

事实上, 对于如图 4.1(b) 所示的系统, 其第 r 个质点 m_r 的受力分析可参考图 4.2. 该质点经时间变量分离后的模态方程是

$$\lambda m_r u_r = \phi_r - \phi_{r+1}, \quad r = 0, 1, \cdots, n, \tag{4.1.18}$$

其中, ϕ_r 和 ϕ_{r+1} 是质点 m_r 两侧的刚杆施加给质点 m_r 的剪力. 而由连接 m_{r-1} 和 m_r 的刚杆的平衡关系, 有

$$\phi_r = (\tau_{r-1} - \tau_r)/l_r, \quad r = 1, 2, \cdots, n, \tag{4.1.19}$$

其中, τ_r 是在具有转动刚度 k_r 的情况下, 使质点 m_r 两侧的刚杆产生相对转角 w_r 的力矩. 因此

$$\tau_r = k_r(\theta_{r+1} - \theta_r) = k_r w_r, \quad r = 0, 1, \cdots, n, \tag{4.1.20}$$

而连接 m_{r-1} 和 m_r 的刚杆的转角则是

$$\theta_r = (u_r - u_{r-1})/l_r, \quad r = 1, 2, \cdots, n. \tag{4.1.21}$$

对于上述模型的内点, 将式 (4.1.19)~(4.1.21) 依次代入式 (4.1.18), 即得式 (4.1.15). 对于上述模型的边界点, 只要引入模型左、右两侧虚拟杆的转角 θ_0 和 θ_{n+1}, 以及外界作用于杆两侧的横向支反力 ϕ_0 和 ϕ_{n+1}, 同样可得式 (4.1.13), (4.1.14) 和 (4.1.16), (4.1.17). 由此可见, 图 4.1(b) 所示的系统就是 Euler 梁的差分离散系统的物理模型.

采用上面定义的符号, 不同支承情况下的边条件也可表示为

固支：$u_0 = \theta_0 = 0$ 或 $u_n = \theta_{n+1} = 0$.

铰支：$u_0 = \beta_1 = 0$ 或 $u_n = \beta_2 = 0$.

滑支：$\theta_0 = \phi_0 = 0$ 或 $\theta_{n+1} = \phi_{n+1} = 0$.

自由：$\beta_1 = \phi_0 = 0$ 或 $\beta_2 = \phi_{n+1} = 0$.

反共振 (仅以右边界为例)：$u_n = \phi_{n+1} = 0$ 或 $\theta_{n+1} = \beta_2 = 0$.

鉴于梁的弹簧-质点-刚杆模型的物理意义清晰, 相应的运动方程组 (4.1.13)~(4.1.17) 的结构富有规律性, 加之从它们出发讨论问题易于应用已有的结果, 所以本章后面的讨论将直接依据上述物理模型进行.

由于式 (4.1.13)~(4.1.17) 太庞大, 为了便于应用振荡矩阵的理论, 把式 (4.1.13)~(4.1.21) 改写成矢量形式. 为此, 记系统的位移振型 $\boldsymbol{u}$、转角振型 $\boldsymbol{\theta}$、弯矩振型 $\boldsymbol{\tau}$ 和剪力振型 $\boldsymbol{\phi}$ 分别为

$$\begin{aligned} \boldsymbol{u} &= (u_0, u_1, \cdots, u_n)^{\mathrm{T}}, \quad \boldsymbol{\theta} = (\theta_1, \theta_2, \cdots, \theta_n)^{\mathrm{T}}, \\ \boldsymbol{\tau} &= (\tau_0, \tau_1, \cdots, \tau_n)^{\mathrm{T}}, \quad \boldsymbol{\phi} = (\phi_1, \phi_2, \cdots, \phi_n)^{\mathrm{T}}. \end{aligned} \tag{4.1.22}$$

系统的质量矩阵记为 $\boldsymbol{M} = \text{diag}(m_0, m_1, \cdots, m_n)$, 弹簧常数矩阵记为 $\boldsymbol{K} = \text{diag}(k_0, k_1, \cdots, k_n)$, 又记 $\boldsymbol{L} = \text{diag}(l_1, l_2, \cdots, l_n)$, 另有 $n \times (n+1)$ 矩阵 $\boldsymbol{E}$, $n+1$ 阶方阵 $\widetilde{\boldsymbol{E}}$, $n+1$ 维矢量 $\boldsymbol{e}^{(1)}$ 和 $\boldsymbol{e}^{(n+1)}$, 它们分别是

$$\boldsymbol{E} = \begin{bmatrix} 1 & -1 & & & \\ & 1 & -1 & & \\ & & \ddots & \ddots & \\ & & & 1 & -1 \end{bmatrix}, \quad \widetilde{\boldsymbol{E}} = \begin{bmatrix} 1 & -1 & & \\ & \ddots & \ddots & \\ & & 1 & -1 \\ & & & 1 \end{bmatrix}, \quad (4.1.23)$$

$$\boldsymbol{e}^{(1)} = (1, 0, \cdots, 0, 0)^{\mathrm{T}}, \qquad \boldsymbol{e}^{(n+1)} = (0, 0, \cdots, 0, 1)^{\mathrm{T}}.$$

上述矩阵 $\boldsymbol{E}$ 及 $\widetilde{\boldsymbol{E}}$ 的空白之处皆为零元. 于是式 (4.1.19)~(4.1.21) 成为

$$\boldsymbol{\theta} = -\boldsymbol{L}^{-1}\boldsymbol{E}\boldsymbol{u}, \quad \boldsymbol{w} = \boldsymbol{E}^{\mathrm{T}}\boldsymbol{\theta} - \theta_0 \boldsymbol{e}^{(1)} + \theta_{n+1}\boldsymbol{e}^{(n+1)}, \quad \boldsymbol{\tau} = \boldsymbol{K}\boldsymbol{w}, \quad \boldsymbol{\phi} = \boldsymbol{L}^{-1}\boldsymbol{E}\boldsymbol{\tau}. \tag{4.1.24}$$

而式 (4.1.18) 又可表示为

$$\lambda \boldsymbol{M}\boldsymbol{u} = -\boldsymbol{E}^{\mathrm{T}}\boldsymbol{\phi} + \phi_0 \boldsymbol{e}^{(1)} - \phi_{n+1}\boldsymbol{e}^{(n+1)}$$

$$= \boldsymbol{A}\boldsymbol{u} + \boldsymbol{E}^{\mathrm{T}}\boldsymbol{L}^{-1}\boldsymbol{E}(k_0\theta_0 \boldsymbol{e}^{(1)} - k_n\theta_{n+1}\boldsymbol{e}^{(n+1)}) + h_1 u_0 \boldsymbol{e}^{(1)} + h_2 u_n \boldsymbol{e}^{(n+1)}, \tag{4.1.25}$$

其中, 矩阵

$$\boldsymbol{A} = \boldsymbol{E}^{\mathrm{T}}\boldsymbol{L}^{-1}\boldsymbol{E}\boldsymbol{K}\boldsymbol{E}^{\mathrm{T}}\boldsymbol{L}^{-1}\boldsymbol{E}. \tag{4.1.26}$$

利用边条件 (4.1.3), 有

$$\theta_0 = \frac{EJ(0)u''(0)}{\beta_1} = \frac{\bar{\beta}_1}{l_1}\frac{u_1 - u_0}{l_1 + \bar{\beta}_1}, \quad \theta_{n+1} = \frac{EJ(l)u''(l)}{\beta_2} = \frac{\bar{\beta}_2}{l_n}\frac{u_{n-1} - u_n}{l_n + \bar{\beta}_2}.$$

将上式代入式 (4.1.25) 后消去其右端第二项, 则矢量形式的模态方程可简化为

$$\lambda \boldsymbol{M}\boldsymbol{u} = \underline{\boldsymbol{A}}\boldsymbol{u} + h_1 u_0 \boldsymbol{e}^{(1)} + h_2 u_n \boldsymbol{e}^{(n+1)}, \tag{4.1.27}$$

其中, $\underline{\boldsymbol{A}}$ 与 $\boldsymbol{A}$ 的差别仅在于把 $\boldsymbol{A}$ 中的 k_0 和 k_n 换成式 (4.1.12) 中的 k_0^* 与 k_n^*, 即

$$\underline{\boldsymbol{A}} = \boldsymbol{E}^{\mathrm{T}}\boldsymbol{L}^{-1}\boldsymbol{E}\underline{\boldsymbol{K}}\boldsymbol{E}^{\mathrm{T}}\boldsymbol{L}^{-1}\boldsymbol{E}, \tag{4.1.28}$$

其中, $\underline{\boldsymbol{K}} = \text{diag}(k_0^*, k_1, \cdots, k_{n-1}, k_n^*)$. 下面就从式 (4.1.27) 出发讨论梁的离散系统的振荡性质.

4.2　充分约束梁的差分离散模型的振动
和静变形的定性性质

4.2.1　充分约束梁的差分离散模型的模态的定性性质

首先阐明充分约束梁的刚度矩阵的符号振荡性, 为此给出如下命题:

命题 4.1　若 $\widetilde{\boldsymbol{E}}$ 由式 (4.1.23) 所定义, 则其符号倒换矩阵 $\widetilde{\boldsymbol{E}}^*$ 为完全非负矩阵.

注意到 $\widetilde{\boldsymbol{E}}^*$ 的任意子矩阵或为零矩阵, 或为上三角形矩阵, 或为下三角形矩阵, 而其主对角元仅为 0 或 1, 因而命题 4.1 的正确性是显然的.

同理可知, $\boldsymbol{L}^{-1}$ 也是完全非负矩阵.

推论　记 $\boldsymbol{B} = \boldsymbol{E}^{\mathrm{T}} \boldsymbol{L}^{-1} \boldsymbol{E}$, 则其符号倒换矩阵 $\boldsymbol{B}^*$ 是完全非负矩阵.

证明　一方面, $\boldsymbol{L}^{-1}$ 为完全非负矩阵; 另一方面, $\boldsymbol{E}^*$ 和 $(\boldsymbol{E}^{\mathrm{T}})^*$ 的任一子式必同时是完全非负矩阵 $\widetilde{\boldsymbol{E}}^*$ 或 $(\widetilde{\boldsymbol{E}}^*)^{\mathrm{T}}$ 的子式之一. 这样, 由 2.2 节的 Binet-Cauchy 恒等式可立即得出本推论.　∎

现在, 记 $\boldsymbol{A} = (a_{ij})_{(n+1)\times(n+1)}$, $\boldsymbol{A}_1 = (a_{ij})_2^{n+1}$, $\boldsymbol{A}_n = (a_{ij})_1^n$, $\boldsymbol{A}_{1n} = (a_{ij})_2^n$. 由以上推论表明, $\boldsymbol{A}^* = \boldsymbol{B}^* \boldsymbol{K} \boldsymbol{B}^*$ 是完全非负矩阵. 作为 $\boldsymbol{A}^*$ 的截短子矩阵, $\boldsymbol{A}_1^*$, $\boldsymbol{A}_n^*$ 和 $\boldsymbol{A}_{1n}^*$ 当然也是完全非负矩阵. 直接检验发现,

$$\det\boldsymbol{A} = 0, \quad \det\boldsymbol{A}_{1n} > 0, \quad a_{r,r+1} = a_{r+1,r} < 0,$$

当 k_0^* 和 k_n^* 之一大于零时, $\det\boldsymbol{A}_1 > 0$, $\det\boldsymbol{A}_n > 0$.

为了进一步证明式 (4.1.27) 的刚度矩阵的非奇异性, 利用式 (4.1.28), 把式 (4.1.27) 改写为

$$\lambda\boldsymbol{M}\boldsymbol{u} = \boldsymbol{C}\boldsymbol{u},$$

此处, 刚度矩阵 $\boldsymbol{C} = (c_{ij})_{(n+1)\times(n+1)}$ 的元与 $\boldsymbol{A} = (a_{ij})_{(n+1)\times(n+1)}$ 的元之间的关系是

$$c_{11} = a_{11} + h_1, \quad c_{n+1,\,n+1} = a_{n+1,\,n+1} + h_2,$$

其余的 $c_{ij} = a_{ij}$. 这样, $\boldsymbol{C}$ 的符号倒换矩阵 $\boldsymbol{C}^*$ 是完全非负矩阵. 又由行列式按一列拆分定理可知, 展开式

$$\det\boldsymbol{C} = \det\boldsymbol{A} + h_1\det\boldsymbol{A}_1 + h_2\det\boldsymbol{A}_n + h_1 h_2\det\boldsymbol{A}_{1n}$$

成立. 由此可以断定:

(1) 当 $h_1 + h_2 > 0$, $\beta_1 + \beta_2 > 0$ 时, 必有 $k_0^* + k_n^* > 0$, 从而总有

$$h_1\det\boldsymbol{A}_1 > 0 \quad 或 \quad h_2\det\boldsymbol{A}_n > 0,$$

于是 $\det\boldsymbol{C} > 0$, 即 $\boldsymbol{C}$ 是非奇异矩阵. 同时, 式 (4.1.13)~(4.1.17) 显示, $\boldsymbol{C}$ 的次对角元全为负数. 根据符号振荡矩阵的充要条件 (参见 2.4.2 小节), $\boldsymbol{C}$ 是符号振荡矩阵, 且相应系统是充分约束系统.

(2) 当 $h_1 \cdot h_2 > 0$, $\beta_1 = \beta_2 = 0$ 时, 尽管此时 $k_0^* = k_n^* = 0$, 因而

$$\det\underline{\boldsymbol{A}}_1 = 0, \quad \det\underline{\boldsymbol{A}}_n = 0,$$

但是仍有

$$\det\boldsymbol{C} = h_1 h_2 \det\underline{\boldsymbol{A}}_{1n} > 0,$$

即 $\boldsymbol{C}$ 是非奇异的. 同时, 式 (4.1.13)~(4.1.17) 显示, $\boldsymbol{C}$ 的次对角元全为负数. 从而 $\boldsymbol{C}$ 仍是符号振荡矩阵, 相应系统同样是充分约束系统.

(3) 与以上两种情况相反, 当 h_1 和 h_2 之一为零, 且 $\beta_1 = \beta_2 = 0$ 或 h_1 和 h_2 同时为零时, 必有 $\det\boldsymbol{C} = 0$. 系统将有零特征值.

以上导出了在较为一般的支承方式下梁的刚度矩阵的符号振荡性. 作为特殊情况, 由本章 4.1 节提到的自由、滑支、铰支和固定四种支承方式组合而成的各种梁的刚度矩阵和质量矩阵分别是

两端铰支: $\boldsymbol{A}_{\mathrm{pp}} = \underline{\boldsymbol{A}}_{1n}|_{k_0^* = k_n^* = 0}$; $\quad \boldsymbol{M}_{\mathrm{pp}} = \mathrm{diag}(m_1, m_2, \cdots, m_{n-1})$.

固定–自由: $\boldsymbol{A}_{\mathrm{cf}} = \underline{\boldsymbol{A}}_1|_{k_n^* = 0}$; $\quad \boldsymbol{M}_{\mathrm{cf}} = \mathrm{diag}(m_1, m_2, \cdots, m_n)$.

铰支–滑支: $\boldsymbol{A}_{\mathrm{ps}} = \underline{\boldsymbol{A}}_1|_{k_0^* = 0}$; $\quad \boldsymbol{M}_{\mathrm{ps}} = \boldsymbol{M}_{\mathrm{cf}}$.

两端固定: $\boldsymbol{A}_{\mathrm{cc}} = \underline{\boldsymbol{A}}_{1n}$; $\quad \boldsymbol{M}_{\mathrm{cc}} = \boldsymbol{M}_{\mathrm{pp}}$.

固定–铰支: $\boldsymbol{A}_{\mathrm{cp}} = \underline{\boldsymbol{A}}_{1n}|_{k_n^* = 0}$; $\quad \boldsymbol{M}_{\mathrm{cp}} = \boldsymbol{M}_{\mathrm{pp}}$.

固定–滑支: $\boldsymbol{A}_{\mathrm{cs}} = \underline{\boldsymbol{A}}_1$; $\quad \boldsymbol{M}_{\mathrm{cs}} = \boldsymbol{M}_{\mathrm{cf}}$.

两端自由: $\boldsymbol{A}_{\mathrm{ff}} = \underline{\boldsymbol{A}}|_{k_0^* = k_n^* = 0}$; $\quad \boldsymbol{M}_{\mathrm{ff}} = \boldsymbol{M} = \mathrm{diag}(m_0, m_1, \cdots, m_n)$.

铰支–自由: $\boldsymbol{A}_{\mathrm{pf}} = \underline{\boldsymbol{A}}_1|_{k_0^* = k_n^* = 0}$; $\quad \boldsymbol{M}_{\mathrm{pf}} = \boldsymbol{M}_{\mathrm{cf}}$.

滑支–自由: $\boldsymbol{A}_{\mathrm{sf}} = \underline{\boldsymbol{A}}|_{k_n^* = 0}$; $\quad \boldsymbol{M}_{\mathrm{sf}} = \boldsymbol{M}$.

两端滑支: $\boldsymbol{A}_{\mathrm{ss}} = \underline{\boldsymbol{A}}$; $\quad \boldsymbol{M}_{\mathrm{ss}} = \boldsymbol{M}$.

很明显, 在上面所列举的前六种支承方式下, 梁是充分约束的 (在结构力学中, 上面列举的前三种梁又称为静定梁, 第四至第六种梁又称为超静定梁). 而在后四种支承方式下, 梁有着一个或两个刚体运动形态. 根据 2.4 节中符号振荡矩阵的定义及其充要条件, 可以得到如下引理:

引理 4.1 两端铰支、固定–铰支、两端固定、固定–自由、固定–滑支、铰支–滑支梁的差分离散模型的刚度矩阵均为符号振荡矩阵.

注意到, 上述六种梁的质量矩阵是非奇异的对角矩阵, 因此它们均为完全非负矩阵. 又因为完全非负矩阵与符号振荡矩阵的乘积仍为符号振荡矩阵 (参

看 2.4 节振荡矩阵的运算性质 5), 所以应用符号振荡矩阵的理论 (定理 2.16 和定理 2.17) 于上述六种梁, 即得以下定理:

定理 4.1　两端铰支、固定–铰支、两端固定、固定–自由、固定–滑支、铰支–滑支梁的差分离散模型具有以下振动的振荡性质:

(1) 固有频率都是单的, 可将其按递增次序排列为

$$0 < f_1 < f_2 < \cdots < f_N,$$

其中, 对于前三种梁, $N = n - 1$, 对于后三种梁, $N = n$ (注: 关于 N 的这一说明, 以下 4 节都适用).

(2) 记与 f_i 相应的位移振型为 $\boldsymbol{u}^{(i)} = (u_{1i}, u_{2i}, \cdots, u_{Ni})^{\mathrm{T}}$, 则位移振型 $\boldsymbol{u}^{(i)}$ 的分量序列的变号数恰为 $i - 1$, 即 $\boldsymbol{u}^{(i)}$ 有 $i - 1$ 个节点, 记作 $S_{\boldsymbol{u}^{(i)}} = i - 1$. 而由序列变号数的概念 (参见 2.3 节) 可知, 这意味着

(a) $\boldsymbol{u}^{(i)}$ 的首尾分量不能为零, 即 $u_{1i} \neq 0$, $u_{Ni} \neq 0 (i = 1, 2, \cdots, N)$;

(b) 如果某个 $u_{ri} = 0$, 则必有 $u_{r-1,i} u_{r+1,i} < 0 (i = 1, 2, \cdots, N, \ r = 2, 3, \cdots, N - 1)$.

(3) 对于任意一组不全为零的实数 $c_i (i = p, p+1, \cdots, q)$, 位移矢量

$$\boldsymbol{u} = c_p \boldsymbol{u}^{(p)} + c_{p+1} \boldsymbol{u}^{(p+1)} + \cdots + c_q \boldsymbol{u}^{(q)}, \quad 1 \leqslant p \leqslant q \leqslant n$$

的变号数 $S_{\boldsymbol{u}}$ 介于 $p - 1$ 和 $q - 1$ 之间, 即

$$p - 1 \leqslant S_{\boldsymbol{u}}^- \leqslant S_{\boldsymbol{u}}^+ \leqslant q - 1.$$

(4) 相邻阶位移振型 $\boldsymbol{u}^{(i)}$ 和 $\boldsymbol{u}^{(i+1)} (i = 2, 3, \cdots, N - 1)$ 的节点互相交错. 本小节主要内容取自参考文献 [3].

4.2.2 充分约束梁的差分离散系统的静变形的定性性质

我们在 4.2.1 小节已经证明了充分约束梁的刚度矩阵的符号振荡性, 则由第二章中的定理 2.28 可知, 充分约束梁的离散系统的静变形具有如下性质:

(1) 充分约束梁的离散系统在其某一结点上受一个集中力作用时, 该系统的所有结点的位移异于零且其方向与作用力的方向相同.

(2) 充分约束梁的离散系统在其某些结点上受 $n (n \leqslant N, N$ 是系统的自由度数) 个集中力作用时, 该系统的结点位移 u_i 所组成的 u 线的正负号改变不多于 $n - 1$ 次, 即 $S_u \leqslant n - 1$.

4.3 约束不足梁的差分离散系统的模态的定性性质

为了研究 4.2 节所列举的具有刚体运动形态的四种梁的振荡性质, 我们借用材料力学中共轭梁的概念, 对于这类梁的离散系统引入共轭梁的离散系统. 为此, 回忆式 (4.1.27), 当只考虑固定、铰支、滑支和自由这四种支承方式时, 有

$$k_0^*\theta_0 = 0, \quad k_n^*\theta_{n+1} = 0, \quad \phi_0 = h_1 u_0 = 0, \quad \phi_{n+1} = -h_2 u_n = 0.$$

这样, 前面的式 (4.1.24) 成为

$$\boldsymbol{\theta} = -\boldsymbol{L}^{-1}\boldsymbol{E}\boldsymbol{u}, \quad \boldsymbol{w} = \boldsymbol{E}^{\mathrm{T}}\boldsymbol{\theta}, \quad \boldsymbol{\tau} = \boldsymbol{K}\boldsymbol{w}, \quad \boldsymbol{\phi} = \boldsymbol{L}^{-1}\boldsymbol{E}\boldsymbol{\tau}, \tag{4.3.1}$$

而固有振动的模态方程 (4.1.27) 简化为

$$\lambda \boldsymbol{M}\boldsymbol{u} = \boldsymbol{E}^{\mathrm{T}}\boldsymbol{L}^{-1}\boldsymbol{E}\boldsymbol{K}\boldsymbol{E}^{\mathrm{T}}\boldsymbol{L}^{-1}\boldsymbol{E}\boldsymbol{u} = -\boldsymbol{E}^{\mathrm{T}}\boldsymbol{L}^{-1}\boldsymbol{E}\boldsymbol{\tau}. \tag{4.3.2}$$

将式 (4.3.2) 等号两端同时乘以 $\boldsymbol{M}^{-1}$ 后再乘以 $\boldsymbol{K}^{-1}(-\boldsymbol{K}\boldsymbol{E}^{\mathrm{T}}\boldsymbol{L}^{-1}\boldsymbol{E})$, 即得

$$\lambda \widetilde{\boldsymbol{M}}\boldsymbol{\tau} = \boldsymbol{E}^{\mathrm{T}}\boldsymbol{L}^{-1}\boldsymbol{E}\widetilde{\boldsymbol{K}}\boldsymbol{E}^{\mathrm{T}}\boldsymbol{L}^{-1}\boldsymbol{E}\boldsymbol{\tau} = \widetilde{\boldsymbol{A}}\boldsymbol{\tau}, \tag{4.3.3}$$

其中,

$$\widetilde{\boldsymbol{M}} = \boldsymbol{K}^{-1} = \mathrm{diag}(\widetilde{m}_0, \widetilde{m}_1, \cdots, \widetilde{m}_n), \quad \widetilde{\boldsymbol{K}} = \boldsymbol{M}^{-1} = \mathrm{diag}(\widetilde{k}_0, \widetilde{k}_1, \cdots, \widetilde{k}_n).$$

由于式 (4.3.3), 以及在 $\phi_0 = 0$ 和 $\phi_{n+1} = 0$ 情况下的梁的固有振动的模态方程 (4.1.27) 具有完全相同的形式, 因此我们可以把它视为含参数

$$l_r(r = 1, 2, \cdots, n), \quad \widetilde{m}_r = k_r^{-1}(r = 0, 1, \cdots, n), \quad \widetilde{k}_r = m_r^{-1}(r = 0, 1, \cdots, n)$$

的弹簧–质点–刚杆系统的运动方程组, 而 $\boldsymbol{\tau} = \boldsymbol{K}\boldsymbol{w}$ 则是它的 "位移" 矢量. 同时, 我们称以上述参数为其差分近似量的 "梁" 为原梁的共轭梁.

根据共轭梁的定义和式 (4.3.1), 显然原梁的剪力振型对应于共轭梁的转角振型. 而由式 (4.3.2) 可知, 在将其等号两端同时乘以 $\boldsymbol{M}^{-1}$ 后, 其右端可以视为共轭梁的 "弯矩", 从而原梁的位移振型 (在相差一个因子的意义上) 对应于共轭梁的弯矩振型. 参照式 (4.3.1) 的第一式和最后一式, 又有原梁的转角振型对应于共轭梁的剪力振型.

根据这些振型的对应关系, 显然原梁的固定端 (位移、转角皆为零) 对应于共轭梁的自由端 (弯矩、剪力皆为零); 原梁的自由端对应于共轭梁的固定端; 原梁的铰支端 (位移、弯矩皆为零) 对应于共轭梁的铰支端; 原梁的滑支端 (转角、剪力皆为零) 对应于共轭梁的滑支端.

原梁和共轭梁的各种振型及支承方式之间的对应关系如表 4.1 所示. 而由表 4.1 立刻可以发现以下两个重要事实:

(1) 鉴于式 (4.3.3) 完全是由式 (4.1.27) 经由简单四则运算得来的, 从而原梁和共轭梁必有相同的非零固有频率.

(2) 4.2 节中所列举的静定梁的共轭梁仍为静定梁, 超静定梁必定对应于具有刚体运动形态的共轭梁. 反之, 前三种具有刚体运动形态的原梁必定对应于超静定的共轭梁. 只有两端滑支梁例外, 它的共轭梁仍为两端滑支梁.

表 4.1   原梁和共轭梁的各种振型及支承方式之间的对应关系

	振型				支承方式			
原梁	弯矩	剪力	位移	转角	固定	铰支	自由	滑支
共轭梁	位移	转角	弯矩	剪力	自由	铰支	固定	滑支

从以上事实出发, 注意到 $\widetilde{A}$ 与 $\underline{A}$ 有着完全相同的结构, 以及 4.2 节中关于 $\underline{A}$ 及其截短子矩阵符号振荡性的讨论, 可以得出与定理 4.1 平行的定理:

定理 4.2   当梁的固有频率按递增次序排列时, 两端铰支、固定–自由、铰支–滑支梁的与固有频率 f_i 相应的弯矩振型 $\boldsymbol{\tau}^{(i)}$ (或相对转角振型 $\boldsymbol{w}^{(i)}$) 的变号数恰为 $i-1$, 即

$$S_{\boldsymbol{\tau}^{(i)}} = S_{\boldsymbol{w}^{(i)}} = i-1, \quad i = 1, 2, \cdots, N.$$

同时, 相邻阶振型 $\boldsymbol{\tau}^{(i)}$ 与 $\boldsymbol{\tau}^{(i+1)}$ (或 $\boldsymbol{w}^{(i)}$ 与 $\boldsymbol{w}^{(i+1)}$) 的节点彼此交错. 这里, 对于前一种梁, 有 $N = n-1$, 而对于后两种梁, 有 $N = n$.

定理 4.3   自由–铰支、两端自由、自由–滑支梁的非零固有频率是单的. 若将它们按递增次序排列为

$$f_1^* < f_2^* < \cdots < f_N^*,$$

则相应于 f_i^* 的弯矩振型 $\boldsymbol{\tau}_*^{(i)}$ 的变号数恰为 $i-1(i = 1, 2, \cdots, N)$, 且相邻阶弯矩振型的节点彼此交错. 这里, 对于前两种梁, 有 $N = n-1$, 而对于后一种梁, 有 $N = n$.

应该指出的是, 由于自由–铰支梁和自由–滑支梁具有一个值为零的固有频率, 而两端自由梁则有两个值为零的固有频率, 因此当计入零频率时, 以上三种梁的固有频率的排序, 以及与第 i 个固有频率 $f_i = \sqrt{\lambda_i}/(2\pi)$ 相应的弯矩振型的变号数可表达如下:

自由–铰支梁: 其固有频率排序为 $0 = f_1 < f_2 < \cdots < f_n$, 与 $f_i = f_{i-1}^*$ 相应的弯矩振型 $\boldsymbol{\tau}^{(i)} = \boldsymbol{\tau}_*^{(i-1)}$ 的变号数为

$$S_{\boldsymbol{\tau}^{(i)}} = i - 2, \quad i = 2, 3, \cdots, n. \tag{4.3.4}$$

两端自由梁: 其固有频率排序为 $0 = f_1 = f_2 < f_3 < \cdots < f_{n+1}$, 与 $f_i = f_{i-2}^*$ 相应的弯矩振型 $\boldsymbol{\tau}^{(i)} = \boldsymbol{\tau}_*^{(i-2)}$ 的变号数为

$$S_{\boldsymbol{\tau}^{(i)}} = i - 3, \quad i = 3, 4, \cdots, n + 1. \tag{4.3.5}$$

自由–滑支梁: 其固有频率排序为 $0 = f_1 < f_2 < \cdots < f_{n+1}$, 与 $f_i = f_{i-1}^*$ 相应的弯矩振型 $\boldsymbol{\tau}^{(i)} = \boldsymbol{\tau}_*^{(i-1)}$ 的变号数为

$$S_{\boldsymbol{\tau}^{(i)}} = i - 2, \quad i = 2, 3, \cdots, n + 1. \tag{4.3.6}$$

最后, 考察两端滑支梁. 为此, 将固有振动的模态方程 (4.3.2) 的前半部分改写为

$$\lambda\boldsymbol{\theta} = \boldsymbol{L}^{-1}\boldsymbol{E}\boldsymbol{M}^{-1}\boldsymbol{E}^{\mathrm{T}}\boldsymbol{L}^{-1}\boldsymbol{E}\boldsymbol{K}\boldsymbol{E}^{\mathrm{T}}\boldsymbol{\theta}, \tag{4.3.7}$$
$$\lambda\boldsymbol{\phi} = \boldsymbol{L}^{-1}\boldsymbol{E}\boldsymbol{K}\boldsymbol{E}^{\mathrm{T}}\boldsymbol{L}^{-1}\boldsymbol{E}\boldsymbol{M}^{-1}\boldsymbol{E}^{\mathrm{T}}\boldsymbol{\phi}. \tag{4.3.8}$$

同 4.2 节类似, $\boldsymbol{E}\boldsymbol{M}^{-1}\boldsymbol{E}^{\mathrm{T}}$ 和 $\boldsymbol{E}\boldsymbol{K}\boldsymbol{E}^{\mathrm{T}}$ 的符号倒换矩阵 $(\boldsymbol{E}\boldsymbol{M}^{-1}\boldsymbol{E}^{\mathrm{T}})^*$ 与 $(\boldsymbol{E}\boldsymbol{K}\boldsymbol{E}^{\mathrm{T}})^*$ 都是完全非负矩阵, 而其次对角元皆为正. 又当 $k_0 + k_n \neq 0$ 和 $m_0^{-1} + m_n^{-1} \neq 0$ 时, $\det(\boldsymbol{E}\boldsymbol{K}\boldsymbol{E}^{\mathrm{T}})$ 和 $\det(\boldsymbol{E}\boldsymbol{M}^{-1}\boldsymbol{E}^{\mathrm{T}})$ 均大于零, 从而 $\boldsymbol{E}\boldsymbol{K}\boldsymbol{E}^{\mathrm{T}}$ 和 $\boldsymbol{E}\boldsymbol{M}^{-1}\boldsymbol{E}^{\mathrm{T}}$ 均为符号振荡矩阵, $\boldsymbol{L}^{-1}$ 则是正定的对角矩阵. 于是可以得出结论: 对于两端滑支梁, 式 (4.3.7) 和 (4.3.8) 的系数矩阵是符号振荡矩阵. 这样, 由振荡矩阵的理论, 也有:

(1) 两端滑支梁的非零固有频率是单的, 可按递增次序排列为

$$0 = f_1 < f_2 < \cdots < f_{n+1}.$$

(2) 与非零固有频率相应的转角振型、剪力振型都具有确定的变号数, 即

$$S_{\boldsymbol{\theta}_{\mathrm{ss}}^{(i)}} = S_{\boldsymbol{\phi}_{\mathrm{ss}}^{(i)}} = i - 2, \quad i = 2, 3, \cdots, n + 1. \tag{4.3.9}$$

本节和 4.4 节的主要内容取自参考文献 [4].

4.4 梁的差分离散系统的各种振型的变号数

4.4.1 几个命题

以上主要讨论了各种支承方式下梁的固有频率和位移振型 (对于具有刚体运动形态的梁则是弯矩振型或转角振型与剪力振型) 的定性性质. 为了完成梁的定性性质的讨论, 需要应用下面几个命题.

令

$$\boldsymbol{y} = -\boldsymbol{L}^{-1}\boldsymbol{E}\boldsymbol{x}, \quad \boldsymbol{z} = \boldsymbol{K}\boldsymbol{E}^{\mathrm{T}}\boldsymbol{y}, \tag{4.4.1}$$

其中, $\boldsymbol{x} = (x_0, x_1, \cdots, x_n)^{\mathrm{T}}$, $\boldsymbol{y} = (y_1, y_2, \cdots, y_n)^{\mathrm{T}}$, $\boldsymbol{z} = (z_0, z_1, \cdots, z_n)^{\mathrm{T}}$, 而

$$\boldsymbol{K} = \mathrm{diag}(k_0, k_1, \cdots, k_n), \quad \boldsymbol{L} = \mathrm{diag}(l_1, l_2, \cdots, l_n),$$

$\boldsymbol{E}$ 的定义见式 (4.1.23). 于是有:

命题 4.2   若矢量 $\boldsymbol{x}$ 的最小变号数 $S_{\boldsymbol{x}}^- = j$, 则矢量 $\boldsymbol{y}$ 和 $\boldsymbol{z}$ 的最小变号数满足

$$S_{\boldsymbol{y}}^- \geqslant j + 1 - H(x_0) - H(x_n), \quad S_{\boldsymbol{z}}^- \geqslant j + H(k_0) + H(k_n) - H(x_0) - H(x_n),$$

其中, 描述边条件影响的函数为

$$H(t) = \begin{cases} 0, & t = 0, \\ 1, & t \neq 0. \end{cases}$$

证明   根据 2.3 节中所叙述的矢量变号数的概念, 当 $S_{\boldsymbol{x}}^- = j$ 时, 必有这样一组指标 $(0 \leqslant) r_1 < r_2 < \cdots < r_{j+1} (\leqslant n)$, 使得

$$x_{r_k} x_{r_{k+1}} < 0, \quad k = 1, 2, \cdots, j.$$

又由矢量 $\boldsymbol{y}$ 的定义可知,

$$y_s = (x_s - x_{s-1})/l_s, \quad s = 1, 2, \cdots, n.$$

于是必有满足 $r_{i-1} < s_i \leqslant r_i$ 的 s_i, 使得 $y_{s_i} x_{r_i} > 0 (i = 2, 3, \cdots, j+1)$, 从而有

$$y_{s_i} y_{s_{i+1}} < 0, \quad i = 2, 3, \cdots, j.$$

这表明, 当 x_0 和 x_n 都不为零时, $S_{\boldsymbol{y}}^- \geqslant j - 1$.

现在考虑边条件的影响. 当 $x_0 = 0$ 时, 定有 $r_1 > 0$ 而 $x_{r_1} \neq 0$, 于是也有 s_1 满足 $0 < s_1 \leqslant r_1$, 使得 $y_{s_1} x_{r_1} > 0$, 从而 $y_{s_1} y_{s_2} < 0$. 这就是说, $x_0 = 0$ 将使 $S_{\boldsymbol{y}}^-$ 增加 1. 同理可得, $x_n = 0$ 亦将使 $S_{\boldsymbol{y}}^-$ 增加 1. 因此命题 4.2 中的第一个不等式成立.

为了证明有关 $S_{\boldsymbol{z}}^-$ 的不等式成立, 注意到矢量 $\boldsymbol{z}$ 与 $\boldsymbol{y}$ 的关系同矢量 $\boldsymbol{y}$ 与 $\boldsymbol{x}$ 的关系相似, 以及 y_{s_2}(或 y_{s_1}) 与 $y_{s_{n-1}}$(或 y_{s_n}) 均不为零, 则当 k_0 和 k_n 全为零时, 通过完全同样的推理可以得出

$$S_{\boldsymbol{z}}^- \geqslant j - H(x_0) - H(x_n).$$

如果 $k_0 \neq 0$, 则设 y_t 是矢量 $\boldsymbol{y}$ 的第一个非零分量. 显然有 $0 < t \leqslant s_2$(或 s_1), 于是 $z_t = k_{t-1}(y_t - y_{t-1})$ 与 y_t 同号. 这样, 无论 t 等于还是小于 s_2(或 s_1), 矢量 $\boldsymbol{z}$ 的最小变号数 $S_{\boldsymbol{z}}^-$ 都将至少增加 1. $k_n \neq 0$ 时也有类似的结论. 因此命题 4.2 中的第二个不等式亦成立. ∎

命题 4.3 若矢量 $\boldsymbol{z}$ 的最大变号数 $S_{\boldsymbol{z}}^+ = j$, 则 $S_{\boldsymbol{y}}^+ \leqslant j-1, S_{\boldsymbol{x}}^+ \leqslant j$.

证明 采用反证法. 即设 $S_{\boldsymbol{y}}^+ \geqslant j$. 则由最大变号数的定义可知, 至少存在这样的指标族 $(1 =) s_1 < s_2 < \cdots < s_{j+1} (\leqslant n)$, 使得

$$y_{s_i} y_{s_{i+1}} \leqslant 0, \quad i = 1, 2, \cdots, j.$$

与命题 4.2 类似, 进而又有 t_i 满足 $s_i < t_i \leqslant s_{i+1}$, 使得

$$z_{t_i} z_{t_{i+1}} \leqslant 0, \quad i = 1, 2, \cdots, j.$$

为了确定起见, 不妨设 $y_1 \geqslant 0$, 于是 $z_{t_1} \leqslant 0$. 另一方面, 注意到 $t_1 > 0$, 从而 $z_0 z_{t_1} \leqslant 0$, 这就得出 $S_{\boldsymbol{z}}^+ > j$; 类似地, 如果 $S_{\boldsymbol{x}}^+ > j$, 也有 $S_{\boldsymbol{y}}^+ \geqslant j$, 这些都与已知矛盾, 从而命题 4.3 得证. ∎

命题 4.4 若矢量 $\boldsymbol{y}$ 的变号数是 $S_{\boldsymbol{y}} = j$, 则 $S_{\boldsymbol{x}}^+ \leqslant j+1$, 而 $S_{\boldsymbol{z}}^- \geqslant j-1+H(k_0)+H(k_n)$.

事实上, $S_{\boldsymbol{y}} = j$ 意味着 $S_{\boldsymbol{y}}^+ = S_{\boldsymbol{y}}^- = j$, 于是命题 4.3 给出第一个不等式, 而命题 4.2 给出第二个不等式.

4.4.2 任意支承梁的差分离散系统的位移、转角、弯矩和剪力振型的变号数

在做了上述准备后, 现在完全有能力给出各种梁的差分离散系统的位移、转角、弯矩 (相对转角) 和剪力振型的定性性质.

1. 静定梁

对于两端铰支梁的差分离散系统, 由定理 4.1 与定理 4.2 即有

$$S_{\boldsymbol{u}^{(i)}} = S_{\boldsymbol{\tau}^{(i)}} = i-1, \quad i = 1, 2, \cdots, n-1. \tag{4.4.2}$$

这就是它的位移振型的必要条件. 这里, $\boldsymbol{\tau}^{(i)} = (\tau_{1i}, \tau_{2i}, \cdots, \tau_{n-1,i})^{\mathrm{T}}$ 是与 $\boldsymbol{u}^{(i)}$ 相应的弯矩振型, 其分量系式 (4.3.1) 所确定.

从式 (4.4.2) 出发, 注意到 $\boldsymbol{\phi}^{(i)}$ 与 $\boldsymbol{\tau}^{(i)}$ 的关系类似于 $\boldsymbol{\theta}^{(i)}$ 与 $\boldsymbol{u}^{(i)}$ 的关系 (见式 (4.3.1)), 而对于两端铰支梁, $u_{0i} = u_{ni} = 0, \tau_{0i} = \tau_{ni} = 0$. 应用命题 4.2 可以得出

$$S_{\boldsymbol{\theta}^{(i)}}^- \geqslant i, \quad S_{\boldsymbol{\phi}^{(i)}}^- \geqslant i.$$

又对于扩展的 $\underline{\boldsymbol{\tau}}^{(i)} = (0, \tau_{1i},\ \tau_{2i}, \cdots,\ \tau_{n-1,i}, 0)^{\mathrm{T}}$, $S^+_{\underline{\boldsymbol{\tau}}^{(i)}} = i + 1$. 于是, 由命题 4.3 得

$$S^+_{\boldsymbol{\theta}^{(i)}} \leqslant i.$$

根据固有振动的模态方程

$$\lambda \boldsymbol{u} = \boldsymbol{M}^{-1} \boldsymbol{E}^{\mathrm{T}} \boldsymbol{\phi}$$

可知, $\boldsymbol{\phi}^{(i)}$ 与扩展的 $\underline{\boldsymbol{u}}^{(i)} = (0,\ u_{1i},\ u_{2i}, \cdots,\ u_{n-1,\,i},\ 0)^{\mathrm{T}}$ 的关系类似于式 (4.4.1) 中的 $\boldsymbol{y}$ 与 $\boldsymbol{z}$ 的关系, 而 $S^+_{\underline{\boldsymbol{u}}^{(i)}} = i + 1$. 再次应用命题 4.3, 得到 $S^+_{\boldsymbol{\phi}^{(i)}} \leqslant i$. 这样, 我们得到两端铰支梁的差分离散系统的转角和剪力振型的变号数是

$$S_{\boldsymbol{\theta}^{(i)}} = S_{\boldsymbol{\phi}^{(i)}} = i, \quad i = 1, 2, \cdots, n - 1. \tag{4.4.3}$$

通过完全类似的讨论可以给出铰支–滑支梁和固定–自由梁的差分离散系统的各种振型的变号数:

$$S_{\boldsymbol{u}^{(i)}} = S_{\boldsymbol{\theta}^{(i)}} = S_{\boldsymbol{\tau}^{(i)}} = S_{\boldsymbol{\phi}^{(i)}} = i - 1, \quad i = 1, 2, \cdots, n, \tag{4.4.4}$$

只是这里 $\boldsymbol{\tau}^{(i)}_{\mathrm{ps}} = (\tau_{1i}, \tau_{2i}, \cdots, \tau_{ni})^{\mathrm{T}}$, $\boldsymbol{\tau}^{(i)}_{\mathrm{cf}} = (\tau_{0i}, \tau_{1i}, \cdots, \tau_{n-1,i})^{\mathrm{T}}$.

2. 超静定梁和具有刚体运动形态的梁

对于固定–铰支梁, 为了确定它的振型的定性性质, 考察包含端点位移在内的矢量

$$\underline{\boldsymbol{u}}^{(i)} = (0, u_{1i}, u_{2i}, \cdots, u_{n-1,i}, 0)^{\mathrm{T}},$$

由定理 4.1 可知,

$$S_{\boldsymbol{u}^{(i)}} = i - 1, \quad i = 1, 2, \cdots, n - 1,$$

于是 $S^-_{\underline{\boldsymbol{u}}^{(i)}} = i - 1$. 由 $u_{0i} = u_{ni} = 0$ 和 $k_n = 0$, 应用命题 4.2, 即有

$$S^-_{\boldsymbol{\theta}^{(i)}} \geqslant i, \quad S^-_{\boldsymbol{\tau}^{(i)}} \geqslant i, \quad i = 1, 2, \cdots, n - 1.$$

另一方面, 根据固有振动的模态方程

$$\lambda_i \underline{\boldsymbol{u}}^{(i)} = \boldsymbol{M}^{-1} \boldsymbol{E}^{\mathrm{T}} \boldsymbol{L}^{-1} \boldsymbol{E} \boldsymbol{\tau}^{(i)} = \boldsymbol{M}^{-1} \boldsymbol{E}^{\mathrm{T}} \boldsymbol{\phi}^{(i)}$$

和命题 4.3, 注意到 $S^+_{\underline{\boldsymbol{u}}^{(i)}} = i + 1$ 和 $k^*_n = 0$, 我们又可以得出

$$S^+_{\boldsymbol{\phi}^{(i)}} \leqslant i, \quad S^+_{\underline{\boldsymbol{\tau}}^{(i)}} \leqslant i + 1, \quad S^+_{\boldsymbol{\tau}^{(i)}} \leqslant i.$$

对于固定–铰支梁, $\boldsymbol{\tau}^{(i)} = (\tau_{0i}, \tau_{1i}, \cdots, \tau_{n-1,i})^{\mathrm{T}}$, $\underline{\boldsymbol{\tau}}^{(i)} = (\tau_{0i}, \tau_{1i}, \cdots, \tau_{n-1,i}, 0)^{\mathrm{T}}$. 将上面所得的有关 $\boldsymbol{\tau}^{(i)}$ 的变号数的两个不等式相比较, 我们发现

$$S_{\boldsymbol{\tau}^{(i)}} = i, \quad i = 1, 2, \cdots, n-1. \tag{4.4.5}$$

从 $S^+_{\underline{\boldsymbol{\tau}}^{(i)}} = i+1$ 和 $S^-_{\boldsymbol{\theta}^{(i)}} = i$ 出发, 再次分别应用命题 4.2 和命题 4.3 可得

$$S^+_{\boldsymbol{\theta}^{(i)}} \leqslant i, \quad S^-_{\boldsymbol{\phi}^{(i)}} \geqslant i,$$

最终得出

$$S_{\boldsymbol{\theta}^{(i)}} = S_{\boldsymbol{\phi}^{(i)}} = i, \quad i = 1, 2, \cdots, n-1. \tag{4.4.6}$$

至此, 完全确定了固定–铰支梁的差分离散系统的各种振型的变号数.

鉴于自由–铰支梁是固定–铰支梁的共轭梁, 依据 4.3 节所列举的共轭梁与原梁的振型之间的对应关系, 即可得出自由–铰支梁的差分离散系统的相应于 λ_i 的各种非刚体振型的变号数, 它们是

$$S_{\boldsymbol{u}^{(i)}} = S_{\boldsymbol{\theta}^{(i)}} = S_{\boldsymbol{\phi}^{(i)}} = i-1, \quad S_{\boldsymbol{\tau}^{(i)}} = i-2, \quad i = 2, 3, \cdots, n. \tag{4.4.7}$$

通过类似的讨论同样可以给出两端固定和两端自由梁的差分离散系统的各种振型的变号数, 它们分别是

$$S_{\boldsymbol{u}_{\mathrm{cc}}^{(i)}} = i-1, \quad S_{\boldsymbol{\tau}_{\mathrm{cc}}^{(i)}} = i+1, \quad S_{\boldsymbol{\theta}_{\mathrm{cc}}^{(i)}} = S_{\boldsymbol{\phi}_{\mathrm{cc}}^{(i)}} = i, \quad i = 1, 2, \cdots, n-1; \tag{4.4.8}$$

$$S_{\boldsymbol{u}_{\mathrm{ff}}^{(i)}} = i-1, \quad S_{\boldsymbol{\tau}_{\mathrm{ff}}^{(i)}} = i-3, \quad S_{\boldsymbol{\theta}_{\mathrm{ff}}^{(i)}} = S_{\boldsymbol{\phi}_{\mathrm{ff}}^{(i)}} = i-2, \quad i = 3, 4, \cdots, n+1. \tag{4.4.9}$$

而固定–滑支和自由–滑支梁的差分离散系统的各种振型的变号数则是

$$S_{\boldsymbol{u}_{\mathrm{cs}}^{(i)}} = S_{\boldsymbol{\theta}_{\mathrm{cs}}^{(i)}} = S_{\boldsymbol{\phi}_{\mathrm{cs}}^{(i)}} = i-1, \quad S_{\boldsymbol{\tau}_{\mathrm{cs}}^{(i)}} = i, \quad i = 1, 2, \cdots, n; \tag{4.4.10}$$

$$S_{\boldsymbol{u}_{\mathrm{fs}}^{(i)}} = i-1, \quad S_{\boldsymbol{\theta}_{\mathrm{fs}}^{(i)}} = S_{\boldsymbol{\tau}_{\mathrm{fs}}^{(i)}} = S_{\boldsymbol{\phi}_{\mathrm{fs}}^{(i)}} = i-2, \quad i = 2, 3, \cdots, n+1. \tag{4.4.11}$$

值得注意的是, 在式 (4.4.6)~(4.4.11) 中, $\boldsymbol{u}^{(i)}$, $\boldsymbol{\theta}^{(i)}$, $\boldsymbol{\tau}^{(i)}$ 和 $\boldsymbol{\phi}^{(i)}$ 都是相应于同一固有频率 f_i 的振型, 它们均由式 (4.3.1) 所确定. 不过 $\boldsymbol{\theta}$ 和 $\boldsymbol{\phi}$ 均有 n 个分量, 而 $\boldsymbol{\tau}$ 的分量则随支承方式的改变而改变, 具体写出来就是

$$\boldsymbol{\tau}_{\mathrm{cc}} = (\tau_0, \tau_1, \cdots, \tau_n)^{\mathrm{T}}, \quad \boldsymbol{\tau}_{\mathrm{cp}} = (\tau_0, \tau_1, \cdots, \tau_{n-1})^{\mathrm{T}},$$

$$\boldsymbol{\tau}_{\mathrm{fp}} = (\tau_1, \tau_2, \cdots, \tau_{n-1})^{\mathrm{T}}, \quad \boldsymbol{\tau}_{\mathrm{cs}} = (\tau_0, \tau_1, \cdots, \tau_n)^{\mathrm{T}},$$

$$\boldsymbol{\tau}_{\mathrm{ff}} = (\tau_1, \tau_2, \cdots, \tau_{n-1})^{\mathrm{T}}, \quad \boldsymbol{\tau}_{\mathrm{fs}} = (\tau_1, \tau_2, \cdots, \tau_n)^{\mathrm{T}}.$$

3. 两端滑支梁

在 4.3 节中, 式 (4.3.9) 已给出两端滑支梁的差分离散系统的转角和剪力振型的变号数为

$$S_{\boldsymbol{\theta}_{\mathrm{ss}}^{(i)}} = S_{\boldsymbol{\phi}_{\mathrm{ss}}^{(i)}} = i - 2, \quad i = 2, 3, \cdots, n+1.$$

根据命题 4.4, 则有

$$S_{\boldsymbol{u}_{\mathrm{ss}}^{(i)}}^{+} \leqslant i-1, \quad S_{\boldsymbol{\tau}_{\mathrm{ss}}^{(i)}}^{-} \geqslant i-1, \quad S_{\boldsymbol{\tau}_{\mathrm{ss}}^{(i)}}^{+} \leqslant i-1, \quad i = 2, 3, \cdots, n+1.$$

同样, 由固有振动的模态方程

$$\lambda_i \boldsymbol{u}^{(i)} = \boldsymbol{M}^{-1} \boldsymbol{E}^{\mathrm{T}} \boldsymbol{\phi}^{(i)}$$

和命题 4.4, 有 $S_{\boldsymbol{u}_{\mathrm{ss}}^{(i)}}^{-} \geqslant i-1$. 这样,

$$S_{\boldsymbol{u}_{\mathrm{ss}}^{(i)}} = S_{\boldsymbol{\tau}_{\mathrm{ss}}^{(i)}} = i - 1, \quad i = 2, 3, \cdots, n+1. \tag{4.4.12}$$

汇集以上关于各种振型变号数的结果, 可得表 4.2. 同时强调一点: 对于任意支承的同一种梁的差分离散系统, 总有 $S_{\boldsymbol{\tau}^{(i)}} = S_{\boldsymbol{w}^{(i)}}$.

表 4.2　梁的离散系统的位移、转角、弯矩和剪力振型的变号数 S

类别	支承方式				$S_{\boldsymbol{u}^{(i)}}$	$S_{\boldsymbol{\theta}^{(i)}}$	$S_{\boldsymbol{\tau}^{(i)}}$	$S_{\boldsymbol{\phi}^{(i)}}$
	h_1	β_1	h_2	β_2				
固定–自由	∞	∞	0	0	$i-1$	$i-1$	$i-1$	$i-1$
固定–滑支	∞	∞	0	∞	$i-1$	$i-1$	i	$i-1$
固定–铰支	∞	∞	∞	0	$i-1$	i	i	i
两端固定	∞	∞	∞	∞	$i-1$	i	$i+1$	i
两端铰支	∞	0	∞	0	$i-1$	i	$i-1$	i
铰支–滑支	∞	0	0	∞	$i-1$	$i-1$	$i-1$	$i-1$
自由–铰支	0	0	∞	0	$i-1$	$i-1$	$i-2$[①]	$i-1$
自由–滑支	0	0	0	∞	$i-1$	$i-2$[①]	$i-2$[①]	$i-2$[①]
两端自由	0	0	0	0	$i-1$	$i-2$[①]	$i-3$[②]	$i-2$[①]
两端滑支	0	∞	0	∞	$i-1$	$i-2$[①]	$i-1$	$i-2$[①]

注: ① 对于自由–铰支梁, $S_{\boldsymbol{\tau}^{(1)}} = 0$; 对于自由–滑支梁, $S_{\boldsymbol{\theta}^{(1)}} = S_{\boldsymbol{\tau}^{(1)}} = S_{\boldsymbol{\phi}^{(1)}} = 0$;
　　对于两端自由和两端滑支梁, $S_{\boldsymbol{\theta}^{(1)}} = S_{\boldsymbol{\phi}^{(1)}} = 0$.
② 对于两端自由梁, $S_{\boldsymbol{\tau}^{(1)}} = S_{\boldsymbol{\tau}^{(2)}} = 0$.

在本节的最后, 我们来证明, 对于存在刚体运动形态的梁的离散系统, 定理 4.1 中的性质 (3) 也成立[5]. 但需区分如下两种情况:

(1) 自由–铰支、两端自由和自由–滑支梁. 对于这三种具有刚体运动形态的梁的离散系统, 它们的共轭系统的 "位移振型" $\boldsymbol{\tau}_*^{(i)}(i = 1, 2, \cdots, N)$ 都是符

号振荡矩阵的特征矢量, 因而定理 4.1 中的性质 (3) 对它们成立. 即对于任意一组不全为零的实数 $c_i(i = p,\ p + 1, \cdots,\ q)$, 矢量

$$\boldsymbol{\tau} = c_p\boldsymbol{\tau}_*^{(p)} + c_{p+1}\boldsymbol{\tau}_*^{(p+1)} + \cdots + c_q\boldsymbol{\tau}_*^{(q)}, \quad 1 \leqslant p \leqslant q \leqslant N \qquad (4.4.13)$$

的变号数介于 $p - 1$ 和 $q - 1$ 之间, 即

$$p - 1 \leqslant S_{\boldsymbol{\tau}}^- \leqslant S_{\boldsymbol{\tau}}^+ \leqslant q - 1.$$

对于自由–铰支梁的离散系统, 需注意两点: 第一, 它的共轭系统的 "位移振型" 是 $\boldsymbol{\tau}_*^{(i)}(i = 1,\ 2, \cdots,\ n - 1)$, 与之相应的共轭系统的固有频率 f_i^* 对应于原系统的非零固有频率 f_{i+1}, 从而

$$\boldsymbol{\tau}_*^{(i)} = -\boldsymbol{K}\boldsymbol{E}^{\mathrm{T}}\boldsymbol{L}^{-1}\boldsymbol{E}\boldsymbol{u}^{(i+1)}. \qquad (4.4.14)$$

第二, $\boldsymbol{\tau}_*^{(i)}$ 只有 $n - 1$ 个分量. 为了应用命题 4.3, 注意到式 (4.4.1) 中的矢量 $\boldsymbol{x}$ 和 $\boldsymbol{z}$ 均包含 $n + 1$ 个分量, 应将式 (4.4.13) 中的 $\boldsymbol{\tau}$ 和 $\boldsymbol{\tau}_*^{(i)}$ 首尾各增加两个零分量:

$$\underline{\boldsymbol{\tau}} = (0,\ \tau_1, \cdots,\ \tau_{n-1},\ 0)^{\mathrm{T}},$$

$$\underline{\boldsymbol{\tau}}_*^{(i)} = (0,\ \tau_{*1i},\ \cdots,\ \tau_{*n-1,i},\ 0)^{\mathrm{T}}, \quad i = p,\ p + 1, \cdots,\ q.$$

而原系统的位移振型 $\boldsymbol{u}^{(i)}$ 及其组合 $\boldsymbol{u}$ 也应增加一个零分量:

$$\underline{\boldsymbol{u}} = (u_0,\ u_1, \cdots,\ u_{n-1}, 0)^{\mathrm{T}},$$

$$\underline{\boldsymbol{u}}^{(i)} = (u_{0i},\ u_{1i}, \cdots,\ u_{n-1,i}, 0)^{\mathrm{T}}, \quad i = p + 1,\ p + 2, \cdots,\ q + 1.$$

这样, $S_{\underline{\boldsymbol{\tau}}}^+ \leqslant q + 1$. 比较式 (4.3.1) 和 (4.4.1), 可以应用命题 4.3 于 $\underline{\boldsymbol{\tau}}$ 和相应的 $\underline{\boldsymbol{u}}$, 有 $S_{\underline{\boldsymbol{u}}}^+ \leqslant q + 1$. 比较 $\boldsymbol{u} = (u_0,\ u_1, \cdots,\ u_{n-1})^{\mathrm{T}}$ 与 $\underline{\boldsymbol{u}}$ 的分量式, 可以得出

$$S_{\boldsymbol{u}}^+ \leqslant q.$$

又由改写的自由–铰支梁的离散系统的模态方程

$$\lambda\boldsymbol{M}\underline{\boldsymbol{u}} = -\boldsymbol{E}^{\mathrm{T}}\boldsymbol{L}^{-1}\boldsymbol{E}\underline{\boldsymbol{\tau}},$$

注意, 这时 $\underline{\boldsymbol{\tau}}$ 和 $\underline{\boldsymbol{u}}$ 在上式中所处的位置分别与式 (4.4.1) 中的矢量 $\boldsymbol{x}$ 和 $\boldsymbol{z}$ 相对应, 而 $u_0 \neq 0,\ u_n = 0$. 又因首尾零分量的存在不影响该矢量的最小变号数, 从而有 $S_{\underline{\boldsymbol{\tau}}}^- \geqslant p - 1$. 故应用命题 4.2 于 $\underline{\boldsymbol{\tau}}$ 和相应的 $\underline{\boldsymbol{u}}$, 则有

$$S_{\boldsymbol{u}}^- = S_{\underline{\boldsymbol{u}}}^- \geqslant S_{\underline{\boldsymbol{\tau}}}^- + H(u_0) + H(u_n) - H(\tau_0) - H(\tau_n) \geqslant p - 1 + 1 + 0 - 0 - 0 = p.$$

综合起来就有

$$p \leqslant S_{\boldsymbol{u}}^- \leqslant S_{\boldsymbol{u}}^+ \leqslant q. \tag{4.4.15}$$

由式 (4.4.14) 可以得到与式 (4.4.13) 中的矢量 $\boldsymbol{\tau}$ 相应的矢量 $\boldsymbol{u}$ 是

$$\boldsymbol{u} = c_p \boldsymbol{u}^{(p+1)} + c_{p+1} \boldsymbol{u}^{(p+2)} + \cdots + c_q \boldsymbol{u}^{(q+1)}, \tag{4.4.16}$$

于是, 式 (4.4.15) 即是我们所要证明的.

对于两端自由梁的离散系统, 同样需注意两点: 第一, 它的共轭系统的 "位移振型" 是 $\boldsymbol{\tau}_*^{(i)}(i = 1, 2, \cdots, n-1)$, 与之相应的共轭系统的固有频率 f_i^* 对应于原系统的非零固有频率 f_{i+2}, 从而

$$\boldsymbol{\tau}_*^{(i)} = -\boldsymbol{K}\boldsymbol{E}^{\mathrm{T}}\boldsymbol{L}^{-1}\boldsymbol{E}\boldsymbol{u}^{(i+2)}. \tag{4.4.17}$$

第二, 已知该系统的弯矩振型 $\boldsymbol{\tau}_*^{(i)}$ 也只有 $n-1$ 个分量. 同样应将式 (4.4.13) 中的 $\boldsymbol{\tau}$ 和 $\boldsymbol{\tau}_*^{(i)}$ 扩展为

$$\underline{\boldsymbol{\tau}} = (0, \tau_1, \cdots, \tau_{n-1}, 0)^{\mathrm{T}},$$

$$\underline{\boldsymbol{\tau}}_*^{(i)} = (0, \tau_{*1i}, \cdots, \tau_{*n-1,i}, 0)^{\mathrm{T}}, \quad i = p, p+1, \cdots, q.$$

这样, $S_{\underline{\boldsymbol{\tau}}}^+ \leqslant q+1$. 比较式 (4.3.1) 和 (4.4.1), 可以应用命题 4.3 于 $\underline{\boldsymbol{\tau}}$ 和相应的 $\boldsymbol{u}$, 有

$$S_{\boldsymbol{u}}^+ \leqslant q+1.$$

又由改写的两端自由梁的离散系统的模态方程

$$\lambda \boldsymbol{M}\boldsymbol{u} = -\boldsymbol{E}^{\mathrm{T}}\boldsymbol{L}^{-1}\boldsymbol{E}\underline{\boldsymbol{\tau}},$$

注意, 这时 $\underline{\boldsymbol{\tau}}$ 和 $\boldsymbol{u}$ 在上式中所处的位置分别与式 (4.4.1) 中的矢量 $\boldsymbol{x}$ 和 $\boldsymbol{z}$ 相对应, 而 $u_0 \neq 0, u_n \neq 0$. 又因首尾零分量的存在不影响该矢量的最小变号数, 故应用命题 4.2 于 $\underline{\boldsymbol{\tau}}$ 和相应的 $\boldsymbol{u}$, 则有

$$S_{\boldsymbol{u}}^- \geqslant S_{\underline{\boldsymbol{\tau}}}^- + H(u_0) + H(u_n) - H(\tau_0) - H(\tau_n) \geqslant p-1+1+1-0-0 = p+1.$$

综合起来就有

$$p+1 \leqslant S_{\boldsymbol{u}}^- \leqslant S_{\boldsymbol{u}}^+ \leqslant q+1. \tag{4.4.18}$$

由式 (4.4.17) 可以得到与式 (4.4.13) 中的矢量 $\boldsymbol{\tau}$ 相应的矢量 $\boldsymbol{u}$ 是

$$\boldsymbol{u} = c_p \boldsymbol{u}^{(p+2)} + c_{p+1} \boldsymbol{u}^{(p+3)} + \cdots + c_q \boldsymbol{u}^{(q+2)}, \tag{4.4.19}$$

于是, 式 (4.4.18) 即是我们所要证明的.

对于自由–滑支梁的离散系统, 可以用完全类似的方法证明, 具体从略.

(2) 两端滑支梁的离散系统. 称由式 (4.3.7) 和 (4.3.8) 所代表的系统为两端滑支梁的离散系统的转换系统, 则这两个转换系统的 "位移振型" $\boldsymbol{\theta}_{\mathrm{tr}}^{(i)}$ 和 $\boldsymbol{\phi}_{\mathrm{tr}}^{(i)}(i = 1, 2, \cdots, n)$ 都是符号振荡矩阵的特征矢量 (下角标 tr 表示该量是与转换系统有关的量), 因而定理 4.1 中的性质 (3) 对它们成立. 即对于任意一组不全为零的实数 $c_i(i = p,\, p + 1, \cdots, q)$, 矢量

$$\boldsymbol{\theta} = c_p\boldsymbol{\theta}_{\mathrm{tr}}^{(p)} + c_{p+1}\boldsymbol{\theta}_{\mathrm{tr}}^{(p+1)} + \cdots + c_q\boldsymbol{\theta}_{\mathrm{tr}}^{(q)}, \quad 1 \leqslant p \leqslant q \leqslant n \tag{4.4.20}$$

和矢量

$$\boldsymbol{\phi} = c_p\boldsymbol{\phi}_{\mathrm{tr}}^{(p)} + c_{p+1}\boldsymbol{\phi}_{\mathrm{tr}}^{(p+1)} + \cdots + c_q\boldsymbol{\phi}_{\mathrm{tr}}^{(q)}, \quad 1 \leqslant p \leqslant q \leqslant n \tag{4.4.21}$$

的变号数介于 $p - 1$ 和 $q - 1$ 之间, 即

$$p - 1 \leqslant S_{\boldsymbol{\theta}}^- \leqslant S_{\boldsymbol{\theta}}^+ \leqslant q - 1, \quad p - 1 \leqslant S_{\boldsymbol{\phi}}^- \leqslant S_{\boldsymbol{\phi}}^+ \leqslant q - 1. \tag{4.4.22}$$

比较式 (4.3.1) 和 (4.4.1), 这里, $\boldsymbol{\theta}$ 与 $\boldsymbol{u}$ 的关系相当于命题 4.4 中的 $\boldsymbol{y}$ 与 $\boldsymbol{x}$ 的关系. 应用命题 4.4 于矢量 $\boldsymbol{\theta}$ 与 $\boldsymbol{u}$, 有 $S_{\boldsymbol{u}}^+ \leqslant q$.

又将改写的两端滑支梁的离散系统的模态方程

$$\lambda\boldsymbol{u} = \boldsymbol{M}^{-1}\boldsymbol{E}^{\mathrm{T}}\boldsymbol{\phi}$$

与式 (4.4.1) 对比, 这里, $\boldsymbol{\phi}$ 与 $\boldsymbol{u}$ 的关系相当于命题 4.4 中的 $\boldsymbol{y}$ 与 $\boldsymbol{z}$ 的关系. 应用命题 4.4 于矢量 $\boldsymbol{\phi}$ 与 $\boldsymbol{u}$, 有

$$S_{\boldsymbol{u}}^- \geqslant S_{\boldsymbol{\phi}}^- - 1 + H(u_0) + H(u_n) \geqslant p - 1 - 1 + 1 + 1 = p.$$

综合起来就有

$$p \leqslant S_{\boldsymbol{u}}^- \leqslant S_{\boldsymbol{u}}^+ \leqslant q. \tag{4.4.23}$$

同样考虑到与式 (4.4.20) 中的矢量 $\boldsymbol{\theta}$, 以及式 (4.4.21) 中的矢量 $\boldsymbol{\phi}$ 相应的矢量 $\boldsymbol{u}$ 都是

$$\boldsymbol{u} = c_p\boldsymbol{u}^{(p+1)} + c_{p+1}\boldsymbol{u}^{(p+2)} + \cdots + c_q\boldsymbol{u}^{(q+1)},$$

因而式 (4.4.23) 即是我们所要证明的.

4.5   由模态构造梁的差分离散系统   独立模态的个数

4.5.1   由一阶模态构造梁的差分离散系统

给定一个矢量 $\boldsymbol{u}$ 和一组正数 $l_i(i = 1, 2, \cdots, n)$ 及 ω, 由式 (4.3.1) 可以构造出矢量 $\boldsymbol{w}$. 现在我们来证明下述定理:

定理 4.4   在一定的边条件下, 为了使矢量 $\boldsymbol{u}$ 成为以 $l_i(i = 1, 2, \cdots, n)$ 为刚杆长度的弹簧–质点–刚杆系统的相对于固有角频率 ω 的位移振型, 其充要条件是: $\boldsymbol{u}$ 和 $\boldsymbol{w}$ 都有确定的变号数, 并满足 4.4 节所确定的各种关系式.

证明   定理中的必要性在 4.4 节中已证明. 现证它的充分性. 采用构造性证法.

首先考察两端铰支梁的情况. 即我们先来证明, 当 $\boldsymbol{u} = (u_1, u_2, \cdots, u_{n-1})^{\mathrm{T}}$ 已知, 相应的 $\boldsymbol{w} = (w_1, w_2, \cdots, w_{n-1})^{\mathrm{T}}$, 它们满足 $S_{\boldsymbol{u}} = S_{\boldsymbol{w}} = i - 1(1 \leqslant i \leqslant n - 1)$ 时, 以它们为第 i 阶振型的两端铰支梁存在. 为此, 先说明条件

$$S_{\boldsymbol{u}} = S_{\boldsymbol{w}} = i - 1, \quad 1 \leqslant i \leqslant n - 1$$

的几何意义.

考虑分段线性函数

$$u_r(\xi - L_{r-1})/l_r + u_{r-1}(L_r - \xi)/l_r, \quad r = 1, 2, \cdots, n, \tag{4.5.1}$$

其中,

$$L_0 = 0, \quad L_r = \sum_{p=1}^{r} l_p, \quad L_{r-1} \leqslant \xi \leqslant L_r,$$

$$u_0 = 0 = u_n.$$

这实际上就是如图 4.1(b) 所示系统在两端铰支条件下振动时, 刚杆所构成的曲线. 由于 $S_{\boldsymbol{u}} = i - 1$, 因此曲线 (4.5.1) 有 $i - 1$ 个节点. 于是可以把它分成 i 段, 在每一段中函数 (4.5.1) 非零并且具有相同的正负号, 而相邻两段中函数 (4.5.1) 的正负号相反. 因而, 函数 (4.5.1) 在其具有相同正负号的每一段中存在一个极值 $u_{t_j} \neq 0(j = 1, 2, \cdots, i)$, 下角标 t_j 是取极值的质点的序号. 当 $u_{t_j} > 0$ 时, u_{t_j} 为极大值; 而当 $u_{t_j} < 0$ 时, u_{t_j} 为极小值. 又由于 $S_{\boldsymbol{w}} = i - 1$, 因此不能出现 $u_{t_j-1} = u_{t_j} = u_{t_j+1}$ 的情形, 于是

$$w_{t_j} u_{t_j} < 0, \quad j = 1, 2, \cdots, i.$$

进而可以得出结论: $\boldsymbol{w}$ 的分量 w_r 在 $(w_{t_j}, w_{t_j+1}, \cdots, w_{t_{j+1}})$ 中有且仅有一次正负号改变, 这里, $1 \leqslant j \leqslant i-1$; 而在 $(w_1, w_2, \cdots, w_{t_1})$ 和 $(w_{t_i}, w_{t_i+1}, \cdots, w_{n-1})$ 中均无正负号改变. 因此, 可以把 $\boldsymbol{w}$ 的分量分类. 非零的 $\boldsymbol{w}$ 分量可以分成 i 组:

$$w_{\alpha_j}, w_{\alpha_j+1}, \cdots, w_{\beta_j}, \quad j = 1, 2, \cdots, i,$$

$$\alpha_1 = 1, \quad \beta_i = n-1.$$

在第 $j(1 \leqslant j \leqslant i)$ 组中, 下列不等式成立:

$$w_{\alpha_j-1}w_{t_j} \leqslant 0, \quad w_{\beta_j+1}w_{t_j} \leqslant 0,$$

$$w_r w_{t_j} > 0, \quad r = \alpha_j, \alpha_j+1, \cdots, t_j, \cdots, \beta_j.$$

对于每一个 $j(1 \leqslant j \leqslant i)$, 考察方程组

$$\begin{cases} -\left(\dfrac{1}{l_{\alpha_j}} + \dfrac{1}{l_{\alpha_j+1}}\right)\tau_{\alpha_j} + \dfrac{\tau_{\alpha_j+1}}{l_{\alpha_j+1}} = \lambda m_{\alpha_j}u_{\alpha_j} - \dfrac{\tau_{\alpha_j-1}}{l_{\alpha_j}}, \\ \dfrac{\tau_{r-1}}{l_r} - \left(\dfrac{1}{l_r} + \dfrac{1}{l_{r+1}}\right)\tau_r + \dfrac{\tau_{r+1}}{l_{r+1}} = \lambda m_r u_r, \quad r = \alpha_j+1, \alpha_j+2, \cdots, \beta_j-1, \\ \dfrac{\tau_{\beta_j-1}}{l_{\beta_j}} - \left(\dfrac{1}{l_{\beta_j}} + \dfrac{1}{l_{\beta_j+1}}\right)\tau_{\beta_j} = \lambda m_{\beta_j}u_{\beta_j} - \dfrac{\tau_{\beta_j+1}}{l_{\beta_j+1}}, \end{cases}$$
$$(4.5.2)$$

其中, $\lambda = \omega^2$, 而

$$\tau_{\alpha_1-1} = 0 = \tau_{\beta_i+1}, \quad 即 \quad \tau_0 = 0 = \tau_n.$$

下面分 4 种情况进行讨论:

(1) 当 $u_{\alpha_j} \neq 0$ 或 $w_{\alpha_j-1} = 0$, 并且 $u_{\beta_j} \neq 0$ 或 $w_{\beta_j+1} = 0$ 时, 取

$$m_r = \begin{cases} \left(-w_{t_j}\rho_j + \delta_{\alpha_j r}\dfrac{\tau_{\alpha_j-1}}{l_{\alpha_j}} + \delta_{\beta_j r}\dfrac{\tau_{\beta_j+1}}{l_{\beta_j+1}}\right)\dfrac{1}{\lambda u_r}, & w_r u_r < 0, \\ 1, & u_r = 0, \\ \left(\varepsilon_j w_{t_j}\rho_j + \delta_{\alpha_j r}\dfrac{\tau_{\alpha_j-1}}{l_{\alpha_j}} + \delta_{\beta_j r}\dfrac{\tau_{\beta_j+1}}{l_{\beta_j+1}}\right)\dfrac{1}{\lambda u_r}, & w_r u_r > 0, \end{cases}$$
$$(4.5.3)$$

其中, 参数满足如下关系:

$$\rho_j > 0, \quad \varepsilon_j > 0, \quad r = \alpha_j, \alpha_j+1, \cdots, \beta_j, \quad \delta_{\alpha\beta} = \begin{cases} 1, & \alpha = \beta, \\ 0, & \alpha \neq \beta. \end{cases}$$

这样, 只要适当选取 ε_j, 把式 (4.5.3) 代入式 (4.5.2), 解所得方程组即可解出

$$\tau_r = \xi_r \rho_j w_{t_j}, \quad r = \alpha_j, \alpha_j + 1, \cdots, \beta_j. \tag{4.5.4}$$

由于方程组 (4.5.2) 的系数矩阵是 Jacobi 矩阵, 可以证明 $\xi_r > 0$. 于是由式 (4.3.1) 可得 $(k_r)_{\alpha_j}^{\beta_j} = (\tau_r/w_r)_{\alpha_j}^{\beta_j}$ 均为正数. 同时, 根据上面的取法, $(m_r)_{\alpha_j+1}^{\beta_j-1}$ 显然也是正数. 现在来看 m_{α_j}: 当 $w_{\alpha_j-1} = 0$ 或 $w_{\alpha_j} u_{\alpha_j} < 0$ 时, 显然 m_{α_j} 仍是正数, 若

$$w_{\alpha_j-1} \neq 0 \quad 且 \quad w_{\alpha_j} u_{\alpha_j} > 0,$$

这时,

$$\beta_{j-1} = \alpha_j - 1 \quad 且 \quad w_{\beta_{j-1}} u_{\beta_{j-1}} < 0,$$

则

$$m_{\alpha_j} = \left(\varepsilon_j w_{t_j} \rho_j + \frac{\tau_{\alpha_j-1}}{l_{\alpha_j}}\right) \frac{1}{\lambda u_{\alpha_j}} = \left(\varepsilon_j w_{t_j} \rho_j + \frac{\xi_{\beta_{j-1}} \rho_{j-1} w_{t_{j-1}}}{l_{\alpha_j}}\right) \frac{1}{\lambda u_{\alpha_j}}.$$

只要选取的 ρ_{j-1}/ρ_j 的值足够小, 便有 $m_{\alpha_j} > 0$; 而不管 ρ_{j-1}/ρ_j 取什么样的正值, 都恒有 $m_{\beta_{j-1}} > 0$. 类似地, 可以说明, 上面解出的 $m_{\beta_j} > 0$, 或通过适当选取 ρ_j/ρ_{j+1} 的值可使得 m_{β_j} 为正数.

(2) 如果 $u_{\alpha_j} = 0$, 同时也有 $u_{\beta_j} = 0$, 这时必有

$$u_r w_r < 0, \quad r = \alpha_j + 1, \alpha_j + 2, \cdots, \beta_j - 1.$$

这样, 只要使 ρ_j/ρ_{j-1} 和 ρ_j/ρ_{j+1} 足够大, 并取

$$m_{\alpha_j} = m_{\beta_j} = 1, \quad m_r = -w_{t_j} \rho_j/(\lambda u_r), \quad r = \alpha_j + 1, \alpha_j + 2, \cdots, \beta_j - 1,$$

解方程组 (4.5.2) 同样可得式 (4.5.4) 和 $\xi_r > 0$, 从而保证 $(k_r)_{\alpha_j}^{\beta_j} = (\tau_r/w_r)_{\alpha_j}^{\beta_j}$ 全部大于零.

(3) 再来考察 $u_{\alpha_j} = 0$ 而 $w_{\alpha_j-1} \neq 0$, 并且 $u_{\beta_j} \neq 0$ 或 $w_{\beta_j+1} = 0$ 的情况. 这时, 上面的证明过程必须做如下修改: 将方程组 (4.5.2) 中与 m_{α_j} 相关的第一个方程从此方程组中分离出来, 并改写为

$$\left(\frac{1}{l_{\alpha_j}} + \frac{1}{l_{\alpha_j+1}}\right) \tau_{\alpha_j} = \frac{\tau_{\alpha_j-1}}{l_{\alpha_j}} + \frac{\tau_{\alpha_j+1}}{l_{\alpha_j+1}}. \tag{4.5.5}$$

注意到这时必有

$$\beta_{j-1} = \alpha_j - 1, \quad w_{\alpha_j-1} u_{\alpha_j-1} < 0 \quad 且 \quad w_{\alpha_j+1} u_{\alpha_j+1} < 0.$$

我们取

$$
m_r = \begin{cases}
\left(-w_{t_j}\rho_j + \delta_{\alpha_j+1,r}\dfrac{\tau_{\alpha_j}}{l_{\alpha_j+1}} + \delta_{\beta_j r}\dfrac{\tau_{\beta_j+1}}{l_{\beta_j+1}} \right) \dfrac{1}{\lambda u_r}, & w_{t_j}u_r < 0, \\
1, & u_r = 0, \\
\left(\varepsilon_j w_{t_j}\rho_j + \delta_{\beta_j r}\dfrac{\tau_{\beta_j+1}}{l_{\beta_j+1}} \right) \dfrac{1}{\lambda u_r}, & w_{t_j}u_r > 0,
\end{cases} \tag{4.5.6}
$$

其中, $r = \alpha_j, \alpha_j+1, \cdots, \beta_j$. 和前面一样, 可以说明, 只要适当选取 ε_j, 即可使得

$$
(k_r)_{\alpha_j+1}^{\beta_j} = (k_r/w_r)_{\alpha_j+1}^{\beta_j}, \quad (m_r)_{\alpha_j+2}^{\beta_j} \quad \text{和} \quad m_{\alpha_j}
$$

为正数, 或者通过适当调整 ρ_j/ρ_{j+1} 从而使它为正数. 至于 m_{α_j+1}, 由式 (4.5.5) 和 (4.5.6) 可以得到

$$
m_{\alpha_j+1} = \left[-w_{t_j}\rho_j + \frac{l_{\alpha_j}}{l_{\alpha_j}+l_{\alpha_j+1}} \left(\frac{\tau_{\alpha_j+1}}{l_{\alpha_j+1}} + \frac{\tau_{\alpha_j-1}}{l_{\alpha_j}} \right) \right] \frac{1}{\lambda u_{\alpha_j+1}}. \tag{4.5.7}
$$

为使 τ_{α_j} 和 $m_{\alpha_j+1} > 0$, 由式 (4.5.5) 和 (4.5.7) 可知, 应选取 ρ_{j-1}/ρ_j 满足不等式

$$
-\frac{w_{t_j}}{w_{t_{j-1}}}\frac{l_{\alpha_j}}{\xi_{\alpha_j-1}} \left(\frac{\xi_{\alpha_j+1}}{l_{\alpha_j+1}} - \frac{l_{\alpha_j}+l_{\alpha_j+1}}{l_{\alpha_j}} \right) < \frac{\rho_{j-1}}{\rho_j} < -\frac{w_{t_j}}{w_{t_{j-1}}}\frac{l_{\alpha_j}}{\xi_{\alpha_j-1}}\frac{\xi_{\alpha_j+1}}{l_{\alpha_j+1}}. \tag{4.5.8}
$$

显然, 满足式 (4.5.8) 的 ρ_{j-1}/ρ_j 总是存在. 因为 $w_{\beta_j-1}u_{\beta_j-1} < 0$, 所以不需要改变 ρ_{j-1}/ρ_j 的值即可使 $m_{\beta_j-1} > 0$. 对于其他情形, 可以用完全类似的方法讨论.

(4) 最后, 还应考察矢量 $\boldsymbol{w}$ 的某个分量 $w_s = 0$ 的情况. 对于这种情况, 必然存在某个 $j(1 \leqslant j \leqslant i-2)$, 使得 $s-1 = \beta_j$, 而 $s+1 = \alpha_{j+1}$, 这时, 作为 $\tau_s = k_s w_s$ 的系数, k_s 可取任意正值. 因为在这种情况下, 前面的讨论未包括第 s 个质点的运动方程, 为满足该方程, 应取

$$
m_s = \begin{cases}
[(\tau_{s-1}/l_s) + (\tau_{s+1}/l_{s+1})]/(\lambda u_s), & u_s \neq 0, \\
1, & u_s = 0.
\end{cases} \tag{4.5.9}
$$

由于

$$
\tau_{s-1} = \xi_{\beta_j}w_{t_j}\rho_j \quad \text{且} \quad \tau_{s+1} = \xi_{\alpha_{j+1}}w_{t_{j+1}}\rho_{j+1},
$$

因此可以适当调节 ρ_j/ρ_{j+1} 的值, 使得

$$[(\tau_{s-1}/l_s) + (\tau_{s+1}/l_{s+1})]/u_s > 0, \quad u_s \neq 0,$$

或者

$$\tau_{s-1}/l_s + \tau_{s+1}/l_{s+1} = 0, \quad u_s = 0,$$

就可以保证 $m_s > 0$; 同时不需改变 ρ_j/ρ_{j+1}, 就能使 m_{β_j} 和 $m_{\alpha_{j+1}}$ 大于 0.

这样, 我们说明了, 满足条件 $S_{\boldsymbol{u}} = S_{\boldsymbol{w}}$, 就能够保证两端铰支梁的结构参数取正值.

以上证明方法不难推广到梁的其他支承的情况, 具体从略.

至此, 我们完全证明了在 4.4 节中所证明的关于变号数 $S_{\boldsymbol{u}}$ 和 $S_{\boldsymbol{w}} = S_{\boldsymbol{\tau}}$ 的条件即是单个振型数据的充分条件. ▮

本小节主要内容取自参考文献 [4,6].

4.5.2   由两阶模态构造梁的差分离散系统   独立模态的个数

与弹簧–质点系统类似, 在差分步长 $l_r(r = 1, 2, \cdots, n)$ 已知的条件下, 也可以由两组模态确定梁的差分离散系统的物理参数. 为了便于叙述, 仅以固定–自由和两端铰支梁为例, 现论证如下:

先看固定–自由梁的离散系统. 当给定它的两阶位移模态 $(\omega_i, \boldsymbol{u}^{(i)})$ 和 $(\omega_j, \boldsymbol{u}^{(j)})$ 时, 在 $l_r(r = 1, 2, \cdots, n)$ 已知的情况下, 可以由式 (4.3.1) 计算出相应的相对转角振型 $\boldsymbol{w}^{(i)}$ 和 $\boldsymbol{w}^{(j)}$. 由固定–自由梁的差分离散系统的模态方程组, 即有

$$\begin{cases} \omega_i^2 m_r u_{ri} = k_{r-1} \dfrac{w_{r-1,i}}{l_r} - k_r w_{ri} \left(\dfrac{1}{l_r} + \dfrac{1}{l_{r+1}} \right) + k_{r+1} \dfrac{w_{r+1,i}}{l_{r+1}}, \\[3mm] \omega_j^2 m_r u_{rj} = k_{r-1} \dfrac{w_{r-1,j}}{l_r} - k_r w_{rj} \left(\dfrac{1}{l_r} + \dfrac{1}{l_{r+1}} \right) + k_{r+1} \dfrac{w_{r+1,j}}{l_{r+1}}, \\[3mm] \qquad\qquad r = 1, 2, \cdots, n-1, \qquad k_n = 0, \end{cases} \quad (4.5.10)$$

$$\omega_i^2 m_n u_{ni} = k_{n-1} \frac{w_{n-1,i}}{l_n}, \quad \omega_j^2 m_n u_{nj} = k_{n-1} \frac{w_{n-1,j}}{l_n}. \quad (4.5.11)$$

不失一般性地, 假定第 $n-1$ 个差分点处的截面抗弯刚度也是已知的, 这样, 可以求出 k_{n-1}. 则由式 (4.5.11), 即可求出

$$m_n = k_{n-1} w_{n-1,i}/(\omega_i^2 l_n u_{ni}).$$

若记

$$\begin{cases} a_r = (\omega_i^2 u_{ri} w_{r-1,j} - \omega_j^2 u_{rj} w_{r-1,i})/l_r, & r = 1,2,\cdots,n-1, \\ b_r = (\omega_i^2 u_{ri} w_{rj} - \omega_j^2 u_{rj} w_{ri})(l_r+l_{r+1})/(l_r l_{r+1}), & r=1,2,\cdots,n-1, \\ c_r = (\omega_i^2 u_{ri} w_{r+1,j} - \omega_j^2 u_{rj} w_{r+1,i})/l_{r+1}, & r=1,2,\cdots,n-2, \\ e_r = (w_{r-1,i} w_{rj} - w_{ri} w_{r-1,j})(l_r+l_{r+1})/(l_r l_{r+1}), & r=1,2,\cdots,n-1, \\ g_r = (w_{r-1,i} w_{r+1,j} - w_{r+1,i} w_{r-1,j})/l_{r+1}, & r=1,2,\cdots,n-2, \end{cases} \tag{4.5.12}$$

进一步由式 (4.5.10) 可解得

$$\begin{cases} k_{r-1} = \dfrac{b_r k_r - c_r k_{r+1}}{a_r}, & r=n-1,n-2,\cdots,1, \quad k_n=0, \\ m_r = \dfrac{e_r k_r - g_r k_{r+1}}{a_r l_r}, & r=n-1,n-2,\cdots,1, \quad k_n=0. \end{cases} \tag{4.5.13}$$

为了保证求得的物理参数均为正数, 其充分条件是

(1) $a_r \neq 0 (r=1,2,\cdots,n-1)$.

(2) $\omega_i^2 u_{ni}/w_{n-1,i} = \omega_j^2 u_{nj}/w_{n-1,j} > 0 (i \neq j)$.

(3) $\det \boldsymbol{A}^{(r)} > 0$, $\det \boldsymbol{B}^{(r)} > 0$, 其中, $r=1,2,\cdots,n-1$; $\boldsymbol{A}^{(r)}$, $\boldsymbol{B}^{(r)}$ 均为 $n-r$ 阶三对角矩阵, $\boldsymbol{A}^{(r)}$ 主对角线上的元分别是 $(b_i/a_i)_r^{n-1}$, 左、右次对角线上的元分别是 $(c_i/a_i)_r^{n-2}$ 和 (-1); 把 $\boldsymbol{A}^{(r)}$ 的第一行第一列的元的分子 b_r 换成 e_r, 把 $\boldsymbol{A}^{(r)}$ 的第二行第一列的元的分子 c_r 换成 g_r, 即得矩阵 $\boldsymbol{B}^{(r)}$.

当求得 $\{k_r\}_0^{n-1}$ 和 $\{m_r\}_1^n$ 后, 还可由式 (4.1.4) 求出各差分点处的截面抗弯刚度和线密度.

对于两端铰支梁的差分离散系统, 由其两组模态构造梁的差分离散系统的物理参数的过程与构造固定–自由梁的差分离散系统的过程几乎相同. 只是对于两端铰支梁, 它的模态方程组不含式 (4.5.11), 从而无须计算 m_n. 又因为对于两端铰支梁, 必有 $k_0=0$, 所以式 (4.5.13) 的第一式仅需对 $r=n-1,n-2,\cdots,3,2$ 进行且需满足 $\det \boldsymbol{A}^{(1)}=0$.

至此可以得出结论:

定理 4.5 在差分步长 $l_r (r=1,2,\cdots,n)$ 已知和相差一个常数因子的意义下, 存在唯一的固定–自由梁 (或两端铰支梁) 的差分离散系统, 它以 $(\omega_i, \boldsymbol{u}^{(i)})$ 和 $(\omega_j, \boldsymbol{u}^{(j)})$ 为其两阶不同的模态.

这表明, 在梁的差分离散系统的 n 阶模态中, 仅有两阶且是任意的两阶模态是独立的.

本小节主要内容取自参考文献 [7, 8].

4.6   不同支承梁的差分离散系统的固有频率的相间性

本节考察当梁的一端支承不变而另一端支承改变时, 各种梁的差分离散系统的固有频率的相间性.

4.6.1   两个命题

在下面的讨论中, 需要如下命题:

命题 4.5   设有实数 $c_i > 0(i = 1, 2, \cdots, n)$, $x_1 < x_2 < \cdots < x_n$, 则函数

$$f(x) = \sum_{i=1}^{n} \frac{c_i}{x_i - x}$$

在区间 $(x_k, x_{k+1})(k = 1, 2, \cdots, n-1)$ 内有且仅有一个实根 s_k, 从而在区间 (x_1, x_n) 内共有 $n-1$ 个实根 $\{s_r\}_1^{n-1}$.

证明   注意到

$$\lim_{x \to x_k + 0} f(x) = -\infty \quad 和 \quad \lim_{x \to x_{k+1} - 0} f(x) = +\infty,$$

因此只需证明 $f(x)$ 在区间 $(x_k, x_{k+1})(k = 1, 2, \cdots, n-1)$ 内单调递增就行了. 然而, 这是明显的, 因为总有

$$f'(x) = \sum_{i=1}^{n} \frac{c_i}{(x_i - x)^2} > 0.$$

命题 4.6   对于命题 4.5 中的函数 $f(x)$, 方程

$$f(x) + q = 0$$

有 n 个根 $\{\eta_r\}_1^n$. 当 $q > 0$ 时, 满足

$$0 < x_1 < \eta_1 < s_1 < x_2 < \cdots < x_{n-1} < \eta_{n-1} < s_{n-1} < x_n < \eta_n; \quad (4.6.1)$$

而当 $q < 0$ 时, 则满足

$$\eta_1 < x_1 < s_1 < \eta_2 < x_2 < \cdots < x_{n-1} < s_{n-1} < \eta_n < x_n. \quad (4.6.2)$$

且仅当 $-q > f(0)$ 时, 才有 $\eta_1 > 0$.

证明   事实上, 由命题 4.5 的证明可知, $f(x)$ 在区间 $(-\infty, x_1)$ 和区间 $(x_n, +\infty)$ 内也是单调递增的. 另一方面, $y = f(x) + q$ 的图形可由 $y =$

$f(x)$ 的图形沿纵轴方向上下平移而得到 (见图 4.3), 于是式 (4.6.1) 和 (4.6.2) 成立. ∎

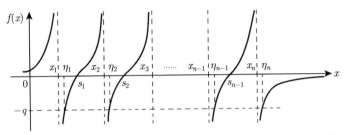

图 4.3 方程 $f(x) = 0$ 和 $f(x) + q = 0 (q > 0)$ 的根之间的关系

4.6.2 一端固定的各种梁的差分离散系统的固有频率的相间性

借助上面两个命题和另外一个命题, 参考文献 [1,2] 证明了当梁的左端保持固定, 右端支承改变 (分别为自由、滑支、铰支、反共振和固定) 时, 固定–自由梁的差分离散系统的固有角频率 $\{\omega_i\}_1^n$, 固定–滑支梁的差分离散系统的固有角频率 $\{\sigma_i\}_1^n$, 固定–铰支梁的差分离散系统的固有角频率 $\{\mu_i\}_1^{n-1}$, 固定–反共振梁的差分离散系统的固有角频率 $\{\nu_i\}_1^{n-1}$, 以及两端固定梁的差分离散系统的固有角频率 $\{\eta_i\}_1^{n-1}$ 之间存在如下相间关系:

$$(\eta_{i-1}, \omega_i) < \sigma_i < \nu_i < \mu_i < (\eta_i, \omega_{i+1}) < \sigma_{i+1}, \quad i = 1, 2, \cdots, n-1. \quad (4.6.3)$$

详情可以参阅参考文献 [2] 中的 8.4 节.

4.6.3 一端铰支的各种梁的差分离散系统的固有频率的相间性

我们来讨论左端保持为铰支, 而右端分别为反共振、铰支和固定这三种梁的差分离散系统的固有频率的相间性.

从两端铰支梁的差分离散系统出发, 记其关于 M_{pp} 归一化的特征矩阵为 $U = (u_{ji})$. 考察它的强迫振动方程

$$\omega^2 M_{\mathrm{pp}} u = A_{\mathrm{pp}} u + \tau_n e^{(n-1)}/l_n, \quad (4.6.4)$$

其中, M_{pp} 和 A_{pp} 分别是两端铰支梁的差分离散系统的质量矩阵和刚度矩阵, $\tau = \tau_n \sin \omega t$ 是作用在梁右端的简谐集中力偶.

根据按固有振型展开的方法, 令

$$u = \sum_{i=1}^n \alpha_i u^{(i)}. \quad (4.6.5)$$

将式 (4.6.5) 代入式 (4.6.4) 后, 再用 $(\boldsymbol{u}^{(k)})^{\mathrm{T}}(k=1,2,\cdots,n-1)$ 左乘所得的等式, 注意到两端铰支梁的差分离散系统的固有振型 $\boldsymbol{u}^{(i)}(i=1,2,\cdots,n-1)$ 的正交归一关系, 即有

$$\omega^2\alpha_i = \omega_i^2\alpha_i - \tau_n\theta_{ni}, \quad i=1,2,\cdots,n-1.$$

由此解出 $\alpha_i(i=1,2,\cdots,n)$ 后, 再将其代入式 (4.6.5), 可以得出

$$\boldsymbol{u} = \sum_{i=1}^{n-1} \boldsymbol{u}^{(i)} \frac{\theta_{ni}\tau_n}{\omega_i^2-\omega^2}. \tag{4.6.6}$$

以上推导过程中已经用到了 $\theta_{ni} = -u_{n-1,i}/l_n$. 与之相应地, 有

$$\theta_n = \sum_{i=1}^{n-1} \frac{\theta_{ni}^2\tau_n}{\omega_i^2-\omega^2}, \tag{4.6.7}$$

$$\phi_n = \sum_{i=1}^{n-1} \frac{\theta_{ni}\phi_{ni}\tau_n}{\omega_i^2-\omega^2} - \frac{\tau_n}{l_n}. \tag{4.6.8}$$

对于铰支–反共振梁的差分离散系统, 其右端支承条件为 $u_n=0$, $\phi_{n+1}=0$, 则由右端的平衡方程可知, ϕ_n 也为零. 这样, 式 (4.6.8) 给出铰支–反共振梁的差分离散系统的频率方程为

$$\sum_{i=1}^{n-1} \frac{\theta_{ni}\phi_{ni}}{\omega_i^2-\omega^2} = \frac{1}{l_n}. \tag{4.6.9}$$

两端铰支梁的差分离散系统的固有角频率 $\{\omega_i\}_1^{n-1}$ 是正的和单的, 且可以证明, $\theta_{ni}\phi_{ni} > 0 (i=1,2,\cdots,n-1)$. 于是命题 4.6 表明, 铰支–反共振梁的差分离散系统的固有角频率 $\{\xi_i\}_1^{n-1}$ 满足

$$\omega_i < \xi_{i+1} < \omega_{i+1}, \quad i=1,2,\cdots,n-2. \tag{4.6.10}$$

至于 ξ_1, 注意到

$$\sum_{i=1}^{n-1} \frac{\theta_{ni}\phi_{ni}}{\omega_i^2} < \frac{1}{l_n}$$

与式 (4.6.9) 左端函数在区间 $(0,\omega_1)$ 内的单调性, 即有 $0 < \xi_1 < \omega_1$.

再看铰支–固定梁的差分离散系统, 其固有角频率仍记为 $\{\mu_i\}_1^{n-1}$. 由于其右端支承条件为 $u_n=0$, $\theta_{n+1}=0$, $\tau_n = -k_n\theta_n$, 则由式 (4.6.7) 可以给出它的

频率方程是

$$\sum_{i=1}^{n-1} \frac{\theta_{ni}^2}{\omega_i^2 - \omega^2} = -\frac{1}{k_n}. \tag{4.6.11}$$

由命题 4.6, 并注意到式 (4.6.11) 左端函数在区间 $(\omega_{n-1}, +\infty)$ 内的单调性, 又可以得到

$$\omega_i < \mu_i < \omega_{i+1} < \mu_{i+1}, \quad i = 1, 2, \cdots, n-2. \tag{4.6.12}$$

为确定 $\{\xi_i\}_1^{n-1}$ 与 $\{\mu_i\}_1^{n-1}$ 的相间性, 也就是 ξ_{i+1} 与 $\mu_i(i = 1, 2, \cdots, n-2)$ 的关系, 以铰支–反共振梁的差分离散系统为基础, 采用与上述完全相同的处理方法, 经过较为复杂的公式转换, 可以证明 $\mu_i < \xi_{i+1}(i = 1, 2, \cdots, n-2)$. 于是, 左端铰支, 右端分别为反共振、铰支和固定这三种梁的差分离散系统的固有角频率具有如下相间关系:

$$0 < \xi_1 < \omega_1 < \mu_1 < \xi_2 < \omega_2 < \cdots < \omega_{n-2} < \mu_{n-2} < \xi_{n-1} < \omega_{n-1} < \mu_{n-1}. \tag{4.6.13}$$

本小节的内容取自参考文献 [9].

4.6.4 由三组频谱构造梁的差分离散系统

基于 4.6.2 和 4.6.3 小节所建立的各种不同支承方式梁的差分离散系统的固有角频率的相间性, Gladwell G M L 等在参考文献 [2,10], 何北昌等在参考文献 [11,12], 王其申等在参考文献 [9] 中分别讨论了由三组不同支承方式的梁的差分离散系统的频谱可以构造梁的差分离散系统的这一振动反问题, 即

(1) 由固定–自由梁的差分离散系统的频谱 $\{\omega_i\}_1^n$ 和固定–滑支、固定–铰支及固定–反共振梁的差分离散系统的三组频谱 $\{\sigma_i\}_1^n$, $\{\mu_i, \nu_i\}_1^{n-1}$ 中的任意两组, 利用块 Lanczos 算法, 即可构造左端固定梁的差分离散系统 [2,12].

(2) 由左端铰支, 右端分别为反共振、铰支和固定这三种梁的差分离散系统的频谱 $\{\xi_i, \omega_i, \mu_i\}_1^{n-1}$, 利用块 Lanczos 算法, 同样可以构造左端铰支梁的差分离散系统 [9].

4.7 梁的有限元离散系统的振荡性质

由于梁的有限元离散系统在工程中的特殊重要性, 此类系统的静变形和振动的定性性质自然应受到特别关注 [13]. 本节将主要论述此类系统的静变形和振动的振荡性质.

在第三章, 通过判断几类单跨弦、杆的离散系统的刚度矩阵是正定的标准 Jacobi 矩阵, 证明了这些系统具有振动的振荡性质. 在本章前几节, 通过判断单跨梁的差分离散系统的刚度矩阵是符号振荡矩阵, 证明了这些系统具有振动的振荡性质.

对于本节将要讨论的梁的有限元离散模型, 其刚度矩阵是七对角矩阵, 沿用上面的方法进行论证将是困难的. 郑子君、陈璞、王大钧 [14~17] 给出了另一种简捷的途径, 论证了一些比较复杂的系统的静变形和振动的振荡性质.

4.7.1　振荡性质的保持性定理

首先建立一个基础性的定理. 这个定理论证了一维单跨系统的静变形的振荡性质和振动的振荡性质如何由连续系统保持到离散系统.

定理 4.6　如果对于一个充分约束的一维单跨结构的离散系统 A, 可以找到一个具有静变形的振荡性质和相同结点的离散系统或具有静变形的振荡性质的连续系统 B, 使得在任意结点力 {F} 的作用下, 系统 A 上每一个结点的位移等同于系统 B 上相应结点的位移, 则系统 A 也具有静变形的振荡性质. 进一步, 若系统 A 采用集中质量矩阵, 则它具有振动的振荡性质.

证明　假设定理 4.6 中的离散系统 A 的受力为任意 $k(k \leqslant$ 系统 A 的自由度数) 个结点集中力的组合 {F}. 如果 B 是离散系统, 则其 u 线的变号数不超过 $k-1$, 相邻两结点间的 u 线为直线段. 如果 B 是连续系统, 则其位移函数 u 的变号数不超过 $k-1$. 而且, 在系统 B 相应于系统 A 两紧邻结点的点之间, 函数 u 是等于或大于一次方的函数. 离散系统 A 的 u 线在相邻两结点间为直线段, 所以其 u 线的变号数更不会超过 $k-1$. 再者, 当系统 A 只受一个结点力时, 显然所有结点位移都与此力同向. 因此, 系统 A 具有静变形的振荡性质.

由 2.10.1 小节最后的结论可知, 系统 A 的柔度矩阵是振荡矩阵. 进一步, 如果系统 A 采用集中质量矩阵, 则它具有振动的振荡性质.　∎

定理 4.6 的一个特殊情形是: 离散系统 A 是由连续系统 B 构造的离散系统. 此时, 定理 4.6 揭示了一维连续体的振荡性质如何保持到离散系统. 这在理论上和应用上都有重要意义. 为此, 我们另立以下定理, 用来呈现这一规律.

定理 4.7　如果 (1) 充分约束的一维单跨连续系统 B 具有静变形的振荡性质. (2) 系统 A 是系统 B 的一个离散系统, 在其任意一个结点处对系统 A 和系统 B 作用一个相同的集中力, 系统 A 的每一个结点位移和系统 B 在相应结点处的位移相等. 则离散系统 A 也具有静变形的振荡性质. 进一步, 如果系统 A 采用集中质量矩阵, 则系统 A 和系统 B 一样, 也具有振动的振荡性质.

证明 由于系统 B 和系统 A 都是线性系统, 因此在任意 $k(k \leqslant$ 系统 A 的自由度数) 个结点处两系统受相同的集中力时, 系统 A 的每一个结点位移和系统 B 在相应结点处的位移相等. 于是由定理 4.6 即得本定理的结论. █

定理 4.7 可称为系统的静变形的振荡性质和振动的振荡性质由连续系统保持到离散系统的保持性定理.

在第六章中, 将证明一维单跨充分约束梁的连续系统具有静变形的振荡性质. 于是由定理 4.7 可轻易地判断以下两种梁的离散系统具有静变形的振荡性质和振动的振荡性质:

① 无质量弹性梁–质点系统, 如图 4.4 所示.

图 4.4　无质量弹性梁–质点系统示意图

② 分段等截面梁的位移型 Hermite 有限元离散系统, 如图 4.5 所示.

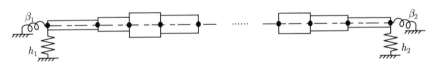

图 4.5　分段等截面梁的位移型 Hermite 有限元离散系统示意图

4.7.2　力法有限元梁的振荡性质

在工程有限元软件中, 对于杆、梁等一维结构的有限元离散系统, 通常采用 Hellinger-Reissner 原理构造单元刚度矩阵, 这种方法通常也称为力法、柔度法. 梁的这种有限元离散系统简称为 HR-FE 梁. 其优势在于, 当系统在结点处受集中力作用时, 离散系统的结点位移与梁的解析解在结点处的位移值相等. 由定理 4.7 可知, 任意刚度分布的 HR-FE 梁均具有振荡性质.

(1) 首先推导 HR-FE 梁的单元刚度矩阵. 如果只有作用在结点的集中力, 则该梁的弯矩图在单元内是直线段, 而在整个梁区间内是一条连续的折线, 因此各单元内的弯矩可表示为单元两端结点弯矩 $(\tau_i, \tau_j)^{\mathrm{T}}$ 的线性插值

$$\tau = \boldsymbol{N}^F(\xi) \left[\begin{array}{c} \tau_i \\ \tau_j \end{array} \right],$$

其中, $\boldsymbol{N}^F(\xi) = (1-\xi, \xi)$, 按 Hellinger-Reissner 原理可以构造单元平衡方程:

$$\begin{bmatrix} \alpha_i \\ \alpha_j \end{bmatrix} = l \int_0^1 \frac{(\boldsymbol{N}^F(\xi))^{\mathrm{T}} \boldsymbol{N}^F(\xi)}{\overline{EJ}(\xi)} \mathrm{d}\xi \begin{bmatrix} \tau_i \\ \tau_j \end{bmatrix} = \overline{\boldsymbol{F}}_{\mathrm{HR}}^{\mathrm{e}} \begin{bmatrix} \tau_i \\ \tau_j \end{bmatrix}, \tag{4.7.1}$$

其中, $(\alpha_i, \alpha_j)^{\mathrm{T}}$ 是单元两端的相对转角, 如图 4.6 所示. $\overline{EJ}$ 为梁的抗弯刚度. 矩阵 $\overline{\boldsymbol{F}}_{\mathrm{HR}}^{\mathrm{e}}$ 可以理解为简支梁的柔度矩阵, 其逆是简支梁的刚度矩阵. 相对转角与单元两端的挠度和转角的关系为

$$\begin{bmatrix} \alpha_i \\ \alpha_j \end{bmatrix} = \boldsymbol{S}\boldsymbol{u} = \begin{bmatrix} \dfrac{1}{l} & 1 & -\dfrac{1}{l} & 0 \\ \dfrac{1}{l} & 0 & -\dfrac{1}{l} & 1 \end{bmatrix} \begin{bmatrix} u_i \\ \theta_i \\ u_j \\ \theta_j \end{bmatrix}. \tag{4.7.2}$$

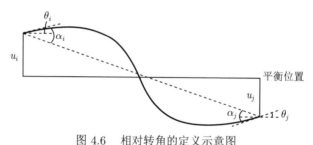

图 4.6　相对转角的定义示意图

单元刚度矩阵和单元平衡方程分别为

$$\boldsymbol{K}_{\mathrm{HR}}^{\mathrm{e}} = \boldsymbol{S}^{\mathrm{T}} (\overline{\boldsymbol{F}}_{\mathrm{HR}}^{\mathrm{e}})^{-1} \boldsymbol{S}, \tag{4.7.3}$$

$$(\phi_i, \tau_i, \phi_j, \tau_j)^{\mathrm{T}} = \boldsymbol{K}_{\mathrm{HR}}^{\mathrm{e}} (u_i, \theta_i, u_j, \theta_j)^{\mathrm{T}}, \tag{4.7.4}$$

其中, ϕ_i 和 ϕ_j 是单元两端的剪力. 一个 HR-FE 梁的整体刚度矩阵由上述单元刚度矩阵组装而成.

　　(2) 考虑一个作为连续系统的梁, 在对应 HR-FE 梁的结点处受集中力时, 梁的弯矩在相应于 HR-FE 梁各单元的梁段内是线性函数. 因此梁和它的离散系统 HR-FE 梁的内力相等. 另外, 二者在相应于 HR-FE 梁的结点的点上的位移也相等. 由于梁具有振荡性质, 因此由定理 4.7 可以得到:

　　定理 4.8　具有任意抗弯刚度的一维单跨充分约束梁的 HR-FE 梁具有静变形的振荡性质. 进一步, 如果该梁采用集中质量矩阵, 则其具有振动的振荡性质.

4.7.3 位移型 Hermite 有限元梁的振荡性质

对于各单元内位移采用单元两结点 Hermite 三次插值, 并用位能原理构造的有限元梁离散系统, 简称为 PE-FE 梁. 对于截面参数为分段常数的梁, 及其相应的 PE-FE 梁, 在结点力作用下, 两者的位移是相同的分段三次函数, 因此两者都具有振荡性质. 下面讨论一般情况——单元内截面参数非均匀的情形.

(1) 首先推导 PE-FE 梁的单元刚度矩阵. 由位能原理可知, 用结点相对转角和弯矩作为变量的单元平衡方程为

$$\overline{\boldsymbol{K}}_{\mathrm{PE}}^{\mathrm{e}} \left[\begin{array}{c} \alpha_i \\ \alpha_j \end{array} \right] = \int_0^1 \frac{EJ(\xi)}{l^3} \left(\frac{\mathrm{d}^2 \boldsymbol{N}^d(\xi)}{\mathrm{d}\xi^2} \right)^{\mathrm{T}} \frac{\mathrm{d}^2 \boldsymbol{N}^d(\xi)}{\mathrm{d}\xi^2} \mathrm{d}\xi \left[\begin{array}{c} \alpha_i \\ \alpha_j \end{array} \right] = \left[\begin{array}{c} \tau_i \\ \tau_j \end{array} \right],$$

(4.7.5)

其中, $\boldsymbol{N}^d(\xi) = (l(\xi - 2\xi^2 + \xi^3), l(\xi^3 - \xi^2))$, 而单元刚度矩阵和单元平衡方程分别为

$$\boldsymbol{K}_{\mathrm{PE}}^{\mathrm{e}} = \boldsymbol{S}^{\mathrm{T}} \overline{\boldsymbol{K}}_{\mathrm{PE}}^{\mathrm{e}} \boldsymbol{S}, \tag{4.7.6}$$

$$(\phi_i, \tau_i, \phi_j, \tau_j)^{\mathrm{T}} = \boldsymbol{K}_{\mathrm{PE}}^{\mathrm{e}} (u_i, \theta_i, u_j, \theta_j)^{\mathrm{T}}. \tag{4.7.7}$$

一个 PE-FE 梁的整体刚度矩阵由上述单元刚度矩阵组装而成.

(2) 根据定理 4.6 和定理 4.8 可知, 对于一个 PE-FE 梁, 如果能构造一个 HR-FE 梁, 在任意结点力作用下, 两梁的结点位移、转角值相等, 则此 PE-FE 梁具有静变形的振荡性质. 为实现上述构造, 要求对于每个单元, 两梁的单元柔度矩阵相同即可. 设 PE-FE 梁和 HR-FE 梁的同一单元的抗弯刚度分别为 EJ 和 $\overline{EJ}$, 比较式 (4.7.1) 和 (4.7.5) 可知, 即要求

$$\overline{\boldsymbol{F}}_{\mathrm{HR}}^{\mathrm{e}} = (\overline{\boldsymbol{K}}_{\mathrm{PE}}^{\mathrm{e}})^{-1}, \tag{4.7.8}$$

其中, $\overline{\boldsymbol{K}}_{\mathrm{PE}}^{\mathrm{e}}$ 和 $\overline{\boldsymbol{F}}_{\mathrm{HR}}^{\mathrm{e}}$ 分别为式 (4.7.5) 和 (4.7.1) 中的表达式.

略去复杂的论证, 得到的结论是: 当 PE-FE 梁的每个单元的抗弯刚度 EJ 满足

$$\int_0^1 EJ(9\xi^2 - 9\xi + 2)\mathrm{d}\xi > 0 \tag{4.7.9}$$

时, 可以构造一个对应单元的单元抗弯刚度为 $\overline{EJ}$ 的梁. 从而得到以下结论:

定理 4.9 当一维单跨充分约束梁的 PE-FE 梁的每个单元抗弯刚度满足式 (4.7.9) 时, 此梁具有静变形的振荡性质. 进一步, 如该梁采用集中质量矩阵, 则其具有振动的振荡性质.

不等式 (4.7.9) 的积分中的权函数 $w = 9\xi^2 - 9\xi + 2$ 的图形如图 4.7 所示.

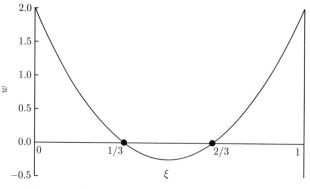

图 4.7   不等式 (4.7.9) 的积分中的权函数的图形

对于工程实际中的大多数梁, 适当划分单元, 其抗弯刚度都可满足式 (4.7.9), 从而 PE-FE 梁具有静变形的振荡性质. 而且满足式 (4.7.9) 并非 PE-FE 梁具有静变形的振荡性质的必要条件. 但确实存在特殊的抗弯刚度的梁, 如果单元划分不当, 则不满足式 (4.7.9), 其 PE-FE 梁不具有振荡性质. 参考文献 [15, 17] 给了一个这样的实例.

郑子君在参考文献 [17] 中还研究了高阶 PE-FE 梁和有限元 Timoshenko 梁的振荡性质, 得到了很有意义的结果.

4.8   多跨梁的离散系统的模态的定性性质

4.8.1   两端任意支承多跨梁的差分离散模型

对于长为 l, 线密度为 $\rho(x)$, 截面抗弯刚度为 $EJ(x)$ 的梁, 其在一般支承条件 (4.1.2) 和 (4.1.3) 下做横向振动时, 采用二阶中心差分公式, 我们已在 4.1 节中将其离散化为两端任意支承的单跨梁的差分离散模型, 如图 4.1(b) 所示. 图中的参数 m_r 和 k_r $(r = 0, 1, \cdots, n)$ 分别表示质点质量、控制同一质点两侧刚杆相对转角的旋转弹簧刚度, $l_r (r = 1, 2, \cdots, n)$ 是无重刚杆长度, 而用 $u_r (r = 0, 1, \cdots, n)$ 表示第 r 个质点的横向线位移.

现在考察在梁的跨度中的点 $(0 <) x_{c_1} < x_{c_2} < \cdots < x_{c_p} (< l)$ 处有中间铰支座, 即

$$u(x_{c_k}) = 0, \quad k = 1, 2, \cdots, p \tag{4.8.1}$$

的情况. 这时,

$$0 = x_0 < x_1 < \cdots < x_{r_1-1} < x_{r_1}(= x_{c_1}) < x_{r_1+1} < \cdots < x_{r_p}(= x_{c_p})$$

$$< x_{r_p+1} < \cdots < x_n = l,$$

其相应的物理模型如图 4.8 所示. 以下称图 4.1(b) 所示模型为系统 S, 称图 4.8 所示模型为与 S 相应的系统 S^*. 图中各参数的意义如前.

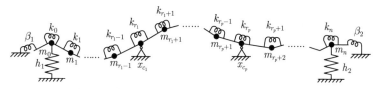

图 4.8 任意支承多跨梁的差分离散模型示意图

4.8.2 多跨梁系统 S^* 的刚度矩阵

记 $\lambda = \omega^2$, $u_r = u(x_r)$. 4.1 节已经证明, 上述系统 S 的模态方程组是

$$\begin{cases} \lambda m_0 u_0 = a_0 u_0 - b_1 u_1 + c_1 u_2 + h_1 u_0, \\ \lambda m_1 u_1 = -b_1 u_0 + a_1 u_1 - b_2 u_2 + c_2 u_3, \\ \lambda m_r u_r = c_{r-1} u_{r-2} - b_r u_{r-1} + a_r u_r - b_{r+1} u_{r+1} \\ \qquad + c_{r+1} u_{r+2}, \quad r = 2, 3, \cdots, n-2, \\ \lambda m_{n-1} u_{n-1} = c_{n-2} u_{n-3} - b_{n-1} u_{n-2} + a_{n-1} u_{n-1} - b_n u_n, \\ \lambda m_n u_n = c_{n-1} u_{n-2} - b_n u_{n-1} + a_n u_n + h_2 u_n, \end{cases} \quad (4.8.2)$$

其中,

$$\begin{cases} a_0 = \dfrac{k_0^* + k_1}{l_1^2}, \\ a_1 = \dfrac{k_0^*}{l_1^2} + \left(\dfrac{1}{l_1} + \dfrac{1}{l_2}\right)^2 k_1 + \dfrac{k_2}{l_2^2}, \\ a_r = \dfrac{k_{r-1}}{l_r^2} + \left(\dfrac{1}{l_r} + \dfrac{1}{l_{r+1}}\right)^2 k_r + \dfrac{k_{r+1}}{l_{r+1}^2}, \quad r = 2, 3, \cdots, n-2, \\ a_{n-1} = \dfrac{k_{n-2}}{l_{n-1}^2} + \left(\dfrac{1}{l_{n-1}} + \dfrac{1}{l_n}\right)^2 k_{n-1} + \dfrac{k_n^*}{l_n^2}, \\ a_n = \dfrac{k_n^* + k_{n-1}}{l_n^2}, \end{cases} \quad (4.8.3)$$

$$\begin{cases} b_1 = \dfrac{k_0^*}{l_1^2} + \dfrac{k_1}{l_1}\left(\dfrac{1}{l_1} + \dfrac{1}{l_2}\right), \\[2mm] b_r = \dfrac{k_{r-1}}{l_r}\left(\dfrac{1}{l_{r-1}} + \dfrac{1}{l_r}\right) + \dfrac{k_r}{l_r}\left(\dfrac{1}{l_r} + \dfrac{1}{l_{r+1}}\right), \quad r = 2,3,\cdots,n-1, \\[2mm] b_n = \dfrac{k_{n-1}}{l_n}\left(\dfrac{1}{l_{n-1}} + \dfrac{1}{l_n}\right) + \dfrac{k_n^*}{l_n^2}, \end{cases}$$

$$\tag{4.8.4}$$

$$c_r = \frac{k_r}{l_r l_{r+1}}, \quad r = 1,2,\cdots,n-1. \tag{4.8.5}$$

又, k_0^* 与 k_n^* 由式 (4.1.12) 表示.

显然, 由图 4.8 所示模型的系统 S^* 与系统 S 的模态方程组的不同之处只在于中间支座两侧紧邻的质点的模态方程. 事实上, 由图 4.8 可知, 由于位于 $x_{r_k}(k = 1,2,\cdots,p)$ 处的质点处于静止状态, 因此与之相应的模态方程退化为平衡方程, 不再出现在模态方程组中. 因而在与它紧邻的质点的模态方程中, 与其相应的振型分量应该用零代替. 这样, 系统 S^* 的模态方程组即是

$$\begin{cases} \lambda m_0 u_0 = a_0 u_0 - b_1 u_1 + c_1 u_2 + h_1 u_0, \\ \lambda m_1 u_1 = -b_1 u_0 + a_1 u_1 - b_2 u_2 + c_2 u_3, \\ \lambda m_r u_r = c_{r-1}u_{r-2} - b_r u_{r-1} + a_r u_r - b_{r+1}u_{r+1} + c_{r+1}u_{r+2} \\ \quad (r = 2,3,\cdots,r_1-3, r_1+3,\cdots,r_2-3,\cdots,r_p+3,\cdots,n-2), \\ \lambda m_{r_k-2}u_{r_k-2} = c_{r_k-3}u_{r_k-4} - b_{r_k-2}u_{r_k-3} \\ \quad\quad\quad\quad + a_{r_k-2}u_{r_k-2} - b_{r_k-1}u_{r_k-1}, \\ \lambda m_{r_k-1}u_{r_k-1} = c_{r_k-2}u_{r_k-3} - b_{r_k-1}u_{r_k-2} \\ \quad\quad\quad\quad + a_{r_k-1}u_{r_k-1} + c_{r_k}u_{r_k+1}, \\ \lambda m_{r_k+1}u_{r_k+1} = c_{r_k}u_{r_k-1} + a_{r_k+1}u_{r_k+1} \\ \quad\quad\quad\quad - b_{r_k+2}u_{r_k+2} + c_{r_k+2}u_{r_k+3}, \\ \lambda m_{r_k+2}u_{r_k+2} = -b_{r_k+2}u_{r_k+1} + a_{r_k+2}u_{r_k+2} \\ \quad\quad\quad\quad - b_{r_k+3}u_{r_k+3} + c_{r_k+3}u_{r_k+4}, \\ \lambda m_{n-1}u_{n-1} = c_{n-2}u_{n-3} - b_{n-1}u_{n-2} + a_{n-1}u_{n-1} - b_n u_n, \\ \lambda m_n u_n = c_{n-1}u_{n-2} - b_n u_{n-1} + a_n u_n + h_2 u_n. \end{cases} \quad k=1,2,\cdots,p,$$

$$\tag{4.8.6}$$

它还可以写成矢量形式:

$$\lambda \boldsymbol{M}\boldsymbol{u} = \boldsymbol{A}_p \boldsymbol{u}, \tag{4.8.7}$$

其中,

$$\boldsymbol{u} = (u_0, u_1, \cdots, u_{r_1-1}, u_{r_1+1}, u_{r_1+2}, \cdots, u_{r_p-1}, u_{r_p+1}, u_{r_p+2}, \cdots, u_n)^{\mathrm{T}}$$

为系统 S^* 的振型矢量, 系统的质量矩阵为

$$\boldsymbol{M} = \mathrm{diag}(m_0, m_1, \cdots, m_{r_1-1}, m_{r_1+1}, \cdots, m_{r_p-1}, m_{r_p+1}, \cdots, m_n),$$

刚度矩阵 $\boldsymbol{A}_p$ 则是分块三对角矩阵:

$$\boldsymbol{A}_p = \begin{bmatrix} \boldsymbol{A}_{11} & \boldsymbol{A}_{12} & \boldsymbol{0} & \cdots & \boldsymbol{0} & \boldsymbol{0} & \boldsymbol{0} \\ \boldsymbol{A}_{21} & \boldsymbol{A}_{22} & \boldsymbol{A}_{23} & \cdots & \boldsymbol{0} & \boldsymbol{0} & \boldsymbol{0} \\ \boldsymbol{0} & \boldsymbol{A}_{32} & \boldsymbol{A}_{33} & \cdots & \boldsymbol{0} & \boldsymbol{0} & \boldsymbol{0} \\ \vdots & \vdots & \vdots & & \vdots & \vdots & \vdots \\ \boldsymbol{0} & \boldsymbol{0} & \boldsymbol{0} & \cdots & \boldsymbol{A}_{p-1,p-1} & \boldsymbol{A}_{p-1,p} & \boldsymbol{0} \\ \boldsymbol{0} & \boldsymbol{0} & \boldsymbol{0} & \cdots & \boldsymbol{A}_{p,p-1} & \boldsymbol{A}_{pp} & \boldsymbol{A}_{p,p+1} \\ \boldsymbol{0} & \boldsymbol{0} & \boldsymbol{0} & \cdots & \boldsymbol{0} & \boldsymbol{A}_{p+1,p} & \boldsymbol{A}_{p+1,p+1} \end{bmatrix}, \quad (4.8.8)$$

其中, $\boldsymbol{0}$ 表示其矩阵的元全为零的子矩阵, 而

$$\boldsymbol{A}_{ii} = \begin{bmatrix} a_{r_{i-1}+1}+h_1\delta_{i1} & -b_{r_{i-1}+2} & c_{r_{i-1}+2} & & & \\ -b_{r_{i-1}+2} & a_{r_{i-1}+2} & -b_{r_{i-1}+3} & c_{r_{i-1}+3} & & \boldsymbol{0} \\ c_{r_{i-1}+2} & -b_{r_{i-1}+3} & a_{r_{i-1}+3} & -b_{r_{i-1}+4} & c_{r_{i-1}+4} & \\ & \ddots & \ddots & \ddots & \ddots & \ddots \\ & & c_{r_i-4} & -b_{r_i-3} & a_{r_i-3} & -b_{r_i-2} & c_{r_i-2} \\ \boldsymbol{0} & & & c_{r_i-3} & -b_{r_i-2} & a_{r_i-2} & -b_{r_i-1} \\ & & & & c_{r_i-2} & -b_{r_i-1} & a_{r_i-1}+h_2\delta_{i,p+1} \end{bmatrix},$$

$$i = 1, 2, \cdots, p+1, \quad r_0 = -1, \quad r_{p+1} = n+1,$$

$$\boldsymbol{A}_{i,i+1} = \boldsymbol{A}_{i+1,i}^{\mathrm{T}} = \begin{bmatrix} 0 & 0 & \cdots & 0 & 0 \\ \vdots & \vdots & & \vdots & \vdots \\ 0 & 0 & \cdots & 0 & 0 \\ c_{r_i} & 0 & \cdots & 0 & 0 \end{bmatrix}_{t_i \times n_i}, \quad i = 1, 2, \cdots, p,$$

其中,

$$t_1 = r_1, \quad t_i = r_i - r_{i-1} - 1 = n_{i-1}, \quad i = 2, 3, \cdots, p,$$

$$n_p = n - r_p.$$

4.8.3 两跨梁系统的转换系统刚度矩阵的符号振荡性

为了叙述方便, 我们先就只有一个中间支座, 即 $p = 1$ 的情况来研究刚度矩阵的符号振荡性, 然后将其推广到多支座的情况.

记只有一个中间支座的两跨梁系统为 S_1^*. 在矩阵 (4.8.8) 中令 $p = 1$, 就给出了系统 S_1^* 的刚度矩阵

$$\boldsymbol{A}_1 = \begin{bmatrix} \boldsymbol{A}_{11} & \boldsymbol{A}_{12} \\ \boldsymbol{A}_{21} & \boldsymbol{A}_{22} \end{bmatrix}.$$

显然, 矩阵 $\boldsymbol{A}_1$ 不是符号振荡矩阵, 因为按符号振荡矩阵的充要条件, 它的次对角元应均为负数, 而其位于第 r_1 行第 $r_1 + 1$ 列和第 $r_1 + 1$ 行第 r_1 列 (即 $\boldsymbol{A}_{12}$ 的左下角和 $\boldsymbol{A}_{21}$ 的右上角) 的元 c_{r_1} 皆为正数. 我们引入矢量

$$\widetilde{\boldsymbol{u}} = (u_0, u_1, \cdots, u_{r_1-1}, -u_{r_1+1}, -u_{r_1+2}, \cdots, -u_n)^{\mathrm{T}}, \tag{4.8.9}$$

那么模态方程 (4.8.7) 将转化为

$$\lambda \boldsymbol{M} \widetilde{\boldsymbol{u}} = \widetilde{\boldsymbol{A}}_1 \widetilde{\boldsymbol{u}}. \tag{4.8.10}$$

显然, 转化后的系统 (记为 $\widetilde{S}_1$) 的刚度矩阵 $\widetilde{\boldsymbol{A}}_1$ 与原系统的刚度矩阵 $\boldsymbol{A}_1$ 有完全相同的形式, 唯一的变化就是原刚度矩阵 $\boldsymbol{A}_1$ 的第 r_1 行第 $r_1 + 1$ 列和第 $r_1 + 1$ 行第 r_1 列的 c_{r_1} 被 $-c_{r_1}$ 所代替. 依据符号振荡矩阵的充要条件 (参见 2.4.2 小节), 我们尚需证明以下两点:

(1) 与 $\widetilde{\boldsymbol{A}}_1 = (a_{ij})$ 相应的符号倒换矩阵 $\widetilde{\boldsymbol{A}}_1^* = ((-1)^{i+j} a_{ij})$ 是完全非负矩阵.

这是显然的. 事实上, 本章 4.2 节已证明, 与方程组 (4.8.2) 的系数矩阵 $\boldsymbol{C} = (c_{ij})_{(n+1) \times (n+1)}$ 相应的符号倒换矩阵

$$\boldsymbol{C}^* = ((-1)^{i+j} c_{ij})_{(n+1) \times (n+1)}$$

是完全非负矩阵, 而 $\widetilde{\boldsymbol{A}}_1^*$ 是由 $\boldsymbol{C}^*$ 划去第 $r_1 + 1$ 行和第 $r_1 + 1$ 列所得的子矩阵, $\widetilde{\boldsymbol{A}}_1^*$ 的子式都是 $\boldsymbol{C}^*$ 的子式, 所以 $\widetilde{\boldsymbol{A}}_1^*$ 是完全非负矩阵.

(2) $\widetilde{\boldsymbol{A}}_1$ 是非奇异的, 即 $\left| \widetilde{\boldsymbol{A}}_1 \right| = |\boldsymbol{A}_1| > 0$.

事实上, 根据行列式按子式展开的 Laplace 定理, 有

$$|\boldsymbol{A}_1| = A_1 \begin{pmatrix} 1 & 2 & \cdots & r_1 \\ 1 & 2 & \cdots & r_1 \end{pmatrix} A_1 \begin{pmatrix} r_1+1 & r_1+2 & \cdots & n \\ r_1+1 & r_1+2 & \cdots & n \end{pmatrix}$$

$$- A_1 \begin{pmatrix} 1 & 2 & \cdots & r_1 - 1 & r_1 \\ 1 & 2 & \cdots & r_1 - 1 & r_1 + 1 \end{pmatrix} A_1 \begin{pmatrix} r_1 + 1 & r_1 + 2 & \cdots & n \\ r_1 & r_1 + 2 & \cdots & n \end{pmatrix}$$

$$= \left[A_1 \begin{pmatrix} 1 & 2 & \cdots & r_1 \\ 1 & 2 & \cdots & r_1 \end{pmatrix} - A_1 \begin{pmatrix} 1 & 2 & \cdots & r_1 - 1 & r_1 \\ 1 & 2 & \cdots & r_1 - 1 & r_1 + 1 \end{pmatrix} \right]$$

$$\times A_1 \begin{pmatrix} r_1 + 1 & r_1 + 2 & \cdots & n \\ r_1 + 1 & r_1 + 2 & \cdots & n \end{pmatrix} + A_1 \begin{pmatrix} 1 & 2 & \cdots & r_1 - 1 & r_1 \\ 1 & 2 & \cdots & r_1 - 1 & r_1 + 1 \end{pmatrix}$$

$$\times \left[A_1 \begin{pmatrix} r_1 + 1 & r_1 + 2 & \cdots & n \\ r_1 + 1 & r_1 + 2 & \cdots & n \end{pmatrix} - A_1 \begin{pmatrix} r_1 + 1 & r_1 + 2 & \cdots & n \\ r_1 & r_1 + 2 & \cdots & n \end{pmatrix} \right].$$

注意到

$$A_1 \begin{pmatrix} 1 & 2 & \cdots & r_1 \\ 1 & 2 & \cdots & r_1 \end{pmatrix} \quad \text{与} \quad A_1 \begin{pmatrix} 1 & 2 & \cdots & r_1 - 1 & r_1 \\ 1 & 2 & \cdots & r_1 - 1 & r_1 + 1 \end{pmatrix}$$

只有最后一列不同, 而后者最后一列又只有右下角元素 c_{r_1} 非零, 这样, 由行列式按一列拆分的性质有

$$|\boldsymbol{A}_{1c}| = A_1 \begin{pmatrix} 1 & 2 & \cdots & r_1 \\ 1 & 2 & \cdots & r_1 \end{pmatrix} - A_1 \begin{pmatrix} 1 & 2 & \cdots & r_1 - 1 & r_1 \\ 1 & 2 & \cdots & r_1 - 1 & r_1 + 1 \end{pmatrix}$$

$$= \det \begin{bmatrix} a_0^* & -b_1 & c_1 & & & & \\ -b_1 & a_1 & -b_2 & c_2 & & \mathbf{0} & \\ c_1 & -b_2 & a_2 & -b_3 & c_3 & & \\ & \ddots & \ddots & \ddots & \ddots & \ddots & \\ & & c_{r_1-4} & -b_{r_1-3} & a_{r_1-3} & -b_{r_1-2} & c_{r_1-2} \\ & \mathbf{0} & & c_{r_1-3} & -b_{r_1-2} & a_{r_1-2} & -b_{r_1-1} \\ & & & & c_{r_1-2} & -b_{r_1-1} & a_{r_1-1} - c_{r_1} \end{bmatrix},$$

其中, $a_0^* = a_0 + h_1$. 同理,

$$|\boldsymbol{B}_{1c}| = A_1 \begin{pmatrix} r_1 + 1 & r_1 + 2 & \cdots & n \\ r_1 + 1 & r_1 + 2 & \cdots & n \end{pmatrix} - A_1 \begin{pmatrix} r_1 + 1 & r_1 + 2 & \cdots & n \\ r_1 & r_1 + 2 & \cdots & n \end{pmatrix}$$

$$= \det \begin{bmatrix} a_{r_1+1} - c_{r_1} & -b_{r_1+2} & c_{r_1+2} & & & & & \\ -b_{r_1+2} & a_{r_1+2} & -b_{r_1+3} & c_{r_1+3} & & & \mathbf{0} & \\ c_{r_1+2} & -b_{r_1+3} & a_{r_1+3} & -b_{r_1+4} & c_{r_1+4} & & & \\ & \ddots & \ddots & \ddots & \ddots & \ddots & & \\ & & c_{n-3} & -b_{n-2} & a_{n-2} & -b_{n-1} & c_{n-1} & \\ & \mathbf{0} & & c_{n-2} & -b_{n-1} & a_{n-1} & -b_n & \\ & & & & c_{n-1} & -b_n & a_n^* \end{bmatrix},$$

其中, $a_n^* = a_n + h_2$. 因为

$$a_{r_1-1} - c_{r_1} = \frac{k_{r_1-2}}{l_{r_1-1}^2} + \left(\frac{1}{l_{r_1-1}} + \frac{1}{l_{r_1}} \right)^2 k_{r_1-1} + \frac{k_{r_1}}{l_{r_1}^2} - \frac{k_{r_1}}{l_{r_1} l_{r_1+1}},$$

$$a_{r_1+1} - c_{r_1} = \frac{k_{r_1}}{l_{r_1+1}^2} + \left(\frac{1}{l_{r_1+1}} + \frac{1}{l_{r_1+2}} \right)^2 k_{r_1+1} + \frac{k_{r_1+2}}{l_{r_1+2}^2} - \frac{k_{r_1}}{l_{r_1} l_{r_1+1}},$$

所以, 当 $l_{r_1} = l_{r_1+1}$ 时, $\boldsymbol{A}_{1c}$ 是左端任意支承右端铰支梁的刚度矩阵, $\boldsymbol{B}_{1c}$ 是左端铰支右端任意支承梁的刚度矩阵. 故当原梁左右两端有一端是固定、铰支或滑支端时, 必有 $|\boldsymbol{A}_{1c}|$ 和 $|\boldsymbol{B}_{1c}|$ 之一大于零. 又

$$A_1 \begin{pmatrix} 1 & 2 & \cdots & r_1-1 & r_1 \\ 1 & 2 & \cdots & r_1-1 & r_1+1 \end{pmatrix} = c_{r_1} A_1 \begin{pmatrix} 1 & 2 & \cdots & r_1-1 \\ 1 & 2 & \cdots & r_1-1 \end{pmatrix} > 0,$$

$$A_1 \begin{pmatrix} r_1+1 & r_1+2 & \cdots & n \\ r_1+1 & r_1+2 & \cdots & n \end{pmatrix} > 0.$$

这是因为它们所对应的矩阵都是有一端为固定端的单跨梁的刚度矩阵. 于是, 对于实际的梁的差分模型, l_{r_1} 与 l_{r_1+1} 相等这一条件可以满足, 因此得出

$$|\boldsymbol{A}_1| = |\boldsymbol{A}_{1c}| A_1 \begin{pmatrix} r_1+1 & r_1+2 & \cdots & n \\ r_1+1 & r_1+2 & \cdots & n \end{pmatrix}$$

$$+ A_1 \begin{pmatrix} 1 & 2 & \cdots & r_1-1 & r_1 \\ 1 & 2 & \cdots & r_1-1 & r_1+1 \end{pmatrix} |\boldsymbol{B}_{1c}| > 0.$$

　　综合以上讨论, 我们证明了当中间支座两侧的差分步长相等, 原梁左右两端至少有一端是固定、铰支或滑支端, 并存在一个中间支座时, 梁的差分离散系统所对应的转换系统的刚度矩阵 $\widetilde{\boldsymbol{A}}_1$ 是符号振荡矩阵.

4.8.4 任意支承多跨梁的离散系统的转换系统刚度矩阵的符号振荡性

为了阐明任意支承多跨梁的差分离散系统的转换系统刚度矩阵的符号振荡性, 考虑到 4.8.3 小节的结果与梁的两端支承条件有关, 因此我们仍需对存在两个中间支座, 即三跨梁的情况加以讨论, 记该系统为 S_2^*. 由 4.8.2 小节可知, 三跨梁的刚度矩阵是

$$
A_2 = \begin{bmatrix} A_{11} & A_{12} & 0 \\ A_{21} & A_{22} & A_{23} \\ 0 & A_{32} & A_{33} \end{bmatrix}. \tag{4.8.11}
$$

与 4.8.3 小节类似, 通过引入矢量

$$
\widetilde{\boldsymbol{u}} = (u_0, u_1, \cdots, u_{r_1-1}, -u_{r_1+1}, -u_{r_1+2}, \cdots, -u_{r_2-1}, u_{r_2+1}, u_{r_2+2}, \cdots, u_n)^{\mathrm{T}}, \tag{4.8.12}
$$

模态方程 (4.8.7) 将转化为

$$
\lambda \boldsymbol{M} \widetilde{\boldsymbol{u}} = \widetilde{\boldsymbol{A}}_2 \widetilde{\boldsymbol{u}}. \tag{4.8.13}
$$

显然, 经转化后的系统的刚度矩阵 $\widetilde{\boldsymbol{A}}_2$ 与原系统的刚度矩阵 $\boldsymbol{A}_2$ 同样有完全相同的形式, 唯一的变化就是原系统的刚度矩阵 $\boldsymbol{A}_2$ 的第 r_1 和 r_1+1 行 (即 $\boldsymbol{A}_{12}$ 的左下角和 $\boldsymbol{A}_{21}$ 的右上角) 的 c_{r_1} 被 $-c_{r_1}$ 所代替, 第 r_2-1 和 r_2 行 (即 $\boldsymbol{A}_{23}$ 的左下角和 $\boldsymbol{A}_{32}$ 的右上角) 的 c_{r_2} 被 $-c_{r_2}$ 所代替. 矩阵 $\widetilde{\boldsymbol{A}}_2$ 所对应的符号倒换矩阵 $\widetilde{\boldsymbol{A}}_2^*$ 仍然是由符号倒换矩阵 $\boldsymbol{C}^*$ 划去第 r_1+1 行和第 r_1+1 列, 以及第 r_2+1 行和第 r_2+1 列所得的子矩阵, 因而也是完全非负矩阵.

又, 与 4.8.3 小节类似, 有

$$
\begin{aligned}
\left| \widetilde{\boldsymbol{A}}_2 \right| = |\boldsymbol{A}_2| &= A_2 \begin{pmatrix} 1 & 2 & \cdots & r_1 \\ 1 & 2 & \cdots & r_1 \end{pmatrix} A_2 \begin{pmatrix} r_1+1 & r_1+2 & \cdots & n-1 \\ r_1+1 & r_1+2 & \cdots & n-1 \end{pmatrix} \\
&\quad - A_2 \begin{pmatrix} 1 & 2 & \cdots & r_1-1 & r_1 \\ 1 & 2 & \cdots & r_1-1 & r_1+1 \end{pmatrix} A_2 \begin{pmatrix} r_1+1 & r_1+2 & \cdots & n-1 \\ r_1 & r_1+2 & \cdots & n-1 \end{pmatrix} \\
&= |\boldsymbol{A}_{2c}| A_2 \begin{pmatrix} r_1+1 & r_1+2 & \cdots & n-1 \\ r_1+1 & r_1+2 & \cdots & n-1 \end{pmatrix} \\
&\quad + A_2 \begin{pmatrix} 1 & 2 & \cdots & r_1-1 & r_1 \\ 1 & 2 & \cdots & r_1-1 & r_1+1 \end{pmatrix} |\boldsymbol{B}_{2c}|,
\end{aligned}
$$

其中,

$$|\boldsymbol{A}_{2c}| = A_2 \begin{pmatrix} 1 & 2 & \cdots & r_1 \\ 1 & 2 & \cdots & r_1 \end{pmatrix} - A_2 \begin{pmatrix} 1 & 2 & \cdots & r_1-1 & r_1 \\ 1 & 2 & \cdots & r_1-1 & r_1+1 \end{pmatrix} \geqslant 0,$$

$$|\boldsymbol{B}_{2c}| = A_2 \begin{pmatrix} r_1+1 & r_1+2 & \cdots & n-1 \\ r_1+1 & r_1+2 & \cdots & n-1 \end{pmatrix}$$
$$- A_2 \begin{pmatrix} r_1+1 & r_1+2 & \cdots & n-1 \\ r_1 & r_1+2 & \cdots & n-1 \end{pmatrix} > 0.$$

这是因为在 $l_{r_1} = l_{r_1+1}$ 时, 相应矩阵 $\boldsymbol{A}_{2c}$ 是左端任意支承 (包括自由) 右端铰支的单跨梁的刚度矩阵, 而 $\boldsymbol{B}_{2c}$ 是左端铰支右端任意支承, 并在第 r_2 个质点处存在中间铰支座的两跨梁的刚度矩阵. 又与 4.8.3 小节同样的理由, 有

$$A_2 \begin{pmatrix} 1 & 2 & \cdots & r_1-1 & r_1 \\ 1 & 2 & \cdots & r_1-1 & r_1+1 \end{pmatrix} = c_{r_1} A_2 \begin{pmatrix} 1 & 2 & \cdots & r_1-1 \\ 1 & 2 & \cdots & r_1-1 \end{pmatrix} > 0.$$

于是只要 l_{r_1} 与 l_{r_1+1}, l_{r_2} 与 l_{r_2+1} 分别相等时, 总有

$$\left| \widetilde{\boldsymbol{A}}_2 \right| = |\boldsymbol{A}_2| > 0.$$

这就证明了 $\widetilde{\boldsymbol{A}}_2$ 是符号振荡矩阵.

以上处理两跨和三跨梁的方法还可以推广到两端任意支承的多跨梁. 若记具有 $p(p > 2)$ 个中间支座的多跨梁系统为 S_p^*, 相应的转换系统 $\widetilde{S}_p$ 的位移分量为

$$\widetilde{u}_r = \varepsilon_k u_r, \tag{4.8.14}$$

其中, 下角标为 $r = r_{k-1}+1, r_{k-1}+2, \cdots, r_k-1, k = 1, 2, \cdots, p+1, r_0 = -1,$ $r_{p+1}-1 = n$, 而 ε_k 为符号表示, 即

$$\varepsilon_k = (-1)^{k-1}, \quad k = 1, 2, \cdots, p+1.$$

当以矢量

$$\widetilde{\boldsymbol{u}} = (\widetilde{u}_0, \widetilde{u}_1, \cdots, \widetilde{u}_{r_1-1}, \widetilde{u}_{r_1+1}, \widetilde{u}_{r_1+2}, \cdots, \widetilde{u}_{r_2-1}, \widetilde{u}_{r_2+1}, \cdots,$$
$$\widetilde{u}_{r_p-1}, \widetilde{u}_{r_p+1}, \widetilde{u}_{r_p+2}, \cdots, \widetilde{u}_n)^{\mathrm{T}}$$

代替矢量

$$\boldsymbol{u} = (u_0, u_1, \cdots, u_{r_1-1}, u_{r_1+1}, u_{r_1+2}, \cdots, u_{r_2-1}, u_{r_2+1}, \cdots,$$

$$u_{r_p-1}, u_{r_p+1}, u_{r_p+2}, \cdots, u_n)^{\mathrm{T}},$$

所得的转换系统记为 $\widetilde{S}_p$. 那么采用数学归纳法可以证明, 与转换系统 $\widetilde{S}_p$ 相应的刚度矩阵 $\widetilde{\boldsymbol{A}}_p$ 是符号振荡矩阵.

事实上, 按照归纳法, 假设转换系统 $\widetilde{S}_{p-1}$ 相应的刚度矩阵 $\widetilde{\boldsymbol{A}}_{p-1}$ 是符号振荡矩阵. 在此假设下, 只要以 $\boldsymbol{A}_p$ 代替 $\boldsymbol{A}_2$, $\widetilde{\boldsymbol{A}}_p$ 代替 $\widetilde{\boldsymbol{A}}_2$, 则几乎可以逐字逐句照抄关于 $\widetilde{\boldsymbol{A}}_2$ 的符号振荡性的证明过程, 从而给出: (1) $\widetilde{\boldsymbol{A}}_p$ 是完全非负矩阵, (2) $\left| \widetilde{\boldsymbol{A}}_p \right| = |\boldsymbol{A}_p| > 0$. 由此断定转换系统的刚度矩阵 $\widetilde{\boldsymbol{A}}_p$ 是符号振荡矩阵.

4.8.5　多跨梁的离散系统的模态的定性性质

从转换系统的刚度矩阵 $\widetilde{\boldsymbol{A}}_p$ 的符号振荡性出发, 应用振荡矩阵的理论 [2,18], 我们发现, 转换系统 $\widetilde{S}_p$ 的特征值和特征矢量具有如下定性性质:

(1) 转换系统的特征值 $\lambda = \omega^2$ 是正的和单的, 可按递增次序排列为

$$(0 <)\lambda_1 < \lambda_2 < \cdots < \lambda_N,$$

其中, N 是转换系统 $\widetilde{S}_p$ 的自由度数.

(2) 转换系统 $\widetilde{S}_p$ 的特征矢量 $\widetilde{\boldsymbol{u}}^{(i)}$ 对应的 $\widetilde{u}^{(i)}$ 线恰有 $i-1$ 个节点 (孤立零点), 或者说, 转换系统 $\widetilde{S}_p$ 的特征矢量 $\widetilde{\boldsymbol{u}}^{(i)}$ 的分量序列中的变号数恰为 $i-1$.

(3) 与转换系统的特征矢量 $\widetilde{\boldsymbol{u}}^{(i)}$ 和 $\widetilde{\boldsymbol{u}}^{(i+1)}$ 相应的 $\widetilde{u}^{(i)}$ 线与 $\widetilde{u}^{(i+1)}$ 线 ($i = 2, 3, \cdots, N-1$) 的节点彼此交错.

由式 (4.8.14) 可知, 系统 S_p^* 的位移 u_i 和转换系统 $\widetilde{S}_p$ 的位移 $\widetilde{u}_i$ 具有在奇数跨内相等, 在偶数跨内等值反号的规则. 转换系统 $\widetilde{S}_p$ 的上述三条定性性质可以转化到多跨梁系统 S_p^*, 即多跨梁也具有下述相应的定性性质:

(1) 引入

$$\boldsymbol{G}_p = \mathrm{diag}\left(\underbrace{1, \cdots, 1}_{r_1 \uparrow}, \underbrace{-1, \cdots, -1}_{r_2-r_1-1 \uparrow}, \underbrace{1, \cdots, 1}_{r_3-r_2-1 \uparrow}, \cdots, \underbrace{(-1)^p, \cdots, (-1)^p}_{n-r_p \uparrow} \right).$$

由于矩阵 $\boldsymbol{G}_p^{-1} = \boldsymbol{G}_p$, 于是 $\widetilde{\boldsymbol{A}}_p = \boldsymbol{G}_p^{-1}\boldsymbol{A}_p\boldsymbol{G}_p$, 即 $\widetilde{\boldsymbol{A}}_p$ 和 $\boldsymbol{A}_p$ 是相似矩阵, 因此两者有完全相同的特征值. 由此可知, 多跨梁的 N 个固有频率是单的.

(2) 多跨梁的第一阶振型恰有 p(p 为中间支座的个数) 个节点. 如果约定将节点与支座之间没有 S_p^* 中的质点的情况称为节点与支座重合, 则所有这些节点均与支座重合.

(3) 多跨梁的第 i ($i \geqslant 2$) 阶振型恰有 $i-1+p-2s$(p 为中间支座的个数) 个节点, 这里, s 是转换系统的 $\widetilde{u}^{(i)}$ 线的节点与支座重合的次数, 那么

$$s \leqslant \min(i-1, p).$$

这是因为转换系统的 $\widetilde{u}^{(i)}$ 线有 $i-1$ 个节点, 如果有 s 个节点与支座重合, 则多跨梁的 $u^{(i)}$ 线减少 s 个节点, 而在其余 $p-s$ 个支座处增加 $p-s$ 个节点. 由此可知, 多跨梁的第 i($i \geqslant 2$) 阶振型的节点数为

$$(i-1) - s + (p-s) = i-1+p-2s.$$

(4) 当转换系统的 $\widetilde{u}^{(i)}$ 线与 $\widetilde{u}^{(i+1)}$ 线的节点均不与支座重合时, 多跨梁的 $u^{(i)}$ 线与 $u^{(i+1)}$ 线 ($i = 2, 3, \cdots, N-1$) 除支座外的节点彼此交错. 而当转换系统的 $\widetilde{u}^{(i)}$ 线或 $\widetilde{u}^{(i+1)}$ 线的节点之一与支座重合时, 多跨梁不再具有与系统 $\widetilde{S}_p$(p 为中间支座的个数) 的性质 (3) 相似的性质, 即在这种情况下, 多跨梁的 $u^{(i)}$ 线与 $u^{(i+1)}$ 线 ($i = 2, 3, \cdots, N-1$) 的节点不一定彼此交错.

本节主要内容取自参考文献 [19,20].

4.9   外伸梁的离散系统的模态的定性性质

实际上, 在 4.8 节我们已经阐明了, 对于图 4.9 所示的只有一个外伸端的两跨外伸梁, 以及图 4.10 所示的具有两个外伸端的三跨外伸梁, 它们的转换系统的刚度矩阵 $\widetilde{A}_1$ 和 $\widetilde{A}_2$ 都具有符号振荡性. 从 $\widetilde{A}_1$ 和 $\widetilde{A}_2$ 的符号振荡性出发, 应用振荡矩阵的理论, 我们发现系统 $\widetilde{S}_1, \widetilde{S}_2$ 的特征值和特征矢量具有如下性质:

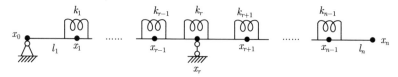

图 4.9   两跨外伸梁的弹簧–质点–刚杆模型示意图

(1) 系统 $\widetilde{S}_1, \widetilde{S}_2$ 的特征值 $\lambda = \omega^2$ 是正的和单的, 可按递增次序排列为

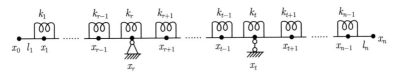

图 4.10　三跨外伸梁的弹簧–质点–刚杆模型示意图

$$(0 <)\lambda_1 < \lambda_2 < \cdots < \lambda_{n-1}.$$

(2) 系统 $\widetilde{S}_1$, $\widetilde{S}_2$ 的特征矢量 $\widetilde{\boldsymbol{u}}^{(i)}$ 对应的 $\widetilde{u}^{(i)}$ 线恰有 $i-1$ 个节点 (孤立零点), 或者说, 系统 $\widetilde{S}_1$, $\widetilde{S}_2$ 的特征矢量 $\widetilde{\boldsymbol{u}}^{(i)}$ 的分量序列中的变号数恰为 $i-1$.

(3) 与特征矢量 $\widetilde{\boldsymbol{u}}^{(i)}$ 和 $\widetilde{\boldsymbol{u}}^{(i+1)}$ 相应的 $\widetilde{u}^{(i)}$ 线与 $\widetilde{u}^{(i+1)}$ 线 ($i=2,3,\cdots,n-2$) 的节点彼此交错.

与任意支承多跨梁类似, 也具有系统 S_1^*, S_2^* 的位移分量 u_i 和系统 $\widetilde{S}_1$, $\widetilde{S}_2$ 的位移分量 $\widetilde{u}_i$ 在奇数跨内相等, 在偶数跨内等值反号的规则. 因而系统 $\widetilde{S}_1$, $\widetilde{S}_2$ 的以上性质同样可以转化到系统 S_1^*, S_2^*, 也即两跨外伸梁和三跨外伸梁的模态具有下述性质:

性质 1　由于 $\widetilde{\boldsymbol{A}}_p = \boldsymbol{G}_p^{-1}\boldsymbol{A}_p\boldsymbol{G}_p (p=1,2)$, 即 $\widetilde{\boldsymbol{A}}_1$ 和 $\boldsymbol{A}_1$, $\widetilde{\boldsymbol{A}}_2$ 和 $\boldsymbol{A}_2$ 是相似矩阵, 因此两者有完全相同的特征值. 由此可知, 两跨外伸梁和三跨外伸梁的 $n-1$ 个固有频率是单的.

性质 2　外伸梁的第一阶振型恰有 $p(p=1,2)$ 个节点, 所有这些节点均与支座重合.

性质 3　外伸梁的第 $i(i \geqslant 2)$ 阶振型恰有 $i-1+p-2s(p=1,2)$ 个节点, 这里, s 是 $\widetilde{u}^{(i)}$ 线的节点与支座重合的次数. 对于两跨外伸梁, 有 $s \leqslant 1$, 而对于三跨外伸梁, 有 $s \leqslant 2$.

性质 4　当 $\widetilde{u}^{(i)}$ 线与 $\widetilde{u}^{(i+1)}$ 线的节点均不与支座重合时, 外伸梁的 $u^{(i)}$ 线与 $u^{(i+1)}$ 线 ($i=2,3,\cdots,n-2$) 除支座外的节点彼此交错. 而当 $\widetilde{u}^{(i)}$ 线或 $\widetilde{u}^{(i+1)}$ 线的节点之一与支座重合时, 外伸梁不再具有与系统 $\widetilde{S}_p(p=1,2)$ 的性质 (3) 相似的性质, 即在这种情况下, 外伸梁的 $u^{(i)}$ 线与 $u^{(i+1)}$ 线 ($i=2,3,\cdots,n-2$) 的节点不一定彼此交错.

另外, 此类梁还有四项较重要的定性性质, 即性质 5 和性质 6, 性质 7 和性质 8. 由于它们的证明过程较复杂, 因此将分别在 4.9.2 和 4.9.3 小节中给出.

4.9.1　外伸梁的共轭结构

为了进一步讨论外伸梁的转角、弯矩、剪力振型的定性性质, 仿照 4.3 节, 我们引入外伸梁的共轭结构. 首先考察两跨外伸梁. 它的离散模型的模态方

程组是

$$
\begin{cases}
\lambda m_1 u_1 = a_1 u_1 - b_2 u_2 + c_2 u_3, \\
\lambda m_2 u_2 = -b_2 u_1 + a_2 u_2 - b_3 u_3 + c_3 u_4, \\
\lambda m_k u_k = c_{k-1} u_{k-2} - b_k u_{k-1} + a_k u_k - b_{k+1} u_{k+1} + c_{k+1} u_{k+2} \\
\qquad\qquad\qquad (k = 3, 4, \cdots, r-3), \\
\lambda m_{r-2} u_{r-2} = c_{r-3} u_{r-4} - b_{r-2} u_{r-3} + a_{r-2} u_{r-2} - b_{r-1} u_{r-1}, \\
\lambda m_{r-1} u_{r-1} = c_{r-2} u_{r-3} - b_{r-1} u_{r-2} + a_{r-1} u_{r-1} + c_r u_{r+1}, \\
\lambda m_{r+1} u_{r+1} = c_r u_{r-1} + a_{r+1} u_{r+1} - b_{r+2} u_{r+2} + c_{r+2} u_{r+3}, \\
\lambda m_{r+2} u_{r+2} = -b_{r+2} u_{r+1} + a_{r+2} u_{r+2} - b_{r+3} u_{r+3} + c_{r+3} u_{r+4}, \\
\lambda m_k u_k = c_{k-1} u_{k-2} - b_k u_{k-1} + a_k u_k - b_{k+1} u_{k+1} + c_{k+1} u_{k+2} \\
\qquad\qquad\qquad (k = r+3, r+4, \cdots, n-2), \\
\lambda m_{n-1} u_{n-1} = c_{n-2} u_{n-3} - b_{n-1} u_{n-2} + a_{n-1} u_{n-1} - b_n u_n, \\
\lambda m_n u_n = c_{n-1} u_{n-2} - b_n u_{n-1} + a_n u_n.
\end{cases}
\tag{4.9.1}
$$

记

$$
\boldsymbol{M} = \operatorname{diag}(m_1, m_2, \cdots, m_r, \cdots, m_n), \qquad \boldsymbol{K} = \operatorname{diag}(k_1, k_2, \cdots, k_r, \cdots, k_{n-1}),
$$

$$
\overline{\boldsymbol{u}} = (u_1, u_2, \cdots, u_{r-1}, 0, u_{r+1}, u_{r+2}, \cdots, u_n)^{\mathrm{T}}, \qquad \boldsymbol{L} = \operatorname{diag}(l_1, l_2, \cdots, l_n),
$$

以及两跨外伸梁的弯矩振型为

$$
\boldsymbol{\tau} = (\tau_1, \tau_2, \cdots, \tau_{n-1})^{\mathrm{T}} = \boldsymbol{K} \boldsymbol{E}_{n-1} \boldsymbol{L}^{-1} \widetilde{\boldsymbol{E}}_n^{\mathrm{T}} \overline{\boldsymbol{u}}, \tag{4.9.2}
$$

其中, 矩阵 $\boldsymbol{E}_{n-1}$ 与 $\widetilde{\boldsymbol{E}}_n$ 的形式仍如式 (4.1.23), 只是 $\boldsymbol{E}_{n-1}$ 的阶数为 $(n-1) \times n$, 而 $\widetilde{\boldsymbol{E}}_n$ 是 n 阶方阵. 这样, 可将式 (4.9.1) 改写为

$$
\lambda \boldsymbol{M} \overline{\boldsymbol{u}} = \widetilde{\boldsymbol{E}}_n \boldsymbol{L}^{-1} \boldsymbol{E}_{n-1}^{\mathrm{T}} \boldsymbol{K} \boldsymbol{E}_{n-1} \boldsymbol{L}^{-1} \widetilde{\boldsymbol{E}}_n^{\mathrm{T}} \overline{\boldsymbol{u}} + R_r e^{(r)} = \widetilde{\boldsymbol{E}}_n \boldsymbol{L}^{-1} \boldsymbol{E}_{n-1}^{\mathrm{T}} \boldsymbol{\tau} + R_r e^{(r)}. \tag{4.9.3}
$$

注意, 式 (4.9.3) 中含有在两跨外伸梁的模态方程组 (4.9.1) 中被略去的第 r 个质点, 即中间支座处的平衡方程为

$$
0 = \frac{1}{m_r} \left(\frac{\tau_r - \tau_{r-1}}{l_r} - \frac{\tau_{r+1} - \tau_r}{l_{r+1}} \right) + \frac{R_r}{m_r}. \tag{4.9.4}
$$

又注意到式 (4.9.3) 中的 R_r 是中间支座处的约束反力, $e^{(r)}$ 是第 r 个分量为 1, 其余分量为 0 的 n 维单位列矢量. 当视 m_r 为无穷大时, $R_r / m_r \to 0$. 这样,

式 (4.9.3) 可以进一步改写为

$$\lambda \boldsymbol{E}_{n-1} \boldsymbol{L}^{-1} \widetilde{\boldsymbol{E}}_n^{\mathrm{T}} \overline{\boldsymbol{u}} = \boldsymbol{E}_{n-1} \boldsymbol{L}^{-1} \widetilde{\boldsymbol{E}}_n^{\mathrm{T}} \boldsymbol{M}^{-1} \widetilde{\boldsymbol{E}}_n \boldsymbol{L}^{-1} \boldsymbol{E}_{n-1}^{\mathrm{T}} \boldsymbol{\tau}$$

或

$$\lambda \boldsymbol{K}^{-1} \boldsymbol{\tau} = \boldsymbol{E}_{n-1} \boldsymbol{L}^{-1} \widetilde{\boldsymbol{E}}_n^{\mathrm{T}} \boldsymbol{M}^{-1} \widetilde{\boldsymbol{E}}_n \boldsymbol{L}^{-1} \boldsymbol{E}_{n-1}^{\mathrm{T}} \boldsymbol{\tau} = \boldsymbol{A}_{1\tau} \boldsymbol{\tau}. \tag{4.9.5}$$

式 (4.9.5) 同样代表某种具有自由度为 $n-1$ 的梁的振型方程, 我们称由此式所代表的振动系统为两跨外伸梁的共轭系统. 而由两跨外伸梁的边条件和平衡方程 (4.9.4) 可知,

$$\tau_0 = 0, \quad \tau_0'' = 0, \quad \tau_n = 0, \quad \tau_n' = 0, \quad \tau_r''/m_r = 0.$$

这样, 两跨外伸梁的共轭系统是如图 4.11(a) 所示的左端铰支右端固定, 而在 $x_r = c$ 处存在一个中间铰链连接的两跨连续梁的离散系统. 它以 $\boldsymbol{\tau} = (\tau_1, \tau_2, \cdots, \tau_{n-1})^{\mathrm{T}}$ 为其 "位移振型", 同时具有参数

$$\{\overline{m}_i\}_1^{n-1} = \{k_i^{-1}\}_1^{n-1}, \quad \bar{k}_i = m_i^{-1}, \quad i = 1, 2, \cdots, n, \qquad i \neq r, \quad \{l_i\}_1^n,$$

并视 $\bar{k}_r = m_r^{-1} = 0$.

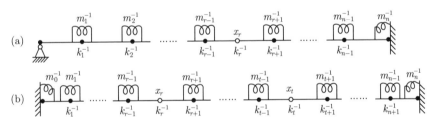

图 4.11　(a) 两跨外伸梁的共轭系统示意图, (b) 三跨外伸梁的共轭系统示意图

通过完全类似的讨论可以给出三跨外伸梁的共轭系统是如图 4.11(b) 所示的两端固定, 而在 x_r 和 x_t 处存在两个中间铰链连接的三跨连续梁的离散系统. 它也以 $\boldsymbol{\tau} = (\tau_1, \tau_2, \cdots, \tau_{n-1})^{\mathrm{T}}$ 为其 "位移振型", 同时具有参数

$$\{\overline{m}_i\}_1^{n-1} = \{k_i^{-1}\}_1^{n-1}, \quad \bar{k}_i = m_i^{-1}, \quad i = 0, 1, \cdots, n, \quad i \neq r, t, \quad \{l_i\}_1^n,$$

并视 $\bar{k}_r = 0, \bar{k}_t = 0$.

上面的推导还表明, 外伸梁的共轭系统与外伸梁本身有完全相同的频谱.

4.9.2　外伸梁的共轭系统的基本定性性质

外伸梁的共轭系统具有以下基本定性性质:

1. 两跨外伸梁的共轭系统的刚度矩阵是符号振荡矩阵

记

$$
\overline{\boldsymbol{A}}_{11} = \begin{bmatrix}
\bar{a}_1 & -\bar{b}_2 & \bar{c}_2 & & & & \\
-\bar{b}_2 & \bar{a}_2 & -\bar{b}_3 & \bar{c}_3 & & \text{\LARGE 0} & \\
\bar{c}_2 & -\bar{b}_3 & \bar{a}_3 & -\bar{b}_4 & \bar{c}_4 & & \\
& \ddots & \ddots & \ddots & \ddots & \ddots & \\
& & \bar{c}_{r-3} & -\bar{b}_{r-2} & \bar{a}_{r-2} & -\bar{b}_{r-1} & \bar{c}_{r-1} \\
\text{\LARGE 0} & & & \bar{c}_{r-2} & -\bar{b}_{r-1} & \bar{a}'_{r-1} & -\bar{b}'_r \\
& & & & \bar{c}_{r-1} & -\bar{b}'_r & \bar{a}'_r
\end{bmatrix},
$$

$$
\overline{\boldsymbol{A}}_{12} = \overline{\boldsymbol{A}}_{21}^{\mathrm{T}} = \begin{bmatrix}
0 & 0 & 0 & \cdots & 0 \\
\vdots & \vdots & \vdots & & \vdots \\
0 & 0 & 0 & \cdots & 0 \\
-\bar{b}'_{r+1} & \bar{c}_{r+1} & 0 & \cdots & 0
\end{bmatrix}_{r \times (n-r-1)},
$$

$$
\widetilde{\boldsymbol{A}}_{22} = \begin{bmatrix}
\bar{a}'_r & -\bar{b}'_{r+1} & \bar{c}_{r+1} & & & & \\
-\bar{b}'_{r+1} & \bar{a}'_{r+1} & -\bar{b}_{r+2} & \bar{c}_{r+2} & & \text{\LARGE 0} & \\
\bar{c}_{r+1} & -\bar{b}_{r+2} & \bar{a}_{r+2} & -\bar{b}_{r+3} & \bar{c}_{r+3} & & \\
& \ddots & \ddots & \ddots & \ddots & \ddots & \\
& & \bar{c}_{n-4} & -\bar{b}_{n-3} & \bar{a}_{n-3} & -\bar{b}_{n-2} & \bar{c}_{n-2} \\
\text{\LARGE 0} & & & \bar{c}_{n-3} & -\bar{b}_{n-2} & \bar{a}_{n-2} & -\bar{b}_{n-1} \\
& & & & \bar{c}_{n-2} & -\bar{b}_{n-1} & \bar{a}_{n-1}
\end{bmatrix},
$$

$$
\widetilde{\boldsymbol{A}}_{12} = \widetilde{\boldsymbol{A}}_{21}^{\mathrm{T}} = \begin{bmatrix}
0 & 0 & \cdots & 0 \\
\vdots & \vdots & & \vdots \\
0 & 0 & \cdots & 0 \\
\bar{c}_{r-1} & 0 & \cdots & 0 \\
-\bar{b}'_r & 0 & \cdots & 0
\end{bmatrix}_{(r-1) \times (n-r)}.
$$

在以上矩阵中, $\bar{a}_i(i = 1, 2, \cdots, r-2, r+2, \cdots, n-2)$, $\bar{b}_i(i = 2, 3, \cdots, r-1,$ $r+2, \cdots, n-1)$ 及 $\bar{c}_i(i = 2, 3, \cdots, n-2)$ 与由式 (4.8.3)~(4.8.5) 所定义的相应参数形式完全相同, 只是以 $\bar{k}_i$ 代替式 (4.8.3)~(4.8.5) 中相应的 k_i, 而

$$
\bar{a}'_{r-1} = \frac{\bar{k}_{r-2}}{l_{r-1}^2} + \left(\frac{1}{l_{r-1}} + \frac{1}{l_r} \right)^2 \bar{k}_{r-1},
$$

$$\bar{a}'_r = \frac{\bar{k}_{r-1}}{l_r^2} + \frac{\bar{k}_{r+1}}{l_{r+1}^2},$$

$$\bar{a}'_{r+1} = \left(\frac{1}{l_{r+1}} + \frac{1}{l_{r+2}}\right)^2 \bar{k}_{r+1} + \frac{\bar{k}_{r+2}}{l_{r+2}^2},$$

$$\bar{a}_{n-1} = \frac{\bar{k}_{n-2}}{l_{n-1}^2} + \left(\frac{1}{l_{n-1}} + \frac{1}{l_n}\right)^2 \bar{k}_{n-1} + \frac{\bar{k}_n}{l_n^2},$$

$$\bar{b}'_r = \left(\frac{1}{l_r} + \frac{1}{l_{r+1}}\right) \frac{\bar{k}_{r-1}}{l_r},$$

$$\bar{b}'_{r+1} = \left(\frac{1}{l_{r+1}} + \frac{1}{l_{r+2}}\right) \frac{\bar{k}_{r+1}}{l_{r+1}}.$$

由此可知, 对于 4.8 节所导出的两跨外伸梁的共轭模型的离散系统, 其刚度矩阵即是

$$\boldsymbol{A}_{1\tau} = \begin{bmatrix} \overline{\boldsymbol{A}}_{11} & \overline{\boldsymbol{A}}_{12} \\ \overline{\boldsymbol{A}}_{21} & \overline{\boldsymbol{A}}_{22} \end{bmatrix} = \begin{bmatrix} \widetilde{\boldsymbol{A}}_{11} & \widetilde{\boldsymbol{A}}_{12} \\ \widetilde{\boldsymbol{A}}_{21} & \widetilde{\boldsymbol{A}}_{22} \end{bmatrix}, \tag{4.9.6}$$

其中, $\widetilde{\boldsymbol{A}}_{11}$ 是从 $\overline{\boldsymbol{A}}_{11}$ 中划去最后一行和最后一列后所得的矩阵, $\overline{\boldsymbol{A}}_{22}$ 是从 $\widetilde{\boldsymbol{A}}_{22}$ 中划去第一行和第一列后所得的矩阵.

对于刚度矩阵 $\boldsymbol{A}_{1\tau}$, 从式 (4.9.6) 可见, 它具有负的次对角元, 它的符号倒换矩阵 $\boldsymbol{A}_{1\tau}^*$ 是完全非负矩阵, 又可将行列式 $|\boldsymbol{A}_{1\tau}|$ 按第 r 行分解为

$$\begin{pmatrix} 0, & \cdots, & 0, & \bar{c}_{r-1}, & -\bar{b}'_r, & \bar{a}'_r, & -\bar{b}'_{r+1}, & \bar{c}_{r+1}, & 0, & \cdots, & 0 \end{pmatrix}$$

$$= \begin{pmatrix} 0, & \cdots, & 0, & \bar{c}_{r-1}, & -\bar{b}'_r, & \bar{a}'_{r1}, & 0, & 0, & 0, & \cdots, & 0 \end{pmatrix}$$

$$+ \begin{pmatrix} 0, & \cdots, & 0, & 0, & 0, & \bar{a}'_{r2}, & -\bar{b}'_{r+l}, & \bar{c}_{r+1}, & 0, & \cdots, & 0 \end{pmatrix},$$

其中,

$$\bar{a}'_{r1} = \frac{\bar{k}_{r-1}}{l_r^2}, \quad \bar{a}'_{r2} = \frac{\bar{k}_{r+1}}{l_{r+1}^2}, \quad \bar{a}'_{r1} + \bar{a}'_{r2} = \bar{a}'_r.$$

这样, 可以把行列式 $\det \boldsymbol{A}_{1\tau}$ 按第 r 行分解为两个行列式之和, 即

$$\det \boldsymbol{A}_{1\tau} = \det \begin{bmatrix} \hat{\boldsymbol{A}}_{11} & \boldsymbol{0} \\ \overline{\boldsymbol{A}}_{21} & \overline{\boldsymbol{A}}_{22} \end{bmatrix} + \det \begin{bmatrix} \widetilde{\boldsymbol{A}}_{11} & \widetilde{\boldsymbol{A}}_{12} \\ \boldsymbol{0} & \hat{\boldsymbol{A}}_{22} \end{bmatrix}, \tag{4.9.7}$$

其中, $\hat{\boldsymbol{A}}_{11}$ 与 $\overline{\boldsymbol{A}}_{11}$ 的唯一差别是把 $\overline{\boldsymbol{A}}_{11}$ 的右下角元 $\bar{a}'_r$ 换成 $\bar{a}'_{r1}$, $\hat{\boldsymbol{A}}_{22}$ 与 $\widetilde{\boldsymbol{A}}_{22}$ 的唯一差别是把 $\widetilde{\boldsymbol{A}}_{22}$ 的左上角元 $\bar{a}'_r$ 换成 $\bar{a}'_{r2}$, $\boldsymbol{0}$ 是矩阵的元全为 0 的子矩阵.

注意到式 (4.9.7) 右端的第一个行列式中左上角子矩阵 $\hat{\boldsymbol{A}}_{11}$ 是铰支–自由梁的刚度矩阵, 其相应的子式等于零, 从而

$$\det \left[\begin{array}{c|c} \hat{\boldsymbol{A}}_{11} & \boldsymbol{0} \\ \hline \boldsymbol{A}_{21} & \boldsymbol{A}_{22} \end{array} \right] = 0.$$

第二个行列式中左上角子矩阵 $\widetilde{\boldsymbol{A}}_{11}$ 是两端铰支梁, 即简支梁的刚度矩阵, 右下角子矩阵 $\hat{\boldsymbol{A}}_{22}$ 是自由–固定梁, 即悬臂梁的刚度矩阵, 它们相应的子式均大于零, 即

$$\det \left[\begin{array}{cc} \widetilde{\boldsymbol{A}}_{11} & \widetilde{\boldsymbol{A}}_{12} \\ \boldsymbol{0} & \hat{\boldsymbol{A}}_{22} \end{array} \right] > 0,$$

因而

$$\det \boldsymbol{A}_{1\tau} > 0.$$

根据振荡矩阵的判定准则 [2,18], 两跨外伸梁的共轭系统的刚度矩阵是符号振荡矩阵.

2. 三跨外伸梁的共轭系统的刚度矩阵是符号振荡矩阵

同两跨外伸梁类似, 4.8 节导出的三跨外伸梁的共轭模型的离散系统的刚度矩阵 $\boldsymbol{A}_{2\tau}$ 也有负的次对角元, 它的符号倒换矩阵 $\boldsymbol{A}_{2\tau}^{*}$ 是完全非负矩阵, 也可将 $|\boldsymbol{A}_{2\tau}|$ 按第 r 行分解为两个行列式之和:

$$\det \boldsymbol{A}_{2\tau} = \det \left[\begin{array}{c|c} \hat{\boldsymbol{B}}_{11} & \boldsymbol{0} \\ \hline \boldsymbol{B}_{21} & \boldsymbol{B}_{22} \end{array} \right] + \det \left[\begin{array}{cc} \widetilde{\boldsymbol{B}}_{11} & \widetilde{\boldsymbol{B}}_{12} \\ \boldsymbol{0} & \hat{\boldsymbol{B}}_{22} \end{array} \right],$$

其中, $\hat{\boldsymbol{B}}_{11}$ 是由 $\boldsymbol{A}_{2\tau}$ 的前 r 行前 r 列组成的矩阵, 并将其右下角元 $\bar{a}_r' = \bar{a}_{r1}' + \bar{a}_{r2}'$ 换成 $\bar{a}_{r1}'$, 即是固定–自由梁的刚度矩阵, 与它相应的子式大于零. $\overline{\boldsymbol{B}}_{22}$ 是由 $\boldsymbol{A}_{2\tau}$ 的后 $n-r-1$ 行后 $n-r-1$ 列组成的矩阵, 即是左端铰支右端固定, 并含有一个中间铰链的两跨外伸梁的共轭系统的刚度矩阵, 与它相应的子式也大于零. $\hat{\boldsymbol{B}}_{22}$ 是由 $\boldsymbol{A}_{2\tau}$ 的后 $n-r$ 行后 $n-r$ 列组成的矩阵, 并将其左上角元 $\bar{a}_r'$ 换成 $\bar{a}_{r2}'$, 即是左端自由右端固定, 并含有一个中间铰链的梁的刚度矩阵, 其行列式为零. 故也有

$$\det \boldsymbol{A}_{2\tau} > 0.$$

根据振荡矩阵的判定准则 [2,18], 三跨外伸梁的共轭系统的刚度矩阵也是符号振荡矩阵.

3. 外伸梁的弯矩振型的定性性质

既然两跨和三跨外伸梁的共轭系统的刚度矩阵都是符号振荡矩阵, 其质量矩阵都是正定的对角矩阵, 那么根据振荡矩阵的理论 [2,18], 若记与 $\omega_i(i = 1, 2, \cdots, n-1)$ 相应的外伸梁的弯矩振型为 $\boldsymbol{\tau}^{(i)}$, 则外伸梁的弯矩振型具有以下定性性质 (性质 1~ 性质 4 见本节的开始部分):

性质 5 $\boldsymbol{\tau}^{(i)}$ 恰有 $i-1(i = 1, 2, \cdots, n-1)$ 个节点.

性质 6 $\boldsymbol{\tau}^{(i)}$ 线与 $\boldsymbol{\tau}^{(i+1)}$ 线 $(i = 2, 3, \cdots, n-2)$ 的节点彼此相间.

4.9.3 外伸梁的其他定性性质

外伸梁具有以下其他定性性质:

(1) 位移振型的节点和零点个数.

我们指出这样一个重要事实: 当外伸梁的 $\widetilde{u}^{(i)}$ 线的某一节点与支座 x_r 重合时, 中间支座必是包含中间支承点在内的位移振型 $\overline{\boldsymbol{u}}^{(i)}$ 的一个零腹点. 因为根据位移振型遇支座变号的规则, 在这种情况下, 中间支座两侧紧邻的质点必在梁的平衡位置的同一侧, 如图 4.12 所示. 于是, 尽管外伸梁的第 i 阶振型 $\boldsymbol{u}^{(i)}$ 只有 $i-1+p-2s$ 个节点, 但是与振型 $\boldsymbol{u}^{(i)}$ 相应的 $\overline{u}^{(i)}$ 线则有 $i-1+p(p = 1, 2)$ 个零点 (一个零腹点当作两个单零点计数).

图 4.12 $\widetilde{u}^{(i)}$ 线的某一节点与支座重合的两种可能的图案

(2) 位移振型的极值.

设 u_t 是 $\boldsymbol{u}^{(i)}$ 的一个内部极大值, 即

$$u_t \geqslant u_{t-1}, \quad u_t \geqslant u_{t+1}.$$

上述两个不等式中的等号不能同时成立, 否则由 $\boldsymbol{\tau}$ 的定义, 即有

$$\tau_t = k_t \left(\frac{u_{t+1} - u_t}{l_{t+1}} - \frac{u_t - u_{t-1}}{l_t} \right) = 0, \quad \tau_{t-1} \leqslant 0, \quad \tau_{t+1} \leqslant 0.$$

这与 $\boldsymbol{\tau}^{(i)}$ 有确定的变号数矛盾. 这样, 当 u_t 是一个内部极大值时, $\tau_t < 0$. 同理, 当 u_t 是一个内部极小值时, $\tau_t > 0$.

(3) 转角振型的定性性质.

如果定义外伸梁的转角振型为: 对于两跨外伸梁, 有

$$\boldsymbol{\theta} = \boldsymbol{L}^{-1} \widetilde{\boldsymbol{E}}_n^{\mathrm{T}} \overline{\boldsymbol{u}},$$

对于三跨外伸梁, 有

$$\boldsymbol{\theta} = -\boldsymbol{L}^{-1} \boldsymbol{E} \bar{\boldsymbol{v}}, \quad \bar{\boldsymbol{v}} = (u_0, u_1, \cdots, u_{r-1}, 0, u_{r+1}, \cdots, u_{t-1}, 0, u_{t+1}, \cdots, u_n)^{\mathrm{T}},$$

这里, $\boldsymbol{E}$ 和 $\widetilde{\boldsymbol{E}}$ 由式 (4.1.23) 所定义, $\widetilde{\boldsymbol{E}}_n$ 是形如 $\widetilde{\boldsymbol{E}}$ 的 n 阶方阵. 则有如下性质:

性质 7　外伸梁的第 i 阶转角振型 $\boldsymbol{\theta}^{(i)} (i = 1, 2, \cdots, n)$ 的分量序列中的变号数恰为 i.

事实上, 根据外伸梁的第 i 阶振型 $\boldsymbol{u}^{(i)}$ 恰有 $i - 1 + p - 2s(p = 1, 2)$ 个节点, 以及节点的定义, 它们把 $\boldsymbol{u}^{(i)}$ 的分量序列分成 $i + p - 2s$ 个同号段. 除包含自由端 (恰好是 p 个) 的同号段外, 每个同号段中至少存在一个极值位置. 这样, 在 $\boldsymbol{u}^{(i)}$ 的分量序列中至少存在 $i - 2s$ 个内部极值位置. 当外伸梁的 $\widetilde{u}^{(i)}$ 线的节点均不与支座重合时, $s = 0$; 当外伸梁的 $\widetilde{u}^{(i)}$ 线的某一节点与支座重合时, 由图 4.12 可知, 中间支座两侧紧邻的 $\boldsymbol{u}^{(i)}$ 的两个节点之间存在 $\bar{u}^{(i)}$ 线的三个极值位置, 即每个与支座重合的 $\widetilde{u}^{(i)}$ 线的节点 (共 s 个) 将给 u 线多提供两个内部极值位置. 于是 $\bar{u}^{(i)}$ 线的分量序列中至少存在 i 个内部极值位置. 另一方面, 根据外伸梁的弯矩振型 $\boldsymbol{\tau}^{(i)}$ 恰有 $i - 1(i = 1, 2, \cdots, n - 1)$ 个节点, 即 $\boldsymbol{\tau}^{(i)}$ 的分量序列中的变号数恰为 $i - 1$, 连同本小节中的性质 (2) 可知, $\bar{u}^{(i)}$ 线的分量序列中至多存在 i 个内部极值位置. 这就表明 $\bar{u}^{(i)}$ 线的分量序列中有且仅有 i 个内部极值位置. 注意到在每个极值位置的两侧, $\boldsymbol{\theta}^{(i)}$ 的符号改变一次, 这就可以断定性质 7 成立.

上述讨论还表明, 除支座紧邻两侧外, 在 $\boldsymbol{u}^{(i)}$ 的正的同号段中只有一个极大位置, 而在 $\boldsymbol{u}^{(i)}$ 的负的同号段中只有一个极小位置. 同时应注意的是, 若把 $\boldsymbol{\theta}$ 的定义式中的 $\overline{\boldsymbol{u}}, \bar{\boldsymbol{v}}$ 换成去掉 $\overline{\boldsymbol{u}}, \bar{\boldsymbol{v}}$ 中的零分量的矢量 $\boldsymbol{u}$ 与 $\boldsymbol{v}$, 那么这样定义的 $\boldsymbol{\theta}$ 将不一定有确定的变号数.

(4) 剪力振型的定性性质.

如果定义外伸梁的剪力振型为

$$\boldsymbol{\phi} = \boldsymbol{L}^{-1} \boldsymbol{E}_{n-1}^{\mathrm{T}} \boldsymbol{\tau},$$

则由 $\boldsymbol{\tau}^{(i)}$ 的节点数和 $\overline{u}^{(i)}, \bar{v}^{(i)}$ 的零点数, 以及式 (4.9.3), 通过同上述类似的讨论可以给出下述性质 8:

性质 8 第 i 阶剪力振型 $\boldsymbol{\phi}^{(i)}(i = 1, 2, \cdots, n-1)$ 的分量序列中的变号数恰为 i.

本节主要内容取自参考文献 [21,22].

参 考 文 献

[1] Gladwell G M L. Qualitative properties of vibrating systems [J]. Proceedings of the Royal Society A: Mathematical, Physical and Engineering Sciences, 1985, 401(1821): 299.

[2] Gladwell G M L. Inverse problems in vibration [M]. 2nd Ed. Dordrecht/Boston/London: Kluwer Academic Publishers, 2004.

[3] 王其申, 王大钧. 任意支承梁的差分离散系统及其刚度矩阵的振荡性 [J]. 应用数学和力学, 2006, 27(3): 351.

[4] 王其申, 何北昌, 王大钧. Euler 梁的模态和频谱的一些定性性质 [J]. 振动工程学报, 1990, 3(4): 58.

[5] 王其申, 王大钧. 存在刚体模态的杆、梁离散系统某些振荡性质的补充证明 [J]. 力学季刊, 2014, 35(2): 262.

[6] 何北昌, 王大钧, 王其申. 用一个模态确定梁的截面物理参数 [J]. 固体力学学报, 1991, 12(1): 85.

[7] Wang D J, He B C, Wang Q S. Inverse problems of the finite difference model of a vibrating Euler beam: Proceedings of international conference on vibration problems in engineering [C]. Singapore: International Academic Publishers, 1990.

[8] 王大钧, 何北昌, 王其申. 由两组模态及相应频率构造 Euler 梁 [J]. 力学学报, 1990, 22(4): 479.

[9] 王其申, 王大钧, 何北昌. 由频谱数据构造两端铰支梁的差分离散系统 [J]. 工程力学, 1991, 8(4): 10.

[10] Gladwell G M L, England A H, Wang D J. Examples of reconstruction of an Euler-Bernoulli beam from spectral data [J]. Journal of Sound and Vibration, 1987, 119(1): 81.

[11] He B C, Wang D J, Low K H. Inverse problem for a vibrating beam using a finite difference model: Proceedings of international conference on noise & vibration [C]. Singapore: International Academic Publishers, 1989.

[12] 何北昌, 王大钧, 王其申. Euler 梁的有限差分模型的振动逆问题 [J]. 振动工程学报, 1989, 2(2): 1.

[13] Gladwell G M L. Qualitative properties of finite-element models Ⅱ: The Euler- Bernoulli beam [J]. The Quarterly Journal of Mechanics and Applied Mathematics, 1991, 44(2): 267.

[14] 郑子君, 陈璞, 王大钧. 杆、梁有限元模型的模态的振荡性质 [J]. 振动与冲击, 2012, 31(20): 79.

[15] Zheng Z J, Chen P, Wang D J. Oscillation property of the vibrations for finite element models of an Euler beam [J]. The Quarterly Journal of Mechanics and Applied Mathematics, 2013, 66(4): 587.

[16] Zheng Z J, Chen P, Wang D J. Unified proof to oscillation property of discrete beam [J]. Applied Mathematics and Mechanics, 2014, 35(5): 621.

[17] 郑子君. 杆、欧拉梁的振动定性性质及其模态反问题 [D]. 北京：北京大学, 2014.

[18] Гантмахер Ф Р, Крейн М Г. Осцилляционные матрицы и ядра и малые колебания механических систем [M]. Москва: Государственное Издательство Технико-Теоретической Литературы, 1950.

[19] 王其申, 吴磊, 王大钧. 多跨梁离散系统的频谱和模态的定性性质 [J]. 力学学报, 2009, 41(6): 947.

[20] Wang Q S, Wang D J, Wu L, et al. Qualitative properties of frequencies and modes of vibrating multi-span beam [J]. The Quarterly Journal of Mechanics and Applied Mathematics, 2011, 64(1): 75.

[21] 王其申, 王大钧, 吴磊, 等. 外伸梁差分离散系统刚度矩阵的符号振荡性及其定性性质 [J]. 振动与冲击, 2009, 28(6): 113.

[22] 王其申, 章礼华, 王大钧. 外伸梁离散系统模态的若干定性性质 [J]. 力学学报, 2012, 44(6): 1071.

第五章　Sturm-Liouville 系统的振动和静变形的定性性质

第三章和第四章讨论的是离散系统的振动和静变形的定性性质, 本章转而讨论 Sturm-Liouville 系统的振动和静变形的定性性质, 着重讨论具有分布参数的杆做纵向振动时的定性性质.

5.1　Sturm-Liouville 系统的固有振动

杆的纵向振动、扭转振动和剪切振动的固有角频率 ω 及其振型 $u(x)$ 满足的微分方程可以统一表示为

$$[p(x)u'(x)]' + \omega^2 \rho(x)u(x) = 0, \quad 0 < x < l, \tag{5.1.1}$$

其中, 对于纵向振动, $\rho(x)$ 是杆的质量线密度,

$$p(x) = E(x)A(x),$$

这里, $A(x)$ 和 $E(x)$ 分别是杆的横截面面积和材料的弹性模量; 而对于扭转振动,

$$p(x) = G(x)J_t(x), \quad \rho(x) = I_t(x),$$

这里, $G(x)$ 和 $J_t(x)$ 分别是杆的剪切模量和截面的极惯性矩, $I_t(x)$ 是线转动惯量, 它们都是 x 的正函数. $u(x)$ 表示位于 x 处的截面形心的位移振幅或扭转角振幅. 杆两端的支承条件可以统一表示为

$$p(0)u'(0) - hu(0) = 0 = p(l)u'(l) + Hu(l), \tag{5.1.2}$$

其中, l 是杆长, h 和 H 是边界弹簧的弹簧常数, $h, H \geqslant 0$. 当 h(或 H) 为 0 时, 相应杆端自由; 当 h(或 H) $\to \infty$ 时, 相应杆端固定.

弦的横向振动也由方程 (5.1.1) 描述, 其中, $p(x) = T$ 为弦所受张力.

现在, 引入所谓的 Sturm-Liouville 算子:

$$Lu = -[p(x)u'(x)]' + q(x)u(x), \tag{5.1.3}$$

它描述的物理系统称为 Sturm-Liouville 系统, 其中, $p(x)$ 是区间 $[0,l]$ 上的连续或分段连续的正函数, $q(x) \geqslant 0$. 此系统的固有振动的模态方程为

$$Lu = \lambda \rho(x) u(x), \tag{5.1.4}$$

其中, $\lambda = \omega^2$, ω 是固有角频率. 边条件仍为式 (5.1.2). 如果 h, $H \geqslant 0$, 且 $h + H > 0$, $q(x) \geqslant 0 (x \in [0,l])$, 则称此系统为充分约束的 Sturm-Liouville 系统, 数学上通常称其为正的 Sturm-Liouville 系统. 记

$$(u, v) = \int_0^l u(x)v(x)\mathrm{d}x. \tag{5.1.5}$$

对于充分约束的 Sturm-Liouville 系统, 以下性质是大家熟悉的. 具体证明从略.

定理 5.1   对于定义在区间 $[0,l]$ 上, 并满足边条件 (5.1.2) 的函数 $u(x)$ 和 $v(x)$, Sturm-Liouville 问题的微分算子 L 是对称微分算子, 即

$$(u, Lv) = (v, Lu). \tag{5.1.6}$$

人们也称式 (5.1.6) 为 Green 恒等式 [1].

从定理 5.1 出发, 可以进一步证明 Sturm-Liouville 问题的特征值和特征函数具有如下性质:

(1) 对于 Sturm-Liouville 系统, 其特征值 λ 是实的和单的, 相应的特征函数是实函数.

(2) 充分约束的 Sturm-Liouville 问题的特征值 λ 是正的.

(3) Sturm-Liouville 系统中对应不同特征值的特征函数是带权 $\rho(x)$ 正交的, 即

$$\int_0^l \rho(x)u_k(x)u_r(x)\mathrm{d}x = 0, \quad k \neq r, \tag{5.1.7}$$

其中, $u_r(x)$ 是与 λ_r 相对应的特征函数.

5.2   Sturm-Liouville 系统的 Green 函数

为了导出 Sturm-Liouville 系统的进一步性质, 本节首先给出 Sturm-Liouville 方程在不同边条件下的 Green 函数 (亦称影响函数).

下面分几种情况加以讨论.

5.2.1 充分约束的 Sturm-Liouville 系统的 Green 函数

首先讨论充分约束的 Sturm-Liouville 系统的 Green 函数 $G(x,s)$. 它的定义是

$$L_x G(x,s) = \delta(x-s), \quad x,s \in I, \tag{5.2.1}$$

$$p(0)G_x(0,s) - hG(0,s) = 0 = p(l)G_x(l,s) + HG(l,s), \tag{5.2.2}$$

其中, 算子 L 由式 (5.1.3) 所定义, L_x 表示算子 L 只对变量 x 求微商, $\delta(x-s)$ 则是 δ 函数. I 仍为第二章所引入的集合的符号, 表示在区间 $[0,l]$ 上全体动点的集合. 式 (5.2.1) 和 (5.2.2) 的物理意义是:

(1) 除 $x=s$ 外, Green 函数满足齐次方程 $L_x G(x,s)=0$.

(2) 在 $x=s$ 处, Green 函数的微商满足

$$G_x(s-0,s) - G_x(s+0,s) = \frac{1}{p(s)}. \tag{5.2.3}$$

(3) 在端点处, Green 函数必须满足 Sturm-Liouville 系统原有的边条件 (5.1.2).

下面来构造 Sturm-Liouville 系统的 Green 函数 [1].

设 $\varphi(x)$ 和 $\psi(x)$ 分别是下列两个问题的非平凡解, 即

$$L\varphi = 0(0 < x < l) \quad \text{且} \quad p(0)\varphi'(0) - h\varphi(0) = 0, \tag{5.2.4}$$

$$L\psi = 0(0 < x < l) \quad \text{且} \quad p(l)\psi'(l) + H\psi(l) = 0, \tag{5.2.5}$$

则算子 L 的 Green 函数可以表示为

$$G(x,s) = \begin{cases} \varphi(x)\psi(s), & x \leqslant s, \\ \varphi(s)\psi(x), & x > s, \end{cases} \quad x,s \in I. \tag{5.2.6}$$

这样确定的 Green 函数显然满足上述条件 (1) 和 (3). 至于条件 (2), 因为

$$G_x(s-0,s) - G_x(s+0,s) = \varphi'(s)\psi(s) - \varphi(s)\psi'(s),$$

而由 $\varphi(x)$ 和 $\psi(x)$ 所满足的方程 (5.2.4) 和 (5.2.5), 有

$$(L\varphi)\psi - (L\psi)\varphi = -\psi(p\varphi')' + \varphi(p\psi')' = -[p(\varphi'\psi - \varphi\psi')]' = 0.$$

由此得到, 对于任意的 $0 < s < l$,

$$p(s)[\varphi'(s)\psi(s) - \varphi(s)\psi'(s)] = 常数. \tag{5.2.7}$$

这个常数不能为零, 否则, $\varphi(s)$ 与 $\psi(s)$ 成比例, 从而零是 Sturm-Liouville 系统的特征值, 这与该系统是充分约束的系统相矛盾. 于是, 可以适当选取 $\varphi(s)$ 和 $\psi(s)$, 使得这个常数为 1.

容易看出, 式 (5.2.6) 所定义的 Green 函数是对称的. 这可以总结为下面的定理:

定理 5.2　由式 (5.2.1) 和 (5.2.2) 所定义的 Green 函数是对称的, 即

$$G(x, s) = G(s, x), \quad x, s \in I.$$

具体证明从略.

这一定理的力学解释是人所共知的, 即对 Sturm-Liouville 系统上某点 s 作用一个单位力, 则在该系统上另一点 x 所获得的位移必等于将单位力作用于点 x 而在点 s 所获得的位移.

5.2.2　两端弹性支承杆和弹性支承–自由杆的 Green 函数

作为具体的例子, 考察不具有弹性基础的两端弹性支承杆和弹性支承–自由杆的 Green 函数.

例 1　对于不具有弹性基础的两端弹性支承杆, $q(x) = 0$. 式 (5.2.4) 和 (5.2.5) 给出

$$\varphi(x) = C\left(\int_0^x \frac{\mathrm{d}t}{p(t)} + \frac{1}{h}\right), \quad \psi(x) = D\left(\int_x^l \frac{\mathrm{d}t}{p(t)} + \frac{1}{H}\right).$$

这样, 两端弹性支承杆的 Green 函数是

$$G(x, s) = \begin{cases} k\left(\displaystyle\int_0^x \frac{\mathrm{d}t}{p(t)} + \frac{1}{h}\right)\left(\displaystyle\int_s^l \frac{\mathrm{d}t}{p(t)} + \frac{1}{H}\right), & x \leqslant s, \\[3mm] k\left(\displaystyle\int_0^s \frac{\mathrm{d}t}{p(t)} + \frac{1}{h}\right)\left(\displaystyle\int_x^l \frac{\mathrm{d}t}{p(t)} + \frac{1}{H}\right), & x > s. \end{cases}$$

至于 k, 由 $p(s)[\varphi'(s)\psi(s) - \varphi(s)\psi'(s)] = 1$, 可以给出

$$k = \frac{1}{\dfrac{1}{h} + \displaystyle\int_0^l \frac{\mathrm{d}t}{p(t)} + \dfrac{1}{H}}.$$

于是, 最终得到

$$G(x,s) = \frac{\left(\displaystyle\int_0^\alpha \frac{\mathrm{d}t}{p(t)} + \frac{1}{h}\right)\left(\displaystyle\int_\beta^l \frac{\mathrm{d}t}{p(t)} + \frac{1}{H}\right)}{\dfrac{1}{h} + \displaystyle\int_0^l \frac{\mathrm{d}t}{p(t)} + \dfrac{1}{H}}, \tag{5.2.8}$$

其中, $\alpha = \min(x,s)$, $\beta = \max(x,s)$. 特别地, 对于两端固定杆,

$$G(x,s) = \frac{\displaystyle\int_0^\alpha \frac{\mathrm{d}t}{p(t)} \int_\beta^l \frac{\mathrm{d}t}{p(t)}}{\displaystyle\int_0^l \frac{\mathrm{d}t}{p(t)}}. \tag{5.2.9}$$

例 2 对于不具有弹性基础的弹性支承–自由杆的 Green 函数, 完全类似地, 有

$$\varphi(x) = C\left(\int_0^x \frac{\mathrm{d}t}{p(t)} + \frac{1}{h}\right), \quad \psi(x) = D.$$

同样, 若记 $k = CD$, 则由式 (5.2.7) 可以给出 $k = 1$, 即得弹性支承–自由杆的 Green 函数为

$$G(x,s) = \int_0^\alpha \frac{\mathrm{d}t}{p(t)} + \frac{1}{h}. \tag{5.2.10}$$

5.2.3 从柔度系数导出 Green 函数

导出 Green 函数的另一方法是对相应的离散系统的柔度系数取极限. 对于不存在弹性基础的任意支承杆, 3.1.1 小节给出的刚度矩阵 $\boldsymbol{K}$ 是

$$\boldsymbol{K} = \begin{bmatrix} k_1 + h & -k_1 & 0 & \cdots & 0 & 0 & 0 \\ -k_1 & k_1 + k_2 & -k_2 & \cdots & 0 & 0 & 0 \\ \vdots & \vdots & \vdots & & \vdots & \vdots & \vdots \\ 0 & 0 & 0 & \cdots & -k_{n-1} & k_{n-1} + k_n & -k_n \\ 0 & 0 & 0 & \cdots & 0 & -k_n & k_n + H \end{bmatrix}, \tag{5.2.11}$$

其中, 当 $h = 0$ 时, 对应于左端自由; 当 $h \to \infty$ 时, 对应于左端固定; 而当 $0 < h < \infty$ 时, 则代表弹性支承. H 的情况类似. 又

$$k_r = \frac{p_r + p_{r-1}}{2l_r}, \quad r = 1, 2, \cdots, n,$$

其中, $p_r = p(x_r)(r = 0, 1, \cdots, n)$, $l_r = x_r - x_{r-1} = \Delta x_r (r = 1, 2, \cdots, n)$.

下面, 我们来求杆的离散模型的柔度矩阵 $\boldsymbol{R} = (r_{ij})$ 的元, 即柔度系数. 为此, 记 $k_0 = h$, $k_{n+1} = H$,

$$\Delta_{st} = K \begin{pmatrix} s & s+1 & \cdots & t \\ s & s+1 & \cdots & t \end{pmatrix}$$

$$= \begin{vmatrix} k_{s-1} + k_s & -k_s & 0 & \cdots & 0 & 0 \\ -k_s & k_s + k_{s+1} & -k_{s+1} & \cdots & 0 & 0 \\ \vdots & \vdots & \vdots & & \vdots & \vdots \\ 0 & 0 & 0 & \cdots & -k_{t-1} & k_{t-1} + k_t \end{vmatrix},$$

$$s = 1, 2, \cdots, n+1, \qquad t = s, s+1, \cdots, n+1.$$

则由行列式按一行展开的定理, 有

$$\Delta_{st} = k_{s-1} \Delta_{s+1,t} + k_s k_{s+1} \cdots k_{t-1} k_t.$$

由此, 利用数学归纳法即可得到

$$\Delta_{st} = k_{s-1} k_s \cdots k_{t-1} k_t \sum_{\gamma=s-1}^{t} k_\gamma^{-1}.$$

特别地,

$$\det \boldsymbol{K} = \Delta_{1,n+1} = k_0 k_1 \cdots k_n k_{n+1} \sum_{\gamma=0}^{n+1} k_\gamma^{-1}.$$

又, 矩阵 $\boldsymbol{K} = (a_{ij})_{(n+1)\times(n+1)}$ 的元 a_{ij} 的代数余子式为

$$K_{ij} = (-1)^{i+j} K \begin{pmatrix} 1 & 2 & \cdots & i-1 & i+1 & \cdots & n+1 \\ 1 & 2 & \cdots & j-1 & j+1 & \cdots & n+1 \end{pmatrix}.$$

因为 $\boldsymbol{K}$ 是三对角矩阵, 当 $|i-j| > 1$ 时, $a_{ij} = 0$, 而当 $|i-j| = 1$ 时, $a_{i,i+1} = a_{i+1,i} = -k_i$, 这样, 当 $i \leqslant j$ 时,

$$K_{ij} = K \begin{pmatrix} 1 & 2 & \cdots & i-1 \\ 1 & 2 & \cdots & i-1 \end{pmatrix} k_i \cdots k_{j-1} K \begin{pmatrix} j+1 & j+2 & \cdots & n+1 \\ j+1 & j+2 & \cdots & n+1 \end{pmatrix}$$

$$=k_0 k_1 \cdots k_n k_{n+1} \sum_{\alpha=0}^{i-1} k_\alpha^{-1} \cdot \sum_{\beta=j}^{n+1} k_\beta^{-1};$$

而当 $i > j$ 时,

$$K_{ij} = K \begin{pmatrix} 1 & 2 & \cdots & j-1 \\ 1 & 2 & \cdots & j-1 \end{pmatrix} k_j \cdots k_{i-1} K \begin{pmatrix} i+1 & i+2 & \cdots & n+1 \\ i+1 & i+2 & \cdots & n+1 \end{pmatrix}$$

$$= k_0 k_1 \cdots k_n k_{n+1} \sum_{\alpha=0}^{j-1} k_\alpha^{-1} \cdot \sum_{\beta=i}^{n+1} k_\beta^{-1}.$$

因为 $\boldsymbol{R} = \boldsymbol{K}^{-1}$, 由此即得

$$r_{ij} = \frac{K_{ji}}{\det \boldsymbol{K}} = \begin{cases} \left(\dfrac{\displaystyle\sum_{\alpha=0}^{i-1} k_\alpha^{-1} \cdot \sum_{\beta=j}^{n+1} k_\beta^{-1}}{\displaystyle\sum_{\gamma=0}^{n+1} k_\gamma^{-1}} \right), & i \leqslant j, \\[4mm] \left(\dfrac{\displaystyle\sum_{\alpha=0}^{j-1} k_\alpha^{-1} \cdot \sum_{\beta=i}^{n+1} k_\beta^{-1}}{\displaystyle\sum_{\gamma=0}^{n+1} k_\gamma^{-1}} \right), & i > j. \end{cases} \tag{5.2.12}$$

式 (5.2.12) 对于充分约束杆的任意支承方式都适用. 特别地, 当杆具有自由端时, 式 (5.2.12) 更为简单. 例如, 对于固定–自由杆, 因 $k_0 = h \to \infty$, $k_{n+1} = H = 0$, 故其柔度系数可化为

$$r_{ij} = \begin{cases} \displaystyle\sum_{\alpha=1}^{i-1} k_\alpha^{-1}, & i \leqslant j, \\[4mm] \displaystyle\sum_{\alpha=1}^{j-1} k_\alpha^{-1}, & i > j. \end{cases} \tag{5.2.13}$$

现在, 考察任意确定的 $x, s \in [0, l]$, 在差分过程中必有这样的 i, j 存在, 使得 $x_{i-1} \leqslant x \leqslant x_i$, $x_{j-1} \leqslant s \leqslant x_j (1 \leqslant i, j \leqslant n)$, 且当 $x < s$ 时, $i < j$, 而当 $x > s$ 时, $i > j$. 又随着分法的加密, 即

$$n \to \infty, \quad \delta = \max \Delta x_r \to 0, \quad r = 1, 2, \cdots, n$$

时, 这样的 i, j, 以及 $n-i, n-j$ 亦同时趋于无穷. 另一方面, 对于工程实际中的杆, $p(x)$ 必为连续或至多有有限个第 1 类间断点的分段连续函数, 从而 $1/p(x)$ 可积, 且有如下公式:

$$\frac{2}{p_r + p_{r+1}} = \frac{1 + b_r}{p(\xi_r)}, \quad x_r \leqslant \xi_r \leqslant x_{r+1}$$

成立, 其中, $b_r = 0(p(x)$ 在 (x_r, x_{r+1}) 内连续), 或有界 $(p(x)$ 在 (x_r, x_{r+1}) 内有间断点). 于是当左端固定时, 极限

$$\lim_{n\to\infty,\delta\to 0} \sum_{r=1}^{i-1} k_r^{-1} = \lim_{n\to\infty,\delta\to 0} \left[\sum_{r=1}^{i-1} \frac{\Delta x_{r+1}}{p(\xi_r)} + \sum_{r=1}^{i-1} \frac{b_r \Delta x_{r+1}}{p(\xi_r)} \right] = \int_0^x \frac{\mathrm{d}t}{p(t)}$$

$$(5.2.14)$$

成立. 注意, 只有有限个 $b_r \neq 0$, 所以式 (5.2.14) 的第一个等号右端中括号内的第二个和号项的极限为零. 又当左端为弹性支承时, $k_0 = h$, 这样,

$$\lim_{n\to\infty,\delta\to 0} \sum_{r=0}^{i-1} k_r^{-1} = \int_0^x \frac{\mathrm{d}t}{p(t)} + \frac{1}{h}. \tag{5.2.15}$$

因为 $h \to \infty$ 相应于固定端, 所以式 (5.2.14) 可以视为式 (5.2.15) 的特例. 同理可得,

$$\lim_{n\to\infty,\delta\to 0} \sum_{r=0}^{j-1} k_r^{-1} = \int_0^s \frac{\mathrm{d}t}{p(t)} + \frac{1}{h},$$

$$\lim_{n\to\infty,\delta\to 0} \sum_{r=j}^{n+1} k_r^{-1} = \int_s^l \frac{\mathrm{d}t}{p(t)} + \frac{1}{H},$$

$$\lim_{n\to\infty,\delta\to 0} \sum_{r=i}^{n+1} k_r^{-1} = \int_x^l \frac{\mathrm{d}t}{p(t)} + \frac{1}{H},$$

$$\lim_{n\to\infty,\delta\to 0} \sum_{r=0}^{n+1} k_r^{-1} = \frac{1}{h} + \int_0^l \frac{\mathrm{d}t}{p(t)} + \frac{1}{H}.$$

比较式 (5.2.12) 与 (5.2.8) 和 (5.2.9), 易见, 当杆端为弹性支承或固定时,

$$\lim_{n\to\infty,\delta\to 0} r_{ij} = G(x, s).$$

至于杆端为自由端, 例如, 固定–自由杆, 其柔度系数 r_{ij} 由式 (5.2.13) 表示, 显然, 当 $n \to \infty, \max \Delta x_r \to 0 (r = 1, 2, \cdots, n)$ 时, r_{ij} 的极限就是 $h \to \infty$ 时的式 (5.2.10).

因此, 在不同支承条件下, 杆的柔度系数 r_{ij} 以与其相应的 Green 函数为极限.

5.2.2 和 5.2.3 小节的内容主要取自参考文献 [2].

5.2.4　Green 函数与积分方程

Green 函数的最重要的价值在于, 借助它可以把充分约束的 Sturm-Liouville 系统的运动方程 (5.1.4) 和 (5.1.2) 转化为如下形式的积分方程:

$$u(x) = \lambda \int_0^l G(x, s)\rho(s)u(s)\mathrm{d}s. \tag{5.2.16}$$

事实上, 当 Green 函数满足式 (5.2.1) 和 (5.2.2) 时, 应用动静法和叠加原理可知, 充分约束的 Sturm-Liouville 系统的运动方程的解显然是式 (5.2.16); 反之, 当式 (5.2.16) 成立时, 有

$$Lu = \lambda \int_0^l L_x G(x, s)\rho(s)u(s)\mathrm{d}s = \lambda \int_0^l \delta(x - s)\rho(s)u(s)\mathrm{d}s = \lambda\rho(x)u(x),$$

$$p(0)u'(0) - hu(0) = \lambda \int_0^l [p(0)G_x(0, s) - hG(0, s)]\rho(s)u(s)\mathrm{d}s = 0,$$

$$p(l)u'(l) + Hu(l) = \lambda \int_0^l [p(l)G_x(l, s) + HG(l, s)]\rho(s)u(s)\mathrm{d}s = 0.$$

这表明, 式 (5.2.16) 的解 $\{\lambda, u(x, \lambda)\}$ 必定满足式 (5.1.4) 和 (5.1.2).

通常, 令

$$\widetilde{u}(x) = \sqrt{\rho(x)}u(x), \quad K(x, s) = G(x, s)\sqrt{\rho(x)\rho(s)}, \tag{5.2.17}$$

而将式 (5.2.16) 对称化为

$$\widetilde{u}(x) = \lambda \int_0^l K(x, s)\widetilde{u}(s)\mathrm{d}s, \quad x \in I. \tag{5.2.18}$$

称函数 $G(x, s)$ 和 $K(x, s)$ 分别为积分方程 (5.2.16) 和 (5.2.18) 的核.

5.3　Sturm-Liouville 系统的振动和静变形的振荡性质

5.3.1　Sturm-Liouville 系统的振动的振荡性质

对于具有对称核的积分方程的一般性质, 已在 2.7 节中讲述. 然而不同于一般对称核的是, 方程 (5.2.16) 的特征值不仅是实的, 而且是正的和单的. 这

表明由式 (5.2.6) 和 (5.2.17) 所定义的核 $G(x,s)$ 和 $K(x,s)$ 必定具备某种特殊的结构. 事实上, 下面将会看到, 5.2 节所给出的核 $G(x,s)$ 和 $K(x,s)$ 的确属于 2.7 节所定义的振荡核. 为了阐明这一事实, 可以采取以下两种途径:

其一, 第三章已经指出, 固定–自由杆和两端固定杆的差分离散系统和有限元离散系统的刚度矩阵都是符号振荡矩阵, 与其相应的柔度矩阵则都是振荡矩阵; 另一方面, 5.2.3 小节已经证明, 在不同支承条件下, 杆的柔度系数的确以与其相应的 Green 函数为极限. 这样, 依据 2.11 节的定理 2.29, 即可断定固定–自由杆和两端固定杆的 Green 函数属于振荡核[3]. 略显不足的是, 这种方法只能证明不具有弹性基础的杆的 Green 函数的振荡性质, 而不能证明最一般的 Sturm-Liouville 系统的 Green 函数的振荡性质.

其二, 可以借助振荡核和振荡矩阵之间的关系证明充分约束的 Sturm-Liouville 系统的 Green 函数的振荡性质.

引入如下定义:

定义 5.1　如果连续函数 $f(x)$ 对于区间 $I \subset [0,l]$ 上的每一点都有 $f(x) \geqslant 0$(或 $f(x) \leqslant 0$), 则称 $f(x)$ 在区间 I 上有固定的符号; 进一步, 如果对于区间 I 上的每一点都有 $f(x) > 0$(或 $f(x) < 0$), 则称 $f(x)$ 在区间 I 上有严格固定的符号.

现在, 分两步来证明充分约束的 Sturm-Liouville 系统的 Green 函数是振荡核. 首先给出如下定理:

定理 5.3[1,4]　对于充分约束的 Sturm-Liouville 系统, 由式 (5.2.4) 和 (5.2.5) 所确定的函数 $\varphi(x)$ 和 $\psi(x)$ 具有如下性质:

(1) $\varphi(x)$ 和 $\psi(x)$ 在区间 I 上有严格固定的正负号.

(2) $\varphi(x)/\psi(x)$ 在区间 I 上严格单调递增.

(3) 对于任意的 $x \in I$, 有 $\varphi(x)\psi(x) > 0$. 因此, 不失一般性地, 可设

$$\varphi(x) > 0, \quad \psi(x) > 0, \quad x \in I.$$

证明　首先, 我们看 $\varphi(x)$, 采用反证法. 设有某个 $x_0 \in I$, 使得 $\varphi(x_0) = 0$, 那么

$$0 = \int_0^{x_0} \varphi L\varphi dx = -p(x)\varphi(x)\varphi'(x)|_0^{x_0} + \int_0^{x_0} \left[p\left(\varphi'\right)^2 + q\varphi^2 \right] dx$$
$$= h\varphi^2(0) + \int_0^{x_0} \left[p\left(\varphi'\right)^2 + q\varphi^2 \right] dx,$$

当 $\varphi'(x)$ 不恒为 0 时, 上式等号左端为零, 而右端大于零, 因此等式矛盾, 这意味着, $\varphi(x)$ 在区间 I 上没有零点. 又由函数 $\varphi(x)$ 在 I 上的连续性可知, 它不可能改变符号. 至于 $\varphi'(x) \equiv 0$ 的情况, 这时, $\varphi(x) = $ 常数, 结论显然成立.

完全类似地, 可证 $\psi(x)$ 在 I 上不改变符号.

其次, 由式 (5.2.7) 可知,

$$p(x)[\varphi'(x)\psi(x) - \varphi(x)\psi'(x)] = 1, \quad x \in I. \qquad (5.3.1)$$

此式可以改写为

$$\frac{\mathrm{d}}{\mathrm{d}x}\left[\frac{\varphi(x)}{\psi(x)}\right] = \frac{1}{p(x)\psi^2(x)} > 0, \quad x \in I. \qquad (5.3.2)$$

由此可见性质 (2) 成立.

最后, 要证明性质 (3) 等价于证明

$$\frac{\varphi(x)}{\psi(x)} > 0, \quad x \in I. \qquad (5.3.3)$$

而由性质 (2) 可知, 只要证明 $\varphi(0)/\psi(0) \geqslant 0$ 就够了.

当 $h \to \infty$, 即左端固定时, $\varphi(0) = 0$, 命题显然成立. 因此不妨设 $\varphi(0) > 0$, 而 $\psi(0) < 0$, 则由性质 (1) 和 $\psi(x)$ 所满足的右端边条件, 有

$$\psi(x) < 0(x \in I), \quad \psi'(l) > 0.$$

另一方面, 由式 (5.2.5) 可知,

$$[p(x)\psi'(x)]' = q(x)\psi(x) \leqslant 0, \quad x \in I,$$

从而 $p(x)\psi'(x)$ 在 I 上单调下降, 故有 $p(0)\psi'(0) > 0$. 这与式 (5.3.1) 矛盾. 因为如果上述不等式成立, 则当 $x = 0$ 时, 式 (5.3.1) 的左端必为负数. 这就证明了性质 (3). ∎

由上述定理的性质 (3) 可直接得出下述推论:

推论 式 (5.2.6)(或 (5.2.17)) 所定义的核 $G(x,s)$(或 $K(x,s)$) $> 0(x,s \in I)$.

从定理 5.3 出发, 不难证明如下定理:

定理 5.4 对于充分约束的 Sturm-Liouville 系统, 式 (5.2.6)(或 (5.2.17)) 所定义的核 $G(x,s)$(或 $K(x,s)$) 是振荡核.

证明   对于任意的 $0 \leqslant x_1 < x_2 < \cdots < x_n \leqslant l$, 当 $x_i(i = 1, 2, \cdots, n)$ 中至少有一个是内点时, 考察矩阵 $\boldsymbol{L} = (G(x_i, x_j))$, 其中,

$$G(x_i, x_j) = \begin{cases} \varphi_i \psi_j, & i \leqslant j, \\ \varphi_j \psi_i, & i > j, \end{cases} \qquad i, j = 1, 2, \cdots, n,$$

而

$$\varphi_i = \varphi(x_i), \quad \psi_i = \psi(x_i), \quad i = 1, 2, \cdots, n$$

恰好是式 (5.2.4) 和 (5.2.5) 的解在 x_i 处的值. 因为 $\boldsymbol{L}$ 正是我们在 2.4 节中作为振荡矩阵的例子所讨论的矩阵, 于是由上述定理 5.3 可知, 对于充分约束的 Sturm-Liouville 系统, φ_i 和 $\psi_i(i = 1, 2, \cdots, n)$ 有相同的正负号, 且

$$\frac{\varphi_1}{\psi_1} < \frac{\varphi_2}{\psi_2} < \cdots < \frac{\varphi_n}{\psi_n},$$

从而 $\boldsymbol{L}$ 是振荡矩阵. 再由振荡核的判定定理 (定理 2.18) 即知, $G(x, s)$ 是振荡核. 定理 2.18 的推论表明 $K(x, s)$ 也是振荡核.   ▮

最后, 根据上面的定理和具有振荡核的积分方程的性质定理 (定理 2.23), 立即可以得出如下推论:

推论   充分约束的 Sturm-Liouville 系统具有如下振动的振荡性质:

(1) 充分约束的 Sturm-Liouville 系统的固有频率是单的, 即

$$0 < f_1 < f_2 < f_3 < \cdots.$$

(2) 振型函数族 $u_i(x)(i = 1, 2, \cdots)$ 构成区间 $[0, l]$ 上的 Марков 函数序列, 因而具有定理 2.22 所描述的各种性质, 即

(a) 第一阶振型 $u_1(x)$ 在区间 I 内没有零点.

(b) 第 i 阶振型 $u_i(x)(i \geqslant 2)$ 在区间 I 内有 $i - 1$ 个节点而无其他零点, 从而在区间 $(0, l)$ 内符号改变 $i - 1$ 次.

(c) 在区间 I 内, 函数

$$u(x) = \sum_{i=k}^{m} c_i u_i(x), \quad 1 \leqslant k \leqslant m, \quad \sum_{i=k}^{m} c_i^2 > 0$$

的节点不少于 $k - 1$ 个, 而零点不多于 $m - 1$ 个. 特别地, 如果 $u(x)$ 有 $m - 1$ 个不同的零点, 那么这些零点都是节点.

(d) 相邻阶振型 $u_i(x)$ 和 $u_{i+1}(x)(i = 2, 3, \cdots)$ 的节点彼此交错.

5.3.2 充分约束的 Sturm-Liouville 系统的静变形的振荡性质

既已证明充分约束的 Sturm-Liouville 系统的 Green 函数属于振荡核, 则由 2.10.1 小节的讨论可知, 充分约束的 Sturm-Liouville 系统必定具有静变形的振荡性质 A 和 B, 即

性质 A 充分约束的 Sturm-Liouville 系统在其某一动质点上受一个集中力作用时, 该系统的所有动质点的位移异于零, 且其方向与作用力的方向相同.

性质 B 充分约束的 Sturm-Liouville 系统在其某些动质点上受 $n(n$ 是一个正整数) 个集中力作用时, 该系统的位移曲线 $u(x)$ 的正负号改变不多于 $n-1$ 次, 即 $S_u \leqslant n-1$.

5.4 杆的独立模态的个数及振型的进一步性质

5.4.1 充分约束杆的振型的进一步性质

前面已经指出, 杆的模态方程和相应的边条件是

$$[p(x)u'(x)]' + \lambda\rho(x)u(x) = 0, \tag{5.4.1}$$

$$p(0)u'(0) - hu(0) = 0 = p(l)u'(l) + Hu(l) = 0. \tag{5.4.2}$$

关于充分约束杆的振动的振荡性质, 已在 5.3 节中给出. 为了下文需要, 在阐明充分约束杆的振型的进一步性质之前, 给出下面的引理:

引理 5.1 设 $u(x)$ 是定义在区间 $[0,l]$ 上, 满足方程 (5.4.1) 和边条件 (5.4.2) 的可微函数. 如果 $u(x)$ 在区间 $(0,l)$ 内有 j 个节点, 则 $u'(x)$ 在区间 $(0,l)$ 内的节点数是

$$S_{u'} = j + 1 - \Delta(u'(0)) - \Delta(u'(l)),$$

其中,

$$\Delta(t) = \begin{cases} 1, & t = 0, \\ 0, & t \neq 0. \end{cases}$$

证明 设 $u(x)$ 的节点是 $\xi_1, \xi_2, \cdots, \xi_j$, 它们把区间 $[0,l]$ 分成 $j+1$ 个子区间: $[0,\xi_1], [\xi_1,\xi_2], \cdots, [\xi_j,l]$. 由 Rolle 定理可知, 函数 $u'(x)$ 在 $(\xi_r, \xi_{r+1})(r = 1, 2, \cdots, j-1)$ 内至少有一个零点. 至于在 $(0,\xi_1)$ 内, 如果 $0 < h \leqslant \infty$, 则必

有 $s \in (0, \xi_1)$, 使得 $u'(0)u'(s) \leqslant 0$, 否则 $u(x)$ 在 $(0, \xi_1)$ 内严格单调上升或下降, 这与 $u(\xi_1) = 0$ 矛盾. 这样, 由 $u'(x)$ 的连续性可知, $u'(x)$ 在 $(0, \xi_1)$ 内至少有一个零点. 而当 $h = 0$ 时, $u'(0) = 0$. 由方程 (5.4.1) 可知, $u(x)$ 只能从正数开始严格单调下降或从负数开始严格单调上升, 从而 $u'(x)$ 不可能有零点. 在 (ξ_j, l) 内的情况完全类似.

现假定在某个小区间 $[\xi_r, \xi_{r+1}](r = 0, 1, \cdots, j, \xi_0 = 0, \xi_{j+1} = l)$ 上, $u'(x)$ 有两个或两个以上的零点：$c, d, \cdots$, 将式 (5.4.1) 在 $[c, d] \subset [\xi_r, \xi_{r+1}]$ 上积分, 即有

$$\int_c^d \{[p(x)u'(x)]' + \lambda\rho(x)u(x)\}\mathrm{d}x = \lambda \int_c^d \rho(x)u(x)\mathrm{d}x.$$

由于 $u(x)$ 在 $[c, d]$ 上不改变符号, 因此上式右端不等于零, 这显然不真. 这就表明 $u'(x)$ 在 (ξ_r, ξ_{r+1}) 内有且仅有一个零点. 又由 Rolle 定理的证明过程可知, 除首尾两个小区间外, $u'(x)$ 的零点 x_r 只能位于这些小区间的内点且均为节点, 即

$$0 \leqslant x_1 < \xi_1 < x_2 < \xi_2 < \cdots < x_j < \xi_j < x_{j+1} \leqslant l. \tag{5.4.3}$$

式 (5.4.3) 中的等号只在 h(或 H) 为零时成立, 且 $u_i'(x_r) = 0(r = 1, 2, \cdots, j + 1)$. 注意到当 h(或 H) 为零时, $x_1 = 0$(或 $x_{j+1} = l$) 一定不是节点. 引理 5.1 得证.   ∎

从式 (5.4.1) 和 (5.4.2), 以及引理 5.1 出发, 便可以得到：

第一, 由边条件 (5.4.2) 即可看出, 杆的端点的位移和应变应遵循边条件关系式

$$u_i(0)u_i'(0) \geqslant 0, \quad u_i(l)u_i'(l) \leqslant 0, \tag{5.4.4}$$

其中, 等号只在 h(或 H) 为 0 或 $\to \infty$ 时成立. 同时, 对于杆的两个不同的振型 $u_i(x)$ 和 $u_k(x)$, 由式 (5.4.2) 得

$$u_i(0)u_k'(0) - u_k(0)u_i'(0) = 0 = u_i(l)u_k'(l) - u_k(l)u_i'(l), \tag{5.4.5}$$

其中, $i \neq k(i, k = 1, 2, 3, \cdots)$.

第二, 由改写的杆的模态方程

$$p(x)u_i''(x) + p'(x)u_i'(x) + \lambda_i\rho(x)u_i(x) = 0, \quad i = 1, 2, \cdots \tag{5.4.6}$$

和 $u_i'(x_r) = 0$, 可得

$$u_i(x_r)u_i''(x_r) < 0, \quad i = 1, 2, \cdots, \quad r = 1, 2, \cdots, S_{u_i'}. \tag{5.4.7}$$

第三, 因为充分约束杆的位移振型 $u_i(x)$ 有且仅有 $i-1(i=1,2,\cdots)$ 个节点, 应用引理 5.1 及式 (5.4.3), 并注意到 h(或 H) 为 0 等价于 $u'(0)=0$(或 $u'(l)=0$), 立即可得下述定理:

定理 5.5 (1) 充分约束杆的应变振型 $u_i'(x)$ 的节点数是

$$S_{u_i'} = i - \Delta(h) - \Delta(H), \quad i = 2, 3, \cdots. \tag{5.4.8}$$

(2) 充分约束杆的同阶位移振型 $u_i(x)$ 的节点 $\xi_r(r=1,2,\cdots,i-1)$ 和应变振型 $u_i'(x)$ 的节点 $x_r(r=1,2,\cdots,i-\Delta(h)-\Delta(H))$ 如式 (5.4.3) 所示互相交错.

以上讨论没有包含 $u_1(x)$ 的情况, 它只有一个子区间 $[0,l]$. 显然, 式 (5.4.8) 也适用于 $u_1'(x)$.

总结以上讨论, 可以得出下述定理:

定理 5.6 函数 $\varphi(x)$ 作为充分约束杆的振型的必要条件是:

条件 A 函数 $\varphi(x)$ 及其微商在区间 I 内有确定的变号数, 并满足式 (5.4.4) 和

$$S_{\varphi'} = S_\varphi + 1 - \Delta(\varphi'(0)) - \Delta(\varphi'(l)). \tag{5.4.9}$$

特别地, 如果进一步要求 $\varphi(x)$ 是杆的第 i 阶振型, 则应有 $S_\varphi = i - 1(i = 1, 2, \cdots)$.

下面进一步证明上述条件 A 不仅是必要的, 而且也是充分的. 为此, 先证明下面的引理:

引理 5.2 设 $\varphi(x)$ 在区间 $[0,l]$ 上具有连续的一阶微商, 并满足上述条件 A, 则 $\varphi(x)$ 的节点 ξ_r 和 $\varphi'(x)$ 的节点 x_r 相间, 如式 (5.4.3) 所示, 并且

$$\varphi(x_r)\varphi''(x_r) < 0, \quad r = 1, 2, \cdots, S_{\varphi'}.$$

证明 因为 $\varphi(x)$ 在 I 内有确定的变号数, 记 $S_\varphi = i - 1$, 则有 $\{\xi_r\}_1^{i-1}$ 满足

$$0 < \xi_1 < \xi_2 < \cdots < \xi_{i-1} < l,$$

并使 $\varphi(\xi_r) = 0$. 而由式 (5.4.9) 可知, 在区间 $(\xi_r, \xi_{r+1})(r=1,2,\cdots,i-2)$ 内, $\varphi'(x)$ 的符号恰好改变一次; 在区间 $(0,\xi_1)$ 和 (ξ_{i-1},l) 内, 则视 $\varphi'(0)$ 和 $\varphi'(l)$ 是否为零, $\varphi'(x)$ 的符号可能不改变, 也可能恰好改变一次. 根据 Rolle 定理可知, $\varphi'(x)$ 在上述每个小区间内恰有一个零点且必为节点, 即式 (5.4.3) 成立. 进一步, $\varphi'(x)$ 在上述正的子区间内的变号点只能是极大值点, 而在负的子区间

内的变号点必为极小值点, 否则与式 (5.4.9) 矛盾. 因而 $\varphi(x_r)\varphi''(x_r) < 0$ 也成立.　∎

以上推理过程还表明, 在 $u_i'(x)$ 的两个相邻的节点之间, $u_i(x)$ 只能单调上升或单调下降. 这样, 又有下述推论:

推论　设 x_r 是 $u_i'(x)(i = 1, 2, \cdots, r = 1, 2, \cdots, S_{u_i'})$ 的节点, 则

$$u_i(x_r)u_i'(x) > 0, \quad x_{r-1} < x < x_r, \quad i = 1, 2, \cdots, \quad r = 1, 2, \cdots, S_{u_i'},$$

$$u_i(x_r)u_i'(x) < 0, \quad x_r < x < x_{r+1}, \quad i = 1, 2, \cdots, \quad r = 1, 2, \cdots, S_{u_i'}.$$

定理 5.7　定理 5.6 所给出的条件 A 是函数 $\varphi(x)$ 作为充分约束杆的振型的充分条件.

证明　采用构造性证法. 考虑给定正数 λ 和函数 $\varphi(x)$, $\varphi(x)$ 在 $[0, l]$ 上有连续的一阶微商和分段连续的二阶微商, 并满足上述必要条件 A. 则必可由它们构造具有正参数 $p(x)$ 和 $\rho(x)$ 的杆, 使其做纵向振动时以 $\varphi(x)$ 为其振型, 而以 $\sqrt{\lambda}$ 为其相应的固有角频率.

事实上, 当 $\varphi(x)$ 满足条件 A 时, 由式 (5.4.4) 可知,

$$h = \frac{p(0)\varphi'(0)}{\varphi(0)} \geqslant 0, \quad H = -\frac{p(l)\varphi'(l)}{\varphi(l)} \geqslant 0. \tag{5.4.10}$$

同时, 由引理 5.2 可知, 式 (5.4.3) 和 $\varphi(x_r)\varphi''(x_r) < 0$ 也成立. 另由式 (5.4.1) 有

$$p(x) = \frac{1}{\varphi'(x)}\left[p(0)\varphi'(0) - \lambda \int_0^x \rho(s)\varphi(s)\mathrm{d}s\right]. \tag{5.4.11}$$

记 $S_\varphi = i - 1$, 以下分三种情况进行讨论:

(1) $x_1 > 0, x_i < l$. 这时, 只要适当选取 $\rho(x) > 0$, 并使

$$\lambda \int_0^{x_r} \rho(s)\varphi(s)\mathrm{d}s = B, \quad r = 1, 2, \cdots, i, \quad \varphi'(x_r) = 0. \tag{5.4.12}$$

这里, B 是常数, 且与 $\varphi(0+0)$ 同号. 这时, 就可以取

$$p(x) = \begin{cases} \dfrac{1}{\varphi'(x)}\left[B - \lambda \displaystyle\int_0^x \rho(s)\varphi(s)\mathrm{d}s\right], & x_r < x < x_{r+1}, \quad r = 0, 1, \cdots, i, \\ & x_0 = 0, \quad x_{i+1} = l, \\ -\lambda\rho(x_r)\dfrac{\varphi(x_r)}{\varphi''(x_r)}, & x = x_r, \quad r = 1, 2, \cdots, i. \end{cases} \tag{5.4.13}$$

现将按式 (5.4.13) 选取的 $p(x)$ 与 ρ, h, H 一起构成待求杆的参数.

问题在于如何选取 $\rho(x)$, 以使由式 (5.4.13) 所确定的 $p(x)$ 恒为正? 其实, $\rho(x)$ 的选取有很大的自由, 例如, 可取

$$\rho(x) = \begin{cases} a_r, & x_r \leqslant x < \xi_r, \\ a_r + \dfrac{a_{r+1} - a_r}{c_r}(x - \xi_r), & \xi_r \leqslant x < \xi_r + c_r, \quad r = 1, 2, \cdots, i-1, \\ a_{r+1}, & \xi_r + c_r \leqslant x \leqslant x_{r+1}, \end{cases}$$

(5.4.14)

其中,

$$c_r = (x_{r+1} - \xi_r)/10, \quad r = 1, 2, \cdots, i-1. \tag{5.4.15}$$

至于在 $[0, x_1]$ 与 $[x_i, l]$ 上, $\rho(x)$ 可分别取 a_1 与 a_i. 只要指定 $a_1 > 0$, 即可由

$$\int_{x_r}^{x_{r+1}} \rho(s)\varphi(s)\mathrm{d}s = 0, \quad r = 1, 2, \cdots, i-1$$

唯一确定 a_{r+1}, 显然, 这样选取的 $\rho(x)$ 是正的. 而在选取 $\rho(x)$ 后, 由上式和式 (5.4.12), 则得

$$B - \lambda \int_0^x \rho(s)\varphi(s)\mathrm{d}s = \lambda \int_x^{x_{r+1}} \rho(s)\varphi(s)\mathrm{d}s,$$

$$x_r < x < x_{r+1}, \quad r = 0, 1, \cdots, i-1, \quad x_0 = 0, \quad x_{i+1} = l$$

必与 $\varphi(x_{r+1})$ 同号. 进而, 由引理 5.2 的推论可知, 上式必与区间 $(x_r, x_{r+1})(r = 0, 1, \cdots, i-1)$ 内的 $\varphi'(x)$ 同号, 故由式 (5.4.13) 确定的 $p(x)$ 在区间 (x_r, x_{r+1}) $(r = 0, 1, \cdots, i-1)$ 内及其端点上肯定大于零.

对于区间 (x_i, l) 内的 $p(x)$, 这时,

$$B - \lambda \int_0^x \rho(s)\varphi(s)\mathrm{d}s = -\lambda \int_{x_i}^x \rho(s)\varphi(s)\mathrm{d}s, \quad x_i < x < l.$$

显然, $p(x)$ 与 $\varphi(x_i)$ 反号, 从而也与该区间内的 $\varphi'(x)$ 同号, 在此区间上, 式 (5.4.13) 确定的 $p(x)$ 也是正的.

(2) 以上讨论显然完全适用于 $x_1 = 0, x_i < l$ 的情况, 只是这时在式 (5.4.12) 和式 (5.4.13) 的第二式中, $r = 2, 3, \cdots, i$, 而在其余所有讨论中, r 的取值应保证排除 $[0, x_1]$ 这个子区间.

(3) 以上讨论同样完全适用于 $x_1 > 0, x_i = l$ 的情况, 只是这时在式 (5.4.12) 和式 (5.4.13) 的第二式中, $r = 1, 2, \cdots, i - 1$, 而在其余所有讨论中, r 的取值应保证排除 $[x_i, l]$ 这个子区间.

综上所述, 即已证明了只要 $\varphi(x)$ 满足必要条件 A, 它一定是某充分约束杆的一个振型.   ∎

为了有助于读者理解以上讨论, 不妨看一个例子:

例 1　考察函数 $\varphi(x) = \cos x + \sin x$, 在 $[0, 5\pi/4]$ 上, 它满足作为某一杆的振型的必要条件:

$$S_\varphi = S_{\varphi'} = 1, \quad h = \frac{p(0)\phi'(0)}{\phi(0)} = p(0) > 0, \quad \varphi'(5\pi/4) = 0.$$

若取 $\rho(x)$ 为正常数, 则由式 (5.4.13) 可得, $p = \lambda\rho$ 也是正常数. 由此可见, 当 $p(x)$ 和 $\rho(x)$ 为常数时, $\omega = \sqrt{p/\rho}$ 是长为 $l = 5\pi/4$, 左端弹性支承 ($h = p(0)$) 右端自由杆的第二阶固有角频率, 而 $\cos x + \sin x$ 是该杆的第二阶振型. 这与直接解微分方程的结果完全一致. 值得指出的是, 在本例中函数 $\varphi(x) = \cos x + \sin x$ 的取值区间可以扩展为 $[0, l](l \in [5\pi/4, \, 3\pi/2])$. 这时, 除右端支承方式由自由变为弹性支承外, $\varphi(x)$ 均可成为某一杆的振型. 然而, 如果 $\varphi(x)$ 的取值区间 $[0, l]$ 取得不合适, 例如, $l \in (3\pi/4, \, 5\pi/4)$, 那么式 (5.4.10) 将不成立, 此时 $\varphi(x)$ 不能成为杆的振型. 因而对于同样一个函数 $\varphi(x)$, 如果取值区间取得不合适, 它就可能不能成为杆的振型.

以上获得了充分约束杆的振型的充要条件. 显然, 上述证明适用于最常见的固定–自由杆和两端固定杆.

5.4.2　模态相容性条件和独立模态的个数

与离散问题完全类似, 也可以讨论杆的两个不同的振型之间的协调关系.

设 $\varphi(x)$ 和 $\psi(x)$ 是杆的两个不同的振型, λ 和 μ 是相应的固有角频率的平方. 这时除需满足必要条件 A 和式 (5.4.5) 外, 由 $\varphi(x)$ 和 $\psi(x)$ 所满足的方程

$$\begin{cases} [p(x)\varphi'(x)]' + \lambda\rho(x)\varphi(x) = 0, \\ [p(x)\psi'(x)]' + \mu\rho(x)\psi(x) = 0 \end{cases} \tag{5.4.16}$$

或

$$\begin{cases} \varphi''(x) + \varphi'(x)\dfrac{p'(x)}{p(x)} + \lambda\varphi(x)\dfrac{\rho(x)}{p(x)} = 0, \\ \psi''(x) + \psi'(x)\dfrac{p'(x)}{p(x)} + \mu\psi(x)\dfrac{\rho(x)}{p(x)} = 0, \end{cases}$$

即可得

$$\frac{\rho(x)}{p(x)} = \frac{z(x)}{f(x)}, \quad p(x) = C \exp\left\{ -\int_0^x \frac{g(s)}{f(s)} ds \right\}, \qquad (5.4.17)$$

其中,

$$\begin{aligned} f(x) &= \mu\varphi'(x)\psi(x) - \lambda\varphi(x)\psi'(x), \\ g(x) &= \mu\varphi''(x)\psi(x) - \lambda\varphi(x)\psi''(x), \\ z(x) &= \varphi''(x)\psi'(x) - \varphi'(x)\psi''(x). \end{aligned} \qquad (5.4.18)$$

由此可见, 除了条件 A 和式 (5.4.5) 外, $\varphi(x)$ 和 $\psi(x)$ 还要满足: 对于 $[0,l]$ 上的任一点 x, $z(x)$ 和 $f(x)$ 只能同时为零或同号; 对于使 $f(s) = 0$ 的 s, 则当 $x \to s$ 时, $g(x)/f(x)$ 应有有限极限, $z(x)/f(x)$ 应有正极限. 这组条件和式 (5.4.5) 合称为两个不同模态之间的相容性条件.

例 1 给定 $\lambda = 1$, $\mu = 3$ 和两个定义在区间 $(0, \pi/2)$ 内的函数

$$\varphi(x) = \cos x + \sin x, \quad \psi(x) = \cos 3x + \sin 3x + \cos x - \sin x,$$

那么

$$z(x) = 8 + 12\sin 2x(1 - \sin 2x) > 0,$$

$$f(x) = 4(1 + \sin 2x) > 0, \quad g(x) = 4\cos 2x(3\sin 2x + 1).$$

因此

$$p(x) = p_0(1 + \sin 2x)\exp\{-3\sin 2x/2\},$$

$$\rho(x) = p_0[2 + 3\sin 2x(1 - \sin 2x)]\exp\{-3\sin 2x/2\},$$

以及

$$h = \varphi'(0)/\varphi(0) = 1, \quad H = -\varphi'(\pi/2)/\varphi(\pi/2) = 1.$$

不难检验, 所给出的特征对 $\{\lambda, \varphi(x)\}$ 和 $\{\mu, \psi(x)\}$ 正好是具有上面所求得的参数 $\rho(x)$, $p(x)$ 和边界参数 $h = 1 = H$ 的杆的第一和第二阶模态.

从以上讨论可得出以下定理:

定理 5.8 对于给定杆的两个位移模态 $(\omega_i = \sqrt{\lambda}, \varphi(x))$ 和 $(\omega_j = \sqrt{\mu}, \psi(x))$, 如果它们满足振型的必要条件 A 和上述相容性条件, 那么就可以由式 (5.4.17) 构造出杆的密度函数 $\rho(x)$ 和刚度 $p(x)$, 进而获得杆的其余所有模态.

由于这个性质在力学上的重要性, 我们从另一角度将其表述为如下定理:

定理 5.9　在杆的连续系统的无穷个位移模态 $(\omega_i, u_i(x))(i = 1, 2, \cdots)$ 中,仅有两个,且是任意两个位移模态 $(\omega_{i_1}, u_{i_1}(x))$ 和 $(\omega_{i_2}, u_{i_2}(x))(i_1 \neq i_2)$ 是独立的.

这意味着,如果两个杆彼此有两个模态 (含两阶固有频率和相应振型) 相同,则这两个杆相同. 这也意味着,如果设计一个杆,要求其具有某些模态,则最多只能要求其具有两个指定的模态.

需指出,弦的独立模态只有一个. 弦的固有角频率 ω 和振型 $\varphi(x)$ 满足方程

$$\begin{cases} T\varphi''(x) + \omega^2 \rho(x)\varphi(x) = 0, \\ \varphi(0) = \varphi(l) = 0. \end{cases} \tag{5.4.19}$$

由于弦的张力 T 是一个常数, 则对方程 (5.4.19) 求解可得

$$\rho(x) = -T\varphi''(x) / \left[\omega^2 \varphi(x)\right]. \tag{5.4.20}$$

可见, 如果给定一组模态数据 $(\omega, \varphi(x))$, 它们满足条件: $\varphi''(x)$ 与 $\varphi(x)$ 反号, 或在 $\varphi(\xi) = 0$ 处, $\varphi''(\xi) = 0$, 且当 $x \to \xi$ 时, $\varphi''(x)/\varphi(x)$ 的极限存在且为负值, 则可求出 $\rho(x)$ 的值, 如式 (5.4.20) 所示. 由此可以得出结论: 当弦的张力 T 已知, $\rho(x)$ 未知时, 只要给定一阶模态, 就可以求出 $\rho(x)$. 因此可以给出下面的定理:

定理 5.10　弦有无穷阶模态, 但只有一阶模态是独立的. 只要给定一阶模态, 则其余模态都是确定的.

对于两根同长同张力 T 的弦, 如果两者有一阶模态是相同的, 则此两根弦相同, 从而所有模态相同.

5.4.1 和 5.4.2 小节的内容主要取自参考文献 [5].

5.4.3　两端自由杆的静变形和模态的定性性质

需要提醒读者注意的是, 以上讨论均不适用于两端自由杆.

1. 两端自由杆的静变形的振荡性质 [6]

约束不足杆只有一种支承方式, 即两端自由杆. 对于两端自由杆, 下面我们来证明它具有如下静变形的振荡性质 A′ 和 B′.

性质 A′　两端自由杆在一对平衡轴向外力作用下, 其任意横截面的形心的轴向位移仅发生一次符号改变.

性质 B′　两端自由杆在一组 n 个轴向外力组成的平衡力系作用下, 其任意横截面的形心的轴向位移发生的变号数不超过 $n - 1$.

性质 A′ 的证明 考察如图 5.1 所示的自然长度为 l 的两端自由杆, 取未受外力从而未发生变形时的左端点为坐标原点, 其纵向对称轴为 x 轴. 设在其上 d_1, d_2 两处, 杆受到一对平衡轴向外力 F_1 和 $F_2 = -F_1$ 的作用, 这里, $0 \leqslant d_1 < d_2 \leqslant l$. 显然, 杆上各点的位移必为其原始平衡状态时的各横截面的形心坐标 x 的函数, 记为 $u(x)$. 首先考察 $0 < d_1 < d_2 < l$ 的情况. 在此情况下, 由材料力学可知, 杆的位移函数和轴力分布满足下述方程:

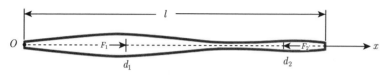

图 5.1 两端自由杆的连续系统示意图

$$EA(x)u'(x) = N(x) = \begin{cases} 0, & 0 \leqslant x < d_1, \\ F_1, & d_1 \leqslant x \leqslant d_2, \\ 0, & d_2 < x \leqslant l. \end{cases} \tag{5.4.21}$$

对方程 (5.4.21) 积分一次, 有

$$u(x) = \begin{cases} C_1, & 0 \leqslant x < d_1, \\ C_1 + F_1 \cdot \int_{d_1}^{x} \dfrac{\mathrm{d}t}{EA(t)}, & d_1 \leqslant x \leqslant d_2, \\ C_2, & d_2 < x \leqslant l, \end{cases} \tag{5.4.22}$$

其中, C_1 和 C_2 是两个积分常数. 式 (5.4.22) 表明, $u(x)$ 只可能在区间 (d_1, d_2) 内出现正负号改变, 注意到 $u'(x)$ 在区间 (d_1, d_2) 内恒为正或恒为负, $u(x)$ 在区间 (d_1, d_2) 内单调递增或单调递减, 所以它最多只能改变正负号一次. 又由力学常识可知, 当一对平衡轴向外力同时缓慢均匀加载时, 两力作用点之间必定存在某一横截面的位移为零, 因而性质 A′ 成立.

对于 $0 = d_1$ 和/或 $d_2 = l$ 的情况, 式 (5.4.21) 和 (5.4.22) 的左和/或右端子区间将不存在, 显然, 这并不影响相应结论的成立. ∎

性质 B′ 的证明 自然长度为 l 的两端自由杆的坐标原点和 x 轴的取法同前. 设在其上 d_i 处, 杆受到 n 个轴向外力 F_i 组成的平衡力系的作用, 这里, $i = 1, 2, \cdots, n$, 并满足 $0 \leqslant d_1 < d_2 < \cdots < d_n \leqslant l$. 同样, 杆上各点的位移仍为其原始平衡状态时的各横截面的形心坐标 x 的函数, 记为 $u(x)$.

仍然先考察 $0 < d_1$ 和 $d_n < l$ 的情况. 此时, 由材料力学可知, 杆的位移函数和轴力分布满足下述方程:

$$EA(x)u'(x) = N(x) = \begin{cases} 0, & 0 \leqslant x < d_1, \\ \sum_{i=1}^{k} F_i, & d_k < x < d_{k+1}, \quad k = 1, 2, \cdots, n-1, \\ 0, & d_n < x \leqslant l. \end{cases}$$

$$(5.4.23)$$

式 (5.4.23) 表明, $u'(x)$ 只可能在外力作用点 $d_i(i = 2, 3, \cdots, n-1)$ 处出现正负号改变, 而在 d_1 和 d_n 处没有正负号改变, 从而 $u'(x)$ 在区间 $(0, l)$ 内的变号数不多于 $n-2$. 应用引理 6.2 可知, $u(x)$ 在区间 $(0, l)$ 内的变号数不多于 $n-1$, 即性质 B′ 成立.

对于 $0 = d_1$ 和/或 $d_n = l$ 的情况, 式 (5.4.23) 的左和/或右端子区间将不存在, 显然, 这并不影响相应结论的成立.　■

2. 两端自由杆的模态的振荡性质

为了研究两端自由杆的模态的定性性质, 仿照离散系统的做法, 可以令

$$N(x) = p(x)u'(x), \tag{5.4.24}$$

而把式 (5.4.1) 改写为

$$[\rho^{-1}(x)N'(x)]' + \lambda p^{-1}(x)N(x) = 0. \tag{5.4.25}$$

这仍然是 "杆" 的模态方程, 我们称以

$$p^*(x) = \rho^{-1}(x), \quad \rho^*(x) = p^{-1}(x)$$

为截面参数的 "杆" 为原杆的共轭杆. 另一方面, 在变换 (5.4.24) 下, 两端自由杆的边条件变为

$$N(0) = 0 = N(l), \tag{5.4.26}$$

即其共轭杆是两端固定的. 于是不难发现, 两端自由杆有下述模态的定性性质:

(1) 两端自由杆的非零固有频率是正的和单的, 可按递增次序排列为

$$0 = f_1 < f_2 < f_3 < \cdots.$$

(2) 记两端自由杆的共轭杆的固有频率和相应振型为 $(f_i^*, N_i^*(x))(i = 1, 2, \cdots)$, 这里, 上角标 * 表示该量是与两端自由杆的非零固有频率相应的量. 注意到 $f_i^* = f_{i+1}$, 以及作为两端固定的共轭杆的振型, $N_i^*(x)(i = 1, 2, \cdots)$ 在区

间 $[0, l]$ 上的变号数为 $i-1$, 则两端自由杆与 f_i 相应的 $N_i(x)$(与之相应的为 $u_i'(x)$)$(i = 2, 3, \cdots)$ 在区间 $[0, l]$ 上的变号数为 $i-2$.

(3) 由运动方程, 有

$$N_i'(x) = -\lambda_i \rho(x) u_i(x).$$

这表明, $N_i'(x)$ 和 $u_i(x)$ 有着完全相同的定性性质. 根据引理 5.1 可知, 当 $N_i(x)(i = 2, 3, \cdots)$ 在区间 $[0, l]$ 上的变号数为 $i-2$ 时, 注意到 $N_i(0) = 0 = N_i(l)$, $N_i'(x)$ 在区间 $[0, l]$ 上的变号数恰为 $i-1$. 于是得出结论: $u_i(x)(i = 1, 2, \cdots)$ 在区间 $[0, l]$ 上的变号数亦为 $i-1$.

至于 $u_1(x)$(它与 $f_1 = 0$ 相对应), 显然可以取它为常数, 从而它同样具有上述性质 (3). 只是 $u_1'(x)$ 的变号数也是 0.

(4) 函数 $u_i(x)$ 作为两端自由杆的第 i 阶振型的充要条件是

$$S_{u_i} = S_{u_i'} + 1 = i - 1, \quad i = 2, 3, \cdots. \tag{5.4.27}$$

关于这一条件的充分性, 完全可以仿照定理 5.7 加以证明, 这里从略.

(5) 对于两端自由杆, 在排除该系统具有的刚体模态后, 5.4.2 小节的讨论都适用.

总结以上讨论, 我们可以将三类不同支承方式下杆的连续系统的位移振型和应变振型的节点数 (变号数) 列在表 5.1 中.

表 5.1　杆的连续系统的位移振型和应变振型的节点数

边界参数	约束类型		S_{u_i}	$S_{u_i'}$
	h	H		
两端固定	∞	∞	$i-1$	i
固定–自由	∞	0	$i-1$	$i-1$
两端自由	0	0	$i-1$	$i-2^*$

注: * 对于两端自由杆, $S_{u_1'} = 0 (i = 1)$.

本小节最后, 我们来证明 5.3 节最后所给出的充分约束的 Sturm-Liouville 系统振动的振荡性质 (2) 中的 (c) 对两端自由杆同样成立 [7], 即有如下定理:

定理 5.11　在区间 I 内, 由两端自由杆的某些阶振型 $u_i(x)(i = k, k+1, \cdots, m, 1 \leqslant k \leqslant m)$ 组合而成的函数

$$u(x) = \sum_{i=k}^{m} c_i u_{i+1}(x), \quad 1 \leqslant k \leqslant m, \quad \sum_{i=k}^{m} c_i^2 > 0$$

的节点不少于 $k-1$ 个, 而零点不多于 $m-1$ 个.

证明　由充分约束的 Sturm-Liouville 系统的振动的振荡性质 (2) 中的 (c) 可知, 对于两端自由杆的共轭杆的某些阶振型 $N_i^*(x)(i = k, k + 1, \cdots, m, 1 \leqslant k \leqslant m)$, 它们组合而成的 "位移"

$$N(x) = \sum_{i=k}^{m} c_i N_i^*(x), \quad 1 \leqslant k \leqslant m, \quad \sum_{i=k}^{m} c_i^2 > 0$$

在区间 $[0, l]$ 上的节点不少于 $k - 1$ 个, 而零点不多于 $m - 1$ 个. 注意到式 (5.4.24), 上式等价于：对于两端自由杆的某些阶应变振型 $u_i'(x)(i = k + 1, k + 2, \cdots, m + 1, 1 \leqslant k \leqslant m)$, 它们组合而成的函数

$$u'(x) = \sum_{i=k}^{m} c_i u_{i+1}'(x), \quad 1 \leqslant k \leqslant m, \quad \sum_{i=k}^{m} c_i^2 > 0 \qquad (5.4.28)$$

在区间 $[0, l]$ 上的节点不少于 $k - 1$ 个, 而零点不多于 $m + 1$ 个, 这里, $u'(x)$ 在区间 $[0, l]$ 的两个端点上的零点已被计数.

采用反证法来证明定理 5.11. 先证定理 5.11 的第二个结论. 即设与式 (5.4.28) 相应的 $u(x)$ 的零点多于 m 个. 应用引理 5.1, 并注意到现在 $h = 0 = H$, 式 (5.4.28) 中的 $u'(x)$ 的零点多于 $m + 1$ 个, 从而产生矛盾. 所以, 与式 (5.4.28) 相应的 $u(x)$ 的零点不多于 m 个.

再证定理 5.11 的第一个结论. 考察改写后的两端自由杆的模态方程

$$N'(x) = -\lambda \rho(x) u(x),$$

说明 $u(x)$ 与 $N'(x)$ 有完全相同的节点. 从 $N(x)$ 的节点不少于 $k - 1$ 个出发, 并注意到 $N'(0)$ 和 $N'(l)$ 均不为零, 应用引理 5.1 于 $N(x)$ 和 $N'(x)$, 则 $N'(x)$ 的节点不少于 k 个. 由此可知, 与式 (5.4.28) 相应的 $u(x)$ 的节点不少于 k 个. 注意到与式 (5.4.28) 相应的 $u(x)$ 具有表达式

$$u(x) = \sum_{i=k}^{m} c_i u_{i+1}(x), \quad 1 \leqslant k \leqslant m, \quad \sum_{i=k}^{m} c_i^2 > 0.$$

上述论证所获得的结果完全符合定理 5.11 的内涵. ▮

5.4.4　杆各种振型的节点的相间性

首先指出：定理 2.22 在证明 Марков 函数序列中的函数 $\varphi_i(x)$ 与 $\varphi_{i+1}(x)$ 的节点相间时, 仅仅利用了定理 2.22 中的 Марков 函数序列的性质 (2) 和 (3),

亦即 5.3.1 小节定理 5.4 的推论中所获得的充分约束的 Sturm-Liouville 系统的振动的振荡性质 (2) 中的 (b) 和 (c). 在上文中, 我们在定理 5.5 中证明了充分约束系统的同阶位移振型 $u_i(x)$ 与应变振型 $u_i'(x)$ 的节点互相交错; 在 5.4.3 小节中证明了两端自由杆的位移振型和应变振型均满足振荡性质 (2) 中的 (b) 和 (c), 再注意到有关杆和它的共轭杆的振型之间的关系, 我们可以进一步得到下述结论:

两端自由杆的相邻阶位移振型 $u_i(x)$ 与 $u_{i+1}(x)(i = 2, 3, \cdots)$ 的节点互相交错;

任意支承杆的相邻阶应变振型 $u_i'(x)$ 与 $u_{i+1}'(x)(i = 2, 3, \cdots)$ 的节点互相交错;

仿照式 (5.4.3) 的导出过程, 利用 Rolle 定理和变号数规律可以证明两端自由杆的同阶位移振型 $u_i(x)$ 与应变振型 $u_i'(x)(i = 2, 3, \cdots)$ 的节点互相交错.

根据本节的讨论, 我们可以画出杆的振型的示意图, 如图 5.2 所示.

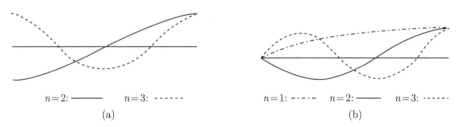

图 5.2 (a) 两端自由杆的第二、三阶振型, (b) 固定–自由杆的第一、二、三阶振型

5.5 不同边界支承的杆的固有频率的相间性

本节旨在导出不同支承方式下杆的固有频率的相间性. 下面分两种情况讨论.

5.5.1 两端固定杆与固定–自由杆的固有频率的相间关系

设在固定–自由杆的整个杆上作用有强迫力 $F(x)\sin\omega t$, 则强迫振动的解为 $u(x,t) = u(x)\sin\omega t$, 这里, $u(x)$ 满足方程

$$[p(x)u'(x)]' + \omega^2\rho(x)u(x) = F(x), \quad 0 < x \leqslant l. \tag{5.5.1}$$

又记与上述方程相对应的齐次方程的模态解是 $\{\omega_i^2, u_i(x)\}(i = 1, 2, \cdots)$, 且已归一化, 即

$$\int_0^l \rho(x)u_i^2(x)\mathrm{d}x = 1, \quad i = 1, 2, \cdots.$$

将强迫响应解按振型族展开, 其展开式可以表示为

$$u(x) = \sum_{i=1}^{\infty} c_i u_i(x). \tag{5.5.2}$$

将式 (5.5.2) 代入式 (5.5.1), 注意到振型族的正交归一关系, 即得

$$c_i = \frac{1}{\omega^2 - \omega_i^2} \int_0^l F(x)u_i(x)\mathrm{d}x, \quad i = 1, 2, \cdots.$$

如果强迫力是一个集中力, 并且作用于杆的自由端, 即 $F(x) = F_0\delta(x - l)$, 那么展开式 (5.5.2) 的系数将是

$$c_i = \frac{F_0 u_i(l)}{\omega^2 - \omega_i^2}, \quad i = 1, 2, \cdots.$$

这样, 相应的强迫响应解是

$$u(x) = F_0 \sum_{i=1}^{\infty} \frac{u_i(l)}{\omega^2 - \omega_i^2} u_i(x). \tag{5.5.3}$$

特别地, 有

$$u(l) = F_0 \sum_{i=1}^{\infty} \frac{u_i^2(l)}{\omega^2 - \omega_i^2}. \tag{5.5.4}$$

当 $u(l) \equiv 0$ 时, 杆的右端是固定的. 这时, 式 (5.5.4) 成为

$$\sum_{i=1}^{\infty} \frac{u_i^2(l)}{\omega^2 - \omega_i^2} = 0, \tag{5.5.5}$$

这就是两端固定杆的频率方程. 换句话说, 在简谐外载作用下, 自由端的振幅为零时, 所对应的外载的频率就是原系统在右端固定时的某一固有频率. 进一步, 如果此时的强迫响应函数 $u(x, \omega)$ 在 $(0, l)$ 内有 $i - 1$ 个节点, 则 ω 就是两

端固定杆的第 $i(i = 1, 2, \cdots)$ 个角频率. 不过, 这时的强迫响应函数本身并非两端固定杆的固有振型. 这是因为对于强迫响应函数 $u(x, \omega)$, 总有

$$u'(l) = F_0 \sum_{i=1}^{\infty} \frac{u_i(l) u_i'(l)}{\omega^2 - \omega_i^2} = 0.$$

注意到, 对于固定–自由杆, 恒有 $u_i(l) \neq 0$, 应用命题 4.5 于式 (5.5.5) 得

$$f_1^{\text{cf}} < f_1^{\text{cc}} < f_2^{\text{cf}} < f_2^{\text{cc}} < \cdots . \tag{5.5.6}$$

式 (5.5.6) 中上角标的意义同第三章. 由此可见, 两端固定杆和固定–自由杆的固有频率彼此相间.

5.5.2 两端自由杆与固定–自由杆的固有频率的相间关系

利用 5.5.1 小节的方法和共轭杆的概念, 我们可以获得两端自由杆和与之相应的固定–自由杆的固有频率的相间关系.

设有一两端自由的变截面杆, 另有一左端固定右端自由的变截面杆, 两杆除左端支承方式不同外, 其余完全相同. 设它们的固有频率分别为

$$0 = f_1^{\text{ff}} < f_2^{\text{ff}} < \cdots \quad \text{与} \quad 0 < f_1^{\text{cf}} < f_2^{\text{cf}} < \cdots .$$

由 5.4.3 小节关于共轭杆的讨论可知, 两端自由杆的共轭系统是两端固定杆, 而固定–自由杆的共轭系统是自由–固定杆. 显然, 这两个共轭系统也是除左端支承方式不同外, 具有完全相同的参数. 记它们的固有频率分别为

$$0 < \widetilde{f}_1^{\text{cc}} < \widetilde{f}_2^{\text{cc}} < \cdots \quad \text{与} \quad 0 < \widetilde{f}_1^{\text{fc}} < \widetilde{f}_2^{\text{fc}} < \cdots .$$

采用与 5.5.1 小节完全相同的方法可以证明

$$0 < \widetilde{f}_1^{\text{fc}} < \widetilde{f}_1^{\text{cc}} < \widetilde{f}_2^{\text{fc}} < \widetilde{f}_2^{\text{cc}} < \cdots .$$

注意到共轭系统的固有频率与原系统的固有频率之间的关系

$$\widetilde{f}_i^{\text{fc}} = f_i^{\text{cf}}, \quad \widetilde{f}_i^{\text{cc}} = f_{i+1}^{\text{ff}}, \quad i = 1, 2, \cdots ,$$

即可得到两端自由杆与固定–自由杆的固有频率彼此相间:

$$0 = f_1^{\text{ff}} < f_1^{\text{cf}} < f_2^{\text{ff}} < f_2^{\text{cf}} < \cdots . \tag{5.5.7}$$

综合式 (5.5.6) 和 (5.5.7), 即有

$$f_i^{\mathrm{ff}} < f_i^{\mathrm{cf}} < (f_i^{\mathrm{cc}}, f_{i+1}^{\mathrm{ff}}) < f_{i+1}^{\mathrm{cf}}, \quad i = 1, 2, \cdots . \tag{5.5.8}$$

式 (5.5.8) 中的括号部分表明两端自由杆与两端固定杆的固有频率之间的关系是不确定的. 事实上, 对于具有完全相同的常参数的两端自由杆与两端固定杆, 恰恰有

$$f_i^{\mathrm{cc}} = f_{i+1}^{\mathrm{ff}}, \quad i = 1, 2, \cdots .$$

5.6　离散系统与连续系统的比较

以上考察了杆的连续系统的振动的定性性质. 与在第三章所研究的杆的离散系统的同类问题相比, 二者既有不少共同之处, 也有一些相当重要的区别. 在模态的振荡性质方面, 离散系统和连续系统是完全一致的. 这也说明了杆的差分模型和杆的有限元模型具有一定的合理性, 亦即由离散模型所获得的振动中的杆的有关性质, 的确是连续系统的振荡特性的一种近似.

然而有一点值得注意: 对于离散模型, 弹性支承可以视为固定支承的特例, 它们只是相差一个自由度. 因而在离散系统的振型的充要条件中没有涉及弹性支承这类边条件的问题. 而对于连续系统, 振型必须事先满足边条件 (5.4.4).

参 考 文 献

[1] Gladwell G M L. Inverse problems in vibration [M]. 2nd Ed. Dordrecht/Boston/London: Kluwer Academic Publishers, 2004.

[2] 王其申, 王大钧. 杆、梁差分离散系统的柔度矩阵及其极限 [J]. 力学与实践, 1996, 18(5): 43.

[3] 王其申, 王大钧. 杆、梁离散和连续系统的振动定性性质的统一论证 [J]. 力学学报, 1997, 29(1): 99.

[4] Гантмахер Ф Р, Крейн М Г. Осцилляционные матрицы и ядра и малые колебания механических систем [M]. Москва: Государственное Издательство Технико-Теоретической Литературы, 1950.

[5] Wang Q S, Wang D J. An inverse mode problem for continuous second-order systems: Proceedings of international conference on vibration engineering [C]. Singapore: International Academic Publishers, 1994.

[6] 王其申, 王大钧, 何北昌. 约束不足的杆、梁静变形的定性性质 [J]. 安庆师范大学学报 (自然科学版), 2021, 27(4): 43.

[7] 王其申, 王大钧. 存在刚体模态的杆、梁连续系统某些振荡性质的补充证明 [J]. 安庆师范学院学报 (自然科学版), 2014, 20(1): 1.

第六章 梁的振动和静变形的定性性质

本章通过验证充分约束梁具有静变形的振荡性质, 证明了充分约束梁的 Green 函数属于振荡核, 进而阐明了充分约束的单跨梁的振动的定性性质. 通过引入共轭梁的概念, 这些定性性质也被扩展到约束不足的单跨梁. 本章还论证了梁的独立模态的个数, 梁的频率对边界参数的依赖关系, 最后讨论了外伸梁和存在轴向拉力的梁的振动的定性性质.

6.1 梁的运动微分方程

长为 l, 截面参数随截面位置变化的细长直梁 (参见图 6.1) 的固有频率 f 和振型 $u(x)$ 满足的方程是

$$[EJ(x)u''(x)]'' = \lambda\rho(x)u(x), \quad 0 < x < l, \tag{6.1.1}$$

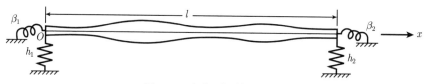

图 6.1 变截面梁的示意图

其中, $\lambda = (2\pi f)^2$, $\rho(x)$ 是梁的质量线密度, $EJ(x)$ 是梁的抗弯刚度. 显然, $EJ(x) > 0$, $\rho(x) > 0$. 以下假定 $EJ(x)$, $\rho(x)$ 始终存在二阶微商. 在实际应用中, 梁的常见支承方式是: 在端点处

$$
\begin{aligned}
&\text{自由:} \quad u'' = 0, \quad (EJu'')' = 0; \\
&\text{滑支:} \quad u' = 0, \quad (EJu'')' = 0; \\
&\text{铰支:} \quad u = 0, \quad u'' = 0; \\
&\text{固定:} \quad u = 0, \quad u' = 0.
\end{aligned}
\tag{6.1.2}
$$

以上四种边条件的某些组合允许梁做刚体运动. 图 6.2 给出了这些边条件组合, 以及可能的运动方式, 它们正是方程 (6.1.1) 对应于 $\lambda = 0$ 及相应边条件时的振型, 称之为刚体振型. 注意, 两端自由梁有两种刚体振型, 虽然图 6.2(b) 所示振型并不直接与图 6.2(a) 带权 $\rho(x)$ 正交, 但是图 6.2(a) 与图 6.2(b) 的某一组合总是与图 6.2(a) 带权 $\rho(x)$ 正交.

梁的四种支承方式可以统一表示为

$$[EJ(x)u''(x)]'\,|_{x=0} + h_1 u(0) = 0 = [EJ(x)u''(x)]'\,|_{x=l} - h_2 u(l), \qquad (6.1.3)$$

$$EJ(0)u''(0) - \beta_1 u'(0) = 0 = EJ(l)u''(l) + \beta_2 u'(l). \qquad (6.1.4)$$

它们的物理意义是用拉伸弹簧和扭转弹簧约束梁端, h_1, h_2 是拉伸弹簧的刚度, β_1, β_2 是扭转弹簧的刚度, 它们均为非负常数.

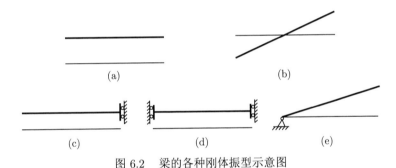

图 6.2　梁的各种刚体振型示意图

该系统与相应的离散系统相似, 若

$$h_1 + h_2 > 0, \quad \beta_1 + \beta_2 > 0 \qquad (6.1.5)$$

或

$$h_1 \cdot h_2 > 0, \qquad (6.1.6)$$

则称由方程 (6.1.1), (6.1.3) 和 (6.1.4) 描述的系统是充分约束的 [1,2]. 由于弹簧刚度非负, 因此条件 (6.1.5) 意味着 h_1 和 h_2 中至少有一个大于零, β_1 和 β_2 中也至少有一个大于零; 条件 (6.1.6) 意味着允许 β_1 和 β_2 同时为零, 但是在此种情况下, h_1 和 h_2 皆大于零. 下文将证明, 当条件 (6.1.5) 或 (6.1.6) 成立时, 图 6.2 所示的所有刚体振型将被排除. 现给出人们熟知的梁的振动的模态方程的一些性质.

定理 6.1　梁的微分算子 $Bu \equiv [EJ(x)u''(x)]''$ 在边条件 (6.1.3) 和 (6.1.4) 下是对称的, 即

$$(Bu, v) = (Bv, u). \tag{6.1.7}$$

证明　事实上,

$$(Bu, v) - (Bv, u) = \int_0^l \{[EJ(x)u''(x)]''v(x) - [EJ(x)v''(x)]''u(x)\}\mathrm{d}x$$

$$= \{[EJ(x)u''(x)]'v(x) - [EJ(x)v''(x)]'u(x)\}|_0^l$$

$$- EJ(x)[u''(x)v'(x) - v''(x)u'(x)]|_0^l.$$

在边条件为 (6.1.3) 和 (6.1.4) 时, 上式第二个等号右端的每一项皆为零.　▌

定理 6.2　在边条件为 (6.1.3) 和 (6.1.4) 时, 梁的模态方程的特征值是实的和非负的. 如果要求它的特征值恒为正, 则其充要条件是梁为充分约束的.

证明　设 λ 是方程 (6.1.1) 在边条件为 (6.1.3) 和 (6.1.4) 时的特征值, $u(x)$ 是相应的特征函数, 即

$$Bu(x) = \lambda\rho(x)u(x).$$

因为 $EJ(x)$ 和 $\rho(x)$ 都是实函数, 所以

$$\lambda(\rho u, \bar{u}) = (Bu, \bar{u}) = (B\bar{u}, u) = \overline{(Bu, \bar{u})} = \bar{\lambda}\overline{(\rho u, \bar{u})} = \bar{\lambda}(\rho u, \bar{u}).$$

这表明, λ 是实的. 进一步, 有

$$\lambda(\rho u, u) = (Bu, u)$$

$$= \{[EJ(x)u''(x)]'u(x) - EJ(x)u''(x)u'(x)\}|_0^l + \int_0^l EJ(x)[u''(x)]^2\mathrm{d}x$$

$$= h_1 u^2(0) + h_2 u^2(l) + \beta_1[u'(0)]^2 + \beta_2[u'(l)]^2 + \int_0^l EJ(x)[u''(x)]^2\mathrm{d}x.$$

由此可知, 对于不恒为零的 $u(x)$, 显然有 $\lambda \geqslant 0$. 要使 λ 为零, 需使上式第三个等号右端为零, 其充要条件是: $u''(x) \equiv 0$, 即 $u(x) = cx + d$, 以及

$$h_1 d^2 = h_2(cl + d)^2 = \beta_1 c^2 = \beta_2 c^2 = 0.$$

这只能是: 当 $c = 0$ 时, $h_1 = h_2 = 0$, 梁两端只有转动弹簧支承, 梁的刚体振型为平动; 或者当 $d = 0$ 时, $h_2 = 0$, $\beta_1 = \beta_2 = 0$, 梁在左端有平动弹簧支承, 其

刚体振型为绕点 O 转动; 或者当 $c \neq 0$, $d \neq 0$ 时, $h_1 = h_2 = 0$, $\beta_1 = \beta_2 = 0$, 梁无任何支承, 为两端自由梁, 其刚体振型为平动加转动. 总之, 可以看到, 如果系统是充分约束的, 则 $\lambda > 0$. 反之, 则必有零特征值. 以上讨论包括了 h_r 和 β_r $(r = 1, 2$, 下文均如此$)$ 为无穷的情况. ∎

定理 6.3 在边条件为 (6.1.3) 和 (6.1.4) 时, 梁的模态方程中属于不同特征值的特征函数带权 $\rho(x)$ 正交.

本定理的证明从略.

6.2 梁的 Green 函数

如同杆的问题一样, Green 函数对于确定梁的定性性质起着至关重要的作用. 因此, 本节将给出梁的 Green 函数的基本性质、一般表达式, 以及两种常见梁——固定–自由梁和两端铰支梁的 Green 函数 [3,4].

梁的 Green 函数是指如下特殊边值问题的解:

$$
\begin{cases}
B_x G(x, s) = \delta(x - s), \quad 0 < x < l, \ 0 < s < l, \\
[EJ(x)G_{xx}(x,s)]_x|_{x=0} + h_1 G(0,s) = 0 = [EJ(x)G_{xx}(x,s)]_x|_{x=l} - h_2 G(l,s), \\
EJ(0)G_{xx}(0,s) - \beta_1 G_x(0,s) = 0 = EJ(l)G_{xx}(l,s) + \beta_2 G_x(l,s),
\end{cases}
$$

(6.2.1)

其中, h_r, $\beta_r(r = 1, 2)$ 均为非负常数, 并满足式 (6.1.5) 或 (6.1.6), B_x 表示算子 B 对变量 x 求微商. 式 (6.2.1) 表明, 梁的 Green 函数 $G(x, s)$ 就是对梁上的点 s 作用一个单位集中力而形成的梁的静位移. 它具有如下性质:

(1) 对于任意的 $x \in [0, l]$, $G(x, s)$ 连续并满足边条件 (6.1.3) 和 (6.1.4).

(2) 除 $x = s$ 外, $G(x, s)$ 对于任意的 $x \in [0, l]$ 存在四阶微商, 但在 $x = s$ 处, 它的三阶微商存在间断:

$$
[EJ(x)G_{xx}(x,s)]_x \big|_{x=s-0}^{x=s+0} = 1.
$$

(6.2.2)

(3) 除 $x = s$ 外, $B_x G(x, s) = 0$.

根据以上性质, 可按下述步骤构造充分约束梁的 Green 函数:

首先, 把式 (6.2.1) 的第一式对 x 积分两次, 有

$$
EJ(x)G''(x,s) = \begin{cases}
C_1 x + C_2, & x < s, \\
(1 + C_1)x + C_3, & x > s.
\end{cases}
$$

把上式两端同时除以 $EJ(x)$, 然后继续对 x 积分两次, 有

$$G(x,s) = \begin{cases} \displaystyle\int_0^x \mathrm{d}z \int_0^z \frac{C_1 t + C_2}{EJ(t)}\mathrm{d}t + C_4 x + C_6, & x < s, \\ \displaystyle\int_0^x \mathrm{d}z \int_0^z \frac{(C_1+1)t + C_3}{EJ(t)}\mathrm{d}t + C_5 x + C_7, & x > s. \end{cases}$$

由在 $x = s$ 处位移、转角、弯矩的连续性条件可得

$$C_3 = C_2 - s,$$

$$C_5 = C_4 - \int_0^s \frac{t-s}{EJ(t)}\mathrm{d}t,$$

$$C_7 = C_6 - \int_0^s \mathrm{d}z \int_0^z \frac{t-s}{EJ(t)}\mathrm{d}t + s\int_0^s \frac{t-s}{EJ(t)}\mathrm{d}t.$$

于是

$$G(x,s) = \begin{cases} \displaystyle\int_0^x \mathrm{d}z \int_0^z \frac{C_1 t + C_2}{EJ(t)}\mathrm{d}t + C_4 x + C_6, & x \leqslant s, \\ \displaystyle\int_0^x \mathrm{d}z \int_0^z \frac{C_1 t + C_2}{EJ(t)}\mathrm{d}t + C_4 x + C_6 + \int_s^x \mathrm{d}z \int_s^z \frac{t-s}{EJ(t)}\mathrm{d}t, & x > s. \end{cases}$$

其次, 采用分部积分法消除中间变量 z, 得

$$G(x,s) = \begin{cases} \displaystyle\int_0^x \frac{(x-t)(C_1 t + C_2)}{EJ(t)}\mathrm{d}t + C_4 x + C_6, & x \leqslant s, \\ \displaystyle\int_0^x \frac{(x-t)(C_1 t + C_2)}{EJ(t)}\mathrm{d}t + C_4 x + C_6 + \int_s^x \frac{(x-t)(t-s)}{EJ(t)}\mathrm{d}t, & x > s. \end{cases} \tag{6.2.3}$$

最后, 根据具体边条件确定积分常数, 从而构造出在各类边条件下的充分约束梁的 Green 函数.

对于固定–自由梁, 容易求得

$$C_4 = C_6 = 0, \quad C_1 = -1, \quad C_2 = s.$$

于是固定–自由梁的 Green 函数为

$$G^{\mathrm{cf}}(x,s) = \int_0^{\min(x,s)} \frac{(x-t)(s-t)}{EJ(t)}\mathrm{d}t. \tag{6.2.4}$$

对于两端铰支梁, 它的积分常数满足

$$C_2 = C_6 = 0,$$

$$(C_1 + 1)l - s = 0,$$

$$\int_0^l \frac{(l-t)C_1 t}{EJ(t)} \mathrm{d}t + C_4 l + \int_s^l \frac{(l-t)(t-s)}{EJ(t)} \mathrm{d}t = 0,$$

故有

$$G^{\mathrm{pp}}(x,s)$$

$$= \begin{cases} \dfrac{l-s}{l} \displaystyle\int_0^x \frac{t(t-x)}{EJ(t)}\mathrm{d}t - \frac{x}{l}\int_0^s \frac{(l-t)(s-t)}{EJ(t)}\mathrm{d}t + \frac{xs}{l^2}\int_0^l \frac{(l-t)^2}{EJ(t)}\mathrm{d}t, & x \leqslant s, \\[4mm] \dfrac{l-x}{l}\displaystyle\int_0^s \frac{t(t-s)}{EJ(t)}\mathrm{d}t - \frac{s}{l}\int_0^x \frac{(l-t)(x-t)}{EJ(t)}\mathrm{d}t + \frac{xs}{l^2}\int_0^l \frac{(l-t)^2}{EJ(t)}\mathrm{d}t, & x > s. \end{cases}$$

$$(6.2.5)$$

完全类似地, 可以求得铰支–滑支、固定–滑支、固定–铰支和两端固定梁的 Green 函数, 具体从略. 以上各式中, 上角标 c, f, p 分别表示梁的相应端点固定、自由和铰支.

梁的 Green 函数也可以由相应离散系统的柔度系数通过极限过程来得到. 我们仅以固定–自由梁和两端铰支梁为例来讨论这个问题 [3].

先看固定–自由梁. 事实上, 第四章给出的固定–自由梁的差分离散系统的刚度矩阵 $\boldsymbol{A}$ 是

$$\boldsymbol{A} = \widetilde{\boldsymbol{E}}_n \boldsymbol{L}^{-1} \widetilde{\boldsymbol{E}}_n \boldsymbol{K}_{\mathrm{cf}} \widetilde{\boldsymbol{E}}_n^{\mathrm{T}} \boldsymbol{L}^{-1} \widetilde{\boldsymbol{E}}_n^{\mathrm{T}},$$

其中, $\boldsymbol{L} = \mathrm{diag}(l_1, l_2, \cdots, l_n)$, $\boldsymbol{K}_{\mathrm{cf}} = \mathrm{diag}(k_0, k_1, \cdots, k_{n-1})$, n 阶方阵 $\widetilde{\boldsymbol{E}}_n$ 和它的逆矩阵 $\boldsymbol{F}$ 分别是

$$\widetilde{\boldsymbol{E}}_n = \begin{bmatrix} 1 & -1 & & & \\ & 1 & -1 & & \text{\Large 0} \\ & & \ddots & \ddots & \\ \text{\Large 0} & & 1 & -1 \\ & & & & 1 \end{bmatrix}_{n \times n}, \quad \boldsymbol{F} = \begin{bmatrix} 1 & 1 & \cdots & 1 \\ & 1 & \cdots & 1 \\ \text{\Large 0} & & \ddots & \vdots \\ & & & 1 \end{bmatrix}_{n \times n},$$

因而相应的柔度矩阵 $\boldsymbol{R}$ 是

$$\boldsymbol{R} = \boldsymbol{F}^{\mathrm{T}} \boldsymbol{L} \boldsymbol{F}^{\mathrm{T}} \boldsymbol{K}_{\mathrm{cf}}^{-1} \boldsymbol{F} \boldsymbol{L} \boldsymbol{F}, \tag{6.2.6}$$

则柔度系数 r_{ij} 是

$$r_{ij} = \begin{cases} \displaystyle\sum_{\alpha=1}^{i}\left(\sum_{p=\alpha}^{i} l_p\right) k_{\alpha-1}^{-1}\left(\sum_{q=\alpha}^{j} l_q\right), & i \leqslant j, \\ \displaystyle\sum_{\alpha=1}^{j}\left(\sum_{p=\alpha}^{i} l_p\right) k_{\alpha-1}^{-1}\left(\sum_{q=\alpha}^{j} l_q\right), & i > j. \end{cases} \tag{6.2.7}$$

在差分格式 (参见式 (4.1.4)) 下, 有

$$k_\alpha^{-1} = \frac{1}{2}\left[\frac{\Delta x_\alpha}{EJ(x_\alpha)} + \frac{\Delta x_{\alpha+1}}{EJ(x_\alpha)}\right], \quad \alpha = 1, 2, \cdots, n-1. \tag{6.2.8}$$

　　如同对于杆的讨论一样, 在差分过程中总存在这样的 i, j, 使得对于任意的 x, s, 有

$$x_{i-1} \leqslant x \leqslant x_i, \quad x_{j-1} \leqslant s \leqslant x_j.$$

于是

$$\sum_{p=\alpha}^{i} l_p = x - x_\alpha + b_i \Delta x_i, \quad \sum_{q=\alpha}^{j} l_q = s - x_\alpha + b'_j \Delta x_j,$$

其中, b_i, b'_j 均为小于 1 的正数. 于是随着差分点的无限增加, 当所有差分步长 Δx_α 一致趋于零时, 式 (6.2.7) 的极限表达式就是

$$\lim_{n\to\infty, \delta\to 0} r_{ij} = \lim_{n\to\infty, \delta\to 0} \sum_{\alpha=0}^{\min(i,j)} (x - x_\alpha + b_i \Delta x_i)\frac{\Delta x_\alpha + \Delta x_{\alpha+1}}{2EJ(x_\alpha)}(s - x_\alpha + b'_j \Delta x_j)$$

$$= \int_0^{\min(x,s)} \frac{(x-t)(s-t)}{EJ(t)}\mathrm{d}t, \quad 0 \leqslant x, s \leqslant l,$$

其中, $\delta = \max \Delta x_\alpha (\alpha = 1, 2, \cdots, n)$. 上式中第二个等号右端正是前面所给出的固定–自由梁的 Green 函数的表达式 (6.2.4).

　　再来考察两端铰支梁. 根据第四章给出的两端铰支梁的刚度矩阵

$$\boldsymbol{A} = \boldsymbol{E}_{n-1}\boldsymbol{L}^{-1}\boldsymbol{E}_{n-1}^{\mathrm{T}}\boldsymbol{K}_{\mathrm{pp}}\boldsymbol{E}_{n-1}\boldsymbol{L}^{-1}\boldsymbol{E}_{n-1}^{\mathrm{T}},$$

其中, $\boldsymbol{E}_{n-1}$ 的形状如同式 (4.1.23) 中的 $\boldsymbol{E}$, 不同的是式 (4.1.23) 中的 $\boldsymbol{E}$ 是 $n \times (n+1)$ 矩阵, 而 $\boldsymbol{E}_{n-1}$ 是 $(n-1) \times n$ 矩阵, $\boldsymbol{K}_{\mathrm{pp}} = \mathrm{diag}(k_1, k_2, \cdots, k_{n-1})$.

因为 $\boldsymbol{E}_{n-1}\boldsymbol{L}^{-1}\boldsymbol{E}_{n-1}^{\mathrm{T}}$ 的形状恰好就是式 (5.2.12), 只是应以 l_i^{-1} 代替式中的 k_i. 这样, 若记

$$(\boldsymbol{E}_{n-1}\boldsymbol{L}^{-1}\boldsymbol{E}_{n-1}^{\mathrm{T}})^{-1} = \{b_{ij}\}_1^{n-1},$$

则

$$b_{ij} = \begin{cases} \displaystyle\sum_{p=1}^{i-1} l_p \cdot \sum_{q=j}^{n} l_q \Big/ \sum_{t=1}^{n} l_t = \frac{x_{i-1}(l - x_j)}{l}, & i \leqslant j, \\[4mm] \displaystyle\sum_{p=1}^{j-1} l_p \cdot \sum_{q=i}^{n} l_q \Big/ \sum_{t=1}^{n} l_t = \frac{x_{j-1}(l - x_i)}{l}, & i > j. \end{cases}$$

两端铰支梁的柔度矩阵是

$$\boldsymbol{R} = (r_{ij})_{(n-1)\times(n-1)} = (\boldsymbol{E}_{n-1}\boldsymbol{L}^{-1}\boldsymbol{E}_{n-1}^{\mathrm{T}})^{-1}\boldsymbol{K}_{\mathrm{pp}}^{-1}(\boldsymbol{E}_{n-1}\boldsymbol{L}^{-1}\boldsymbol{E}_{n-1}^{\mathrm{T}})^{-1},$$

这样, 可以求得两端铰支梁的柔度系数为

$$r_{ij} = \sum_{\alpha=1}^{n-1} k_\alpha^{-1} b_{i\alpha} b_{\alpha j}$$

$$= \begin{cases} \displaystyle\sum_{\alpha=1}^{i-1} k_\alpha^{-1} b_{i\alpha} b_{\alpha j} + \sum_{\alpha=i}^{j-1} k_\alpha^{-1} b_{i\alpha} b_{\alpha j} + \sum_{\alpha=j}^{n-1} k_\alpha^{-1} b_{i\alpha} b_{\alpha j}, & i \leqslant j, \\[4mm] \displaystyle\sum_{\alpha=1}^{j-1} k_\alpha^{-1} b_{i\alpha} b_{\alpha j} + \sum_{\alpha=j}^{i-1} k_\alpha^{-1} b_{i\alpha} b_{\alpha j} + \sum_{\alpha=i}^{n-1} k_\alpha^{-1} b_{i\alpha} b_{\alpha j}, & i > j. \end{cases}$$

将式 (6.2.8) 中的 k_α^{-1} 和上述 b_{ij} 代入上式, 即得

$$r_{ij} = \begin{cases} \displaystyle\sum_{\alpha=1}^{i-1} \frac{x_\alpha(l-x)(\Delta x_\alpha + \Delta x_{\alpha+1})x_\alpha(l-s)}{2EJ(x_\alpha)l^2} \\[3mm] \quad + \displaystyle\sum_{\alpha=i}^{j-1} \frac{x(l-x_\alpha)(\Delta x_\alpha + \Delta x_{\alpha+1})x_\alpha(l-s)}{2EJ(x_\alpha)l^2} \\[3mm] \quad + \displaystyle\sum_{\alpha=j}^{n-1} \frac{x(l-x_\alpha)(\Delta x_\alpha + \Delta x_{\alpha+1})s(l-x_\alpha)}{2EJ(x_\alpha)l^2}, & i \leqslant j, \\[5mm] \displaystyle\sum_{\alpha=1}^{j-1} \frac{x_\alpha(l-s)(\Delta x_\alpha + \Delta x_{\alpha+1})x_\alpha(l-x)}{2EJ(x_\alpha)l^2} \\[3mm] \quad + \displaystyle\sum_{\alpha=j}^{i-1} \frac{s(l-x_\alpha)(\Delta x_\alpha + \Delta x_{\alpha+1})x_\alpha(l-x)}{2EJ(x_\alpha)l^2} \\[3mm] \quad + \displaystyle\sum_{\alpha=i}^{n-1} \frac{x(l-x_\alpha)(\Delta x_\alpha + \Delta x_{\alpha+1})s(l-x_\alpha)}{2EJ(x_\alpha)l^2}, & i > j, \end{cases} \tag{6.2.9}$$

式中略去了二阶以上的无穷小量. 当 $n \to \infty$ 且所有 $\Delta x_\alpha \to 0$ 时, $i, j, n-i$, $n-j, j-i$ 都同时趋于 ∞, 于是

$$
\lim_{n \to \infty, \delta \to 0} r_{ij} = \begin{cases} \displaystyle\int_0^x \frac{(l-x)(l-s)}{l^2} \frac{t^2}{EJ} \mathrm{d}t + \int_x^s \frac{x(l-s)}{l^2} \frac{t(l-t)}{EJ} \mathrm{d}t \\ \qquad + \displaystyle\int_s^l \frac{xs}{l^2} \frac{(l-t)^2}{EJ} \mathrm{d}t, & x \leqslant s, \\[4mm] \displaystyle\int_0^s \frac{(l-x)(l-s)}{l^2} \frac{t^2}{EJ} \mathrm{d}t + \int_s^x \frac{s(l-x)}{l^2} \frac{t(l-t)}{EJ} \mathrm{d}t \\ \qquad + \displaystyle\int_x^l \frac{xs}{l^2} \frac{(l-t)^2}{EJ} \mathrm{d}t, & x > s. \end{cases}
$$

容易验证, 此式就是式 (6.2.5).

完全类似地, 可以验证固定–滑支、固定–铰支、两端固定、铰支–滑支梁的离散系统的柔度系数 r_{ij} 同样以相应的 Green 函数为极限 [4].

关于梁的 Green 函数, 和杆一样, 有如下两条重要性质:

定理 6.4 梁的 Green 函数是对称的, 即 $G(x,s) = G(s,x)$.

证明从略. 读者不难利用虚功原理来验证梁的 Green 函数的对称性.

定理 6.5 函数

$$
u(x) = \int_0^l G(x,s)f(s)\mathrm{d}s \tag{6.2.10}
$$

必是方程

$$
Bu = f(x) \tag{6.2.11}
$$

在边条件为 (6.1.3) 和 (6.1.4) 时的解; 反之, 方程 (6.2.11) 在边条件 (6.1.3) 和 (6.1.4) 下的解总可表示为式 (6.2.10) 的形式.

证明 事实上, 只要对式 (6.2.10) 等号两端同时施用梁的微分算子, 并注意到 Green 函数的定义式 (6.2.1), 即得式 (6.2.11). 反之, 因为

$$
(Bu, G) = \int_0^l G(x,s)f(x)\mathrm{d}x,
$$

$$
(u, B_x G) = \int_0^l u(x)\delta(x-s)\mathrm{d}x = u(s),
$$

这样, 由 Euler 梁的微分算子的对称性即可得到

$$
u(s) = \int_0^l G(x,s)f(x)\mathrm{d}x,
$$

但 Green 函数是对称的, 所以这就是式 (6.2.10). ∎

根据定理 6.5, 可将梁振动的固有角频率 $\omega = \sqrt{\lambda}$ 和振型 $u(x)$ 满足的方程改写为积分方程的形式, 即

$$u(x) = \lambda \int_0^l G(x,s)\rho(s)u(s)\mathrm{d}s, \quad 0 < x < l. \tag{6.2.12}$$

这正是引入 Green 函数的目的. 此式同样可以对称化, 令

$$\widetilde{u}(x) = \sqrt{\rho(x)}u(x), \quad K(x,s) = \sqrt{\rho(x)\rho(s)}G(x,s), \tag{6.2.13}$$

则式 (6.2.12) 成为

$$\widetilde{u}(x) = \lambda \int_0^l K(x,s)\widetilde{u}(s)\mathrm{d}s, \quad 0 < x < l. \tag{6.2.14}$$

函数 $G(x,s)$ 和 $K(x,s)$ 分别称为积分方程 (6.2.12) 和 (6.2.14) 的核. 由此出发, 6.3 节我们就来证明核 $G(x,s)$ 是振荡核, 继而导出任意支承梁的振荡性质.

6.3 充分约束梁的静变形和振动的振荡性质

6.3.1 充分约束梁的静变形的振荡性质

如同杆的问题一样, 有两种方法可以证明充分约束梁的 Green 函数是振荡核.

其一, 在第四章中已指出, 对应充分约束梁的差分离散系统的刚度矩阵是符号振荡矩阵, 相应的柔度矩阵则是振荡矩阵; 另一方面, 在 6.2 节中又已指出, 在各种支承条件下梁的柔度系数以相应的 Green 函数为极限. 这样, 依据定理 2.29, 即可断定由边条件 (6.1.2) 所组合的六种静定、超静定梁的 Green 函数属于振荡核.

其二, 利用下面将要阐明的充分约束梁的静变形的振荡性质 A 和 B, 可以直接证明梁的 Green 函数是振荡核, 而无须导出 Green 函数. 为此给出如下有关定理:

定理 6.6 当 $h_r, \beta_r(r = 1, 2)$ 均为正的有限值时, 记

$$u(x) = G(x,s), \quad 0 \leqslant x, s \leqslant l,$$

其中, $G(x,s)$ 是充分约束梁的 Green 函数, 即为式 (6.2.1) 的解, 则

$$\tau'(x) = [EJ(x)u''(x)]' = \begin{cases} -c, & 0 \leqslant x < s, \\ 1-c, & s < x \leqslant l, \end{cases} \tag{6.3.1}$$

其中, $0 < c < 1$; $\tau(x)$ 是梁的弯矩.

证明 由式 (6.2.2) 及其下面的 Green 函数的性质 (3) 可知, 必有某个 c 存在, 使得式 (6.3.1) 成立. 当 $h_r, \beta_r(r=1,2)$ 均为正的有限值时, 由静力学的基本知识可知, $c=0$ 或 $c=1$ 应排除. 现在只需证明 $0 < c < 1$.

考察函数 $\tau(x)$, 它在区间 $(0,l)$ 内不能恒为正, 否则, $\tau(x)$ 的边条件只能有三种情况: (1) $\tau(0) \geqslant 0$, $\tau(l) > 0$. 由 $G(x,s)$ 所满足的式 (6.2.1) 的第三式给出 $u'(0) \geqslant 0$, $u'(l) < 0$. (2) $\tau(0) > 0$, $\tau(l) = 0$. 由式 (6.2.1) 的第三式给出 $u'(0) > 0$, $u'(l) = 0$. (3) $\tau(0) = 0$, $\tau(l) = 0$. 由式 (6.2.1) 的第三式给出 $u'(0) = 0$, $u'(l) = 0$, 此时, 显然 $u'(x) \equiv 0$ 应排除. 无论何种情况, 这都与 $u'(x)$ 在区间 $(0,l)$ 内单调递增相矛盾.

同理, 函数 $\tau(x)$ 在区间 $(0,l)$ 内不能恒为负.

现在, 设 $c < 0$, $\tau'(x)$ 在区间 $[0,l]$ 上恒为正, $\tau(x)$ 在区间 $[0,l]$ 上单调递增. 由于其他情况已经被排除, 因此只有 $\tau(0) < 0$, $\tau(l) > 0$. 由式 (6.2.1) 的第三式给出 $u'(0) < 0$, $u'(l) < 0$. 注意到 $\tau(x)$ 是分段线性函数, 它只有一个零点, 于是 $u'(x)$ 在区间 $[0,l]$ 上只有一个极小值点, 从而对于任意的 $x \in [0,l]$ 都有 $u'(x) < 0$. 但因 $\tau'(0) > 0$, $\tau'(l) > 0$, 由式 (6.2.1) 的第二式给出 $u(0) < 0$, $u(l) > 0$, 这与 $u(x)$ 在区间 $[0,l]$ 上单调递减相矛盾.

类似地, 如果 $c > 1$, $\tau'(x)$ 在区间 $[0,l]$ 上恒为负, $\tau(x)$ 在区间 $[0,l]$ 上单调递减, 则 $u'(x) > 0(x \in [0,l])$, 这与由式 (6.2.1) 的第二式给出的 $u(0) > 0$, $u(l) < 0$ 相矛盾.

以上证明了只能有 $0 < c < 1$. ▮

对于 h_r, β_r 分别为 0 和 ∞ 的情况可以类似讨论, 不过这时定理的结论需要修改为 $0 \leqslant c \leqslant 1$. 例如, 对于固定–自由梁, $c=1$, 而对于自由–固定梁, $c=0$.

推论 $\tau(x)$ 在区间 $[0,l]$ 上不可能有相同的正负号.

证明 既然在定理 6.6 的证明过程中已经排除了 $\tau(x)$ 恒小于零和恒大于零这两种情况, 则 $\tau(x)$ 在区间 $[0,l]$ 上的正负号一定改变. ▮

定理 6.7 在式 (6.2.1) 所示的边条件下, 充分约束梁的 Green 函数满足

$$G(x,s) > 0, \quad x,s \in I.$$

证明 根据定理 6.6 可知, 当 h_r, $\beta_r(r = 1, 2)$ 均为正的有限值时, $\tau'(x)$ 的函数图形如图 6.3(a) 所示; 相应地, $\tau(x)$ 的函数图形只能有图 6.3(b) 所示的三种情况; 由式 (6.2.1) 的第三式可知, $u'(0)$ 与 $\tau(0)$ 的值同号, $u'(l)$ 与 $\tau(l)$ 的值反号, 根据函数的单调性和极值的判别法则可知, $u'(x)$ 的函数图形也只能有图 6.3(c) 所示的三种情况; 最后由式 (6.2.1) 的第二式可知, $u(0)$ 与 $\tau'(0)$ 的值反号, $u(l)$ 与 $\tau'(l)$ 的值同号, 故 $u(0) > 0$, $u(l) > 0$, 则 $u(x)$ 的函数图形仍然只能有图 6.3(d) 所示的三种情况. 这些图形清楚地表明, 不管哪种情况, 都有 $u(x) = G(x, s) > 0(x, s \in I)$, 即定理 6.7 成立. 而对于 h_r, β_r 分别取 0 和 ∞, 但系统仍为充分约束系统的情况, 亦即 6.2 节中出现过的固定–自由、固定–滑支、固定–铰支、两端固定、铰支–滑支和两端铰支这六种静定、超静定梁, 由材料力学可知, 它们在单位载荷作用下的挠曲线同样清楚地表明定理 6.7 成立. ∎

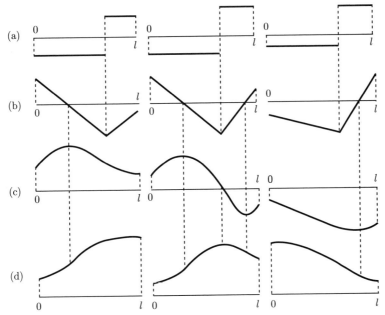

图 6.3　(a) 函数 $\tau'(x)$, (b) 函数 $\tau(x)$, (c) 函数 $u'(x)$, (d) 函数 $u(x)$ 的三种可能图形

定理 6.7 表明, 充分约束梁具有**静变形的振荡性质 A**：充分约束梁的某一动点上受一个集中力作用时, 该梁上所有动点的挠度异于零且其方向与作用力的方向相同.

下面我们检验充分约束梁具有静变形的振荡性质 B. 为此引入下面的引理：

引理 6.1 设 $\varphi'(x)$ 在区间 $[a,b]$ 上连续且以 $\xi_i(i = 1,2,\cdots,n)$ 为其自左至右顺序排列的节点而无其他零点, 则 $\varphi(x)$ 在子区间 (a,ξ_1), (ξ_1,ξ_2), $\cdots$, (ξ_n,b) 内至多各有一个零点, 从而 $\varphi(x)$ 在 (a,b) 内最多共有 $n+1$ 个零点. 如果

$$\varphi(a)\varphi'(a) > 0 \quad \text{或} \quad \varphi(b)\varphi'(b) < 0,$$

则 $\varphi(x)$ 在子区间 (a,ξ_1) 或 (ξ_n,b) 内将没有零点, 即当上述不等式之一成立时, $\varphi(x)$ 在区间 (a,b) 内的零点数都将减少 1.

证明 利用反证法来证明引理的前半部分. 假设在某个子区间 (ξ_{r-1},ξ_r) 内, $\varphi(x)$ 存在两个零点 c 与 d, 则由 Rolle 定理可知, 必存在一点 ξ, 使得 $\varphi'(\xi) = 0$, 这与引理的条件矛盾.

至于引理的后半部分, 当 $\varphi(a)\varphi'(a) > 0$ 时, 由 $\varphi'(x)$ 的连续性可知, 在子区间 (a,ξ_1) 内, $\varphi(a)\varphi'(x) > 0$, 否则将与 ξ_1 是 $\varphi'(x)$ 的第一个节点矛盾. 再由微分中值定理可知, 对于任意的 $x \in (a,\xi_1)$, 必存在一点 $x_0 \in (a,x)$, 使得

$$\varphi(a)\varphi(x) = \varphi(a)[\varphi(a) + \varphi'(x_0)(x-a)] > 0,$$

即 $\varphi(x)$ 在子区间 (a,ξ_1) 内没有零点.

同理, 当 $\varphi(b)\varphi'(b) < 0$ 时, 对于任意的 $x \in (\xi_n,b)$, 必存在一点 $x_1 \in (x,b)$, 使得

$$\varphi(b)\varphi(x) = \varphi(b)[\varphi(b) - \varphi'(x_1)(b-x)] > 0,$$

即 $\varphi(x)$ 在子区间 (ξ_n,b) 内没有零点.   ∎

附注:

不难看到, 引理的后半部分对于 $\varphi(a) = 0$ 或 $\varphi(b) = 0$ 仍然成立.

另外, 为了便于应用, 可将引理 6.1 进一步推广为引理 6.2:

引理 6.2 设 $\varphi'(x)$ 在区间 $[a,b]$ 上分段连续且以 $\xi_i(i = 1,2,\cdots,n)$ 为其自左至右顺序排列的可能的变号点, 而在每个子区间 (a,ξ_1), (ξ_1,ξ_2), $\cdots$, (ξ_n,b) 内正负号不变, 则引理 6.1 的结论同样成立.

定理 6.8 (充分约束梁的静变形的振荡性质 B) 设梁在 $s_1 < s_2 < \cdots < s_n\,(0 \leqslant s_1, s_n \leqslant l)$ 处受 n 个强度为 $F_i\,(i = 1,2,\cdots,n)$ 的集中力作用, 则充分约束梁的位移 $u(x)$ 的变号数不超过 $n-1$.

证明 (1) 首先假设 $0 < s_1, s_n < l$. 在定理的条件下, 梁的位移是

$$u(x) = \sum_{i=1}^{n} F_i G(x, s_i). \tag{6.3.2}$$

仍记 $\tau(x) = EJ(x)u''(x)$, 则由上面的讨论可知,

$$\tau'(x) = c_i, \quad s_i < x < s_{i+1}, \quad i = 0, 1, \cdots, n, \tag{6.3.3}$$

其中,

$$s_0 = 0, \quad s_{n+1} = l, \quad c_i = c_0 + \sum_{r=1}^{i} F_r, \quad i = 1, 2, \cdots, n.$$

于是, $\tau'(x)$ 满足引理 6.2 的条件. 分别应用引理 6.2 和引理 6.1 于函数序列

$$\tau'(x), \quad \tau(x), \quad u'(x), \quad u(x),$$

即得 $u(x)$ 在区间 $[0, l]$ 上的变号数满足

$$S_u \leqslant n + 3 - P_{L1} - P_{R1} - P_{L2} - P_{R2} - P_{L3} - P_{R3}. \tag{6.3.4}$$

这里用到了 $S_{\tau'} \leqslant n$, 式 (6.3.4) 中,

$$P_{L1} = \text{IF} \left(\tau(0)\tau'(0) > 0 \cup \tau(0) = 0 \right), \quad P_{R1} = \text{IF} \left(\tau(l)\tau'(l) < 0 \cup \tau(l) = 0 \right),$$

$$P_{L2} = \text{IF} \left(u'(0)\tau(0) > 0 \cup u'(0) = 0 \right), \quad P_{R2} = \text{IF} \left(u'(l)\tau(l) < 0 \cup u'(l) = 0 \right),$$

$$P_{L3} = \text{IF} \left(u(0)u'(0) > 0 \cup u(0) = 0 \right), \quad P_{R3} = \text{IF} \left(u(l)u'(l) < 0 \cup u(l) = 0 \right),$$

这里的 6 个 IF 函数在括号内的逻辑表达为真时取 1, 反之取 0. 现在考察它们的取值.

当 β_r 和 $h_r (r = 1, 2)$ 均为有限值时, 边条件 (6.1.3) 和 (6.1.4) 分别给出

$$\tau'(0)u(0) < 0, \quad \tau'(l)u(l) > 0, \tag{6.3.5}$$

$$u'(0)\tau(0) > 0, \quad u'(l)\tau(l) < 0, \tag{6.3.6}$$

这样, 式 (6.3.6) 给出 $P_{L2} = 1$, $P_{R2} = 1$. 而将式 (6.3.5) 和 (6.3.6) 上、下对应的式子相乘, 又有

$$\tau(0)\tau'(0)u(0)u'(0) < 0, \quad \tau(l)\tau'(l)u(l)u'(l) < 0.$$

这表明, $P_{L1} + P_{L3} = 1$, $P_{R1} + P_{R3} = 1$, 我们可以得出结论: 在 h_r 和 β_r 均取正的有限值的情况下, $u(x)$ 的变号数不超过 $n - 1$.

至于边界参数 h_r 和 β_r 取 0 或 ∞ 这类特殊值的情况, 仅以梁的左端为例讨论如下:

(a) 边界参数 h_1 和 β_1 中只有 1 个取特殊值. 例如, 当 β_1 为 ∞ 时, $u'(0) = 0$, 因而 $P_{L2} = 1$. 由于此时 h_1 仍为有限值, 式 (6.3.5) 的第一式依然成立, 因此有

$$\tau'(0)\tau(0)u''(0)u(0) < 0,$$

于是, 或者 $\tau'(0)\tau(0) > 0$ 而有 $P_{L1} = 1$, 或者 $u''(0)u(0) > 0$. 类似引理 6.1 的证明中后半部分的推理表明, $u(x)$ 的变号数仍然减少 1, 定理的结论仍然成立. 其他三种情况可以类似讨论.

(b) 边界参数 h_1 和 β_1 均取特殊值. 此种情况下, 数值序列

$$\tau'(0), \quad \tau(0), \quad u'(0), \quad u(0)$$

中恰有 2 个取 0 值. 这意味着如果 $\tau'(0) \neq 0$, 则 $P_{L1} + P_{L2} + P_{L3} = 2$; 而 $\tau'(0) = 0$ 时, 一方面, $P_{L1} + P_{L2} + P_{L3} = 1$, 另一方面, $\tau'(x) = c_0 = 0 (x \in [0, s_1))$ 导致 $S_{\tau'} \leqslant n - 1$ 而不是 $S_{\tau'} \leqslant n$, 定理的结论依然成立.

(2) 当 $s_1 = 0$ 和/或 $s_n = l$ 时, 分段函数 $\tau'(x)$ 的分段数将减少. 因而显然不影响定理的证明. ∎

6.3.2　充分约束梁的振动的振荡性质

根据 6.3.1 小节的讨论, 可以给出如下定理:

定理 6.9　充分约束梁的 Green 函数是对称振荡核.

证明　定理 6.7 和定理 6.8 分别表明, 充分约束梁的 Green 函数满足第二章振荡核定义中的条件 (2.7.4) 和 (2.7.5); 关于应变能的讨论表明, 充分约束梁的 Green 函数满足振荡核定义中的条件 (2.7.6). 故任意支承的充分约束梁的 Green 函数是对称振荡核. ∎

有了定理 6.9, 根据定理 2.23, 即可得出如下重要结果:

推论　充分约束梁具有如下振动的振荡性质:

(1) 充分约束梁的固有频率是单的, 即

$$0 < f_1 < f_2 < f_3 < \cdots.$$

(2) 振型 $u_i(x)(i = 1, 2, \cdots)$ 构成区间 $[0, l]$ 上的 Марков 函数序列, 因而具备定理 2.22 所描述的各种性质, 即

(a) $u_1(x)$ 在点集 $I \subset [0, l]$ 内没有零点.

(b) $u_i(x)(i = 2, 3, \cdots)$ 在点集 $I \subset [0, l]$ 内有 $i - 1$ 个节点而无其他零点, 从而在区间 $[0, l]$ 上正负号改变 $i - 1$ 次.

(c) 在点集 $I \subset [0,l]$ 内, 函数

$$u(x) = \sum_{i=p}^{q} c_i u_i(x), \quad 1 \leqslant p \leqslant q, \quad \sum_{i=p}^{q} c_i^2 > 0$$

的节点不少于 $p-1$ 个, 而零点不多于 $q-1$ 个. 特别地, 如果 $u(x)$ 有 $q-1$ 个不同的零点, 那么这些零点都是节点.

(d) 相邻阶振型 $u_i(x)$ 和 $u_{i+1}(x)(i=2,3,\cdots)$ 的节点彼此交错.

本节主要内容取自参考文献 [1, 5, 6].

6.4 约束不足梁的振动和静变形的振荡性质

6.4.1 充分约束梁的转角、弯矩 (或曲率) 和剪力振型的定性性质

上面只是确定了充分约束梁的基本定性性质——所谓振动的振荡性质, 本小节将进一步扩展这一经典理论. 不过, 本小节不拟采用与 4.3 节平行的做法, 即通过引入共轭梁来实现这一点, 而是借助下面的引理, 在一般边条件 (6.1.3) 和 (6.1.4) 下, 直接确定充分约束梁的剪力、弯矩 (或曲率) 和转角振型所应满足的变号数条件, 进而导出由边条件 (6.1.2) 组合而成的六种静定和超静定梁的振型的必要条件.

引理 6.3 设 $\varphi(x)$ 在区间 $I \subset [0,l]$ 内可微且有 n 个节点而无其他零点, 则 $\varphi'(x)$ 在 I 内的变号数不小于 $n-1$. 如果

$$\varphi(0)\varphi'(0) > 0 \quad \text{或} \quad \varphi(l)\varphi'(l) < 0,$$

则 $\varphi'(x)$ 的变号数至少各增加 1.

证明 设 $\xi_r(r=1,2,\cdots,n)$ 是 $\varphi(x)$ 在区间 I 内的 n 个节点, 且满足

$$0 < \xi_1 < \xi_2 < \cdots < \xi_n < l,$$

它们将区间 I 分为 $n+1$ 个子区间 $(\xi_r, \xi_{r+1})(r=0,1,\cdots,n,\xi_0=0,\xi_{n+1}=l)$. 由 Rolle 定理可知, $\varphi'(x)$ 在子区间 $(\xi_r, \xi_{r+1})(r=1,2,\cdots,n-1)$ 内至少有一个零点, 从而

$$S_{\varphi'} \geqslant n-1.$$

如果 $\varphi(0)\varphi'(0) > 0$, 连续函数 $\varphi(x)$ 在 $[0,\xi_1]$ 上或者先从正数单调上升至极大值再下降至零, 或者先从负数单调下降至极小值再上升至零, 从而至少有一个

极值点, 即 $\varphi'(x)$ 的变号数至少增加 1. 同理可知, $\varphi(l)\varphi'(l) < 0$ 也使 $\varphi'(x)$ 的变号数至少增加 1. ∎

容易看出, 当 $\varphi(0) = 0$ 或 $\varphi(l) = 0$ 时, 引理的后半部分仍然成立.

定理 6.10 设 $\{\lambda_i, u_i(x)\}(i = 1, 2, \cdots)$ 是充分约束的 Euler 梁的特征值和相应的特征函数, 记

$$\tau_i(x) = EJ(x)u_i''(x), \quad i = 1, 2, \cdots, \tag{6.4.1}$$

则 $\tau_i'(x), \tau_i(x), u_i'(x)(i = 1, 2, \cdots)$ 在 $[0, l]$ 上的变号数分别满足

$$i - 2 + \Delta(h_1^{-1}) + \Delta(h_2^{-1}) \leqslant S_{\tau_i'}^- \leqslant S_{\tau_i'}^+ \leqslant i - \Delta(h_1) - \Delta(h_2), \tag{6.4.2}$$

$$i - 1 - \Delta(\beta_1) - \Delta(\beta_2) + \Delta(h_1^{-1}) + \Delta(h_2^{-1}) \leqslant S_{\tau_i}^-$$

$$\leqslant S_{\tau_i}^+ \leqslant i + 1 - \Delta(h_1) - \Delta(h_2) - \Delta(\beta_1) - \Delta(\beta_2), \tag{6.4.3}$$

$$i - 2 + \Delta(h_1^{-1}) + \Delta(h_2^{-1}) \leqslant S_{u_i'}^- \leqslant S_{u_i'}^+ \leqslant i - \Delta(h_1) - \Delta(h_2), \tag{6.4.4}$$

其中,

$$\Delta(t) = \begin{cases} 1, & t = 0, \\ 0, & t \neq 0. \end{cases}$$

证明 6.3 节已经确定 $u_i(x)$ 的变号数 $S_{u_i} = i - 1$. 于是由引理 6.3 可知,

$$S_{u_i'}^- \geqslant i - 2.$$

当 $h_r \to \infty(r = 1, 2)$ 时, 由边条件 (6.1.3) 可知, 必有 $u_i(0) = 0$ 或 $u_i(l) = 0$, 这就导出不等式 (6.4.4) 的前一个不等式. 当 $\beta_r \neq 0(r = 1, 2)$ 时, 由边条件 (6.1.4) 可知, 必有 $u_i'(0)u_i''(0) > 0$ 和 $u_i'(l)u_i''(l) < 0$. 同样, 由引理 6.3 和不等式 (6.4.4) 的前一个不等式可得

$$S_{\tau_i}^- \geqslant i - 1 + \Delta(h_1^{-1}) + \Delta(h_2^{-1}).$$

而当 $\beta_1 = 0$ 和/或 $\beta_2 = 0$ 时, 由边条件 (6.1.4) 可知, 必有 $\tau_i(0) = 0$ 和/或 $\tau_i(l) = 0$. 函数在区间端点处的零点不影响该函数的最小变号数, 这就导出不等式 (6.4.3) 的前一个不等式.

再由引理 6.3 和不等式 (6.4.3) 的前一个不等式可得

$$S_{\tau_i'}^- \geqslant i - 2 + \Delta(h_1^{-1}) + \Delta(h_2^{-1}) - \Delta(\beta_1) - \Delta(\beta_2). \tag{6.4.5}$$

但是如果 $\beta_r \neq 0(r = 1, 2)$, 相应地有 $\Delta(\beta_1) = 0$ 或 $\Delta(\beta_2) = 0$, 如果 $\beta_1 = 0$ 或 $\beta_2 = 0$, 相应地有 $\tau_i(0) = 0$ 或 $\tau_i(l) = 0$, 那么 $\tau_i'(x)$ 的变号数应在此式基础上

相应地至少各增加 1. 这样, 不论 $\beta_r(r=1,2)$ 是否为零, 不等式 (6.4.5) 的后两项都不出现, 这就给出不等式 (6.4.2) 的前一个不等式.

根据梁的模态方程

$$\lambda\rho(x)u(x) = [EJ(x)u''(x)]'' = [\tau'(x)]'$$

可知, $\tau_i'(x) = \phi_i(x)$ 的微商 $\phi_i'(x)$ 与 $u_i(x)$ 有完全相同的节点和变号数, 这样, 应用引理 6.1 于 $\tau_i'(x)$, 同时注意到当 $h_r = 0$ $(r=1,2)$ 时, 由边条件 (6.1.3) 可知, 必有 $\phi_i(0) = 0$ 或 $\phi_i(l) = 0$, 这就导出不等式 (6.4.2) 的后一个不等式.

应用引理 6.1 于 $\tau_i'(x)$ 和 $\tau_i(x)$, 并注意到边条件 (6.1.4), 当 $\beta_r = 0(r=1,2)$ 时必有 $\tau_i(0) = 0$ 和 $\tau_i(l) = 0$, 即得不等式 (6.4.3) 的后一个不等式.

仍然应用引理 6.1 于 $\tau_i(x)$ 和 $u_i'(x)$, 必有

$$S_{u_i'}^+ \leqslant i + 2 - \Delta(h_1^{-1}) - \Delta(h_2^{-1}) - \Delta(\beta_1) - \Delta(\beta_2).$$

与上文类似, 如果 $\beta_r \neq 0(r=1,2)$, 相应地有 $\Delta(\beta_1) = 0$ 和 $\Delta(\beta_2) = 0$, 但由边条件 (6.1.4) 可知, 必有 $u_i'(0)u_i''(0) > 0$ 和 $u_i'(l)u_i''(l) < 0$, 那么 $u_i'(x)$ 的变号数相应地减少 2. 如果 $\beta_1 = 0$ 或 $\beta_2 = 0$, 又有 $\Delta(\beta_1) = 1$ 或 $\Delta(\beta_2) = 1$. 不论哪种情况, 都有关于 $u_i'(x)$ 的不等式 (6.4.4) 的后一个不等式.

根据这一定理, 即可得出 6 种静定、超静定梁的位移、转角、弯矩和剪力振型均有确定的变号数, 具体结果列于表 6.1 的前 6 行. 然而遗憾的是, 如果

表 6.1　梁的位移、转角、弯矩和剪力振型的变号数 (节点数) S

序号	边条件				S_{u_i}	$S_{u_i'}$	S_{τ_i}	S_{ϕ_i}
	类型	h_1	β_1	h_2	β_2			
1	固定–自由	∞	∞	0	0	$i-1$	$i-1$	$i-1$	$i-1$
2	固定–滑支	∞	∞	0	∞	$i-1$	$i-1$	i	$i-1$
3	固定–铰支	∞	∞	∞	0	$i-1$	i	i	i
4	两端固定	∞	∞	∞	∞	$i-1$	i	$i+1$	i
5	两端铰支	∞	0	∞	0	$i-1$	i	$i-1$	i
6	铰支–滑支	∞	0	0	∞	$i-1$	$i-1$	$i-1$	$i-1$
7	自由–铰支	0	0	∞	0	$i-1$	$i-1$	$i-2$[①]	$i-1$
8	自由–滑支	0	0	0	∞	$i-1$	$i-2$[①]	$i-2$[①]	$i-2$[①]
9	两端自由	0	0	0	0	$i-1$	$i-2$[①]	$i-3$[②]	$i-2$[①]
10	两端滑支	0	∞	0	∞	$i-1$	$i-2$[①]	$i-1$	$i-2$[①]

注: ① 对于自由-铰支梁, $S_{\tau_1} = 0$; 对于自由-滑支梁, $S_{u_1'} = S_{\tau_1} = S_{\phi_1} = 0$; 对于两端自由和两端滑支梁, $S_{u_1'} = S_{\phi_1} = 0$.

② 对于两端自由梁, $S_{\tau_1} = S_{\tau_2} = 0$.

h_r 和 β_r 均为有限值时, 不等式 (6.4.2)~(6.4.4) 不能完全确定转角、弯矩和剪力振型的变号数. 此外, 值得注意的是, 由式 (6.4.1) 可知, 弯矩振型 $\tau_i(x)$ 与曲率振型 $u_i''(x)$ 有完全相同的变号数 (或者说节点数).

设 $\xi_r(r = 1, 2, \cdots, i-1)$ 是 $u_i(x)$ 在区间 $(0, l)$ 内的节点, 根据定理 6.10, 又有如下一些重要的推论:

推论 1   设梁的右端自由, 即 $h_2 = 0 = \beta_2$, 则

$$u_i(l)u_i'(x) > 0, \quad \xi_{i-1} \leqslant x \leqslant l, \quad i = 1, 2, \cdots . \tag{6.4.6}$$

这是因为：根据表 6.1 可知, 当梁的左端支承方式相同, 与右端固定或右端铰支相比, 右端是自由端时, 梁的转角振型 $u_i'(x)$ 的变号数减少 1. 这意味着, 由于自由端的存在, 在 $u_i(x)$ 的最后一个同号段中, $u_i'(x)$ 符号不变. 于是式 (6.4.6) 成立.

显然,

(1) 如果梁的左端自由, 与推论 1 类似的不等式

$$u_i(0)u_i'(x) < 0, \quad 0 \leqslant x \leqslant \xi_1, \quad i = 1, 2, \cdots \tag{6.4.7}$$

成立.

(2) 如果梁的左端或右端为滑支, 推论 1 依然成立但略有差异, 即

$$u_i(0)u_i'(x) < 0, \quad 0 < x \leqslant \xi_1, \quad i = 1, 2, \cdots \tag{6.4.8}$$

或

$$u_i(l)u_i'(x) > 0, \quad \xi_{i-1} \leqslant x < l, \quad i = 1, 2, \cdots . \tag{6.4.9}$$

推论 2   在子区间 (ξ_r, ξ_{r+1}) 内, $u_i(x)$ 有且仅有一个极值点 $x_r(r = 1, 2, \cdots, i-2)$. 同时, 不等式

$$u_i(x_r)u_i''(x_r) < 0, \quad i = 1, 2, \cdots \tag{6.4.10}$$

成立.

对于至少存在三阶连续微商的函数 $u_i(x)$, 如果它在 (ξ_r, ξ_{r+1}) 内的极值点多于一个, 则至少应有三个极值点, 从而 $\left| S_{u_i'} - S_{u_i} \right| > 2$, 这与式 (6.4.4) 矛盾. 因而在 $u_i(x)$ 的值为正的子区间内只能有一个极大值, 而在它的值为负的子区间内只能有一个极小值, 故式 (6.4.10) 成立.

最后, 式 (6.4.3) 和 (6.4.4) 清楚地显示:

推论 3 由于固定端的存在, 使得 $u_i''(x)$ 在 $(0, \xi_1)$ 或 (ξ_{i-1}, l) 内出现一次正负号改变; 而固定端和铰支端均使 $u_i'(x)$ 在 $(0, \xi_1)$ 和 (ξ_{i-1}, l) 内各出现一次正负号改变.

本小节主要内容取自参考文献 [7].

6.4.2 约束不足梁的振动的振荡性质

以上所研究的都是充分约束梁, 但在工程中常会遇到具有刚体运动形态的梁, 即约束不足梁. 为了研究这类梁的振荡性质, 和离散系统类似, 需引入共轭梁这一概念 [7].

记

$$\tau(x) = EJ(x)u''(x), \tag{6.4.11}$$

则方程 (6.1.1) 可以改写为

$$\{[EJ(x)]^*\tau''(x)\}'' = \lambda\rho^*(x)\tau(x), \tag{6.4.12}$$

方程 (6.4.12) 仍可视为定义在区间 $[0, l]$ 上且具有参数

$$[EJ(x)]^* = \rho^{-1}(x), \quad \rho^*(x) = [EJ(x)]^{-1}$$

的某种 "梁" 的模态方程. 称此 "梁" 为原梁的共轭梁, 而称 $\tau(x)$ 为共轭梁的 "位移振型".

在变换 (6.4.11) 下, 原梁的自由端对应于其共轭梁的固定端. 联系到原梁模态方程的改写形式

$$\tau''(x) = \lambda\rho(x)u(x), \quad [\rho^{-1}(x)\tau''(x)]' = \lambda u'(x),$$

即可得到原梁与其共轭梁的支承方式, 以及各种振型之间的对应关系, 如表 6.2 所示.

表 6.2 原梁与其共轭梁的支承方式, 以及各种振型之间的对应关系

	支承方式				振型			
原梁	自由	滑支	铰支	固定	位移	转角	弯矩	剪力
共轭梁	固定	滑支	铰支	自由	弯矩	剪力	位移	转角

下面给出约束不足梁的模态的振荡性质:

(1) 由以上对应关系可以得到如下三种约束不足梁的振荡性质:

(a) 自由–铰支和自由–滑支梁. 它们的共轭梁分别是固定–铰支和固定–滑支梁. 所以它们的非零固有频率是单的, 即

$$0 = f_1 < f_2 < \cdots < f_n < \cdots.$$

相应于 $f_i(i = 2, 3, \cdots)$ 的弯矩振型 (共轭梁的 "位移振型") 在区间 $[0, l]$ 上的变号数为 $i - 2$, 从而其位移、转角、剪力等振型均有确定的变号数, 见表 6.1 的第 7 行和第 8 行.

(b) 两端自由梁. 它的共轭梁是两端固定梁. 这样, 它的非零固有频率也是单的, 即

$$0 = f_1 = f_2 < f_3 < \cdots < f_n < \cdots.$$

相应于 $f_i(i = 3, 4, \cdots)$ 的弯矩振型 (共轭梁的 "位移振型") 在区间 $[0, l]$ 上的变号数为 $i - 3$, 从而其位移、转角、剪力等振型的变号数见表 6.1 的第 9 行.

(2) 对于两端滑支梁, 它的共轭梁仍为两端滑支梁, 这对确定它的定性性质不起作用. 为了导出它的定性性质, 改写模态方程 (6.1.1) 为

$$\{\rho^{-1}(x)[EJ(x)v'(x)]''\}' = \lambda v(x), \tag{6.4.13}$$

其中, $v(x) = u'(x)$. 记 $\phi(x) = \tau'(x)$, 式 (6.4.13) 可以进一步改写为

$$[\rho^{-1}(x)\phi'(x)]' = \lambda v(x), \tag{6.4.14}$$

$$[EJ(x)v'(x)]' = \phi(x). \tag{6.4.15}$$

相应的边条件则是

$$v(0) = v(l) = 0, \quad \phi(0) = \phi(l) = 0. \tag{6.4.16}$$

注意到方程 (6.4.14) 和 (6.4.15) 左端的微分算子正好是 $q(x) = 0$ 时的 Sturm-Liouville 算子, 在边条件 (6.4.16) 下, 它们都是正的对称微分算子. 于是, 由方程 (6.4.13) 和边条件 (6.4.16) 所表征的 "梁" 的 Green 函数可以表示为

$$G(x, s) = \int_0^l G_1(x, t)G_2(t, s)\mathrm{d}t, \tag{6.4.17}$$

其中, $G_1(x, s)$, $G_2(x, s)$ 分别是方程 (6.4.14) 和 (6.4.15) 在边条件 (6.4.16) 下的 Green 函数, 它们都是振荡核. 参考 2.8 节中关于复合核的性质 (1), 有

$$G\begin{pmatrix} x_1 & x_2 & \cdots & x_p \\ s_1 & s_2 & \cdots & s_p \end{pmatrix} = \int_0^l \int_0^{t_p} \cdots \int_0^{t_2} G_1\begin{pmatrix} x_1 & x_2 & \cdots & x_p \\ t_1 & t_2 & \cdots & t_p \end{pmatrix}$$

$$\times G_2 \begin{pmatrix} t_1 & t_2 & \cdots & t_p \\ s_1 & s_2 & \cdots & s_p \end{pmatrix} \mathrm{d}t_1 \mathrm{d}t_2 \cdots \mathrm{d}t_p. \quad (6.4.18)$$

由此容易验证, 式 (6.4.17) 所定义的 Green 函数满足振荡核定义的三个条件, 因此它是振荡核. 进而, 即可得出两端滑支梁的振荡性质是:

(a) 非零固有频率是单的. 考虑到它有一个零固有频率, 可以将其排列为

$$0 = f_1 < f_2 < \cdots < f_n < \cdots .$$

(b) 相应于 $f_i(i = 2, 3, \cdots)$ 的转角振型在区间 $[0, l]$ 上的变号数为 $i - 2$.

(c) 鉴于引理 6.1~引理 6.3 的证明均与系统是否为充分约束系统无关, 因此从上述性质 (b) 出发, 仿照定理 6.10 的推理, 同样可以得出两端滑支梁的位移、弯矩、剪力等振型均有确定的变号数. 其结果见表 6.1 的第 10 行.

(3) 以上获得了约束不足梁的部分振荡性质. 现在来证明, 对于约束不足梁, 定理 6.9 的推论中性质 (2) 的 (c) 也成立 [8]. 将梁分为两类进行证明:

(a) 铰支–自由、两端自由和自由–滑支梁. 对于这三种约束不足梁, 它们的共轭梁的 "位移振型" $\tau_i^*(x)$ ($i = 1, 2, \cdots$, 上角标 $*$ 表示该量是与原梁的非零固有频率有关的量) 都是具有振荡核的积分方程的特征函数, 因而定理 6.9 的推论中性质 (2) 的 (c) 对这三种约束不足梁的共轭梁都成立, 即对于任意一组不全为零的实数 $c_i(i = p, p + 1, \cdots, q)$, 函数

$$\tau(x) = c_p \tau_p^*(x) + c_{p+1} \tau_{p+1}^*(x) + \cdots + c_q \tau_q^*(x), \quad 1 \leqslant p \leqslant q \quad (6.4.19)$$

的节点不少于 $p - 1$ 个, 而零点不多于 $q - 1$ 个. 或者写成①

$$p - 1 \leqslant S_\tau^- \leqslant S_\tau^+ \leqslant q - 1. \quad (6.4.20)$$

因为函数 $\tau(x) = EJ(x)u''(x)$, 所以式 (6.4.20) 等价于

$$p - 1 \leqslant S_{u''}^- \leqslant S_{u''}^+ \leqslant q - 1. \quad (6.4.21)$$

不过式 (6.4.21) 中的函数 $u(x)$ 的组成依赖于梁的边条件, 故需按不同边条件进行论述.

---

① 连续函数在区间 $(0, l)$ 内的零点只有两类: 节点和零腹点. 按照函数变号数的概念, 零腹点的数量不计入函数的最小变号数, 而把一个零腹点当作两个单零点计入函数的最大变号数. 因此函数在区间 $(0, l)$ 内的节点数等于其最小变号数, 而函数的所有零点数, 包括区间端点处的零点数, 等于其最大变号数.

对于铰支–自由梁, 它的共轭梁的 "位移振型" 为 $\tau_i^*(x)(i = 1, 2, \cdots)$, 与之相应的共轭梁的固有频率 f_i^* 对应于原梁的固有频率 f_{i+1}, 则式 (6.4.19) 等价于

$$u''(x) = c_p u_{p+1}''(x) + c_{p+1} u_{p+2}''(x) + \cdots + c_q u_{q+1}''(x), \quad 1 \leqslant p \leqslant q.$$

从式 (6.4.21) 右端出发, 两次应用引理 6.1, 注意到 $u(0) = 0$, 则可分别得到

$$S_{u'}^+ \leqslant S_{u''}^+ + 1 = q - 1 + 1 = q, \quad S_u^+ \leqslant S_{u'}^+ + 1 - 1 = q.$$

又由改写的铰支–自由梁的模态方程

$$\lambda \rho u = \tau''(x)$$

可知, 函数 $u(x)$ 与 $\tau''(x)$ 有相同的变号数. 从式 (6.4.20) 左端出发, 两次应用引理 6.3, 注意到 $\tau(0) = 0 = \tau(l)$ 和 $\tau'(0) = \phi(0) = 0$, 则可分别得到

$$S_\phi^- \geqslant S_\tau^- - 1 + 2 = p - 1 + 1 = p,$$

$$S_u^- = S_{\tau''}^- \geqslant S_\phi^- - 1 + 1 = p,$$

综合起来就有

$$p \leqslant S_u^- \leqslant S_u^+ \leqslant q. \tag{6.4.22}$$

对于铰支–自由梁, 由于它的 $\tau_i^*(x) = EJ(x)u_{i+1}''(x)$, 与式 (6.4.19) 相应的函数 $u(x)$ 是

$$u(x) = c_p u_{p+1}(x) + c_{p+1} u_{p+2}(x) + \cdots + c_q u_{q+1}(x), \quad 1 \leqslant p \leqslant q. \tag{6.4.23}$$

于是, 式 (6.4.22) 就是我们所要证明的.

对于两端自由梁, 它的共轭梁的 "位移振型" 为 $\tau_i^*(x)(i = 1, 2, \cdots)$, 与之相应的共轭梁的固有频率 f_i^* 对应于原梁的固有频率 f_{i+2}. 完全类似地可知, 只是在应用引理 6.1 时, 不再有 $u(0) = 0$, 所以可分别得到

$$S_{u'}^+ \leqslant q, \quad S_u^+ \leqslant q + 1.$$

又在两次应用引理 6.3 时, 注意到 $\tau(0) = 0 = \tau(l)$ 和 $\phi(0) = \phi(l) = 0$, 从而可分别得到

$$S_\phi^- \geqslant p, \quad S_u^- \geqslant p + 1,$$

综合起来就有

$$p+1 \leqslant S_u^- \leqslant S_u^+ \leqslant q+1. \tag{6.4.24}$$

对于两端自由梁, 由于它的 $\tau_i^*(x) = EJ(x)u_{i+2}''(x)$, 因此与式 (6.4.19) 相应的函数 $u(x)$ 是

$$u(x) = c_p u_{p+2}(x) + c_{p+1}u_{p+3}(x) + \cdots + c_q u_{q+2}(x), \quad 1 \leqslant p \leqslant q. \tag{6.4.25}$$

于是, 式 (6.4.24) 也是我们所要证明的.

对于自由–滑支梁, 可以完全类似地证明, 其结果同自由–铰支梁.

(b) 两端滑支梁. 称由式 (6.4.13) 所代表的系统为两端滑支梁的转换系统. 这个转换系统的 "位移振型" $v_i^{\mathrm{tr}}(x)(i = 1, 2, \cdots)$ 是具有振荡核的积分方程的特征函数 (上角标 tr 表示该量是与转换系统有关的量), 因而定理 6.9 的推论中性质 (2) 的 (c) 对此转换系统成立, 即对于任意一组不全为零的实数 $c_i(i = p, p+1, \cdots, q)$, 函数

$$v(x) = c_p v_p^{\mathrm{tr}}(x) + c_{p+1}v_{p+1}^{\mathrm{tr}}(x) + \cdots + c_q v_q^{\mathrm{tr}}(x), \quad 1 \leqslant p \leqslant q \tag{6.4.26}$$

的节点不少于 $p-1$ 个, 而零点不多于 $q-1$ 个. 或者写成

$$p-1 \leqslant S_v^- \leqslant S_v^+ \leqslant q-1.$$

因为函数 $v(x) = u'(x)$, 所以上式等价于

$$p-1 \leqslant S_{u'}^- \leqslant S_{u'}^+ \leqslant q-1. \tag{6.4.27}$$

从式 (6.4.27) 右端出发, 应用引理 6.1, 则将得到 $S_u^+ \leqslant q$, 其中,

$$u(x) = c_p u_{p+1}(x) + c_{p+1}u_{p+2}(x) + \cdots + c_q u_{q+1}(x), \quad 1 \leqslant p \leqslant q. \tag{6.4.28}$$

而两端滑支梁的模态方程又可以改写为

$$\{EJ(x)[\rho^{-1}(x)\phi'(x)]''\}' = \lambda\phi(x), \tag{6.4.29}$$

其中, $\phi(x) = [EJ(x)u''(x)]'$. 这是两端滑支梁的另一种形式的转换系统. 由于这一新的转换系统与式 (6.4.13) 所代表的转换系统具有同一类型的模态方程和边条件, 因此对于新的转换系统的 "位移振型" $\phi_i^{\mathrm{tr}}(x)(i = 1, 2, \cdots)$ 同样可以写出下面的不等式:

$$p-1 \leqslant S_\phi^- \leqslant S_\phi^+ \leqslant q-1. \tag{6.4.30}$$

再由改写的两端滑支梁的模态方程

$$\lambda \rho u = \phi'(x)$$

可知, 函数 $u(x)$ 与 $\phi'(x)$ 有相同的变号数. 从式 (6.4.30) 左端出发, 注意到 $\phi(0) = 0 = \phi(l)$, 则由引理 6.3 可知,

$$S_u^- = S_{\phi'}^- \geqslant S_\phi^- - 1 + 2 = p,$$

综合起来就有

$$p \leqslant S_u^- \leqslant S_u^+ \leqslant q, \tag{6.4.31}$$

其中, 函数 $u(x)$ 的表达式仍然是式 (6.4.28), 因此式 (6.4.31) 就是我们所要证明的.

最后指出两点:

第一, 6.4.1 小节末尾关于支承方式对振型的影响的三个推论同样适用于约束不足梁.

第二, 以上证明了表 6.1 所列 10 种梁的位移振型, 对于定理 6.9 的推论中梁的振荡性质 2 中的 (c) 都成立. 依据梁的各种振型之间的函数关系可知, 这一结论不难推广于表 6.1 所列 10 种梁的转角、弯矩和剪力振型. 具体叙述和证明从略.

6.4.3 约束不足梁的静变形的振荡性质

由于约束不足梁有多种支承方式, 因此必须分别讨论.

1. 一端铰支一端自由梁的静变形的振荡性质

对于一端铰支一端自由梁, 它的静变形的振荡性质可以表述为:

性质 A′ 一端铰支一端自由梁受到一对横向外力作用, 且当这对横向外力与其铰支端的支反力组成一个平面平衡力系时, 梁的挠曲线的变号数不超过 1.

性质 B′ 一端铰支一端自由梁受到一组 $n(n > 1)$ 个横向外力作用, 且当这组横向外力与其铰支端的支反力组成一个平面平衡力系时, 梁的挠曲线的变号数不超过 $n - 1$.

证明 首先, 当长为 l 的一端铰支一端自由梁仅受一对横向外力作用时, 无论外力作用点 d_2 是否与自由端重合, 由材料力学可知, 其挠曲线如图 6.4 所示, 显然其挠曲线的变号数不超过 1, 即静变形的振荡性质 A′ 成立.

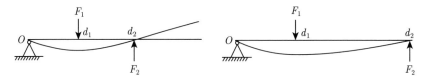

图 6.4　一端铰支一端自由梁受一对横向外力作用时挠曲线的两种情况

其次, 考察一端铰支一端自由梁在其上 $d_i(0 < d_1 < d_2 < \cdots < d_n \leqslant l)$ 处受 n 个横向外力 $\{F_i\}_1^n$ 作用时的挠度 $u(x)$ 的变号数. 如果 $d_n < l$, 则由材料力学可知, $u(x)$ 满足如下剪力方程:

$$\tau'(x) = [EJ(x)u''(x)]' = \begin{cases} C_0, & 0 \leqslant x < d_1, \\ C_0 + \sum_{j=1}^i F_j, & d_i < x < d_{i+1}, \quad i = 1, 2, \cdots, n-1, \\ 0, & d_n < x \leqslant l. \end{cases}$$

上式表明, $\tau'(x)$ 最多只在外力作用点 $d_i(i = 1, 2, \cdots, n-1)$ 处改变正负号一次, 从而其变号数不超过 $n - 1$. 在一端铰支一端自由的情况下, $\tau(0) = 0 = \tau(l)$, 由引理 6.2 可知, $\tau(x)$ 在区间 $(0, l)$ 内的变号数不超过 $n - 2$; 由引理 6.1 可知, 相应的 $u'(x)$ 和 $u(x)$ 在区间 $(0, l)$ 内的变号数分别不超过 $n - 1$ 和 n. 但因 $u(0) = 0$, 将使 $u(x)$ 在区间 $(0, l)$ 内的变号数减少 1, 这样, $u(x)$ 在区间 $(0, l)$ 内的变号数不超过 $n - 1$.

如果 $d_n = l$, 则梁的最后一个分段 $(d_n < x \leqslant l)$ 不存在, 显然, 这不影响上面的讨论. 因此, 一端铰支一端自由梁的挠度在其跨度范围内的变号数不超过 $n - 1$, 即静变形的振荡性质 B′ 成立. ∎

2. 一端滑支一端自由梁的静变形的振荡性质

对于一端滑支一端自由梁, 它的静变形的振荡性质可以类似地表述为:

性质 A′ 一端滑支一端自由梁受到一对横向外力作用, 且当这对横向外力与其滑支端的支反力偶组成一个平面平衡力系时, 梁的挠曲线的变号数不超过 1.

性质 B′ 一端滑支一端自由梁受到一组 $n(n > 2)$ 个横向外力作用, 且当这组横向外力与其滑支端的支反力偶组成一个平面平衡力系时, 梁的挠曲线的变号数不超过 $n - 1$.

证明 一端滑支一端自由梁的静变形的振荡性质 A′ 同样可以通过画出它的挠度示意图来验证, 只是注意在这种情况下, $u'(0) = 0 = \tau'(0)$, 具体讨论这里从略.

当一端滑支一端自由梁在其上 $d_i(0 \leqslant d_1 < d_2 < \cdots < d_n \leqslant l)$ 处受 n 个横向外力 $\{F_i\}_1^n$ 作用时, 如果 $d_1 > 0$, $d_n < l$, 则由材料力学可知, 其挠度 $u(x)$ 满足如下剪力方程:

$$
\tau'(x) = [EJ(x)u''(x)]' = \begin{cases} 0, & 0 \leqslant x < d_1, \\ \sum_{j=1}^{i} F_j, & d_i < x < d_{i+1}, \quad i = 1, 2, \cdots, n-1, \\ 0, & d_n < x \leqslant l. \end{cases}
$$

上式表明, $\tau'(x)$ 最多只在外力作用点 $d_i(i = 2, 3, \cdots, n-1)$ 处改变正负号一次, 从而其变号数不超过 $n-2$. 在一端滑支一端自由的情况下, $\tau(l) = 0$, 由引理 6.2 可知, $\tau(x)$ 在区间 $(0, l)$ 内的变号数也不超过 $n-2$; 因 $u'(0) = 0$, 由引理 6.1 可知, 相应的 $u'(x)$ 和 $u(x)$ 在区间 $(0, l)$ 内的变号数分别不超过 $n-2$ 和 $n-1$.

如果 $d_1 = 0$ 和/或 $d_n = l$, 则梁的首尾分段 $0 \leqslant x < d_1$ 和/或 $d_n < x \leqslant l$ 不存在, 显然, 这不影响上面的讨论. 因此, 一端滑支一端自由梁的挠度在其跨度范围内的变号数不超过 $n-1$, 即静变形的振荡性质 B' 成立. ▮

3. 两端滑支梁的静变形的振荡性质

对于两端滑支梁, 它的静变形的振荡性质可以表述为:

性质 A′ 两端滑支梁受到一对横向外力作用, 且当这对横向外力与其两个滑支端的支反力偶组成一个平面平衡力系时, 梁的挠曲线的变号数不超过 1.

性质 B′ 两端滑支梁受到一组 $n(n > 2)$ 个横向外力作用, 且当这组横向外力与其滑支端的支反力偶组成一个平面平衡力系时, 梁的挠曲线的变号数不超过 $n-1$.

两端滑支梁的静变形的振荡性质 A′ 和 B′ 可以完全类似于一端滑支一端自由梁的情况予以证明, 只是注意在这种情况下, $u'(0) = 0 = \tau'(0)$, $u'(l) = 0 = \tau'(l)$, 因此它的剪力 $\tau'(x)$、弯矩 $\tau(x)$、转角 $u'(x)$ 和挠度 $u(x)$ 的变号数分别不超过 $n-2$, $n-1$, $n-2$ 和 $n-1$, 具体讨论这里从略.

4. 两端自由梁的静变形的振荡性质

对于两端自由梁, 它的静变形的振荡性质可以表述为:

性质 A′ 两端自由梁受到三个横向外力作用, 且当这组横向外力组成一个平面平衡力系时, 梁的挠曲线的变号数不超过 2.

性质 B′ 两端自由梁受到一组 $n(n > 3)$ 个横向外力作用, 且当这组横向外力组成一个平面平衡力系时, 梁的挠曲线的变号数不超过 $n - 1$.

两端自由梁的静变形的振荡性质 A′ 仍然可以通过画出它的挠度示意图来验证, 具体讨论这里从略.

注意到两端自由梁的边条件 $\tau(0) = 0 = \tau'(0)$, $\tau(l) = 0 = \tau'(l)$, 利用引理 6.2 和引理 6.1, 可以发现它的剪力 $\tau'(x)$、弯矩 $\tau(x)$、转角 $u'(x)$ 和挠度 $u(x)$ 的变号数分别不超过 $n - 2, n - 3, n - 2$ 和 $n - 1$.

本小节主要内容取自参考文献 [9].

6.4.4 各种振型的节点的交错性

与第五章一样, 鉴于定理 2.22 在证明 Марков 函数序列中的函数 $\varphi_i(x)$ 与 $\varphi_{i+1}(x)$ 的节点彼此交错时, 仅仅利用了该定理中 Марков 函数序列的性质 (2) 和 (3), 亦即定理 6.9 的推论中充分约束梁的振荡性质 (2) 中的 (b) 和 (c), 而上文又指出, 任意支承梁的位移、转角、弯矩和剪力振型的振荡性质 (2) 中的 (b) 和 (c) 均成立, 则由上述讨论可以进一步得到如下推论, 即对于任意支承梁, 下列各对振型的节点互相交错:

两个相邻阶位移振型 $u_i(x)$ 与 $u_{i+1}(x)(i = 2, 3, \cdots)$;

两个相邻阶转角振型 $u_i'(x)$ 与 $u_{i+1}'(x)(i = 2, 3, \cdots)$;

两个相邻阶弯矩振型 $\tau_i(x)$ 与 $\tau_{i+1}(x)(i = 2, 3, \cdots)$;

两个相邻阶剪力振型 $\phi_i(x)$ 与 $\phi_{i+1}(x)(i = 2, 3, \cdots)$.

与第五章类似, 利用 Rolle 定理和变号数规律我们可以证明: 任意支承梁的同阶位移振型 $u_i(x)$ 与转角振型 $u_i'(x)(i = 2, 3, \cdots)$ 的节点互相交错.

事实上, 对于任意支承梁, 设其第 i 阶位移振型 $u_i(x)$ 的节点为 $\{\xi_r\}_1^{i-1}(i = 1, 2, \cdots)$, 它们把区间 $[0, l]$ 划分为 i 个子区间, 由 6.4.1 小节中的推论 2 可知, 在中间的了区间 (ξ_r, ξ_{r+1}) 内, $u_i(x)$ 有且仅有一个极值点 $x_r(r = 1, 2, \cdots, i - 2)$; 而在子区间 $(0, \xi_1)$ 内, 则视 $u_i(0) = 0$ (固定、铰支) 或 $u_i(0) \neq 0$ (滑支、自由), $u_i'(x)$ 有一个或没有节点; 子区间 (ξ_{i-1}, l) 的情况类似. 由此断定, 任意支承梁的同阶位移振型 $u_i(x)$ 与转角振型 $u_i'(x)$ 的节点互相交错.

完全同样的推理可以给出, 对于任意支承梁, 下列各对相应于同一频率的振型的节点互相交错:

转角振型 $u_i'(x)$ 与弯矩振型 $\tau_i(x) = EJu_i''(x)(i = 2, 3, \cdots)$;

弯矩振型 $\tau_i(x) = EJu_i''(x)$ 与剪力振型 $\phi_i(x) = [EJu_i''(x)]'(i = 2, 3, \cdots)$.

最后, 根据梁的模态方程的改写形式

$$\lambda\rho(x)u(x) = [EJ(x)u''(x)]'' = \phi'(x)$$

和引理 6.1 可知, 在梁的剪力振型 $\phi_i(x) = [EJu_i''(x)]'$ 的两个相邻节点之间有且仅有同阶位移振型 $u_i(x)$ 的一个节点; 通过对梁端的支承方式的仔细分析可以判定, 在梁的左端点和剪力振型 $\phi_i(x)$ 的第一个节点之间, 以及剪力振型 $\phi_i(x)$ 的最后一个节点和梁的右端点之间有一个或没有同阶位移振型 $u_i(x)$ 的节点. 这样, 我们同样可以得出结论: 同阶剪力振型 $\phi_i(x)$ 和位移振型 $u_i(x)$ 的节点互相交错.

6.5   由模态构造梁   梁的独立模态的个数

6.5.1   梁的振型的充要条件

可以证明, 给定位移函数 $u(x)$, 使它成为表 6.1 所列的 10 种梁的位移振型之一的充要条件是:

(1) 函数 $u(x)$ 满足相应的边条件.

(2) 至少存在四阶微商.

(3) $u(x)$ 和 $u''(x)$ 有如表 6.1 中相应的节点数.

条件的必要性已于 6.4.1 和 6.4.2 小节中论述, 这里采用构造法来证明条件的充分性 [7], 即给定满足上述条件 (2) 和表 6.1 所列 10 种边条件之一的函数 $u(x)$, 当 u 和 u'' 在 I 内的节点数也满足表 6.1 的相应要求时, 存在某一真实梁 (不是唯一的), 此梁以 $u(x)$ 为自己的第 $i(i = S_u + 1)$ 阶位移振型.

记 $u(x)$, $u''(x)$ 的顺序节点分别为 $\{\xi_m\}_1^{i-1}$, $\{x_m\}_{N_1}^{N_2}$, 其中, N_1 取 0 (固定端)、1 (铰支和滑支端) 或 2 (自由端), N_2 取 i (固定端)、$i-1$ (铰支和滑支端) 或 $i-2$ (自由端). 在区间 $[x_k, x_{k+1}](k = N_1, N_1 + 1, \cdots, N_2 - 1)$ 上把模态方程 (6.1.1) 积分两次得

$$EJ(x)u''(x) = EJ(x_k)u'''(x_k)(x - x_k) + \lambda \int_{x_k}^{x}\mathrm{d}z \int_{x_k}^{z}\rho(s)u(s)\mathrm{d}s. \quad (6.5.1)$$

记 $x_k' = \min(x_k, \xi_k)$, $x_k'' = \max(x_k, \xi_k)$. 因

$$u''(x)u'''(x_k) > 0, \quad x_k < x < x_{k+1},$$

$$u''(x)u(x) < 0, \quad x_k'' < x < x_{k+1}',$$

$$u''(x)u(x) > 0, \quad x_k' < x < x_k'' \quad \text{或} \quad x_{k+1}' < x < x_{k+1}'',$$

为获得正函数 $EJ(x)$, 需分如下 4 种情况选取 $\rho(x)$:

情况 1. 当 $\xi_k \leqslant x_k < x_{k+1} \leqslant \xi_{k+1}$ 时, 可取

$$\rho(x) = d_k, \quad x_k < x \leqslant x_{k+1}.$$

情况 2. 当 $x_k < \xi_k < x_{k+1} \leqslant \xi_{k+1}$ 时, 可取

$$\rho(x) = \begin{cases} \varepsilon_{k1} d_k, & x_k < x < \xi_k, \\ d_k, & \xi_k \leqslant x \leqslant x_{k+1}. \end{cases}$$

情况 3. 当 $\xi_k \leqslant x_k < \xi_{k+1} < x_{k+1}$ 时, 可取

$$\rho(x) = \begin{cases} d_k, & x_k < x \leqslant \xi_{k+1}, \\ \varepsilon_{k2} d_k, & \xi_{k+1} < x \leqslant x_{k+1}. \end{cases}$$

情况 4. 当 $x_k < \xi_k < \xi_{k+1} < x_{k+1}$ 时, 可取

$$\rho(x) = \begin{cases} \varepsilon_{k1} d_k, & x_k < x \leqslant \xi_k, \\ d_k, & \xi_k < x \leqslant \xi_{k+1}, \\ \varepsilon_{k2} d_k, & \xi_{k+1} < x \leqslant x_{k+1}. \end{cases}$$

其中, $d_k, \varepsilon_{k1}, \varepsilon_{k2}$ 都是待调节的正常数.

对于这样选取的 $\rho(x)$, 在以上 4 种情况下, 函数

$$F(x) = \lambda \int_{x_k}^{x} \mathrm{d}z \int_{x_k}^{z} \rho(s)u(s)\mathrm{d}s \tag{6.5.2}$$

的图形如图 6.5 中的 (a)~(d) 所示. 图中已假定 $u'''(x_k) < 0$. 在相反的情况下, 即 $u'''(x_k) > 0$ 时, 函数 $F(x)$ 的图形特征不变, 只是方向正好相反. 因 $F(x)$, $F'(x)$ 均正比于 d_k, 故只要使 $\varepsilon_{k1}, \varepsilon_{k2}$ 足够小并适当调节 d_k, 即可使得

$$EJ(x_k)u'''(x_k)(x_{k+1} - x_k) + F(x_{k+1}) = 0,$$

$$EJ(x) = [EJ(x_k)u'''(x_k)(x-x_k)+F(x)]/u''(x) > 0, \quad x_k < x < x_{k+1}, \tag{6.5.3}$$

$$EJ(x_{k+1}) = [EJ(x_k)u'''(x_k) + F'(x_{k+1})]/u'''(x_{k+1}) > 0. \tag{6.5.4}$$

以上讨论不仅适用于 $k = N_1, N_1 + 1, \cdots, N_2 - 1$ 的区段, 也完全适用于 $u''(x)$ 的最后一个同号段 $[x_{N_2}, l]$. 同样, 当梁左端 $(x = 0)$ 的边条件是自由或铰支时, 以上讨论还适用于 $[0, x_{N_1}]$ 段 (这时, $EJ(0)$ 可取任意正数). 仅当梁左端的边条件是滑支或固定时, 由于其特殊性, 将在下面分别进行讨论.

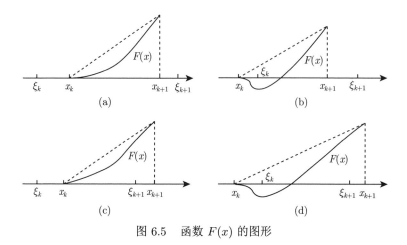

图 6.5　函数 $F(x)$ 的图形

当梁左端的边条件是滑支时, 式 (6.1.1) 的积分形式是

$$EJ(x)u''(x) = EJ(0)u''(0) + \lambda \int_0^x \mathrm{d}z \int_0^z \rho(s)u(s)\mathrm{d}s. \tag{6.5.5}$$

这时, $u''(0)u(x) < 0 (0 \leqslant x \leqslant x_1)$, 因此只要按上面的情况 1 或 3 选取 $\rho(x)$, 则函数

$$f(x) = \lambda \int_0^x \mathrm{d}z \int_0^z \rho(s)u(s)\mathrm{d}s \tag{6.5.6}$$

的图形类似于图 6.5 中的 (a) 或 (c), 而 $A = EJ(0)u''(0)$ 是常数. 这样, 只要使 ε_{02} 足够小并适当选取 d_0, 即有

$$A + f(x_1) = 0,$$

$$EJ(x) = [A + f(x)]/u''(x) > 0, \quad 0 \leqslant x < x_1, \tag{6.5.7}$$

$$EJ(x_1) = f'(x_1)/u'''(x_1) > 0. \tag{6.5.8}$$

当梁左端的边条件是固定时, 式 (6.1.1) 的积分形式是

$$EJ(x)u''(x) = A + Bx + f(x).$$

此时, $u''(0)u(x) > 0(0 < x < x_0)$, $u''(0)u'''(x_0) < 0$. 取 $\rho(x) = d_{-1}(0 \leqslant x \leqslant x_0)$, $EJ(0)$ 取任意正数, 选取 $EJ'(0)$ 以使 $B = [EJ(x)u''(x)]'|_{x=0}$ 与 A 反号, 则 $A + f(x)$ 与 $-Bx$ 的图形如图 6.6 所示, 可见调节 d_{-1} 就可使得

$$A + Bx_0 + f(x_0) = 0,$$

$$EJ(x) = [A + Bx + f(x)]/u''(x) > 0, \quad 0 < x < x_0,$$

$$EJ(x_0) = [B + f'(x_0)]/u'''(x_0) > 0.$$

至此获得了整个梁段上正的 $EJ(x)$. 从而梁的位移振型的充分条件得证.

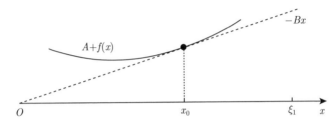

图 6.6 $A + f(x)$ 与 $-Bx$ 的图形 (实线表示 $A + f(x)$, 虚线表示 $-Bx$)

6.5.2 梁的二模态反问题和独立模态的个数

在第三、第五和第四章中分别给出了由两阶模态数据确定杆的弹簧–质点离散系统、杆的连续系统和梁的差分离散系统的理论结果和构造方法. 关于用模态数据确定梁的问题, 比上述三类问题要复杂许多, 虽备受关注, 但长期未得到清晰的结论. 2014 年, 郑子君的博士论文[10] 对此问题给出了相当清晰的结果. 该论文揭示了可将梁的二模态反问题转换为奇异微分方程的求解问题, 给出了求解方法.

下面对其理论做一简要介绍.

给定两阶模态 $(\lambda, u(x))$ 和 $(\mu, v(x))$, 其中, $\lambda < \mu$, $u(x)$ 和 $v(x)$ 足够光滑, 由此确定梁的参数 $EJ(x)$ 和 $\rho A(x)$.

由给定的两阶模态和梁的模态方程 (6.1.1) 可得

$$\gamma EJ + \beta(EJ)' + \alpha(EJ)'' = 0, \quad 0 < x < l, \tag{6.5.9}$$

其中,

$$\alpha = \mu v u'' - \lambda u v'', \quad \beta = 2(\mu v u''' - \lambda u v'''), \quad \gamma = \mu v u^{(4)} - \lambda u v^{(4)}.$$

方程 (6.5.9) 就是 $EJ(x)$ 满足的常微分方程.

按照常微分方程的理论, 如果方程 (6.5.9) 中的 $\alpha \neq 0(0 < x < l)$, 则方程 (6.5.9) 有两个线性无关解, 或者说 $EJ(x)$ 将不是唯一的, 也不一定都是正函数. 因此一般而言, 给定的模态数据应排除这种情形, 但是也有例外的特殊情况.

特殊情况 1: 方程 (6.5.9) 中的 $\alpha \neq 0$, 而 $\beta \equiv 0, \gamma \equiv 0(0 < x < l)$, 此时方程 (6.5.9) 的解是 $EJ(x) = Ax + B$.

特殊情况 2: 方程 (6.5.9) 中的 $\alpha \neq 0, \beta \neq 0$, 而 $\gamma \equiv 0(0 < x < l)$, 此时 $EJ(x)$ 等于常数 B 是方程 (6.5.9) 的一个解.

除了以上两种特殊情况外, 我们重点考虑 $\alpha(x)$ 在区间 $(0, l)$ 内存在一系列孤立零点的情况. 使 $\alpha(x) = 0$ 的点 x_s 称为方程的奇点. 按极限 β/α 和 γ/α 在奇点处存在与否, 称 x_s 为可去奇点与不可去奇点. 记

$$\frac{\beta}{\alpha} = \frac{f(x)}{x - x_s}.$$

按

$$f(x_s) < -1, \quad f(x_s) > -1 \quad \text{或} \quad f(x_s) = -1,$$

分别称不可去奇点 x_s 为第一、第二或第三类奇点.

略去求解 $EJ(x)$ 的复杂过程, 最终结论是:

(1) 给定的两阶模态使第一类奇点和第二类奇点交错分布, 则存在唯一的二阶连续可微的 $EJ(x)$ 和 $\rho(x)$, 且都取正值.

(2) 当且仅当给定的两阶模态使第一类奇点连续而不是交错出现时, $EJ(x)$ 没有唯一解.

由上述结论给出如下重要定理:

定理 6.11 在梁的无限阶模态中, 有些两阶模态可确定唯一的梁, 其余模态可以由此衍生, 但有些两阶模态则不能确定唯一的梁.

6.6 梁的固有频率的其他性质

6.6.1 固有频率对截面参数和边界参数的依赖关系

引入双线性型:

$$J(u, v) = \int_0^l EJ(x)u''(x)v''(x)\mathrm{d}x$$

$$+ h_1u(0)v(0) + h_2u(l)v(l) + \beta_1 u'(0)v'(0) + \beta_2 u'(l)v'(l), \quad (6.6.1)$$

$$(\rho u, v) = \int_0^l \rho(x)u(x)v(x)\mathrm{d}x. \quad (6.6.2)$$

根据变分原理可知, 梁的特征值的独立定义是

$$\lambda_i = \max_{v_1, v_2, \cdots, v_{i-1}} \min_{(u, v_j) = 0 (j = 1, 2, \cdots, i-1)} \frac{J(u, u)}{(\rho u, u)}. \quad (6.6.3)$$

容易看出, $J(u, u)$ 随 $EJ(x)$ 在 I 内各点的增大, 以及 h_r 和 β_r 的增大而增大, $(\rho u, u)$ 随 $\rho(x)$ 在 I 内各点的增大而增大. 这样, 由式 (6.6.3) 首先可得:

(1) $\lambda_i(i = 1, 2, \cdots)$ 随 $EJ(x)$ 在 I 内各点的增大而增大或不变, 但随 $\rho(x)$ 在 I 内各点的增大而减小或不变.

(2) $\lambda_i(i = 1, 2, \cdots)$ 随 h_r 和 β_r 的增大而增大.

其次, 在 h_r 和 β_r 取有限值的条件下, 我们来证明, 当 $h_r < h'_r$, $\beta_r < \beta'_r$ 时, 有

$$\lambda_i(h_1, h_2, \beta_1, \beta_2) < \lambda_i(h'_1, h_2, \beta_1, \beta_2) < \lambda_{i+1}(h_1, h_2, \beta_1, \beta_2), \quad (6.6.4)$$

$$\lambda_i(h_1, h_2, \beta_1, \beta_2) < \lambda_i(h_1, h'_2, \beta_1, \beta_2) < \lambda_{i+1}(h_1, h_2, \beta_1, \beta_2), \quad (6.6.5)$$

$$\lambda_i(h_1, h_2, \beta_1, \beta_2) < \lambda_i(h_1, h_2, \beta'_1, \beta_2) < \lambda_{i+1}(h_1, h_2, \beta_1, \beta_2), \quad (6.6.6)$$

$$\lambda_i(h_1, h_2, \beta_1, \beta_2) < \lambda_i(h_1, h_2, \beta_1, \beta'_2) < \lambda_{i+1}(h_1, h_2, \beta_1, \beta_2), \quad (6.6.7)$$

亦即对应不同的边条件, 梁的固有频率具有相间性. 为了导出相间关系 (6.6.4)~(6.6.7), 记式 (6.1.1), (6.1.3) 和 (6.1.4) 的特征对为 $\{\lambda_i, u_i(x)\}_1^\infty$, 振型函数模的平方为

$$\int_0^l \rho(x)u_i^2(x)\mathrm{d}x = \rho_i, \quad i = 1, 2, \cdots,$$

则方程 (6.1.1) 在新的边条件

$$[EJ(x)u''(x)]' |_{x=0} + h'_1 u(0) = 0 = [EJ(x)u''(x)]' |_{x=l} - h_2 u(l), \quad (6.6.8)$$

$$EJ(0)u''(0) - \beta_1 u'(0) = 0 = EJ(l)u''(l) + \beta_2 u'(l) \quad (6.6.9)$$

下的解 $u(x)$ 可以表示为

$$u(x) = \sum_{i=1}^\infty c_i u_i(x). \quad (6.6.10)$$

由于

$$J(u_i, u_j) = \lambda_i \rho_i \delta_{ij}, \quad i, j = 1, 2, \cdots, \tag{6.6.11}$$

一方面,

$$\begin{aligned}
J^*(u, u) &= \int_0^l EJ(x)[u''(x)]^2 \mathrm{d}x + h_1' u^2(0) \\
&\quad + h_2 u^2(l) + \beta_1 [u'(0)]^2 + \beta_2 [u'(l)]^2 \\
&= \sum_{i=1}^{\infty} \lambda_i c_i^2 \rho_i + (h_1' - h_1) u^2(0),
\end{aligned}$$

另一方面,

$$J^*(u, u) = \lambda(\rho u, u) = \sum_{i=1}^{\infty} \lambda c_i^2 \rho_i,$$

将以上两式联立得

$$c_i = \frac{(h_1' - h_1)u(0)u_i(0)}{\rho_i(\lambda - \lambda_i)}.$$

将所求得的 c_i 代入式 (6.6.10), 并令 $x = 0$, 即得

$$1 = (h_1' - h_1) \sum_{i=1}^{\infty} \frac{u_i^2(0)}{\rho_i(\lambda - \lambda_i)}. \tag{6.6.12}$$

这是式 (6.1.1) 在新的边条件 (6.6.8) 和 (6.6.9) 下的特征方程, 据此由命题 4.6 即得式 (6.6.4).

同理可证, 当 $h_2 < h_2'$ 或 $\beta_r < \beta_r'$ 时, 式 (6.6.5)~(6.6.7) 也成立.

梁不同于杆之处是: 梁有四个边界参数, 因此采用上面的证明方法还可以导出

$$\lambda_i(h_2, \beta_1) < \lambda_i(h_2', \beta_1') < \lambda_{i+1}(h_2, \beta_1),$$

$$\lambda_i(h_2, \beta_2) < \lambda_i(h_2', \beta_2') < \lambda_{i+1}(h_2, \beta_2),$$

$$\cdots \cdots$$

注意, 为了书写简便, 这里略去了参数相同的因子. 同时应该指出, 式 (6.6.4)~(6.6.7), 以及上面的两个式子只适用于 h_r, β_r 为零和有限值的情况, 对于 h_r, β_r 为无穷的情况则不一定适用.

6.6.2 一端固定的各种梁的固有频率的相间性

和梁的离散系统相似, 参考文献 [1, 6] 证明了当梁的左端保持固定, 右端支承改变 (分别为自由、滑支、铰支、反共振和固定) 时, 固定-自由梁的固有角频率 $\{\omega_i\}_1^\infty$、固定-滑支梁的固有角频率 $\{\sigma_i\}_1^\infty$、固定-铰支梁的固有角频率 $\{\mu_i\}_1^\infty$、固定-反共振梁的固有角频率 $\{\nu_i\}_1^\infty$, 以及两端固定梁的固有角频率 $\{\eta_i\}_1^\infty$ 之间存在如下相间关系:

$$\omega_i < \sigma_i < \nu_i < \mu_i < (\eta_i, \omega_{i+1}) < \sigma_{i+1}, \quad i = 1, 2, \cdots. \tag{6.6.13}$$

6.6.3 一端铰支的各种梁的固有频率的相间性

考虑两端铰支梁, 其右端受到一个角频率为 $\omega = \sqrt{\lambda}$ 的集中力偶 τ 的作用. 梁的强迫振动的模态方程和相应的边条件分别是

$$[EJ(x)u''(x)]'' = \lambda\rho(x)u(x), \quad 0 < x < l, \tag{6.6.14}$$

$$u(0) = 0, \quad EJ(0)u''(0) = 0, \quad u(l) = 0, \quad EJ(l)u''(l) = \tau. \tag{6.6.15}$$

为了求出这种情况下的强迫振动解, 考虑确定泛函

$$J(u) = \frac{1}{2}\left\{\int_0^l EJ(x)[u''(x)]^2\mathrm{d}x - \lambda\int_0^l \rho(x)u^2(x)\mathrm{d}x\right\} - \tau u'(l) \tag{6.6.16}$$

的驻值变分问题, 其中, $u(x)$ 只需满足位移边条件, 即式 (6.6.15) 的第一、三两式. 按照通常的做法, 分部积分两次后即得 $J(u)$ 的一阶变分式:

$$\delta J = \int_0^l [(EJu'')'' - \lambda\rho u]\delta u\mathrm{d}x + [EJ(l)u''(l) - \tau]\delta u'(l) - EJu''(0)\delta u'(0). \tag{6.6.17}$$

因此, 使泛函 $J(u)$ 取极值的位移函数 $u(x)$ 满足式 (6.6.14) 和 (6.6.15), 亦即它是两端铰支梁在 $x = l$ 处受集中力偶 τ 作用下的位移. 鉴于两端铰支梁的振型族 $\{u_i(x)\}_1^\infty$ 是 $[0,l]$ 上的正交归一且完备的函数族, 所以可记

$$u(x) = \sum_{i=1}^\infty c_i u_i(x), \quad 0 \leqslant x \leqslant l. \tag{6.6.18}$$

对于两端铰支梁, 因为

$$\int_0^l EJ(x)u_i''(x)u_j''(x)\mathrm{d}x = \omega_i^2\rho_i\delta_{ij}, \quad i,j = 1,2,\cdots, \tag{6.6.19}$$

其中, $\omega_i = 2\pi f_i = \sqrt{\lambda_i}$ 与 $u_i(x)(i = 1, 2, \cdots)$ 分别是两端铰支梁的固有角频率和相应的振型. 不妨选取 $u_i(x)$, 使得

$$\rho_i = \int_0^l \rho(x) u_i^2(x) \mathrm{d}x = 1, \quad i = 1, 2, \cdots.$$

将式 (6.6.18) 代入式 (6.6.16) 则有

$$J(u) = \frac{1}{2} \sum_{i=1}^{\infty} (\lambda_i - \lambda) c_i^2 - \sum_{i=1}^{\infty} c_i \tau u_i'(l). \tag{6.6.20}$$

如令 $\delta J = 0$, 即得 $(\lambda_i - \lambda) c_i = \tau u_i'(l)$, 将之代入式 (6.6.18) 则有

$$u(x) = \sum_{i=1}^{\infty} \frac{\tau u_i'(l)}{\lambda_i - \lambda} u_i(x), \quad 0 \leqslant x \leqslant l.$$

与此相应地, 有

$$u'(x) = \sum_{i=1}^{\infty} \frac{\tau u_i'(l)}{\lambda_i - \lambda} u_i'(x), \quad 0 \leqslant x \leqslant l. \tag{6.6.21}$$

由此可以得到左端铰支, 右端分别为铰支、固定和反共振这三种梁的固有频率的相间性.

(1) 铰支–固定梁. 它的右端边条件给出 $u'(l) = 0$, 则由式 (6.6.21) 可得铰支–固定梁的频率方程为

$$\sum_{i=1}^{\infty} \frac{\theta_i^2(l)}{\lambda_i - \lambda} = 0. \tag{6.6.22}$$

对于两端铰支梁, $u_i'(l) = \theta_i(l) \neq 0(i = 1, 2, \cdots)$, 若记方程 (6.6.22) 的根为 $\{\mu_i\}_1^{\infty}$, 则有

$$\omega_i < \mu_i < \omega_{i+1}, \quad i = 1, 2, \cdots, \tag{6.6.23}$$

即两端铰支梁和铰支–固定梁的固有角频率是彼此相间的.

(2) 铰支–反共振梁. 它的右端支承条件是 $u(l) = 0$ 和右端总反力为零. 对于右端点受外力偶 τ 作用的两端铰支梁, 意味着 $\tau'(l) + \tau/l = 0$, 由此可以给出它的频率方程为

$$\sum_{i=1}^{\infty} \frac{\theta_i(l) q_i(l)}{\lambda_i - \lambda} = -\frac{1}{l}, \tag{6.6.24}$$

其中, $q_i(l) = [EJ(x)u_i''(x)]'|_{x=l}$. 可以证明 $\theta_i(l)q_i(l) < 0(i = 1, 2, \cdots)$[7], 由此即可导出铰支–反共振梁的固有角频率与两端铰支梁的固有角频率的相间关系:

$$\xi_i < \omega_i < \xi_{i+1}, \quad i = 1, 2, \cdots, \tag{6.6.25}$$

其中, $\{\xi_i\}_1^\infty$ 是铰支–反共振梁的固有角频率.

6.6.4 由三组频谱构造梁的连续系统

基于 6.6.2 小节所给出的各种不同支承方式下的梁的角频率的相间性, Gladwell G M L 在参考文献 [1] 中讨论了由三组不同支承方式下的梁的频谱可以构造梁的这一振动反问题. 即由左端固定, 右端分别取三种不同支承方式的梁的三组频谱 $\{\omega_i, \sigma_i, \mu_i\}_1^\infty$, $\{\omega_i, \sigma_i, \nu_i\}_1^\infty$ 或 $\{\omega_i, \mu_i, \nu_i\}_1^\infty$, 在满足一些必要的条件后, 就可以构造固定–自由梁的参数 $EJ(x)$ 和 $\rho(x)$.

频谱是可用声学方法测出来的, 因而上述反问题的物理意义在于: 梁的物理参数是可以 "听" 出来的.

6.7 外伸梁的模态的定性性质

考虑长为 l、线密度为 $\rho(x)$、截面抗弯刚度为 $r(x) = EJ(x)$ 的外伸 Euler 梁, 其无阻尼横向自由振动的模态方程是

$$[r(x)u''(x)]'' = \omega^2 \rho\, u(x), \quad 0 < x < l, \tag{6.7.1}$$

其中, ω 是固有角频率, $u(x)$ 是位移振型. 如图 6.7(a) 所示的两跨外伸梁的支承条件包括

$$\begin{aligned} u(0) = 0, \quad & r(0)u''(0) = 0, \\ r(l)u''(l) = 0, \quad & [r(x)u''(x)]'\,|_{x=l} = 0 \end{aligned} \tag{6.7.2}$$

和

$$u(c) = 0, \quad u'(c), u''(c) \text{ 连续}, \tag{6.7.3}$$

其中, $0 < c < l$. 如图 6.7(b) 所示的三跨外伸梁的支承条件包括

$$\begin{aligned} r(0)u''(0) = 0, \quad & [r(x)u''(x)]'\,|_{x=0} = 0, \\ r(l)u''(l) = 0, \quad & [r(x)u''(x)]'\,|_{x=l} = 0 \end{aligned} \tag{6.7.4}$$

和

$$u(d_i) = 0, \quad u'(d_i), u''(d_i) \text{ 连续}, \quad i = 1, 2, \quad 0 < d_1 < d_2 < l. \tag{6.7.5}$$

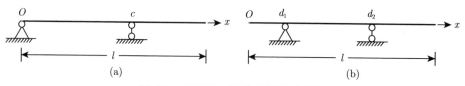

图 6.7　两跨和三跨外伸梁的示意图

为了阐明外伸梁横向振动的固有频率和振型的定性性质, 我们首先导出它的 Green 函数. 参照 6.2 节, 两跨外伸梁的 Green 函数 $G(x, s)$ 所满足的方程和边条件分别是

$$\begin{cases} [r(x)G''(x,s)]'' = \delta(x-s), & 0 < x, s < l, \\ G(0,s) = G(c,s) = 0, \quad G''(0,s) = 0, \\ G'(c-0,s) = G'(c+0,s), \quad G''(c-0,s) = G''(c+0,s), & 0 < s < l. \\ G''(l,s) = 0, \quad [r(x)G''(x,s)]'|_{x=l} = 0, \end{cases} \tag{6.7.6}$$

直接对方程组 (6.7.6) 积分, 可以给出两跨外伸梁的 Green 函数是: 当 $0 < s < c$ 时, 有

$$G(x,s) = \begin{cases} \dfrac{s-c}{c}\displaystyle\int_0^x \dfrac{t(x-t)}{r(t)}\mathrm{d}t + \dfrac{xs}{c^2}\displaystyle\int_0^c \dfrac{(c-t)^2}{r(t)}\mathrm{d}t \\ \qquad + \dfrac{x}{c}\displaystyle\int_0^s \dfrac{(t-c)(s-t)}{r(t)}\mathrm{d}t, & 0 \leqslant x \leqslant s, \\[2mm] \dfrac{s}{c}\displaystyle\int_0^x \dfrac{(t-c)(x-t)}{r(t)}\mathrm{d}t + \dfrac{xs}{c^2}\displaystyle\int_0^c \dfrac{(c-t)^2}{r(t)}\mathrm{d}t \\ \qquad + \dfrac{x-c}{c}\displaystyle\int_0^s \dfrac{t(s-t)}{r(t)}\mathrm{d}t, & s < x \leqslant c, \\[2mm] \dfrac{x-c}{c}\left[\dfrac{s-c}{c}\displaystyle\int_0^s \dfrac{t^2}{r(t)}\mathrm{d}t + \dfrac{s}{c}\displaystyle\int_s^c \dfrac{t(t-c)}{r(t)}\mathrm{d}t\right], & c < x \leqslant l. \end{cases} \tag{6.7.7}$$

而当 $c < s \leqslant l$ 时, 有

$$G(x,s) = \begin{cases} \dfrac{s-c}{c}\left[\dfrac{x-c}{c}\displaystyle\int_0^x \dfrac{t^2}{r(t)}\mathrm{d}t + \dfrac{x}{c}\displaystyle\int_x^c \dfrac{t(t-c)}{r(t)}\mathrm{d}t\right], & 0 \leqslant x \leqslant c, \\[4mm] \displaystyle\int_0^x \dfrac{(x-t)(s-t)}{r(t)}\mathrm{d}t - \dfrac{xs}{c^2}\displaystyle\int_0^c \dfrac{c^2-t^2}{r(t)}\mathrm{d}t \\[4mm] \qquad + \dfrac{x+s}{c}\displaystyle\int_0^c \dfrac{t(c-t)}{r(t)}\mathrm{d}t, & c < x \leqslant s, \\[4mm] \displaystyle\int_0^s \dfrac{(x-t)(s-t)}{r(t)}\mathrm{d}t - \dfrac{xs}{c^2}\displaystyle\int_0^c \dfrac{c^2-t^2}{r(t)}\mathrm{d}t \\[4mm] \qquad + \dfrac{x+s}{c}\displaystyle\int_0^c \dfrac{t(c-t)}{r(t)}\mathrm{d}t, & s < x \leqslant l. \end{cases} \tag{6.7.8}$$

类似地, 可以给出三跨外伸梁的 Green 函数.

6.7.1 外伸梁的数学转换核的振荡性质

和 6.3 节一样, 要阐明外伸梁的 Green 函数的振荡性质, 我们只要检验 6.3 节中的静变形的振荡性质 A 和 B, 以及应变能的正定性对外伸梁是否成立就够了.

1. 两跨外伸梁的数学转换核的振荡性质

对于式 (6.7.7) 和 (6.7.8) 给出的两跨外伸梁的 Green 函数 $G(x,s)$, 它显然不属于振荡核, 因为它不满足振荡核的定义条件 (2.7.4). 为了研究外伸梁的定性性质, 引入外伸梁的数学转换系统, 该系统的核称为数学转换核, 定义为

$$\widetilde{G}(x,s) = \varepsilon(x)\varepsilon(s)G(x,s), \tag{6.7.9}$$

其中, 函数 $\varepsilon(x) = (-1)^{m-1}$, 这里, 上角标中的 m 是变量 x 在外伸梁上所属的跨的序号数. 对于两跨外伸梁, 当 $0 < x < c$ 时, $\varepsilon(x) = 1$, 而当 $c < x \leqslant l$ 时, $\varepsilon(x) = -1$.

现在, 我们来检验两跨外伸梁的数学转换核 $\widetilde{G}(x,s)$ 属于振荡核.

首先, 当梁仅受一个集中外力作用时, 无论外力作用点 s 位于哪一跨, 由材料力学可知, 其挠曲线如图 6.8 所示, 显然有 $\widetilde{G}(x,s) > 0$, 即满足振荡核的定义条件 (2.7.4).

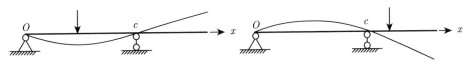

图 6.8 两跨外伸梁受一个集中外力作用时的挠曲线

其次, 鉴于外伸梁属于静定结构, 只要 n 个集中外力 $F_1, F_2, \cdots, F_n$ 不同时为零, 则外伸梁的应变能

$$V = \frac{1}{2} \sum_{i,j=1}^{n} G(s_i, s_j) F_i F_j$$

必大于零, 故上式右端为正定二次型, 而由正定二次型的判定法则可知, 其顺序主子式全大于零, 即

$$G\left(\begin{array}{cccc} s_1 & s_2 & \cdots & s_n \\ s_1 & s_2 & \cdots & s_n \end{array}\right) = \widetilde{G}\left(\begin{array}{cccc} s_1 & s_2 & \cdots & s_n \\ s_1 & s_2 & \cdots & s_n \end{array}\right) > 0.$$

从而数学转换核 $\widetilde{G}(x, s)$ 满足振荡核的定义条件 (2.7.6).

最后, 我们重点考察当梁受 n 个集中外力作用时的挠度 $u(x)$ 的变号数. 下面分三种情况讨论:

(1) n 个集中外力全部作用于梁的左跨 $(0 < s_i < c)$. 这时, 在 $\{F_i\}_1^n$ 的作用下, 梁的位移是

$$u(x) = \sum_{i=1}^{n} F_i G(x, s_i).$$

由材料力学可知, $u(x)$ 满足如下剪力方程:

$$\tau'(x) = [EJ(x)u''(x)]' = \begin{cases} C_0, & 0 \leqslant x < s_1, \\ C_i, & s_i < x < s_{i+1}, \quad i = 1, 2, \cdots, n-1, \\ C_n, & s_n < x < c, \\ 0, & c < x \leqslant l, \end{cases}$$

其中,

$$C_i = C_0 + \sum_{j=1}^{i} F_j, \quad i = 1, 2, \cdots, n.$$

上式表明, $\tau'(x)$ 最多只在外力作用点处改变正负号一次, 从而其变号数不超过 n, 且全部位于区间 $(0, c)$ 内. 在 $\tau(0) = 0 = \tau(c)$ 的情况下, 由引理 6.1 可知, $\tau(x)$ 在区间 $(0, c)$ 内的变号数不超过 $n-1$; $u'(x)$ 和 $u(x)$ 在区间 $(0, c)$ 内的变号数分别不超过 n 和 $n+1$. 但因 $u(0) = 0$ 和 $u(c) = 0$, 将分别使得 $u(x)$ 在区间 $(0, c)$ 内的变号数各减少 1. 这样, $u(x)$ 在区间 $(0, c)$ 内的变号数不超过

$n-1$. 在现在的情况下, 梁的右跨 $(c < x \leqslant l)$ 的挠曲线是直线, 由挠曲线在支座 c 处转角的连续性可知, 该段挠曲线必与 $u(x)$ 在子区间 (η_{n-1}, c) 内的函数值反号, 这里, η_{n-1} 是 $u(x)$ 在 $(0, c)$ 内的最后一个零点, 从而 $u(x)$ 在区间 $(0, l)$ 内的变号数不超过 n. 而与数学转换核 $\widetilde{G}(x, s)$ 相应的函数

$$\widetilde{u}(x) = \varepsilon(x)u(x) \tag{6.7.10}$$

在区间 $(0, l)$ 内的变号数不超过 $n-1$. 即对于数学转换核, 静变形的振荡性质 B 成立.

附注:

需要指出的是, 上述文内只是说 $u(x)$ 在区间 $(0, c)$ 内的变号数不超过 $n-1$, 它有可能更小. 参考图 6.9, 如果挠曲线存在正的极小值或负的极大值, 每个这样的极值都将使得 $u'(x)$ 的变号数增加 2, 因而相应的 $u(x)$ 在区间 $(0, c)$ 内的变号数也应减少 2. 否则, 由 Rolle 定理可知, 这将会导致 $u'(x)$ 在区间 $(0, c)$ 内的变号数超过 n, 从而产生矛盾. 图 6.9 中的点 d 称为挠曲线的零腹点. 与极值点一样, 它的存在也应使得 $u(x)$ 在区间 $(0, c)$ 内的变号数减少 2. 显然, 这里讨论的情况只有当 $n \geqslant 3$ 时才可能发生.

(2) n 个集中外力全部作用于梁的右跨 $(c < s_i \leqslant l)$. 这时, 在 $\{F_i\}_1^n$ 的作用下, 梁的位移仍是

$$u(x) = \sum_{i=1}^{n} F_i G(x, s_i).$$

只是此时, $u(x)$ 满足的剪力方程是

$$\tau'(x) = [EJ(x)u''(x)]' = \begin{cases} C_0, & 0 \leqslant x < c, \\ C_0 + C_c, & c < x < s_1, \\ C_i, & s_{i-1} < x < s_i, \quad i = 2, 3, \cdots, n, \\ 0, & s_n < x \leqslant l, \end{cases}$$

其中,

$$C_i = C_0 + C_c + \sum_{j=1}^{i-1} F_j, \quad i = 2, 3, \cdots, n,$$

C_0 与 C_c 分别是 $x = 0$ 与 $x = c$ 处的支反力. 上式同样表明, $\tau'(x)$ 在区间 (c, l) 内的变号数不超过 $n-1$. 因为 $\tau(l) = 0$, 由引理 6.1 可知, $\tau(x)$ 在区间 (c, l) 内的变号数不超过 $n-1$. 又由材料力学中的面积图法易知, $\tau(c)u'(c) > 0$, 于是 $u'(x)$ 和 $u(x)$ 在区间 (c, l) 内的变号数分别不超过 $n-1$ 和 n. 最后, 因

$u(c) = 0$, 故 $u(x)$ 在区间 (c, l) 内的变号数将减少 1. 这样, $u(x)$ 在区间 (c, l) 内的变号数不超过 $n - 1$. 在现在的情况下, 梁的左跨 $(0 < x < c)$ 的挠曲线必定位于梁的平衡轴线的同一侧, 由挠曲线在支座 c 处转角的连续性可知, 该段挠曲线必与 $u(x)$ 在子区间 (c, η_1) 内的函数值反号, 这里, η_1 是 $u(x)$ 在 (c, l) 内的第一个零点, 从而 $u(x)$ 在区间 $(0, l)$ 内的变号数不超过 n. 这样, 与数学转换核 $\widetilde{G}(x, s)$ 相应的函数 $\widetilde{u}(x) = \varepsilon(x)u(x)$ 在区间 $(0, l)$ 内的变号数仍不超过 $n - 1$. 即对于数学转换核, 静变形的振荡性质 B 同样成立.

上文所做的附注在现在的情况下同样正确.

(3) n 个集中外力分别作用于梁的两跨. 设其中 n_1 个集中外力作用于梁的左跨 $(0 < x < c)$, n_2 个集中外力作用于梁的右跨 $(c < x \leqslant l)$, $n_1 + n_2 = n$. 这时, 由上述讨论可知, 前 n_1 个集中外力引起的位移 $u_1(x)$ 在梁的左跨的变号数不超过 $n_1 - 1$, 在梁的右跨正负号不变; 后 n_2 个集中外力引起的位移 $u_2(x)$ 在梁的左跨正负号不变, 在梁的右跨的变号数不超过 $n_2 - 1$. 根据力的独立作用原理可知, 梁的挠度为

$$u(x) = u_1(x) + u_2(x).$$

我们指出, 在此叠加过程中, 叠加后的挠曲线在梁的两跨上的变号数分别不超过 $n_1 - 1$ 和 $n_2 - 1$. 以梁的左跨为例, 只有当 $u_1(x)$ 在梁的左跨存在正的极小值、负的极大值或零腹点时, 叠加过程中, 挠曲线在此跨上的变号数才有可能改变. 以图 6.9 为例, 设在此跨上, $u_2(x) < 0$, $u_1(x)$ 存在一个正的极小值 b 和一个零腹点 d. 这时, 一方面, 该正的极小值的存在可能使叠加后的挠曲线的变号数增加 2, 而零腹点的存在肯定将使叠加后的挠曲线的变号数增加 2. 但是, 另一方面, 正如上文附注指出的, 每一个这样的极值点和零腹点的存在, 都将使 $u_1(x)$ 在此跨中的变号数各减少 2, 两者互相抵消. 右跨的情况完全类似.

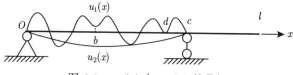

图 6.9 $u_1(x)$ 与 $u_2(x)$ 的叠加

于是, 叠加后的挠曲线 $u(x)$ 在左跨的变号数不超过 $n_1 - 1$, 在右跨的变号数不超过 $n_2 - 1$. 而由 $\widetilde{u}(x)$ 的定义可知, 它在左跨与 $u(x)$ 相等, 而在右跨与

$u(x)$ 等值反号, 因而 $\widetilde{u}(x)$ 在左跨的变号数不超过 $n_1 - 1$, 在右跨的变号数不超过 $n_2 - 1$. 考虑到 $\widetilde{u}(x)$ 的连续性, 它在紧邻梁的中间支座的两侧可能具有相反的符号. 这样, 我们得出结论, 在外力分别作用于梁的两跨的情况下, $\widetilde{u}(x)$ 在区间 $(0, l]$ 内的变号数不超过 $n - 1$. 对于数学转换核, 静变形的振荡性质 B 仍然成立.

综上所述, 可以断定两跨外伸梁的数学转换核 $\widetilde{G}(x, s)$ 属于振荡核.

2. 三跨外伸梁的数学转换核的振荡性质

对于三跨外伸梁, 它的 Green 函数同样不是振荡核, 而需引入数学转换核

$$\widetilde{G}(x, s) = \varepsilon(x)\varepsilon(s)G(x, s).$$

至于三跨外伸梁的数学转换核的振荡性质完全可以仿照两跨外伸梁的情况来证明, 只不过要区分更多种情况来讨论而已. 限于篇幅, 具体讨论从略.

6.7.2 外伸梁的固有振动的振荡性质

以上我们阐明了, 只有一个外伸端的两跨外伸梁和具有两个外伸端的三跨外伸梁的 Green 函数 $G(x, s)$ 的数学转换核 $\widetilde{G}(x, s)$ 的振荡性质. 现在进一步考察外伸梁的固有振动的频率和振型的定性性质.

利用 Green 函数 $G(x, s)$, 可将外伸梁的固有振动的模态方程 (6.7.1) 和相应的边条件 (6.7.2)~(6.7.5) 转化为如下积分方程的特征值问题:

$$u(x) = \omega^2 \int_0^l G(x, s)\rho(s)u(s)\mathrm{d}s. \tag{6.7.11}$$

将式 (6.7.11) 等号两端同时乘以 $\varepsilon(x)$, 则式 (6.7.11) 将成为

$$\widetilde{u}(x) = \omega^2 \int_0^l \widetilde{G}(x, s)\rho(s)\widetilde{u}(s)\mathrm{d}s. \tag{6.7.12}$$

既然已经证明了 $\widetilde{G}(x, s)$ 是振荡核, 则将其乘以正函数 $\sqrt{\rho(x)\rho(s)}$ 显然不影响核的振荡性质, 即

$$K(x, s) = \widetilde{G}(x, s)\sqrt{\rho(x)\rho(s)}$$

仍为振荡核. 这样, 应用具有振荡核的积分方程的特征值问题的性质定理, 我们发现数学转换系统的特征值和特征函数具有如下定性性质:

(1) 数学转换系统的特征值 $\lambda_i = \omega_i^2$ 是正的和单的, 可按递增次序排列为

$$(0 <)\lambda_1 < \lambda_2 < \lambda_3 < \cdots.$$

(2) 数学转换系统对应于 λ_i 的特征函数 $\widetilde{u}_i(x)(i = 1, 2, 3, \cdots)$ 在区间 I 上恰有 $i - 1$ 个节点.

(3) 两个顺次特征函数 $\widetilde{u}_i(x)$ 与 $\widetilde{u}_{i+1}(x)(i = 2, 3, \cdots)$ 的节点互相交错.

由式 (6.7.10)~(6.7.12), 可将数学转换系统的以上性质转化为外伸梁的相应性质:

性质 1 方程 (6.7.12) 系由方程 (6.7.11) 经简单代数运算而来, 两者有完全相同的特征值, 因此两跨和三跨外伸梁的固有频率 $f_i = \omega_i/(2\pi)(i = 1, 2, 3, \cdots)$ 是单的, 可按递增次序排列为

$$(0 <)f_1 < f_2 < f_3 < \cdots.$$

性质 2 外伸梁的第一阶振型恰有 p (对于两跨外伸梁, $p = 1$, 对于三跨外伸梁, $p = 2$) 个节点. 这些节点均与支座重合.

事实上, 由式 (6.7.10) 可知, 外伸梁的位移振型 $u_i(x)$ 与数学转换系统的特征函数 $\widetilde{u}_i(x)$ 在奇数跨上相等, 而在偶数跨上等值反号, 因此梁的中间支座或者是梁的位移振型的节点, 或者是梁的位移振型的零腹点. 对于第一阶振型, 中间支座处显然是节点.

性质 3 外伸梁的第 $i(i \geqslant 2)$ 阶振型 $u_i(x)$ 恰有 $i - 1 + p - 2t$ 个节点, 其中, t 是函数 $\widetilde{u}_i(x)$ 的节点与支座重合的次数. 对于两跨外伸梁, $t \leqslant 1$, 而对于三跨外伸梁, $t \leqslant 2$.

这是因为函数 $\widetilde{u}_i(x)$ 有 $i - 1$ 个节点, 如有 t 个节点与支座重合, 则外伸梁的第 $i(i \geqslant 2)$ 阶振型 $u_i(x)$ 减少 t 个节点, 而在其余 $p - t$ 个支座处增加 $p - t$ 个节点. 由此可知, 外伸梁的第 $i(i \geqslant 2)$ 阶振型 $u_i(x)$ 的节点数为

$$(i - 1) - t + (p - t) = i - 1 + p - 2t.$$

注意, 当函数 $\widetilde{u}_i(x)$ 的节点与某一支座重合时, 虽然减少了位移振型 $u_i(x)$ 的节点数, 但正如上文中指出的, 这个中间支座将是位移振型 $u_i(x)$ 的零腹点. 如果在计算零点个数时, 将一个零腹点当作两个单零点计算, 那么位移振型 $u_i(x)$ 的零点个数仍然是 $i + p - 1$, 只不过其中有 $i - 1 + p - 2t$ 个节点和 t 个零腹点.

性质 4 当函数 $\widetilde{u}_i(x)$ 与 $\widetilde{u}_{i+1}(x)$ 的节点均不与中间支座重合时, 外伸梁的位移振型 $u_i(x)$ 与 $u_{i+1}(x)$ $(i = 2, 3, \cdots)$ 除中间支座外的节点互相交错; 而当函数 $\widetilde{u}_i(x)$ 与 $\widetilde{u}_{i+1}(x)$ 的节点之一与支座重合时, 外伸梁的位移振型 $u_i(x)$ 与 $u_{i+1}(x)(i = 2, 3, \cdots)$ 的节点不一定互相交错.

与离散系统一样, 此类梁还另有 4 项较重要的定性性质, 即性质 5 和性质 6, 性质 7 和性质 8. 由于它们的证明过程较复杂, 因此将分别在 6.7.4 和 6.7.5 小节中给出.

6.7.3 外伸梁的共轭结构

为了进一步讨论外伸梁的转角振型、弯矩振型, 以及剪力振型的定性性质, 仿照 6.4.2 小节, 我们引入外伸梁的共轭结构. 为此, 记外伸梁的弯矩振型为

$$\bar{u}(x) = \tau(x) = r(x)u''(x), \tag{6.7.13}$$

则式 (6.7.1) 可改写为

$$[r^*(x)\bar{u}''(x)]'' = \lambda\rho^*\bar{u}(x). \tag{6.7.14}$$

它可视为定义在区间 $[0, l]$ 上, 具有参数

$$r^*(x) = \rho^{-1}(x), \quad \rho^*(x) = r^{-1}(x) \tag{6.7.15}$$

的梁的模态方程, 称此梁为原梁的共轭梁. 共轭梁的 "位移振型" 就是原梁的弯矩振型.

由式 (6.7.13) 和

$$\bar{u}''(x) = \lambda\rho(x)u(x), \quad \bar{u}'(x) = [r(x)u''(x)]'$$

可知, 两跨外伸梁的共轭梁的左端仍为铰支端, 右端变为固定端, 中间支座转化为中间铰链 $(\bar{u}''(c) = 0)$. 这样, 两跨外伸梁的共轭梁是两跨连续梁, 如图 6.10(a) 所示. 通过完全类似的讨论可以给出三跨外伸梁的共轭梁是两端固定, 且在 $x = d_1$ 和 $x = d_2$ 处存在两个中间铰链连接的三跨连续梁, 如图 6.10(b) 所示.

图 6.10　外伸梁的共轭系统示意图

上面的推导还表明, 外伸梁的共轭梁与外伸梁本身有完全相同的频谱.

6.7.4 外伸梁的共轭梁的振荡性质

1. 两跨外伸梁的共轭梁的 Green 函数 $\bar{G}(x, s)$ 的振荡性质

可以直接证明, 外伸梁的共轭梁的 Green 函数 $\bar{G}(x, s)$ 属于振荡核. 仍以两跨外伸梁为例.

首先, 当共轭梁仅受一个集中外力作用时, 无论外力作用点 s 位于哪一跨, 由结构力学可知, 其挠曲线如图 6.11 所示, 显然有 $\bar{G}(x,s) > 0$, 即满足振荡核的定义条件 (2.7.4).

图 6.11   两跨连续梁受一个集中外力作用时的挠曲线

其次, 鉴于图 6.10(a) 所示的两跨连续梁同样属于静定结构, 只要 n 个集中外力 $F_1, F_2, \cdots, F_n$ 不同时为零, 则两跨连续梁的应变能

$$V = \frac{1}{2} \sum_{i,j=1}^{n} \bar{G}(s_i, s_j) F_i F_j$$

大于零, 上式右端为正定二次型, 从而 $\bar{G}(x,s)$ 满足振荡核的定义条件 (2.7.6).

最后, 可以完全类似于两跨外伸梁, 分三种情况讨论两跨连续梁受 n 个集中外力作用时, 其挠度 $\bar{u}(x)$ 的变号数. 结果表明, 两跨连续梁的位移函数 $\bar{u}(x)$ 在区间 $(0,l)$ 内的变号数不超过 $n-1$. 即对于两跨连续梁, 静变形的振荡性质 B 同样成立.

综合以上三点可知, 两跨外伸梁的共轭梁的 Green 函数 $\bar{G}(x,s)$ 属于振荡核.

2. 三跨外伸梁的共轭梁的 Green 函数 $\bar{G}(x,s)$ 的振荡性质

同两跨外伸梁一样, 可以完全类似地证明, 三跨外伸梁的共轭梁的 Green 函数 $\bar{G}(x,s)$ 属于振荡核.

3. 外伸梁的弯矩振型的定性性质

既然两跨和三跨外伸梁的共轭梁的 Green 函数都是振荡核, 把它们乘以正函数后所得的核仍然是振荡核, 那么根据具有振荡核的积分方程的性质定理 2.23, 若记与 f_i $(i=1,2,\cdots)$ 相应的外伸梁的弯矩振型为 $\tau_i(x)$, 则外伸梁的弯矩振型具有以下定性性质 (性质 1~4 见 6.7.2 小节):

性质 5 $\tau_i(x) = \bar{u}_i(x)$ 在区间 $(0,l)$ 内恰有 $i-1(i=1,2,\cdots)$ 个节点 (变号数) 而无其他零点.

性质 6 $\tau_i(x)$ 与 $\tau_{i+1}(x)(i=2,3,\cdots)$ 的节点互相交错.

6.7.5 外伸梁的其他定性性质

在 6.7.2 和 6.7.4 小节中讨论了外伸梁的振荡性质, 本小节再讨论外伸梁的一些其他性质.

(1) 外伸梁的位移振型的极值点的某些性质.

我们指出这样一个重要事实: 设 $u(x_0)$ 是某个振型函数的一个内部极值, 则 x_0 只能是一个孤立点而不可能是一个内部极值子区间中的一点. 否则, 在这个内部极值子区间中的任意一点都有

$$u'(x) = u''(x) = 0,$$

这与性质 5 矛盾. 因此, 由微积分的常识可知, 在振型函数 $u_i(x)$ 的一个内部极大值点 x_0 处, 必有 $\tau_i(x_0) < 0$, 而在振型函数 $u_i(x)$ 的一个内部极小值点 x_1 处, 必有 $\tau_i(x_1) > 0$.

(2) 外伸梁的转角振型的节点数.

对于外伸梁的转角振型, 我们有:

性质 7 外伸梁的第 i 阶转角振型 $u_i'(x)$ $(i = 1, 2, \cdots)$ 在区间 $(0, l)$ 内恰有 i 个节点.

事实上, 根据外伸梁的第 i 阶振型 $u_i(x)$ 恰有 $i - 1 + p - 2t(p = 1, 2)$ 个节点, 以及按节点的定义, 它们把振型 $u_i(x)$ 分成 $i + p - 2t$ 个同号段. 除包含自由端 (恰好是 p 个) 的同号段外, 每个同号段中至少存在一个极值点. 这样, 在振型 $u_i(x)$ 中至少存在 $i - 2t$ 个内部极值点. 当转换系统的特征函数 $\tilde{u}_i(x)$ 的节点均不与支座重合时, $t = 0$, 当 $\tilde{u}_i(x)$ 的某一节点与支座重合时, 如前所述, 中间支座处是振型 $u_i(x)$ 的一个零腹点, 从而也是一个极值点, 这样, 紧邻中间支座两侧的函数 $\tilde{u}_i(x)$ 的 2 个节点之间存在振型 $u_i(x)$ 的 3 个极值点. 于是振型 $u_i(x)$ 至少存在 i 个内部极值点. 另一方面, 根据外伸梁的弯矩振型 $\tau_i(x)$ 恰有 $i - 1(i = 1, 2, \cdots)$ 个节点, 即 $\tau_i(x)$ 的变号数恰为 $i - 1$, 以及引理 6.1 可知, 振型 $u_i(x)$ 至多存在 i 个内部极值点. 这就表明, 振型 $u_i(x)$ 有且仅有 i 个内部极值点. 注意到在每个极值点的两侧, 转角振型 $u_i'(x)$ 的正负号改变一次, 该极值点就是转角振型的节点, 故上面的性质 7 成立.

上述讨论还表明, 除紧邻中间支座两侧的同号段外, 在振型 $u_i(x)$ 的正的同号段中只有一个极大值, 而在振型 $u_i(x)$ 的负的同号段中只有一个极小值.

(3) 外伸梁的剪力振型的节点数.

由 $\tau_i(x)$ 的节点数和 $u_i(x)$ 的零点数, 以及模态方程 (6.7.1) 的改写形式 $\phi_i'(x) = \omega_i^2 \rho(x) u_i(x)$, 通过与上述类似的讨论可以给出:

性质 8　第 i 阶剪力振型

$$\phi_i(x) = [r(x)u_i''(x)]', \quad i = 1, 2, \cdots$$

恰有 i 个节点.

根据上面的讨论, 我们可以画出两跨外伸梁的第一、第二阶振型的示意图, 如图 6.12 所示.

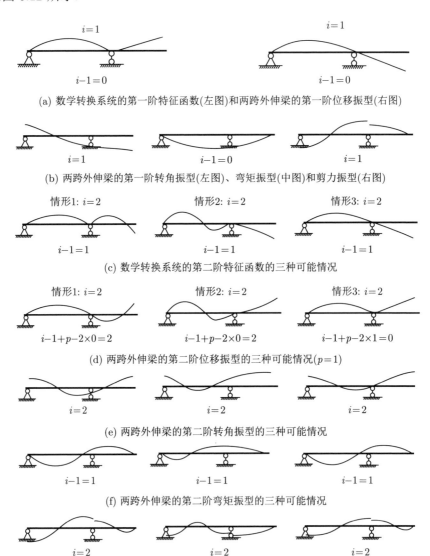

(a) 数学转换系统的第一阶特征函数(左图)和两跨外伸梁的第一阶位移振型(右图)

(b) 两跨外伸梁的第一阶转角振型(左图)、弯矩振型(中图)和剪力振型(右图)

(c) 数学转换系统的第二阶特征函数的三种可能情况

(d) 两跨外伸梁的第二阶位移振型的三种可能情况($p=1$)

(e) 两跨外伸梁的第二阶转角振型的三种可能情况

(f) 两跨外伸梁的第二阶弯矩振型的三种可能情况

(g) 两跨外伸梁的第二阶剪力振型的三种可能情况

图 6.12　两跨外伸梁的第一、第二阶振型

最后, 关于本节的讨论可以说明三点: (1) 实际上已经阐明了两跨和三跨连续梁的振动的定性性质. (2) 还可推广到共轭系统为充分约束系统的三跨以上的多跨梁. (3) 与 4.9 节相比较, 可看到外伸梁的离散系统和连续系统具有完全相似的振动的定性性质.

本节主要内容取自参考文献 [11].

6.8 轴向受拉梁的横向振动的振荡性质

以上各节所考虑的都是仅受横向载荷作用的梁的振动的定性性质. 基于存在轴向拉力的梁在工程问题中被广泛使用, 例如, 某些旋转机械的叶片, 本节将讨论存在轴向拉力的 Euler 梁的横向振动的定性性质.

两端弹性支承, 轴向受变拉力 $T(x)$ 作用的 Euler 梁, 其线性振动的微分方程为

$$
\begin{cases}
[EJ(x)u''(x)]'' - [T(x)u'(x)]' = \lambda\rho(x)u(x), & x \in (0, L), \\
EJ(0)u''(0) = k_1 u'(0), \quad [EJ(x)u''(x)]'\,|_{x=0} - T(0)u'(0) = -k_3 u(0), \\
EJ(L)u''(L) = -k_2 u'(L), \quad [EJ(x)u''(x)]'\,|_{x=L} - T(L)u'(L) = k_4 u(L),
\end{cases}
$$

(6.8.1)

其中, $EJ(x)$ 是抗弯刚度, $T(x)$ 是变拉力, $\rho(x)$ 是线密度, $u(x)$ 是挠度振型, $\lambda = \omega^2$ 是振动特征值, ω 是固有角频率, L 是梁的长度, $k_i\ (i = 1, 2, 3, 4)$ 是弹性支座的刚度且均为非负常数, 如图 6.13 所示.

图 6.13　两端弹性支承, 轴向受变拉力作用的梁模型示意图

参照 6.1 节可以证明, 当下列两式

$$
k_1 + k_2 > 0 \quad \text{和} \quad k_3 + k_4 > 0 \tag{6.8.2}
$$

或

$$
k_3 \cdot k_4 > 0 \tag{6.8.3}
$$

之一成立时, 方程 (6.8.1) 所描述的梁是充分约束的. 本节只讨论充分约束梁.

以下将证明, 存在轴向拉力的充分约束梁, 其模态具有如下三项振荡性质:

性质 1　梁的所有特征值 λ 均是正的和单的.

性质 2　对于梁的振型 $u_i(i = p, p+1, \cdots, q)$ 的任意组合, 其节点不少于 $p-1$ 个而零点不多于 $q-1$ 个. 特别地, 第 i 阶振型恰有 $i-1$ 个节点.

性质 3　梁的两个相邻阶振型的节点交错.

由于对于充分约束梁的固有振动而言, 在任意质量分布情况下, 梁具有振荡性质 1~3 的充要条件是其满足 6.3 节中定理 6.7 的附注和定理 6.8 所叙述的静变形的振荡性质 A 和 B[1,5]. 因此只需证明静力学系统

$$
\begin{cases}
[EJ(x)u''(x)]'' - [T(x)u'(x)]' = q(x), & x \in (0, L), \\
EJ(0)u''(0) = k_1 u'(0), \quad [EJ(x)u''(x)]'\,|_{x=0} - T(0)u'(0) = -k_3 u(0), \\
EJ(L)u''(L) = -k_2 u'(L), \quad [EJ(x)u''(x)]'\,|_{x=L} - T(L)u'(L) = k_4 u(L)
\end{cases}
$$

$$(6.8.4)$$

具有静变形的振荡性质 A 和 B. 式 (6.8.4) 中的 $q(x)$ 是横向线分布载荷.

6.8.1　一个辅助函数的引入

设想沿梁的轴线取点 $\{x_i\}_1^s$ 满足 $0 < x_1 < x_2 < \cdots < x_{s-1} < x_s < L$, 它们将梁的轴线分为 $s+1$ 个子区间 $(x_i, x_{i+1})(i = 0, 1, \cdots, s, x_0 = 0, x_{s+1} = L)$, 考虑以下几种情况:

(1) 假定在每个子区间 $(x_i, x_{i+1})(i = 0, 1, \cdots, s)$ 内, 变拉力 $T(x)$ 为一个正常数, 即

$$
T(x) = T_i, \quad x \in [x_i, x_{i+1}](i = 0, 1, \cdots, s),
$$

物理上等同于轴向受若干个集中轴向拉力作用时的情形. 于是, 在此子区间内, 式 (6.8.4) 中的方程可以改写为

$$
[EJ(x)u''(x)]'' - T_i u''(x) = q(x), \quad x \in (x_i, x_{i+1}). \tag{6.8.5}
$$

对式 (6.8.5) 两边积分一次可以得到

$$
[EJ(x)u''(x)]' - T_i u'(x) = Q(x), \quad x \in (x_i, x_{i+1}), \tag{6.8.6}
$$

其中, $Q(x)$ 为剪力, 在子区间公共点处, u 满足二阶连续. 引入函数变量 v, 在每个子区间内, 它是 Sturm-Liouville 方程

$$
[EJ(x)v'(x)]' = T_i v(x), \quad x \in (x_i, x_{i+1}) \tag{6.8.7}
$$

在子区间公共点处满足一阶连续, 并且在 $x = 0$ 处满足

$$v(0) = 1, \quad 0 < v'(0) = h < k_1 v(0)/[EJ(0)] \tag{6.8.8}$$

的解. 这一 Cauchy 问题的解是存在的. 事实上, 只要任取满足条件的边值参数 h, 在从左至右的各个子区间内依次求解, 便能得到函数 v. 这样得到的函数 v 在整个区间内都是正的, 因为由式 (6.8.7) 可知, 在 $v(x) > 0$ 处, $EJ(x)v'(x)$ 是单调递增的, 所以在 $v > 0$ 和 $v' \geqslant 0$ 的点的邻域内不会出现 $v' < 0$ 的情况, 从而 v 单调递增且恒为正值.

显然, 当式 (6.8.8) 中的 $k_1 = 0$ 而 $v'(0) = 0$ 时, 以上推理仍然正确.

(2) 假定在某个子区间 $(x_k, x_{k+1})(k \in (0, 1, \cdots, s))$ 内, 变拉力 $T(x)$ 满足

$$T(x) = \begin{cases} T_k', & x_k \leqslant x < x_{k0}, \\ T_k'', & x_{k0} \leqslant x < x_{k+1}, \end{cases}$$

其中, T_k' 和 T_k'' 均为正的常数. 在这种情况下, 根据与情况 (1) 完全类似的推理可知, 作为式 (6.8.7) 在子区间 $[x_k, x_{k0})$ 和 $[x_{k0}, x_{k+1})$ 内的正解, $v(x)$ 依然存在且单调递增, 进而 $v(x)$ 在子区间 $[x_k, x_{k+1})$ 内存在且单调递增, 并恒为正值.

以上推理对于 $T_k'' \equiv 0$ 仍然成立.

(3) 情况 (2) 还可以推广到 $T(x)$ 在 $(x_k, x_{k+1})(k \in (0, 1, \cdots, s))$ 内等于多个阶梯状常数的情况. 特别地, 对于

$$T(x) = \begin{cases} 0, & x_k \leqslant x < x_{k0}, \\ T_k'', & x_{k0} \leqslant x < x_{k+1} \end{cases} \quad \text{和} \quad T(x) = \begin{cases} T_k', & x_k \leqslant x < x_{k0}, \\ 0, & x_{k0} \leqslant x < x_{k1}, \\ T_k'', & x_{k1} \leqslant x < x_{k+1} \end{cases}$$

的情况, 单调递增且恒为正值的 $v(x)$ 依然存在.

6.8.2 充分约束梁在存在轴向拉力情况下的横向振动的振荡性质

1. $T(x)$ 沿梁全长为正常数的情况

考察 $T(x)$ 沿梁全长为正常数, 即 $T(x) \equiv T^0$ 的情况, 此时式 (6.8.7) 中的所有 $T_i = T^0$ 均为正常数, 从而 6.8.1 小节所引入的单调递增的辅助正函数 $v(x)$ 存在. 于是, 在整个区间内, 式 (6.8.6) 可改写为

$$\frac{1}{v(x)} \left\{ EJ(x)v^2(x) \left[\frac{1}{v(x)} u'(x) \right]' \right\}' = Q(x), \quad x \in (0, L). \tag{6.8.9}$$

当梁仅受一个横向集中外力作用时, 梁上所有动点的位移显然是非零的, 轴向常拉力的存在也不影响挠曲线的指向, 即对于存在轴向拉力 $T(x)$ 沿梁全长为正常数的情况下, 静变形的振荡性质 A 成立.

当梁受 $n(n > 1)$ 个横向集中外力作用时, $q(x)$ 为 n 个脉冲函数的叠加, 因此 $Q(x)$ 至多为 $n + 1$ 段的阶梯函数, 即有 $S_Q \leqslant n$. 若记

$$g(x) = EJ(x)v^2(x) \left[\frac{u'(x)}{v(x)} \right]',$$

注意到 $v(x)$ 恒为正值, 则由式 (6.8.9), 并应用引理 6.2 可知, 函数 $g(x)$ 在区间 $(0, L)$ 内的变号数满足

$$S_g \leqslant n + 1 - \text{IF}\left[g(0)Q(0) > 0 \cup g(0) = 0\right] - \text{IF}\left[g(L)Q(L) < 0 \cup g(L) = 0\right],$$

其中, IF 函数的定义见 6.3 节. 注意到在整个区间 $(0, L)$ 内, 函数 $EJ(x)v^2(x)$ 始终是正的, 从而不影响 $g(x)$ 的符号改变, 因此也有 $[u'(x)/v(x)]'$ 在区间 $(0, L)$ 内的变号数不超过

$$n + 1 - \text{IF}\left[g(0)Q(0) > 0 \cup g(0) = 0\right] - \text{IF}\left[g(L)Q(L) < 0 \cup g(L) = 0\right].$$

进一步, 利用引理 6.1 可知, 函数 $w(x) = u'(x)/v(x)$ 在区间 $(0, L)$ 内的变号数满足

$$S_w \leqslant S_g + 1 - \text{IF}\left[w(0)g(0) > 0 \cup w(0) = 0\right] - \text{IF}\left[w(L)g(L) < 0 \cup w(L) = 0\right].$$

现在考察上式中 2 个 IF 函数的取值. 首先将方程组 (6.8.1) 中第二行的左式代入 $g(x)$ 的表达式并取 $x = 0$, 有

$$g(0) = EJ(0)v^2(0) \left. \frac{u''(x)v(x) - u'(x)v'(x)}{v^2(x)} \right|_{x=0} = u'(0)\left[k_1 v(0) - EJ(0)v'(0)\right].$$

注意到式 (6.8.8) 中函数 $v(x)$ 的第二个边条件, 有

$$w(0)g(0) = u'^2(0)\left[k_1 - EJ(0)v'(0)/v(0)\right] > 0. \tag{6.8.10}$$

类似地, 因 $v(x)$ 在区间 $(0, L)$ 内单调递增, 故有 $v(L) > 0$, $v'(L) > 0$, 从而有

$$w(L)g(L) = -u'^2(L)\left[k_2 + EJ(L)v'(L)/v(L)\right] < 0. \tag{6.8.11}$$

这里已经假设了 $0 < k_1, k_2 < \infty$ 而 $u'(0) \neq 0, u'(L) \neq 0$. 以上两个不等式导致

$$S_w \leqslant S_g + 1 - 1 - 1$$

$$\leqslant n - \mathrm{IF}\,[g(0)Q(0) > 0 \cup g(0) = 0] - \mathrm{IF}\,[g(L)Q(L) < 0 \cup g(L) = 0].$$

等价地, 有

$$S_{u'} \leqslant n - \mathrm{IF}\,[g(0)Q(0) > 0 \cup g(0) = 0] - \mathrm{IF}\,[g(L)Q(L) < 0 \cup g(L) = 0].$$

再次利用引理 6.1 于函数 $u(x)$, 可以得到

$$S_u \leqslant n + 1 - \mathrm{IF}\,[g(0)Q(0) > 0 \cup g(0) = 0] - \mathrm{IF}\,[u(0)u'(0) > 0 \cup u(0) = 0]$$

$$- \mathrm{IF}\,[g(L)Q(L) < 0 \cup g(L) = 0] - \mathrm{IF}\,[u(L)u'(L) < 0 \cup u(L) = 0].$$

$$(6.8.12)$$

类似地, 考察式 (6.8.12) 中 4 个 IF 函数的取值, 同样假设 $0 < k_3, k_4 < \infty$ 而 $u(0) \neq 0, u(L) \neq 0$. 由式 (6.8.6) 可知, 方程组 (6.8.1) 中第二、第三两行的右式可以改写为

$$Q(0) = -k_3 u(0), \quad Q(L) = k_4 u(L).$$

以此代入并参照不等式 (6.8.10) 和 (6.8.11) 的证明过程中所使用的论据, 不难得到

$$g(0)Q(0)/[u(0)u'(0)] = -k_3\,[k_1 v(0) - EJ(0)v'(0)] < 0, \qquad (6.8.13)$$

$$g(L)Q(L)/[u(L)u'(L)] = k_4\,[-k_2 v(L) - EJ(L)v'(L)] < 0. \qquad (6.8.14)$$

这表明式 (6.8.12) 第一行中的 2 个 IF 函数之和恰为 1, 第二行中的 2 个 IF 函数之和也恰为 1. 于是得出结论: 函数 $u(x)$ 在区间 $(0, L)$ 内的变号数满足 $S_u \leqslant n - 1$.

以上讨论是在 $0 < k_i < \infty (i = 1, 2, 3, 4)$ 的情况下得到的. 至于 $k_i (i = 1, 2, 3, 4)$ 中的某些取 0 或 ∞, 但保持梁为充分约束梁的特殊情况下, 仍然可以检验 $S_u \leqslant n - 1$ 成立. 不同的是, 检验过程中将会用到上述 IF 函数括号内的第二个条件式. 例如, 对于两端铰支梁, 有 $k_1 = 0 = k_2$ 和 $k_3 = \infty = k_4$, 相应地有 $u(0) = 0 = u(L)$, $u''(0) = 0 = u''(L)$, 以及 $g(0) = 0$. 于是式 (6.8.12) 中有 3 个 IF 函数按其第二个条件取 1, 但不等式 (6.8.10), (6.8.13) 和 (6.8.14)

不再成立, 只有不等式 (6.8.11) 仍然成立, 这就有 $S_u \leqslant n-1$. 其他特殊情况可以类似讨论, 具体从略.

总之, 我们阐明了, 在梁的两端边条件使梁是充分约束梁, 并且存在轴向拉力 $T(x)$ 沿梁全长为正常数的情况下, 静变形的振荡性质 B 成立.

由此我们进一步得出结论: 在此条件下, 对于任意的质量分布 $\rho(x)$ 为正函数的梁, 它的固有振动具有振荡性质 1~3.

2. $T(x)$ 沿梁全长为阶梯状正常数的情况

对于这种情况, 我们只需阐明, 当 $T(x)$ 沿梁全长为阶梯状正常数时, 6.8.1 小节所引入的单调递增的辅助正函数 $v(x)$ 仍然存在. 为了便于理解, 我们首先考察一个最简单的情况:

$$
T(x) = \begin{cases} T_{1c}, & 0 \leqslant x < x^0, \\ T_{2c}, & x^0 \leqslant x \leqslant L. \end{cases}
$$

在此情况下, 无论 n 个横向集中外力的作用点 $\{x_i\}_1^n$ 如何分布, 在所有子区间 $(x_i, x_{i+1})(i = 0, 1, \cdots, n, x_0 = 0, x_{n+1} = L)$ 中, 最多有一个子区间 (x_k, x_{k+1}) 中的 $T(x)$ 的分布如 6.8.1 小节的情况 (2), 其余子区间中的 $T(x)$ 均为常数, 即属于情况 (1). 不管哪种情况, 6.8.1 小节已经阐明, 单调递增的辅助正函数 $v(x)$ 都存在. 因此本小节第一部分中的推理在此情况下依然适用, 即仍有静变形的振荡性质 A 和 B 成立. 进而在这种情况下, 对于任意的质量分布 $\rho(x)$ 为正函数的梁, 它的固有振动具有振荡性质 $1 \sim 3$.

这里的 $T(x)$ 沿梁全长仅分为两个阶梯段的情况显然可以推广到多个阶梯段的情况.

3. $T(x)$ 沿梁全长连续分布的情况

对于轴向拉力连续分布的情况, $T(x)$ 沿梁全长连续变化, 在这种情况下, 可以用一个阶梯函数序列来逼近它, 而方程 (6.8.4) 的解则是对应的解序列的极限. 只是需要注意, 此时阶梯函数序列在由 n 个横向集中外力的作用点 $\{x_i\}_1^n$ 所划分的子区间 $(x_i, x_{i+1})(i = 0, 1, \cdots, n, x_0 = 0, x_{n+1} = L)$ 内的具体形态将比较复杂. 但是不管如何变化, 我们在 6.8.1 小节所引入的单调递增的辅助正函数 $v(x)$ 都存在. 又根据上述推导可知, 阶梯函数序列的每一项对应的挠曲线的解始终都满足在区间内部的根不超过 $n-1$ 个, 即在区间内的变号数不超过 $n-1$, 因此解的极限不可能额外增加变号数.

至此证明了, 只要方程 (6.8.4) 的参数满足本节开头所指出的相关条件, 其解均具有静变形的振荡性质 A 和 B. 从而对于任意的质量分布 $\rho(x)$ 为正函数的梁, 其对应的振动方程 (6.8.1) 的解也就具有振荡性质 1~3.

本节主要内容取自参考文献 [12].

参 考 文 献

[1] Gladwell G M L. Inverse problems in vibration [M]. 2nd Ed. Dordrecht/Boston/London: Kluwer Academic Publishers, 2004.

[2] 王其申, 王大钧. 梁的正系统的补充定义及其格林函数振荡性的证明 [J]. 安庆师范学院学报 (自然科学版), 1997, 3(1): 14.

[3] 王其申, 王大钧. 杆、梁差分离散系统的柔度矩阵及其极限 [J]. 力学与实践, 1996, 18(5): 43.

[4] 王其申, 王大钧. 静定、超静定梁的柔度系数和格林函数 [J]. 安庆师范学院学报 (自然科学版), 1998, 4(2): 25.

[5] Гантмахер Ф Р, Крейн М Г. Осцилляционные матрицы и ядра и малые колебания механических систем [M]. Москва: Государственное Издательство Технико-Теоретической Литературы, 1950.

[6] Gladwell G M L. Qualitative properties of vibrating systems [J]. Proceedings of the Royal Society A: Mathematical, Physical and Engineering Sciences, 1985, 401(1821): 299.

[7] 王其申, 王大钧. 任意支承梁的固有振动频谱和模态的定性性质 [J]. 力学学报, 1997, 29(5): 540.

[8] 王其申, 王大钧. 存在刚体模态的杆、梁连续系统某些振荡性质的补充证明 [J]. 安庆师范学院学报 (自然科学版), 2014, 20(1): 1.

[9] 王其申, 王大钧, 何北昌. 约束不足的杆、梁静变形的定性性质 [J]. 安庆师范大学学报 (自然科学版), 2021, 27(4): 43.

[10] 郑子君. 杆、欧拉梁的振动定性性质及其模态反问题 [D]. 北京：北京大学, 2014.

[11] Wang Q S, Wang D J, He M, et al. Some qualitative properties of the vibration modes of the continuous system of a beam with one or two overhangs [J]. Journal of Engineering Mechanic, 2012, 138(8): 945.

[12] 郑子君, 陈璞, 王其申. 轴向受拉梁的横向振动的振荡性质 [J]. 现代振动与噪声技术, 2022, 13: 3.

第七章　重复性结构的振动与静变形的定性性质

本章论述重复性结构的模态、静变形, 以及振动和振动控制的定性性质. 所讨论的重复性结构包括：镜面对称结构 (以下简称对称结构)、旋转周期结构 (也称循环对称、循环周期结构)、线周期结构、链式结构、轴对称结构.

在自然界和工程中有一类常见的结构称为重复性结构, 它们由一组相同的子结构以一定的方式组合而成. 各子结构在几何参数、物理参数、边条件, 以及与其他子结构的相互关系等方面都具有重复性. 一般情况下, 结构的静变形、振动模态和强迫振动解依赖于整体结构的物理和几何特性. 但对于重复性结构, 其重复性使得这些解存在一些特殊的定性性质, 进而使它们只依赖于一个子结构的特性, 以及该子结构和其他子结构的关系. 因此, 对于重复性结构, 在通过数值计算和实验测量获得其静变形、振动模态和强迫振动解时, 工作量将大为减少.

目前, 已有许多研究重复性结构的振动问题的论文. 例如, 参考文献 [1~16] 等. Chan H C 等的专著 [5] 对这类问题做了系统、全面的研究, 在理论方法和应用方面都很有价值. 但是多数工作都仅着重于数值计算, 所以主要涉及重复性结构的离散系统. 处理重复性结构连续系统的振动问题的文献比较少见. 2002 年, 陈璞用离散 Fourier 变换, 将旋转周期结构连续系统的平衡问题分解为子结构的相应问题, 使之显得十分简洁 [6]. 这种方法可以推广到处理重复性结构连续系统的振动问题. Wang D J, Zhou C Y 和 Rong J 将多种重复性结构连续系统的振动问题分解为子结构连续系统的振动问题, 更适用于从物理上揭示模态和静变形的定性性质 [17]. Wang D J 和 Wang C C 对多种重复性结构的离散系统给出了精巧的解法 [13].

本章主要以重复性结构的连续系统为对象, 研究各种重复性结构的振动模态和静变形的定性性质, 更能显现物理本质, 同时也将讨论这些定性性质在振动模态和静变形的数值计算和实验测量中的应用. 关于重复性结构的离散系统将做简要介绍, 以配合在数值计算中的应用.

7.1 对称结构的模态的定性性质

7.1.1 连续系统及方程

对称结构是指几何参数和物理参数, 以及边条件都相对于某一平面镜面对称的结构, 该平面称为对称面. 图 7.1 给出了对称结构的一个示例. 图中, 均匀三维弹性体下部固定, 上部紧贴一薄板 L_1, L_1 与垂直其上的两块薄板 L_2 和 L_3 相连, 并在两板上对应的点 s_3 处连接一根圆柱形杆 (x 轴向运动视为杆, y, z 轴向运动视为梁), 而两板上对应的点 s_4 处为刚性连接, 使两点的位移相同. 板 L_2 上的点 s_1 和板 L_3 上的点 s_2, 以及板 L_3 上的点 s_1 和板 L_2 上的点 s_2 用同样的弹簧相连. 此整体结构存在一个对称面, 其两边各有 1 个形状、物理参数和边条件完全相同的子结构 No.1 和 No.2.

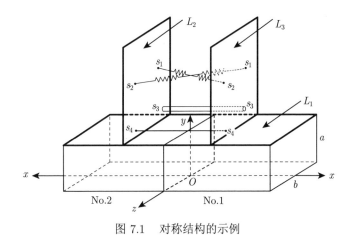

图 7.1 对称结构的示例

将整体结构的模态方程表达为下述微分方程的特征值问题:

$$\begin{cases} \boldsymbol{L}\boldsymbol{u} = \omega^2 \boldsymbol{M}\boldsymbol{u}, & \widetilde{\Omega} \text{ 内}, \\ \boldsymbol{B}\boldsymbol{u} = \boldsymbol{0}, & \partial\widetilde{\Omega} \text{ 上}, \end{cases} \tag{7.1.1}$$

其中, ω 为结构的固有角频率, $\boldsymbol{u}$ 为振型函数, $\boldsymbol{L}$ 和 $\boldsymbol{M}$ 分别为结构的弹性和质量微分算子, $\boldsymbol{B}$ 为边条件算子, $\widetilde{\Omega}$ 为整体结构的区域, $\partial\widetilde{\Omega}$ 为其边界. 若整体结构由多个不同类型的结构元件, 如梁、板、三维弹性体组成, 则方程 (7.1.1) 包含所有元件的方程、各元件间的连续性条件, 以及各元件间可能存在的约束条件. 这些都隐含在一个简单、统一形式的方程 (7.1.1) 中.

利用对称结构的特点, 整体结构的特征值问题 (7.1.1) 可以按子结构的方式表达. 在两个对称的子结构中分别设置同类坐标系, 且相对镜面的对称面也是对称的. 不失一般性地, 采用直角坐标系, 对称面取为 $x = 0$ 的 Oyz 平面, 子结构 No.1 和 No.2 中的坐标分别为右手系和左手系. 从而, 这两个坐标系相对于对称面是对称的. 子结构 No.1 和 No.2 的广义位移函数或矢量函数分别记为 $\boldsymbol{u}_1$ 和 $\boldsymbol{u}_2$, 整体结构的振型 $\boldsymbol{u} = (\boldsymbol{u}_1, \boldsymbol{u}_2)^{\mathrm{T}}$ 满足下列模态方程及边条件:

$$\begin{cases} \boldsymbol{L}\boldsymbol{u}_k - \omega^2 \boldsymbol{M}\boldsymbol{u}_k = \boldsymbol{0}, & \Omega\ \text{内}, \quad k = 1, 2, \\ \boldsymbol{B}\boldsymbol{u}_k = \boldsymbol{0}, & \partial\Omega\ \text{上}, \quad k = 1, 2, \end{cases} \tag{7.1.2}$$

其中, Ω 为子结构的区域, $\partial\Omega$ 为两个子结构的连接边界以外的区域边界.

值得注意的是, 子结构 No.1 和 No.2 在连接边界, 即 Ω 和 Oyz 平面的交集 b_0 处的广义位移和广义内力应该满足连续性条件, 一般可表示为微分算子方程:

$$\boldsymbol{J}_1 \boldsymbol{u}_1 = -\boldsymbol{J}_1 \boldsymbol{u}_2, \quad b_0\ \text{上}, \tag{7.1.3a}$$

$$\boldsymbol{J}_2 \boldsymbol{u}_1 = \boldsymbol{J}_2 \boldsymbol{u}_2, \quad b_0\ \text{上}, \tag{7.1.3b}$$

其中, $\boldsymbol{J}_1$ 和 $\boldsymbol{J}_2$ 为微分算子.

如果子结构 No.1 和 No.2 之间还有弹性约束和刚性约束, 则需要加上约束条件:

$$\boldsymbol{J}_{r_j} \boldsymbol{u}_1 \big|_{s_j} = \bar{\boldsymbol{J}}_{r_j} \boldsymbol{u}_2 \big|_{\bar{s}_j}, \quad j = 1, 2, \cdots, l, \tag{7.1.4a}$$

$$\bar{\boldsymbol{J}}_{r_j} \boldsymbol{u}_1 \big|_{s_j} = \boldsymbol{J}_{r_j} \boldsymbol{u}_2 \big|_{\bar{s}_j}, \quad j = 1, 2, \cdots, l, \tag{7.1.4b}$$

其中, $\boldsymbol{J}_{r_j}$ 和 $\bar{\boldsymbol{J}}_{r_j}$ 为微分算子, 下角标 r 表示该算子为表达约束的算子.

例如, 图 7.1 所示结构, 方程 (7.1.2) 中隐含有三维弹性体、弹性薄板、梁和弹性杆的模态方程, 以及这些结构元件间的连续性条件. 此结构下部为三维弹性体, 子结构 No.$k(k = 1, 2)$ 在各自坐标系的 x, y, z 轴方向的位移分别表示为 u_k, v_k, w_k. 在两个子结构下部连接边界面 $b_{01}(x = 0, 0 \leqslant y \leqslant a, -b/2 \leqslant z \leqslant b/2)$ 上, 它们的位移和应力的连续性条件分别表示为

$$\begin{bmatrix} 1 & 0 & 0 \\ \partial/\partial y & \partial/\partial x & 0 \\ \partial/\partial z & 0 & \partial/\partial x \end{bmatrix} \begin{bmatrix} u_1 \\ v_1 \\ w_1 \end{bmatrix} = - \begin{bmatrix} 1 & 0 & 0 \\ \partial/\partial y & \partial/\partial x & 0 \\ \partial/\partial z & 0 & \partial/\partial x \end{bmatrix} \begin{bmatrix} u_2 \\ v_2 \\ w_2 \end{bmatrix}, \quad b_{01}\ \text{上}, \tag{7.1.5a}$$

$$\begin{bmatrix} 0 & 1 & 0 \\ 0 & 0 & 1 \\ \partial/\partial x & 0 & 0 \end{bmatrix} \begin{bmatrix} u_1 \\ v_1 \\ w_1 \end{bmatrix} = \begin{bmatrix} 0 & 1 & 0 \\ 0 & 0 & 1 \\ \partial/\partial x & 0 & 0 \end{bmatrix} \begin{bmatrix} u_2 \\ v_2 \\ w_2 \end{bmatrix}, \quad b_{01} \text{ 上}. \quad (7.1.5\text{b})$$

将板 L_2 和 L_3 上的对应点 $s_3(y = y_3, z = z_3)$ 处的弹性杆在子结构 No.k ($k = 1$, 2) 部分的位移记为 u_{bk}, v_{bk}, w_{bk}, 在两个子结构连接点 $b_{02}(x = 0, y = y_3, z = z_3)$ 上的位移、合力及合力矩满足的连续性条件 (7.1.3a) 和 (7.1.3b) 分别表示为

$$\begin{bmatrix} 1 & 0 & 0 \\ 0 & \partial/\partial x & 0 \\ 0 & 0 & \partial/\partial x \\ 0 & \partial^3/\partial x^3 & 0 \\ 0 & 0 & \partial^3/\partial x^3 \end{bmatrix} \begin{bmatrix} u_{b1} \\ v_{b1} \\ w_{b1} \end{bmatrix} = - \begin{bmatrix} 1 & 0 & 0 \\ 0 & \partial/\partial x & 0 \\ 0 & 0 & \partial/\partial x \\ 0 & \partial^3/\partial x^3 & 0 \\ 0 & 0 & \partial^3/\partial x^3 \end{bmatrix} \begin{bmatrix} u_{b2} \\ v_{b2} \\ w_{b2} \end{bmatrix}, \quad b_{02} \text{ 上},$$

$$(7.1.5\text{c})$$

$$\begin{bmatrix} \partial/\partial x & 0 & 0 \\ 0 & 1 & 0 \\ 0 & 0 & 1 \\ 0 & \partial^2/\partial x^2 & 0 \\ 0 & 0 & \partial^2/\partial x^2 \end{bmatrix} \begin{bmatrix} u_{b1} \\ v_{b1} \\ w_{b1} \end{bmatrix} = \begin{bmatrix} \partial/\partial x & 0 & 0 \\ 0 & 1 & 0 \\ 0 & 0 & 1 \\ 0 & \partial^2/\partial x^2 & 0 \\ 0 & 0 & \partial^2/\partial x^2 \end{bmatrix} \begin{bmatrix} u_{b2} \\ v_{b2} \\ w_{b2} \end{bmatrix}, \quad b_{02} \text{ 上}.$$

$$(7.1.5\text{d})$$

式 (7.1.5a), (7.1.5c) 和 (7.1.5b), (7.1.5d) 分别表示两个子结构相对 $x = 0$ 平面的反对称和对称变形的连续性条件. 在图 7.1 所示的结构中, 板 L_2 和 L_3 间有两根弹簧和一根刚性杆连接, 其约束条件 (7.1.4a) 和 (7.1.4b) 分别表示为

$$\begin{cases} Q_1(s_1) + k_1 \sin^2\theta u_1(s_1) = -k_1 \sin^2\theta u_2(s_2), \\ Q_1(s_2) + k_1 \sin^2\theta u_1(s_2) = -k_1 \sin^2\theta u_2(s_1), \\ u_1(s_4) = -u_2(s_4), \end{cases} \quad (7.1.6\text{a})$$

$$\begin{cases} Q_2(s_1) + k_1 \sin^2\theta u_2(s_1) = -k_1 \sin^2\theta u_1(s_2), \\ Q_2(s_2) + k_1 \sin^2\theta u_2(s_2) = -k_1 \sin^2\theta u_1(s_1), \\ u_2(s_4) = -u_1(s_4), \end{cases} \quad (7.1.6\text{b})$$

其中, $Q_1(s_i)$, $Q_2(s_i)(i = 1, 2)$ 分别表示子结构 No.1 和 No.2 中板 L_2, L_3 在点 s_i 处受到的弹簧力, k_1 为弹簧常数, θ 表示在点 s_i 处的弹簧和板的夹角. 关

于水平板 L_1 在对称面上的连接条件从略. 由于连续性条件和约束条件, $\boldsymbol{u}_1$ 和 $\boldsymbol{u}_2$ 是耦合的. 整体结构的模态方程为 (7.1.2)~(7.1.4).

7.1.2　特征值问题的约化及模态的定性性质

由于 No.1 和 No.2 两个子结构对称, 试设 No.1 的振型分量 $\boldsymbol{u}_1$ 是 No.2 的振型分量 $\boldsymbol{u}_2$ 的常数倍, 即 $\boldsymbol{u}_1 = \alpha \boldsymbol{u}_2$, 而 $\boldsymbol{u}_2$ 也是 $\boldsymbol{u}_1$ 的同一常数倍, 即

$$\boldsymbol{u}_2 = \alpha \boldsymbol{u}_1 = \alpha(\alpha \boldsymbol{u}_2) = \alpha^2 \boldsymbol{u}_2.$$

于是 $\alpha = \pm 1$, 即振型只可能有两种情形:

$$(\boldsymbol{u}_1, \boldsymbol{u}_2)^{\mathrm{T}} = (\boldsymbol{q}_1, \boldsymbol{q}_1)^{\mathrm{T}},$$
$$(\boldsymbol{u}_1, \boldsymbol{u}_2)^{\mathrm{T}} = (\boldsymbol{q}_2, -\boldsymbol{q}_2)^{\mathrm{T}}.$$

受此启发, 对结构的原广义位移做如下变换:

$$\boldsymbol{u} = \begin{bmatrix} \boldsymbol{u}_1 \\ \boldsymbol{u}_2 \end{bmatrix} = \boldsymbol{P}\boldsymbol{q} = \frac{1}{\sqrt{2}} \begin{bmatrix} \boldsymbol{I} & \boldsymbol{I} \\ \boldsymbol{I} & -\boldsymbol{I} \end{bmatrix} \begin{bmatrix} \boldsymbol{q}_1 \\ \boldsymbol{q}_2 \end{bmatrix} = \frac{1}{\sqrt{2}} \begin{bmatrix} \boldsymbol{I} \\ \boldsymbol{I} \end{bmatrix} \boldsymbol{q}_1 + \frac{1}{\sqrt{2}} \begin{bmatrix} \boldsymbol{I} \\ -\boldsymbol{I} \end{bmatrix} \boldsymbol{q}_2,$$

$$(7.1.7)$$

其中, $\boldsymbol{I}$ 是单位矩阵, 其阶数等于位移变量 $\boldsymbol{u}_1$ 的维数. 式 (7.1.7) 最后一个等号右端第一项与第二项分别是对称振型和反对称振型. 变换矩阵 $\boldsymbol{P}$ 是正交矩阵, 即

$$\boldsymbol{P}^{\mathrm{T}}\boldsymbol{P} = \boldsymbol{I}, \tag{7.1.8}$$

这里, 单位矩阵的阶数等于位移变量 $\boldsymbol{u}_1$ 维数的 2 倍. 于是式 (7.1.2)~(7.1.4) 可重写为

$$\begin{bmatrix} \boldsymbol{L} & \boldsymbol{0} \\ \boldsymbol{0} & \boldsymbol{L} \end{bmatrix} \begin{bmatrix} \boldsymbol{u}_1 \\ \boldsymbol{u}_2 \end{bmatrix} - \omega^2 \begin{bmatrix} \boldsymbol{M} & \boldsymbol{0} \\ \boldsymbol{0} & \boldsymbol{M} \end{bmatrix} \begin{bmatrix} \boldsymbol{u}_1 \\ \boldsymbol{u}_2 \end{bmatrix} = \boldsymbol{0}, \quad \Omega \text{ 内}, \tag{7.1.9a}$$

$$\begin{bmatrix} \boldsymbol{B} & \boldsymbol{0} \\ \boldsymbol{0} & \boldsymbol{B} \end{bmatrix} \begin{bmatrix} \boldsymbol{u}_1 \\ \boldsymbol{u}_2 \end{bmatrix} = \boldsymbol{0}, \quad \partial\Omega \text{ 上}, \tag{7.1.9b}$$

$$\begin{bmatrix} \boldsymbol{J}_1 & \boldsymbol{J}_1 \\ \boldsymbol{J}_2 & -\boldsymbol{J}_2 \end{bmatrix} \begin{bmatrix} \boldsymbol{u}_1 \\ \boldsymbol{u}_2 \end{bmatrix} = \boldsymbol{0}, \quad b_0 \text{ 上}, \tag{7.1.9c}$$

$$\begin{bmatrix} \boldsymbol{J}_{r_j} & \boldsymbol{0} \\ \boldsymbol{0} & \boldsymbol{J}_{r_j} \end{bmatrix} \begin{bmatrix} \boldsymbol{u}_1 \\ \boldsymbol{u}_2 \end{bmatrix} \bigg|_{s_j} = \begin{bmatrix} \bar{\boldsymbol{J}}_{r_j} & \boldsymbol{0} \\ \boldsymbol{0} & \bar{\boldsymbol{J}}_{r_j} \end{bmatrix} \begin{bmatrix} \boldsymbol{0} & \boldsymbol{I} \\ \boldsymbol{I} & \boldsymbol{0} \end{bmatrix} \begin{bmatrix} \boldsymbol{u}_1 \\ \boldsymbol{u}_2 \end{bmatrix} \bigg|_{\bar{s}_j}, \quad j = 1, 2, \cdots, l,$$

$$(7.1.9d)$$

其中, $\boldsymbol{L}$, $\boldsymbol{M}$, $\boldsymbol{B}$, $\boldsymbol{J}_1$, $\boldsymbol{J}_2$, $\boldsymbol{J}_{r_j}$ 和 $\bar{\boldsymbol{J}}_{r_j}$ 皆为微分算子矩阵, 单位矩阵 $\boldsymbol{I}$ 的阶数同 $\boldsymbol{u}_1$ 的维数. 将式 (7.1.7) 代入式 (7.1.9), 再对式 (7.1.9a), (7.1.9b) 和 (7.1.9d) 左乘 $\boldsymbol{P}^{\mathrm{T}}$, 并利用式 (7.1.8), 可得

$$\begin{cases} \boldsymbol{L}\boldsymbol{q}_i - \omega^2 \boldsymbol{M}\boldsymbol{q}_i = \boldsymbol{0}, & \Omega \text{ 内}, \\ \boldsymbol{B}\boldsymbol{q}_i = \boldsymbol{0}, & \partial\Omega \text{ 上}, \\ \boldsymbol{J}_i \boldsymbol{q}_i = \boldsymbol{0}, & b_0 \text{ 上}, \\ \boldsymbol{J}_{r_j}\boldsymbol{q}_i \big|_{s_j} = (-1)^{i+1} \bar{\boldsymbol{J}}_{r_j}\boldsymbol{q}_i \big|_{\bar{s}_j}, & j = 1, 2, \cdots, l, \end{cases} \tag{7.1.10}$$

其中, $i = 1, 2$. 这是 $\boldsymbol{q}_1$, $\boldsymbol{q}_2$ 解耦的两组微分方程与边条件, 其中, 微分方程是相同的, 但在对称面上的连接条件反映了变形对称与反对称的特征.

至此, 我们得到结论, 对于对称结构, 整体结构的固有振动问题 (7.1.9) 可以约化为两个子结构的固有振动问题 (7.1.10): (1) 对于 $i = 1$ 的情形, 将从式 (7.1.10) 得到的 $\boldsymbol{q}_1$ 代入式 (7.1.7), 并取 $\boldsymbol{q}_2 = \boldsymbol{0}$, 对应整体结构的振型是对称的; (2) 对于 $i = 2$ 的情形, 将从式 (7.1.10) 得到的 $\boldsymbol{q}_2$ 代入式 (7.1.7), 并取 $\boldsymbol{q}_1 = \boldsymbol{0}$, 对应整体结构的振型是反对称的. 换句话说, 对称结构的振型具有如下性质:

振型分为对称和反对称两组, 既非对称又非反对称的振型必是具有重频率的对称和反对称振型的线性组合.

7.1.3 应用

利用对称结构的模态的定性性质, 便于在计算或实验测量模态时得到简化.

(1) 当计算对称结构的固有频率和振型时, 只需计算一半结构的两个特征值问题. 其中, 一半结构内的约束条件 (如果有的话) 和对称面上的边条件分别对应整体结构的对称或反对称变形, 所得到的固有频率就是整体结构的固有频率. 再分别将振型对称或者反对称地延拓到另一半结构上就可以得到整体结构的振型. 该方法的优越性在于: 数值计算中的自由度约为整体结构的一半. 矩阵特征值问题的计算量大约为自由度的三次方, 利用一次对称性, 可使计算量仅为原计算量的 1/4. 如结构存在三个对称面, 则计算量仅为原计算量的 1/64.

(2) 当用实验方法测量对称结构的固有频率和振型时, 对应一个固有频率, 只需测量一半结构的振型数据, 再加上对称面上的振型数据, 或者另一半结构上某点的不为零的振型数据即可. 如果判断此振型为对称变形 (或反对称变形), 则将此一半结构的振型数据对称 (或反对称) 地延拓到另一半; 如果振型

数据既非对称又非反对称, 则必为重频振型, 可以改变实验条件, 使其产生一个对称和一个反对称的重频振型.

例 1 对称菱形梁.

如图 7.2(a) 所示, 一个两端自由的对称菱形梁的固有振动问题可以简化为两个子问题: 一个为滑支–自由梁, 如图 7.2(b) 所示, 对应于对称振型的子结构; 另一个为铰支–自由梁, 如图 7.2(c) 所示, 对应于反对称振型的子结构. 两个子问题都可用解析法求解.

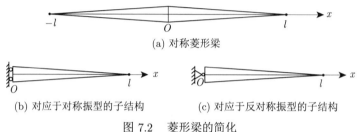

(a) 对称菱形梁

(b) 对应于对称振型的子结构　　　　(c) 对应于反对称振型的子结构

图 7.2　菱形梁的简化

7.1.4　离散系统及其模态的定性性质

用数值计算方法求解模态时, 需要将结构简化为离散系统. 一个经过合理简化的离散系统, 其模态方程为下述广义矩阵特征值问题:

$$Ku = \omega^2 Mu, \tag{7.1.11}$$

其中, K 和 M 分别为系统的刚度矩阵和质量矩阵, 它们都是实对称矩阵, 且 M 为正定矩阵, K 为正定或半正定矩阵, ω 为固有角频率, u 为位移振型矢量.

如果在离散化过程中利用结构的对称性, 就可以把对称结构的离散系统表达成计算简化的形式.

将广义坐标按对称的方式编号. 在对称面上, 即左、右两个子结构的连接边界上有两类广义位移: b_1 个在对称面内的位移和转角, 其振型矢量记为 b_1 维矢量 u_2; b_2 个垂直于对称面的位移和转角, 其振型矢量记为 b_2 维矢量 u_3. 需要说明的是, 在物理上, u_2 是对称的广义位移, u_3 是反对称的广义位移. 但在数学矢量表示上, u_2 中的转角矢量是反对称的, u_3 中的转角矢量是对称的.

设对称面左、右两个子结构各有 p 个广义坐标, 振型矢量分别记为 p 维矢量 u_1 和 u_4, u_1, u_2, u_3 和 u_4 的广义坐标排序分别为 $1 \sim p, p+1 \sim p+b_1$, $p+b_1+1 \sim p+b_1+b_2$ 和 $p+b_1+b_2+1 \sim 2p+b_1+b_2$. 重要的是, 第 $i(i=1,2,\cdots,p)$ 个广义坐标与第 $2p+b_1+b_2+1-i$ 个广义坐标的位置与方

向对称. 这样, 系统的刚度矩阵 $\boldsymbol{K}$ 和质量矩阵 $\boldsymbol{M}$ 可以表达为以下特殊形式:

$$
\boldsymbol{K} = \begin{bmatrix} \boldsymbol{K}_{11} & \boldsymbol{K}_{12} & \boldsymbol{K}_{13} & \boldsymbol{K}_{14} \\ \boldsymbol{K}_{12}^{\mathrm{T}} & \boldsymbol{K}_{22} & \boldsymbol{0} & \boldsymbol{K}_{12}^{\mathrm{T}}\boldsymbol{S} \\ \boldsymbol{K}_{13}^{\mathrm{T}} & \boldsymbol{0} & \boldsymbol{K}_{33} & -\boldsymbol{K}_{13}^{\mathrm{T}}\boldsymbol{S} \\ \boldsymbol{K}_{14}^{\mathrm{T}} & \boldsymbol{S}\boldsymbol{K}_{12} & -\boldsymbol{S}\boldsymbol{K}_{13} & \boldsymbol{K}_{11}^{\mathrm{T}'} \end{bmatrix},
$$

$$
\boldsymbol{M} = \begin{bmatrix} \boldsymbol{M}_{11} & \boldsymbol{M}_{12} & \boldsymbol{M}_{13} & \boldsymbol{M}_{14} \\ \boldsymbol{M}_{12}^{\mathrm{T}} & \boldsymbol{M}_{22} & \boldsymbol{0} & \boldsymbol{M}_{12}^{\mathrm{T}}\boldsymbol{S} \\ \boldsymbol{M}_{13}^{\mathrm{T}} & \boldsymbol{0} & \boldsymbol{M}_{33} & -\boldsymbol{M}_{13}^{\mathrm{T}}\boldsymbol{S} \\ \boldsymbol{M}_{14}^{\mathrm{T}} & \boldsymbol{S}\boldsymbol{M}_{12} & -\boldsymbol{S}\boldsymbol{M}_{13} & \boldsymbol{M}_{11}^{\mathrm{T}'} \end{bmatrix},
\tag{7.1.12}
$$

其中, 上角标 T' 表示对矩阵的负对角线的转置. 若矩阵 $\boldsymbol{A} = (a_{ij})_{p \times q}$, 则

$$
\boldsymbol{A}^{\mathrm{T}'} = (a_{p-j+1,\,q-i+1})_{q \times p}.
$$

如果定义 p 阶行列置换矩阵为

$$
\boldsymbol{S}_p = \begin{bmatrix} 0 & & 1 \\ & \reflectbox{$\ddots$} & \\ 1 & & 0 \end{bmatrix}_{p \times p},
\tag{7.1.13}
$$

则

$$
\boldsymbol{A}^{\mathrm{T}'} = \boldsymbol{S}_q \boldsymbol{A}^{\mathrm{T}} \boldsymbol{S}_p.
$$

为书写简单, 这一小节中出现的矩阵 $\boldsymbol{S}$ 皆指 $\boldsymbol{S}_p$.

式 (7.1.12) 中, $\boldsymbol{K}_{ij}$ 和 $\boldsymbol{M}_{ij}$ 分别表示广义坐标 $\boldsymbol{u}_i$ 和 $\boldsymbol{u}_j$ 的刚度矩阵和质量矩阵, $\boldsymbol{K}_{ij}$ 具有如下性质:

$$
\boldsymbol{K}_{11} = \boldsymbol{K}_{11}^{\mathrm{T}}, \quad \boldsymbol{K}_{22}^{\mathrm{T}} = \boldsymbol{K}_{22}, \quad \boldsymbol{K}_{33}^{\mathrm{T}} = \boldsymbol{K}_{33}, \quad \boldsymbol{K}_{14} = \boldsymbol{K}_{14}^{\mathrm{T}'}.
\tag{7.1.14}
$$

$\boldsymbol{M}_{ij}$ 与 $\boldsymbol{K}_{ij}$ 具有相同的性质. 顺便指出, 式 (7.1.12) 中的 $\boldsymbol{M}$ 矩阵是一般的形式, 多数情况下采用有限元法时只取更简单的对角矩阵.

对于对称结构的连续系统, 已经证明其振型可分为对称和反对称两组. 可以预计在离散系统中也会有此性质, 即振型有如下两种情形:

$$
\begin{cases} (\boldsymbol{u}_1, \boldsymbol{u}_2, \boldsymbol{u}_3, \boldsymbol{u}_4)^{\mathrm{T}} = (\boldsymbol{q}_1, \boldsymbol{q}_2, \boldsymbol{0}, \boldsymbol{S}\boldsymbol{q}_1)^{\mathrm{T}}, \\ (\boldsymbol{u}_1, \boldsymbol{u}_2, \boldsymbol{u}_3, \boldsymbol{u}_4)^{\mathrm{T}} = (\boldsymbol{q}_4, \boldsymbol{0}, \boldsymbol{q}_3, -\boldsymbol{S}\boldsymbol{q}_4)^{\mathrm{T}}. \end{cases}
\tag{7.1.15}
$$

受此启发, 对振型矢量做如下变换:

$$
\begin{bmatrix} \boldsymbol{u}_1 \\ \boldsymbol{u}_2 \\ \boldsymbol{u}_3 \\ \boldsymbol{u}_4 \end{bmatrix} = \frac{1}{\sqrt{2}} \begin{bmatrix} \boldsymbol{I}_p & \boldsymbol{0} & \boldsymbol{0} & \boldsymbol{I}_p \\ \boldsymbol{0} & \sqrt{2}\boldsymbol{I}_{b_1} & \boldsymbol{0} & \boldsymbol{0} \\ \boldsymbol{0} & \boldsymbol{0} & \sqrt{2}\boldsymbol{I}_{b_2} & \boldsymbol{0} \\ \boldsymbol{S} & \boldsymbol{0} & \boldsymbol{0} & -\boldsymbol{S} \end{bmatrix} \begin{bmatrix} \boldsymbol{q}_1 \\ \boldsymbol{q}_2 \\ \boldsymbol{q}_3 \\ \boldsymbol{q}_4 \end{bmatrix} = \boldsymbol{P}\boldsymbol{Q}, \qquad (7.1.16)
$$

其中, $\boldsymbol{I}$ 表示单位矩阵, 下角标表示其阶数. 容易验证, $\boldsymbol{P}$ 为正交矩阵, 即 $\boldsymbol{P}^{\mathrm{T}}\boldsymbol{P} = \boldsymbol{I}$.

将变换 (7.1.16) 代入式 (7.1.11) 后, 左乘 $\boldsymbol{P}^{\mathrm{T}}$, 再利用式 (7.1.12) 和 (7.1.14), 可以得到

$$
\begin{bmatrix} \boldsymbol{K}_{11} + \boldsymbol{K}_{14}\boldsymbol{S} & \sqrt{2}\boldsymbol{K}_{12} & \boldsymbol{0} & \boldsymbol{0} \\ \sqrt{2}\boldsymbol{K}_{12}^{\mathrm{T}} & \boldsymbol{K}_{22} & \boldsymbol{0} & \boldsymbol{0} \\ \boldsymbol{0} & \boldsymbol{0} & \boldsymbol{K}_{33} & \sqrt{2}\boldsymbol{K}_{13}^{\mathrm{T}} \\ \boldsymbol{0} & \boldsymbol{0} & \sqrt{2}\boldsymbol{K}_{13} & \boldsymbol{K}_{11} - \boldsymbol{K}_{14}\boldsymbol{S} \end{bmatrix} \begin{bmatrix} \boldsymbol{q}_1 \\ \boldsymbol{q}_2 \\ \boldsymbol{q}_3 \\ \boldsymbol{q}_4 \end{bmatrix}
$$

$$
= \omega^2 \begin{bmatrix} \boldsymbol{M}_{11} + \boldsymbol{M}_{14}\boldsymbol{S} & \sqrt{2}\boldsymbol{M}_{12} & \boldsymbol{0} & \boldsymbol{0} \\ \sqrt{2}\boldsymbol{M}_{12}^{\mathrm{T}} & \boldsymbol{M}_{22} & \boldsymbol{0} & \boldsymbol{0} \\ \boldsymbol{0} & \boldsymbol{0} & \boldsymbol{M}_{33} & \sqrt{2}\boldsymbol{M}_{13}^{\mathrm{T}} \\ \boldsymbol{0} & \boldsymbol{0} & \sqrt{2}\boldsymbol{M}_{13} & \boldsymbol{M}_{11} - \boldsymbol{M}_{14}\boldsymbol{S} \end{bmatrix} \begin{bmatrix} \boldsymbol{q}_1 \\ \boldsymbol{q}_2 \\ \boldsymbol{q}_3 \\ \boldsymbol{q}_4 \end{bmatrix}.
$$

$$(7.1.17)$$

于是, 广义矩阵特征值问题 (7.1.11) 被解耦为两组矩阵特征值问题:

(1) 第一组. 由

$$
\begin{bmatrix} \boldsymbol{K}_{11} + \boldsymbol{K}_{14}\boldsymbol{S} & \sqrt{2}\boldsymbol{K}_{12} \\ \sqrt{2}\boldsymbol{K}_{12}^{\mathrm{T}} & \boldsymbol{K}_{22} \end{bmatrix} \begin{bmatrix} \boldsymbol{q}_1 \\ \boldsymbol{q}_2 \end{bmatrix} = \omega_{\mathrm{s}}^2 \begin{bmatrix} \boldsymbol{M}_{11} + \boldsymbol{M}_{14}\boldsymbol{S} & \sqrt{2}\boldsymbol{M}_{12} \\ \sqrt{2}\boldsymbol{M}_{12}^{\mathrm{T}} & \boldsymbol{M}_{22} \end{bmatrix} \begin{bmatrix} \boldsymbol{q}_1 \\ \boldsymbol{q}_2 \end{bmatrix}
$$

$$(7.1.18)$$

得到 $\boldsymbol{q}_1$, $\boldsymbol{q}_2$ 后, 连同 $\boldsymbol{q}_3 = \boldsymbol{q}_4 = \boldsymbol{0}$ 一起代入式 (7.1.15) 中的第一式, 可得整体结构的对称振型. 式 (7.1.18) 中, ω 的下角标 s 表示对称.

(2) 第二组. 由

$$
\begin{bmatrix} \boldsymbol{K}_{33} & \sqrt{2}\boldsymbol{K}_{13}^{\mathrm{T}} \\ \sqrt{2}\boldsymbol{K}_{13} & \boldsymbol{K}_{11} - \boldsymbol{K}_{14}\boldsymbol{S} \end{bmatrix} \begin{bmatrix} \boldsymbol{q}_3 \\ \boldsymbol{q}_4 \end{bmatrix} = \omega_{\mathrm{a}}^2 \begin{bmatrix} \boldsymbol{M}_{33} & \sqrt{2}\boldsymbol{M}_{13}^{\mathrm{T}} \\ \sqrt{2}\boldsymbol{M}_{13} & \boldsymbol{M}_{11} - \boldsymbol{M}_{14}\boldsymbol{S} \end{bmatrix} \begin{bmatrix} \boldsymbol{q}_3 \\ \boldsymbol{q}_4 \end{bmatrix}
$$

$$(7.1.19)$$

得到 q_3, q_4 后, 连同 $q_1 = q_2 = 0$ 一起代入式 (7.1.15) 中的第二式, 可得整体结构的反对称振型. 式 (7.1.19) 中, ω 的下角标 a 表示反对称.

应该注意到, 由于矩阵 K 是实对称正定或半正定矩阵, M 是实对称正定矩阵, 因此广义矩阵特征值问题 (7.1.11) 存在大于等于零的实特征值和实振型矢量. 不难验证, 解耦后的两组特征值问题 (7.1.18) 和 (7.1.19) 中的刚度矩阵与质量矩阵也是实对称正定 (刚度矩阵可能为半正定) 矩阵, 它们同样存在不小于零的实特征值和实振型矢量.

在多数情况下, 不需要在结构对称面上设置广义坐标, 而只需在对称的两个子结构上设置广义坐标, 因而上述特征值问题可大为简化. 此时, 设振型矢量为 $u = (u_1, u_2)^{\mathrm{T}}$, 它是 $2p$ 维矢量, 相应的刚度矩阵和质量矩阵分别为

$$K = \left[\begin{array}{cc} K_{11} & K_{12} \\ K_{12}^{\mathrm{T}} & K_{11}^{\mathrm{T}'} \end{array} \right], \quad M = \left[\begin{array}{cc} M_{11} & M_{12} \\ M_{12}^{\mathrm{T}} & M_{11}^{\mathrm{T}'} \end{array} \right].$$

因此 $2p$ 阶广义矩阵特征值问题 (7.1.11) 就可以解耦为两个 p 阶广义矩阵特征值问题:

$$(K_{11} + K_{12}S)q_1 = \omega_{\mathrm{s}}^2 (M_{11} + M_{12}S)q_1,$$
$$(K_{11} - K_{12}S)q_2 = \omega_{\mathrm{a}}^2 (M_{11} - M_{12}S)q_2.$$

由此得到一组对称振型

$$(u_1, u_2)^{\mathrm{T}} = (q_1, Sq_1)^{\mathrm{T}}$$

和一组反对称振型

$$(u_1, u_2)^{\mathrm{T}} = (q_2, -Sq_2)^{\mathrm{T}}.$$

由以上论述得到两点重要结论:

(1) 对称结构的离散系统和连续系统的振型具有一致的定性性质.

(2) 利用振型对称和反对称的定性性质, 可以将整体系统的 $2p$ 阶 (或 $2p + b_1 + b_2$ 阶) 广义矩阵特征值问题解耦为两个 p 阶 (或一个 $p + b_1$ 阶, 一个 $p + b_2$ 阶) 广义矩阵特征值问题, 这样就大大减少了计算规模及工作量.

7.2 旋转周期结构的模态的定性性质

7.2.1 连续系统及方程

如果一个整体结构的几何参数、物理参数、边条件都以围绕一根轴的角度 $\psi = 2\pi/n$ (n 为大于 1 的正整数) 为周期, 并旋转 n 次, 则称此结构为 n 阶旋

转周期 (或循环周期、循环对称) 结构. 图 7.3 是 1 个 6 阶旋转周期结构示例, 它由 1 个圆环形板和 6 个矩形薄板组成, 其子结构间有弹性约束和刚性约束.

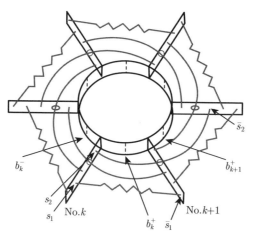

图 7.3　旋转周期结构示例

为了理论上分析方便, 采用柱坐标系 $Or\theta z$, 取结构的中心轴为 z 轴. 设该整体结构的模态方程为下述微分方程特征值问题:

$$\begin{cases} \boldsymbol{L}\boldsymbol{u} = \omega^2 \boldsymbol{M}\boldsymbol{u}, & \widetilde{\Omega} \text{ 内}, \\ \boldsymbol{B}\boldsymbol{u} = \boldsymbol{0}, & \partial\widetilde{\Omega} \text{ 上}, \end{cases} \tag{7.2.1}$$

其中, ω 为结构的固有角频率, $\boldsymbol{u}$ 为振型函数, $\boldsymbol{L}$ 和 $\boldsymbol{M}$ 分别为结构的弹性和惯性矩阵微分算子, $\boldsymbol{B}$ 为边条件矩阵算子, $\widetilde{\Omega}$ 为整体结构的区域, $\partial\widetilde{\Omega}$ 为其边界. 若整体结构由多个不同类型的结构元件, 如梁、板、三维弹性体组成, 则方程 (7.2.1) 包含所有元件的方程、各元件间的连续性条件, 以及各元件间可能存在的约束条件. 这些都隐含在一个简单、统一形式的方程 (7.2.1) 中. 对于一个合理的结构, 其材料的力学参数和结构外形的光滑性, 以及各子结构连接的合理性, 将保证结构具有正特征值和实特征函数 (参见第九章).

利用旋转周期结构的特点, 整体结构的特征值问题 (7.2.1) 可以按子结构的方式表达. 在各子结构中分别设置同类坐标系, 它们在各子结构中的位置相同. 在各自的坐标系中, 第 k 个子结构的区域 $\Omega_k = \Omega$, 它与第 $k-1$ 个子结构和第 $k+1$ 个子结构的连接边界分别为 b_k^- 和 b_k^+, 简写为 b^- 和 b^+, 其余的边界为 $\partial\Omega_k = \partial\Omega(k = 1, 2, \cdots, n.$ $k = n$ 时, $k+1$ 取 1, $k = 1$ 时, $k-1$ 取 n).

令 $\boldsymbol{u}_k$ 为第 k 个子结构的位移, 则整体结构的模态方程和边条件可表示为

$$\begin{cases} \boldsymbol{L}\boldsymbol{u}_k = \omega^2 \boldsymbol{M}\boldsymbol{u}_k, & k = 1, 2, \cdots, n, \quad \varOmega \text{ 内}, \\ \boldsymbol{B}\boldsymbol{u}_k = \boldsymbol{0}, & k = 1, 2, \cdots, n, \quad \partial\varOmega \text{ 上}, \end{cases} \tag{7.2.2}$$

与其两相邻子结构的广义位移和内力在连接边界处的连续性条件可表示为

$$\boldsymbol{J}_0 \boldsymbol{u}_k|_{b^+} = \boldsymbol{J}_0 \boldsymbol{u}_{k+1}|_{b^-}, \quad k = 1, 2, \cdots, n, \tag{7.2.3}$$

其中, $\boldsymbol{u}_{n+1} \equiv \boldsymbol{u}_1$, $\boldsymbol{J}_0$ 是矩阵微分算子, 其阶数与 $\boldsymbol{u}_k$ 的维数相同.

如果子结构和与其相邻, 以及不相邻的子结构间有刚性约束和弹性约束, 则约束条件可表示为

$$\boldsymbol{J}_{pj} \boldsymbol{u}_k|_{s_{pj}} = \bar{\boldsymbol{J}}_{pj} \boldsymbol{u}_{k+p}|_{\bar{s}_{pj}}, \quad k = 1, 2, \cdots, n, \quad p = 1, 2, \cdots, n, \quad j = 0, 1, \cdots, l_p, \tag{7.2.4}$$

其中, $\boldsymbol{J}_{pj}$ 和 $\bar{\boldsymbol{J}}_{pj}$ 为矩阵微分算子, 其阶数与 $\boldsymbol{u}_k$ 的维数相同. 式 (7.2.4) 表示第 k 个子结构的区域 s_{pj} (可以是一点或一、二、三维区域) 和第 $k+p$ 个子结构的区域 $\bar{s}_{pj}$ 之间的约束. 当 $k+p = n+r$ 时, 取 $k+p = r$. 当 $p = n$ 时, 式 (7.2.4) 表示子结构自身的一个约束. 对于某些 p, 第 k 和第 $k+p$ 个子结构之间没有约束, 即取 $j = l_p = 0$ 时, 式 (7.2.4) 中含下角标 p 的式子皆不出现. 综上所述, 式 (7.2.4) 的约束共有 $\sum\limits_{p=1}^{n} l_p$ 个. 此约定也适用于下面的式 (7.2.10).

以图 7.3 所示的结构为例, 第 k 个子结构中的点 s_1 和第 $k+1$ 个子结构中的点 $\bar{s}_1$ 间有一弹簧相连, 则式 (7.2.4) 中的第一式表示点 s_1 所受到的由点 s_1 和 $\bar{s}_1$ 之间的相对位移引起的弹簧力. 第 k 个子结构中的点 s_2 和第 $k+2$ 个子结构中的点 $\bar{s}_2$ 间为刚性连接, 则式 (7.2.4) 中的第二式表示点 s_2 和 $\bar{s}_2$ 的位移相等, 其余各式都不出现. 此例对应 $p = 1, 2$, $l_1 = l_2 = 1$ 的情形.

由于连续性条件 (7.2.3) 和子结构之间的相互约束关系 (7.2.4), $\boldsymbol{u}_k(k = 1, 2, \cdots, n)$ 是相互耦合的, 如果用式 (7.2.1)~(7.2.4) 求解结构的固有频率和振型, 则需要求解 $\boldsymbol{u}_1 \sim \boldsymbol{u}_n$ 耦合的方程组.

7.2.2 特征值问题的约化及模态的定性性质

由于整体结构的几何参数、物理参数、边条件都以绕中心轴的角度 $\psi = 2\pi/n$ 为周期, 可试设其振型在各个子结构上的分量具有下述关系:

$$\boldsymbol{u}_n = \alpha \boldsymbol{u}_{n-1} = \alpha(\alpha \boldsymbol{u}_{n-2}) = \cdots = \alpha^{n-1} \boldsymbol{u}_1 = \alpha^n \boldsymbol{u}_n,$$

其中, α 为一复数. 由上式得

$$\alpha^n = 1.$$

于是 α 是 1 的 n 次单位复数根:

$$\alpha_r = \mathrm{e}^{\mathrm{i}r\psi} = \cos r\psi + \mathrm{i}\sin r\psi, \quad r = 1, 2, \cdots, n,$$

其中, $\mathrm{i} = \sqrt{-1}$. 注意到 $\alpha_n = 1$, $\alpha_{n/2} = -1$, 则第 r 组振型可以表示为

$$
\begin{aligned}
\boldsymbol{u}^{(r)} &= (\boldsymbol{u}_1^{(r)}, \boldsymbol{u}_2^{(r)}, \cdots, \boldsymbol{u}_n^{(r)})^{\mathrm{T}} \\
&= \frac{1}{\sqrt{n}}(\boldsymbol{I}, \mathrm{e}^{\mathrm{i}r\psi}\boldsymbol{I}, \mathrm{e}^{\mathrm{i}2r\psi}\boldsymbol{I}, \cdots, \mathrm{e}^{\mathrm{i}(n-1)r\psi}\boldsymbol{I})^{\mathrm{T}}\boldsymbol{q}_r, \quad r = 1, 2, \cdots, n,
\end{aligned}
$$

其中, 单位矩阵 $\boldsymbol{I}$ 的阶数同 $\boldsymbol{u}_k$ 的维数.

受此启发, 为得到一组使方程组解耦的广义坐标, 对结构的原广义坐标做如下变换:

$$\boldsymbol{u} = (\boldsymbol{u}_1, \boldsymbol{u}_2, \cdots, \boldsymbol{u}_n)^{\mathrm{T}} = (\boldsymbol{R}_1, \boldsymbol{R}_2, \cdots, \boldsymbol{R}_n)\begin{bmatrix} \boldsymbol{q}_1 \\ \boldsymbol{q}_2 \\ \vdots \\ \boldsymbol{q}_n \end{bmatrix} = \boldsymbol{R}\boldsymbol{q}, \qquad (7.2.5\mathrm{a})$$

$$\boldsymbol{R}_r = \frac{1}{\sqrt{n}}(\boldsymbol{I}, \mathrm{e}^{\mathrm{i}r\psi}\boldsymbol{I}, \mathrm{e}^{\mathrm{i}2r\psi}\boldsymbol{I}, \cdots, \mathrm{e}^{\mathrm{i}(n-1)r\psi}\boldsymbol{I})^{\mathrm{T}}, \quad r = 1, 2, \cdots, n, \qquad (7.2.5\mathrm{b})$$

其中, $\boldsymbol{I}$ 是单位矩阵, 其阶数同 $\boldsymbol{u}_k$ 的维数. 容易证明, 矩阵 $\boldsymbol{R}$ 是一个酉矩阵, 即

$$\bar{\boldsymbol{R}}^{\mathrm{T}}\boldsymbol{R} = \boldsymbol{I}, \qquad (7.2.6)$$

其中, $\boldsymbol{I}$ 的阶数为 $\boldsymbol{u}_k$ 的维数的 n 倍, $\bar{\boldsymbol{R}}$ 为 $\boldsymbol{R}$ 的共轭矩阵.

可将整体结构的模态方程、边条件、连续性条件, 以及约束条件, 即式 $(7.2.2)\sim(7.2.4)$ 重写为

$$\boldsymbol{L}'\boldsymbol{u} - \omega^2\boldsymbol{M}'\boldsymbol{u} = \boldsymbol{0}, \quad \Omega \text{ 内}, \qquad (7.2.7)$$

$$\boldsymbol{B}'\boldsymbol{u} = \boldsymbol{0}, \qquad\qquad \partial\Omega \text{ 上}, \qquad (7.2.8)$$

$$\boldsymbol{J}_0'\boldsymbol{u}|_{b+} = \boldsymbol{J}_0'\boldsymbol{Y}\boldsymbol{u}|_{b-}, \qquad (7.2.9)$$

$$\boldsymbol{J}_{pj}'\boldsymbol{u}|_{s_{pj}} = \bar{\boldsymbol{J}}_{pj}'\boldsymbol{Y}^p\boldsymbol{u}|_{\bar{s}_{pj}}, \quad p = 1, 2, \cdots, n, \quad j = 0, 1, \cdots, l_p, \qquad (7.2.10)$$

其中, L', M', B', J'_0 和 J'_{pj}, $\bar{J}'_{pj}$ 分别是 L, M, B, J_0 和 J_{pj}, $\bar{J}_{pj}$ 组成的分块对角矩阵, 而

$$Y = \begin{bmatrix} 0 & I & & & \\ & \ddots & \ddots & & \\ & & \ddots & \ddots & \\ & & & 0 & I \\ I & & & & 0 \end{bmatrix}, \quad Y^p = \begin{bmatrix} & & & I & \\ & & & & \ddots \\ & & & & & I \\ I & & & & \\ & \ddots & & & \\ & & I & & \end{bmatrix},$$

(7.2.11)

其中, 单位矩阵 I 的阶数同 u_k 的维数, Y (即 Y^1) 和 Y^p 中未标出的分块子矩阵皆为分块零子矩阵. Y^p 是循环换行置换矩阵, 容易证明

$$\bar{R}^{\mathrm{T}} Y^p R = \mathrm{diag}(\mathrm{e}^{\mathrm{i}p\psi} I, \ \mathrm{e}^{\mathrm{i}2p\psi} I, \cdots, \mathrm{e}^{\mathrm{i}np\psi} I). \tag{7.2.12}$$

将坐标变换 (7.2.5) 代入式 (7.2.7)~(7.2.10), 用 $\bar{R}^{\mathrm{T}}$ 左乘这些式子, 并利用式 (7.2.6) 和 (7.2.12), 可以得到

$$\begin{cases} Lq_r - \omega^2 M q_r = 0, & \Omega \ \text{内}, \\ B q_r = 0, & \partial\Omega \ \text{上}, \\ J_0 q_r|_{b+} = J_0 \mathrm{e}^{\mathrm{i}r\psi} q_r|_{b-}, \quad J_{pj} q_r|_{s_{pj}} = \bar{J}_{pj} \mathrm{e}^{\mathrm{i}pr\psi} q_r|_{\bar{s}_{pj}} \\ \quad (r = 1, 2, \cdots, n, \quad p = 1, 2, \cdots, n, \quad j = 0, 1, \cdots, l_p). \end{cases}$$

(7.2.13)

注意, 在这组方程中, $q_r(r = 1, 2, \cdots, n)$ 是解耦的, 特征值是正实数. 一般情形下, q_r 可能是复特征函数. 令

$$q_r = q_r^{\mathrm{r}} + \mathrm{i} q_r^{\mathrm{i}},$$

其中, 上角标 r 表示实部, i 表示虚部, 以下同. 将上式代入式 (7.2.13), 得

$$Lq_r^{\mathrm{r}} - \omega^2 M q_r^{\mathrm{r}} = 0, \quad Lq_r^{\mathrm{i}} - \omega^2 M q_r^{\mathrm{i}} = 0, \quad \Omega \ \text{内}, \tag{7.2.14}$$

$$B q_r^{\mathrm{r}} = 0, \quad B q_r^{\mathrm{i}} = 0, \quad \partial\Omega \ \text{上}, \tag{7.2.15}$$

$$\begin{cases} J_0 q_r^{\mathrm{r}}|_{b+} = J_0 (\cos r\psi q_r^{\mathrm{r}} - \sin r\psi q_r^{\mathrm{i}})|_{b-}, \\ J_0 q_r^{\mathrm{i}}|_{b+} = J_0 (\sin r\psi q_r^{\mathrm{r}} + \cos r\psi q_r^{\mathrm{i}})|_{b-}, \end{cases} \tag{7.2.16}$$

$$
\begin{cases}
\boldsymbol{J}_{pj}\boldsymbol{q}_r^{\mathrm r}\,\big|_{s_{pj}} = \bar{\boldsymbol{J}}_{pj}(\cos rp\psi\,\boldsymbol{q}_r^{\mathrm r} - \sin rp\psi\,\boldsymbol{q}_r^{\mathrm i})\big|_{\bar{s}_{pj}}, \\
\boldsymbol{J}_{pj}\boldsymbol{q}_r^{\mathrm i}\,\big|_{s_{pj}} = \bar{\boldsymbol{J}}_{pj}(\sin rp\psi\,\boldsymbol{q}_r^{\mathrm r} + \cos rp\psi\,\boldsymbol{q}_r^{\mathrm i})\big|_{\bar{s}_{pj}},
\end{cases}
\quad p=1,2,\cdots,n, \quad j=0,1,\cdots,l_p,
$$

$$(7.2.17)$$

在这组方程中, $\boldsymbol{q}_r^{\mathrm r}$ 和 $\boldsymbol{q}_r^{\mathrm i}(r=1,2,\cdots,n)$ 是耦合的. 从式 (7.2.13) 可以验证, 对应 r 和 $n-r$ 的实特征值相同, 复特征函数 $\boldsymbol{q}_r = \boldsymbol{q}_r^{\mathrm r} + \mathrm{i}\boldsymbol{q}_r^{\mathrm i}$ 和 $\boldsymbol{q}_{n-r} = \boldsymbol{q}_r^{\mathrm r} - \mathrm{i}\boldsymbol{q}_r^{\mathrm i}$ 共轭, 将两者相加和相减, 可得两组实函数 $\boldsymbol{q}_r^{\mathrm r}$ 和 $\boldsymbol{q}_r^{\mathrm i}$. 因此只需求 $r=1,2,\cdots,(n-1)/2$ (n 为奇数) 或 $r=1,2,\cdots,n/2$ (n 为偶数) 时的解. 特殊情形是当 $r=n$ 和 $r=n/2$ (n 为偶数) 时, 方程组 (7.2.13) 的解 $\boldsymbol{q}_r$ 是实的.

至此, 可以得出结论:

(1) 对于旋转周期结构, 整体结构的固有振动问题 (7.2.1)$\sim$(7.2.4) 可以约化为 n 个单个子结构的固有振动问题 (7.2.14)$\sim$(7.2.17), 然后将 $\boldsymbol{q}_r^{\mathrm r}$ 和 $\boldsymbol{q}_r^{\mathrm i}$ 按

$$
\begin{bmatrix} \boldsymbol{v}^{(r)} \\ \boldsymbol{w}^{(r)} \end{bmatrix} =
\begin{bmatrix} \boldsymbol{v}_1^{(r)} \\ \vdots \\ \boldsymbol{v}_n^{(r)} \\ \boldsymbol{w}_1^{(r)} \\ \vdots \\ \boldsymbol{w}_n^{(r)} \end{bmatrix} =
\begin{bmatrix}
\boldsymbol{I} & \boldsymbol{0} \\
\cos r\psi\,\boldsymbol{I} & -\sin r\psi\,\boldsymbol{I} \\
\vdots & \vdots \\
\cos(n-1)r\psi\,\boldsymbol{I} & -\sin(n-1)r\psi\,\boldsymbol{I} \\
\boldsymbol{0} & \boldsymbol{I} \\
\sin r\psi\,\boldsymbol{I} & \cos r\psi\,\boldsymbol{I} \\
\vdots & \vdots \\
\sin(n-1)r\psi\,\boldsymbol{I} & \cos(n-1)r\psi\,\boldsymbol{I}
\end{bmatrix}
\begin{bmatrix} \boldsymbol{q}_r^{\mathrm r} \\ \boldsymbol{q}_r^{\mathrm i} \end{bmatrix}
$$

$$(7.2.18)$$

延拓为整体结构的振型 $\boldsymbol{u}^{(r)} = \boldsymbol{v}^{(r)} + \mathrm{i}\boldsymbol{w}^{(r)}$. 式 (7.2.18) 中, 单位矩阵 $\boldsymbol{I}$ 的阶数同 $\boldsymbol{u}_k$ 的维数.

(2) 旋转周期结构的 n 组振型具有式 (7.2.5) 的性质, 即相邻子结构的振型分量有下述关系:

$$
\boldsymbol{u}_{k+1}^{(r)} = \mathrm{e}^{\mathrm{i}r\psi}\boldsymbol{u}_k^{(r)}. \tag{7.2.19}
$$

这意味着, 旋转周期结构的振型包含以下几种类型:

(a) 对应式 (7.2.19) 中 $r=n$ 的情形, 每一个子结构的振型分量相同, 即

$$
\boldsymbol{u}^{(n)} = (\boldsymbol{q}_n, \boldsymbol{q}_n, \cdots, \boldsymbol{q}_n)^{\mathrm T}. \tag{7.2.20}
$$

这意味着每一个子结构两侧边界上的振型值相同, 可表示为 $\boldsymbol{u}_k^{(n)}|_{b+} = \boldsymbol{u}_k^{(n)}|_{b-}$, 边条件中所含的其他力学量也都分别相同, 对应模态方程 (7.2.13) 中 $\mathrm{e}^{\mathrm{i}r\psi}=1$ 的情形.

(b) 当 n 为偶数时, 对应 $r = n/2$ 的情形, 相邻子结构的振型分量相反, 即

$$\boldsymbol{u}^{(n/2)} = (\boldsymbol{q}_{n/2}, -\boldsymbol{q}_{n/2}, \cdots, \boldsymbol{q}_{n/2}, -\boldsymbol{q}_{n/2})^{\mathrm{T}}. \tag{7.2.21}$$

这意味着每一个子结构两侧边界上的振型等值反号, 可表示为 $\boldsymbol{u}_k^{(n/2)}|_{b+} = -\boldsymbol{u}_k^{(n/2)}|_{b-}$, 边条件中所含的其他力学量也都分别等值反号, 对应模态方程 (7.2.13) 中 $\mathrm{e}^{\mathrm{i}r\psi} = -1$ 的情形.

(c) 对于 $r \neq n, r \neq n/2$ (n 为偶数) 的情形, 方程组 (7.2.13) 对应 r 和 $n - r$ 的解的特征值相同, 复特征函数是共轭的, 两个解相加或相减仍为解, 于是解的实部和虚部即为两组具有重频率的振型:

$$\boldsymbol{v}_1^{(r)}, \boldsymbol{v}_2^{(r)}, \cdots, \boldsymbol{v}_n^{(r)} \quad \text{和} \quad \boldsymbol{w}_1^{(r)}, \boldsymbol{w}_2^{(r)}, \cdots, \boldsymbol{w}_n^{(r)}$$

$(r = 1, 2, \cdots, (n-2)/2$ (n 为偶数) 或 $(n-1)/2$ (n 为奇数)).

它们之间满足

$$\begin{bmatrix} \boldsymbol{v}_{k+1}^{(r)} \\ \boldsymbol{w}_{k+1}^{(r)} \end{bmatrix} = \begin{bmatrix} \cos r\psi & -\sin r\psi \\ \sin r\psi & \cos r\psi \end{bmatrix} \begin{bmatrix} \boldsymbol{v}_k^{(r)} \\ \boldsymbol{w}_k^{(r)} \end{bmatrix}. \tag{7.2.22}$$

两组振型 $\boldsymbol{v}^{(r)}$ 和 $\boldsymbol{w}^{(r)}$ 由式 (7.2.18) 确定. 它们在单个子结构的边界上的值满足

$$\begin{cases} \boldsymbol{v}_k^{(r)}|_{b+} = \cos r\psi \cdot \boldsymbol{v}_k^{(r)}|_{b-} - \sin r\psi \cdot \boldsymbol{w}_k^{(r)}|_{b-}, \\ \boldsymbol{w}_k^{(r)}|_{b+} = \sin r\psi \cdot \boldsymbol{v}_k^{(r)}|_{b-} + \cos r\psi \cdot \boldsymbol{w}_k^{(r)}|_{b-}. \end{cases}$$

边条件中所含的其他力学量在这个子结构的边界上的值也有类似的关系.

7.2.3 应用

计算和测量旋转周期结构的模态时, 可利用该结构的定性性质.

(1) 计算旋转周期结构的固有频率和振型可以分为两步:

第一步. 利用式 (7.2.14)~(7.2.17), 求解实特征值问题中耦合的矢量 $\boldsymbol{q}_r^{\mathrm{r}}$ 和 $\boldsymbol{q}_r^{\mathrm{i}}$.

第二步. 利用式 (7.2.18), 整体结构的振型将由 $\boldsymbol{q}_r^{\mathrm{r}}$ 和 $\boldsymbol{q}_r^{\mathrm{i}}$ 延拓而成. 值得注意的是, 对于 $r = n$ 或者 $r = n/2$ (n 为偶数), 式 (7.2.13) 及其解是实的.

事实上, 利用旋转周期结构的模态的性质, 可使计算大为简化. 对于 $r = n$ 的模态, 由式 (7.2.20) 所示, 只要对一个子结构, 在令其两侧的位移, 以及应变或应力边条件相同的情形下进行计算. 对于 $r = n/2$ (n 为偶数) 的模态, 由式

(7.2.21) 所示, 只要对一个子结构, 在令其两侧的位移, 以及应变或应力边条件相反的情形下进行计算. 对于 r 的其他情形, 需要按式 (7.2.14)~(7.2.17) 计算一个子结构的具有重频率的两组振型.

(2) 测量模态的实验方法很多, 都可利用旋转周期结构的模态的定性性质, 使实验大为简化.

例 1 由 4 根梁组成的平面刚架.

如图 7.4 所示, 由 4 根完全相同的等截面梁刚性连接为正方形的平面刚架结构, 每根梁长为 l, 抗弯刚度为 EJ, 四角处外设有铰支. 在第 k 根梁与第 $k+2$ 根梁的中点之间由具有弹簧常数为 $2K$ 的两弹簧串联. $\boldsymbol{u}$ 表示每根梁在平面内的横向位移. 第 k 根及与其相关梁的连续性条件, 以及约束条件分别由以下方程表示:

$$u_k\left(l\right) = u_{k+1}\left(0\right) = 0, \quad u_k'\left(l\right) = u_{k+1}'\left(0\right), \quad u_k''\left(l\right) = u_{k+1}''\left(0\right),$$

$$EJ\left[u_k'''\left(\frac{l}{2}+0\right) - u_k'''\left(\frac{l}{2}-0\right)\right] + Ku_k\left(\frac{l}{2}\right) = -Ku_{k+2}\left(\frac{l}{2}\right)$$

$(k = 1, 2, 3, 4,$ 当 $k+i > 4(i = 1, 2)$ 时, 视 $k+i$ 为 $k+i-4)$.

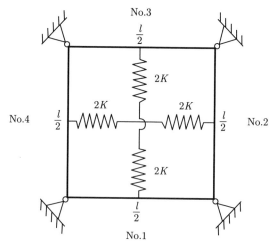

图 7.4　由 4 根梁组成的平面刚架 (梁在此平面内运动)

按本例的特性, 其整体结构的振型和频率应具有下述三组:

第一组. 该组相邻子结构的振型分量关系对应于式 (7.2.19) 中的 $r = 4$. 可将 q_4 视为图 7.5 表示的梁的振型, 此梁的边条件和约束条件分别为

$$q_4(0) = q_4(l) = 0, \quad q_4'(0) = q_4'(l), \quad q_4''(0) = q_4''(l),$$

$$EJ \left[q_4''' \left(\frac{l}{2} + 0 \right) - q_4''' \left(\frac{l}{2} - 0 \right) \right] = -2K q_4 \left(\frac{l}{2} \right),$$

整体结构的振型为

$$\boldsymbol{u}^{(4)} = (u_1^{(4)}, u_2^{(4)}, u_3^{(4)}, u_4^{(4)})^{\mathrm{T}} = (1, \ 1, \ 1, \ 1)^{\mathrm{T}} q_4(x).$$

第二组. 对应于式 (7.2.19) 中的 $r = 2$. 可将 q_2 视为图 7.5 表示的梁的振型, 此梁的边条件和约束条件分别为

$$q_2(0) = q_2(l) = 0, \quad q_2'(0) = -q_2'(l), \quad q_2''(0) = -q_2''(l),$$

$$EJ \left[q_2''' \left(\frac{l}{2} + 0 \right) - q_2''' \left(\frac{l}{2} - 0 \right) \right] = -2K q_2 \left(\frac{l}{2} \right),$$

整体结构的振型为

$$\boldsymbol{u}^{(2)} = (u_1^{(2)}, u_2^{(2)}, u_3^{(2)}, u_4^{(2)})^{\mathrm{T}} = (1, -1, 1, -1)^{\mathrm{T}} q_2(x).$$

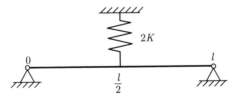

图 7.5 图 7.4 中的平面刚架的等价结构

第三组. 对应于式 (7.2.19) 中的 $r = 1$. 此时是一个具有实特征值的复特征值问题, 它也可表述为实部和虚部耦合的特征值问题. 两个相同的单跨梁, 振型分别以 q_1^{r} 和 q_1^{i} 表示, 两者之间的边条件和约束条件是耦合的, 可表示为

$$q_1^{\mathrm{r}}(0) = q_1^{\mathrm{r}}(l) = 0, \quad q_1^{\mathrm{i}}(0) = q_1^{\mathrm{i}}(l) = 0, \quad (q_1^{\mathrm{r}})'|_l = -(q_1^{\mathrm{i}})'|_0, \quad (q_1^{\mathrm{i}})'|_l = (q_1^{\mathrm{r}})'|_0,$$

$$(q_1^{\mathrm{r}})''|_l = -(q_1^{\mathrm{i}})''|_0, \quad (q_1^{\mathrm{i}})''|_l = (q_1^{\mathrm{r}})''|_0.$$

例 2 在图 7.4 中去掉弹簧.

由例 1 中去掉弹簧后, 可以导出以下三组振型:

第一组. 对应于式 (7.2.19) 中的 $r = 4$. 此时振型为

$$\boldsymbol{u}^{(4)} = (u_1^{(4)}, u_2^{(4)}, u_3^{(4)}, u_4^{(4)})^{\mathrm{T}} = (q_4, q_4, q_4, q_4)^{\mathrm{T}},$$

固有角频率为 $\omega^{(4)}$. 与其对应的单根梁的边条件又分为如下两组:

$$q_4'(0) = q_4'(l) = 0, \quad q_4''(0) = q_4''(l)$$

和

$$q_4'(0) = q_4'(l), \quad q_4''(0) = q_4''(l) = 0.$$

于是第一组振型的前四阶整体振型如图 7.6 所示.

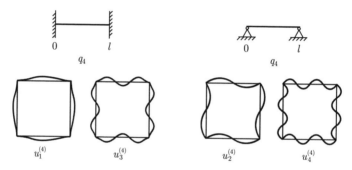

图 7.6   第一组振型的前四阶整体振型

第二组. 对应于式 (7.2.19) 中的 $r = 2$. 此时振型为

$$\boldsymbol{u}^{(2)} = (u_1^{(2)}, u_2^{(2)}, u_3^{(2)}, u_4^{(2)})^{\mathrm{T}} = (q_2, -q_2, q_2, -q_2)^{\mathrm{T}},$$

固有角频率为 $\omega^{(2)}$. 与其对应的单根梁的边条件又分为如下两组:

$$q_2'(0) = -q_2'(l), \quad q_2''(0) = -q_2''(l) = 0$$

和

$$q_2'(0) = q_2'(l) = 0, \quad q_2''(0) = -q_2''(l).$$

于是第二组振型的前四阶整体振型如图 7.7 所示.

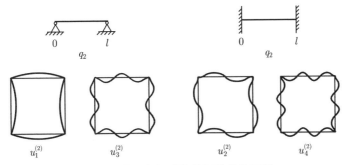

图 7.7 第二组振型的前四阶整体振型

第三组. 此组又分为两种情况:

(a) 对应于式 (7.2.19) 中的 $r = 1$. 此时振型为

$$
\boldsymbol{v}^{(1)} = \begin{bmatrix} v_1^{(1)} \\ v_2^{(1)} \\ v_3^{(1)} \\ v_4^{(1)} \end{bmatrix} = \begin{bmatrix} 1 & 0 \\ 0 & -1 \\ -1 & 0 \\ 0 & 1 \end{bmatrix} \begin{bmatrix} q_1^{\mathrm{r}} \\ q_1^{\mathrm{i}} \end{bmatrix},
$$

$$
\boldsymbol{w}^{(1)} = \begin{bmatrix} w_1^{(1)} \\ w_2^{(1)} \\ w_3^{(1)} \\ w_4^{(1)} \end{bmatrix} = \begin{bmatrix} 0 & 1 \\ 1 & 0 \\ 0 & -1 \\ -1 & 0 \end{bmatrix} \begin{bmatrix} q_1^{\mathrm{r}} \\ q_1^{\mathrm{i}} \end{bmatrix},
$$

固有角频率为重频率 $\omega^{(1)}$, $\omega^{(3)} = \omega^{(1)}$. 与其对应的单根梁的边条件又分为如下两组:

$$
(q_1^{\mathrm{r}})'|_0 = (q_1^{\mathrm{i}})'|_l = 0, \quad (q_1^{\mathrm{r}})''|_l = -(q_1^{\mathrm{i}})''|_0 = 0,
$$

$$
(q_1^{\mathrm{r}})'|_l = -(q_1^{\mathrm{i}})'|_0, \quad (q_1^{\mathrm{i}})''|_l = (q_1^{\mathrm{r}})''|_0
$$

和

$$
(q_1^{\mathrm{r}})'|_l = -(q_1^{\mathrm{i}})'|_0 = 0, \quad (q_1^{\mathrm{r}})''|_0 = (q_1^{\mathrm{i}})''|_l = 0,
$$

$$
(q_1^{\mathrm{r}})'|_0 = (q_1^{\mathrm{i}})'|_l, \quad (q_1^{\mathrm{r}})''|_l = -(q_1^{\mathrm{i}})''|_0.
$$

于是第三组振型的前两阶整体振型如图 7.8 所示.

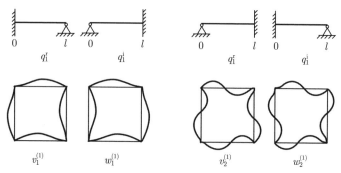

图 7.8　第三组振型中的第 1 子组

(b) 对应于式 (7.2.19) 中的 $r = 3$. 此时振型为

$$\boldsymbol{v}^{(3)} = \begin{bmatrix} v_1^{(3)} \\ v_2^{(3)} \\ v_3^{(3)} \\ v_4^{(3)} \end{bmatrix} = \begin{bmatrix} 1 & 0 \\ 0 & 1 \\ -1 & 0 \\ 0 & -1 \end{bmatrix} \begin{bmatrix} q_3^{\mathrm{r}} \\ q_3^{\mathrm{i}} \end{bmatrix},$$

$$\boldsymbol{w}^{(3)} = \begin{bmatrix} w_1^{(3)} \\ w_2^{(3)} \\ w_3^{(3)} \\ w_4^{(3)} \end{bmatrix} = \begin{bmatrix} 0 & 1 \\ -1 & 0 \\ 0 & -1 \\ 1 & 0 \end{bmatrix} \begin{bmatrix} q_3^{\mathrm{r}} \\ q_3^{\mathrm{i}} \end{bmatrix},$$

固有角频率为重频率 $\omega^{(3)}$, $\omega^{(1)} = \omega^{(3)}$. 与其对应的单根梁的边条件及结构的前两阶整体振型如图 7.9 所示.

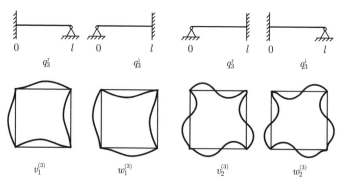

图 7.9　第三组振型中的第 2 子组

由图 7.8 和 7.9 可见, 在相差一个常数因子的意义下, $\boldsymbol{v}^{(3)}$ 和 $\boldsymbol{v}^{(1)}$, $\boldsymbol{w}^{(3)}$ 和

$-\boldsymbol{w}^{(1)}$ 是分别相同的.

7.2.4 离散系统及其模态的定性性质

旋转周期结构的离散化也应遵循旋转周期性, 由此将离散系统表达成易于约简的形式. 设由 n 个子结构组成的旋转周期结构, 其每个子结构上的广义坐标数 (设为 p)、位置和排序都相同. 整体结构的模态方程为

$$\boldsymbol{K}\boldsymbol{u} = \omega^2 \boldsymbol{M}\boldsymbol{u}, \tag{7.2.23}$$

其中, ω 为固有角频率, $\boldsymbol{u}$ 为振型矢量, 且

$$\boldsymbol{u} = (\boldsymbol{u}_1, \boldsymbol{u}_2, \cdots, \boldsymbol{u}_n)^{\mathrm{T}}, \tag{7.2.24}$$

$\boldsymbol{u}_k \ (k = 1, 2, \cdots, n)$ 是振型在第 k 个子结构上的分量. 刚度矩阵 $\boldsymbol{K}$ 和质量矩阵 $\boldsymbol{M}$ 都是实对称的正定 (或半正定) 的循环矩阵, 即

$$\boldsymbol{K} = \begin{bmatrix} \boldsymbol{K}_{11} & \boldsymbol{K}_{12} & \cdots & \boldsymbol{K}_{1n} \\ \boldsymbol{K}_{1n} & \boldsymbol{K}_{11} & \cdots & \boldsymbol{K}_{1,n-1} \\ \vdots & \vdots & & \vdots \\ \boldsymbol{K}_{12} & \boldsymbol{K}_{13} & \cdots & \boldsymbol{K}_{11} \end{bmatrix}, \tag{7.2.25}$$

其中, p 阶子矩阵为

$$\boldsymbol{K}_{11}^{\mathrm{T}} = \boldsymbol{K}_{11}, \quad \boldsymbol{K}_{1j}^{\mathrm{T}} = \boldsymbol{K}_{1,n+2-j}, \quad j = 2, 3, \cdots, n. \tag{7.2.26}$$

质量矩阵 $\boldsymbol{M}$ 的结构和式 (7.2.25) 相同, 其子矩阵具有和式 (7.2.26) 相同的性质.

由于整体结构是由一个子结构旋转 n 个 $\psi = 2\pi/n$ 角度而组成的, 可以推测其振型在各个子结构上的分量具有下述关系:

$$\boldsymbol{u}_n = \alpha \boldsymbol{u}_{n-1} = \alpha^2 \boldsymbol{u}_{n-2} = \cdots = \alpha^{n-1} \boldsymbol{u}_1 = \alpha^n \boldsymbol{u}_n. \tag{7.2.27}$$

因此, $\alpha^n = 1$, α 是 1 的 n 次单位复数根:

$$\alpha_r = \mathrm{e}^{\mathrm{i}r\psi} = \mathrm{e}^{\mathrm{i}r2\pi/n}, \quad r = 1, 2, \cdots, n, \tag{7.2.28}$$

其中, $\mathrm{i}=\sqrt{-1}$. 第 r 组振型可以表示为

$$
\begin{aligned}
\boldsymbol{u}^{(r)} &= (\boldsymbol{u}_1^{(r)}, \boldsymbol{u}_2^{(r)}, \cdots, \boldsymbol{u}_n^{(r)})^{\mathrm{T}} \\
&= \frac{1}{\sqrt{n}} (\boldsymbol{I}, \mathrm{e}^{\mathrm{i}r\psi}\boldsymbol{I}, \mathrm{e}^{\mathrm{i}2r\psi}\boldsymbol{I}, \cdots, \mathrm{e}^{\mathrm{i}(n-1)r\psi}\boldsymbol{I})^{\mathrm{T}}\boldsymbol{q}_r, \quad r = 1, 2, \cdots, n, \quad (7.2.29)
\end{aligned}
$$

其中, $\boldsymbol{I}$ 为 p 阶单位矩阵, $\boldsymbol{q}_r$ 为 p 维矢量. 这表明第 r 组整体振型 $\boldsymbol{u}^{(r)}$ ($n \cdot p$ 维矢量) 只取决于一个子结构的振型分量 $\boldsymbol{q}_r$ (p 维矢量).

对振型矢量 $\boldsymbol{u}$ 做如下变换:

$$
\boldsymbol{u} = \frac{1}{\sqrt{n}}
\begin{bmatrix}
\boldsymbol{I} & \cdots & \boldsymbol{I} & \cdots & \boldsymbol{I} \\
\mathrm{e}^{\mathrm{i}\psi}\boldsymbol{I} & \cdots & \mathrm{e}^{\mathrm{i}r\psi}\boldsymbol{I} & \cdots & \mathrm{e}^{\mathrm{i}n\psi}\boldsymbol{I} \\
\vdots & & \vdots & & \vdots \\
\mathrm{e}^{\mathrm{i}(n-1)\psi}\boldsymbol{I} & \cdots & \mathrm{e}^{\mathrm{i}(n-1)r\psi}\boldsymbol{I} & \cdots & \mathrm{e}^{\mathrm{i}(n-1)n\psi}\boldsymbol{I}
\end{bmatrix}
\begin{bmatrix}
\boldsymbol{q}_1 \\
\boldsymbol{q}_2 \\
\vdots \\
\boldsymbol{q}_n
\end{bmatrix}
= \boldsymbol{Rq},
$$

$$(7.2.30)$$

其中, 复矩阵 $\boldsymbol{R}$ 是酉矩阵, 满足

$$
\bar{\boldsymbol{R}}^{\mathrm{T}}\boldsymbol{R} = \boldsymbol{I}. \tag{7.2.31}
$$

将式 (7.2.30) 代入模态方程 (7.2.23) 后左乘 $\bar{\boldsymbol{R}}^{\mathrm{T}}$, 并利用式 (7.2.26) 及等式

$$
\sum_{j=1}^{n} \mathrm{e}^{\mathrm{i}j\psi} = 0, \tag{7.2.32}
$$

可得

$$
\boldsymbol{K}_r\boldsymbol{q}_r = \omega^2 \boldsymbol{M}_r\boldsymbol{q}_r, \quad r = 1, 2, \cdots, n, \tag{7.2.33}
$$

其中,

$$
\boldsymbol{K}_r = \sum_{j=1}^{n} \boldsymbol{K}_{1j}\mathrm{e}^{\mathrm{i}(j-1)r\psi}, \quad \boldsymbol{M}_r = \sum_{j=1}^{n} \boldsymbol{M}_{1j}\mathrm{e}^{\mathrm{i}(j-1)r\psi}, \quad r = 1, 2, \cdots, n. \tag{7.2.34}
$$

下面, 对特征值问题 (7.2.33) 和 (7.2.34) 做进一步分析.

(1) 对于 $r = n$ 和 $r = n/2$ (n 为偶数) 的情形, $\boldsymbol{K}_r$ 和 $\boldsymbol{M}_r$ 为实对称矩阵, 所以特征值 ω^2 为实数, 特征矢量 $\boldsymbol{q}_r$ 为实矢量. 由式 (7.2.29) 可知, 整体结构的特征矢量 $\boldsymbol{u}^{(n)}$ 和 $\boldsymbol{u}^{(n/2)}$ 为实矢量.

(2) 由于 $\mathrm{e}^{\mathrm{i}(n-j)r\psi} = \mathrm{e}^{\mathrm{i}nr\psi}\mathrm{e}^{-\mathrm{i}jr\psi} = \mathrm{e}^{-\mathrm{i}jr\psi} = \overline{\mathrm{e}^{\mathrm{i}jr\psi}}(j = 1, 2, \cdots, n)$, 得

$$\boldsymbol{K}_{n-r} = \boldsymbol{K}_r, \quad \boldsymbol{M}_{n-r} = \boldsymbol{M}_r,$$

因此, 对于 $n - r$ 和 r 的情形, 特征值相同, 特征矢量互为共轭, 即 $\boldsymbol{q}_{n-r} = \bar{\boldsymbol{q}}_r$.

(3) 对于 $r \neq n, r \neq n/2$ (n 为偶数) 的情形, 可得复特征矢量 $\boldsymbol{q}_r = \boldsymbol{q}_r^{\mathrm{r}} + \mathrm{i}\boldsymbol{q}_r^{\mathrm{i}}$. 由式 (7.2.29) 得到对应的整体结构的特征值问题 (7.2.23) 的复特征矢量 $\boldsymbol{u}^{(r)} = \boldsymbol{v}^{(r)} + \mathrm{i}\boldsymbol{w}^{(r)}$, 其中,

$$\boldsymbol{v}^{(r)} = \frac{1}{\sqrt{n}}\begin{bmatrix} \boldsymbol{q}_r^{\mathrm{r}} \\ \cos r\psi \boldsymbol{q}_r^{\mathrm{r}} - \sin r\psi \boldsymbol{q}_r^{\mathrm{i}} \\ \vdots \\ \cos(n-1)r\psi \boldsymbol{q}_r^{\mathrm{r}} - \sin(n-1)r\psi \boldsymbol{q}_r^{\mathrm{i}} \end{bmatrix},$$

$$\boldsymbol{w}^{(r)} = \frac{1}{\sqrt{n}}\begin{bmatrix} \boldsymbol{q}_r^{\mathrm{i}} \\ \sin r\psi \boldsymbol{q}_r^{\mathrm{r}} + \cos r\psi \boldsymbol{q}_r^{\mathrm{i}} \\ \vdots \\ \sin(n-1)r\psi \boldsymbol{q}_r^{\mathrm{r}} + \cos(n-1)r\psi \boldsymbol{q}_r^{\mathrm{i}} \end{bmatrix}.$$

由于整体结构的刚度矩阵 $\boldsymbol{K}$ 和质量矩阵 $\boldsymbol{M}$ 都是实对称的, 因此特征值是实的, 而且 $\overline{\boldsymbol{u}^{(r)}} = \boldsymbol{v}^{(r)} - \mathrm{i}\boldsymbol{w}^{(r)}$ 和 $\boldsymbol{u}^{(r)}$ 是属于同一特征值的特征矢量. 两者相加或相减, 即 $\boldsymbol{v}^{(r)}$ 和 $\boldsymbol{w}^{(r)}$ 是特征值问题 (7.2.23) 的重特征值的实特征矢量.

(4) 当矢量 $\boldsymbol{u}$ 取式 (7.2.29) 所表示的 $\boldsymbol{u}^{(r)}$ 时, 特征值问题 (7.2.23) 和 (7.2.33) 中的二次型的关系是

$$\overline{\boldsymbol{u}^{(r)}}^{\mathrm{T}}\boldsymbol{K}\boldsymbol{u}^{(r)} = \overline{\boldsymbol{q}_r}^{\mathrm{T}}\boldsymbol{K}_r\boldsymbol{q}_r, \quad \overline{\boldsymbol{u}^{(r)}}^{\mathrm{T}}\boldsymbol{M}\boldsymbol{u}^{(r)} = \overline{\boldsymbol{q}_r}^{\mathrm{T}}\boldsymbol{M}_r\boldsymbol{q}_r.$$

因此 $\boldsymbol{K}_r$ 和 $\boldsymbol{M}_r$ 与 $\boldsymbol{K}$ 和 $\boldsymbol{M}$ 一样, 分别是半正定 (或正定) 和正定的, 从而特征值问题 (7.2.23) 和 (7.2.33) 的特征值 ω^2 是非负的, 可以得到 $\omega \geqslant 0$ 的物理解. 由方程 (7.2.33) 和 (7.2.34) 解出 $\boldsymbol{q}_r$ 后, 将之代入式 (7.2.29), 即得第 r 组整体结构的振型.

综上所述, 即得旋转周期结构离散系统的振型的如下定性性质:

(1) 相邻子结构, 也就是每一个子结构的振型分量相同, 对应于式 (7.2.29) 中的 $r = n$ 的情形.

(2) 当 n 为偶数时, 相邻子结构的振型分量等值反号, 对应于式 (7.2.29) 中的 $r = n/2$ 的情形.

(3) 两组重频振型分别为

$$\boldsymbol{v}^{(r)} = (\boldsymbol{v}_1^{(r)}, \boldsymbol{v}_2^{(r)}, \cdots, \boldsymbol{v}_n^{(r)})^{\mathrm{T}} \quad \text{和} \quad \boldsymbol{w}^{(r)} = (\boldsymbol{w}_1^{(r)}, \boldsymbol{w}_2^{(r)}, \cdots, \boldsymbol{w}_n^{(r)})^{\mathrm{T}}.$$

它们在相邻子结构间有如下关系：

$$\boldsymbol{v}_{k+1}^{(r)} = \cos r\psi \boldsymbol{v}_k^{(r)} - \sin r\psi \boldsymbol{w}_k^{(r)},$$
$$\boldsymbol{w}_{k+1}^{(r)} = \sin r\psi \boldsymbol{v}_k^{(r)} + \cos r\psi \boldsymbol{w}_k^{(r)},$$

这两组振型对应于式 (7.2.29) 中的 $r \neq n$ 和 $r \neq n/2$ (n 为偶数) 的情形.

从上述定性性质可以得到颇具重要意义的结论：第一, 离散系统和连续系统的振型的定性性质是一致的. 第二, 在离散系统中给出了利用振型的定性性质求解固有频率和振型时减少自由度的方法, 将 n 阶旋转周期结构的 1 个 $n \cdot p$ 阶实对称正定 (或 $\boldsymbol{K}$ 为半正定) 矩阵的广义特征值问题约化为 1 或 2 (n 为偶数) 个 p 阶和 $(n-1)/2$ (n 为奇数) 或 $(n-2)/2$ (n 为偶数) 个 $2p$ 阶实对称正定 (或 $\boldsymbol{K}$ 为半正定) 矩阵的广义特征值问题. 所以, 当 n 相当大时, 利用此定性性质所减少的计算规模和工作量是很可观的.

7.3   线周期结构的模态的定性性质

如果一个整体结构的几何参数、物理参数和边条件沿一直线以等长 l 为周期, 则称此结构为线周期结构.

在一些情况下, 一个线周期结构可以适当地扩展, 使扩展后的线周期结构可以当作旋转周期结构处理, 这样的旋转周期结构称为原线周期结构的扩展旋转周期结构. 如果扩展旋转周期结构的部分振型满足对应于原线周期结构的两端的边条件, 则这部分振型就是原线周期结构的振型, 这一部分振型的定性性质也是线周期结构的振型的定性性质.

例 1   设有各跨的长度、抗弯刚度分别相同的多跨梁, 且各跨间设铰支座. 下面以固定–铰支边界的两跨梁为例, 做一分析.

原结构如图 7.10(a) 所示. 将原结构扩展成八跨梁, 如图 7.10(b) 所示.

扩展旋转周期结构如图 7.11 所示, 它由八个子结构组成. 这种扩展旋转周期结构的振型中, 相对于对角线 AC 对称、相对于对角线 BD 反对称的振型与点 A 是固定端点 B 是铰支端的边条件相吻合. 因此这一部分振型的第 1 和第 2 个子结构上的分量就是原线周期结构的振型.

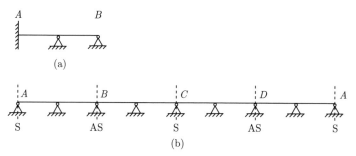

图 7.10 (a) 原两跨线周期结构示意图, (b) 扩展后的八跨线周期结构示意图

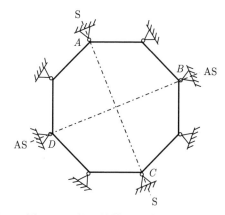

图 7.11 扩展旋转周期结构示意图

7.4 链式结构的模态的定性性质

7.4.1 模型和方程

链式结构是指一组相同的子结构按特定方式连接成一条链, 子结构间无连接边界, 每一个子结构只和前后相邻的子结构有弹性或刚性连接, 且与前后子结构的连接区域和方式都相同, 整体结构的两端是固定的. 这种结构似一条链, 其典型、最简单的结构是 n 个质量为 m 的相同质点, 由 $n+1$ 个弹簧常数为 k 的相同的弹簧串联, 两端固定的纵向振动系统, 如图 7.12 所示.

图 7.13 所示的是一组相同的两端铰支梁, 相邻梁的点 s_1 和 s_2 处有相同的弹簧连接, 弹簧与梁的夹角为 α, 点 s_3 处有一弹簧连接, 无质量刚性杆在点 s_4 处铰接.

链式结构是一类线周期结构, 也可以借助旋转周期结构求解, 但由于其特殊性, 有更简便、更完善的方法求其固有频率和振型.

对子结构采用各自的坐标系, 但这些子结构是相同的, 坐标系也相同. 子结构的区域和边界分别记为 Ω 和 $\partial\Omega$.

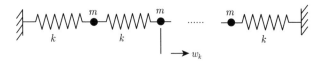

图 7.12　弹簧–质点串联系统示意图

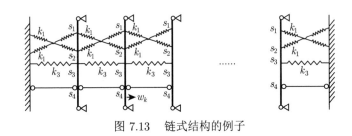

图 7.13　链式结构的例子

由 n 个子结构组成的链式结构的固有角频率和振型满足下列方程:

$$\boldsymbol{L}\boldsymbol{u}_k - \omega^2 \boldsymbol{M}\boldsymbol{u}_k = \boldsymbol{0}, \quad \Omega \text{ 内,} \qquad k = 1, 2, \cdots, n, \quad (7.4.1)$$

$$\boldsymbol{B}\boldsymbol{u}_k = \boldsymbol{0}, \quad \partial\Omega \text{ 上,} \qquad k = 1, 2, \cdots, n, \quad (7.4.2)$$

$$\boldsymbol{J}_j \boldsymbol{u}_k|_{s_j} = \bar{\boldsymbol{J}}_j \boldsymbol{u}_{k+1}|_{\bar{s}_j} + \bar{\boldsymbol{J}}_j \boldsymbol{u}_{k-1}|_{\bar{s}_j}, \quad k = 1, 2, \cdots, n, \quad j = 1, 2, \cdots, l_1, \quad (7.4.3)$$

其中, $\boldsymbol{u}_k$ 为第 k 个子结构的振型分量, $\boldsymbol{u}_0 \equiv \boldsymbol{u}_{n+1} = \boldsymbol{0}$. 方程 (7.4.3) 表示弹性、刚性连接. 因为链式结构的各个子结构之间没有直接的交界面或共同边界, 所以方程 (7.4.1)~(7.4.3) 中没有出现连续性条件.

例如, 如图 7.13 所示的结构. 因连接点为 4 个, 故 $l_1 = 4$, 方程 (7.4.3) 有 4 个方程:

$$Q_k(s_1) + 2k_1 \sin^2 \alpha u_k(s_1) = k_1 \sin^2 \alpha \left[u_{k+1}(s_2) + u_{k-1}(s_2) \right], \quad (7.4.4)$$

$$Q_k(s_2) + 2k_1 \sin^2 \alpha u_k(s_2) = k_1 \sin^2 \alpha \left[u_{k+1}(s_1) + u_{k-1}(s_1) \right], \quad (7.4.5)$$

$$Q_k(s_3) + 2k_3 u_k(s_3) = k_3 u_{k+1}(s_3) + k_3 u_{k-1}(s_3), \quad (7.4.6)$$

$$Q_k(s_4) + 2k_4 u_k(s_4) = k_4 u_{k+1}(s_4) + k_4 u_{k-1}(s_4). \quad (7.4.7)$$

方程 (7.4.4)~(7.4.7) 中, $Q_k(s_r)$ 表示点 s_r 所受到的弹簧力, $k_i(i = 1, 3, 4)$ 为弹簧常数. 在方程 (7.4.7) 中, 取 $k_4 \to \infty$ 以表示刚性连接, 即

$$u_k(s_4) = 0, \quad k = 1, 2, \cdots, n.$$

7.4.2 特征值问题的约化及模态的定性性质

借助考察如图 7.12 所示的最简单的链式结构——弹簧–质点串联系统的模态的性质, 从而得到一般的链式结构的模态的性质, 是很有启发性的.

弹簧–质点串联系统的特征值问题的方程是

$$\boldsymbol{K}\boldsymbol{u} = \omega^2 \boldsymbol{M}\boldsymbol{u}, \tag{7.4.8}$$

其中, 刚度矩阵为三对角矩阵

$$\boldsymbol{K} = \begin{bmatrix} 2k & -k & & & & \\ -k & 2k & -k & & & \\ & \ddots & \ddots & \ddots & & \\ & & \ddots & \ddots & \ddots & \\ & & & -k & 2k & -k \\ & & & & -k & 2k \end{bmatrix},$$

质量矩阵 $\boldsymbol{M}$ 为质量 m 乘单位矩阵 $\boldsymbol{I}$.

这个离散系统可视为连续系统——两端固定, 具有均匀质量密度和弹性模量的等截面杆的纵向振动——的差分离散系统. 若杆的均匀抗拉刚度为 p, 均匀线密度为 ρ, 长度为 l_0, 将杆等分为 $n + 1$ 段, 则自由度为 n 的弹簧–质点串联系统的质量为 $m = \rho l_0/(n+1)$, 弹簧常数为 $k = p(n+1)/l_0$. 当 n 趋于无穷大时, 该系统趋于两端固定的等截面杆. 可以想象, 当 n 趋于无穷大时, 这个离散系统的第 r 阶振型矢量 $\boldsymbol{u}^{(r)}$ 应该趋于两端固定的等截面杆的第 r 阶振型函数, 即 $u_r = q_r \sin r\pi x/l_0$, q_r 为一任意常数. 自然地, 试设此结构的振型为

$$\boldsymbol{u}^{(r)} = (u_1^{(r)}, u_2^{(r)}, \cdots, u_n^{(r)})^{\mathrm{T}} = (\sin r\psi, \sin 2r\psi, \cdots, \sin nr\psi)^{\mathrm{T}} q_r,$$
$$r = 1, 2, \cdots, n, \tag{7.4.9}$$

其中, $\psi = \pi/(n+1)$, 将其代入特征值问题 (7.4.8), 并利用三角恒等式

$$\sin(s-1)r\psi + \sin(s+1)r\psi = 2\cos r\psi \sin sr\psi, \quad s = 1, 2, \cdots, n,$$

于是 $\boldsymbol{u}^{(r)}$ 满足方程 (7.4.8), 并得到对应的特征值

$$\omega_r^2 = 2(1 - \cos r\psi)k/m, \quad r = 1, 2, \cdots, n.$$

由于 ω_r 的值随 $r(r = 1, 2, \cdots, n)$ 递增, 因此 ω_r 和 $\boldsymbol{u}^{(r)}$ 分别是这个结构的第 r 阶固有角频率和第 r 阶振型.

由于最简单的链式结构——弹簧–质点串联系统的振型 $\boldsymbol{u}^{(r)}$ 具有式 (7.4.9) 的形式, 因此自然会预估一般的链式结构的振型具有如下形式:

$$\boldsymbol{u}^{(r)} = (\boldsymbol{u}_1^{(r)}, \boldsymbol{u}_2^{(r)}, \cdots, \boldsymbol{u}_n^{(r)})^{\mathrm{T}} = (\sin r\psi \boldsymbol{I}, \sin 2r\psi \boldsymbol{I}, \cdots, \sin nr\psi \boldsymbol{I})^{\mathrm{T}} \boldsymbol{q}_r,$$

$$r = 1, 2, \cdots, n,$$

其中, $\boldsymbol{q}_r$ 为 Ω 内的函数矢量, $\boldsymbol{I}$ 为单位矩阵, 其阶数同 $\boldsymbol{q}_r$ 的维数.

于是, 对一般链式结构的原广义坐标做如下变换:

$$\boldsymbol{u} = \begin{bmatrix} \boldsymbol{u}_1 \\ \boldsymbol{u}_2 \\ \vdots \\ \boldsymbol{u}_n \end{bmatrix} = \sqrt{\frac{2}{n+1}} \begin{bmatrix} \sin\psi\boldsymbol{I} & \cdots & \sin r\psi\boldsymbol{I} & \cdots & \sin n\psi\boldsymbol{I} \\ \sin 2\psi\boldsymbol{I} & \cdots & \sin 2r\psi\boldsymbol{I} & \cdots & \sin 2n\psi\boldsymbol{I} \\ \vdots & & \vdots & & \vdots \\ \sin n\psi\boldsymbol{I} & \cdots & \sin rn\psi\boldsymbol{I} & \cdots & \sin nn\psi\boldsymbol{I} \end{bmatrix} \begin{bmatrix} \boldsymbol{q}_1 \\ \boldsymbol{q}_2 \\ \vdots \\ \boldsymbol{q}_n \end{bmatrix}$$

$$= \boldsymbol{C}\boldsymbol{q}, \tag{7.4.10}$$

其中, 矩阵 $\boldsymbol{C}$ 是正交矩阵, 满足

$$\boldsymbol{C}^{\mathrm{T}}\boldsymbol{C} = \boldsymbol{I}, \tag{7.4.11}$$

而

$$\boldsymbol{C}^{\mathrm{T}}\left(\boldsymbol{Y} + \boldsymbol{Y}^{n-1}\right)\boldsymbol{C} = \mathrm{diag}\left(2\cos\psi\boldsymbol{I}, 2\cos 2\psi\boldsymbol{I}, \cdots, 2\cos n\psi\boldsymbol{I}\right), \tag{7.4.12}$$

其中, $\boldsymbol{Y}$ 和 $\boldsymbol{Y}^{n-1}$ 是式 (7.2.11) 所示矩阵. 因此方程 (7.4.1)~(7.4.3) 可重写为

$$\boldsymbol{L}'\boldsymbol{u}_k - \omega^2\boldsymbol{M}'\boldsymbol{u}_k = \boldsymbol{0}, \quad \boldsymbol{u}_k(k = 1, 2, \cdots, n) \text{ 在 } \Omega \text{ 内}, \tag{7.4.13}$$

$$\boldsymbol{B}'\boldsymbol{u}_k = \boldsymbol{0}, \qquad \boldsymbol{u}_k(k = 1, 2, \cdots, n) \text{ 在 } \partial\Omega \text{ 上}, \tag{7.4.14}$$

$$\boldsymbol{J}_j'\boldsymbol{u}_k|_{s_j} = \bar{\boldsymbol{J}}_j'\left(\boldsymbol{Y}\boldsymbol{u}_k|_{\bar{s}_j} + \boldsymbol{Y}^{n-1}\boldsymbol{u}_k|_{\bar{s}_j}\right), \quad k = 1, 2, \cdots, n, \quad j = 1, 2, \cdots, l,$$

$$\tag{7.4.15}$$

其中, $\boldsymbol{L}'$, $\boldsymbol{M}'$, $\boldsymbol{B}'$, $\boldsymbol{J}_j'$ 和 $\bar{\boldsymbol{J}}_j'$ $(j = 1, 2, \cdots, l)$ 分别是由 $\boldsymbol{L}$, $\boldsymbol{M}$, $\boldsymbol{B}$, $\boldsymbol{J}_j$ 和 $\bar{\boldsymbol{J}}_j$ 组成的分块对角矩阵. 在上述方程中, $\boldsymbol{u}_1, \boldsymbol{u}_2, \cdots, \boldsymbol{u}_n$ 是相互耦合的. 将式 (7.4.10) 代入式 (7.4.13)~(7.4.15), 再左乘 $\boldsymbol{C}^{\mathrm{T}}$, 然后利用式 (7.4.11) 和 (7.4.12), 得到

$$\boldsymbol{L}\boldsymbol{q}_r - \omega^2 \boldsymbol{M}\boldsymbol{q}_r = \boldsymbol{0}, \quad \Omega \ 内, \tag{7.4.16}$$

$$\boldsymbol{B}\boldsymbol{q}_r = \boldsymbol{0}, \quad \partial\Omega \ 上, \tag{7.4.17}$$

$$\boldsymbol{J}_j \boldsymbol{q}_r|_{s_j} = \bar{\boldsymbol{J}}_j 2\cos r\psi \boldsymbol{q}_r|_{\bar{s}_j}, \quad r = 1, 2, \cdots, n, \quad j = 1, 2, \cdots, l. \tag{7.4.18}$$

至此, 可以得出结论:

对于链式结构, 整体结构的固有振动问题 (7.4.1)~(7.4.3) 可以约化为 n 个单个子结构的固有振动问题 (7.4.16)~(7.4.18), 然后按

$$\boldsymbol{u}^{(r)} = (\boldsymbol{u}_1^{(r)}, \boldsymbol{u}_2^{(r)}, \cdots, \boldsymbol{u}_n^{(r)})^{\mathrm{T}}$$

$$= (\sin r\psi \boldsymbol{I}, \sin 2r\psi \boldsymbol{I}, \cdots, \sin nr\psi \boldsymbol{I})^{\mathrm{T}} \boldsymbol{q}_r, \quad r = 1, 2, \cdots, n \tag{7.4.19}$$

延拓成整体结构的振型.

7.4.3 应用

在用计算和实验方法求链式结构的模态时, 可利用该结构的定性性质.

(1) 当利用计算方法求解链式结构的特征值问题时, 我们只需计算由式 (7.4.16)~(7.4.18) 所表示的单个子结构的特征值问题, 共进行 n 次, 整体结构的振型将由式 (7.4.19) 得到, 这样将大大简化计算.

(2) 在应用实验方法测量频率、振型时, 我们只需测量第一个子结构的振型值 $\boldsymbol{u}_1$, 并在 $\boldsymbol{u}_1(s)$ 不为零的点 s 处测量第二个子结构的振型值 $\boldsymbol{u}_2$, 由关系式 $u_2(s)/u_1(s) = \sin 2r\psi / \sin r\psi$ 确定 r 的值 (应接近 r 的准确值 $1, 2, \cdots, n$), 则由式 (7.4.19) 可知, $\boldsymbol{u}_1$ 可取为 $\boldsymbol{q}_r$ (差常数倍), 而整体结构的振型为式 (7.4.19). 如此进行 n 次, 可得整体结构的 n 组振型. 当然, 如果在多个子结构上的点 s 测量振型值, 则可以更准确地判断 r 的值.

例 1 在图 7.13 所示的结构中, 假定只在点 s_3 处有一个弹簧连接, 在点 s_1 与 s_2 处无弹簧连接, 点 s_4 处为刚性连接, 即在此结构中, 连接点仅为点 s_3 和 s_4, 则约束条件 (7.4.18) 变为

$$Q_r(s_3) = -2k_3 (1 - \cos r\psi) q_r(s_3), \quad q_r(s_4) = 0.$$

在上述约束条件下, 子结构如图 7.14 所示. 从而在利用计算方法求解和应用实验方法测量时, 基本上都只需在这一个子结构上进行即可.

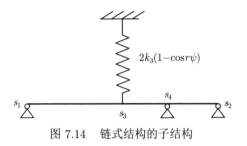

图 7.14 链式结构的子结构

7.4.4 离散系统及其模态的定性性质

对于由 n 个相同的子结构组成的链式结构, 有比较严格的规定: (1) 设第 $k(k = 1, 2, \cdots, n)$ 个子结构上的广义位移矢量为 $\boldsymbol{u}_k$, 它是 p 维矢量, 整体结构的 $n \cdot p$ 维矢量为 $\boldsymbol{u} = (\boldsymbol{u}_1, \boldsymbol{u}_2, \cdots, \boldsymbol{u}_n)^{\mathrm{T}}$. 该结构的模态方程为

$$\boldsymbol{K}\boldsymbol{u} = \omega^2 \boldsymbol{M}\boldsymbol{u}. \tag{7.4.20}$$

令每一个子结构上的广义坐标的位置和排序完全一样. (2) 每一个子结构只与相邻的前后两个子结构有关联, 且关联相同. (3) 两个靠近边界的子结构与边界的关联和子结构之间的关联相同. 故链式结构的离散系统的刚度矩阵 $\boldsymbol{K}$ 和质量矩阵 $\boldsymbol{M}$ 皆为分块三对角矩阵, 分别取如下形式 (其中, 分块零子矩阵略):

$$\boldsymbol{K} = \begin{bmatrix} \boldsymbol{K}_{11} & \boldsymbol{K}_{12} & & & \\ \boldsymbol{K}_{12} & \boldsymbol{K}_{11} & \boldsymbol{K}_{12} & & \\ & \ddots & \ddots & \ddots & \\ & & \boldsymbol{K}_{12} & \boldsymbol{K}_{11} & \boldsymbol{K}_{12} \\ & & & \boldsymbol{K}_{12} & \boldsymbol{K}_{11} \end{bmatrix},$$

$$\boldsymbol{M} = \begin{bmatrix} \boldsymbol{M}_{11} & \boldsymbol{M}_{12} & & & \\ \boldsymbol{M}_{12} & \boldsymbol{M}_{11} & \boldsymbol{M}_{12} & & \\ & \ddots & \ddots & \ddots & \\ & & \boldsymbol{M}_{12} & \boldsymbol{M}_{11} & \boldsymbol{M}_{12} \\ & & & \boldsymbol{M}_{12} & \boldsymbol{M}_{11} \end{bmatrix}, \tag{7.4.21}$$

其中, $\boldsymbol{K}_{11}$, $\boldsymbol{K}_{12}$, $\boldsymbol{M}_{11}$, $\boldsymbol{M}_{12}$ 均为 p 阶对称矩阵, $\boldsymbol{K}$ 和 $\boldsymbol{M}$ 为 $n \cdot p$ 阶对称矩阵. 对于具有上述形式的 $\boldsymbol{K}$ 和 $\boldsymbol{M}$ 的广义特征值问题 (7.4.20), 可以采取和链式结构连续系统相同的思路, 将其解耦为 n 个 p 阶方阵的广义特征值问题.

首先, 引入参数 $\psi = \pi/(n+1)$. 设系统的振型采取如下形式:

$$\boldsymbol{u} = (\sin r\psi, \sin 2r\psi, \cdots, \sin nr\psi)^{\mathrm{T}} \boldsymbol{q}_r, \quad r = 1, 2, \cdots, n, \quad (7.4.22)$$

其中, $\boldsymbol{q}_r$ 为 p 维矢量. 将式 (7.4.22) 代入式 (7.4.20), 再利用式 (7.4.21) 中的 $\boldsymbol{K}$ 和 $\boldsymbol{M}$ 的结构, 以及三角恒等式

$$\sin(s-1)r\psi + \sin(s+1)r\psi = 2\cos r\psi \sin sr\psi, \quad s = 1, 2, \cdots, n,$$

于是特征值问题 (7.4.20) 被解耦为

$$\boldsymbol{K}_r \boldsymbol{q}_r = \omega^2 \boldsymbol{M}_r \boldsymbol{q}_r, \quad r = 1, 2, \cdots, n, \quad (7.4.23)$$

而

$$\boldsymbol{K}_r = \boldsymbol{K}_{11} + 2\boldsymbol{K}_{12} \cos r\psi, \quad \boldsymbol{M}_r = \boldsymbol{M}_{11} + 2\boldsymbol{M}_{12} \cos r\psi, \quad r = 1, 2, \cdots, n.$$
$$(7.4.24)$$

由式 (7.4.23) 和 (7.4.24) 求得 $\boldsymbol{q}_r$ 后, 再根据式 (7.4.22), 即可得到整体结构的振型.

容易验证,

$$\boldsymbol{u}^{\mathrm{T}} \boldsymbol{K} \boldsymbol{u} = (\sin^2 r\psi + \sin^2 2r\psi + \cdots + \sin^2 nr\psi) \boldsymbol{q}_r^{\mathrm{T}} \boldsymbol{K}_r \boldsymbol{q}_r.$$

类似地, 质量矩阵 $\boldsymbol{M}$ 和 $\boldsymbol{M}_r$ 也有上述同样的关系. 因此, 当矩阵 $\boldsymbol{K}$ 和 $\boldsymbol{M}$ 是实对称正定 (或者 $\boldsymbol{K}$ 为半正定) 矩阵时, $\boldsymbol{K}_r$ 和 $\boldsymbol{M}_r$ 也具有同样的性质.

由以上论述可得出重要结论：第一, 链式结构的离散系统与连续系统的振型的定性性质是一致的. 第二, 用振型的定性性质给出了离散系统求解固有角频率和振型的减缩自由度的方程, 可将 $n \cdot p$ 阶方阵的广义特征值问题约化为 n 个 p 阶方阵的广义特征值问题. 第三, 直线状链式结构的求解方法可以推广到平面状链式结构.

7.5 轴对称结构的模态的定性性质

7.5.1 模型和方程

若结构的几何参数、物理参数和边条件对某一直线是轴对称的, 则此结构称为轴对称结构. 此直线称为对称轴, 将它作为柱坐标系 $Or\theta z$ 的 z 轴, 则此

结构的几何形状、物理性质及边条件与 θ 无关. 在连续系统中, 令 r, θ, z 方向 (称为径向、周向、轴向) 的位移分别为 u, v, w, 则该三维问题的模态方程及边条件为

$$
\begin{cases}
\boldsymbol{L}_{r,\theta,z}(r,z)\left(u(r,\theta,z),v(r,\theta,z),w(r,\theta,z)\right)^{\mathrm{T}} \\
\quad -\omega^2 \boldsymbol{M}_{r,\theta,z}(r,z)\left(u(r,\theta,z),v(r,\theta,z),w(r,\theta,z)\right)^{\mathrm{T}} = \boldsymbol{0}, & \Omega \text{ 内}, \\
\boldsymbol{B}_{r,\theta,z}(r,z)\left(u(r,\theta,z),v(r,\theta,z),w(r,\theta,z)\right)^{\mathrm{T}} = \boldsymbol{0}, & \partial\Omega \text{ 上},
\end{cases}
$$

$$(7.5.1)$$

其中, Ω 是柱坐标系 $Or\theta z$ 下轴对称结构所占据的三维区域, $\boldsymbol{L}_{r,\theta,z}$, $\boldsymbol{M}_{r,\theta,z}$, $\boldsymbol{B}_{r,\theta,z}$ 分别为弹性、惯性和边条件算子, 由于轴对称性, 因此其系数与 θ 无关.

对于二维问题 (如圆形平面膜、板和轴对称壳), 其坐标为 r, θ 或者 θ, z, 对于一维问题 (如圆环), 其坐标为 θ. 在有些问题中, 广义坐标只有 u 和 v (如平面膜), 或 w (如板).

7.5.2　模态的性质

考虑最复杂的情形, 轴对称三维弹性体具有三个位移分量 u, v, w. 由于轴对称结构的位移以 2π 为周期, 因此它们可以展开成 θ 的 Fourier 级数:

$$
u(r,\theta,z) = \sum_{n=0}^{\infty}[U_n(r,z)\cos n\theta + U_n'(r,z)\sin n\theta],
$$

$$
v(r,\theta,z) = \sum_{n=0}^{\infty}[V_n(r,z)\cos n\theta + V_n'(r,z)\sin n\theta], \qquad (7.5.2)
$$

$$
w(r,\theta,z) = \sum_{n=0}^{\infty}[W_n(r,z)\cos n\theta + W_n'(r,z)\sin n\theta].
$$

由于 $\boldsymbol{L}_{r,\theta,z}$, $\boldsymbol{M}_{r,\theta,z}$, $\boldsymbol{B}_{r,\theta,z}$ 是线性微分算子, 且其系数与 θ 无关, 因此将式 (7.5.2) 代入式 (7.5.1) 后, 根据 $\cos n\theta$ 和 $\sin n\theta$ 的正交性, 可将不同的谐波解耦, 得到

$$
\begin{cases}
\boldsymbol{L}_{r,\theta,z}(r,z)\,(U_n\cos n\theta + U_n'\sin n\theta, V_n\cos n\theta + V_n'\sin n\theta, W_n\cos n\theta + W_n'\sin n\theta)^{\mathrm{T}} \\
\quad -\omega^2 \boldsymbol{M}_{r,\theta,z}(r,z)(U_n\cos n\theta + U_n'\sin n\theta, V_n\cos n\theta + V_n'\sin n\theta, W_n\cos n\theta \\
\quad + W_n'\sin n\theta)^{\mathrm{T}} = \boldsymbol{0}, & \Omega \text{ 内}, \\
\boldsymbol{B}_{r,\theta,z}(r,z)(U_n\cos n\theta + U_n'\sin n\theta, V_n\cos n\theta \\
\quad + V_n'\sin n\theta, W_n\cos n\theta + W_n'\sin n\theta) = \boldsymbol{0}, & \partial\Omega \text{ 上}.
\end{cases}
$$

$$(7.5.3)$$

因此, 此轴对称结构的振型具有下述形式:

$$\boldsymbol{U}_n = \begin{bmatrix} U(r,\theta,z) \\ V(r,\theta,z) \\ W(r,\theta,z) \end{bmatrix} = \begin{bmatrix} U_n(r,z) \\ V_n(r,z) \\ W_n(r,z) \end{bmatrix} \cos n\theta$$

$$+ \begin{bmatrix} U_n'(r,z) \\ V_n'(r,z) \\ W_n'(r,z) \end{bmatrix} \sin n\theta, \quad n = 0,1,2,\cdots. \tag{7.5.4}$$

因轴对称结构具有镜面对称性, 若取 $-\theta$ 方向为新柱坐标系 $Or'\theta'z'$ 下的 θ' 方向, r 和 z 方向不变, 则此结构在新坐标系下的模态方程和边条件为

$$\begin{cases} \boldsymbol{L}_{r',\theta',z'}(r',z')\left[u'(r',\theta',z'),v'(r',\theta',z'),w'(r',\theta',z')\right)^{\mathrm{T}} \\ \qquad -\omega^2 \boldsymbol{M}_{r',\theta',z'}(r',z')\left[u'(r',\theta',z'),v'(r',\theta',z'),w'(r',\theta',z')\right)^{\mathrm{T}} = \boldsymbol{0}, \quad \Omega\ \text{内}, \\ \boldsymbol{B}_{r',\theta',z'}(r',z')\left[u'(r',\theta',z'),v'(r',\theta',z'),w'(r',\theta',z')\right)^{\mathrm{T}} = \boldsymbol{0}, \qquad\qquad \partial\Omega\ \text{上}, \end{cases}$$
$$\tag{7.5.5}$$

其中, u', v', w' 分别是 r', θ', z' 方向的位移, 因为此结构具有镜面对称性, 所以它们与原坐标系下的位移有如下转换关系:

$$\begin{aligned} u'(r',\theta',z') &= u(r,-\theta,z), \\ v'(r',\theta',z') &= -v(r,-\theta,z), \\ w'(r',\theta',z') &= w(r,-\theta,z). \end{aligned} \tag{7.5.6}$$

由式 (7.5.6) 和 (7.5.5) 可知, 若式 (7.5.4) 是结构的振型, 那么

$$\boldsymbol{U}_n^* = \begin{bmatrix} u(r,-\theta,z) \\ -v(r,-\theta,z) \\ w(r,-\theta,z) \end{bmatrix} = \begin{bmatrix} U_n(r,z) \\ -V_n(r,z) \\ W_n(r,z) \end{bmatrix} \cos n\theta - \begin{bmatrix} U_n'(r,z) \\ -V_n'(r,z) \\ W_n'(r,z) \end{bmatrix} \sin n\theta$$
$$\tag{7.5.7}$$

也是相同频率下的振型, 于是它们的和与差分别为

$$(\boldsymbol{U})_{ns} = \frac{1}{2}\left(\boldsymbol{U}_n + \boldsymbol{U}_n^*\right) = \begin{bmatrix} U_n(r,z)\cos n\theta \\ V_n'(r,z)\sin n\theta \\ W_n(r,z)\cos n\theta \end{bmatrix}, \quad n = 0,1,2,\cdots, \tag{7.5.8}$$

$$(\boldsymbol{U})_{na} = \frac{1}{2}\left(\boldsymbol{U}_n - \boldsymbol{U}_n^*\right) = \begin{bmatrix} U_n'(r,z)\sin n\theta \\ V_n(r,z)\cos n\theta \\ W_n'(r,z)\sin n\theta \end{bmatrix}, \quad n = 0, 1, 2, \cdots. \quad (7.5.9)$$

它们仍然是相同频率下的振型, 前者是对称振型, 后者是反对称振型, 分别用下角标 s 与 a 表示, 且此结构的任一振型都可以分解为上面两组振型之和.

进一步考察由式 (7.5.8) 和 (7.5.9) 所给出的对称振型和反对称振型的关系. 除 $n = 0$ 外, 对 θ 做坐标变换 $\theta = \theta' - \pi/(2n)$, 对称振型 (7.5.8) 成为

$$(\bar{\boldsymbol{U}})_{na} = \begin{bmatrix} U_n(r,z)\sin n\theta' \\ -V_n'(r,z)\cos n\theta' \\ W_n(r,z)\sin n\theta' \end{bmatrix}, \quad n = 0, 1, 2, \cdots. \quad (7.5.10)$$

式 (7.5.10) 就是式 (7.5.9) 所表示的在柱坐标系 $Or'\theta'z'$ 中的反对称振型, 由于轴对称性, 从而在新、原两坐标系中的反对称振型应相同, 因此反对称振型 (7.5.9) 为

$$(\boldsymbol{U})_{na} = \begin{bmatrix} U_n(r,z)\sin n\theta \\ -V_n'(r,z)\cos n\theta \\ W_n(r,z)\sin n\theta \end{bmatrix}, \quad n = 0, 1, 2, \cdots. \quad (7.5.11)$$

至此, 可得到结论:

(1) 轴对称三维弹性体的振型分为对称振型和反对称振型两组, 分别表示为式 (7.5.8) 和 (7.5.11), 周向为 $n(n = 0, 1, 2, \cdots)$ 阶简谐波. 除 $n = 0$ 外, 反对称振型可由对称振型旋转 $\pi/(2n)$ 而得到, 且其频率相同.

(2) 将式 (7.5.8) 代入式 (7.5.1), 即得确定 U_n, V_n' 和 W_n 的含参数 n 的方程:

$$\begin{cases} \boldsymbol{L}_{r,z,n}(U_n(r,z), V_n'(r,z), W_n(r,z))^{\mathrm{T}} \\ \quad -\omega^2 \boldsymbol{M}_{r,z,n}(U_n(r,z), V_n'(r,z), W_n(r,z))^{\mathrm{T}} = \boldsymbol{0}, \quad \Omega \text{ 内}, \\ \boldsymbol{B}_{r,z,n}(U_n(r,z), V_n'(r,z), W_n(r,z))^{\mathrm{T}} = \boldsymbol{0}, \qquad\qquad \partial\Omega \text{ 上}, \end{cases} \quad n = 0, 1, 2, \cdots,$$

$$(7.5.12)$$

这样, 三维特征值问题 (7.5.1) 被无穷个二维特征值问题 (7.5.12) 所代替.

轴对称二维问题 (如圆形平面膜、板和轴对称壳) 和轴对称一维问题 (如圆环) 的振型是式 (7.5.8) 和 (7.5.11) 的特殊形式, 它们都具有相同的定性性质.

7.5.3 应用

在用计算和实验方法测量轴对称结构的模态时, 可以利用该结构的定性性质.

(1) 在实际工程问题中, 仅仅需要得到轴对称结构的有限个振型, 因此在利用计算方法求解轴对称结构的特征值问题的过程中, 我们可以利用式 (7.5.12) 来大大简化式 (7.5.1) 所表示的特征值问题, 这样, 连续系统计算的问题的维数将减少一维, 而相应的离散系统计算的问题的自由度将显著减少.

(2) 用实验方法测量振型时, 只需测量结构的某一圆周的振型的一个分量的数据, 以判断其简谐波的阶数 n, 然后, 再对三维 (或二维、一维) 问题, 测量通过其中心轴的一个平面 (或一条线、一个点) 的振型数据.

7.6 重复性结构的强迫振动

对于重复性结构的强迫振动问题, 可以利用振型的定性性质, 仿效与广义位移相类似的方法对外力进行变换, 使整体结构的强迫振动问题被简化成若干个相互解耦的子结构的强迫振动问题.

举一个简单的对称结构的强迫振动的例子. 设该对称结构的两个对称子结构的广义位移分别为 w_1 和 w_2, 作用在两个子结构上的外力分别为 F_1 和 F_2, 这些外力是位置坐标和时间 t 的函数, 不一定是对称的. 整个系统的强迫振动方程、边条件, 以及对称面上的连续性条件和两个子结构之间的约束条件分别为

$$
\begin{cases}
\boldsymbol{L}\boldsymbol{w}_i + \boldsymbol{M}\ddot{\boldsymbol{w}}_i = \boldsymbol{F}_i, & \Omega \text{ 内}, \quad i = 1, 2, \\
\boldsymbol{B}\boldsymbol{w}_i = \boldsymbol{0}, & \partial\Omega \text{ 上}, \quad i = 1, 2, \\
\boldsymbol{J}_1\boldsymbol{w}_1|_{x=0} = -\boldsymbol{J}_1\boldsymbol{w}_2|_{x=0}, & \boldsymbol{J}_2\boldsymbol{w}_1|_{x=0} = \boldsymbol{J}_2\boldsymbol{w}_2|_{x=0}, \\
\boldsymbol{J}_{r_j}\boldsymbol{w}_1|_{s_j} = \bar{\boldsymbol{J}}_{r_j}\boldsymbol{w}_2|_{\bar{s}_j}, & \boldsymbol{J}_{r_j}\boldsymbol{w}_2|_{s_j} = \bar{\boldsymbol{J}}_{r_j}\boldsymbol{w}_1|_{\bar{s}_j}, \quad j = 1, 2, \cdots, l,
\end{cases}
\tag{7.6.1}
$$

其中, $\boldsymbol{L}$, $\boldsymbol{M}$, $\boldsymbol{B}$, $\boldsymbol{J}_1$, $\boldsymbol{J}_2$, $\boldsymbol{J}_{r_j}$, $\bar{\boldsymbol{J}}_{r_j}$ 皆为矩阵微分算子. 利用对称结构的振型的定性性质, 将式 (7.6.1) 中的广义坐标和外力做如下同样的变换:

$$
\begin{aligned}
\boldsymbol{w} &= \begin{bmatrix} \boldsymbol{w}_1 \\ \boldsymbol{w}_2 \end{bmatrix} = \frac{1}{\sqrt{2}} \begin{bmatrix} \boldsymbol{I} & \boldsymbol{I} \\ \boldsymbol{I} & -\boldsymbol{I} \end{bmatrix} \begin{bmatrix} \boldsymbol{q}_1 \\ \boldsymbol{q}_2 \end{bmatrix}, \\
\boldsymbol{F} &= \begin{bmatrix} \boldsymbol{F}_1 \\ \boldsymbol{F}_2 \end{bmatrix} = \frac{1}{\sqrt{2}} \begin{bmatrix} \boldsymbol{I} & \boldsymbol{I} \\ \boldsymbol{I} & -\boldsymbol{I} \end{bmatrix} \begin{bmatrix} \boldsymbol{f}_1 \\ \boldsymbol{f}_2 \end{bmatrix},
\end{aligned}
\tag{7.6.2}
$$

再将式 (7.6.2) 代入式 (7.6.1), 可以得到类似式 (7.1.10) 的如下式子:

$$
\begin{cases}
\boldsymbol{L}\boldsymbol{q}_i + \boldsymbol{M}\ddot{\boldsymbol{q}}_i = \boldsymbol{f}_i, & \Omega \ \text{内}, \quad i = 1,2, \\
\boldsymbol{B}\boldsymbol{q}_i = \boldsymbol{0}, & \partial\Omega \ \text{上}, \quad i = 1,2, \\
\boldsymbol{J}_i\boldsymbol{q}_i|_{x=0} = \boldsymbol{0}, \quad \boldsymbol{J}_{r_j}\boldsymbol{q}_i|_{s_j} = (-1)^{i+1}\bar{\boldsymbol{J}}_{r_j}\boldsymbol{q}_i|_{\bar{s}_j}, & i = 1,2, \quad j = 0,1,\cdots,l.
\end{cases}
$$

$$(7.6.3)$$

另外, 式 (7.6.1) 和 (7.6.3) 还应包括时间初条件, 并且对初条件也需做变换 (7.6.2). 这样, 整体结构的强迫振动问题 (7.6.1) 即被约化为 2 个单个子结构的强迫振动问题.

对于其他的重复性结构, 分析方法与上述方法类似. 例如, 对于旋转周期结构, 参照式 (7.2.5) 将外力 $\boldsymbol{F} = (\boldsymbol{F}_1, \boldsymbol{F}_2, \cdots, \boldsymbol{F}_n)^{\mathrm{T}}$ 用 $\boldsymbol{F} = \boldsymbol{R}\boldsymbol{f}$ 转换为可解耦的外力 $\boldsymbol{f}$. 对于链式结构, 参照式 (7.4.10) 将外力 $\boldsymbol{F}$ 用 $\boldsymbol{F} = \boldsymbol{C}\boldsymbol{f}$ 转换为可解耦的外力 $\boldsymbol{f}$. 这样处理之后, 整体结构的强迫振动问题都可解耦为一系列单个子结构的强迫振动问题.

7.7   重复性结构的振动控制和形状控制的降维方法

利用重复性结构的振型的定性性质, 可以找到重复性结构的振动控制的一种降维方法. 本节研究重复性结构离散系统 (在控制理论中常称为集中参数系统) 的降维方法 [7,8,18].

首先需要指出, 这里仅利用结构的重复性特点, 对振动控制降维给出一些形式上的方法. 对于控制系统的实际设计、可控性和可观察性等问题未做讨论.

对于重复性结构, 如果广义坐标凝聚、传感器布置、致动器布置, 以及输入和控制力的关系都具有和结构相同的重复性质, 则整体结构的振动控制问题可以约化为多个子结构的振动控制问题, 因此使控制系统的维数显著降低.

以下仅以对称结构的振动控制问题为例, 介绍对称结构的振动控制的降维方法.

在结构的对称面上, 取 b_1 个对称面内的、b_2 个垂直于对称面的广义坐标, 分别记为矢量 $\boldsymbol{w}_2$ 和 $\boldsymbol{w}_3$. 在结构的左右对称部分各取 p 个广义坐标, 分别记为矢量 $\boldsymbol{w}_1$ 和 $\boldsymbol{w}_4$. 在控制力作用下, 整体结构的运动方程为

$$\boldsymbol{M}\ddot{\boldsymbol{w}} + \boldsymbol{K}\boldsymbol{w} + \boldsymbol{B}\boldsymbol{u} = \boldsymbol{0}, \tag{7.7.1}$$

其中, $\boldsymbol{w} = (\boldsymbol{w}_1, \boldsymbol{w}_2, \boldsymbol{w}_3, \boldsymbol{w}_4)^{\mathrm{T}}$ 是 $2p + b_1 + b_2$ 维广义坐标矢量, $\boldsymbol{u}$ 表示系统的

输入, $\boldsymbol{Bu}$ 是控制力. 如果选取结构左右部分的广义坐标的位置及其编号相对于对称面对称, 则系统的刚度矩阵 $\boldsymbol{K}$ 可以表示为如下特殊形式:

$$\boldsymbol{K} = \begin{bmatrix} \boldsymbol{K}_{11} & \boldsymbol{K}_{12} & \boldsymbol{K}_{13} & \boldsymbol{K}_{14} \\ \boldsymbol{K}_{12}^{\mathrm{T}} & \boldsymbol{K}_{22} & \boldsymbol{0} & \boldsymbol{K}_{12}^{\mathrm{T}}\boldsymbol{S}_p \\ \boldsymbol{K}_{13}^{\mathrm{T}} & \boldsymbol{0} & \boldsymbol{K}_{33} & -\boldsymbol{K}_{13}^{\mathrm{T}}\boldsymbol{S}_p \\ \boldsymbol{K}_{14}^{\mathrm{T}} & \boldsymbol{S}_p\boldsymbol{K}_{12} & -\boldsymbol{S}_p\boldsymbol{K}_{13} & \boldsymbol{K}_{11}^{\mathrm{T}'} \end{bmatrix}, \quad \boldsymbol{S}_p = \begin{bmatrix} & & & 1 \\ & & 1 & \\ & \cdots & & 0 \\ 1 & & 0 & \end{bmatrix}_{p \times p}.$$

$$\tag{7.7.2}$$

质量矩阵 $\boldsymbol{M}$ 也具有与 $\boldsymbol{K}$ 同样的形式.

当在对称面上, 以及在左右两部分对称地布置一些致动器时, 控制力的输入 $\boldsymbol{u}$ 由四组分量: m 维的 $\boldsymbol{u}_1$ 和 $\boldsymbol{u}_4$, s_1 维的 $\boldsymbol{u}_2$, s_2 维的 $\boldsymbol{u}_3$ 组成, 即

$$\boldsymbol{u} = (\boldsymbol{u}_1, \boldsymbol{u}_2, \boldsymbol{u}_3, \boldsymbol{u}_4)^{\mathrm{T}}, \quad m \leqslant p, \quad s_i \leqslant b_i(i=1,2).$$

令输入 $\boldsymbol{u}$ 对结构产生的控制力也具有对称性, 即分矢量 $\boldsymbol{u}_1, \boldsymbol{u}_2, \boldsymbol{u}_3, \boldsymbol{u}_4$ 在 $\boldsymbol{w}_1$ 方向产生的控制力 $\boldsymbol{B}_{11}\boldsymbol{u}_1, \boldsymbol{B}_{12}\boldsymbol{u}_2, \boldsymbol{B}_{13}\boldsymbol{u}_3, \boldsymbol{B}_{14}\boldsymbol{u}_4$ 和 $\boldsymbol{S}_m\boldsymbol{u}_4, \boldsymbol{u}_2, \boldsymbol{u}_3, \boldsymbol{S}_m\boldsymbol{u}_1$ 与在 $\boldsymbol{S}_p\boldsymbol{w}_4$ 方向产生的控制力相同, $\boldsymbol{u}_1$ 和 $\boldsymbol{S}_m\boldsymbol{u}_4$ 在 $\boldsymbol{w}_2$ 方向和 $\boldsymbol{w}_3$ 方向产生的控制力相同, $\boldsymbol{u}_2$ 在 $\boldsymbol{w}_3$ 方向和 $\boldsymbol{u}_3$ 在 $\boldsymbol{w}_2$ 方向不产生控制力, 于是控制矩阵 $\boldsymbol{B}$ 具有如下形式:

$$\boldsymbol{B} = \begin{bmatrix} \boldsymbol{B}_{11} & \boldsymbol{B}_{12} & \boldsymbol{B}_{13} & \boldsymbol{B}_{14} \\ \boldsymbol{B}_{21} & \boldsymbol{B}_{22} & \boldsymbol{0} & \boldsymbol{B}_{21}\boldsymbol{S}_m \\ \boldsymbol{B}_{31} & \boldsymbol{0} & \boldsymbol{B}_{33} & -\boldsymbol{B}_{31}\boldsymbol{S}_m \\ \boldsymbol{S}_p\boldsymbol{B}_{14}\boldsymbol{S}_m & \boldsymbol{S}_p\boldsymbol{B}_{12} & -\boldsymbol{S}_p\boldsymbol{B}_{13} & \boldsymbol{S}_p\boldsymbol{B}_{11}\boldsymbol{S}_m \end{bmatrix}, \tag{7.7.3}$$

其中, $\boldsymbol{S}_p$ 为式 (7.7.2) 表示的 p 阶方阵, $\boldsymbol{S}_m$ 与 $\boldsymbol{S}_p$ 形式相同, 只是矩阵阶数为 $m \times m$.

然而在实践中既难以对大量的广义坐标进行观测, 更难以对高维系统实现控制, 因而对于结构的高维广义坐标 $\boldsymbol{w}$, 常常要求将其凝聚成由安装的传感器可以测量的低维变量 $\boldsymbol{y}$, 以减少结构控制的维数. 设在结构的对称面内沿平行和垂直于对称面方向各设置 r_1 和 r_2 个传感器, 在对称面的左右部分各安装 l 个具有同样的位置和类型的传感器, 这里, $m < l \leqslant p$, $s_i < r_i \leqslant b_i(i=1,2)$. 由这些传感器测量的广义坐标分别用 $\boldsymbol{y}_2, \boldsymbol{y}_3, \boldsymbol{y}_1$ 和 $\boldsymbol{y}_4$ 表示. 因此整体结构的凝聚坐标可以表示为

$$\boldsymbol{y} = (\boldsymbol{y}_1, \boldsymbol{y}_2, \boldsymbol{y}_3, \boldsymbol{y}_4)^{\mathrm{T}}.$$

为了保持凝聚系统的对称性, 按如下形式给出凝聚关系:

$$
\boldsymbol{w} = \begin{bmatrix} \boldsymbol{w}_1 \\ \boldsymbol{w}_2 \\ \boldsymbol{w}_3 \\ \boldsymbol{w}_4 \end{bmatrix} = \boldsymbol{C}\boldsymbol{y} = \begin{bmatrix} \boldsymbol{C}_{11} & \boldsymbol{C}_{12} & \boldsymbol{C}_{13} & \boldsymbol{C}_{14} \\ \boldsymbol{C}_{21} & \boldsymbol{C}_{22} & \boldsymbol{0} & \boldsymbol{C}_{21}\boldsymbol{S}_l \\ \boldsymbol{C}_{31} & \boldsymbol{0} & \boldsymbol{C}_{33} & -\boldsymbol{C}_{31}\boldsymbol{S}_l \\ \boldsymbol{S}_p\boldsymbol{C}_{14}\boldsymbol{S}_l & \boldsymbol{S}_p\boldsymbol{C}_{12} & -\boldsymbol{S}_p\boldsymbol{C}_{13} & \boldsymbol{S}_p\boldsymbol{C}_{11}\boldsymbol{S}_l \end{bmatrix} \begin{bmatrix} \boldsymbol{y}_1 \\ \boldsymbol{y}_2 \\ \boldsymbol{y}_3 \\ \boldsymbol{y}_4 \end{bmatrix}.
\tag{7.7.4}
$$

将式 (7.7.4) 代入式 (7.7.1), 并且左乘 $\boldsymbol{C}^{\mathrm{T}}$, 得到 $2l + r_1 + r_2$ 维控制系统

$$
\widetilde{\boldsymbol{M}}\ddot{\boldsymbol{y}} + \widetilde{\boldsymbol{K}}\boldsymbol{y} + \widetilde{\boldsymbol{B}}\boldsymbol{u} = \boldsymbol{0},
\tag{7.7.5}
$$

其中,

$$
\widetilde{\boldsymbol{K}} = \begin{bmatrix} \widetilde{\boldsymbol{K}}_{11} & \widetilde{\boldsymbol{K}}_{12} & \widetilde{\boldsymbol{K}}_{13} & \widetilde{\boldsymbol{K}}_{14} \\ \widetilde{\boldsymbol{K}}_{12}^{\mathrm{T}} & \widetilde{\boldsymbol{K}}_{22} & \boldsymbol{0} & \widetilde{\boldsymbol{K}}_{12}^{\mathrm{T}}\boldsymbol{S}_l \\ \widetilde{\boldsymbol{K}}_{13}^{\mathrm{T}} & \boldsymbol{0} & \widetilde{\boldsymbol{K}}_{33} & -\widetilde{\boldsymbol{K}}_{13}^{\mathrm{T}}\boldsymbol{S}_l \\ \widetilde{\boldsymbol{K}}_{14}^{\mathrm{T}} & \boldsymbol{S}_l\widetilde{\boldsymbol{K}}_{12} & -\boldsymbol{S}_l\widetilde{\boldsymbol{K}}_{13} & \widetilde{\boldsymbol{K}}_{11}^{\mathrm{T}'} \end{bmatrix},
$$

$$
\widetilde{\boldsymbol{B}} = \begin{bmatrix} \widetilde{\boldsymbol{B}}_{11} & \widetilde{\boldsymbol{B}}_{12} & \widetilde{\boldsymbol{B}}_{13} & \widetilde{\boldsymbol{B}}_{14} \\ \widetilde{\boldsymbol{B}}_{21} & \widetilde{\boldsymbol{B}}_{22} & \boldsymbol{0} & \widetilde{\boldsymbol{B}}_{21}\boldsymbol{S}_m \\ \widetilde{\boldsymbol{B}}_{31} & \boldsymbol{0} & \widetilde{\boldsymbol{B}}_{33} & -\widetilde{\boldsymbol{B}}_{31}\boldsymbol{S}_m \\ \boldsymbol{S}_l\widetilde{\boldsymbol{B}}_{14}\boldsymbol{S}_m & \boldsymbol{S}_l\widetilde{\boldsymbol{B}}_{12} & -\boldsymbol{S}_l\widetilde{\boldsymbol{B}}_{13} & \boldsymbol{S}_l\widetilde{\boldsymbol{B}}_{11}\boldsymbol{S}_m \end{bmatrix},
\tag{7.7.6}
$$

并有

$$
\widetilde{\boldsymbol{K}}_{11}^{\mathrm{T}} = \widetilde{\boldsymbol{K}}_{11}, \quad \widetilde{\boldsymbol{K}}_{14}^{\mathrm{T}'} = \widetilde{\boldsymbol{K}}_{14},
$$

$\widetilde{\boldsymbol{M}}$ 具有和 $\widetilde{\boldsymbol{K}}$ 相同的形式. 这表明凝聚后的系统的 $\widetilde{\boldsymbol{M}}, \widetilde{\boldsymbol{K}}, \widetilde{\boldsymbol{B}}$ 仍保持了对称结构的特性, 如同式 (7.7.2) 和 (7.7.3) 一样.

为了对式 (7.7.5) 进行约简, 应用如下坐标变换:

$$
\boldsymbol{y} = \begin{bmatrix} \boldsymbol{y}_1 \\ \boldsymbol{y}_2 \\ \boldsymbol{y}_3 \\ \boldsymbol{y}_4 \end{bmatrix} = \frac{1}{\sqrt{2}} \begin{bmatrix} \boldsymbol{I}_l & \boldsymbol{0} & \boldsymbol{0} & \boldsymbol{I}_l \\ \boldsymbol{0} & \sqrt{2}\boldsymbol{I}_{r_1} & \boldsymbol{0} & \boldsymbol{0} \\ \boldsymbol{0} & \boldsymbol{0} & \sqrt{2}\boldsymbol{I}_{r_2} & \boldsymbol{0} \\ \boldsymbol{S}_l & \boldsymbol{0} & \boldsymbol{0} & -\boldsymbol{S}_l \end{bmatrix} \begin{bmatrix} \boldsymbol{q}_1 \\ \boldsymbol{q}_2 \\ \boldsymbol{q}_3 \\ \boldsymbol{q}_4 \end{bmatrix} = \boldsymbol{H}_1\boldsymbol{q},
\tag{7.7.7}
$$

$$
\boldsymbol{u} = \begin{bmatrix} \boldsymbol{u}_1 \\ \boldsymbol{u}_2 \\ \boldsymbol{u}_3 \\ \boldsymbol{u}_4 \end{bmatrix} = \frac{1}{\sqrt{2}} \begin{bmatrix} \boldsymbol{I}_m & \boldsymbol{0} & \boldsymbol{0} & \boldsymbol{I}_m \\ \boldsymbol{0} & \sqrt{2}\boldsymbol{I}_{s_1} & \boldsymbol{0} & \boldsymbol{0} \\ \boldsymbol{0} & \boldsymbol{0} & \sqrt{2}\boldsymbol{I}_{s_2} & \boldsymbol{0} \\ \boldsymbol{S}_m & \boldsymbol{0} & \boldsymbol{0} & -\boldsymbol{S}_m \end{bmatrix} \begin{bmatrix} \boldsymbol{v}_1 \\ \boldsymbol{v}_2 \\ \boldsymbol{v}_3 \\ \boldsymbol{v}_4 \end{bmatrix} = \boldsymbol{H}_2\boldsymbol{v},
\tag{7.7.8}
$$

其中, I_l 表示 l 阶单位矩阵, 注意 $H_i^T H_i = I (i = 1, 2)$. 将式 (7.7.7) 和 (7.7.8) 代入式 (7.7.5), 并且左乘 H_i^T 得

$$\begin{bmatrix} \widetilde{M}_{11} + \widetilde{M}_{14} S_l & \sqrt{2} \widetilde{M}_{12} \\ \sqrt{2} \widetilde{M}_{12}^T & \widetilde{M}_{22} \end{bmatrix} \begin{bmatrix} \ddot{q}_1 \\ \ddot{q}_2 \end{bmatrix} + \begin{bmatrix} \widetilde{K}_{11} + \widetilde{K}_{14} S_l & \sqrt{2} \widetilde{K}_{12} \\ \sqrt{2} \widetilde{K}_{12}^T & \widetilde{K}_{22} \end{bmatrix} \begin{bmatrix} q_1 \\ q_2 \end{bmatrix}$$

$$+ \begin{bmatrix} \widetilde{B}_{11} + \widetilde{B}_{14} S_l & \sqrt{2} \widetilde{B}_{12} \\ \sqrt{2} \widetilde{B}_{21} & \widetilde{B}_{22} \end{bmatrix} \begin{bmatrix} v_1 \\ v_2 \end{bmatrix} = 0 \qquad (7.7.9)$$

和

$$\begin{bmatrix} \widetilde{M}_{33} & \sqrt{2} \widetilde{M}_{13}^T \\ \sqrt{2} \widetilde{M}_{13} & \widetilde{M}_{11} - \widetilde{M}_{14} S_l \end{bmatrix} \begin{bmatrix} \ddot{q}_3 \\ \ddot{q}_4 \end{bmatrix} + \begin{bmatrix} \widetilde{K}_{33} & \sqrt{2} \widetilde{K}_{13}^T \\ \sqrt{2} \widetilde{K}_{13} & \widetilde{K}_{11} - \widetilde{K}_{14} S_l \end{bmatrix} \begin{bmatrix} q_3 \\ q_4 \end{bmatrix}$$

$$+ \begin{bmatrix} \widetilde{B}_{33} & \sqrt{2} \widetilde{B}_{31} \\ \sqrt{2} \widetilde{B}_{13} & \widetilde{B}_{11} - \widetilde{B}_{14} S_l \end{bmatrix} \begin{bmatrix} v_3 \\ v_4 \end{bmatrix} = 0. \qquad (7.7.10)$$

至此, 具有自由度为 $2l + r_1 + r_2$ 的原控制系统 (7.7.5) 已被约简为一个自由度为 $l + r_1$ 和另一个自由度为 $l + r_2$ 的控制系统.

如果在对称结构的对称面上不设置广义坐标, 则约简过程更为简单. 此时, $w_2, w_3, u_2, u_3, y_2, y_3$ 都是零矢量, 因此式 (7.7.6) 变为

$$\widetilde{M} = \begin{bmatrix} \widetilde{M}_{11} & \widetilde{M}_{14} \\ \widetilde{M}_{14}^T & \widetilde{M}_{11}^{T'} \end{bmatrix}, \quad \widetilde{K} = \begin{bmatrix} \widetilde{K}_{11} & \widetilde{K}_{14} \\ \widetilde{K}_{14}^T & \widetilde{K}_{11}^{T'} \end{bmatrix},$$

$$\widetilde{B} = \begin{bmatrix} \widetilde{B}_{11} & \widetilde{B}_{14} \\ S_l \widetilde{B}_{14} S_m & S_l \widetilde{B}_{11} S_m \end{bmatrix}. \qquad (7.7.11)$$

且由式 (7.7.11) 可以看到, 矩阵 $\widetilde{M}$ 和 $\widetilde{K}$ 对于主对角线和副对角线都是对称的. 式 (7.7.7) 和 (7.7.8) 变为

$$y = \begin{bmatrix} y_1 \\ y_4 \end{bmatrix} = \frac{1}{\sqrt{2}} \begin{bmatrix} I_l & I_l \\ S_l & -S_l \end{bmatrix} \begin{bmatrix} q_1 \\ q_4 \end{bmatrix} = U_1 q, \qquad (7.7.12)$$

$$u = \begin{bmatrix} u_1 \\ u_4 \end{bmatrix} = \frac{1}{\sqrt{2}} \begin{bmatrix} I_m & I_m \\ S_m & -S_m \end{bmatrix} \begin{bmatrix} v_1 \\ v_4 \end{bmatrix} = U_2 v. \qquad (7.7.13)$$

最后, 原控制系统被约简为两个自由度为 l 的控制系统:

$$(\widetilde{\boldsymbol{M}}_{11} + \widetilde{\boldsymbol{M}}_{14}\boldsymbol{S}_l)\ddot{\boldsymbol{q}}_1 + (\widetilde{\boldsymbol{K}}_{11} + \widetilde{\boldsymbol{K}}_{14}\boldsymbol{S}_l)\boldsymbol{q}_1 + (\widetilde{\boldsymbol{B}}_{11} + \widetilde{\boldsymbol{B}}_{14}\boldsymbol{S}_m)\boldsymbol{v}_1 = \boldsymbol{0}, \quad (7.7.14)$$

$$(\widetilde{\boldsymbol{M}}_{11} - \widetilde{\boldsymbol{M}}_{14}\boldsymbol{S}_l)\ddot{\boldsymbol{q}}_4 + (\widetilde{\boldsymbol{K}}_{11} - \widetilde{\boldsymbol{K}}_{14}\boldsymbol{S}_l)\boldsymbol{q}_4 + (\widetilde{\boldsymbol{B}}_{11} - \widetilde{\boldsymbol{B}}_{14}\boldsymbol{S}_m)\boldsymbol{v}_4 = \boldsymbol{0}. \quad (7.7.15)$$

综上所述, 式 (7.7.12)~(7.7.15) 指出了用实验实现控制的过程, 其步骤如下:

(1) 根据式 (7.7.12), 将整体结构的观测量 $\boldsymbol{y} = (\boldsymbol{y}_1, \boldsymbol{y}_4)^{\mathrm{T}}$ 按

$$\boldsymbol{q} = \begin{bmatrix} \boldsymbol{q}_1 \\ \boldsymbol{q}_4 \end{bmatrix} = \boldsymbol{U}_1^{\mathrm{T}}\boldsymbol{y} = \frac{1}{\sqrt{2}} \begin{bmatrix} \boldsymbol{y}_1 + \boldsymbol{S}\boldsymbol{y}_4 \\ \boldsymbol{y}_1 - \boldsymbol{S}\boldsymbol{y}_4 \end{bmatrix} \qquad (7.7.16)$$

组合成 $\boldsymbol{q}_1$ 和 $\boldsymbol{q}_4$, 并分别送入控制系统 (7.7.14) 和 (7.7.15).

(2) 按控制系统 (7.7.14) 和 (7.7.15) 分别设计出反馈输入 $\boldsymbol{v}_1$ 和 $\boldsymbol{v}_4$.

(3) 将 $\boldsymbol{v}_1$ 和 $\boldsymbol{v}_4$ 按式 (7.7.13) 对 $\boldsymbol{v}_1$ 做对称, 且对 $\boldsymbol{v}_4$ 做反对称的组合后, 送入整体系统的输入 $\boldsymbol{u}$. 这样, 原为 $2l$ 维系统的振动控制, 可通过处理两个 l 维系统的振动控制加以实现.

综上所述, 本节给出了对称结构的振动控制的降维方法. 作为一个简例, 考虑每一个子结构只有一个传感器和一个致动器的情形. 运用本节给出的降维方法, 对于对称结构, 一个双输入双输出的控制系统被缩减为两个单输入单输出的控制系统.

本节最后我们指出, 对于重复性结构的静态形状控制问题 [18], 与处理上述振动控制问题完全一样, 只是不计惯性项, 从而使问题大为简化.

7.8　重复性结构的静变形的定性性质

在工程问题中, 解决重复性结构的静变形问题的需求, 比解决振动问题的需求可能更为普遍. 不过, 在力学理论和数学处理方面, 前者远比后者简单. 本节论述各类重复性结构的静变形的定性性质, 只需在相应结构振动的定性性质的问题中做适当的变更, 即可导出相应的结论. 说明一点: 本节以下所有公式中所出现的符号, 其物理或数学意义均与 7.1~7.5 节完全相同.

7.8.1　对称结构的静变形的定性性质

设对称结构受到的静力为 $\boldsymbol{F} = (\boldsymbol{F}_1, \boldsymbol{F}_2)^{\mathrm{T}}$, $\boldsymbol{F}_1$ 和 $\boldsymbol{F}_2$ 分别作用在子结构 No.1 和 No.2 上. 静变形的微分方程为

$$\begin{cases} \boldsymbol{L}\boldsymbol{u} = \boldsymbol{F}, & \widetilde{\Omega} \text{ 内}, \\ \boldsymbol{B}\boldsymbol{u} = \boldsymbol{0}, & \partial\widetilde{\Omega} \text{ 上}. \end{cases} \tag{7.8.1}$$

按子结构的形式表达为

$$\begin{cases} \boldsymbol{L}\boldsymbol{u}_k = \boldsymbol{F}_k, & \Omega \text{ 内}, \quad k = 1, 2, \\ \boldsymbol{B}\boldsymbol{u}_k = \boldsymbol{0}, & \partial\Omega \text{ 上}, \quad k = 1, 2. \end{cases} \tag{7.8.2}$$

相邻子结构间的连续性条件仍为式 (7.1.3a) 和 (7.1.3b), 可能存在的约束条件仍为式 (7.1.4a) 和 (7.1.4b).

对结构的原广义位移做如下变换:

$$\begin{aligned} \boldsymbol{u} = \begin{bmatrix} \boldsymbol{u}_1 \\ \boldsymbol{u}_2 \end{bmatrix} = \boldsymbol{P}\boldsymbol{q} &= \frac{1}{\sqrt{2}} \begin{bmatrix} \boldsymbol{I} & \boldsymbol{I} \\ \boldsymbol{I} & -\boldsymbol{I} \end{bmatrix} \begin{bmatrix} \boldsymbol{q}_1 \\ \boldsymbol{q}_2 \end{bmatrix} \\ &= \frac{1}{\sqrt{2}} \begin{bmatrix} \boldsymbol{I} \\ \boldsymbol{I} \end{bmatrix} \boldsymbol{q}_1 + \frac{1}{\sqrt{2}} \begin{bmatrix} \boldsymbol{I} \\ -\boldsymbol{I} \end{bmatrix} \boldsymbol{q}_2. \end{aligned} \tag{7.8.3}$$

对外力 $\boldsymbol{F}$ 做同样的变换:

$$\begin{aligned} \boldsymbol{F} = \begin{bmatrix} \boldsymbol{F}_1 \\ \boldsymbol{F}_2 \end{bmatrix} = \boldsymbol{P}\boldsymbol{f} &= \frac{1}{\sqrt{2}} \begin{bmatrix} \boldsymbol{I} \\ \boldsymbol{I} \end{bmatrix} \boldsymbol{f}_1 + \frac{1}{\sqrt{2}} \begin{bmatrix} \boldsymbol{I} \\ -\boldsymbol{I} \end{bmatrix} \boldsymbol{f}_2, \\ \boldsymbol{f}_1 = \frac{1}{\sqrt{2}} \left(\boldsymbol{F}_1 + \boldsymbol{F}_2 \right), &\quad \boldsymbol{f}_2 = \frac{1}{\sqrt{2}} \left(\boldsymbol{F}_1 - \boldsymbol{F}_2 \right), \end{aligned} \tag{7.8.4}$$

即外力被变换为对称和反对称两组. 利用这些变换, 仿照 7.1.2 小节的讨论, 最后可得对称结构的静变形的方程为

$$\begin{cases} \boldsymbol{L}\boldsymbol{q}_i = \boldsymbol{f}_i, & \Omega \text{ 内}, \\ \boldsymbol{B}\boldsymbol{q}_i = \boldsymbol{0}, & \partial\Omega \text{ 上}, \\ \boldsymbol{J}_i\boldsymbol{q}_i = \boldsymbol{0}, & b_0 \text{ 上}, \quad i = 1, 2, \\ \boldsymbol{J}_{r_j}\boldsymbol{q}_i\big|_{s_j} = (-1)^{i+1}\bar{\boldsymbol{J}}_{r_j}\boldsymbol{q}_i\big|_{\bar{s}_j}, & i = 1, 2, \quad j = 1, 2, \cdots, l. \end{cases} \tag{7.8.5}$$

这是 $\boldsymbol{q}_1, \boldsymbol{q}_2$ 解耦的两组微分方程与边条件. 由此得到结论: 对于对称结构, 相对结构的对称面, 外力和静变形可以分解为对称和反对称两组. 因此整体结构的静变形只需解两个一半结构的相应问题. 当外力对称或反对称时, 静变形也对称或反对称, 此时只需计算或测量半个结构的静变形.

7.8.2　旋转周期结构的静变形的定性性质

设作用于一个 n 阶旋转周期结构上的外力为 $\boldsymbol{F} = (\boldsymbol{F}_1, \boldsymbol{F}_2, \cdots, \boldsymbol{F}_k, \cdots, \boldsymbol{F}_n)$, 其中, $\boldsymbol{F}_k$ 是作用在第 k 个子结构上的外力. 在此外力作用下的静变形的方程为

$$\begin{cases} \boldsymbol{Lu} = \boldsymbol{F}, & \widetilde{\varOmega} \text{ 内,} \\ \boldsymbol{Bu} = \boldsymbol{0}, & \partial\widetilde{\varOmega} \text{ 上.} \end{cases} \tag{7.8.6}$$

按子结构的形式表达为

$$\begin{cases} \boldsymbol{Lu}_k = \boldsymbol{F}_k, & \varOmega \text{ 内,} \quad k = 1, 2, \cdots, n, \\ \boldsymbol{Bu}_k = \boldsymbol{0}, & \partial\varOmega \text{ 上,} \quad k = 1, 2, \cdots, n. \end{cases} \tag{7.8.7}$$

相邻子结构间的连续性条件仍为式 (7.2.3), 相邻子结构间的约束条件仍为式 (7.2.4).

对结构的广义位移 $\boldsymbol{u}_k$ 和广义力 $\boldsymbol{F}_k$ 分别做如下变换:

$$\boldsymbol{u} = (\boldsymbol{u}_1, \boldsymbol{u}_2, \cdots, \boldsymbol{u}_n)^{\mathrm{T}} = (\boldsymbol{R}_1, \boldsymbol{R}_2, \cdots, \boldsymbol{R}_n) \begin{bmatrix} \boldsymbol{q}_1 \\ \boldsymbol{q}_2 \\ \vdots \\ \boldsymbol{q}_n \end{bmatrix} = \boldsymbol{Rq}, \tag{7.8.8a}$$

$$\boldsymbol{R}_r = \frac{1}{\sqrt{n}} (\boldsymbol{I}, \mathrm{e}^{\mathrm{i}r\psi}\boldsymbol{I}, \mathrm{e}^{\mathrm{i}2r\psi}\boldsymbol{I}, \cdots, \mathrm{e}^{\mathrm{i}(n-1)r\psi}\boldsymbol{I})^{\mathrm{T}}, \quad r = 1, 2, \cdots, n, \tag{7.8.8b}$$

$$\boldsymbol{F} = (\boldsymbol{F}_1, \boldsymbol{F}_2, \cdots, \boldsymbol{F}_n)^{\mathrm{T}} = (\boldsymbol{R}_1, \boldsymbol{R}_2, \cdots, \boldsymbol{R}_n) \begin{bmatrix} \boldsymbol{f}_1 \\ \boldsymbol{f}_2 \\ \vdots \\ \boldsymbol{f}_n \end{bmatrix} = \boldsymbol{Rf}, \tag{7.8.9}$$

具有 n 个子结构的整体结构的静变形问题被分解为 n 个单个子结构的静变形问题:

$$\begin{cases} \boldsymbol{Lq}_r = \boldsymbol{f}_r, & \varOmega \text{ 内,} \\ \boldsymbol{Bq}_r = \boldsymbol{0}, & \partial\varOmega \text{ 上,} \\ \boldsymbol{J}_0\boldsymbol{q}_r|_{b+} = \boldsymbol{J}_0\mathrm{e}^{\mathrm{i}r\psi}\boldsymbol{q}_r|_{b-}, & \boldsymbol{J}_{pj}\boldsymbol{q}_r|_{s_{pj}} = \bar{\boldsymbol{J}}_{pj}\mathrm{e}^{\mathrm{i}pr\psi}\boldsymbol{q}_r|_{\bar{s}_{pj}}, \\ \quad r = 1, 2, \cdots, n, \quad p = 1, 2, \cdots, n, \quad j = 0, 1, \cdots, l_p. \end{cases} \tag{7.8.10}$$

这组方程中的力 $\boldsymbol{f}_r$ 和解 $\boldsymbol{q}_r$ 一般为复矢量: $\boldsymbol{f}_r = \boldsymbol{f}_r^{\mathrm{r}} + \mathrm{i}\boldsymbol{f}_r^{\mathrm{i}}, \boldsymbol{q}_r = \boldsymbol{q}_r^{\mathrm{r}} + \mathrm{i}\boldsymbol{q}_r^{\mathrm{i}}$. 将之代入式 (7.8.10), 可得

$$\boldsymbol{L}\boldsymbol{q}_r^{\mathrm{r}} = \boldsymbol{f}_r^{\mathrm{r}}, \quad \boldsymbol{L}\boldsymbol{q}_r^{\mathrm{i}} = \boldsymbol{f}_r^{\mathrm{i}}, \quad \Omega \text{ 内}, \tag{7.8.11}$$

以及仍由式 (7.2.15)~(7.2.17) 所表示的边条件、连续性条件和约束条件. 类似 7.2.2 小节的讨论, 可以得到旋转周期结构的静变形具有以下几种类型:

(a) 对应 $r = n$ 的一组, 每一个子结构的受力相同, 皆为 $\boldsymbol{f}_n$, 对应的每一个子结构的静位移相同, 整体结构的位移为 $\boldsymbol{u}^{(n)} = (\boldsymbol{q}_n, \boldsymbol{q}_n, \cdots, \boldsymbol{q}_n)^{\mathrm{T}}$. 第 k 个子结构的两侧边条件是 $\boldsymbol{u}_k^{(n)}|_{b^+} = \boldsymbol{u}_k^{(n)}|_{b^-}$, 其中, b^+ 和 b^- 是在 7.2 节中引入过的记号. 但如果 $\boldsymbol{f}_n = \boldsymbol{F}_1 + \boldsymbol{F}_2 + \cdots + \boldsymbol{F}_n = 0$, 则 $\boldsymbol{q}_n = 0, \boldsymbol{u}^{(n)} = 0$.

(b) 当 n 为偶数时, 对应 $r = n/2$ 的一组, 相邻子结构的受力相反, 对应的相邻子结构的静位移相反, 即 $\boldsymbol{u}^{(n/2)} = (\boldsymbol{q}_{n/2}, -\boldsymbol{q}_{n/2}, \cdots, \boldsymbol{q}_{n/2}, -\boldsymbol{q}_{n/2})^{\mathrm{T}}$. 第 k 个子结构的两侧边条件是 $\boldsymbol{u}_k^{(n/2)}|_{b^+} = -\boldsymbol{u}_k^{(n/2)}|_{b^-}$. 但如果 $\boldsymbol{f}_{n/2} = \boldsymbol{F}_1 - \boldsymbol{F}_2 + \cdots + \boldsymbol{F}_{n-1} - \boldsymbol{F}_n = 0$, 则此组位移为零.

(c) 对于 $r \neq n$ 和 $r \neq n/2$ (n 为偶数) 的情形, $\boldsymbol{f}_r$ 和 $\boldsymbol{f}_{n-r}, \boldsymbol{q}_r$ 和 $\boldsymbol{q}_{n-r}, \boldsymbol{u}^{(r)}$ 和 $\boldsymbol{u}^{(n-r)}$ 分别为共轭复函数. 将 $\boldsymbol{u}^{(r)}$ 和 $\boldsymbol{u}^{(n-r)}$ 分别记为 $\boldsymbol{u}^{(r)} = \boldsymbol{v}^{(r)} + \mathrm{i}\boldsymbol{w}^{(r)}, \boldsymbol{u}^{(n-r)} = \boldsymbol{v}^{(r)} - \mathrm{i}\boldsymbol{w}^{(r)}$, 由 $\boldsymbol{u}^{(r)}$ 与 $\boldsymbol{u}^{(n-r)}$ 的和与差, 得两组实位移 $\boldsymbol{v}_k^{(r)}$ 和 $\boldsymbol{w}_k^{(r)}, k = 1, 2, \cdots, n$, 它们具有下列关系式:

$$\begin{bmatrix} \boldsymbol{v}_{k+1}^{(r)} \\ \boldsymbol{w}_{k+1}^{(r)} \end{bmatrix} = \begin{bmatrix} \cos r\psi & -\sin r\psi \\ \sin r\psi & \cos r\psi \end{bmatrix} \begin{bmatrix} \boldsymbol{v}_k^{(r)} \\ \boldsymbol{w}_k^{(r)} \end{bmatrix}. \tag{7.8.12a}$$

式 (7.8.12a) 中, 当 n 为偶数时, $r = 1, 2, \cdots, n/2 - 1$; 当 n 为奇数时, $r = 1, 2, \cdots, (n-1)/2$. 根据式 (7.8.12a) 可知, 第 k 个子结构的两侧边条件是

$$\begin{cases} \boldsymbol{v}_k^{(r)}|_{b^+} = \cos r\psi \cdot \boldsymbol{v}_k^{(r)}|_{b^-} - \sin r\psi \cdot \boldsymbol{w}_k^{(r)}|_{b^-}, \\ \boldsymbol{w}_k^{(r)}|_{b^+} = \sin r\psi \cdot \boldsymbol{v}_k^{(r)}|_{b^-} + \cos r\psi \cdot \boldsymbol{w}_k^{(r)}|_{b^-}. \end{cases} \tag{7.8.12b}$$

于是, 为了计算整体结构的静位移, 我们应该先求解一系列子结构层次上的静位移问题, 然后依据式 (7.8.8a) 和 (7.8.8b) 将其组合得到整体结构的静位移. 具体来说, 对应情形 (a), 只需计算两侧边条件 (含位移、转角、弯矩、剪力等, 与具体结构有关) 相同的单个子结构上的一组静位移 $\boldsymbol{u}_k^{(n)}$. 对应情形 (b), 只需计算两侧边条件相反的单个子结构上的一组静位移 $\boldsymbol{u}_k^{(n/2)}$. 对应情形

(c), 需要计算单个子结构上的两组静位移 $\boldsymbol{v}_k^{(r)}$ 和 $\boldsymbol{w}_k^{(r)}$, 静位移的边条件遵从式 (7.8.12b).

7.8.3 链式结构的静变形的定性性质

设由 n 个子结构组成的链式结构的第 k 个子结构上受作用力 $\boldsymbol{F}_k$, 整体结构受力表示为 $\boldsymbol{F} = (\boldsymbol{F}_1, \boldsymbol{F}_2, \cdots, \boldsymbol{F}_n)^{\mathrm{T}}$, 则整体结构的静变形方程为

$$\boldsymbol{L}\boldsymbol{u}_k = \boldsymbol{F}_k, \quad \Omega \text{ 内}, \quad k = 1, 2, \cdots, n, \tag{7.8.13}$$

各个子结构的边条件和相互间的连接条件仍如式 (7.4.2) 和 (7.4.3).

对广义坐标 $\boldsymbol{u} = (\boldsymbol{u}_1, \boldsymbol{u}_2, \cdots, \boldsymbol{u}_n)^{\mathrm{T}}$ 和外力 $\boldsymbol{F} = (\boldsymbol{F}_1, \boldsymbol{F}_2, \cdots, \boldsymbol{F}_n)^{\mathrm{T}}$ 做如下变换:

$$\begin{aligned}
\boldsymbol{u} &= (\boldsymbol{u}_1, \boldsymbol{u}_2, \cdots, \boldsymbol{u}_n)^{\mathrm{T}} = \boldsymbol{C}\boldsymbol{q}, \\
\boldsymbol{F} &= (\boldsymbol{F}_1, \boldsymbol{F}_2, \cdots, \boldsymbol{F}_n)^{\mathrm{T}} = \boldsymbol{C}(\boldsymbol{f}_1, \boldsymbol{f}_2, \cdots, \boldsymbol{f}_n)^{\mathrm{T}} = \boldsymbol{C}\boldsymbol{f},
\end{aligned} \tag{7.8.14}$$

其中, $\boldsymbol{C}$ 由式 (7.4.10) 定义. 于是得到解耦的方程

$$\boldsymbol{L}\boldsymbol{q}_k = \boldsymbol{f}_k, \quad \Omega \text{ 内}, \quad k = 1, 2, \cdots, n, \tag{7.8.15}$$

以及式 (7.4.17) 和 (7.4.18).

解得解耦的 $\boldsymbol{q}_r$ 后, 再由式 (7.8.14) 的第一式组合成链式结构的静变形 $\boldsymbol{u} = (\boldsymbol{u}_1, \boldsymbol{u}_2, \cdots, \boldsymbol{u}_n)^{\mathrm{T}}$.

于是, 得到关于链式结构的静变形的结论: n 个子结构组成的链式结构的外力可按式 (7.8.14) 的第二式变换为 n 个单个子结构的受力, 由此得到 n 个单个子结构的静变形. 再按式 (7.4.19) 组合成 n 组整体结构的静变形.

7.8.4 轴对称结构的静变形的定性性质

设三维轴对称结构在 r, θ, z 方向受外力 $F_r(r, \theta, z)$, $F_\theta(r, \theta, z)$, $F_z(r, \theta, z)$ 作用, 此结构的静变形方程为

$$\begin{cases}
\begin{aligned}
\boldsymbol{L}_{r,\theta,z}(r, z)\,(u(r, \theta, z), v(r, \theta, z), w(r, \theta, z))^{\mathrm{T}} & \\
= (F_r(r, \theta, z), F_\theta(r, \theta, z), F_z(r, \theta, z))^{\mathrm{T}}, & \quad \Omega \text{ 内}, \\
\boldsymbol{B}_{r,\theta,z}(r, z)\,(u(r, \theta, z), v(r, \theta, z), w(r, \theta, z))^{\mathrm{T}} = \boldsymbol{0}, & \quad \partial\Omega \text{ 上}.
\end{aligned}
\end{cases} \tag{7.8.16}$$

将外力按 Fourier 级数展开:

$$F_r(r,\theta,z) = \sum_{n=0}^{\infty} \left[f_{r,n}(r,z) \cos n\theta + f'_{r,n}(r,z) \sin n\theta \right],$$

$$F_\theta(r,\theta,z) = \sum_{n=0}^{\infty} \left[f_{\theta,n}(r,z) \cos n\theta + f'_{\theta,n}(r,z) \sin n\theta \right], \qquad (7.8.17)$$

$$F_z(r,\theta,z) = \sum_{n=0}^{\infty} \left[f_{z,n}(r,z) \cos n\theta + f'_{z,n}(r,z) \sin n\theta \right].$$

根据受力情况, 此级数可能为有限或无限项. 将位移 $u(r,\theta,z)$, $v(r,\theta,z)$, $w(r,\theta,z)$ 也按 Fourier 级数展开为式 (7.5.2). 将式 (7.5.2) 和 (7.8.17) 代入式 (7.8.16) 后, 根据 $\cos n\theta$ 和 $\sin n\theta$ 的正交性, 可将不同的谐波解耦, 得到

$$\begin{cases} \boldsymbol{L}_{r,z,n}(U_n(r,z), V_n(r,z), W_n(r,z))^{\mathrm{T}} \\ \quad = (f_{r,n}(r,z), f_{\theta,n}(r,z), f_{z,n}(r,z))^{\mathrm{T}}, \quad \Omega \text{ 内}, \\ \boldsymbol{B}_{r,z,n}(U_n(r,z), V_n(r,z), W_n(r,z))^{\mathrm{T}} = \boldsymbol{0}, \quad \partial\Omega \text{ 上}, \quad n=0,1,2,\cdots. \end{cases}$$
$$(7.8.18)$$

可以看出, 在 7.5.2 小节中定义过的函数 U'_n, V'_n, W'_n, 以及式 (7.8.17) 中的 $f'_{r,n}$, $f'_{\theta,n}$, $f'_{z,n}$ 也满足式 (7.8.18). 于是轴对称结构的三维静变形问题 (7.8.16) 可约化为两组二维静变形问题.

本章最后顺便提及, 各种重复性结构可以是多重的. 例如, 一个具有均匀边条件的正六面均匀弹性体, 此结构具有三个互相垂直的镜面对称面, 它是三重对称结构, 而且在八分之一区域的变形情况仍有对称面. 一个圆环截面的圆环形壳是二重轴对称结构. 如图 7.12 所示的多个相同的弹簧、质量系统在平面内平行排列, 每排相同位置的质点间再用相同弹簧连接, 就成为二重的平面链式结构, 类似地, 可以拓展成三重的三维链式结构. 此外, 各种重复性结构也还可以是组合的.

还有一个问题需要说明：根据本章的论述, 求解一个重复性结构的特征值问题或静变形问题, 可以分解为求解子结构的一系列相应问题. 其前提是静变形解的存在唯一性和模态解的存在性及其性质. 关于结构的静变形和模态解的存在唯一性问题将在第九章论及.

本章主要内容取自参考文献 [13, 17].

参 考 文 献

[1] 包刚. 群论在空间旋转对称壳体振动分析中的应用 [J]. 山东工学院学报 (工学版), 1982, 1: 14.

[2] Cai C W, Wu P G. On the vibration of rotationally by periodic structures[J]. Acta. Scientiarum Naturalium Universitatis Sunyatseni, 1983, 22(3): 1.

[3] Cai C W, Cheung Y K, Chan H C. Uncoupling of dynamic equations for periodic structures [J]. Journal of Sound and Vibration, 1990, 139(2): 253.

[4] Cai C W, Liu J K, Chan H C. Exact analysis of Bi-periodic structures [M]. Singapore: World Scientific Publishing, 2002.

[5] Chan H C, Cheung Y K, Cai C W. Exact analysis of structures with periodicity using U-transformation [M]. Singapore: World Scientific Publishing, 1999.

[6] 陈璞. 关于旋转周期结构计算的注记 [J]. 计算力学学报, 2002, 19(1): 112.

[7] Chen W M, Wang D J, Zhou C Y, et al. The vibration control of repetitive structures: Proceedings of the Asia-Pacific vibration conference [C]. Changchun: Jilin Science & Technology Press, 2001.

[8a] 陈伟民, 孙东昌, 王大钧, 等. 重复结构振动控制的降维方法 [J]. 应用数学与力学, 2006, 27(5): 564.

[8b] Chen W M, Sun D C, Wang D J, et al. Reduction approaches for vibration control of repetitive structures [J]. Applied Mathematics and Mechanics, 2006, 27(5): 637.

[9] Evensen D A. Vibration analysis of multi-symmetric structures [J]. AIAA Journal, 1976, 14(4), 446.

[10] 胡海岩, 程德林. 循环对称结构固有模态特征的探讨 [J]. 应用力学学报, 1988, 5(3): 1.

[11] Thomas D L. Dynamics of rotationally periodic structures [J]. International Journal for Numerical Methods in Engineering, 1979, 14(1): 81.

[12] Timoshenko S, Young D H. Vibration problems in engineering [M]. 3rd Ed. New Jersey: Wiley, 1955.

[13] Wang D J, Wang C C. Natural vibrations of repetitive structures [J]. Chinese Journal of Mechanics (Series A), 2000, 16(2): 85.

[14] 王大钧, 陈健, 王慧君. 中国乐钟的双音特性 [J]. 力学与实践, 2003, 25(4): 12.

[15] 王文亮, 朱农时, 胥加华. C_N 群上对称结构的双协调模态综合 [J]. 航空动力学报, 1990, 5(4): 352.

[16] 张锦, 王文亮, 陈向钧. 带有 N 条叶片的轮盘耦合系统的主模态分析——C_{NV} 群上对称结构的模态综合 [J]. 固体力学学报, 1984, 4: 469.

[17] Wang D J, Zhou C Y, Rong J. Free and forced vibration of repetitive structures [J]. International Journal of Solids and Structures, 2003, 40(20): 5477.

[18] Jin D K, Sun D C, Chen W M, et al. Static shape control of repetitive structures integrated with piezoelectric actuators [J]. Smart Materials and Structures. 2005, 14(6): 1410.

第八章　一般结构的模态的三项定性性质

本章论述一般结构的模态的三项定性性质: 连续系统的结构参数改变对固有频率的影响; 离散系统中与集聚 (也称密集) 固有频率相应的单个振型矢量对结构参数的改变很敏感, 但是与其相应的振型矢量的子空间对结构参数的改变却不敏感; 有关振型的节的一个共同性质, 以及有关膜的基频和节域的某些重要结论.

8.1　结构参数改变对固有频率的影响

结构的固有频率 f 和振型 $u(x)$ 满足如下微分方程:

$$\begin{cases} Au(x) = \lambda\rho(x)u(x), & \Omega \ \text{内}, \\ Bu(x) = 0, & \partial\Omega \ \text{上}, \end{cases} \tag{8.1.1}$$

其中, A 为结构理论微分算子, B 为边条件微分算子, $\lambda = (2\pi f)^2$, Ω 是结构所占据的区域, $\partial\Omega$ 是 Ω 的边界. 式 (8.1.1) 中的第一式也称为模态方程. 例如, 梁的模态方程为

$$[EJu''(x)]'' = \lambda\rho(x)u(x), \quad 0 < x < l. \tag{8.1.2}$$

一般的边条件为

$$\begin{cases} [EJ(x)u''(x)]'\big|_{x=0} + h_1u(0) = 0 = [EJ(x)u''(x)]'\big|_{x=l} - h_2u(l), \\ EJ(0)u''(0) - \beta_1u'(0) = 0 = EJ(l)u''(l) + \beta_2u'(l). \end{cases} \tag{8.1.3}$$

探讨结构的刚度和质量的变化对固有频率和振型的影响, 难以借助微分方程, 而利用变分方法却是很好的途径. 如果只从定性性质的角度探讨此问题, 利用 Rayleigh 商表达的特征值的极大–极小性质, 是最好的工具.

约定将两个函数 $u(x)$ 和 $v(x)$ 的乘积的积分表示为

$$\int_\Omega uv\mathrm{d}\Omega = (u, v). \tag{8.1.4}$$

当 u, v 为矢量函数时, uv 为矢量的内积. 记

$$(u, Au) = [u, u] = 2\Pi(u), \tag{8.1.5}$$

其中, $\Pi(u)$ 是结构的应变能. 记

$$(\rho u, u) = 2K(u), \tag{8.1.6}$$

其中, $K(u)$ 是结构的动能系数 (动能为 $\omega^2 K(u)$, ω 是系统的固有角频率). 以梁为例,

$$\Pi(u) = \frac{1}{2} \int_0^l EJ(x)(u'')^2 \mathrm{d}x + h_1 u^2(0) + h_2 u^2(l) + \beta_1 [u'(0)]^2 + \beta_2 [u'(l)]^2, \tag{8.1.7}$$

其中, 第一项是梁的本体的应变能, 后四项是弹性边界的应变能, 而动能系数为

$$K(u) = \frac{1}{2} \int_0^l \rho u^2 \mathrm{d}x. \tag{8.1.8}$$

显然, 应变能的值取决于结构的刚度分布, 动能系数的值取决于结构的质量分布.

引入一个泛函——Rayleigh 商 $R(u)$:

$$R(u) = \frac{(Au, u)}{(\rho u, u)} = \frac{\Pi(u)}{K(u)},$$

它在物理和数学的研究中起着重要的作用.

8.1.1 特征值的极值性质

使应变能 $\Pi(u) = [u, u]/2$ 存在的一类函数称为可能 (允许) 位移函数. 例如, 由式 (8.1.7) 可知, 梁的可能位移函数是具有二阶微商的函数, 其斜率是连续的. 而杆的可能位移函数只需具有一阶微商, 位移函数本身连续.

可能位移函数集和特征对之间存在下述关系:

(1) 在可能位移函数集内, 使 Rayleigh 商 $R(u)$ 达到极小值的位移函数是第一阶振型 u_1, 而极小值为第一阶特征值 λ_1:

$$\lambda_1 = \min \frac{[u, u]}{(\rho u, u)} = \frac{[u_1, u_1]}{(\rho u_1, u_1)}, \tag{8.1.9}$$

其中, $\lambda_1 = \omega_1^2 = (2\pi f_1)^2$, f_1 为第一阶固有频率.

(2) 在与前 $n-1$ 阶振型正交的可能位移函数集内, 使 $R(u)$ 达到极小值的位移函数是第 n 阶振型 u_n, 而极小值为第 n 阶特征值 λ_n:

$$\lambda_n = \min \frac{[u,u]}{(\rho u, u)} = \frac{[u_n, u_n]}{(\rho u_n, u_n)}, \quad (\rho u, u_i) = 0, \quad i = 1, 2, \cdots, n-1. \quad (8.1.10)$$

在 9.2.3 小节中, 将证明这两个性质, 并在 9.3.2 小节中证明这些解的存在性. 在这两个特征值的极小性质的基础上, 可得如下的特征值的极大–极小性质:

定理 8.1 在可能位移函数集内, 任意给定 $n-1$ 个函数 $v_i(i = 1, 2, \cdots, n-1)$. 在

$$(\rho u, v_i) = 0, \quad i = 1, 2, \cdots, n-1$$

的条件下, $R(u) = [u,u]/(\rho u, u)$ 的极小值为 $d(v_1, v_2, \cdots, v_{n-1})$. 当 $v_1, v_2, \cdots, v_{n-1}$ 遍及可能位移函数集时, $R(u)$ 在第 n 阶振型 u_n 处达到极小值 d 的极大值, 其值为 λ_n:

$$\lambda_n = \max \min \frac{[u,u]}{(\rho u, u)} = \frac{[u_n, u_n]}{(\rho u_n, u_n)}. \quad (8.1.11)$$

证明 (1) 当所选函数 $v_i(i = 1, 2, \cdots, n-1)$ 是前 $n-1$ 阶振型时, 由前面的性质 (8.1.10) 可知,

$$d(u_1, u_2, \cdots, u_{n-1}) = \lambda_n.$$

(2) 我们要证明, 对任意的 $v_i(i = 1, 2, \cdots, n-1)$, 有 $d(v_1, v_2, \cdots, v_{n-1}) \leqslant \lambda_n$. 为此, 只需找出一个特殊的函数 q, 使其满足

$$(\rho q, v_i) = 0, \quad i = 1, 2, \cdots, n-1,$$

并使 $[q, q] \leqslant \lambda_n$. 而极小值 $d(v_1, v_2, \cdots, v_{n-1}) \leqslant [q, q]$, 故 $d(v_1, v_2, \cdots, v_{n-1}) \leqslant \lambda_n$.

(3) 令 q 为前 n 阶振型 u_n 的线性组合:

$$q = \sum_{i=1}^{n} c_i u_i.$$

利用

$$(\rho q, v_i) = 0, \quad i = 1, 2, \cdots, n-1,$$

以及

$$[u_i, u_k] = 0 (i \neq k), \quad \frac{[u_i, u_i]}{(\rho u_i, u_i)} = \lambda_i$$

等条件, 不难得到

$$[q, q] \leqslant \lambda_n. \quad \blacksquare$$

详细证明可参见参考文献 [1] 中的第六章第 1 节.

8.1.2 结构参数对固有频率的影响

由上述特征值的极大–极小性质, 即定理 8.1, 可以得出两条原理:

原理 1 加强极小问题中的条件, 极小值增大或不变; 反之, 放宽极小问题中的条件, 极小值减小或不变.

原理 2 给定两个极小问题, 其可能位移函数为同一族 $\{\varphi\}$. 设对于每一个 φ, 第一个问题中泛函的值不小于第二个问题中泛函的值, 则第一个问题的极小值也不小于第二个问题的极小值.

由定理 8.1 和上述两条原理, 可以得到许多结构参数和固有频率之间的定性关系. 下面列出工程中比较关心的一些定性关系:

(1) 若结构的质量在结构的各点增大或不变, 则其各阶固有频率减小或不变; 若结构的质量在结构的各点减小或不变, 则其各阶固有频率增大或不变.

(2) 若结构的刚度在结构的各点增大或不变, 则其各阶固有频率增大或不变; 若结构的刚度在结构的各点减小或不变, 则其各阶固有频率减小或不变.

因 $[u, u]$ 是结构的两倍应变能, 若结构的刚度在结构的各点增大或不变, 则对于每一个可能位移函数 u 而言, $[u, u]$ 增大或不变. 由原理 2 可知, λ_n 也增大或不变. 当结构的刚度按相反方向变化时, λ_n 也按相反方向变化.

(3) 若在一维结构的某阶振型的一些节 (节点、节线或节面) 处增减刚性或弹性支承, 亦或增减质量, 则此阶固有频率和振型都不会变化.

(4) 若弹性支承边界的弹簧常数增大 (或减小), 则其各阶固有频率增大 (或减小).

按原理 2 可知, 如果改变边界弹簧刚度, 则对于每一个可能位移函数 u 而言, 其应变能 $[u, u]/2$ 的值皆按弹簧刚度改变的方向改变. 因此对于给定的 v_i, 应变能 $[u, u]/2$ 的下确界按同一方向改变. 这些下确界的极大也按此方向改变.

(5) 若对结构增加一个约束, 则其各阶固有频率增大或不变; 反之, 若对结构减少一个约束, 则其各阶固有频率减小或不变.

系统所受的任一约束, 是加给可能位移函数的附加条件. 当极大–极小问题中加于可能位移函数 u 的条件加强时, 下确界 $d(v_1, v_2, \cdots, v_{n-1})$ 增大或不变. 因此这些下确界的极大也增大或不变. 此下确界的极大就是特征值 λ_n. 反之, 当除去一个约束时, λ_n 将减小或不变.

(6) 周边固定的结构的第 i 阶固有频率, 必大于或等于其具有部分弹性边界的同一结构的第 i 阶固有频率.

(7) 在固定边条件下, 若结构区域缩小, 则其各阶固有频率增大或不变.

性质 (7) 可拓展为更一般的性质: 在边条件为 $u = 0$ 的情况下, 区域 Ω 的第 n 个特征值 λ_n 不大于诸子区域 $G^{(i)}$ 的混合特征值序列中的第 n 个特征值 λ_n^*. 这个序列是按特征值的增序排列的, 并计入各特征值的重数.

(8) 若结构具有弹性支承, 则结构的固有频率连续依赖于弹性支承的弹簧常数.

(9) 当结构的边界及其法线方向连续改变时, 结构的固有频率也连续改变.

上面给出的结构参数对固有频率的影响, 适合于一维、二维结构和弹性体. 这些性质都是定性的. 它们都可做精确的定量分析. 例如, 参考文献 [2~7].

本小节主要内容取自参考文献 [1] 中的第六章第 2 节.

8.2　模态对结构参数改变的敏感性

在一些工程问题中, 结构模态对结构参数改变的敏感性颇受关注. 在某些情况下, 人们希望模态对结构参数的改变尽量敏感, 以便对该性质加以利用. 在另外一些情况下, 人们希望模态对结构参数的改变不敏感, 以便保持结构功能的稳定.

关于结构的离散系统的模态对结构参数改变的敏感性问题, 也就是实对称矩阵的特征值和特征矢量对矩阵摄动的敏感性问题, 有关理论和算法已经比较完善 [7~9]. 关于连续系统的模态对结构参数改变的敏感性问题, 涉及微分方程的特征值和特征函数对方程参数摄动的敏感性, 有关文献较少, 这方面的研究是值得期待的 [2~6].

本节只限于讨论实对称矩阵的特征值和特征矢量对矩阵摄动的敏感性的定性性质, 不涉及定量分析和计算.

需要指出的是, 定量分析中的计算误差和实验中的测量误差, 如同结构参数变化的微小改变一样, 也都视为矩阵的摄动.

通过下面各小节的论证, 将给出结构振动中, 在理论与应用方面都十分重要的几点定性性质:

(1) 固有频率对结构参数的微小改变不敏感.

(2) 当振型对应的固有频率不属于集聚固有频率组时, 振型对结构参数的改变不敏感.

(3) 当振型对应的固有频率属于集聚固有频率组时, 单个振型对结构参数的改变敏感.

(4) 当振型对应的固有频率属于集聚固有频率组时, 由振型组成的子空间对结构参数的改变不敏感.

许多工程结构, 尤其是大型柔性结构, 存在集聚固有频率. 因此在进行动力响应分析和结构控制时, 需要避免使用单个振型, 而宜于使用集聚固有频率组对应的振型子空间.

8.2.1　实对称矩阵的特征值的敏感性

矩阵特征值理论已经证明, 实对称矩阵的特征值和单特征值对应的特征矢量, 以及重特征值对应的特征矢量子空间对矩阵元的改变具有连续性.

特征值和特征矢量对矩阵改变的敏感性是指, 当矩阵元有微小改变 (称为摄动) 时, 特征值和特征矢量的改变相对于矩阵元的改变的敏感程度. 这种敏感性的数学表示有不同的形式. 粗略地说, 当矩阵元做微小改变时, 引起的特征值 (特征矢量) 的改变很大, 则称特征值 (特征矢量) 的改变是敏感的, 特征值问题是病态的; 反之, 若特征值 (特征矢量) 的改变很小, 则称特征值 (特征矢量) 的改变是不敏感的, 特征值问题是良态的.

本节关注的是结构振动的固有频率和振型对结构参数变化的敏感性问题. 结构的离散系统的刚度矩阵是实对称矩阵, 质量矩阵也是实对称矩阵, 且通常只是对角矩阵. 所以本节只讨论正定或半正定实对称矩阵的特征值和特征矢量对矩阵摄动的敏感性问题. 因为结构参数改变后的结构的刚度矩阵和质量矩阵仍是实对称矩阵, 所以摄动矩阵也是实对称矩阵.

1. 特征值的极值性质

为了论述特征值对矩阵摄动的敏感性问题, 需要先涉及特征值的极值性质. 在 8.1 节讨论了与连续系统相关的微分方程的特征值的极值性质. 本节讨论的是与离散系统相关的矩阵的相应问题. 两者的论证方法和结论是相似的.

设 n 阶实对称矩阵 $\boldsymbol{A}$ 的特征值 $\lambda_1 \leqslant \lambda_2 \leqslant \cdots \leqslant \lambda_n$ 按递增次序排列. 相应的特征矢量 $\boldsymbol{x}_1, \boldsymbol{x}_2, \cdots, \boldsymbol{x}_n$ 组成特征矢量矩阵 $\boldsymbol{Q} = (\boldsymbol{x}_1, \boldsymbol{x}_2, \cdots, \boldsymbol{x}_n)$. 与矩

阵 A 相应的 Rayleigh 商为 $R = x^{\mathrm{T}}Ax/(x^{\mathrm{T}}x)$.

定理 8.2 (特征值的极小性质 1)　特征矢量 x_1 使 Rayleigh 商达到最小值 λ_1, 即

$$\lambda_1 = \min_{x \neq 0}\left[x^{\mathrm{T}}Ax/(x^{\mathrm{T}}x)\right]. \tag{8.2.1}$$

证明　为推导方便, 给以约束条件 $x^{\mathrm{T}}x = 1$. 因为 A 是实对称矩阵, 所以存在正交矩阵, 实际上是特征矢量矩阵 Q, 使得

$$Q^{\mathrm{T}}AQ = \mathrm{diag}\,(\lambda_1, \lambda_2, \cdots, \lambda_n). \tag{8.2.2}$$

引入矢量 $y = (y_1, y_2, \cdots, y_n)^{\mathrm{T}}$, 令

$$x = Qy. \tag{8.2.3}$$

则

$$x^{\mathrm{T}}Ax = y^{\mathrm{T}}Q^{\mathrm{T}}AQy = y^{\mathrm{T}}\,\mathrm{diag}\,(\lambda_1, \lambda_2, \cdots, \lambda_n)\,y = \sum_{i=1}^{n}\lambda_i y_i^2. \tag{8.2.4}$$

注意到

$$x^{\mathrm{T}}x = y^{\mathrm{T}}Q^{\mathrm{T}}Qy = y^{\mathrm{T}}y = \sum_{i=1}^{n}y_i^2, \tag{8.2.5}$$

于是原问题 (8.2.1) 等价于求

$$R = \sum_{i=1}^{n}\lambda_i y_i^2 \tag{8.2.6}$$

在条件 $\displaystyle\sum_{i=1}^{n}y_i^2 = 1$ 下的最小值. 显然, R 的最小值为 λ_1, 且在 $y_1 = 1$, 即对应第 1 阶特征矢量 x_1 时达到.　∎

定理 8.3 (特征值的极小性质 2)　在条件 $x_j^{\mathrm{T}}x = 0(j = 1, 2, \cdots, i-1)$ 下, 特征矢量 x_i 使 Rayleigh 商达到最小值 λ_i, 即

$$\lambda_i = \min_{x \neq 0}\left[x^{\mathrm{T}}Ax/(x^{\mathrm{T}}x)\right], \quad x_j^{\mathrm{T}}x = 0, \quad j = 1, 2, \cdots, i-1. \tag{8.2.7}$$

证明 先看 $i = 2$ 的情形. 沿用式 (8.2.2) 和 (8.2.3), 由 $\boldsymbol{x}_1^{\mathrm{T}}\boldsymbol{x} = 0$, 有

$$0 = \boldsymbol{x}_1^{\mathrm{T}}\boldsymbol{x} = \boldsymbol{x}_1^{\mathrm{T}}\boldsymbol{Q}\boldsymbol{y} = \boldsymbol{e}_1^{\mathrm{T}}\boldsymbol{Q}^{\mathrm{T}}\boldsymbol{Q}\boldsymbol{y} = \boldsymbol{e}_1^{\mathrm{T}}\boldsymbol{y}, \tag{8.2.8}$$

其中, 矢量 $\boldsymbol{e}_1 = (1, 0, \cdots, 0)^{\mathrm{T}}$.

式 (8.2.8) 表示施加在矢量 $\boldsymbol{y}$ 上的约束, 即其第 1 个分量 y_1 应为零. 由式 (8.2.7) 可知, 此时 R 的最小值为 λ_2, 应在矢量 $\boldsymbol{y}$ 的第 2 个分量 $y_2 = 1$ 时达到. 由式 (8.2.3) 可知, 在特征矢量 $\boldsymbol{x} = \boldsymbol{x}_2$ 时, R 达到最小值 λ_2.

以此类推, 可以得到式 (8.2.7) 的结果. ∎

定理 8.4 (特征值的极大-极小性质) 设 $\boldsymbol{p}_j(j = 1, 2, \cdots, i-1 < n)$ 是任意 $i-1$ 个非零实矢量. 在条件

$$\boldsymbol{p}_j^{\mathrm{T}}\boldsymbol{x} = 0, \quad j = 1, 2, \cdots, i-1 \tag{8.2.9}$$

下, Rayleigh 商有最小值. 当 $\boldsymbol{p}_j$ 遍及所有可能的非零矢量时, 这些最小值的最大值为特征值 λ_i, 即

$$\lambda_i = \max\min\left[\boldsymbol{x}^{\mathrm{T}}\boldsymbol{A}\boldsymbol{x}/(\boldsymbol{x}^{\mathrm{T}}\boldsymbol{x})\right]. \tag{8.2.10}$$

证明 (1) 当所选矢量 $\boldsymbol{p}_j$ 为前 $i-1$ 阶特征矢量 $\boldsymbol{x}_j(j = 1, 2, \cdots, i-1)$ 时, 由定理 8.3 中的式 (8.2.7) 可知, Rayleigh 商的最小值为

$$d\left(\boldsymbol{x}_1, \boldsymbol{x}_2, \cdots, \boldsymbol{x}_{i-1}\right) = \min_{\boldsymbol{x}\neq\boldsymbol{0}}\left[\boldsymbol{x}^{\mathrm{T}}\boldsymbol{A}\boldsymbol{x}/(\boldsymbol{x}^{\mathrm{T}}\boldsymbol{x})\right] = \lambda_i. \tag{8.2.11}$$

(2) 要证明对于任意的 $\boldsymbol{p}_j(j = 1, 2, \cdots, i-1)$, 有 $d(\boldsymbol{p}_1, \boldsymbol{p}_2, \cdots, \boldsymbol{p}_{i-1}) \leqslant \lambda_i$. 为此, 只要找出一个特殊的矢量 $\boldsymbol{q}$, 使其满足

$$\boldsymbol{p}_j^{\mathrm{T}}\boldsymbol{q} = 0, \quad j = 1, 2, \cdots, i-1, \tag{8.2.12}$$

并使 $\boldsymbol{q}^{\mathrm{T}}\boldsymbol{A}\boldsymbol{q} \leqslant \lambda_i$, 从而有最小值

$$d\left(\boldsymbol{p}_1, \boldsymbol{p}_2, \cdots, \boldsymbol{p}_{i-1}\right) \leqslant \boldsymbol{q}^{\mathrm{T}}\boldsymbol{A}\boldsymbol{q} \leqslant \lambda_i.$$

(3) 为了找出具有条件 (8.2.12) 的矢量 $\boldsymbol{q}$, 令 $\boldsymbol{q}$ 为前 i 阶特征矢量的线性组合:

$$\boldsymbol{q} = \sum_{j=1}^{i} c_j\boldsymbol{x}_j, \tag{8.2.13}$$

其中, $c_j (j = 1, 2, \cdots, i)$ 为常数. 现要求 $\boldsymbol{q}$, 使其满足

$$\boldsymbol{p}_j^{\mathrm{T}} \boldsymbol{q} = 0, \quad j = 1, 2, \cdots, i - 1. \tag{8.2.14}$$

式 (8.2.14) 为 $c_j (j = 1, 2, \cdots, i)$ 的 $i - 1$ 个线性齐次方程. 加上规一化条件

$$\boldsymbol{q}^{\mathrm{T}} \boldsymbol{q} = 1, \tag{8.2.15}$$

共 i 个方程. 因此可以找出适当的 $c_j (j = 1, 2, \cdots, i)$, 使得由式 (8.2.13) 确定的矢量 $\boldsymbol{q}$ 在满足条件 (8.2.14) 和 (8.2.15) 下, 有

$$\boldsymbol{q}^{\mathrm{T}} \boldsymbol{A} \boldsymbol{q} = (c_1, c_2, \cdots, c_i) \begin{bmatrix} \boldsymbol{x}_1^{\mathrm{T}} \\ \boldsymbol{x}_2^{\mathrm{T}} \\ \vdots \\ \boldsymbol{x}_i^{\mathrm{T}} \end{bmatrix} \cdot \boldsymbol{A} \cdot (\boldsymbol{x}_1, \boldsymbol{x}_2, \cdots, \boldsymbol{x}_i) \begin{bmatrix} c_1 \\ c_2 \\ \vdots \\ c_i \end{bmatrix}$$

$$= \sum_{j=1}^{i} c_j^2 \lambda_j \leqslant \lambda_i \sum_{j=1}^{i} c_j^2 = \lambda_i. \quad \blacksquare$$

2. 实对称矩阵的特征值对矩阵摄动的敏感性

记矩阵 $\boldsymbol{A}$ 的按递增次序排列的第 i 阶特征值为 $\lambda_i(\boldsymbol{A})$.

定理 8.5 设 $\boldsymbol{A}$ 和 $\boldsymbol{E}$ 为 n 阶实对称矩阵, 则

$$\lambda_i(\boldsymbol{A}) + \lambda_1(\boldsymbol{E}) \leqslant \lambda_i(\boldsymbol{A} + \boldsymbol{E}) \leqslant \lambda_i(\boldsymbol{A}) + \lambda_n(\boldsymbol{E}), \quad i = 1, 2, \cdots, n. \tag{8.2.16}$$

证明 记 $\boldsymbol{A} + \boldsymbol{E} = \boldsymbol{C}$, 由定理 8.4, 有

$$\lambda_i(\boldsymbol{C}) = \max \min \left(\boldsymbol{x}^{\mathrm{T}} \boldsymbol{C} \boldsymbol{x} \right),$$

$$\boldsymbol{x}^{\mathrm{T}} \boldsymbol{x} = 1, \quad \boldsymbol{p}_j^{\mathrm{T}} \boldsymbol{x} = 0, \quad j = 1, 2, \cdots, i - 1,$$

其中, $\boldsymbol{p}_j$ 取遍所有可能的非零矢量.

若任取一组矢量 $\boldsymbol{p}_j (j = 1, 2, \cdots, i - 1)$, 则

$$\lambda_i(\boldsymbol{C}) \geqslant \min \left(\boldsymbol{x}^{\mathrm{T}} \boldsymbol{C} \boldsymbol{x} \right) = \min \left(\boldsymbol{x}^{\mathrm{T}} \boldsymbol{A} \boldsymbol{x} + \boldsymbol{x}^{\mathrm{T}} \boldsymbol{E} \boldsymbol{x} \right). \tag{8.2.17}$$

记 $\boldsymbol{A}$ 的特征矢量矩阵为 $\boldsymbol{Q}$, 则

$$\boldsymbol{Q}^{\mathrm{T}} \boldsymbol{A} \boldsymbol{Q} = \mathrm{diag}\left(\lambda_1, \lambda_2, \cdots, \lambda_n \right).$$

取 $\boldsymbol{p}_j = \boldsymbol{Q}\boldsymbol{e}_j$, 其中, $\boldsymbol{e}_j$ 为第 j 个分量为 1, 其余分量为 0 的 n 维列矢量.

沿用式 (8.2.3) 的变换 $\boldsymbol{x} = \boldsymbol{Q}\boldsymbol{y}$, 则有

$$0 = \boldsymbol{p}_j^{\mathrm{T}}\boldsymbol{x} = (\boldsymbol{Q}\boldsymbol{e}_j)^{\mathrm{T}}\boldsymbol{x} = \boldsymbol{e}_j^{\mathrm{T}}\boldsymbol{Q}^{\mathrm{T}}\boldsymbol{x} = \boldsymbol{e}_j^{\mathrm{T}}\boldsymbol{y}, \quad j = 1, 2, \cdots, i-1. \tag{8.2.18}$$

由此组方程得到 $\boldsymbol{y}$ 的前 $i-1$ 个分量为 0, 由式 (8.2.17) 得

$$\lambda_i(\boldsymbol{C}) \geqslant \min\left(\boldsymbol{x}^{\mathrm{T}}\boldsymbol{A}\boldsymbol{x} + \boldsymbol{x}^{\mathrm{T}}\boldsymbol{E}\boldsymbol{x}\right) = \min\left(\boldsymbol{y}^{\mathrm{T}}\boldsymbol{Q}^{\mathrm{T}}\boldsymbol{A}\boldsymbol{Q}\boldsymbol{y} + \boldsymbol{x}^{\mathrm{T}}\boldsymbol{E}\boldsymbol{x}\right)$$

$$= \min\left(\sum_{j=1}^{n}\lambda_j(\boldsymbol{A})y_j^2 + \boldsymbol{x}^{\mathrm{T}}\boldsymbol{E}\boldsymbol{x}\right).$$

由于

$$\sum_{j=i}^{n}\lambda_j(\boldsymbol{A})y_j^2 \geqslant \lambda_i(\boldsymbol{A}),$$

而对于任意的 $\boldsymbol{x}$, 由定理 8.2, 有

$$\boldsymbol{x}^{\mathrm{T}}\boldsymbol{E}\boldsymbol{x} \geqslant \lambda_1(\boldsymbol{E}),$$

因此

$$\lambda_i(\boldsymbol{C}) \geqslant \lambda_i(\boldsymbol{A}) + \lambda_1(\boldsymbol{E}). \tag{8.2.19}$$

即式 (8.2.16) 左端的不等式成立. 下面证明其右端的不等式也成立.

由 $\boldsymbol{A} = \boldsymbol{C} + (-\boldsymbol{E})$, 而 $-\boldsymbol{E}$ 的特征值按递增次序排列为

$$-\lambda_n(\boldsymbol{E}), -\lambda_{n-1}(\boldsymbol{E}), \cdots, -\lambda_1(\boldsymbol{E}),$$

以及式 (8.2.19), 有

$$\lambda_i(\boldsymbol{A}) \geqslant \lambda_i(\boldsymbol{C}) + \lambda_n(-\boldsymbol{E}),$$

即

$$\lambda_i(\boldsymbol{C}) \leqslant \lambda_i(\boldsymbol{A}) + \lambda_n(\boldsymbol{E}). \tag{8.2.20}$$

由式 (8.2.19) 和 (8.2.20) 得式 (8.2.16). ∎

定理 8.5 表明, 当矩阵 $\boldsymbol{A}$ 有一摄动矩阵 $\boldsymbol{E}$ 后, 由 $\boldsymbol{A}$ 的所有特征值可以得到一个摄动量, 它介于 $\boldsymbol{E}$ 的最小和最大特征值之间. 此结果与 $\boldsymbol{A}, \boldsymbol{E}$ 和 $\boldsymbol{A}+\boldsymbol{E}$ 各自的特征值的重数无关.

定理 8.6 设 $\boldsymbol{A}$ 和 $\boldsymbol{A}+\boldsymbol{E}$ 是 n 阶实对称矩阵, 则

$$|\lambda_i(\boldsymbol{A}+\boldsymbol{E}) - \lambda_i(\boldsymbol{A})| \leqslant \|\boldsymbol{E}\|_2. \tag{8.2.21}$$

证明 由定理 8.5, 有

$$|\lambda_i(\boldsymbol{A}+\boldsymbol{E})-\lambda_i(\boldsymbol{A})|\leqslant\max\left(|\lambda_1(\boldsymbol{E})|,|\lambda_n(\boldsymbol{E})|\right),\tag{8.2.22}$$

只需证明

$$\max\left(|\lambda_1(\boldsymbol{E})|,|\lambda_n(\boldsymbol{E})|\right)=\|\boldsymbol{E}\|_2,\tag{8.2.23}$$

其中, $\|\boldsymbol{E}\|_2$ 表示矩阵 $\boldsymbol{E}$ 的模, 其定义为

$$\|\boldsymbol{E}\|_2=\sup\left(\|\boldsymbol{E}\boldsymbol{x}\|_2/\|\boldsymbol{x}\|_2\right),$$

其中, $\boldsymbol{x}$ 为 n 维矢量, $\|\boldsymbol{x}\|_2$ 为矢量 $\boldsymbol{x}$ 的模, sup 意为上确界.

设 $\boldsymbol{Q}$ 为 $\boldsymbol{E}$ 的特征矢量矩阵, 则

$$\boldsymbol{Q}^{\mathrm{T}}\boldsymbol{E}\boldsymbol{Q}=\mathrm{diag}\left(\lambda_1(\boldsymbol{E}),\lambda_2(\boldsymbol{E}),\cdots,\lambda_n(\boldsymbol{E})\right)=\boldsymbol{\Lambda}(\boldsymbol{E}).$$

由于 $\boldsymbol{Q}$ 是正交矩阵, 因此

$$\begin{aligned}\left\|\boldsymbol{Q}^{\mathrm{T}}\boldsymbol{E}\boldsymbol{Q}\right\|_2&=\sup\frac{\left[\boldsymbol{y}^{\mathrm{T}}\left(\boldsymbol{Q}^{\mathrm{T}}\boldsymbol{E}\boldsymbol{Q}\right)^{\mathrm{T}}\left(\boldsymbol{Q}^{\mathrm{T}}\boldsymbol{E}\boldsymbol{Q}\right)\boldsymbol{y}\right]^{1/2}}{\left(\boldsymbol{y}^{\mathrm{T}}\boldsymbol{y}\right)^{1/2}}\\&=\sup\frac{\left(\boldsymbol{y}^{\mathrm{T}}\boldsymbol{Q}^{\mathrm{T}}\boldsymbol{E}^{\mathrm{T}}\boldsymbol{E}\boldsymbol{Q}\boldsymbol{y}\right)^{1/2}}{\left(\boldsymbol{y}^{\mathrm{T}}\boldsymbol{Q}^{\mathrm{T}}\boldsymbol{Q}\boldsymbol{y}\right)^{1/2}}=\sup\frac{\left(\boldsymbol{x}^{\mathrm{T}}\boldsymbol{E}^{\mathrm{T}}\boldsymbol{E}\boldsymbol{x}\right)^{1/2}}{\left(\boldsymbol{x}^{\mathrm{T}}\boldsymbol{x}\right)^{1/2}}\\&=\sup\frac{\|\boldsymbol{E}\boldsymbol{x}\|_2}{\|\boldsymbol{x}\|_2}=\|\boldsymbol{E}\|_2.\end{aligned}\tag{8.2.24}$$

另一方面,

$$\begin{aligned}\left\|\boldsymbol{Q}^{\mathrm{T}}\boldsymbol{E}\boldsymbol{Q}\right\|_2&=\sup\frac{\|\boldsymbol{Q}^{\mathrm{T}}\boldsymbol{E}\boldsymbol{Q}\boldsymbol{x}\|_2}{\|\boldsymbol{x}\|_2}=\sup\frac{\|\boldsymbol{\Lambda}(\boldsymbol{E})\boldsymbol{x}\|_2}{\|\boldsymbol{x}\|_2}=\sup\frac{\left[\boldsymbol{x}^{\mathrm{T}}\boldsymbol{\Lambda}^2(\boldsymbol{E})\boldsymbol{x}\right]^{1/2}}{\left(\boldsymbol{x}^{\mathrm{T}}\boldsymbol{x}\right)^{1/2}}\\&=\sup\frac{\left\{[\lambda_1(\boldsymbol{E})]^2x_1^2+[\lambda_2(\boldsymbol{E})]^2x_2^2+\cdots+[\lambda_n(\boldsymbol{E})]^2x_n^2\right\}^{1/2}}{|x_1^2+x_2^2+\cdots+x_n^2|^{1/2}}\\&=\max\left(|\lambda_1(\boldsymbol{E})|,|\lambda_n(\boldsymbol{E})|\right).\end{aligned}\tag{8.2.25}$$

由式 (8.2.24), (8.2.25) 和 (8.2.22) 得式 (8.2.21). ∎

上述定理表明, 如果实对称矩阵 $\boldsymbol{A}$ 有实对称摄动矩阵 $\boldsymbol{E}$, 则变化后的矩阵 $\boldsymbol{A}+\boldsymbol{E}$ 的特征值的摄动量与摄动矩阵 $\boldsymbol{E}$ 的摄动量同阶.

由于

$$\|\boldsymbol{E}\|_2 \leqslant \|\boldsymbol{E}\|_{\mathrm{F}} = \left(\sum_{i,j=1}^{n} |e_{ij}|^2 \right)^{1/2},$$

其中, e_{ij} 表示矩阵 $\boldsymbol{E}$ 的元, $\|\boldsymbol{E}\|_{\mathrm{F}}$ 为 $\boldsymbol{E}$ 的 Frobenius 模. 如 $\boldsymbol{E}$ 的元为 ε 量级, 则由定理 8.6 可知, 特征值的改变量 $|\lambda_i(\boldsymbol{A} + \boldsymbol{E}) - \lambda_i(\boldsymbol{A})|$ 也是 ε 量级, 即特征值对矩阵摄动是不敏感的, 特征值是良态的. 而且此结论与特征值是单或重无关, 与特征值的集聚度也无关.

8.2.2 实对称矩阵的特征矢量对矩阵摄动的敏感性

特征矢量对矩阵摄动的敏感性问题比较复杂, 至少与下列三种因素有关: (1) 考虑单个特征矢量还是一组特征矢量; (2) 矩阵摄动的量级和有关的特征值分散度之比; (3) 特征值的集聚程度, 即集聚特征值组内相邻特征值之差与该频率组的特征值和其他特征值之差的比例.

在讨论特征矢量的敏感性之前, 给出一些必要的预备知识.

1. 预备知识

$m \times n$ 矩阵 $\boldsymbol{A}$ 的值域为

$$\mathrm{ran}(\boldsymbol{A}) = \{\boldsymbol{y} \in \mathrm{R}^m : \boldsymbol{y} = \boldsymbol{A}\boldsymbol{x}, \boldsymbol{x} \in \mathrm{R}^n\}, \tag{8.2.26}$$

其中, R^m 和 R^n 分别为 m, n 维欧氏空间. 如果 $\boldsymbol{A}$ 被表达为列分块形式: $\boldsymbol{A} = (\boldsymbol{a}_1, \boldsymbol{a}_2, \cdots, \boldsymbol{a}_n)$, 则

$$\mathrm{ran}(\boldsymbol{A}) = \mathrm{span}\,(\boldsymbol{a}_1, \boldsymbol{a}_2, \cdots, \boldsymbol{a}_n),$$

其中, $\mathrm{span}\,(\boldsymbol{a}_1, \boldsymbol{a}_2, \cdots, \boldsymbol{a}_n)$ 为矢量 $\boldsymbol{a}_1 \sim \boldsymbol{a}_n$ 张成的子空间, 称为这些矢量的张成.

$\boldsymbol{A}$ 的零空间为

$$\mathrm{null}(\boldsymbol{A}) = \{\boldsymbol{x} \in \mathrm{R}^n : \boldsymbol{A}\boldsymbol{x} = \boldsymbol{0}\}. \tag{8.2.27}$$

子空间 S 的正交补为

$$S^{\perp} = \{\boldsymbol{y} \in \mathrm{R}^m : \boldsymbol{y}^{\mathrm{T}}\boldsymbol{x} = 0, \boldsymbol{x} \in S\}. \tag{8.2.28}$$

不难得到

$$\mathrm{ran}(\boldsymbol{A})^{\perp} = \mathrm{null}\left(\boldsymbol{A}^{\mathrm{T}}\right).$$

对于矩阵 $\boldsymbol{P} \in \mathrm{R}^{n \times n}$, 如果

$$\mathrm{ran}(\boldsymbol{P}) = S, \quad \boldsymbol{P}^2 = \boldsymbol{P}, \quad \boldsymbol{P}^{\mathrm{T}} = \boldsymbol{P},$$

则称矩阵 $\boldsymbol{P}$ 是映射到集合 S 的正交投影. 易见, 如果 $\boldsymbol{x} \in \mathrm{R}^n$, 则 $\boldsymbol{Px} \in S$, 并且 $(\boldsymbol{I} - \boldsymbol{P})\boldsymbol{x} \in S^{\perp}$, 即 $\boldsymbol{I} - \boldsymbol{P}$ 是映射到集合 $S^{\perp}$ 的正交投影.

如果 $\boldsymbol{v}_1, \boldsymbol{v}_2, \cdots, \boldsymbol{v}_n$ 是子空间 S 的正交基, 记 $\boldsymbol{V} = (\boldsymbol{v}_1, \boldsymbol{v}_2, \cdots, \boldsymbol{v}_n)$, 则 $\boldsymbol{P} = \boldsymbol{V}\boldsymbol{V}^{\mathrm{T}}$ 是唯一的映射到 S 的正交投影矩阵.

借助子空间和映射到它的正交投影矩阵之间存在的一一对应关系, 可以建立两个子空间之间的距离的概念. 设两个同维子空间 $S_1 \in \mathrm{R}^n$, $S_2 \in \mathrm{R}^n$, $\dim(S_1) = \dim(S_2)$. 定义两个同维子空间的距离为

$$\mathrm{dist}(S_1, S_2) = \|\boldsymbol{P}_1 - \boldsymbol{P}_2\|_2, \tag{8.2.29}$$

其中, $\boldsymbol{P}_1$ 和 $\boldsymbol{P}_2$ 分别为映射到 S_1 和 S_2 的正交投影矩阵.

同维子空间 S_1 和 S_2 之间的距离的值在 0 和 1 之间:

$$0 \leqslant \mathrm{dist}(S_1, S_2) \leqslant 1. \tag{8.2.30}$$

当 $S_1 = S_2$ 时, 距离为 0; 当 $S_1 \cap S_2^{\perp} \neq \{0\}$ 时, 距离为 1.

在二维欧氏空间中, 坐标轴为 $\boldsymbol{e}_i (i = 1, 2)$. 由 $\boldsymbol{e}_1$ 上的矢量组成集合 S_1, 由与 $\boldsymbol{e}_1$ 成夹角 θ 的矢量 $\boldsymbol{x}$ 组成集合 S_2. 下面确定 S_1 和 S_2 之间的距离.

由定义

$$\mathrm{span}(\boldsymbol{e}_1) = \begin{bmatrix} 1 \\ 0 \end{bmatrix}, \quad \mathrm{span}(\boldsymbol{x}) = \begin{bmatrix} \cos\theta \\ \sin\theta \end{bmatrix}$$

可知, S_1 和 S_2 的正交投影矩阵分别是

$$\boldsymbol{P}_1 = \begin{bmatrix} 1 \\ 0 \end{bmatrix} (1, \ 0) = \begin{bmatrix} 1 & 0 \\ 0 & 0 \end{bmatrix},$$

$$\boldsymbol{P}_2 = \begin{bmatrix} \cos\theta \\ \sin\theta \end{bmatrix} (\cos\theta, \ \sin\theta) = \begin{bmatrix} \cos^2\theta & \cos\theta\sin\theta \\ \cos\theta\sin\theta & \sin^2\theta \end{bmatrix}.$$

而由式 (8.2.29), 有

$$\mathrm{dist}(S_1, S_2) = \|\boldsymbol{P}_1 - \boldsymbol{P}_2\|_2 = \left\| \begin{bmatrix} 1 - \cos^2\theta & -\cos\theta\sin\theta \\ -\cos\theta\sin\theta & -\sin^2\theta \end{bmatrix} \right\|_2 = \sin\theta.$$

当 $S_1 = S_2$ 时, $\mathrm{dist}(S_1, S_2) = 0$; 当 $S_2 = \mathrm{span}(\boldsymbol{e}_2)$ 时, $\mathrm{dist}(S_1, S_2) = 1$. 此例的几何意义如图 8.1 所示.

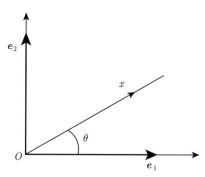

图 8.1　两个子空间之间的距离的几何意义示意图

两个子空间之间的距离还有一个重要性质: 设两个 n 阶正交矩阵为

$$\boldsymbol{W} = (\underset{k}{\boldsymbol{W}_1}, \ \underset{n-k}{\boldsymbol{W}_2}), \quad \boldsymbol{U} = (\underset{k}{\boldsymbol{U}_1}, \ \underset{n-k}{\boldsymbol{U}_2}), \tag{8.2.31}$$

则 $\mathrm{ran}(\boldsymbol{W}_1)$ 和 $\mathrm{ran}(\boldsymbol{U}_1)$ 之间的距离为

$$\mathrm{dist}(\mathrm{ran}(\boldsymbol{W}_1), \mathrm{ran}(\boldsymbol{U}_1)) = \|\boldsymbol{W}_1^{\mathrm{T}}\boldsymbol{U}_2\|_2 = \|\boldsymbol{U}_1^{\mathrm{T}}\boldsymbol{W}_2\|_2. \tag{8.2.32}$$

其证明见参考文献 [8] 中的定理 2.6.1.

为了体现特征值的集聚程度, 需要给出适当的测度. 关于测度, 各研究文献中存在不同的提法. 下面给出一个常用的测度: 两个矩阵之间特征值的分散度为

$$\mathrm{sep}(\boldsymbol{A}_1, \boldsymbol{A}_2) = \min_{\lambda \in \lambda(\boldsymbol{A}_1), \mu \in \lambda(\boldsymbol{A}_2)} |\lambda - \mu|, \tag{8.2.33}$$

其中, $\lambda \in \lambda(\boldsymbol{A}_1)$ 和 $\mu \in \lambda(\boldsymbol{A}_2)$ 分别表示 $\boldsymbol{A}_1$ 和 $\boldsymbol{A}_2$ 的特征值的全体.

2. 特征矢量不变子空间对矩阵摄动的敏感性

设 n 阶实对称矩阵 $\boldsymbol{A}$, 摄动矩阵 $\boldsymbol{E}$ 也是实对称矩阵. 不失一般性地, 设 $\boldsymbol{A}$ 的特征值可分为两组: $\lambda_1 \leqslant \lambda_2 \leqslant \cdots \leqslant \lambda_r$ 为一组, $\lambda_{r+1}, \lambda_{r+2}, \cdots, \lambda_n$ 为另一组.

记 $\boldsymbol{A}$ 的特征矢量组

$$\boldsymbol{Q} = (\boldsymbol{Q}_1, \boldsymbol{Q}_2) \tag{8.2.34}$$

是正交矩阵, $\boldsymbol{Q}_1 \in \mathrm{R}^{n \times r}, \boldsymbol{Q}_2 \in \mathrm{R}^{n \times (n-r)}$, 使

$$\boldsymbol{Q}^{\mathrm{T}} \boldsymbol{A} \boldsymbol{Q} = \boldsymbol{D} = \begin{bmatrix} \boldsymbol{D}_1 & \boldsymbol{0} \\ \boldsymbol{0} & \boldsymbol{D}_2 \end{bmatrix}, \quad \boldsymbol{Q}^{\mathrm{T}} \boldsymbol{E} \boldsymbol{Q} = \begin{bmatrix} \boldsymbol{E}_{11} & \boldsymbol{E}_{12} \\ \boldsymbol{E}_{12}^{\mathrm{T}} & \boldsymbol{E}_{22} \end{bmatrix}, \tag{8.2.35}$$

其中,

$$\boldsymbol{D}_1 = \mathrm{diag}\,(\lambda_1, \lambda_2, \cdots, \lambda_r), \quad \boldsymbol{D}_2 = \mathrm{diag}\,(\lambda_{r+1}, \lambda_{r+2}, \cdots, \lambda_n). \tag{8.2.36}$$

令

$$\delta = \mathrm{sep}\,(\boldsymbol{D}_1, \boldsymbol{D}_2) - \|\boldsymbol{E}_{11}\|_2 - \|\boldsymbol{E}_{22}\|_2. \tag{8.2.37}$$

定理 8.7　如果 $\mathrm{sep}\,(\boldsymbol{D}_1, \boldsymbol{D}_2) > 0$, 即 λ_r 和 λ_{r+1} 不重, 且

$$\mathrm{sep}\,(\boldsymbol{D}_1, \boldsymbol{D}_2) \geqslant 2\,\|\boldsymbol{E}_{12}\|_2 + \|\boldsymbol{E}_{11}\|_2 + \|\boldsymbol{E}_{22}\|_2. \tag{8.2.38}$$

则: (1) 存在唯一的矩阵 $\boldsymbol{P} \in \mathrm{R}^{(n-r) \times r}$, 其模

$$\|\boldsymbol{P}\|_2 \leqslant 2\frac{\|\boldsymbol{E}_{12}\|_2}{\delta}, \tag{8.2.39}$$

使得

$$\hat{\boldsymbol{Q}}_1 = (\boldsymbol{Q}_1 + \boldsymbol{Q}_2 \boldsymbol{P}) \left(\boldsymbol{I} + \boldsymbol{P}^{\mathrm{T}} \boldsymbol{P}\right)^{-1/2} \tag{8.2.40}$$

是摄动后的矩阵 $\boldsymbol{A} + \boldsymbol{E}$ 的前 r 阶特征矢量的不变子空间的一组正交基.

(2) 根据 Davis-Kahan $\sin\theta$ 第一定理 [9], 导出矩阵 $\boldsymbol{A}$ 摄动前后对应的特征矢量不变子空间的距离为

$$\mathrm{dist}\left(\mathrm{ran}\,(\boldsymbol{Q}_1), \mathrm{ran}\left(\hat{\boldsymbol{Q}}_1\right)\right) \leqslant \frac{\|\boldsymbol{E}\|_2}{\mathrm{sep}\,(\boldsymbol{D}_1, \boldsymbol{D}_2) - \|\boldsymbol{E}\|_2}, \tag{8.2.41}$$

其中, 假定 $\mathrm{sep}\,(\boldsymbol{D}_1, \boldsymbol{D}_2) - \|\boldsymbol{E}\|_2 > 0$.

进而, 如果

$$\mathrm{sep}\,(\boldsymbol{D}_1, \boldsymbol{D}_2) > 2\|\boldsymbol{E}\|_2, \tag{8.2.42}$$

则结论更简单:

$$\mathrm{dist}\left(\mathrm{ran}\,(\boldsymbol{Q}_1), \mathrm{ran}\left(\hat{\boldsymbol{Q}}_1\right)\right) \leqslant \frac{2\|\boldsymbol{E}\|_2}{\mathrm{sep}\,(\boldsymbol{D}_1, \boldsymbol{D}_2)}. \tag{8.2.43}$$

式 (8.2.43) 表明, 矩阵 $\boldsymbol{A}$ 的特征矢量组 $\boldsymbol{Q}_1$ 和摄动后的矩阵 $\boldsymbol{A}+\boldsymbol{E}$ 的特征矢量组 $\hat{\boldsymbol{Q}}_1$ 的距离依赖于矩阵摄动量与 $\boldsymbol{Q}_1$ 对应的特征值组和其余特征值之间的分散度之比. 将 $1/\operatorname{sep}(\boldsymbol{D}_1, \boldsymbol{D}_2)$ 看作测量不变子空间 $\boldsymbol{Q}_1$ 对矩阵摄动的敏感性的条件数. 当 $\operatorname{sep}(\boldsymbol{D}_1, \boldsymbol{D}_2)$ 较大时, 特征矢量组 $\boldsymbol{Q}_1$ 的改变不敏感; 而当 $\operatorname{sep}(\boldsymbol{D}_1, \boldsymbol{D}_2)$ 很小时, $\boldsymbol{Q}_1$ 的改变将很敏感.

3. 单个特征矢量对矩阵摄动的敏感性

单个特征矢量对矩阵摄动的敏感性问题可以作为以上讨论的特征矢量组的相应问题的特殊情形处理, 即取 $r=1$.

设 n 阶实对称矩阵 $\boldsymbol{A}$ 的特征矢量组为

$$\boldsymbol{Q} = (\boldsymbol{q}_1, \boldsymbol{Q}_2), \tag{8.2.44}$$

其中, $\boldsymbol{q}_1 \in \mathrm{R}^{n \times 1}, \boldsymbol{Q}_2 \in \mathrm{R}^{n \times (n-1)}, \boldsymbol{Q}$ 为正交矩阵. 矩阵 $\boldsymbol{A}$ 和摄动矩阵 $\boldsymbol{E}$ 满足如下关系:

$$\boldsymbol{Q}^{\mathrm{T}} \boldsymbol{A} \boldsymbol{Q} = \begin{bmatrix} \lambda & \boldsymbol{0} \\ \boldsymbol{0} & \boldsymbol{D}_2 \end{bmatrix}, \quad \boldsymbol{Q}^{\mathrm{T}} \boldsymbol{E} \boldsymbol{Q} = \begin{bmatrix} \varepsilon & \boldsymbol{e}^{\mathrm{T}} \\ \boldsymbol{e} & \boldsymbol{E}_{22} \end{bmatrix}, \tag{8.2.45}$$

其中, λ 为对应于 $\boldsymbol{q}_1$ 的单特征值, $\boldsymbol{D}_2$ 为对应于特征矢量组 $\boldsymbol{Q}_2$ 的特征值组, ε 为一摄动量, 矢量 $\boldsymbol{e} \in \mathrm{R}^{(n-1) \times 1}$.

记 λ 和其余特征值之差为

$$d = \min |\lambda - \mu|. \tag{8.2.46}$$

定理 8.8 如果 $d = \min |\lambda - \mu| > 0$, 且

$$d \geqslant 2\|\boldsymbol{e}\|_2 + \varepsilon + \|\boldsymbol{E}_{22}\|_2, \tag{8.2.47}$$

则存在一个矢量 $\boldsymbol{p} \in \mathrm{R}^{n-1}$, 满足

$$\|\boldsymbol{p}\|_2 \leqslant \frac{2\|\boldsymbol{e}\|_2}{d - \varepsilon - \|\boldsymbol{E}_{22}\|_2},$$

使得

$$\hat{\boldsymbol{q}}_1 = (\boldsymbol{q}_1 + \boldsymbol{Q}_2 \boldsymbol{p})(\boldsymbol{I} + \boldsymbol{p}^{\mathrm{T}} \boldsymbol{p})^{-1/2} \tag{8.2.48}$$

是摄动后的矩阵 $\boldsymbol{A}+\boldsymbol{E}$ 的第一阶特征矢量, 而且

$$\operatorname{dist}(\operatorname{span}(\boldsymbol{q}_1), \operatorname{span}(\hat{\boldsymbol{q}}_1)) = \left[1 - \left(\boldsymbol{q}_1^{\mathrm{T}} \boldsymbol{q}_1\right)^2\right]^{1/2} \leqslant \frac{2\|\boldsymbol{e}\|_2 + \varepsilon + \|\boldsymbol{E}_{22}\|_2}{d}. \tag{8.2.49}$$

证明   在定理 8.7 中取

$$r = 1, \quad D_1 = \lambda, \quad \text{sep}\,(D_1, D_2) = d,$$

即得定理 8.8.   ▮

从式 (8.2.49) 可见, 单个特征矢量对矩阵摄动的敏感性取决于矩阵摄动量与此特征矢量对应的特征值和相邻的特征值的分散度之比. 当分散度较大时, 特征矢量的敏感度较小, 否则敏感度较大.

由定理 8.7 和定理 8.8 的结论可以看出一个有趣的, 也是有重要意义的性质: 如果矩阵具有一个集聚特征值组, 即这个集聚特征值组内的特征值之间的距离很小, 而这个集聚特征值组的边界和非此集聚特征值组的特征值之间的距离较大. 这时, 集聚特征值组的单个特征矢量对矩阵摄动将很敏感, 但是这个集聚特征值组对应的特征矢量子空间对矩阵摄动却不敏感.

例 1   给定如下矩阵 A 和摄动矩阵 E:

$$A = \text{diag}(1.0000, 1.9990, 2.0000), \quad E = 0.01 \begin{bmatrix} 1 & 1 & 1 \\ 1 & 1 & 1 \\ 1 & 1 & 1 \end{bmatrix}.$$

矩阵摄动前后的特征值分别为

$$\lambda(A) = (1.0000, 1.9990, 2.0000), \quad \lambda(A + E) = (1.0098, 1.9995, 2.0197),$$

摄动前后的特征矢量为

$$Q = (q_1, q_2, q_3) = \begin{bmatrix} 1 & 0 & 0 \\ 0 & 1 & 0 \\ 0 & 0 & 1 \end{bmatrix},$$

$$\hat{Q} = (\hat{q}_1, \hat{q}_2, \hat{q}_3) = \begin{bmatrix} 0.9999 & 0.0004 & 0.0140 \\ -0.0099 & 0.7244 & 0.6893 \\ -0.0099 & -0.6894 & 0.7243 \end{bmatrix}.$$

从而有

$$|\lambda_i(A + E) - \lambda_i(A)| = \begin{cases} 0.0098, & i = 1, \\ 0.0005, & i = 2, \\ 0.0197, & i = 3, \end{cases} \tag{8.2.50}$$

$$\text{dist}(\text{span}(\boldsymbol{q}_i), \text{span}(\hat{\boldsymbol{q}}_i)) = \begin{cases} 0.0140, & i = 1, \\ 0.6894, & i = 2, \\ 0.6895, & i = 3, \end{cases} \tag{8.2.51}$$

$$\begin{aligned} \text{dist}\left(\text{span}\left(\boldsymbol{q}_2, \boldsymbol{q}_3\right), \text{span}\left(\hat{\boldsymbol{q}}_2, \hat{\boldsymbol{q}}_3\right)\right) &= 0.0140, \\ \text{dist}\left(\text{span}\left(\boldsymbol{q}_1, \boldsymbol{q}_2\right), \text{span}\left(\hat{\boldsymbol{q}}_1, \hat{\boldsymbol{q}}_2\right)\right) &= 0.6895. \end{aligned} \tag{8.2.52}$$

由上述结果可以看出:

(1) 摄动前后的特征值之差符合定理 8.6 中的式 (8.2.21). 特征值对矩阵摄动的敏感度虽然也与特征值的疏密有关, 但是影响较小, 即使 $\lambda_1(\boldsymbol{A})$ 与 $\lambda_2(\boldsymbol{A})$ 之差为 10^{-4} 量级, 而矩阵摄动量为 10^{-2} 量级, 但 $|\lambda_3(\boldsymbol{A} + \boldsymbol{E}) - \lambda_3(\boldsymbol{A})|$ 仍为 10^{-2} 量级.

(2) 单个特征矢量摄动前后的距离符合定理 8.8 中的式 (8.2.49). 与孤立特征值 λ_1 对应的特征矢量 $\boldsymbol{q}_1$ 的敏感度很小, 而与集聚特征值组 λ_2, λ_3 对应的特征矢量 $\boldsymbol{q}_2, \boldsymbol{q}_3$ 的敏感度却很大.

(3) 矩阵摄动对集聚特征值组的特征矢量子空间 $\text{span}\left(\boldsymbol{q}_2, \boldsymbol{q}_3\right)$ 的敏感度很小, 但对 $\text{span}\left(\boldsymbol{q}_1, \boldsymbol{q}_2\right)$ 的敏感度却很大.

(4) 摄动前后特征矢量子空间的距离符合定理 8.7 中的式 (8.2.41).

为了比较特征值的疏密和摄动量的大小对敏感度的影响, 特给出下面三例.

例 2 给定如下矩阵 $\boldsymbol{A}$ 和摄动矩阵 $\boldsymbol{E}$:

$$\boldsymbol{A} = \text{diag}(1.9980, 1.9990, 2.0000), \quad \boldsymbol{E} = 0.01 \begin{bmatrix} 1 & 1 & 1 \\ 1 & 1 & 1 \\ 1 & 1 & 1 \end{bmatrix}.$$

矩阵摄动前后的特征值, 以及特征矢量子空间的距离分别为

$$\lambda(\boldsymbol{A}) = (1.9980, 1.9990, 2.0000), \quad \lambda(\boldsymbol{A} + \boldsymbol{E}) = (1.9984, 1.9996, 2.0290),$$

$$|\lambda_i(\boldsymbol{A} + \boldsymbol{E}) - \lambda_i(\boldsymbol{A})| = \begin{cases} 0.0004, & i = 1, \\ 0.0006, & i = 2, \\ 0.0290, & i = 3, \end{cases}$$

$$\operatorname{dist}\left(\operatorname{span}\left(\boldsymbol{q}_i\right),\operatorname{span}\left(\hat{\boldsymbol{q}}_i\right)\right)=\begin{cases}0.5980, & i=1,\\ 0.8044, & i=2,\\ 0.8026, & i=3,\end{cases}$$

$$\operatorname{dist}\left(\operatorname{span}\left(\boldsymbol{q}_1,\boldsymbol{q}_2\right),\operatorname{span}\left(\hat{\boldsymbol{q}}_1,\hat{\boldsymbol{q}}_2\right)\right)=0.8026.$$

例 3　给定如下矩阵 $\boldsymbol{A}$ 和摄动矩阵 $\boldsymbol{E}$:

$$\boldsymbol{A}=\operatorname{diag}(1.0000,2.0000,3.0000),\quad \boldsymbol{E}=0.01\begin{bmatrix}1 & 1 & 1\\ 1 & 1 & 1\\ 1 & 1 & 1\end{bmatrix}.$$

矩阵摄动前后的特征值, 以及特征矢量子空间的距离分别为

$$\lambda(\boldsymbol{A})=(1.0000,2.0000,3.0000),\quad \lambda(\boldsymbol{A}+\boldsymbol{E})=(1.0099,2.0100,3.0102),$$

$$|\lambda_i(\boldsymbol{A}+\boldsymbol{E})-\lambda_i(\boldsymbol{A})|=\begin{cases}0.0099, & i=1,\\ 0.0100, & i=2,\\ 0.0102, & i=3,\end{cases}$$

$$\operatorname{dist}\left(\operatorname{span}\left(\boldsymbol{q}_i\right),\operatorname{span}\left(\hat{\boldsymbol{q}}_i\right)\right)=\begin{cases}0.0111, & i=1,\\ 0.0141, & i=2,\\ 0.0112 & i=3,\end{cases}$$

$$\operatorname{dist}\left(\operatorname{span}\left(\boldsymbol{q}_1,\boldsymbol{q}_2\right),\operatorname{span}\left(\hat{\boldsymbol{q}}_1,\hat{\boldsymbol{q}}_2\right)\right)=0.0112.$$

例 4　给定如下矩阵 $\boldsymbol{A}$ 和摄动矩阵 $\boldsymbol{E}$:

$$\boldsymbol{A}=\operatorname{diag}(1.9980,1.9990,2.0000),\quad \boldsymbol{E}=0.0001\begin{bmatrix}1 & 1 & 1\\ 1 & 1 & 1\\ 1 & 1 & 1\end{bmatrix}.$$

矩阵摄动前后的特征值, 以及特征矢量子空间的距离分别为

$$\lambda(\boldsymbol{A})=(1,9980,1.9990,2.0000),\quad \lambda(\boldsymbol{A}+\boldsymbol{E})=(1.9981,1.9991,2.0001),$$

$$|\lambda_i(\boldsymbol{A} + \boldsymbol{E}) - \lambda_i(\boldsymbol{A})| = \begin{cases} 0.0001, & i = 1, \\ 0.0001, & i = 2, \\ 0.0001, & i = 3, \end{cases}$$

$$\text{dist}\,(\text{span}\,(\boldsymbol{q}_i)\,, \text{span}\,(\hat{\boldsymbol{q}}_i)) = \begin{cases} 0.1038, & i = 1, \\ 0.1393, & i = 2, \\ 0.1166, & i = 3, \end{cases}$$

$$\text{dist}\,(\text{span}\,(\boldsymbol{q}_1, \boldsymbol{q}_2)\,, \text{span}\,(\hat{\boldsymbol{q}}_1, \hat{\boldsymbol{q}}_2)) = 0.1166.$$

例 2 和例 3 的三个特征值的间距分别为 10^{-4} 和 10^0 量级, 两例的摄动矩阵的摄动量级皆为 10^{-2}. 通过此两例可以考察特征值疏密对于特征值和特征矢量对于摄动的敏感性的影响. 例 4 和例 2 的特征值相同, 但摄动量分别为 10^{-4} 和 10^{-2} 量级, 借以考察摄动量对于特征值和特征矢量对于摄动的敏感性的影响.

以上例 2~ 例 4 的结果显示如下性质:

(1) 特征值对摄动的敏感性受特征值的疏密的影响很小, 在一定范围内, 受矩阵摄动量的影响也不显著.

(2) 单个特征矢量和特征矢量子空间对矩阵摄动的敏感性受特征值的疏密和矩阵摄动量的大小的影响都很显著.

本节主要内容取自参考文献 [8, 9].

8.3 振型的节的一些性质

振型的节, 就是一个振型函数取零的点或由这类点组成的连续集合 (线、面), 且在该点 (或该线、该面) 的两侧邻域内振型函数具有相反的符号. 对于一维结构, 如弦、杆、梁, 节是节点; 对于二维结构, 如膜、板、二维弹性体, 以及容器内的液体表面等, 节是节线; 对于三维弹性体, 节是节面.

8.3.1 一般结构的振型的节的一个共同性质

本节讨论一个在理论和实际应用中都很有意思的关于节的定性性质. 它是由 Courant R 于 1923 年发现的.

定理 8.9 给定区域 Ω (可为一、二、三维区域) 上的自共轭二阶微分方程的特征值问题

$$Lu = \lambda \rho u, \quad \rho > 0$$

具有任意齐次边条件. 如果把它的特征值按递增次序排列 (对于 k 重特征值, 认为是 k 个相等的特征值), 则第 n 阶特征函数 u_n 的节将区域 Ω 分成的子区域不多于 n 个.

关于此定理的证明, 早在 1923 年已由 Courant R 给出, 但比较复杂, 后由 Pleijel A 于 1956 年给出了比较简单的证明 [10]. 对此定理的证明有兴趣的读者可参阅相关文献.

作为这个定理的特殊情形, 一维区域上的自共轭二阶微分方程的特征值问题的第 n 阶特征函数的节点将区域 Ω 恰好分成 n 个子区域, 也就是说, 第 n 阶特征函数恰有 $n-1$ 个节点.

定理 8.10　Sturm-Liouville 问题的第 n 阶特征函数的节点把区间 $[0, l]$ 恰好分为 n 段.

以上两个定理告诉我们, Sturm-Liouville 系统代表的有或无弹性基础的弦、杆的第 i 阶振型恰有 $i-1$ 个节点. 这在第五章中已给予充分论证. 薄膜、容器内的理想流体表面波的振动的第 n 阶振型的节线或三维弹性体的振动的第 n 阶振型的节面将区域 Ω 分成的子区域不多于 n 个.

8.3.2　膜的振型的节域数量的进一步研究

自从 1923 年 Courant R 提出关于微分方程特征函数的节的一般性定理 (参见定理 8.9) 以来, 不少应用数学和数学物理方程领域的学者对于这一定理产生了很大的兴趣, 尤其是关注这一定理在膜这样一个具体物理模型上的应用情况. 以下是参考文献 [10~13] 中有关膜的模态及其节域的一些重要的定性性质:

(1) 1923 年 Faber G[11], 1925 年 Krahn E[12] 证明了 Rayleigh J 的如下猜想: 对于具有固定边界和相同面积的均匀膜, 圆膜具有最小的第一阶特征值 (即最小的基频). 在他们的论文中给出了这样的估计式:

$$\lambda_1 \geqslant \frac{\pi x_{01}^2}{V}, \tag{8.3.1}$$

其中, λ_1 是均匀膜的横向振动的第一阶特征值, V 是膜所占据的面积, x_{01} 则是零阶 Bessel 函数的第一个正零点. 当且仅当均匀膜为圆膜时等号成立.

(2) 作为 Courant 定理的推论, 不难指出: 对于任意形状、任意支承的膜, 有

(a) 其第一阶特征函数在所占据的区域上正负号不变;

(b) 其余的特征函数在所占据的区域上正负号都有变化;

(c) 膜的第一阶特征值总是单的;

(d) 当把膜的特征值按递增次序排列时, 对于 $n > 1$ 的所有特征值, 都有 $N \geqslant 2$, 其中, N 是相应于 λ_n 的特征函数的节线把膜所占据的区域分成若干个子区域 (以下称之为节域) 的数量.

(3) 对于周边固定的均匀圆膜, Pleijel A[10] 在 1956 年进一步证明了如下公式:

$$\limsup_{n\to\infty} \frac{N}{n} \leqslant \left(\frac{2}{x_{01}}\right)^2 \approx 0.691, \tag{8.3.2}$$

其中, N 是相应于 λ_n 的特征函数的节域的数量, x_{01} 的意义同上. 由此可以推断: 只对有限个数 n, 相应于 λ_n 的特征函数的节域的数量

$$N \geqslant \left[\left(\frac{2}{x_{01}}\right)^2 + \varepsilon\right] n,$$

其中, ε 是一个任意的充分小的正数.

Polterovich I[13] 进一步指出, 估计式 (8.3.2) 对于周边自由膜同样成立, 但对于具有固定–自由这种混合边条件的膜不成立. 同时, Polterovich I 进一步猜想, 对于周边固定或周边自由的方形膜, 存在如下估计式:

$$\limsup_{n\to\infty} \frac{N}{n} \leqslant \frac{2}{\pi} \approx 0.636. \tag{8.3.3}$$

同样可以推断: 只对有限个数 n, 方形膜相应于 λ_n 的特征函数的节域的数量

$$N \geqslant \left(\frac{2}{\pi} + \varepsilon\right) n.$$

参 考 文 献

[1] Courant R, Hilbert D. Methods of mathematical physics: Vol. I [M]. New York: Interscience Publishers, 1953; Vol. II [M]. New York: Interscience Publishers, 1962.

[2] 胡海昌, 刘中生, 王大钧. 约束位置的修改对振动模态的影响 [J]. 力学学报, 1996, 28(1): 23.

[3] Liu Z S, Hu H C, Wang D J. Effect of small variation of support location on natural frequencies: Proceedings of international conference on vibration engineering [C]. Singapore: International Academic Publishers, 1994.

[4] Liu Z S, Hu H C, Wang D J. New method for deriving eigenvalue rate with respect to support location [J]. AIAA Journal, 1996, 34(4): 864.

[5] 刘中生, 胡海昌. 特征值问题的边界形状灵敏度 [J]. 力学学报, 1999, 31(1): 58.

[6] 王其申, 黄鹏程. 附加中间支座对梁的横振动频率的影响分析 [J]. 现代振动与噪声技术, 2008, 6: 104.

[7] Wilkinson J H. The algebraic eigenvalue problem [M]. London: Oxford University Press, 1965.

[8] Golub G H, Van Loan C F. Matrix computations [M]. 3rd Ed. Baltimore-Maryland: Johns Hopkins University Press, 1996.

[9] 孙继广. 矩阵扰动分析 [M]. 第二版. 北京：科学出版社, 2001.

[10] Pleijel A. Remarks on courant's nodal line theorem [J]. Communications on Pure and Applied Mathematics, 1956, 9(3): 543.

[11] Faber G. Beweis, daß unter allen homogenen membranen von gleicher fläche und gleicher spannung die kreisförmige den tiefsten grundton gibt [M]//Mathematisch-Physikalische Klasse Sitzungsberichte. München: Bayerische Akademie der Wissenschaften, 1923.

[12] Krahn E. Über eine von Rayleigh formulierte minimaleigenschaft des kreises [J]. Mathematische Annalen, 1925, 94(1): 97.

[13] Polterovich I. Pleijel's nodal domain theorem for free membranes [J]. Proceedings of the American Mathematical Society, 2009, 137(3): 1021.

第九章 结构力学中解的存在性理论

本章论述更具基础性的课题——线性结构力学中静变形解和模态解的存在性, 以及结构理论模型的合理性等. 作为理论基础的线性弹性力学中解的存在性也将深入涉及. 二十世纪八十年代, 王大钧和胡海昌发表了一组论文, 用力学和泛函分析相结合的方法, 对于包含壳体、复合材料结构, 以及组合弹性结构的各类结构理论的静变形解和模态解建立了统一的存在性定理. 后来, 王大钧又结合结构理论模型的合理性问题, 进一步完善了结构理论中解的存在性理论. 本章将主要阐述有关理论.

9.1 引　　言

从固体力学的学科分类和发展看, 在线性弹性力学的范畴内, 有三类标志性的解的存在性问题: 椭圆型和双曲型微分方程解的存在性、弹性力学问题中解的存在性, 以及结构理论问题中解的存在性.

Hilbert 空间理论建立后, 一些数学家极其成功地系统地解决了微分方程解的存在性问题. 其代表作之一是 1952 年出版的 Михлин С Г 撰写的专著《Проблема мнимума квадратичного функционала》[1], 该专著系统地阐述了微分方程解的存在唯一性、Ritz 法等近似法的收敛性问题. 该专著成为研究许多物理问题, 包括弹性力学中解的存在性问题的理论框架.

随后, 一些学者解决了在广泛的边条件下的弹性力学的静变形解、模态解, 以及动力响应解的存在性问题 [1~6]. Михлин С Г 在其撰写的专著 [1] 中, 总结了三维弹性体在固定、自由、刚性接触, 以及它们的混合边条件下, 弹性力学中静变形解和模态解的存在性的证明. Fichera G 在他发表于 1973 年的专著 [7] 中, 用 Sobolev 空间理论对弹性力学中静变形解、模态解和动力响应解做了更精细的分析.

关于弹性力学中解的存在性证明, 除了基于 Hilbert 空间理论的途径外, 还存在另一种途径. 1954 年, Kupradze V D 借助多维奇异位势理论和奇异积分方程, 证明了弹性力学中静变形解的存在性. 1963 年, 他将其撰写成书, 并于 1965 年出版该书的英译本 [8].

关于结构理论中解的存在性问题, 情况有所不同, 一维结构、膜、板的情况较简单, 但由于壳体中曲面的几何复杂性和壳体理论模型的多样性, 从方程出发研究壳体中解的存在性就比较艰难, 组合弹性结构尤甚, 因此进展较慢.

多年来, 许多学者对各种不同的壳体理论算子的正定性给出了证明. 例如, 1974 年, Shokhet B A[9] 对 Novozhilov 壳模型, Gordeziani D G[10] 对 Vekua 壳模型; 1976 年, Bernadou M 和 Ciarlet P G[11] 对具有固定边界的壳体; 1981 年, 武际可 [12] 对相当广泛的中曲面形状、铰支和固定边界的壳体; 1986 年, Bernadou M 和 Lalanne B[13] 对 Koiter 扁壳模型; 1992 年, Ciarlet P G 和 Miara B[14] 对线性化的 Marguerre-von Kánmán 扁壳模型; 1994 年, Bernadou M, Ciarlet P G 和 Miara B[15] 对 Koiter 模型和 Naghdi 模型的一般几何形状的中面的壳体等. 这些工作基本上是从壳体方程出发证明壳体理论算子的正定性, 并较少涉及能量嵌入算子的紧性, 即较少涉及动力学问题.

冯康在 1979 年发表的重要论文《组合流形上的椭圆方程与组合弹性结构》[16] 中建立了不同维结构组成的组合结构的微分方程及边条件, 并计划在后续工作中论证组合弹性结构的边值问题的正定性、解的正则性, 以及将有限元法用于组合弹性结构的收敛性. 1981 年, 冯康与石钟慈合著《弹性结构的数学理论》[17] 一书, 将弹性理论、组合弹性结构的数学理论和有限元方法相结合. 这是一项极其重要而繁难的科学成果, 但未见涉及解的存在性问题.

二十世纪八十年代以来, 王大钧和胡海昌发表了一组文章 [18~21], 另辟新路, 用力学和泛函分析相结合的方法, 对于包含复杂壳体、复合材料结构、复杂形状的组合结构的静变形解和模态解给出了统一的存在性定理. 这一理论得到许多学者的肯定, 见本节末尾的附注.

在本章 9.5 和 9.6 节, 本书作者对王大钧和胡海昌的结构理论中解的存在性理论又做了进一步完善, 特别是论证了结构理论模型的合理性和组合弹性结构的合理性问题.

以下几节, 我们将具体论证弹性力学和结构理论中解的存在性、唯一性等基础理论问题. 在具体论证过程中, 将涉及一些变分学、泛函分析、Hilbert 空间和 Sobolev 空间等数学知识. 由于本书的读者对象主要是力学界的学者、研究生和工程技术人员, 因此本书中没有系统引入这些知识, 也没有按照泛函分析的理论做精确论述. 读者如对某些问题有深入研究的兴趣, 请参阅参考文献 [1, 7, 22~28].

附注:

法国著名力学家、数学家 Valid R 在其 1995 年出版的专著 *The nonlinear theory of shells through variational principles: From elementary algebra to differential geometry*[29] 中转述了王大钧、胡海昌关于结构理论中解的存在性的两个定理及其证明方法, 并在该书的 32 页中指出: 一个非常重要的问题数学家一直未获答案, 一直持续到 "Chinese theorems" 的发表才获得答案. 这个问题是 "在一般的结构理论中, 特别是对线性弹性力学的三维理论通过采用应力和/或位移假设所导出的板和壳理论中, 如何像保证三维弹性力学中解的存在性和唯一性那样仍然能保证板和壳理论中解的存在性和唯一性". 1985 年, 北京大学的王大钧和胡海昌的题为《论弹性结构理论中两类算子的正定性和紧致性》论文中给出了问题的答案.

南非科学院院士孙博华在其 2012 年发表的论文《结构理论中解的存在性问题述评》[30] 中指出: 王大钧、胡海昌关于结构理论解的存在性的研究成果是一项开创性的工作 ⋯⋯ 相当彻底地解决了固体力学中的这一基础性的理论问题. 这是一项具有长远意义的科学成果.

2015 年出版的《20 世纪中国知名科学家学术成就概览·力学卷·第三分册》[31] 中指出: 以弹性结构理论与三维弹性力学的力学联系为背景, 证明了对于广泛的弹性结构理论, 其平衡问题、固有振动问题和动力响应解的存在性.

9.2 结构理论中三类问题的变分解法

9.2.1 结构理论中解的分类

弹性力学和结构理论中求解的问题主要有三类: 对于某一弹性体或结构, 给定静态外力, 求静变形解 (含伴随的应力解); 求振动模态解; 给定动态外力和初位移、初速度, 求动力响应解. 通常, 它们分别对应三类数学问题: 微分方程边值问题、微分方程特征值问题和微分方程初边值问题.

以上三类问题的解可分为下列两种层次:

(1) 满足微分方程和边条件 (和初条件) 的解称为古典解. 其三类问题中解的形式分别为:

静变形解. 解微分方程边值问题

$$\begin{cases} Au(x) = f(x), & \Omega \text{ 内}, \\ Bu(x) = 0, & \partial\Omega \text{ 上}, \end{cases} \tag{9.2.1}$$

其中, x 为描述结构 (或弹性体) 的坐标 (或坐标矢量), Ω 和 $\partial\Omega$ 分别为结构 (或弹性体) 所占区域及其边界, $u(x)$ 为结构的位移 (或位移矢量), A 为结构理论 (或弹性力学) 微分算子 (或算子矩阵), B 为边条件微分算子 (或算子矩阵), f 为外力 (或外力矢量).

振动模态解. 解微分方程特征值问题

$$\begin{cases} Au(x) = \lambda\rho(x)u(x), & \Omega \ \text{内}, \\ Bu(x) = 0, & \partial\Omega \ \text{上}, \end{cases} \tag{9.2.2}$$

其中, ρ 为惯性算子, 一般情况下, ρ 为质量密度, 也有较复杂的情形, 如 Rayleigh 梁计入截面转动惯量, ρ 就含微商项; λ 为特征值; $\sqrt{\lambda}/(2\pi)$ 为固有频率.

动力响应解. 解微分方程初边值问题

$$\begin{cases} Au(x,t) + \rho u_{tt}(x,t) = f(x,t), & \Omega \ \text{内}, \quad t > 0, \\ Bu(x,t) = 0, & \partial\Omega \ \text{上}, \quad t \geqslant 0, \\ u(x,0) = g_0(x), \ \ u_t(x,0) = g_1(x), & \Omega \ \text{内}. \end{cases} \tag{9.2.3}$$

(2) 在广义微商意义下, 满足变分方程的解称为广义解.

首先引入一个 Hilbert 空间[①]——平方可积函数空间 $L_2(\Omega)$, 其元素为有界区域 Ω 上的平方可积矢量函数 $\varphi(p)$, 其内积为

$$(\varphi, \psi) = \int_\Omega \varphi(p)\bar\psi(p)\mathrm{d}x, \tag{9.2.4}$$

模的平方为

$$\|\varphi\|^2 = \int_\Omega |\varphi(p)|^2 \, \mathrm{d}x. \tag{9.2.5}$$

对于上面提到的三类问题, 它们的解的变分形式分别为:

静变形解. 求势能泛函

$$F(u) = \frac{1}{2}(Au, u) - (u, f) \tag{9.2.6}$$

的最小值的解.

振动模态解. 求 Rayleigh 商

$$R(u) = \frac{(Au, u)}{(\rho u, u)} \tag{9.2.7}$$

的如下诸极小值的解:

$$\begin{cases} \lambda_1 = R(u_1) = \min R(u), \\ \lambda_i = R(u_i) = \min R(u), \quad (\rho u, u_j) = 0, \quad i = 2, 3, \cdots, \quad j = 1, 2, \cdots, i-1. \end{cases} \tag{9.2.8}$$

---

① 本书所谓 Hilbert 空间皆指完备的内积空间.

动力响应解. 求 Hamilton 作用量的变分为零的解:

$$\delta \int_0^{t_1} (\Pi - K - W)\mathrm{d}t = 0, \tag{9.2.9}$$

其中, Π, K 和 W 分别为系统的势能、动能和外力所做之功.

不同层次的解具有不同的可微性, 当微分方程是 $2k$ 阶时, 满足边条件并具有 $2k$ 阶普通微商的函数集称为比较位移函数集; 具有 k 阶普通微商并只需满足位移边条件的函数集称为可能 (允许) 位移函数集. $2k$ 阶微分方程的古典解属于比较位移函数集, 而广义解最低仅具有 k 阶广义微商. 讨论解的存在性是指广义解的存在性. 根据各个具体问题的方程系数、边界形状、边条件, 以及外力的可微性可以导出该广义解的可微性. 这属于解的正则性的范畴.

在一些力学著作中, 用变分法求具有普通微商的解, 也就是在所谓可能位移函数集内所求得的解, 称为弱解, 它具有 k 阶普通微商, 这不同于在广义微商意义下的广义解. 从本章将讨论的解的存在性理论可知, 只能在广义解的范围内, 才能澄清上述变分问题的解的存在性问题. 所以从数学理论的角度, 将解分为两个层次: 古典解和广义解.

9.2.2　求静变形解的变分方法

设算子 A 定义在 L_2 空间的稠密集 D_A 上, 如果对其定义域中的任何异于零的函数 u, 有

$$(Au, u) > 0,$$

则称 A 为正算子; 如果有

$$(Au, u) \geqslant \gamma^2 \|u\|^2, \tag{9.2.10}$$

其中, γ 为正常数, 则称 A 为正定算子. 正定算子是对称算子. 正定算子可开拓为自共轭算子.

定理 9.1　设 A 是正算子, 如果方程

$$Au = f \tag{9.2.11}$$

有解, 则其解是唯一的.

证明　如果 $Au_1 = Au_2 = f$, 则 $A(u_1 - u_2) = 0$, 从而

$$(A(u_1 - u_2), u_1 - u_2) = 0,$$

故 $u_1 - u_2 = 0$. 在 L_2 空间 $u_1 = u_2$ 意味着 u_1 和 u_2 几乎处处相等. 如果 u_1 和 u_2 为连续函数, 则 $u_1 \equiv u_2$. ∎

定理 9.2　设 A 是正算子, 如果方程 (9.2.11) 有解 u_0, 则此解使泛函

$$F(u) = (Au, u) - (u, f) - (f, u) \qquad (9.2.12)$$

取最小值.

定理 9.3　设 A 是正算子, 则使泛函

$$F(u) = (Au, u) - (u, f) - (f, u)$$

取最小值的函数是方程

$$Au = f$$

的解.

$Au = f$ 是在 L_2 空间, 即平方可积的意义下的等式. 如果 Au 和 f 都连续, 则此等式是在普通意义下的等式, 即 u 为古典解.

定理 9.2 给出了通过求方程 (9.2.11) 的解而得到泛函 (9.2.12) 的最小值的理论根据. 反之, 定理 9.3 给出了通过求泛函 (9.2.12) 的最小值而得到方程 (9.2.11) 的解的理论根据. 后者被称为基本变分问题, 力学中与之对应的为利用最小势能原理求解静变形问题.

需要强调的是, 求泛函 $F(u)$ 的极值并非从式 (9.2.12) 出发, 因为式 (9.2.12) 中的 (Au, u) 含有与方程同阶的微商项, 对求解函数域的选择颇为严苛, 不能体现利用这种方法求解的优越性. 实际上, 求泛函 $F(u)$ 的极值通常采取如下步骤: 将边条件引入, 对 (Au, u) 的表达式分部积分 k 次以后, 得展开式

$$(Au, u) = \int_\Omega uAu\mathrm{d}x = \Lambda(u, u) + \int_{\partial\Omega} \sum_{j=1}^k R_j u \widetilde{R}_j u \mathrm{d}x, \qquad (9.2.13)$$

其中, $\Lambda(u, u)$ 是在 Ω 上的积分, 如果 Au 是 $2k$ 阶微分方程, 则 $\Lambda(u, u)$ 只含 u 的 k 阶微商项, 从而由式 (9.2.13) 易于求得泛函极值的解.

例 1　一端固定一端自由的 Euler 梁, 它的抗弯刚度为 $EJ(x)$. 记 w 为梁的挠度, 它所满足的方程及边条件为

$$\begin{cases} [EJ(x)w''(x)]'' = f(x), \\ w(0) = 0, \quad w'(x)|_{x=0} = 0, \\ w''(x)|_{x=l} = 0, \quad (EJw'')'|_{x=l} = 0. \end{cases} \qquad (9.2.14)$$

称方程组 (9.2.14) 中的第一个方程等号左端的微分算子为梁的微分算子 A. 泛函 (9.2.12) 为

$$\frac{1}{2}F(w) = \frac{1}{2}\int_0^l w(EJw'')''\mathrm{d}x - \int_0^l wf\mathrm{d}x. \tag{9.2.15}$$

对式 (9.2.15) 等号右端第一项做分部积分, 得到

$$\frac{1}{2}F(w) = \frac{1}{2}\int_0^l EJ\left(w''\right)^2\mathrm{d}x + \frac{1}{2}\left[w\cdot(EJw'')'\right]\big|_{x=l} - \frac{1}{2}\left(w'\cdot EJw''\right)\big|_{x=l}$$

$$- \int_0^l wf\mathrm{d}x = \Pi + W, \tag{9.2.16}$$

其中, Π 和 W 分别为式 (9.2.16) 中第一个等号右端的前三项和后一项. 式 (9.2.16) 的物理意义是梁的总势能等于梁的应变能 Π 和外力所做之功 W 的和. 这表明, 求 $F(u)$ 的最小值的解正是最小势能原理, 即古典解使系统的总势能取最小值.

可以看到, 如果从式 (9.2.15) 出发求极值的解, 则解属于比较位移函数集. 如果从式 (9.2.16) 出发求极值的解, 则解属于可能位移函数集.

因此, 从式 (9.2.16) 出发, 施行变分法求解, 才能体现变分法求解的优点. 故一般将变分法求解视为从式 (9.2.16) 出发求解. 但由定理 9.3 可知, 从式 (9.2.15) 出发求得的解是原微分方程的解, 而从式 (9.2.16) 出发求得的解却不一定满足原微分方程. 此时需要附加条件: 若此解具有和原微分方程同阶的微商, 则也是原微分方程的解.

在 9.3 节中将阐述解的存在性, 在那里将会看到, 从式 (9.2.16) 出发求解, 对于许多情形, 也不存在普通微商意义下的解.

例 2 在有限平面区域 Ω 上的等厚弹性薄板, 周边固定. 静变形方程和边条件分别为

$$\begin{cases} D\Delta^2 w = f(x), & \Omega \text{ 内}, \\ w = \dfrac{\partial w}{\partial n} = 0, & \partial\Omega \text{ 上}, \end{cases} \tag{9.2.17}$$

其中, 薄板的弯曲刚度 $D = Eh^3/[12(1-\nu^2)]$, E, ν 为弹性模量和 Poisson 比, h 为板的厚度, Δ^2 为双 Laplace 算子, w 为位移. 板的势能为

$$\frac{1}{2}F(w) = \frac{D}{2}\int_\Omega \left\{ (\Delta w)^2 + 2(1-\nu)\left[\left(\frac{\partial^2 w}{\partial x\partial y}\right)^2 - \frac{\partial^2 w}{\partial x^2}\frac{\partial^2 w}{\partial y^2}\right] \right\}\mathrm{d}x\mathrm{d}y$$

$$-\int_{\Omega} wf\mathrm{d}x\mathrm{d}y = \Pi + W, \tag{9.2.18}$$

其中, Δ 为二维 Laplace 算子.

对于薄板, 微分算子具有位移的四阶微商, 而 Π 内只含位移的二阶微商.

在此小节最后, 顺便指出, 定理 9.1 至定理 9.3 中, 前提是算子 A 是正的. 其物理意义是所考虑的力学系统的应变能是正的.

9.2.3　求模态解的变分方法

由式 (9.2.2) 引入一个泛函——Rayleigh 商

$$R(u) = \frac{(Au, u)}{(\rho u, u)}, \tag{9.2.19}$$

由式 (9.2.2) 可知, 固有频率 f_i 和振型 ϕ_i 满足方程

$$\lambda_i = \frac{(A\phi_i, \phi_i)}{(\rho\phi_i, \phi_i)}, \tag{9.2.20}$$

其中, 特征值 $\lambda_i = (2\pi f_i)^2$.

定理 9.4　设 A 是正算子, d 是泛函

$$R(\varphi) = \frac{(A\varphi, \varphi)}{(\varphi, \varphi)} \tag{9.2.21}$$

的下确界. 如果存在函数 $\varphi_0 \neq 0$, 使得

$$\frac{(A\varphi_0, \varphi_0)}{(\varphi_0, \varphi_0)} = d, \tag{9.2.22}$$

则 d 是 A 的最小特征值, 而 φ_0 是对应它的振型.

下面的定理是关于如何求高阶特征对的方法.

定理 9.5　设 A 是正算子, $\lambda_1 \leqslant \lambda_2 \leqslant \cdots \leqslant \lambda_n$ 和 $\varphi_1, \varphi_2, \cdots, \varphi_n$ 是其前 n 阶特征值和相应的振型. 设存在函数 $\varphi \neq 0$, 使得泛函 (9.2.21) 在附加条件 $(\varphi, \varphi_i) = 0$ $(i = 1, 2, \cdots, n)$ 下取极小值, 则 φ 和 $\lambda = (A\varphi, \varphi)/(\varphi, \varphi)$ 分别是 A 的第 $n+1$ 阶振型 φ_{n+1} 和相应的特征值 λ_{n+1}.

在参考文献 [1, 5] 中可以看到定理 9.2 至定理 9.5 的证明.

不难将定理 9.4 和定理 9.5 推广到式 (9.2.19) 的情形, 也就是模态方程 (9.2.2) 的情形.

定理 9.4 和定理 9.5 阐明了用变分法求模态解的理论根据. 证明了求泛函 (9.2.19) 的极值, 即可得到模态方程 (9.2.2) 的模态解. 但是, 和静变形解相似, 这个结论是在式 (9.2.19) 的分子用表达式 $(A\varphi, \varphi)$ 的情况下得到的, 此式隐含了选择函数 φ 的函数集必须具有与方程同阶的微商, 属于比较位移函数集. 但是实际进行变分计算时, 用的是表达式 (9.2.13), 选择函数集是可能位移函数集.

例 1 对于和 9.2.2 小节的例 1 相同的 Euler 梁, 其单位长度的质量为 m. 模态方程为

$$[EJw''(x)]'' = \omega^2 mw, \tag{9.2.23}$$

由

$$\omega^2 = \text{st}\,\frac{\varPi}{T} = \text{st}\,\frac{\displaystyle\int_0^l EJ(w'')^2\mathrm{d}x + [w \cdot (EJw'')' - w' \cdot EJw'']|_{x=l}}{\displaystyle\int_0^l mw^2\mathrm{d}x} \tag{9.2.24}$$

求变分, 得方程

$$\delta\varPi - \omega^2\delta T = 0 \tag{9.2.25}$$

的解, 式 (9.2.24) 中的 st 表示驻值. 一般情况下, 对式 (9.2.25) 进行运算时, 式中函数 w 的微商阶次只要求具有特征方程 (9.2.23) 的阶次的一半.

9.2.4 求动力响应解的变分方法

Hamilton 原理 给定时间边值:

$$t = 0 \text{ 时}, \quad u = u_0, \quad t = t_1 \text{ 时}, \quad u = u_1,$$

则在所有可能运动状态中, 变分式

$$\delta\int_0^{t_1} (\varPi - K - W)\mathrm{d}t = 0$$

相当于方程 (9.2.3) 中的动力学方程和边条件, 其中, $\varPi$ 和 K 分别为结构的应变能和动能, W 为外力所做之功.

振动中的动力响应问题, 是时间初值问题. 而 Hamilton 原理是时间边值问题, 不能直接用来求解动力响应问题, 但是利用它建立动力学方程十分方便. 对于一些复杂的结构, 不易直接建立其动力学方程, 然而比较容易写出该系统

的势能和动能. 因而可以灵活地选取广义坐标, 利用 Hamilton 原理来建立这类结构的动力学方程.

Gurtin M E 于 1964 年提出的 Gurtin 变分原理 [32], 适用于建立时间初值动力学方程. 在实际问题中, 该变分原理的应用可能有更多的前景.

9.2 节讨论了结构力学中的三类问题的微分方程求解和变分法求解, 前者是在比较位移函数集中求解, 此函数类具有与方程同阶的微商; 后者是在可能位移函数集中求解, 此函数类的微商次数仅为方程阶数的 1/2. 本章关心的主要问题是: 这些求解问题的解存在与否? 若解存在, 属何层次? 这些问题将在以下几节论述.

9.3   泛函极值解的存在性

9.3.1   基本变分问题的解

本小节论述使泛函

$$F(u) = (Au, u) - (u, f) - (f, u) \tag{9.3.1}$$

取最小值的解的存在性问题.

(1) 设算子 A 定义在 Hilbert 空间 H 中的稠密线性集 M 上. 它是正定算子, 即存在常数 $\gamma > 0$, 使得

$$(Au, u) \geqslant \gamma^2 \|u\|^2, \quad u \in M. \tag{9.3.2}$$

(2) 在函数集 M 上定义一个新内积

$$[u, v] = (Au, v), \quad u, v \in M. \tag{9.3.3}$$

此时 M 成为一个新的内积空间, 记为 H_A, 其模记为 $\|u\|$,

$$\|u\|^2 = (Au, u), \quad u \in M. \tag{9.3.4}$$

由于 A 是正定算子, 从式 (9.3.2) 可以得到空间 M 中的两种模之间具有下述重要关系:

$$\|u\| \geqslant \gamma \|u\|, \quad u \in M. \tag{9.3.5}$$

H_A 可能不完备, 用通常方法完备化后是一个新的 Hilbert 空间, 所得空间仍然记为 H_A. 可以证明, H_A 嵌入在原 Hilbert 空间 H 中. 完备化的 H_A 由空间 H 的元素组成. 不等式 (9.3.5) 在空间 H_A 中也成立.

(3) 清楚地了解完备化空间 H_A 的结构, 对于正确理解将要论述的解的存在性和广义解的含义是很重要的. 在此只能做一粗浅的表述. 读者可以参考有关书籍, 如参考文献 [25, 27, 28].

设 Ω 是 N 维欧氏空间 R^N 中的开集, $x \in \mathrm{R}^N$, $x = (x_1, x_2, \cdots, x_N)$. α_i 为非负整数, $i = 1, 2, \cdots, N$. 符号 $\alpha = (\alpha_1, \alpha_2, \cdots, \alpha_N)$ 称为多重指标. 记

$$x^\alpha = x_1^{\alpha_1} x_2^{\alpha_2} \cdots x_N^{\alpha_N}, \quad |\alpha| = \alpha_1 + \alpha_2 + \cdots + \alpha_N,$$

$$\mathrm{D}^\alpha = \mathrm{D}_1^{\alpha_1} \mathrm{D}_2^{\alpha_2} \cdots \mathrm{D}_N^{\alpha_N} = \frac{\partial^{|\alpha|}}{\partial x_1^{\alpha_1} \partial x_2^{\alpha_2} \cdots \partial x_N^{\alpha_N}}.$$

假定区域 Ω 有界, 边界充分光滑, 或者是凸多面体. 如果函数 $u \in C^1(\bar{\Omega})$, 则对于任意函数 $v \in C_0^\infty(\Omega)$, 反复应用分部积分, 可得

$$\int_\Omega v \mathrm{D}^\alpha u \mathrm{d}x = (-1)^{|\alpha|} \int_\Omega u \mathrm{D}^\alpha v \mathrm{d}x, \quad v \in C_0^\infty(\Omega).$$

利用上式, 引入广义微商的概念.

定义 9.1 函数 $u \in L_2(\Omega)$, 如果存在一个函数 $\varphi \in L_2(\Omega)$, 使得对于一切 $v \in C_0^\infty(\Omega)$, 有

$$\int_\Omega v \varphi \mathrm{d}x = (-1)^{|\alpha|} \int_\Omega u \mathrm{D}^\alpha v \mathrm{d}x, \quad v \in C_0^\infty(\Omega),$$

则称 φ 是 u 的 $|\alpha|$ 阶广义微商, 并记为 $\mathrm{D}^\alpha u$.

由定义之前的推导表明, 普通微商必是广义微商. 反之则不成立.

在函数集 $u \in C^k(\Omega)$ 上定义内积

$$(u, v)_k = \int_\Omega \sum_{|\alpha|=0}^k \mathrm{D}^\alpha u \cdot \mathrm{D}^\alpha v \mathrm{d}x,$$

则模

$$\|u\|_k = \left[\int_\Omega \sum_{|\alpha|=0}^k (\mathrm{D}^\alpha u)^2 \mathrm{d}x \right]^{1/2}.$$

函数集 $C^k(\bar{\Omega})$ 对于上述内积是一个内积空间, 但它不完备. 把函数集 $C^k(\bar{\Omega})$ 和 $C_0^k(\Omega)$ 按模 $\|\cdot\|_k$ 意义下完备化, 所得空间分别记作 $H_k(\Omega)$ 和 $\overset{0}{H}_k(\Omega)$, 它们是 Hilbert 空间, 通常被称为 Sobolev 空间 $H_k(\Omega)$ 和 $\overset{0}{H}_k(\Omega)$. 重要的是理解它们的内积和模中的被积函数是广义微商, 而非普通微商.

对于具有 $2k$ 阶微商的算子 A, 对应的空间 C^{2k} 和 C_0^{2k} 的完备化空间是 H_k 和 $\overset{0}{H}_k$, 其中的函数包含广义解, 是具有 k 阶广义微商的函数. 例如, 梁和板算子的最高阶微商为四阶, 广义解所在的空间为 H_2, 弹性力学、杆、薄膜算子的最高阶微商为二阶, 广义解所在的空间为 H_1.

(4) 基本变分问题本意为寻求函数集 M 中存在一函数, 使得泛函 (9.3.1) 取最小值. 但是, 一般情况下, 此问题无解. 需设法扩大求解范围.

首先, 如 $u \in M$, 则定义 $(Au, u) = [u, u]$.

其次, 取空间 H 中的固定函数 f, 又取空间 H_A 中的任意函数 u. 由 Schwarz 不等式, 有

$$|(u, f)| \leqslant \|f\| \cdot \|u\| \leqslant \frac{\|f\|}{\gamma} \|u\|.$$

因此 (u, f) 是空间 H_A 中的有界泛函. 根据 Riesz 表示定理可知, 存在唯一的函数 $u_0 \in H_A$, 使得

$$(u, f) = [u, u_0], \quad u \in H_A. \tag{9.3.6}$$

于是

$$F(u) = (Au, u) - (u, f) - (f, u) = [u, u] - [u, u_0] - [u_0, u]. \tag{9.3.7}$$

式 (9.3.7) 对 $u \in M$ 是成立的, 但其第二个等号右端诸项在空间 H_A 上有意义. 于是利用式 (9.3.7) 把泛函 $F(u)$ 开拓到空间 H_A 中, 并寻求 $F(u)$ 在 H_A 中的最小值. 将式 (9.3.7) 化为

$$F(u) = [u - u_0, u - u_0] - [u_0, u_0] = \|u - u_0\|^2 - \|u_0\|^2.$$

当 $u = u_0$ 时, $F(u)$ 达到最小值, 有

$$\min F(u) = -\|u_0\|^2.$$

此结论给出以下定理:

定理 9.6 对于 Hilbert 空间 H 中的正定算子 A 和函数 f, 在空间 H_A 中存在唯一的函数 u, 使得泛函

$$F(u) = (Au, u) - (u, f) - (f, u)$$

取极小值.

在空间 H_A 中的这个解就是所谓广义解. 空间 H_A 是 Sobolev 空间, 函数具有广义微商. 例如, 若 A 是 $2k$ 阶微分算子, 则泛函 $F(u)$ 中的 (Au, u) 含有两个从 0 阶直到 k 阶微分算子之积, 空间 H_A 的函数元素具有 1 至 k 阶广义微商.

例 1 在 $x = 0$ 处为固定端的 Euler 梁的算子是正定算子.

先给出一个公式. 设 $w(x)$ 是区间 $(0, l)$ 内的函数, 且 $w(0) = w'(0) = 0$,

$$w(x) = \int_0^x \frac{\mathrm{d}w(\xi)}{\mathrm{d}\xi} \mathrm{d}\xi.$$

在 Schwarz 不等式

$$|(\varphi, \psi)| \leqslant \|\varphi\| \cdot \|\psi\| \tag{9.3.8}$$

中取

$$\varphi = 1, \quad \psi = \frac{\mathrm{d}w(\xi)}{\mathrm{d}\xi},$$

于是

$$|w(x)| = |(\varphi, \psi)| \leqslant \sqrt{x} \cdot \sqrt{\int_0^x \left|\frac{\mathrm{d}w}{\mathrm{d}\xi}\right|^2 \mathrm{d}\xi},$$

所以

$$|w(x)|^2 \leqslant x \int_0^x \left|\frac{\mathrm{d}w}{\mathrm{d}\xi}\right|^2 \mathrm{d}\xi \leqslant l \int_0^l \left|\frac{\mathrm{d}w}{\mathrm{d}\xi}\right|^2 \mathrm{d}\xi. \tag{9.3.9}$$

现在证明 Euler 梁的算子是正定算子. Euler 梁的算子为

$$Aw = (EJw'')''. \tag{9.3.10}$$

由于

$$(Aw, w) = \int_0^l (EJw'')'' w \mathrm{d}x$$

$$= \int_0^l EJ(w'')^2 \mathrm{d}x + (EJw'')' w \big|_0^l - EJw'' w' \big|_0^l,$$

其中, 第二个等号右端第一项为梁的本体的应变能, 第二、第三项为边界支承产生的应变能. 根据第六章给出的梁的最一般的边条件可知, 后两项大于等于零. 于是

$$(Aw, w) \geqslant \int_0^l EJ(w'')^2 \mathrm{d}x.$$

由式 (9.3.9) 可知,

$$
\begin{aligned}
\int_0^l w^2(x)\mathrm{d}x &\leqslant l^2 \int_0^l \left(\frac{\mathrm{d}w}{\mathrm{d}\xi}\right)^2 \mathrm{d}\xi \leqslant l^2 \left[l^2 \int_0^l \left(\frac{\mathrm{d}^2 w}{\mathrm{d}\xi^2}\right)^2 \mathrm{d}\xi \right] \\
&\leqslant \frac{l^4}{EJ_0} \int_0^l EJ \left(\frac{\mathrm{d}^2 w}{\mathrm{d}\xi^2}\right)^2 \mathrm{d}\xi \\
&\leqslant \frac{l^4}{EJ_0}(Aw, w),
\end{aligned}
\tag{9.3.11}
$$

其中, $EJ_0 = \min EJ(x)(0 < x < l)$. 式 (9.3.11) 即为

$$(Aw, w) \geqslant \gamma^2 \|w\|^2.$$

这表明当 $(EJw'')''$ 有意义, 即 $EJ \in C^2$ 时, 梁算子是正定算子. ▌

因此, 梁的静变形问题的基本变分问题——最小势能的解存在, 即梁的静变形问题的广义解存在.

例 2   在平面有限区域 Ω 上的弹性等厚薄板, 边界充分光滑, 周边固定. 微分方程和边条件见式 (9.2.17), 势能表达式见式 (9.2.18). 经过一番推演后得

$$
\begin{aligned}
\varPi &\geqslant \alpha \int_\Omega \left[w^2 + \left(\frac{\partial w}{\partial x}\right)^2 + \left(\frac{\partial w}{\partial y}\right)^2 + \left(\frac{\partial^2 w}{\partial x^2}\right)^2 + \left(\frac{\partial^2 w}{\partial x \partial y}\right)^2 + \left(\frac{\partial^2 w}{\partial y^2}\right)^2 \right] \mathrm{d}x\mathrm{d}y \\
&\geqslant \beta \int_\Omega w^2 \mathrm{d}x\mathrm{d}y.
\end{aligned}
$$

上式中, $\beta > 0$, 这表示板的算子 $A = D\Delta^2$ 是正定的:

$$(Aw, w) \geqslant \gamma^2 \|w\|^2.$$

9.3.2   特征值问题中解的存在性

在 9.2.3 小节中已经论述了求模态解的问题可以转化为求泛函——Rayleigh 商的极小值问题. 本小节论述此 Rayleigh 商的极小值的存在性, 也就是模态解的存在性及其结构.

定理 9.7 设 A 是正定算子, 且从空间 H_A 至空间 H 的嵌入算子是紧算子, 则泛函 Rayleigh 商 $R(u)$ 在空间 H_A 中达到其下确界

$$m = \inf R(u_0) = \inf \frac{(Au_0, u_0)}{(u_0, u_0)},$$

其中, m 和 u_0 分别为特征值问题 (9.2.2) 的第一阶特征值和相应的特征函数.

定理 9.7 给出了特征值问题 (9.2.2) 的广义解的第一阶特征对的存在性, 下面的定理将给出高阶特征对的存在性, 以及特征值和特征函数的整体结构.

定理 9.8 设 A 是正定算子, 且从空间 H_A 至空间 H 的嵌入算子是紧算子, 则

(1) 算子 A 有可数无穷多个特征值 (如果空间 H 是无穷维的).

(2) 全体特征值仅以无穷远点为聚点.

(3) 特征函数序列在空间 H 及 H_A 中都是完全正交系.

在结构理论中特征值问题的控制方程通常是

$$Au = \lambda Bu, \tag{9.3.12}$$

即所谓广义特征值问题.

定理 9.8 不难推广到广义特征值的情形. 我们不加证明地给出下列定理. 读者可参阅参考文献 [1].

定理 9.9 设 A 和 B 都是正定算子, 并且 $D_B \supset D_A$. 对于任何实数 λ, 算子 $A - \lambda B$ 是自共轭的, 算子 A 和 B 使得从空间 H_A 至空间 H_B 的嵌入算子是紧算子, 则

(1) 方程 (9.3.12) 有可数无穷多个特征值 (如果空间 H 是无穷维的).

(2) 全体特征值仅以无穷远点为聚点.

(3) 特征函数序列在空间 H 及 H_A, H_B 中都是完全系, 且在 H_A, H_B 中都是正交系.

至此, 已论述了微分方程边值问题 (9.2.1) 和特征值问题 (9.2.2) 的解的存在性. 结论是:

(1) 若算子 A 是正定的, 则微分方程边值问题 (9.2.1) 在空间 H_A 中存在唯一解, 即存在唯一的广义解.

(2) 若算子 A 和 B 是正定的, 从空间 H_A 至空间 H_B 的嵌入算子是紧算子, 则微分方程广义特征值问题 (9.3.12) 有可数无穷多个特征值; 仅以无穷远点为聚点; 特征函数序列在空间 H, H_A 及 H_B 中都是完全系, 即存在广义解.

(3) 在许多力学问题中, 算子 B 是弹性体或结构的质量密度函数 ρ, 是有上下界的正函数, $\rho \in L_2$, 一般情况下具有更高阶的可微性, 所以算子 B 是正定的; 如果空间 H_A 至空间 L_2 的嵌入算子是紧算子, 则空间 H_A 至空间 H_B 的算子亦然.

9.3.3   振型展开法及其收敛性

1. 静变形解的振型展开法

求结构的静变形解有许多近似方法, 如很有效的 Ritz 法. 但是, 如果已经用计算或测量的方法得到了许多阶的振型, 则采用振型展开法求静变形解就更加快捷.

考虑微分方程

$$\begin{cases} Au(x) = f(x), & \Omega \text{ 内}, \\ Bu(x) = 0, & \partial\Omega \text{ 上}, \end{cases} \tag{9.3.13}$$

其中, f 为外力, A 和 B 为算子. 已知特征值 λ_i 和振型 $\varphi_i(x)(i = 1, 2, \cdots)$ 满足模态方程

$$A\varphi_i(x) = \lambda_i\varphi_i(x), \quad i = 1, 2, \cdots \tag{9.3.14}$$

和正交性

$$(\varphi_i(x), \varphi_j(x)) = \delta_{ij}, \quad (A\varphi_i, \varphi_j) = \lambda_j\delta_{ij}, \quad i, j = 1, 2, \cdots. \tag{9.3.15}$$

将方程 (9.3.13) 的解 u_0 展开成振型的级数：

$$u_0 = \sum_{i=1}^{\infty} a_i\varphi_i(x),$$

将其代入方程 (9.3.13), 再左乘 $\varphi_j(x)$, 利用正交性 (9.3.15) 可以得到

$$a_j = \frac{1}{\lambda_j}(f(x), \varphi_j(x)) = \frac{f_j}{\lambda_j}, \quad j = 1, 2, \cdots. \tag{9.3.16}$$

于是静变形解 u_0 为

$$u_0 = \sum_{i=1}^{\infty} \frac{f_i}{\lambda_i}\varphi_i(x). \tag{9.3.17}$$

上述振型展开法是 Ritz 法的特殊情形, 即取 Ritz 法中的坐标元素为相应系统的振型. 在 9.7 节将证明 Ritz 法的收敛性, 所以振型展开法的收敛性是有保证的.

2. 动力响应解的振型展开法

振型展开法是求结构动力响应解的有效方法. 考虑微分方程的初边值问题

$$\begin{cases} \rho(x)\ddot{u}(x,t) + Au(x,t) = f(x,t), & \Omega内, \quad t > 0, \\ Bu(x,t) = 0, & \partial\Omega上, \quad t > 0, \\ u(x,0) = g(x), \quad \dot{u}(x,0) = h(x), & \bar{\Omega}上, \end{cases} \quad (9.3.18)$$

其中, u 上方的 · 和 ·· 分别表示对时间 t 的一次和二次微商. 设特征值 λ_i 和特征函数 $\varphi_i(x)$ 已经确定, 它们满足

$$A\varphi_i(x) = \lambda_i \rho(x)\varphi_i(x), \quad i = 1, 2, \cdots,$$
$$(\rho(x)\varphi_i(x), \varphi_j(x)) = \delta_{ij}, \quad (A\varphi_i, \varphi_j) = \begin{cases} \lambda_i, & i = j, \\ 0, & i \neq j. \end{cases} \quad (9.3.19)$$

将 "单位质量上的外力"、初位移、初速度, 以及动力响应都展开成 $\varphi_i(x)$ 的级数:

$$\begin{cases} \dfrac{f(x,t)}{\rho(x)} = \displaystyle\sum_{i=1}^{\infty} f_i(t)\varphi_i(x), \\ g(x) = \displaystyle\sum_{i=1}^{\infty} g_i\varphi_i(x), \\ h(x) = \displaystyle\sum_{i=1}^{\infty} h_i\varphi_i(x), \end{cases} \quad (9.3.20)$$

$$u(x,t) = \sum_{i=1}^{\infty} a_i(t)\varphi_i(x). \quad (9.3.21)$$

将方程 (9.3.20) 中的诸式乘以 $\rho(x)\varphi_j(x)$, 由振型的正交性 (9.3.19) 可得

$$\begin{cases} f_i(t) = (f(x,t), \varphi_i(x)), \\ g_i = (g(x), \rho(x)\varphi_i(x)), \\ h_i = (h(x), \rho(x)\varphi_i(x)). \end{cases} \quad (9.3.22)$$

将方程 (9.3.20) 和 (9.3.21) 代入方程 (9.3.18), 得

$$\begin{cases} \ddot{a}_i(t) + \lambda_i a_i(t) = \bar{f}_i(t), \\ a_i(0) = g_i, \\ \dot{a}_i(0) = h_i. \end{cases} \quad (9.3.23)$$

方程 (9.3.23) 的解可用 Duhamel 积分表示为

$$a_i(t) = g_i \cos \omega_i t + \frac{h_i}{\omega_i} \sin \omega_i t + \frac{1}{\omega_i} \int_0^t f_i(\tau) \sin \omega_i (t - \tau) \mathrm{d}\tau, \qquad (9.3.24)$$

其中, $\omega_i = \sqrt{\lambda_i}$ 是第 i 个单自由度系统的角频率. 将这些 $i = 1, 2, \cdots$ 个单自由度系统的强迫振动方程的解代入式 (9.3.21), 即得初边值问题 (9.3.18) 的解.

动力响应解的级数展开法的收敛性是很被关注的. 但是, 它涉及比较复杂的理论, 难以在本书中讨论. 这里只给出 Fichera G 在参考文献 [7] 中给出的一个最简单的情形的结果, 即 "C^∞-理论" 的结果: 由方程 (9.3.18) 表示的动力响应问题, 如区域 Ω 为 C^∞ 光滑的有界区域, 算子 A 为 Ω 内具有 C^∞ 系数的正定算子, $f(x, t) \in C^\infty (x \in \Omega, t > 0)$, $g(x) \in C^\infty(\bar{\Omega})$, $h(x) \in C^\infty(\bar{\Omega})$, 以及另外一些条件, 则级数解 (9.3.21), 式 (9.3.24) 在 H_m ($2m$ 为方程的阶) 中收敛到方程 (9.3.18) 的解.

9.2 节和 9.3 节是求解微分方程的一个有效的理论框架, 下面的 9.4 节和 9.5 节将论证弹性力学和结构理论中解的存在性, 这只要论证有关的算子是正定的, 从空间 H_A 至空间 H_B 的嵌入算子是紧算子, 则静变形解和模态解的广义解存在.

9.2 节和 9.3 节的主要内容取自参考文献 [1].

9.4   弹性力学中静变形解和模态解的存在性

9.4.1   弹性力学中静变形和模态问题的方程及边条件

弹性力学中的静变形方程和模态方程分别满足

$$\begin{cases} A_\mathrm{e} \boldsymbol{u} = - \displaystyle\sum_{i,k,l,m=1}^3 \frac{\partial}{\partial x_i} \left(c_{iklm} \varepsilon_{lm}(\boldsymbol{u}) \right) \boldsymbol{x}_k^{(0)} = \boldsymbol{f}(\boldsymbol{x}), & \Omega \text{ 内}, \\ B_\mathrm{e} \boldsymbol{u} = \boldsymbol{0}, & \partial\Omega \text{ 上} \end{cases} \qquad (9.4.1)$$

和

$$\begin{cases} A_\mathrm{e} \boldsymbol{u} = \omega^2 \rho \boldsymbol{u}, & \Omega \text{ 内}, \\ B_\mathrm{e} \boldsymbol{u} = \boldsymbol{0}, & \partial\Omega \text{ 上}, \end{cases} \qquad (9.4.2)$$

其中, $\boldsymbol{u}$ 是弹性体的三维位移矢量, ε_{lm} 为应变分量, $\boldsymbol{x}_k^{(0)}$ 为坐标轴 x_k ($k = 1, 2, 3$) 的单位矢量; 弹性力学算子 A_e 是二阶微分算子, B_e 是边界微分算子.

各向异性和各向同性体的弹性系数 c_{iklm} 分别为 21 个和 2 个. 均匀和非均匀材料的弹性系数分别为常数和空间坐标 x 的函数, 质量密度 ρ 为有界的正函数, 弹性体的有界区域 Ω 的边界为 $\partial\Omega$. 通常有下述 6 种边条件:

(1) 固定边界: $u|_{\partial\Omega} = 0$.

(2) 自由边界: $t(u)|_{\partial\Omega} = 0$, 其中, t 表示边界表面的应力矢量.

(3) 刚性接触边界: $u_{(\nu)}|_{\partial\Omega} = 0, t(u)_{(s)}|_{\partial\Omega} = 0$, 其中, ν 表示边界法向, s 表示边界切向.

(4) 法向位移自由, 切向固定边界: $u_{(s)}|_{\partial\Omega} = 0, t(u)_{(\nu)}|_{\partial\Omega} = 0$.

(5) 以上四种边界的混合边界.

(6) 弹性边界: $t(u)|_{\partial\Omega} + Ku|_{\partial\Omega} = 0$, 其中, K 是三对角矩阵, 其对角元为弹性支承在 x_1, x_2, x_3 方向的弹簧常数, 都为正函数.

由弹性力学理论知, $(A_e u, u)$ 为位移 u 对应的应变能幅值的两倍, $(\rho u, u)$ 为动能幅值系数的两倍 (动能幅值为 $\omega^2(\rho u, u)/2$, ω 为角频率). 将具有内积 $(A_e u, u)$ 的 Hilbert 空间称为应变能模空间 H_{A_e}, 将具有内积 $(\rho u, u)$ 的 Hilbert 空间称为动能模空间 H_ρ, 将从应变能模空间至动能模空间的映射称为能量嵌入算子 (即线性连续的一对一算子).

9.4.2 弹性力学中静变形解和模态解的存在性

研究弹性力学中静变形解和模态解的存在性, 只需考察弹性力学算子 A_e 的正定性和弹性力学能量嵌入算子的紧性. 这需要对不同的边条件的问题分别进行, 关键是证明 Korn 不等式这一比较繁重的工作, 本书略去这些推演, 而只给出结果. 读者如有需要, 请参阅参考文献 [1] 中的第四章.

由于解的存在性和可微性与结构边界的光滑性密切相关, 此处给出边界光滑性的陈述: 在边界曲面 $\partial\Omega$ 上任取一点作为局部 Cartesian 坐标 $z_1, z_2, \cdots, z_m$ 的原点, z_m 轴向与边界曲面 $\partial\Omega$ 的外法向一致. 在此点的邻域内, 曲面 $\partial\Omega$ 的方程为 $z_m = \phi(z_1, z_2, \cdots, z_{m-1})$, 如果 ϕ 为 n 次连续可微函数, 则称边界为 n 次光滑, 记为 $\Omega \in C^n$. 如果 $n=3$, 则称边界足够光滑.

定理 9.10 (弹性力学算子的正定性定理) 如果弹性体的弹性系数 c_{iklm} 在有界区域 Ω 上具有分片连续的一阶微商, 区域 Ω 的边界分片光滑, 9.4.1 小节中给出的 6 种边条件 (1) 至 (5) 之一得到满足, 则弹性力学算子 A_e 是正定算子, 即 $(A_e u, u) \geqslant \gamma^2 \|u\|^2$, 其中, γ 为正数.

算子 A_e 的正定性的力学含义是应变能模与动能模之比为正数, 数学含义是应变能模空间到动能模空间存在嵌入算子, 且是有界算子.

定理 9.11 (弹性力学的能量嵌入算子的紧性定理)   如果弹性体的弹性系数 c_{iklm} 在有界区域 Ω 上具有分片连续的一阶微商, 区域 Ω 的边界分片光滑, 质量密度 ρ 为有界的正函数, 而且 $\rho \in L_2$, 9.4.1 小节中给出的 6 种边条件 (1) 至 (5) 之一得到满足, 则弹性力学的能量嵌入算子是紧算子.

所谓能量嵌入算子是紧算子, 是指该算子将应变能模空间中的有界集映射到动能模空间的紧集.

对定理 9.10 和定理 9.11 有一重要说明: 当弹性体具有 9.4.1 小节中给出的 6 种边条件中的 (2) 至 (5) 之一, 可能使弹性体存在刚体运动时, 需要限制其外力的合力和合力矩为零, 而位移解在相差一个刚体平动和一个刚体转动的意义下是唯一的.

由定理 9.10 和定理 9.11, 以及定理 9.6 和定理 9.8, 可得如下弹性力学中解的存在性定理:

定理 9.12 (弹性力学中静变形解的存在性定理)   如果弹性体的弹性系数 c_{iklm} 在有界区域 Ω 上具有分片连续的一阶微商, 区域 Ω 的边界分片光滑, 外力属于 $L_2(\Omega)$, 9.4.1 小节中给出的 6 种边条件 (1) 至 (5) 之一得到满足, 则弹性力学中的静变形问题存在唯一的广义解.

定理 9.13 (弹性力学中模态解的存在性定理)   如果弹性体的弹性系数 c_{iklm} 在有界区域 Ω 上具有分片连续的一阶微商, 区域 Ω 的边界分片光滑, 质量密度 ρ 为有界的正函数, 而且 $\rho \in L_2$, 9.4.1 小节中给出的 6 种边条件 (1) 至 (5) 之一得到满足, 则弹性力学中的模态问题存在广义解, 有可数无穷多个固有频率, 仅以无穷远点为聚点, 振型在动能模空间和应变能模空间都是完全正交系.

定理 9.10 和定理 9.11 的证明对于不同的边条件要分别处理, 比较繁难, 尤其是对于具有刚体运动的情形.

证明定理 9.10, 即弹性力学算子的正定性的主要线索分下述两步:

第一步, 根据应力–应变关系和边条件证明 Korn 不等式

$$\Pi_e \geqslant C \int_\Omega \sum_{i,k=1}^3 \left(\frac{\partial u_i}{\partial x_k}\right)^2 \mathrm{d}\Omega,$$

其中, Π_e 为弹性体的应变能. Korn 不等式是 Korn A 于 1908 年证明的 [33].

第二步, 利用 Schwarz 不等式经一系列演算得

$$C \int_\Omega \sum_{i,k=1}^3 \left(\frac{\partial u_i}{\partial x_k}\right)^2 \mathrm{d}\Omega \geqslant C_1 \|\boldsymbol{u}\|^2.$$

而 $(\boldsymbol{A}_e \boldsymbol{u}, \boldsymbol{u}) = 2\varPi_e$, 从而得到弹性力学算子的正定性

$$(\boldsymbol{A}_e \boldsymbol{u}, \boldsymbol{u}) \geqslant \gamma^2 \|\boldsymbol{u}\|^2.$$

9.4.3 弹性力学中广义解的例子

下面给出 3 个例子, 它们的广义解具有更高阶的可微性, 甚至可以成为古典解.

例 1 设弹性体均匀各向同性, 边界分片光滑, 在全部边界上, 4 种边条件分别是: (1) 位移为零; (2) 边界力为零; (3) 法向位移和切向力为零; (4) 以上 3 种边条件的混合. 对于以上 4 种情形, 在平方可积的体积力作用下, 存在唯一的使势能取极小值的位移, 有平方可积的广义二阶微商, 且几乎处处满足弹性力学方程[1].

例 2 设非均匀各向异性弹性体的弹性系数 $c_{iklm} \in C^{\infty}$ (具有无穷阶连续微商), 其二维或三维有界区域 $\varOmega$ 是 C^{∞} 光滑的, 外力 $f \in C^{\infty}(\bar{\varOmega})$, 则对于固定边条件、自由边条件或固定、自由混合边条件的弹性力学中的静变形方程, 分别存在唯一的属于 $C^{\infty}(\bar{\varOmega})$ 的解, 因此是古典解 (对于自由边条件的平衡问题, 要求外力的合力、合力矩为零, 解在除去刚体运动的意义下唯一)[3].

例 3 对于具有例 2 中 3 种边条件的弹性体, 如果质量密度 $\rho \in L_2$, 则其存在模态问题的广义解, 而且振型 $u_i \in C^{\infty}$ $(i = 1, 2, \cdots)$[3].

9.5 结构理论中静变形解和模态解的存在性

各种结构力学理论 (如 Euler 梁、Timoshenko 梁、薄板、厚板、薄壳、厚壳等理论) 的算子形式差别很大. 在以前的文献中, 一种研究方法是从各自的方程和各种不同的边条件出发证明算子的性质, 但是这种证明方法对于有些问题在数学上相当繁难. 例如, 复杂形状的薄壳、组合结构, 虽然长期被研究者关心, 但未能得到全面的结果.

这里采用王大钧和胡海昌提出的方法[18~21], 根据弹性结构理论和三维弹性力学之间位移、应变能和动能各自之间的联系, 利用 Hilbert 空间中算子的有界性和紧性的性质, 将弹性力学算子的正定性和能量嵌入算子的紧性延伸到结构理论算子的相应性质, 从而对于具有相当广泛的边条件的壳体、复合材料结构和组合结构, 以及其他可能提出的新的结构理论的静变形解和模态解的存在性问题统一地给出结论.

各种结构理论中的广义位移矢量记为 $\boldsymbol{w}(\boldsymbol{x})$. 这里, $\boldsymbol{x}$ 为描述结构的中心线或中面的自变量, 所占的一维或二维自变量区域为 Ω. 例如, 梁的 $\boldsymbol{w}(\boldsymbol{x})$ 是梁的中心线的挠度 $w(x)$, 薄板的 $\boldsymbol{w}(\boldsymbol{x})$ 是中面的挠度 $w(x_1, x_2)$. 计入剪切变形的板的 $\boldsymbol{w}(\boldsymbol{x})$ 是 $(\psi_{x_1}(x_1, x_2), \psi_{x_2}(x_1, x_2), w(x_1, x_2))^{\mathrm{T}}$, 其中, ψ_{x_1} 和 ψ_{x_2} 分别是中面绕 x_1 和 x_2 轴的转角, w 为中面的挠度. 薄壳中的 $\boldsymbol{w}(\boldsymbol{x})$ 是 $(u(x_1, x_2), v(x_1, x_2), w(x_1, x_2))^{\mathrm{T}}$, 其中, u, v, w 分别是壳体中面在曲面坐标 x_1, x_2 方向和中面法线方向的位移.

结构理论中静变形的方程和边条件为

$$\begin{cases} \boldsymbol{A}_{\mathrm{s}}\boldsymbol{w}(\boldsymbol{x}) = \boldsymbol{f}(\boldsymbol{x}), & \Omega \text{ 内}, \\ \boldsymbol{B}_{\mathrm{s}}\boldsymbol{w}(\boldsymbol{x}) = \boldsymbol{0}, & \partial\Omega \text{ 上}, \end{cases}$$

结构理论中模态满足的方程和边条件为

$$\begin{cases} \boldsymbol{A}_{\mathrm{s}}\boldsymbol{w}(\boldsymbol{x}) - \omega^2 m\boldsymbol{w}(\boldsymbol{x}) = \boldsymbol{0}, & \Omega \text{ 内}, \\ \boldsymbol{B}_{\mathrm{s}}\boldsymbol{w}(\boldsymbol{x}) = \boldsymbol{0}, & \partial\Omega \text{ 上}, \end{cases}$$

其中, $\boldsymbol{A}_{\mathrm{s}}$ 为结构理论算子, $\boldsymbol{B}_{\mathrm{s}}$ 为边界微分算子. 积分

$$\int_{\Omega} m\boldsymbol{w} \cdot \boldsymbol{w}\mathrm{d}\boldsymbol{x} = 2K_{\mathrm{s}}$$

正比于固有振动时结构的动能幅值系数的两倍, m 是结构的质量密度. 对于某些结构, K_{s} 含有更多项, 例如, 计入截面转动惯量的梁, 动能密度的两倍为

$$mw^2 + I_{\mathrm{s}}\left(\frac{\partial w}{\partial x}\right)^2,$$

其中, I_{s} 为梁的截面惯性矩. 积分

$$\int_{\Omega} \boldsymbol{w}\boldsymbol{A}_{\mathrm{s}}\boldsymbol{w}\mathrm{d}\boldsymbol{x} = 2\Pi_{\mathrm{s}}$$

是结构的应变能幅值的两倍.

9.5.1　两个辅助定理

本节涉及的空间皆是 Hilbert 空间, 算子是线性的. 空间 X_i 的内积记为 $(\cdot, \cdot)_i$, 模记为 $\|\cdot\|_i$. 下面给出三个引理:

引理 9.1 考虑 Hilbert 空间 X_1, X_2. 若算子 $T\colon X_1 \to X_2$ 有界, 则把 T 局限于线性子空间 $X_1^{\mathrm{r}} \subset X_1$ 上得到的算子

$$T^{\mathrm{r}} = T|_{X_1^{\mathrm{r}}} \colon X_1^{\mathrm{r}} \to X_2$$

也有界, 且算子 T^{r} 的模小于等于算子 T 的模:

$$\|T^{\mathrm{r}}\| \leqslant \|T\|.$$

引理 9.2 考虑 Hilbert 空间 X_1, X_2. 若算子 $T\colon X_1 \to X_2$ 是紧算子, 则把 T 局限于闭子空间 $X_1^{\mathrm{r}} \subset X_1$ 上得到的算子

$$T^{\mathrm{r}} = T|_{X_1^{\mathrm{r}}} \colon X_1^{\mathrm{r}} \to X_2$$

也是紧算子.

引理 9.3 若有限个算子 T_i 皆为有界算子, 则算子

$$T = T_n T_{n-1} \cdots T_1$$

仍是有界算子. 若 T_i 中有紧算子, 则 T 也是紧算子.

考虑三个 Hilbert 空间 X_1, X_2 和 X_3, 以及后两者的子空间 X_2^{r} 和 X_3^{r}. X_2 和 X_3, X_2^{r} 和 X_3^{r} 各为同胚的. X_1 上有一个线性正定算子 $\boldsymbol{A}$. 构造一个新的 Hilbert 空间 X_4, 其中任意两个属于 $\boldsymbol{A}$ 的定义域的元素 $\boldsymbol{x}$, $\boldsymbol{y}$ 的内积定义为

$$(\boldsymbol{x}, \boldsymbol{y})_4 = (\boldsymbol{A}\boldsymbol{x}, \boldsymbol{y})_1.$$

定义算子

$$T_{41}\colon X_4 \to X_1 \quad \text{和} \quad T_{32}\colon X_3 \to X_2$$

为相同元素的映射. 如果已有一个一一对应的算子

$$T_{21}\colon X_2^{\mathrm{r}} \to X_1,$$

并且定义算子 T_{32} 的限制

$$T_{32}^{\mathrm{r}} = T_{32}\big|_{X_3^{\mathrm{r}}} \colon X_3^{\mathrm{r}} \to X_2^{\mathrm{r}},$$

则存在一个一一对应的映射

$$T_{43} = (T_{32}^{\mathrm{r}})^{-1} T_{21}^{-1} T_{41} \colon X_4 \to X_3^{\mathrm{r}}.$$

辅助定理 1   若算子 T_{21}, T_{32} 和 T_{43} 都是有界算子, 则算子

$$T_{41} = T_{21}T_{32}^{\tau}T_{43}$$

也是有界算子.

    证明   由引理 9.1 可知, 算子 T_{32}^{τ} 是有界的. 又由引理 9.3 可知, 算子 T_{41} 也是有界的.   ∎

    此辅助定理的示意图见图 9.1(a).

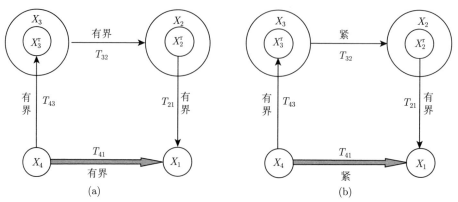

图 9.1   (a) 辅助定理 1 的示意图, (b) 辅助定理 2 的示意图

辅助定理 2   若算子 T_{21} 和 T_{43} 有界, 算子 T_{32} 是紧算子, 则算子

$$T_{41} = T_{21}T_{32}^{\tau}T_{43}$$

也是紧算子.

    证明   由引理 9.2 可知, 算子 T_{32}^{τ} 是紧算子. 又由引理 9.3 可知, 算子 T_{41} 也是紧算子.   ∎

    此辅助定理的示意图见图 9.1(b).

9.5.2   静变形解和模态解的存在性

    各种结构理论源于不同的结构理论模型. 从杆和各种梁、板、壳的理论模型, 到复杂形状、复杂材料组合结构的理论模型, 它们的物理特性和数学描述各异, 但可以统一视为将三维弹性体的弹性力学模型经以下三种简化得到的: (1) 变形简化 (一般为施加位移约束); (2) 应力状态简化 (一般为略去部分应力); (3) 质量分布简化 (一般为做质量集中).

将一个结构及其边条件视作弹性体及其边条件, 称它为结构对应的弹性体. 将它实行变形简化而不做应力状态和质量分布简化后, 称为结构对应的约束弹性体.

对于遵从某一特定结构理论的结构, 其中心线或中面所占区域记为 F, 所有的比较位移 $\boldsymbol{w}$ 组成一函数集 $\boldsymbol{U}_{\mathrm{s}}$, 它是该结构理论算子 $\boldsymbol{A}_{\mathrm{s}}$ 的定义域, 按下述方法可在 $\boldsymbol{U}_{\mathrm{s}}$ 上定义三个内积空间并完备化为 Hilbert 空间.

第一个 Hilbert 空间表示为 U_{ss}. 它是 F 上的平方可积空间 L_2, 其内积和模分别为

$$(\boldsymbol{w}_1, \boldsymbol{w}_2)_{\mathrm{s}}, \quad \|\boldsymbol{w}\|_{\mathrm{s}}^2 = (\boldsymbol{w}, \boldsymbol{w})_{\mathrm{s}} = \int_F \boldsymbol{w} \cdot \boldsymbol{w} \mathrm{d}\boldsymbol{F}. \tag{9.5.1}$$

$\boldsymbol{U}_{\mathrm{ss}}$ 称为该结构理论的位移空间.

第二个 Hilbert 空间表示为 U_{ps}. 相应的模定义为该结构的两倍应变能的平方根, 即

$$\|\boldsymbol{w}\|_{\mathrm{ps}}^2 = 2\Pi_{\mathrm{s}}(\boldsymbol{w}) = (\boldsymbol{A}_{\mathrm{s}}\boldsymbol{w}, \boldsymbol{w})_{\mathrm{s}}, \tag{9.5.2}$$

其中, 二次型 Π_{s} 是结构的应变能, 含有结构的弹性参数, 如梁的弯曲刚度 EJ、薄板的弯曲刚度 D. 对于所有行之有效的合理的结构理论, 算子 $\boldsymbol{A}_{\mathrm{s}}$ 是线性和正的. 完备化以后的 U_{ps} 称为该结构理论的应变能模空间 (仍用 U_{ps} 表示).

第三个 Hilbert 空间表示为 U_{ks}. 相应的模定义为该结构的两倍动能系数的平方根, 即

$$\|\boldsymbol{w}\|_{\mathrm{ks}}^2 = 2K_{\mathrm{s}}(\boldsymbol{w}) = (m\boldsymbol{w}, \boldsymbol{w})_{\mathrm{s}}, \tag{9.5.3}$$

其中, K_{s} 称为结构的动能系数, 有界正函数 m 表示结构的质量密度, 并且 m 为可测函数, 如梁的单位长度的质量、板的单位面积的质量. 完备化以后的 U_{ks} 称为该结构理论的动能模空间 (仍用 U_{ks} 表示).

由相同元素建立的从 U_{ps} 到 U_{ss} 和从 U_{ps} 到 U_{ks} 的映射分别记为

$$T_{\mathrm{ps,ss}} : U_{\mathrm{ps}} \to U_{\mathrm{ss}}, \tag{9.5.4a}$$

$$T_{\mathrm{ps,ks}} : U_{\mathrm{ps}} \to U_{\mathrm{ks}}, \tag{9.5.4b}$$

$T_{\mathrm{ps,ks}}$ 称为该结构理论的能量嵌入算子.

上述各空间和各算子间的关系显示在图 9.2(a) 和 9.2(b) 中.

注意一个重要的事实. 由式 (9.5.1)、(9.5.2) 和 (9.5.4a) 可知, 所谓 "算子 $T_{\mathrm{ps,ss}}$ 有界" 可表示为

$$(\boldsymbol{w}, \boldsymbol{w})_{\mathrm{s}} \leqslant \alpha^2 (\boldsymbol{A}_{\mathrm{s}}\boldsymbol{w}, \boldsymbol{w})_{\mathrm{s}},$$

其中, α 为一非零常数, 而此式正是算子 $\boldsymbol{A}_\mathrm{s}$ 是正定的定义. 所以为了证明算子 $\boldsymbol{A}_\mathrm{s}$ 是正定的, 只要证明算子 $T_\mathrm{ps,ss}$ 是有界的即可.

在结构理论中有这样两个重要的数学问题: 算子 $T_\mathrm{ps,ss}$ 是否为有界算子 (等价于结构理论算子 $\boldsymbol{A}_\mathrm{s}$ 是否正定)? 进而, 结构理论的能量嵌入算子 $T_\mathrm{ps,ks}$ 是否为紧算子? 下面将利用结构理论和弹性力学间的关系来阐明这些问题.

事实上, 一个同样的结构可以用弹性力学做更精细的分析. 这样, 弹性体的位移可用三维矢量场 $\boldsymbol{u}(\varOmega)$ 描述, $\varOmega$ 是弹性体所占区域. 所有比较位移 $\boldsymbol{u}$ 组成一函数集 $\boldsymbol{U}_\mathrm{e}$, 它是弹性力学算子 $\boldsymbol{A}_\mathrm{e}$ 对应的应变能的定义域. 同前面在结构理论中的讨论一样, 可在 $\boldsymbol{U}_\mathrm{e}$ 上形成三个内积空间并完备化为如下的 Hilbert 空间.

第一个是弹性力学的位移空间 U_se, 为 L_2 空间. 这个空间的模定义为

$$\|\boldsymbol{u}\|_\mathrm{se}^2 = (\boldsymbol{u}, \boldsymbol{u})_\mathrm{e} = \int_\varOmega \boldsymbol{u} \cdot \boldsymbol{u} \mathrm{d}\varOmega. \tag{9.5.5}$$

第二个是空间 U_pe. 其模定义为

$$\|\boldsymbol{u}\|_\mathrm{pe}^2 = 2\varPi_\mathrm{e}(\boldsymbol{u}) = (\boldsymbol{A}_\mathrm{e}\boldsymbol{u}, \boldsymbol{u})_\mathrm{e}. \tag{9.5.6}$$

二次型 $\varPi_\mathrm{e}$ 是弹性体的应变能. 完备化以后的 Hilbert 空间 U_pe 称为弹性力学的应变能模空间.

第三个是空间 U_ke. 其模定义为

$$\|\boldsymbol{u}\|_\mathrm{ke}^2 = 2K_\mathrm{e}(\boldsymbol{u}) = (\rho\boldsymbol{u}, \boldsymbol{u})_\mathrm{e}, \tag{9.5.7}$$

其中, K_e 和 ρ 分别为弹性体的动能系数和质量密度. 完备化以后的 Hilbert 空间 U_ke 称为弹性力学的动能模空间.

对于实际的弹性体, 常有 $\min\rho \geqslant C > 0$, $\max\rho$ 有限. 于是

$$(\min\rho)(\boldsymbol{u}, \boldsymbol{u})_\mathrm{e} \leqslant (\rho\boldsymbol{u}, \boldsymbol{u})_\mathrm{e} \leqslant (\max\rho)(\boldsymbol{u}, \boldsymbol{u})_\mathrm{e}.$$

所以 U_se 和 U_ke 是等价模空间, 在许多情况下不需加以区别.

相同元素建立的从 U_pe 到 U_se 和从 U_pe 到 U_ke 的映射分别表示为

$$T_\mathrm{pe,se} : U_\mathrm{pe} \to U_\mathrm{se}, \tag{9.5.8a}$$

$$T_{\mathrm{pe,ke}} : U_{\mathrm{pe}} \rightarrow U_{\mathrm{ke}}, \tag{9.5.8b}$$

$T_{\mathrm{pe,ke}}$ 称为弹性力学的能量嵌入算子.

现在, 让我们指出结构理论和弹性力学间的基本关系. 行之有效的合理的结构理论是弹性力学在某种情况下的近似. 一般说来, 它可由弹性力学引入适当的假设导出. 实际上, 结构理论中的可能位移集和能量模可以按下面的途径有规则地导出:

(1) 在 U_{se} 中引入某些约束, 使 $\boldsymbol{u}$ 依赖于 $\boldsymbol{w}$:

$$\boldsymbol{u} = T_{\mathrm{ss,se}} \boldsymbol{w}, \quad \forall \boldsymbol{w} \in U_{\mathrm{ss}}. \tag{9.5.9}$$

当 $\boldsymbol{w}$ 遍及结构理论的位移集 U_{ss} 时, $\boldsymbol{u}$ 遍及 U_{se} 的子集 $U_{\mathrm{se}}^{\mathrm{r}}$. U_{ss} 和 $U_{\mathrm{se}}^{\mathrm{r}}$ 分别是算子 $T_{\mathrm{ss,se}}$ 的定义域和值域. 两者的元素一一对应.

对于结构理论中给定的边条件

$$\Gamma_{\mathrm{s}}^{j} \boldsymbol{w} \big|_{\partial_j F} = \boldsymbol{0}, \tag{9.5.10}$$

经映射 (9.5.9), 可得弹性力学中对应的边条件为

$$\Gamma_{\mathrm{e}}^{j} \boldsymbol{u} \big|_{\partial_j \Omega} = \boldsymbol{0}. \tag{9.5.11}$$

(2) 结构理论中的应变能可从弹性力学经两步得到. 首先将位移约束在子集 $U_{\mathrm{se}}^{\mathrm{r}}$ 上, 得到这个子集 $U_{\mathrm{se}}^{\mathrm{r}}$ 上的弹性力学中的应变能:

$$\Pi_{\mathrm{e}}^{\mathrm{r}} = \Pi_{\mathrm{e}}^{\mathrm{r}}(\boldsymbol{w}), \quad \forall \boldsymbol{w} \in U_{\mathrm{ss}}.$$

一般说来, 用于实际问题, $\Pi_{\mathrm{e}}^{\mathrm{r}}$ 是过大的. 所以一些补充的应力分布的假设被引入, 从而得到用于结构理论中的应变能 $\Pi_{\mathrm{s}}(\boldsymbol{w})$. 而

$$\Pi_{\mathrm{s}}(\boldsymbol{w}) \leqslant \Pi_{\mathrm{e}}^{\mathrm{r}}(\boldsymbol{w}), \quad \forall \boldsymbol{w} \in U_{\mathrm{ss}}.$$

认识下面的性质是重要的. 对于常见的合理的结构理论, $\Pi_{\mathrm{s}}(\boldsymbol{w})$ 和 $\Pi_{\mathrm{e}}^{\mathrm{r}}(\boldsymbol{w})$ 都可看作源于弹性力学的三类变量的广义应变能 $\Pi_3(\boldsymbol{\varepsilon}, \boldsymbol{\sigma}, \boldsymbol{u})$. 一方面, 对应变 $\boldsymbol{\varepsilon}$ 求 Π_3 的极小, 得弹性力学的两类变量的广义应变能 $\Pi_2(\boldsymbol{\sigma}, \boldsymbol{u})$; 再对应力 $\boldsymbol{\sigma}$ 求 Π_2 的极大, 得通常的弹性力学的应变能 $\Pi_{\mathrm{e}}(\boldsymbol{u})$; 然后, 经式 (9.5.9) 的位移约束得到 $\Pi_{\mathrm{e}}^{\mathrm{r}}(\boldsymbol{w})^{[34]}$. 另一方面, 在结构理论中按结构理论对应变 $\boldsymbol{\varepsilon}$ 做近似后, 对 $\boldsymbol{\varepsilon}$ 求 Π_3 的极小, 得 $\Pi_{2\mathrm{s}}(\boldsymbol{\sigma}, \boldsymbol{u})$; 再对应力 $\boldsymbol{\sigma}$ 做近似后, 对 $\boldsymbol{\sigma}$ 求 $\Pi_{2\mathrm{s}}$ 的极大, 得 $\Pi_{\mathrm{s}}(\boldsymbol{u})$; 然后, 对位移做近似, 即式 (9.5.9), 得结构理论的应变能 $\Pi_{\mathrm{s}}(\boldsymbol{w})$. 因

而, 对应于 $\Pi_{\mathrm{e}}^{\mathrm{r}}(\boldsymbol{w})$ 和 $\Pi_{\mathrm{s}}(\boldsymbol{w})$ 的密度都可表示为结构的广义应变 (结构位移 $\boldsymbol{w}$ 和它的微商的线性组合) 的代数正定二次型, 它们的区别只是系数不同. 由于独立的广义应变的个数又是有限的, 因此 $\Pi_{\mathrm{s}}(\boldsymbol{w})$ 和 $\Pi_{\mathrm{e}}^{\mathrm{r}}(\boldsymbol{w})$ 被用于定义模时是等价的. 这样, 我们得到如下重要的不等式:

$$\Pi_{\mathrm{e}}^{\mathrm{r}} \geqslant \Pi_{\mathrm{s}} \geqslant a^2 \Pi_{\mathrm{e}}^{\mathrm{r}}, \tag{9.5.12}$$

其中, a 是一非零常数.

(3) 结构理论中的动能可通过将 $\boldsymbol{u}$ 限制到子集 $U_{\mathrm{se}}^{\mathrm{r}}$ 上, 从弹性力学中的动能直接得到, 或者再略去表达式的某些正项. 关于后者的一个例子是, 与梁和板中线或中面法向位移相应的动能要保留, 而与其转动相关的动能要忽略掉. 一般情况下, 两者的动能系数满足

$$K_{\mathrm{e}}^{\mathrm{r}} \geqslant K_{\mathrm{s}}, \tag{9.5.13a}$$

即

$$(\rho \boldsymbol{u}, \boldsymbol{u})_{\mathrm{e}} \geqslant (m \boldsymbol{w}, \boldsymbol{w})_{\mathrm{s}}, \quad \forall \boldsymbol{w} \in U_{\mathrm{ss}}, \tag{9.5.13b}$$

其中, m 为结构的质量密度, 如梁的单位长度的质量、板的单位面积的质量. 考虑到结构理论模型将质量进行重分布的多样性, 不妨将 $K_{\mathrm{e}}^{\mathrm{r}}$ 和 K_{s} 的关系表示为更一般的形式:

$$K_{\mathrm{e}}^{\mathrm{r}} \geqslant K_{\mathrm{s}} \geqslant b^2 K_{\mathrm{e}}^{\mathrm{r}}, \tag{9.5.13c}$$

其中, b 是非零常数.

现在我们利用 9.5.1 小节中的两个辅助定理. 取

$$X_1 = U_{\mathrm{ss}}, \quad X_2 = U_{\mathrm{se}}, \quad X_3 = U_{\mathrm{pe}}, \quad X_4 = U_{\mathrm{ps}},$$

$$\boldsymbol{A} = \boldsymbol{A}_{\mathrm{s}},$$

$$T_{21} = T_{\mathrm{se,ss}} = (T_{\mathrm{ss,se}})^{-1}, \quad T_{41} = T_{\mathrm{ps,ss}},$$

$$T_{43} = T_{\mathrm{ps,pe}} : U_{\mathrm{ps}} \to U_{\mathrm{pe}}^{\mathrm{r}}, \quad T_{32} = T_{\mathrm{pe,se}}.$$

注意到式 (9.5.13b), 有不等式

$$(\boldsymbol{u}, \boldsymbol{u})_{\mathrm{e}} \geqslant \frac{1}{\max \rho}(\rho \boldsymbol{u}, \boldsymbol{u})_{\mathrm{e}} \geqslant \frac{1}{\max \rho}(m \boldsymbol{w}, \boldsymbol{w})_{\mathrm{s}} \geqslant \frac{\min m}{\max \rho}(\boldsymbol{w}, \boldsymbol{w})_{\mathrm{s}}, \quad \forall \boldsymbol{w} \in U_{\mathrm{ss}},$$

表明算子 $T_{\mathrm{se,ss}}$ 是有界的.

类似地, 由式 (9.5.12) 可知, 算子 $T_{\mathrm{ps,pe}}$ 是有界的.

上述各算子的性质之间的关系也显示在图 9.2(a) 和 9.2(b) 中.

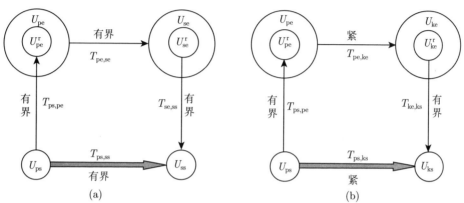

图 9.2　(a) 结构理论算子的正定性定理的示意图, (b) 结构理论的能量嵌入算子的紧性定理的示意图

应该指出, 合理的结构理论存在式 (9.5.12) 和 (9.5.13) 的关系. 但有些结构理论也可能不满足这两个关系.

在上述论述的基础上, 由辅助定理 1 和 2, 便可得到如下重要定理:

定理 9.14 (结构理论算子的正定性定理)　对于给定弹性参数、形状和边条件的弹性结构, 如果

(1) 结构对应的弹性体及其边条件保证弹性力学算子 $\boldsymbol{A}_{\mathrm{e}}$ 正定;

(2) 结构的应变能模空间和与其对应的约束弹性体的应变能模空间的模等价.

则此结构的结构理论算子 $\boldsymbol{A}_{\mathrm{s}}$ 是正定的.

定理 9.15 (结构理论的能量嵌入算子的紧性定理)　对于给定弹性参数、质量密度、形状和边条件的弹性结构, 如果

(1) 结构对应的弹性体及其边条件保证弹性力学的能量嵌入算子是紧算子;

(2) 结构的应变能模空间和与其对应的约束弹性体的应变能模空间的模等价;

(3) 结构的动能模空间和与其对应的约束弹性体的动能模空间的模等价.

则此结构的结构理论的能量嵌入算子是紧算子.

图 9.2(a) 和 9.2(b) 分别为定理 9.14 和定理 9.15 的示意图.

由定理 9.14 和定理 9.15 及定理 9.6 和定理 9.8, 可得如下结构理论中静变形解和模态解的存在性定理:

定理 9.16 (结构理论中静变形解的存在性定理)　对于给定弹性参数、形状和边条件的弹性结构, 如果

(1) 结构对应的弹性体及其边条件保证弹性力学算子 A_e 正定;

(2) 结构的应变能模空间和与其对应的约束弹性体的应变能模空间的模等价;

(3) 结构所受外力属于 L_2 空间.

则此结构的静变形问题存在唯一的广义解.

此定理可视为**静变形解的存在性从弹性力学到结构理论的保持性定理**, 如果将结构理论模型视为三维弹性力学模型的简化.

此定理也可视为**静变形解的存在性从弹性力学到结构理论的延伸定理**, 如果认为三维弹性力学理论延伸出丰富多彩的结构理论.

定理 9.17 (结构理论中模态解的存在性定理)　对于给定弹性参数、质量密度、形状和边条件的弹性结构, 如果

(1) 结构对应的弹性体及其边条件保证弹性力学算子 A_e 正定, 以及弹性力学能量嵌入算子是紧算子;

(2) 结构的应变能模空间和与其对应的约束弹性体的应变能模空间的模等价;

(3) 结构的动能模空间和与其对应的约束弹性体的动能模空间的模等价.

则此结构的模态问题存在广义解, 有仅以无穷远点为聚点的可数无穷多个固有频率, 振型序列在动能模空间和应变能模空间都是完全正交系.

与定理 9.16 类似, 定理 9.17 可视为**模态解的存在性从弹性力学到结构理论的保持性定理, 或延伸定理**.

上述 4 个定理中的假设条件 (2) 表达结构理论的应变能和约束弹性体的应变能之间的关系, 定理 9.15 和定理 9.17 中的假设条件 (3) 表达两者的动能之间的关系, 都是体现结构理论模型和弹性力学模型能量之间的关系. 这 4 个定理的假设条件 (1), 则体现对具体结构的物理参数 (刚度、质量等)、几何参数和边条件的要求.

定理 9.16 和定理 9.17 是研究结构理论中解的存在性和结构理论模型的合理性问题的一种重要的理论基础.

9.6 结构理论模型的合理性

9.6.1 关于结构理论模型及其合理性

一种结构理论包含三个方面: 理论模型及其控制方程, 各种解法, 各种应用问题, 而理论模型是首要的.

9.5 节论证的结构理论中静变形解和模态解的存在性定理, 不涉及具体结构的方程和边条件, 而是对各类结构理论做了统一论证. 从其论证方法和结论中, 自然地导致对什么是结构理论模型和什么是合理的结构理论模型可以做一些深入的论证.

(1) 何谓结构理论模型?

可认定为: 由弹性力学模型经 (a) 变形简化 (一般为施加变形约束), 此力学模型称为约束弹性体, (b) 应力状态简化 (一般为略去部分应力), (c) 质量分布简化 (一般为做质量集中), 而导出的简化理论模型称为结构理论模型. 在固体力学理论的泛函分析框架中, 体现为从弹性力学算子转换为结构理论算子.

(2) 何谓合理的结构理论模型?

定理 9.16 和定理 9.17 表明, 如果结构理论模型保持了弹性力学模型的能量性质, 即结构的应变能模和与其对应的约束弹性体的应变能模等价, 两者的动能模等价, 则弹性力学中解的存在性可保持到结构理论模型中解的存在性. 这样的结构理论模型应该认为是合理的结构理论模型.

但是, 如果一个结构理论模型不满足定理 9.16 中的条件 (2), 以及定理 9.17 中的条件 (2) 和 (3), 也不一定不存在解. 因为定理中的条件是充分条件而非充要条件.

现行的结构理论模型大致可分为以下三类:

(a) 许多常见的结构理论模型的应变能模和动能模和与其对应的约束弹性体的应变能模和动能模分别是等价模. 也就是说, 这些结构理论模型是合理的. 在 9.6.2 小节中将给出梁、板、壳等例子.

(b) 存在一些结构理论模型, 它们的静变形解和模态解显然是不存在的. 这样的结构理论模型应该认为是不合理的. 对于 Green 函数有奇性的结构, 若在其奇点处沿奇性的方向设置集中刚性约束或弹性约束, 则都会引起应变能无界; 若在此处设置集中质量, 则动能无界. 从而不能确定此结构的算子是正定算子, 也不能确定其能量嵌入算子是紧算子, 不能保证静变形解和模态解存在.

在 9.6.3 小节中将论及这些问题.

(c) 组合结构是特别值得关注的, 理论上和工程使用上都会引起人们很大的关注. 它可以分为合理的与不合理的两类, 在 9.6.4 小节中将讨论这一问题.

9.6.2　合理的结构理论模型诸例

对于许多常见的结构理论模型, 其应变能模和动能模和与其对应的约束弹性体的应变能模和动能模分别是等价模, 这些结构理论模型是合理的.

例 1　薄壳理论.

考虑以曲面 F 为中面的薄壳. 在 F 上取正交曲线坐标 (x_1, x_2), 中面法线方向坐标 z. 中面位移 $\boldsymbol{u}_0(u, v, w)$ 是坐标 x_1, x_2 的函数. 记壳体理论算子为 A_{s}.

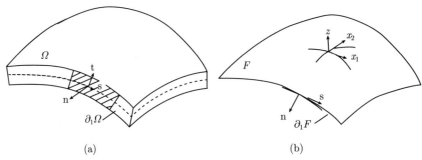

图 9.3　(a) 壳体示意图, (b) 壳体中面示意图

将壳体看作是所占体积为 Ω 的三维弹性体, 其边界记为 $\partial\Omega$. 位移 $\boldsymbol{u}(u_1, u_2, u_3)$ 是 x_1, x_2, z 的函数, 见图 9.3. 从如下三个方面考虑壳体理论和三维弹性力学之间的联系:

(1) 壳体变形是将三维弹性体变形施加 Kirchhoff 假设 (垂直于中面的直线段变形后仍垂直于中面且无伸长) 后得到的, $\boldsymbol{u}(u_1, u_2, u_3)$ 和中面位移 $\boldsymbol{u}_0(u, v, w)$ 的关系为

$$u_1 = u + z\vartheta, \quad u_2 = v + z\psi, \quad u_3 = w, \tag{9.6.1}$$

其中,

$$\vartheta = -\frac{1}{A_1}\frac{\partial w}{\partial x_1} + \frac{u}{R_1}, \quad \psi = -\frac{1}{A_2}\frac{\partial w}{\partial x_2} + \frac{v}{R_2} \tag{9.6.2}$$

是中面的转角. A_1, A_2 和 R_1, R_2 分别是中面曲线坐标系的 Lamé 系数和曲率半径.

式 (9.6.1) 表示式 (9.5.9) 中算子 $T_{\mathrm{ss,se}}$ 的一一映照, 满足此式的 $\boldsymbol{u} \in U_{\mathrm{se}}^{\mathrm{r}}$.

(2) 验证应变能之间的联系, 即式 (9.5.12).

位移约束后弹性体中的应变是

$$\varepsilon_{33} = \varepsilon_{13} = \varepsilon_{23} = 0, \tag{9.6.3a}$$

$$\varepsilon_{11} = \varepsilon_1 + z\kappa_1, \quad \varepsilon_{22} = \varepsilon_2 + z\kappa_2, \quad \varepsilon_{12} = \omega + 2z\tau, \tag{9.6.3b}$$

其中,

$$\varepsilon_1 = \frac{1}{A_1}\frac{\partial u}{\partial x_1} + \frac{v}{A_1 A_2}\frac{\partial A_1}{\partial x_2} + \frac{w}{R_1},$$

$$\varepsilon_2 = \frac{u}{A_1 A_2}\frac{\partial A_2}{\partial x_1} + \frac{1}{A_2}\frac{\partial v}{\partial x_2} + \frac{w}{R_2}, \tag{9.6.4a}$$

$$\omega = \frac{A_1}{A_2}\frac{\partial}{\partial x_2}\left(\frac{u}{A_1}\right) + \frac{A_2}{A_1}\frac{\partial}{\partial x_1}\left(\frac{v}{A_2}\right)$$

是中面的正应变和剪应变,

$$\kappa_1 = \frac{1}{A_1}\frac{\partial \vartheta}{\partial x_1} + \frac{\psi}{A_1 A_2}\frac{\partial A_1}{\partial x_2},$$

$$\kappa_2 = \frac{\vartheta}{A_1 A_2}\frac{\partial A_2}{\partial x_1} + \frac{1}{A_2}\frac{\partial \psi}{\partial x_2}, \tag{9.6.4b}$$

$$\tau = \frac{1}{A_1}\frac{\partial \psi}{\partial x_1} - \frac{\vartheta}{A_1 A_2}\frac{\partial A_1}{\partial x_2} + \frac{1}{R_1}\left(\frac{1}{A_2}\frac{\partial u}{\partial x_2} - \frac{1}{A_1 A_2}\frac{\partial A_2}{\partial x_1}v\right)$$

是中面的曲率改变率和扭率.

弹性力学中的应变能可表示为

$$\Pi_{\mathrm{e}}(\boldsymbol{u}) = \frac{1}{2}\int_\Omega \{\varepsilon\}^{\mathrm{T}}\{\sigma\}\,\mathrm{d}\Omega \tag{9.6.5a}$$

或

$$\Pi_{\mathrm{e}}(\boldsymbol{u}) = \frac{1}{2}\int_\Omega \{\varepsilon\}^{\mathrm{T}}[D]\{\varepsilon\}\,\mathrm{d}\Omega$$

$$= \frac{1}{2}\int_\Omega \left\{\frac{E\nu}{(1+\nu)(1-2\nu)}(\varepsilon_{11}+\varepsilon_{22}+\varepsilon_{33})^2\right.$$

$$\left. + \frac{E}{1+\nu}\left[(\varepsilon_{11}^2+\varepsilon_{22}^2+\varepsilon_{33}^2)+\frac{1}{2}(\varepsilon_{12}^2+\varepsilon_{23}^2+\varepsilon_{31}^2)\right]\right\}\,\mathrm{d}\Omega, \tag{9.6.5b}$$

其中, $[D]$ 为弹性力学中应力–应变关系的刚度矩阵. 由式 (9.6.3) 可知, 受位移约束的弹性体是平面应变状态, 其应变能可通过将式 (9.6.3) 代入式 (9.6.5b) 得到, 即

$$\Pi_{\rm e}^{\rm r} = \frac{1}{2} \int_\Omega \frac{E}{2(1+\nu)(1-2\nu)} \left\{ (\varepsilon_{11}+\varepsilon_{22})^2 + (1-2\nu)\left[(\varepsilon_{11}-\varepsilon_{22})^2 + \varepsilon_{12}^2\right] \right\} {\rm d}\Omega.$$

$$(9.6.6)$$

薄壳理论中除 Kirchhoff 假设外, 还有中面法向的法应力为零的假设:

$$\sigma_{33} = 0. \tag{9.6.7a}$$

由式 (9.6.3a) 中的 $\varepsilon_{13} = \varepsilon_{23} = 0$, 得 $\sigma_{13} = \sigma_{23} = 0$, 壳体理论采用平面应力状态, 应力–应变关系是

$$\begin{bmatrix} \sigma_{11} \\ \sigma_{22} \\ \sigma_{12} \end{bmatrix} = \frac{E}{1-\nu^2} \begin{bmatrix} 1 & \nu & 0 \\ \nu & 1 & 0 \\ 0 & 0 & (1-\nu)/2 \end{bmatrix} \begin{bmatrix} \varepsilon_{11} \\ \varepsilon_{22} \\ \varepsilon_{12} \end{bmatrix}. \tag{9.6.7b}$$

将式 (9.6.7) 和 (9.6.3a) 代入式 (9.6.5a), 得壳体理论的应变能

$$\Pi_{\rm s} = \frac{1}{2} \int_\Omega \frac{E}{2(1-\nu)} \left\{ (\varepsilon_{11}+\varepsilon_{22})^2 + \frac{1-\nu}{1+\nu}\left[(\varepsilon_{11}-\varepsilon_{22})^2 + \varepsilon_{12}^2\right] \right\} {\rm d}\Omega. \tag{9.6.8}$$

将式 (9.6.3b) 代入式 (9.6.8), 对于厚度为 h 的等厚壳体, 可以得到

$$\Pi_{\rm s} = \frac{Eh}{2(1-\nu^2)} \int_F \left[(\varepsilon_1+\varepsilon_2)^2 - 2(1-\nu)\left(\varepsilon_1\varepsilon_2 - \omega^2/4\right) \right] A_1 A_2 {\rm d}x_1 {\rm d}x_2$$

$$+ \frac{Eh^2}{24(1-\nu^2)} \int_F \left[(\kappa_1+\kappa_2)^2 - 2(1-\nu)\left(\kappa_1\kappa_2 - \tau^2\right) \right] A_1 A_2 {\rm d}x_1 {\rm d}x_2.$$

将式 (9.6.4) 代入式 (9.6.8), 就可以得到壳体的应变能 $\Pi_{\rm s}$ 对于位移 $\boldsymbol{u}_0$ 的表达式.

试比较式 (9.6.6) 和式 (9.6.8). 考虑在等温过程的条件下, $-1 < \nu < 1/2$, 因此参数 $p = (1-\nu)/[(1+\nu)(1-2\nu)] \geqslant 1$. 将式 (9.6.6) 的 $\{\cdot\}$ 中的第二项乘以 p, 得

$$\Pi_{\rm s} \geqslant \frac{(1+\nu)(1-2\nu)}{1-\nu} \Pi_{\rm e}^{\rm r}.$$

将式 (9.6.6) 的 $\{\cdot\}$ 中的第一项乘以 $1/p$, 得

$$\Pi_{\rm e}^{\rm r} \geqslant \Pi_{\rm s}.$$

于是壳体的应变能和与其相应的约束弹性体的应变能之间的关系式 (9.5.12) 可表达为

$$\Pi_{\mathrm{e}}^{\mathrm{r}} \geqslant \Pi_{\mathrm{s}} \geqslant \frac{(1+\nu)(1-2\nu)}{1-\nu}\Pi_{\mathrm{e}}^{\mathrm{r}}. \tag{9.6.9a}$$

(3) 验证动能之间的联系, 即式 (9.5.13c). 略去几项小量后, 有

$$\int_{\Omega} \rho \boldsymbol{u}^2 \mathrm{d}\Omega = \int_{\Omega} \rho \left[(u+z\vartheta)^2 + (v+z\psi)^2 + w^2\right] \mathrm{d}\Omega$$

$$= \int_{\Omega} \left[\rho(u^2+v^2+w^2) + \rho z^2(\vartheta^2+\psi^2)\right] \mathrm{d}\Omega,$$

得

$$K_{\mathrm{e}}^{\mathrm{r}} = \frac{1}{2}\int_{\Omega} \rho \boldsymbol{u}^2 \mathrm{d}\Omega = \frac{1}{2}\int_{F} \left[m\boldsymbol{u}_0^2 + I(\vartheta^2+\psi^2)\right] \mathrm{d}F,$$

其中, I 是惯性矩. 壳体理论中, 一般舍去转动惯量的壳体动能, 于是壳体的动能系数和与其相应的约束弹性体的动能系数之间的关系式 (9.5.13c) 可表达为

$$K_{\mathrm{e}}^{\mathrm{r}} \geqslant \frac{1}{2}\int_{F} m\boldsymbol{u}_0^2 \mathrm{d}F = K_{\mathrm{s}}. \tag{9.6.9b}$$

现将壳体的 6 种典型的边条件列于表 9.1.

表 9.1　壳体的 6 种典型的边条件及其对应的弹性体的边条件

	壳体位移的边条件	对应的弹性体的边条件
1	固定: $\boldsymbol{u}_0 = \boldsymbol{0}, \theta_{\mathrm{n}} = 0$	固定: $\boldsymbol{u} = \boldsymbol{0}$
2	自由	自由
3	$(\boldsymbol{u}_0)_{\mathrm{n}} = \theta_{\mathrm{n}} = 0$	$\boldsymbol{u}_{\mathrm{n}} = 0$
4	$w_0 = (\boldsymbol{u}_0)_{\mathrm{s}} = 0$	$\boldsymbol{u}_{\mathrm{t}} = \boldsymbol{u}_{\mathrm{s}} = 0$
5	铰支: $w_0 = (\boldsymbol{u}_0)_{\mathrm{s}} = (\boldsymbol{u}_0)_{\mathrm{n}} = 0$	强于 $\boldsymbol{u}_{\mathrm{t}} = \boldsymbol{u}_{\mathrm{s}} = 0$
6	$(\boldsymbol{u}_0)_{\mathrm{n}} = (\boldsymbol{u}_0)_{\mathrm{s}} = \theta_{\mathrm{n}} = 0$	强于 $\boldsymbol{u}_{\mathrm{n}} = 0$

注：第二列中的下角标 n, s 分别代表壳体中面的法向和切向; 第三列中的下角标 n, s, t 分别代表壳体所对应的弹性体的边界面的主法向、切向和副法向 (自然坐标系).

已经证明, 在表 9.1 中第三列的那些边条件下, 弹性力学算子 $\boldsymbol{A}_{\mathrm{e}}$ 是正定的, 能量嵌入算子是紧算子. 因此具有表中第二列那些边条件的壳体理论的算子 $\boldsymbol{A}_{\mathrm{s}}$ 的正定性, 以及能量嵌入算子 $T_{\mathrm{ps,ks}}$ 的紧性都能得到保证.

例 2 薄板理论.

薄板是薄壳的特殊情形. $A_1 = A_2 = 1$, R_1, R_2 为无穷大. 中面位移只有挠度 $w(x_1, x_2)$, 而面内位移 $u = v = 0$. 相应于式 (9.6.1) 表示的直法线假设应为

$$u_1 = -z\frac{\partial w}{\partial x_1}, \quad u_2 = -z\frac{\partial w}{\partial x_2}, \quad u_3 = w.$$

对于等厚板, 与式 (9.6.6) 和 (9.6.8) 相应的应变能应为

$$\Pi_e^r = \frac{1}{2}\int_F \frac{Eh^3}{24(1+\nu)(1-2\nu)}\left\{(\kappa_1+\kappa_2)^2 + (1-2\nu)\left[(\kappa_1-\kappa_2)^2+4\tau^2\right]\right\}dx_1dx_2,$$

$$\Pi_s = \frac{1}{2}\int_F \frac{Eh^3}{24(1-\nu^2)}\left[(\kappa_1+\kappa_2)^2 - 2(1-\nu)(\kappa_1\kappa_2-\tau^2)\right]dx_1dx_2$$

$$= \frac{1}{2}\int_F \frac{Eh^3}{24(1-\nu^2)}\left\{\left(\frac{\partial^2 w}{\partial x_1^2} + \frac{\partial^2 w}{\partial x_2^2}\right)^2\right.$$

$$\left. -2(1-\nu)\left[\frac{\partial^2 w}{\partial x_1^2}\frac{\partial^2 w}{\partial x_2^2} - \left(\frac{\partial^2 w}{\partial x_1\partial x_2}\right)^2\right]\right\}dx_1dx_2.$$

式 (9.5.12) 和 (9.5.13c) 应为

$$\Pi_e^r \geqslant \Pi_s \geqslant \frac{(1+\nu)(1-2\nu)}{1-\nu}\Pi_e^r,$$

$$K_e^r = \frac{1}{2}\int_F \left\{mw^2 + I\left[\left(\frac{\partial w}{\partial x_1}\right)^2 + \left(\frac{\partial w}{\partial x_2}\right)^2\right]\right\}dx_1dx_2$$

$$\geqslant \frac{1}{2}\int_F mw^2 dx_1dx_2 = K_s.$$

例 3 直梁理论.

取梁的轴线为 z 轴, 设梁在 z 方向无位移, 在 x 和 y 方向的挠度分别为 $u(z)$ 和 $v(z)$. 梁的变形约束是平截面假设, 且假定横向无应力, 即 $\sigma_x = \sigma_y = 0$. 因此, 梁的理论中是单向应力状态. 位移约束式 (9.6.1) 为

$$u_1 = u, \quad u_2 = v, \quad u_3 = -x\frac{du}{dz} - y\frac{dv}{dz}.$$

受位移约束后, 弹性体中是单向应变状态. 式 (9.5.12) 和 (9.5.13c) 为

$$\Pi_s = \frac{(1+\nu)(1-2\nu)}{1-\nu}\Pi_e^r,$$

$$K_{\mathrm{e}}^{\mathrm{r}} = \frac{1}{2} \int_0^l \left[m(u^2 + v^2) + I_y \left(\frac{\mathrm{d}u}{\mathrm{d}x} \right)^2 + I_x \left(\frac{\mathrm{d}v}{\mathrm{d}y} \right)^2 \right] \mathrm{d}z$$

$$\geqslant \frac{1}{2} \int_0^l m(u^2 + v^2) \mathrm{d}z = K_{\mathrm{s}}.$$

对于其他一维结构, 如杆、曲梁, 也有类似结果.

例 4 各向异性板理论.

具有剪切变形的各向异性板、复合材料板归于这类模型. 各向异性板可看作具有平行于中面的对称面的各向异性弹性体, 其应力–应变关系是

$$\begin{bmatrix} \sigma_x \\ \sigma_y \\ \tau_{xy} \end{bmatrix} = \begin{bmatrix} d_{11} & d_{12} & d_{16} \\ d_{21} & d_{22} & d_{26} \\ d_{16} & d_{26} & d_{66} \end{bmatrix} \begin{bmatrix} e_x \\ e_y \\ \gamma_{xy} \end{bmatrix} = \boldsymbol{d}\boldsymbol{\varepsilon},$$

$$\begin{bmatrix} \tau_{yz} \\ \tau_{zx} \end{bmatrix} = \begin{bmatrix} c_{44} & c_{45} \\ c_{45} & c_{55} \end{bmatrix} \begin{bmatrix} \gamma_{yz} \\ \gamma_{zx} \end{bmatrix} = \boldsymbol{c}\boldsymbol{\gamma}.$$

在位移、应变、应力的假设中,

$$\boldsymbol{u} = \begin{bmatrix} -z & 0 & 0 \\ 0 & -z & 0 \\ 0 & 0 & 1 \end{bmatrix} \begin{bmatrix} \psi_x \\ \psi_y \\ w \end{bmatrix} = T_{\mathrm{ss,se}} \boldsymbol{w},$$

$$\begin{bmatrix} \gamma_{yz} \\ \gamma_{zx} \end{bmatrix} = \begin{bmatrix} \gamma_y \\ \gamma_z \end{bmatrix} = \boldsymbol{\gamma}.$$

其余各式与式 (9.6.2) 和 (9.6.3) 中的相同.

应变能的结果是

$$\Pi_{\mathrm{e}}^{\mathrm{r}} = \frac{1}{2} \int_F \left(\frac{h^3}{12} \boldsymbol{\kappa}^{\mathrm{T}} \boldsymbol{d}\boldsymbol{\kappa} + h\boldsymbol{\gamma}^{\mathrm{T}} \boldsymbol{c}\boldsymbol{\gamma} \right) \mathrm{d}x_1 \mathrm{d}x_2,$$

$$\Pi_{\mathrm{s}} = \frac{1}{2} \int_F \left(\boldsymbol{\kappa}^{\mathrm{T}} \boldsymbol{D}\boldsymbol{\kappa} + \boldsymbol{\gamma}^{\mathrm{T}} \boldsymbol{C}\boldsymbol{\gamma} \right) \mathrm{d}x_1 \mathrm{d}x_2,$$

其中, $\boldsymbol{D}, \boldsymbol{C}$ 为各向异性板的弯曲刚度矩阵和剪切刚度矩阵.

类似例 1, 可以证明不等式 (9.5.12) 成立 [19].

9.6.3　具有集中质量和支承的结构理论模型的合理性问题

由于实际需要和理论兴趣, 带有集中参数, 如集中质量、弹簧、阻尼器, 以及刚性支承的结构的振动系统已被广泛研究. 一个有理论意义的问题是, 有一些结构理论是不允许具有集中参数的, 例如, 膜的理论和中厚板, 即 Mindlin 板理论, 以及壳体理论等. 下面来论述这类问题 [35~37].

1. 控制方程和解

具有集中质量、弹簧和刚性支承的振动系统的控制方程和边条件分别为

$$\boldsymbol{A}\boldsymbol{w}(\boldsymbol{x},t)+\rho\ddot{\boldsymbol{w}}(\boldsymbol{x},t)+\sum_{i=1}^{i_0}\delta(\boldsymbol{x}-\bar{\boldsymbol{x}}_i)\boldsymbol{M}_i\ddot{\boldsymbol{w}}(\bar{\boldsymbol{x}}_i,t)+\sum_{j=i_0+1}^{j_0}\delta(\boldsymbol{x}-\bar{\boldsymbol{x}}_j)\boldsymbol{K}_j\boldsymbol{w}(\bar{\boldsymbol{x}}_j,t)$$

$$-\sum_{k=j_0+1}^{k_0}\delta(\boldsymbol{x}-\bar{\boldsymbol{x}}_k)\boldsymbol{R}_k=\boldsymbol{p}(\boldsymbol{x},t),\quad \Omega\ \text{内}, \tag{9.6.10}$$

$$\boldsymbol{B}\boldsymbol{w}(\boldsymbol{x},t)=\boldsymbol{0}, \qquad\qquad \partial\Omega\ \text{上}, \tag{9.6.11}$$

其中, Ω 是系统占据的区域, $\boldsymbol{w}$ 是 h 维位移函数矢量, $\bar{\boldsymbol{x}}_l(l=i,j,k)$ 表示集中参数所在位置的坐标矢量, $\boldsymbol{R}_k$ 表示支承的 h 维反力矢量, 其分量为 $p_{kr}=0$ 时, 表示 r 方向未设支座. $\boldsymbol{A}$ 和 $\boldsymbol{B}$ 分别是结构和边条件矩阵微分算子, ρ, $\boldsymbol{M}_i$, $\boldsymbol{K}_j$ 分别表示广义质量密度和集中广义质量、集中弹簧刚度的对角矩阵, $\boldsymbol{K}_j$ 的对角元记为 K_{jr}, 此元为零时, 表示 r 方向无集中参数. $\boldsymbol{M}_i$ 与 $\boldsymbol{K}_i$ 类似. $\delta(\cdot)$ 是 δ 函数.

考虑固有振动问题. 记 $\boldsymbol{w}(\boldsymbol{x},t)=\boldsymbol{\phi}(\boldsymbol{x})\sin\omega t$, $\boldsymbol{R}_k=\boldsymbol{p}_k\sin\omega t$. 固有角频率 ω 和振型 $\boldsymbol{\phi}(\boldsymbol{x})$ 满足模态方程

$$\boldsymbol{A}\boldsymbol{\phi}(\boldsymbol{x})-\omega^2\rho\boldsymbol{\phi}(\boldsymbol{x})-\omega^2\sum_{i=1}^{i_0}\delta(\boldsymbol{x}-\bar{\boldsymbol{x}}_i)\boldsymbol{M}_i\boldsymbol{\phi}(\bar{\boldsymbol{x}}_i)$$

$$+\sum_{j=i_0+1}^{j_0}\delta(\boldsymbol{x}-\bar{\boldsymbol{x}}_j)\boldsymbol{K}_j\boldsymbol{\phi}(\bar{\boldsymbol{x}}_j)-\sum_{k=j_0+1}^{k_0}\delta(\boldsymbol{x}-\bar{\boldsymbol{x}}_k)\boldsymbol{p}_k=\boldsymbol{0},\quad \Omega\ \text{内}, \tag{9.6.12}$$

$$\boldsymbol{B}\boldsymbol{\phi}(\boldsymbol{x})=\boldsymbol{0}, \qquad\qquad\qquad \partial\Omega\ \text{上}. \tag{9.6.13}$$

上述方程可以借助谐动力 Green 函数求解. 在不具有集中参数的结构上的点 $\bar{\boldsymbol{x}}$ 所在位置的 r 方向 (位移矢量 $\boldsymbol{w}$ 的第 r 个分量的方向) 作用一个角频率为 $\bar{\omega}$ 的单位简谐集中力

$$\boldsymbol{p}(\bar{\boldsymbol{x}},t)=\boldsymbol{I}_r\delta(\boldsymbol{x}-\bar{\boldsymbol{x}})\sin\bar{\omega}t,$$

其中, $\boldsymbol{I}_r$ 为 h 维列矢量, 其第 r 个分量为 1, 其余分量为 0. 在此集中力作用下, 不具有集中参数的结构的定常响应即为结构的谐动力 Green 函数 $\boldsymbol{G}_r(\boldsymbol{x},\bar{\boldsymbol{x}},\bar{\omega})$, 它满足方程

$$\boldsymbol{A}\boldsymbol{G}_r(\boldsymbol{x},\bar{\boldsymbol{x}},\bar{\omega}) - \bar{\omega}^2\rho\boldsymbol{G}_r(\boldsymbol{x},\bar{\boldsymbol{x}},\bar{\omega}) = \boldsymbol{I}_r\delta(\boldsymbol{x}-\bar{\boldsymbol{x}}), \qquad \Omega \text{ 内}, \qquad (9.6.14)$$

$$\boldsymbol{B}\boldsymbol{G}_r(\boldsymbol{x},\bar{\boldsymbol{x}},\bar{\omega}) = \boldsymbol{0}, \qquad\qquad \partial\Omega \text{ 上}. \qquad (9.6.15)$$

集中单位力的角频率 $\bar{\omega}$ 在方程中是一个参数. $\boldsymbol{G}_r(\boldsymbol{x},\bar{\boldsymbol{x}},\bar{\omega})$ 是 h 维矢量.

由于算子 $\boldsymbol{A}$ 和 ρ 是线性算子, 比较方程 (9.6.12), (9.6.13) 和方程 (9.6.14), (9.6.15), 得到具有集中参数结构的振型为

$$\boldsymbol{\phi}(\boldsymbol{x}) = \omega^2\sum_{i=1}^{i_0}\sum_{r=1}^{h}M_{ir}\phi_r(\bar{\boldsymbol{x}}_i)\boldsymbol{G}_r(\boldsymbol{x},\bar{\boldsymbol{x}}_i,\bar{\omega}) - \sum_{j=i_0+1}^{j_0}\sum_{r=1}^{h}K_{jr}\phi_r(\bar{\boldsymbol{x}}_j)\boldsymbol{G}_r(\boldsymbol{x},\bar{\boldsymbol{x}}_j,\bar{\omega})$$

$$+ \sum_{j=j_0+1}^{k_0}\sum_{r=1}^{h}p_{kr}\boldsymbol{G}_r(\boldsymbol{x},\bar{\boldsymbol{x}}_k,\bar{\omega}). \qquad (9.6.16)$$

由式 (9.6.16) 可见, 当谐动力 Green 函数

$$\boldsymbol{G}_r(\boldsymbol{x},\bar{\boldsymbol{x}}_l,\bar{\omega}), \quad r=1,2,\cdots,h, \quad l=1,2,\cdots,i_0,i_0+1,\cdots,j_0,j_0+1,\cdots,k_0 \qquad (9.6.17)$$

的全部分量都有界时, 可以确定 $\boldsymbol{\phi}(\boldsymbol{x})$. 但只要有一个分量为奇性, 则 $\boldsymbol{\phi}(\boldsymbol{x})$ 无法确定. 这意味着在 $\boldsymbol{G}_r(\boldsymbol{x},\bar{\boldsymbol{x}}_l,\bar{\omega})$ 有奇性之处, 不能设置集中参数. 如果设置集中参数, 则是不合理的结构.

2. 静力 Green 函数和谐动力 Green 函数的奇性的关系 [35~37]

下面证明一个重要的性质, 即谐动力 Green 函数的源点值 $\boldsymbol{G}_r(\boldsymbol{x},\bar{\boldsymbol{x}},\bar{\omega})$ 和静力 Green 函数的源点值 $\boldsymbol{G}_r(\boldsymbol{x},\bar{\boldsymbol{x}})$, 两者要么都有界, 要么都有同阶的奇性. 按惯例, 静力 Green 函数被称为 Green 函数.

式 (9.6.14) 和 (9.6.15) 可以写成

$$\begin{cases} \boldsymbol{A}\boldsymbol{G}_r(\boldsymbol{x},\bar{\boldsymbol{x}},\bar{\omega}) = \boldsymbol{I}_r\delta(\boldsymbol{x}-\bar{\boldsymbol{x}}) + \bar{\omega}^2\rho\boldsymbol{G}_r(\boldsymbol{x},\bar{\boldsymbol{x}},\bar{\omega}), & \Omega \text{ 内}, \\ \boldsymbol{B}\boldsymbol{G}_r(\boldsymbol{x},\bar{\boldsymbol{x}},\bar{\omega}) = \boldsymbol{0}, & \partial\Omega \text{ 上}. \end{cases} \qquad (9.6.18)$$

谐动力 Green 函数可分为两部分:

$$\boldsymbol{G}_r(\boldsymbol{x},\bar{\boldsymbol{x}},\bar{\omega}) = \boldsymbol{G}_{r1}(\boldsymbol{x},\bar{\boldsymbol{x}}) + \boldsymbol{G}_{r2}(\boldsymbol{x},\bar{\boldsymbol{x}},\bar{\omega}), \qquad (9.6.19)$$

其中, $\boldsymbol{G}_{r1}$ 和 $\boldsymbol{G}_{r2}$ 分别满足方程

$$\begin{cases} \boldsymbol{A}\boldsymbol{G}_{r1}(\boldsymbol{x},\bar{\boldsymbol{x}}) = \boldsymbol{I}_r\delta(\boldsymbol{x}-\bar{\boldsymbol{x}}), & \Omega \text{ 内}, \\ \boldsymbol{B}\boldsymbol{G}_{r1}(\boldsymbol{x},\bar{\boldsymbol{x}}) = \boldsymbol{0}, & \partial\Omega \text{ 上} \end{cases} \tag{9.6.20}$$

和

$$\begin{cases} \boldsymbol{A}\boldsymbol{G}_{r2}(\boldsymbol{x},\bar{\boldsymbol{x}},\bar{\omega}) - \bar{\omega}^2\rho\boldsymbol{G}_{r2}(\boldsymbol{x},\bar{\boldsymbol{x}},\bar{\omega}) = \bar{\omega}^2\rho\boldsymbol{G}_{r1}(\boldsymbol{x},\bar{\boldsymbol{x}}), & \Omega \text{ 内}, \\ \boldsymbol{B}\boldsymbol{G}_{r2}(\boldsymbol{x},\bar{\boldsymbol{x}},\bar{\omega}) = \boldsymbol{0}, & \partial\Omega \text{ 上}. \end{cases} \tag{9.6.21}$$

满足方程 (9.6.20) 的 $\boldsymbol{G}_{r1}$ 是 Green 函数. 容易发现

$$\boldsymbol{G}_{r2}(\boldsymbol{x},\bar{\boldsymbol{x}},0) = \boldsymbol{0}, \quad \boldsymbol{G}_{r1}(\boldsymbol{x},\bar{\boldsymbol{x}}) = \boldsymbol{G}_r(\boldsymbol{x},\bar{\boldsymbol{x}},0).$$

如果 $\boldsymbol{G}_{r1}(\boldsymbol{x},\bar{\boldsymbol{x}})$ 有界, 把方程 (9.6.21) 的第一式积分, 得到 $\boldsymbol{G}_{r2}(\boldsymbol{x},\bar{\boldsymbol{x}},\bar{\omega})$ 也是有界的, 从而 $\boldsymbol{G}_r(\boldsymbol{x},\bar{\boldsymbol{x}},\bar{\omega})$ 也是有界的.

如果 $\boldsymbol{G}_{r1}(\boldsymbol{x},\bar{\boldsymbol{x}})$ 的某些分量具有奇性, 则 $\boldsymbol{G}_{r2}(\boldsymbol{x},\bar{\boldsymbol{x}},\bar{\omega})$ 或者有界, 或者它的某些分量具有比 $\boldsymbol{G}_{r1}(\boldsymbol{x},\bar{\boldsymbol{x}})$ 低阶的奇性. 所以谐动力 Green 函数 $\boldsymbol{G}_r(\boldsymbol{x},\bar{\boldsymbol{x}},\bar{\omega})$ 和 Green 函数有同阶的奇性.

因此结论是, 对于具有有界 Green 函数的结构, 设置集中参数是合理的. 而对于 Green 函数的某些分量具有奇性的结构, 在奇点处沿该方向设置集中参数是不合理的. 对于后一种情形, 其物理意义是清楚的. 如果具有集中质量、弹簧和刚性支承的结构产生运动, 它将在这些具有集中参数的奇点处引发集中惯性力、弹性力和支反力, 这些奇点处的位移将是无界的. 这当然是不允许的. 在奇点处设置阻尼器也是同样的情形.

3. 各种结构的 Green 函数的奇性

如果 Green 函数的某方向具有奇性, 则它具有和基本解同阶的奇性. 当集中力作用于源点时, 方程 (9.6.20) 中的第一式变为

$$\boldsymbol{A}\boldsymbol{G}_r(\boldsymbol{x},0) = \boldsymbol{I}_r\delta(\boldsymbol{x}).$$

假设结构所占区域的维数是 m $(m = 1, 2, 3)$, 则式

$$\int_C\cdots\int \boldsymbol{A}\boldsymbol{G}_r(\boldsymbol{x},0)\mathrm{d}x_1\mathrm{d}x_2\cdots\mathrm{d}x_m = \boldsymbol{I}_r \tag{9.6.22}$$

表示内部弹性力和集中外力的平衡. 积分区域 C 是一条线 (对于 $m = 1$), 或者是一个曲面 (对于 $m = 2$), 或者是一个三维体 (对于 $m = 3$), 它们都包含源点. 由于方程 (9.6.22) 中含 δ 函数, 因此区域 C 是无限小尺度.

假设算子 $\boldsymbol{A}$ 中的某变量, 例如, $\boldsymbol{w} = (u, v, w)^{\mathrm{T}}$ 中的 u 的微商的最高阶是 n, 则在 $m = 1$ 的情形下, 积分得到

$$\left.\frac{\partial^{n-1} u}{\partial x^{n-1}}\right|_{-\varepsilon}^{\varepsilon} = c_1, \quad c_1 \ \text{为一常数}.$$

这表明源点两端的内力与集中力平衡. 对于 $m = 2$ 的情形, 用曲线积分和曲面积分间的转换公式, 对于 $m = 3$ 的情形, 用曲面积分和体积分间的转换公式, 由式 (9.6.22) 得到

$$\int\limits_{\partial C} \cdots \int \boldsymbol{R} \boldsymbol{G}_r(\boldsymbol{x}, 0) \mathrm{d}x_1 \mathrm{d}x_2 \cdots \mathrm{d}x_m = \boldsymbol{I}_r, \tag{9.6.23}$$

其中, 积分区域 ∂C 是 C 的边界. 式 (9.6.23) 表示在 ∂C 上的内力与集中力平衡, 并且得出

$$\frac{\partial^{n-1} u}{\partial r^{n-1}} \varepsilon^{m-1} = c_1,$$

其中,

$$r = \left(\sum_{i=1}^{n} x_i^2 \right)^{1/2},$$

进而得到

$$\frac{\partial^{n-1} u}{\partial r^{n-1}} = o(r^{1-m}).$$

如果 $n \neq m$, 则 $u = o(r^{n-m})$.

最后, 得到结论: 对于静力 Green 函数,

(1) 当 $n > m$ 时, 它是有界的;

(2) 当 $n = m$ 时, 它具有与 $\ln r$ 同阶的奇性;

(3) 当 $n < m$ 时, 它具有 $1/r^{m-n}$ 阶的奇性.

常用的结构理论和弹性力学的 Green 函数的奇性列在表 9.2 中. 从表 9.2 可以看出, 一维结构的所有结构理论的 Green 函数都是有界的. 薄板理论的 Green 函数有界, 但计入横向剪切变形的板, 如 Mindlin 板和各种层合板理论的 Green 函数是奇性的. 壳体有矩理论具有很有趣的性质: Green 函数的法向分量是有界的, 而切向分量是无界的.

表 9.2 结构理论和弹性力学的 Green 函数的奇性

结构理论/弹性力学	结构维度 m	方程最高阶 n	Green 函数的奇性
弦	1	2	有界
杆、轴	1	2	有界
Euler 梁	1	4	有界
Rayleigh 梁	1	4	有界
Timoshenko 梁	1	2	有界
曲梁, 法向变形	1	4	有界
曲梁, 切向变形	1	2	有界
薄板理论	2	4	有界
膜的横向变形	2	2	$\ln r$
平面弹性力学问题	2	2	$\ln r$
壳的膜理论	2	2	$\ln r$
Mindlin 板	2	2	$\ln r$
三维弹性力学问题	3	2	$1/r$
壳体有矩理论, 法向	2	4	有界
壳体有矩理论, 切向	2	2	$\ln r$
计入横向剪切变形的壳体	2	2	$\ln r$

值得注意的是, 具有与 $\ln r$ 同阶的奇性的 Green 函数的所有结构理论允许沿一条线有集中参数. 三维弹性力学的 Green 函数具有 $1/r$ 阶的奇性, 所以是一个例外, 不允许在线上设置集中参数.

9.6.4 组合弹性结构

各种不同类型的结构元件, 如杆、梁、拱等一维结构, 膜、板、壳等二维结构, 二维、三维弹性体, 以及集中质量、孤立的弹性和刚性支承等零维结构, 互相连接而成的组合弹性结构是工程上常见的重要结构. 对于不同维的、不同物理性能的弹性构件以复杂的方式形成一个组合结构, 建立怎样的数学模型, 采用何种数学解法是极具挑战性的.

1981 年, 冯康和石钟慈在其出版的专著《弹性结构的数学理论》[17] 中, 建立了组合弹性结构的数学体系, 并与有限元方法有机地结合起来. 孙博华的博士论文 [38] 在讨论组合结构时计入了壳体, 并且研究了组合弹性结构的非线性问题. 孙博华和叶志明的论文 [39] 研究了包括壳体的组合结构的非线性和线性–非线性混合问题, 同时细化和完善了组合结构的分析策略, 进一步拓展了组合结构的数学理论.

对于这类结构, 从它的方程出发证明解的存在性, 自然是很复杂的. 本章所阐明的结构理论中解的存在性理论, 对组合结构也是行之有效的.

但是, 需要特别指出的是, 组合结构本身有一个组合准则, 不是任意的结构组合都可以形成组合结构. 冯康和孙博华都指出, 三维弹性体不能和结构元件在一点或一线处连接, 例如, 梁的端点、整根梁或板的边不能和三维弹性体连接, 等等.

我们提出一个准则, 就是组合结构的元件在连接处必须相容, 即可以产生有限的相同的位移. 然而, 从 9.6.3 小节的分析中可以看到, 只要在连接处有一个元件的 Green 函数是奇性的, 则此处的位移是无穷的. 如果有这种情况, 就不能组成组合结构, 即它是不合理的结构模型.

例如,

(1) 三维弹性体在点和线处与其他结构相连, 如: (a) 梁的一个端点连接在三维弹性体上; (b) 板的一条边连接在三维弹性体上; (c) 圆形曲梁环抱在同半径的三维圆柱体上.

(2) 壳在点处和某些结构相连, 如梁端连接在壳面上 (但杆可以垂直连接在有矩理论的壳上).

(3) Mindlin 板在点处和梁或杆端相连.

表 9.2 提供了判断连接是否相容的依据.

按上述分析, 可做如下认定: **每一个结构元件属于合理的结构模型, 结构元件之间的连接是相容的, 则此结构的组合属于合理的结构模型, 可称为组合结构. 有违这些条件的结构元件组合, 不能称为组合结构.** 有了这样的认定后, 便可得到如下重要结论.

组合结构的应变能和动能是它的元件的相应量的总和, 如果不等式 (9.5.12) 和 (9.5.13c) 对每一个元件都成立, 则对组合结构也成立. 所以, 定理 9.16 和定理 9.17 也适用于组合结构.

而且, 应该注意一个有实用意义的情形, 组合结构元件交接处的中面形状不必要求是光滑的, 壳体的中面形状也只要求分片光滑, 因为三维弹性体的边界表面允许分片光滑.

9.6.5 具体结构中静变形解和模态解是否存在的判断

基于 9.4 节和 9.5 节的理论, 判断一个具体结构中静变形和模态的广义解是否存在, 应分两步: 第一步, 按 9.6.1 小节的原则判断此具体结构是否属于合理的结构模型. 如果该结构具有集中质量、集中支座, 则需考察此结构的 Green 函数是否有奇性. 如果是结构的组合, 则需考察是否为合理的组合, 即是否为组合结构. 如果不属于合理的结构模型, 则一般情况下, 这个具体结构中的静变形解和模态解是不存在的. 如果这个结构属于合理的结构模型, 则第二步是考察这个具体结构对应的弹性体的弹性力学算子是否正定, 能量嵌入算子是否为紧算子. 如果是肯定的, 则此具体结构中的静变形和模态存在广义解.

举一个例子. 考虑一根一端固定一端自由的矩形截面直梁的静变形广义解的存在性. 梁的静变形方程为

$$\begin{cases} [EJ(x)w''(x)]'' = f(x), \\ w(0) = w'(0) = 0, \quad w''(l) = [EJ(x)w''(x)]'|_{x=l} = 0. \end{cases}$$

假设 E 为常数, $J = b(x)h^3(x)/12$ 不具有二阶微商, 则此方程无古典解.

首先, 此梁的理论模型属于合理的结构模型; 其次, 考察此梁对应的弹性体的弹性力学算子是否正定. 因为此弹性体属于各向同性的均匀弹性体, 如果其边界分片光滑, 边条件为部分固定、部分自由, 则按定理 9.10 (弹性力学算子的正定性定理), 此弹性体的弹性力学算子是正定的. 因此, 此梁的静变形的广义解存在.

有一点要特别指出, 梁的一个截面参数 $b(x)h^3(x)/12 = J_0(x)$, 可以对应无限个沿梁的轴向分布的截面形状. 相应的弹性体的形状也有无限种可能的形状. 只要有一个形状的边界是分片光滑的, 则其弹性力学算子是正定的, 从而梁的算子是正定的.

这意味着, 如果一个弹性体按照弹性力学理论, 其弹性力学算子不具有正定性, 如将它简化为结构, 则结构的算子很可能具有正定性.

上述事实反映了这样一个性质: 对于由弹性力学理论降维简化而得到的结构理论的广义解存在的要求, 要低于对弹性力学理论的广义解存在的要求.

再举一个例子. 考虑一个复杂形状、变厚度、均匀材料、具有固定和自由混合边条件的薄板的模态解问题. 首先, 由 9.6.2 小节可知, 此板属于合理的结构理论模型. 其次, 将此板看作弹性体, 如果其整体形状是分片光滑的, 则由定理 9.10 和定理 9.11 可知, 此弹性体的弹性力学算子是正定的, 能量嵌入算子是紧算子; 再由定理 9.17 可知, 此板的模态的广义解存在. 如果板的厚度 h 使得板的外形不满足弹性力学广义解的光滑性要求, 但是, 由于板的抗弯刚度 $D = Eh^3/[12(1-\nu^2)]$, 此时可在保持 Eh^3 的值不变的情形下将厚度 h 的不光滑性转嫁给弹性模量 E, 如果使得相应的弹性体的弹性力学算子是正定的, 能量嵌入算子是紧算子, 则此板的广义解仍然存在.

9.6.6 结构理论中的广义解诸例

下面给出几个例子. 我们根据 9.6.5 小节判断广义解的存在. 另外, 对于某些例子, 我们还需进一步由正则性理论分析 (略去) 给出广义解更高阶可微性的结果.

例 1 膜在位移边条件下的静变形问题[25]. 相应地有方程

$$\begin{cases} -\Delta u = f(x,y), & \Omega \ \text{内}, \\ u = 0, & \partial\Omega \ \text{上}, \end{cases}$$

其中, Δ 表示二维 Laplace 算子. 此方程的广义解有如下性质:

(1) 设 $\Omega \in C^{2+k}$, $f \in H_k(\Omega)$, k 为正整数或零, 则

$$u \in \overset{0}{H}_1(\Omega) \cap H_{2+k}(\Omega),$$

且有估计式

$$\|u\|_{2+k} \leqslant M_k \|f\|_k.$$

这表明 u 连续依赖于定解条件. 因此上述定解问题在广义解的意义下是适定的.

(2) 设 Ω 是平面上的凸多边形, $f \in L_2(\Omega)$, 则 $u \in H_2(\Omega)$.

(3) 设 Ω 是平面上的多边形, 至少有一个内角大于 $180°$, 则即使 $f \in L_2(\Omega)$, 广义解 u 一般也不属于 $H_2(\Omega)$.

例 2 膜在弹性支承边条件下的静变形问题[25]. 相应地有方程

$$\begin{cases} -\Delta u = f(x,y), & \Omega \ \text{内}, \\ \dfrac{\partial u}{\partial n} + \alpha u = \varphi, & \alpha(x,y) \geqslant 0 \ \text{且不恒为零}, \quad \partial\Omega \ \text{上}. \end{cases}$$

其广义解 $u(x,y)$ 有如下性质:

(1) 设 $\varphi \equiv 0$, $\alpha(x,y)$ 充分光滑, $\Omega \in C^{2+k}$, $f \in H_k(\Omega)$, 则 $u \in H_{2+k}(\Omega)$.

(2) 设 φ 不恒等于零, $\alpha(x,y)$ 充分光滑, $\Omega \in C^{2+k}$, $f \in H_k(\Omega)$. 对 φ 做一些光滑性的要求, 则 $u \in H_{2+k}(\Omega)$.

例 3 设 $\Omega \in \mathbf{R}^n$ 是有界区域. 下面的特征值问题

$$\begin{cases} -\Delta u = \lambda, & \Omega \ \text{内}, \\ u = 0, & \partial\Omega \ \text{上} \end{cases}$$

存在广义解: 它有无穷多个特征值 $\lambda_1, \lambda_2, \cdots \to \infty$, 振型 $\{\varphi_1, \varphi_2, \cdots\} \subset H_0^1(\Omega)$, 在 $H_0^1(\Omega)$ 和 $L_2(\Omega)$ 内是完全的. 根据正则性理论可知, 这些振型在 Ω 内无穷次连续可微, $\varphi_i \in C^\infty(\Omega)$. 如果 $\partial\Omega$ 是光滑的, 则它们在 $\bar{\Omega}$ 上也无穷次连续可微, $\varphi_i \in C^\infty(\bar{\Omega})$.

这个结论也适用于系数属于 C^∞ 的二阶椭圆型方程的特征值问题 [23].

例 4　等厚板在固定边条件下的静变形问题 [25]. 相应地有方程

$$\begin{cases} \Delta^2 u = f, & \Omega \text{ 内,} \\ u = \dfrac{\partial u}{\partial n} = 0, & \partial\Omega \text{ 上,} \end{cases}$$

其中, Δ^2 为二维双 Laplace 算子. 此方程的广义解有如下性质:

(1) 如果 $\Omega \in C^{4+k}$, $f \in H_k(\Omega)$, 则广义解为

$$u \in H_{4+k}(\Omega) \cap \overset{0}{H}_2(\Omega).$$

(2) 如果 Ω 是平面上的凸多边形区域, $f \in L_2(\Omega)$, 则广义解为

$$u \in H_2(\Omega) \cap \overset{0}{H}_2(\Omega).$$

与例 1 中的情形 (3) 相比, 可以看到, 对于同样是在凸多边形区域和 $f \in L_2(\Omega)$ 的情形下, 膜和板的静变形问题的广义解的可微性有所不同. 膜的广义解具有与方程阶数相同的广义微商, 即 $u \in H_2(\Omega)$. 但板的广义解却不具有与方程阶数相同的四阶广义微商, $u \notin H_4(\Omega)$, 而仍然只具有二阶广义微商, $u \in H_2(\Omega)$.

(3) 如果 $\Omega \in C^\infty$, $f \in C^\infty(\Omega)$, 则在固定、自由和混合边条件下, 板的静变形问题存在唯一解 $u \in C^\infty(\bar{\Omega})$[3]. 值得注意的是, 在自由边条件下, 板会有刚体运动. 这时, 板的静变形解在去掉刚体位移和转动后唯一.

9.7　Ritz 法在结构理论求解中的收敛性

在本章 9.2 节中论述了将微分方程边值问题的求解转变为泛函极值的求解问题. 其优点在于, 第一, 正如本章 9.3 节中所论述的, 在泛函极值求解问题中才能澄清存在性问题. 第二, 对于泛函极值求解问题, 科学家创建了一些有效的近似计算方法, 其中, 以 Ritz 法和由它发展起来的有限元法尤为有效. 本节将给出求静变形解和模态解的 Ritz 法的方程式, 并不加证明地给出 Ritz 法近似解的收敛性定理. 有关证明可参见参考文献 [1, 5, 26].

9.7.1 求静变形解的 Ritz 法

在 9.2.2 小节中, 论述了结构的静变形问题转变为求泛函表达式 (9.2.12), 即

$$F(u) = (Au, u) - (u, f) - (f, u)$$

的最小值问题. 算子 A 定义在 Hilbert 空间 H 的稠密集上. 在 9.3.1 小节中, 已经证明了对于正定算子 A, 此最小值问题在空间 H_A 中存在唯一解.

我们考虑的空间 H 是 L_2 空间, 算子 A 是正定的, 空间 L_2 是可分空间, 从而 H_A 也是可分空间. 在 H_A 中取一完全序列 $\{\psi_n\}$, 以它张成一个 n 维子空间. Ritz 法是在这个子空间中求 $F(u)$ 的最小值. 设

$$u_n = \sum_{k=1}^{n} a_k \psi_k, \tag{9.7.1}$$

其中, a_k 为一待定常数. 把式 (9.7.1) 代入泛函表达式 (9.2.12) 中, 得

$$F(u_n) = \sum_{k,j=1}^{n} a_k \bar{a}_j (A\psi_k, \psi_j) - \sum_{k=1}^{n} a_k (\psi_k, f) - \sum_{k=1}^{n} \bar{a}_k (f, \psi_k). \tag{9.7.2}$$

置 $a_k = \alpha_k + \mathrm{i}\beta_k$, 令

$$\frac{\partial F(u_n)}{\partial \alpha_k} = 0, \quad \frac{\partial F(u_n)}{\partial \beta_k} = 0, \quad k = 1, 2, \cdots, n.$$

于是求 $F(u_n)$ 的极小值归结为解线性代数方程组

$$\sum_{k=1}^{n} (A\psi_k, \psi_j) a_k = (f, \psi_j), \quad j = 1, 2, \cdots, n, \tag{9.7.3}$$

或者

$$\sum_{k=1}^{n} [\psi_k, \psi_j] a_k = (f, \psi_j), \quad j = 1, 2, \cdots, n. \tag{9.7.4}$$

其实, 运用 Ritz 法时, 主要采用式 (9.7.4).

当方程 $Au = f$ 是 $2k$ 阶微分方程时, 选取的坐标函数 ψ_i 只要求 k 次可微, 且只要求满足位移边条件而不必顾及力边条件, 即在可能位移函数集内选取坐标函数. 这正是 Ritz 法的优点. 当然, 如果采用式 (9.7.3), 在 A 的定义域, 即在比较函数集内选取坐标函数, 可以取得更快的收敛.

代数方程组 (9.7.4) 的矩阵形式为

$$\boldsymbol{K}\boldsymbol{a} = \boldsymbol{p}, \tag{9.7.5}$$

其中, 矩阵 $\boldsymbol{K} = (k_{ij})_{n \times n}$ 的元 $k_{ij} = [\psi_i, \psi_j]$. 由于选取的坐标函数序列 $\{\psi_i\}$ 是线性无关的, 因此矩阵 $\boldsymbol{K}$ 的 Gram 行列式非零. 因而方程 (9.7.5) 有解:

$$\boldsymbol{a}_n = (a_1, a_2, \cdots, a_n)^{\mathrm{T}}, \tag{9.7.6}$$

从而由式 (9.7.1) 得 $F(u)$ 达到最小值的 Ritz 近似解 u_n.

下面的定理给出了 Ritz 法的收敛性的结论, 即在什么条件下, 上述 Ritz 近似解 u_n 收敛到使泛函 $F(u)$ 达到最小值的准确解.

定理 9.18　如果算子 A 正定, 则按 Ritz 法求使泛函

$$F(u) = (Au, u) - (u, f) - (f, u)$$

取极小值的近似解序列在 H_A 和 H 的度量下收敛到准确解.

9.7.2　求模态解的 Ritz 法

在 9.2.3 小节中, 论述了求结构的模态解问题转变为求泛函 Rayleigh 商 (9.2.19) 的极小值问题.

Ritz 法是用来求上述问题的近似解的有效方法. 为演算简单, 考虑求

$$R(u) = \frac{(Au, u)}{(u, u)} = \frac{[u, u]}{(u, u)}$$

的极小值问题.

在 9.3.2 小节中已经证明, 如果算子 A 为自共轭正定算子, 从空间 H_A 至空间 H_B 的嵌入算子是紧算子, 则 Rayleigh 商 $R(u)$ 的极小值问题的解存在: 当 $u = \varphi_1$ 时,

$$\lambda_1 = \inf \frac{[u, u]}{(u, u)}, \tag{9.7.7}$$

$R(u)$ 达到极小值. 当 $u = \varphi_{m+1}$ 时,

$$\lambda_{m+1} = \inf \frac{[u, u]}{(u, u)}, \quad (u, \varphi_i) = 0, \quad i = 1, 2, \cdots, m, \tag{9.7.8}$$

$R(u)$ 达到极小值.

在空间 H_A 中取一完全序列 $\psi_i(i=1,2,\cdots,n)$, 设

$$u_n = \sum_{i=1}^{n} a_i \psi_i, \tag{9.7.9}$$

其中, a_i 为待定常数. 选择 a_i, 使得

$$(u_n, u_n) = \sum_{i,j=1}^{n} (\psi_i, \psi_j) a_i \bar{a}_j = 1, \tag{9.7.10}$$

且

$$[u_n, u_n] = \sum_{i,j=1}^{n} [\psi_i, \psi_j] a_i \bar{a}_j \tag{9.7.11}$$

最小. 利用 Lagrange 乘子法处理此问题. 构造函数

$$\varPhi = [u_n, u_n] - \lambda(u_n, u_n), \tag{9.7.12}$$

其中, λ 为待定常数. a_i 可能为复数, 将式 (9.7.12) 对 a_i 的实部和虚部分别求微商后取零, 得

$$\frac{\partial \varPhi}{\partial \bar{a}_i} = 0, \quad i = 1,2,\cdots,n.$$

将其展开得

$$\sum_{i=1}^{n} a_i \{[\psi_i, \psi_j] - \lambda(\psi_i, \psi_j)\} = 0, \quad j = 1,2,\cdots,n. \tag{9.7.13}$$

式 (9.7.13) 的矩阵形式为

$$\boldsymbol{Ka} = \lambda \boldsymbol{Ma}, \tag{9.7.14}$$

其中, 矩阵 $\boldsymbol{K}$ 和 $\boldsymbol{M}$ 的元分别为

$$k_{ij} = [\psi_i, \psi_j], \quad m_{ij} = (\psi_i, \psi_j), \quad i,j = 1,2,\cdots,n. \tag{9.7.15}$$

因为 $\{\psi_i\}$ 是空间 H_A 中的完全序列, $\psi_i(i=1,2,\cdots,n)$ 是线性无关的, 所以矩阵 $\boldsymbol{K}$ 的 Gram 行列式不为零, 且 $\boldsymbol{K}$ 和 $\boldsymbol{M}$ 是实对称矩阵, 因此解 $\boldsymbol{a}$ 是实矢量. 从而矩阵特征值问题 (9.7.14) 是可解的, 其特征对的解为

$$\lambda_{ni}, \quad \boldsymbol{a}_{ni} = (a_{i1}, a_{i2}, \cdots, a_{in})^{\mathrm{T}}, \quad i = 1,2,\cdots,n.$$

以此代入式 (9.7.9), 有

$$\lambda_{ni}, \quad u_{ni} = \sum_{j=1}^{n} a_{ij}\psi_j, \quad i = 1, 2, \cdots, n. \tag{9.7.16}$$

由 Ritz 法得到的 λ_{n1} 和 u_{n1} 是 Rayleigh 商 $R(u)$ 的极小值问题 (9.7.7) 的准确解的近似解; 而 λ_{ni} 和 $u_{ni}(i = 2, 3, \cdots, n)$ 是极小值问题 (9.7.8) 的第 2 至第 n 阶特征对的近似解.

如果在算子 A 的定义域 D_A 中, 即在比较函数集中选择 Ritz 坐标函数 ψ_i, 则可得到更快的收敛.

下面给出上述用 Ritz 法求得的模态解的收敛性的结论:

定理 9.19 若算子 A 是正定的, 从空间 H_A 至空间 H 的嵌入算子是紧算子, 则用 Ritz 法求 Rayleigh 商 $R(u) = (Au, u)/(u, u)$ 的极值所得到的特征值和特征函数分别收敛于特征值问题 $Au = \lambda u$ 的特征值和特征函数 (在空间 H_A 和空间 H 的度量下).

总结起来就是, 用 Ritz 法对下列 4 类问题求解, 所求得的近似解在 L_2 空间和 H_A 空间 (应变能模空间) 都收敛到广义解. 这 4 类问题是:

(1) 弹性系数、边界形状与边条件保证弹性力学算子正定情形下的弹性力学静变形的广义解.

(2) 弹性力学算子正定、能量嵌入算子是紧算子情形下的弹性力学模态的广义解.

(3) 结构理论算子正定情形下的结构理论静变形的广义解.

(4) 结构理论算子正定、能量嵌入算子是紧算子情形下的模态的广义解.

参 考 文 献

[1] Михлин С Г. Проблема мнимума квадратичного функционала [M]. Москва: Государственное Издательство Технико-Теоретической Литературы, 1952.

[2] Эйдус Д М. О смещанной задаче теории упругости [J]. ДАН СССР, 1951, 76(2).

[3] Fichera G. Linear elliptic differential systems and eigenvalue problems: Lecture notes in mathematics [M]. Berlin-Heidelberg: Springer-Verlag, 1965.

[4] Friedrichs K O. On the boundary-value problems of the theory of elasticity and Korn's inequality [J]. The Annals of Mathematics, 1947, 48(2): 441.

[5a] Михлин С Г. Прямые методы в математической физике [M]. Москва: Государственное Издательство Технико-Теоретической Литературы, 1950.

[5b] 米赫林 C Γ. 数学物理中的直接方法 [M]. 周先意, 译. 北京: 高等教育出版社, 1957.

[6] Payne L E, Weinberger H F. On Korn's inequality [J]. Archive for Rational Mechanics and Analysis, 1961, 8(1): 89.

[7] Fichera G. Existence theorems in elasticity: Linear theories of elasticity and thermo-electricity [M]. Berlin-Heidelberg: Springer-Verlag, 1973.

[8] Kupradze V D. Potential methods in the theory of elasticity [M]. Jerusalem: Israel Program for Scientific Translations, 1965.

[9] Shokhet B A. On existence theorems in linear shell theory [J]. Journal of Applied Mathematics and Mechanics, 1974, 38(3): 567.

[10] Gordeziani D G. On the solvability of some boundary value problems for a variant of the theory of thin shells [J]. Russian Academy of Sciences, 1974, 215(6): 1289.

[11] Bernadou M, Ciarlet P G. Sur l'ellipticité du modèle linéaire de coques de W.T. Koiter [J]. Publications mathématiques et informatique de Rennes, 1976, S5: 1.

[12] 武际可. 薄壳方程组椭圆型条件的证明 [J]. 固体力学学报, 1981, 4: 435.

[13] Bernadou M, Lalanne B. Sur l'approximation des coques minces, Par des méthodes B-splines et éléments finis [R]. Institut National de Recherche en Informatique et en Automatique, 1986.

[14] Ciarlet P G, Miara B. Justification of the two-dimensional equations of a linearly elastic shallow shell [J]. Communications on Pure and Applied Mathematics, 1992, 45(3): 327.

[15] Bernadou M, Ciarlet P G, Miara B. Existence theorems for two-dimensional linear shell theories [J]. Journal of Elasticity, 1994, 34(2): 111.

[16] 冯康. 组合流形上的椭圆方程与组合弹性结构 [J]. 计算数学, 1979, 1(3): 199.

[17] 冯康, 石钟慈. 弹性结构的数学理论 [M]. 北京: 科学出版社, 1981.

[18] 王大钧, 胡海昌. 弹性结构理论中两类算子的正定性和紧致性的统一证明 [J]. 力学学报, 1982, 2: 111.

[19] 王大钧, 胡海昌. 弹性结构理论中线性振动普遍性质的统一论证 [J]. 振动与冲击, 1982, 1(1): 6.

[20] Wang D J, Hu H C. A unified proof for the positive-definiteness and compactness of two kinds of operators in the theories of elastic structures: Proceedings of the China-France symposium on finite element methods [C]. Beijing: Science Press China, 1983.

[21a] 王大钧, 胡海昌. 论弹性结构理论中两类算子的正定性和紧致性 [J]. 中国科学 (A 辑), 1985, 2: 146.

[21b] Wang D J, Hu H C. Positive definiteness and compactness of two kinds of operators in theories of elastic structures [J]. Scientia Sinica (Series A), 1985, 28(7): 727.

[22] Agmon S. Lectures on elliptic boundary value problems [M]. New York: Van Nostrand, 1965.

[23] Gilbarg D, Trudinger N S. Elliptic partial differential equations of second order[M]. 2nd Ed. Berlin-Heidelberg: Springer-Verlag, 1983.

[24] Hu H C. Variational principles of theory of elasticity with applications [M]. Beijing: Science Press China, 1984.

[25] Kreyszig E. Introductory functional analysis with applications [M]. Hoboken-New Jersey: John Wiley & Sons, 1989.

[26] Meirovitch L. Computational methods in structural dynamics [M]. Rockville-Maryland: Sijthoff & Noordhoff, 1980.

[27] Yoshida N. Oscillation theory of partial differential equations [M]. Singapore: World Scientific Publishing, 2008.

[28] Weinberger H F. Variational methods for eigenvalue approximation [M]. Philadelphia: Society for Industrial and Applied Mathematics, 1974.

[29] Valid R. The nonlinear theory of shells through variational principles: From elementary algebra to differential geometry [M]. Hoboken-New Jersey: John Wiley & Sons, 1995.

[30] 孙博华. 结构理论中解的存在性问题述评 [J]. 力学进展, 2012, 42(5): 538.

[31] 郑哲敏. 20 世纪中国知名科学家学术成就概览·力学卷·第三分册 [M]. 北京：科学出版社, 2015.

[32] Gurtin M E. Variational principles for linear elastodynamics [J]. Archive for Rational Mechanics and Analysis, 1964, 16(1): 34.

[33] Korn A. Solution générale du problème d'équilibre dans la théorie de l'élasticité, dans le cas ou les efforts sont donnés à la surface [J]. Annales de la Faculté des sciences de Toulouse: Mathématiques, 1908, 10: 165.

[34] Hu H C. Necessary and sufficient conditions for correct use of generalized variational principles of elasticity in approximate solutions [J]. Science China, 1990, 33(2): 196.

[35] Leung A Y T, Wang D J, Wang Q. On concentrated masses and stiffnesses in structural theories [J]. International Journal of Structural Stability and Dynamics, 2004, 4(2): 171.

[36] 王大钧, 王文清. 振动问题中具有集中质量、弹簧和支承的结构理论的合理性问题 [J]. 固体力学学报, 1989, 10(2): 184.

[37a] 王泉, 王大钧. 弹性力学中集中力下的奇异性问题 [J]. 应用数学与力学, 1993, 14(8): 673.

[37b] Wang Q, Wang D J. Singularity under a concentrated force in elasticity [J]. Applied Mathematics and Mechanics, 1993, 14(8): 707.

[38] 孙博华. 组合弹性结构的理论分析和应用 [D]. 兰州：兰州大学, 1988.

[39] 孙博华, 叶志明. 组合弹性结构的力学分析 [J]. 中国科学 (G 辑), 2009, 39(3): 394.

索　引